内容详实·编排新颖·查询方便·资料充足

第二册 电工大手册

电工常用电路、接线、识读、应用案例

图说帮 编著

中国水利水电出版社
www.waterpub.com.cn
·北京·

内容提要

本书以国家职业资格标准为指导，结合行业培训规范，重点对电工电路相关的专业知识和实操技能进行全方位解析、整理和表达。

本书是“电工大手册”中的第二册，主要介绍电工专业领域知识，包括电工常用电路、接线、识读、应用案例。全书各章内容包括直流电和交流电、电工安全常识、电工接线、电气线路敷设、电气焊接、电工电路的文字及符号标识、传感器与检测电路、照明控制电路、供配电电路、电动机控制电路、农机和机电控制电路。

另外，本书采用“扫码”互动的全新教学模式，在重要知识点相关图文处附加二维码。读者**使用手机扫描二维码**，即可在手机上实时观看对应的教学视频和数据资料，可大大提升本书内容的学习效率。

本书内容全面，实用性强，讲解详尽，文字精练，图文并茂，易学易懂。

本书适合电工电子技术研发、生产、安装、调试、改造与维护的电工从业人员学习、查询使用，也可作为学习电工电子技术的人员和广大电工电子爱好者的实用工具书。

图书在版编目（CIP）数据

电工大手册（第二册）-电工常用电路、接线、识读、应用案例/图说帮编著. -- 北京 : 中国水利水电出版社，2024.4

ISBN 978-7-5226-2261-3

Ⅰ. ①电… Ⅱ. ①图… Ⅲ. ①电工-手册 Ⅳ. ①TM-62

中国版本图书馆CIP数据核字（2024）第021195号

书　　名	**电工大手册（第二册）——电工常用电路、接线、识读、应用案例** DIANGONG DA SHOUCE（DI-ER CE）—DIANGONG CHANGYONG DIANLU, JIEXIAN, SHIDU, YINGYONG ANLI
作　　者	图说帮 编著
出版发行	中国水利水电出版社 （北京市海淀区玉渊潭南路 1号 D座　100038） 网址：www.waterpub.com.cn E-mail：sales @waterpub.com.cn 电话：（010）62572966-2205/2266/2201（营销中心）
经　　售	北京科水图书销售有限公司 电话：（010）68545874、63202643 全国各地新华书店和相关出版物销售网点
排　　版	北京智博尚书文化传媒有限公司
印　　刷	河北文福旺印刷有限公司
规　　格	185mm × 260mm　16开本　21印张　442千字
版　　次	2024 年 4 月第 1 版　　2024 年 4 月第 1 次印刷
印　　数	0001—3000册
定　　价	79.80元

凡购买我社图书，如有缺页、倒页、脱页的，本社营销中心负责调换

前言

"电工大手册"是由"图说帮"专业团队继"从零基础到实战"系列之后全新打造的

电工类"三超"力作！ ● 超新的理念！● 超全的内容！● 超赞的体验！

1 超新的理念！

- ◆ 本书打破了传统理念上的"手册"概念，将技能图书的培训特色与工具图书的查询优势相结合。
- ◆ 本书引入知识技能的"配餐"模式，将电工领域的专业知识和实用技能按照职业培训的理念重组架构，结合实际岗位需求，将电工的知识技能划分成以下3个专业领域：

第一册 电工基础入门、操作、检测技能

第二册 电工常用电路、接线、识读、应用案例

第三册 电气控制、变频、PLC及触摸屏技术

3个专业领域的相关内容独立成册，搭配整合，如"配餐"一样，用户可以根据自身的需要，自由、灵活地搭配选择需要学习或查询的知识内容，让一本手册能够轻松满足不同电工爱好者、初学者和从业者的多重需求。

2 超全的内容！

本书的内容经过了大量的市场调研和资料整合汇总，将电工知识技能划分为**3**个专业领域，**27**个专业内容，超过**370**个实用案例，超过**1920**张图表演示，为读者提供最全面的电工行业储备知识。

3 超赞的体验！

分册学习、灵活搭配、自由选择，让学习更具针对性。

图文演示与图表查询完美搭配，使手册兼具培训和资料双重价值。

摒弃传统手册中晦涩的文字表述，用生动的图例展现；拒绝枯燥、死板的图表罗列，让具体案例引出拓展的数据资料，更好的呈现方式是为了更好的学习效果。

将手机互联网的特点融入手册中，读者可以在关键的知识点或技能点处看到相应的二维码，使用手机扫描二维码即可通过手机打开相应的微视频，微视频中的有声讲解和演示操作可以让读者获得绝佳的学习体验。

由于编者水平有限，编写时间仓促，书中难免存在一些疏漏之处，欢迎读者指正，也期待与读者进行技术交流。

图说帮

网址：http://www.taoo.cn

联系电话：022-83715667/13114807267

E-mail:chinadse@126.com

地址：天津市南开区榕苑路4号天发科技园8-1-401

邮编：300384

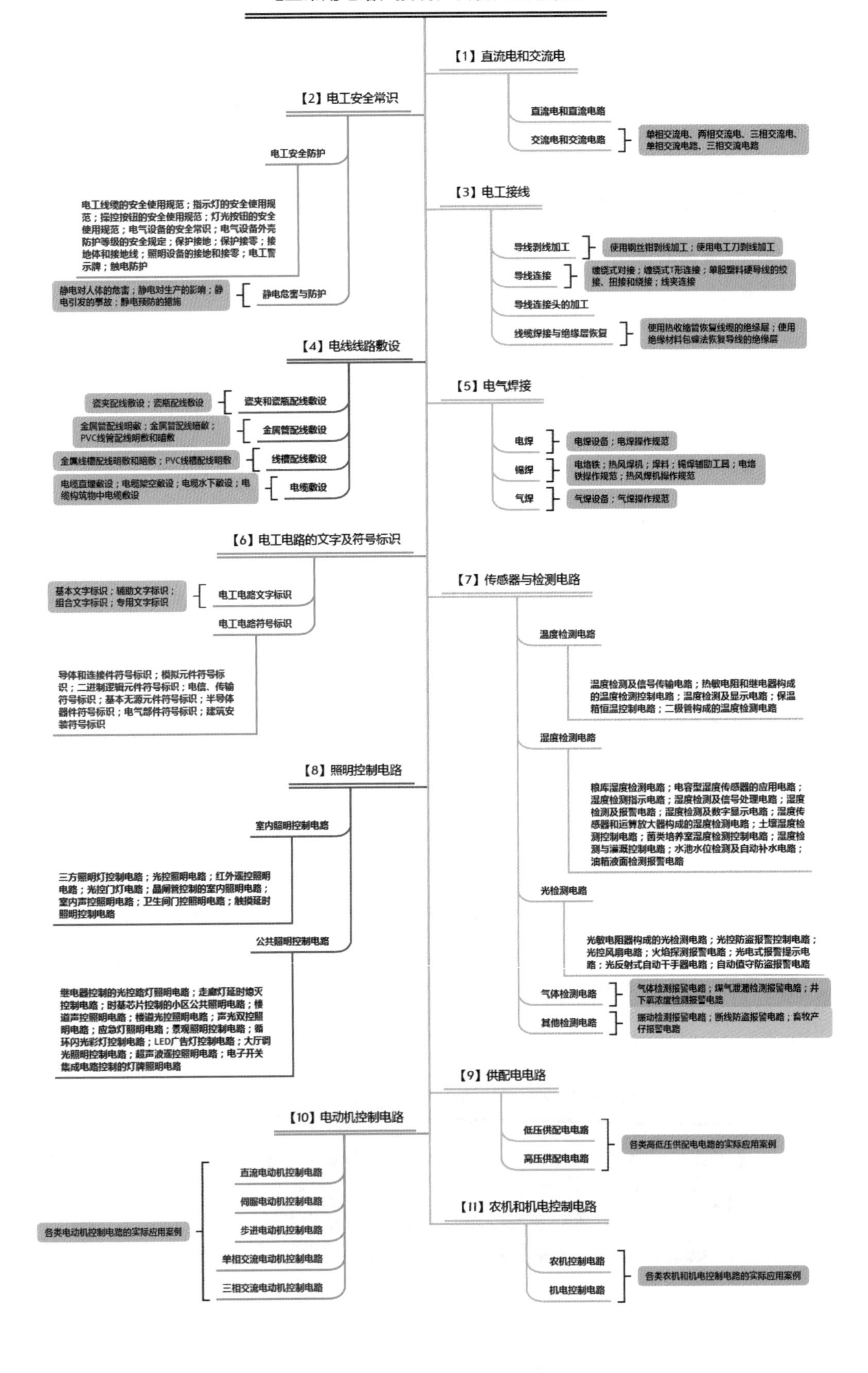

电工常用电路、接线、识读、应用案例
【1】直流电和交流电
直流电和直流电路
交流电和交流电路
单相交流电、两相交流电、三相交流电、单相交流电路、三相交流电路
【2】电工安全常识
电工安全防护
电工线缆的安全使用规范；指示灯的安全使用规范；操控按钮的安全使用规范；灯光按钮的安全使用规范；电气设备的安全常识；电气设备外壳防护等级的安全规定；保护接地；保护接零；接地体和接地线；照明设备的接地和接零；电工警示牌；触电防护
静电危害与防护
静电对人体的危害；静电对生产的影响；静电引发的事故；静电预防的措施
【3】电工接线
导线剥线加工
使用钢丝钳剥线加工；使用电工刀剥线加工
导线连接
缠绕式对接；缠绕式T形连接；单股塑料硬导线的绞接、扭接和绕接；线夹连接
导线连接头的加工
线缆焊接与绝缘层恢复
使用热收缩管恢复线缆的绝缘层；使用绝缘材料包缠法恢复导线的绝缘层
【4】电线线路敷设
瓷夹和瓷瓶配线敷设
瓷夹配线敷设；瓷瓶配线敷设
金属管配线敷设
金属管配线明敷；金属管配线暗敷；PVC线管配线明敷和暗敷
线槽配线敷设
金属线槽配线明敷和暗敷；PVC线槽配线明敷
电缆敷设
电缆直埋敷设；电缆架空敷设；电缆水下敷设；电缆构筑物中电缆敷设
【5】电气焊接
电焊
电焊设备；电焊操作规范
锡焊
电烙铁；热风焊机；焊料；锡焊辅助工具；电烙铁操作规范；热风焊机操作规范
气焊
气焊设备；气焊操作规范
【6】电工电路的文字及符号标识
电工电路文字标识
基本文字标识；辅助文字标识；组合文字标识；专用文字标识
电工电路符号标识
导体和连接件符号标识；模拟元件符号标识；二进制逻辑元件符号标识；电信、传输符号标识；基本无源元件符号标识；半导体器件符号标识；电气部件符号标识；建筑安装符号标识
【7】传感器与检测电路
温度检测电路
温度检测及信号传输电路；热敏电阻和继电器构成的温度检测控制电路；温度检测及显示电路；保温箱恒温控制电路；二极管构成的温度检测电路
湿度检测电路
粮库湿度检测电路；电容型湿度传感器的应用电路；湿度检测指示电路；湿度检测及信号处理电路；湿度检测及报警电路；湿度检测及数字显示电路；湿度传感器和运算放大器构成的湿度检测电路；土壤湿度检测控制电路；菌类培养室湿度检测控制电路；湿度检测与灌溉控制电路；水池水位检测及自动补水电路；油箱液面检测报警电路
光检测电路
光敏电阻器构成的光检测电路；光控防盗报警控制电路；光控风扇电路；火焰探测报警电路；光电式报警提示电路；光反射式自动干手器电路；自动值守防盗报警电路
气体检测电路
气体检测报警电路；煤气泄漏检测报警电路；井下氧浓度检测报警电路
其他检测电路
振动检测报警电路；断线防盗报警电路；畜牧产仔报警电路
【8】照明控制电路
室内照明控制电路
三方照明灯控制电路；光控照明电路；红外遥控照明电路；光控门灯电路；晶闸管控制的室内照明电路；室内声控照明电路；卫生间门控照明电路；触摸延时照明控制电路
公共照明控制电路
继电器控制的光控路灯照明电路；走廊灯延时熄灭控制电路；时基芯片控制的小区公共照明电路；楼道声控照明电路；楼道光控照明电路；声光双控照明电路；应急灯照明电路；景观照明控制电路；循环闪光彩灯控制电路；LED广告灯控制电路；大厅调光照明控制电路；超声波遥控照明电路；电子开关集成电路控制的灯牌照明电路
【9】供配电电路
低压供配电电路
高压供配电电路
各类高低压供配电电路的实际应用案例
【10】电动机控制电路
直流电动机控制电路
伺服电动机控制电路
步进电动机控制电路
单相交流电动机控制电路
三相交流电动机控制电路
各类电动机控制电路的实际应用案例
【11】农机和机电控制电路
农机控制电路
机电控制电路
各类农机和机电控制电路的实际应用案例

目录

第1章　直流电和交流电..........1

1.1　直流电和直流电路......................1
1.1.1　磁场感应出电流...............1
1.1.2　直流电路...........................2
1. 电池直接供电..................2
2. 交流-直流变换电路供电..................................3
1.2　交流电和交流电路......................4
1.2.1　交流电..............................4
1. 单相交流电......................4
2. 两相交流电......................4
3. 三相交流电......................5
1.2.2　交流电路...........................5
1. 单相交流电路..................5
2. 三相交流电路..................7

第2章　电工安全常识............9

2.1　电工安全防护..............................9
2.1.1　电工线缆的安全使用规范..................................9
2.1.2　指示灯的安全使用规范.......................................10
2.1.3　操控按钮的安全使用规范................................12
2.1.4　灯光按钮的安全使用规范................................13
2.1.5　电气设备的安全常识......14
1. 电气设备绝缘................14
2. 安全距离........................15
3. 屏护措施........................16
4. 安全电压........................16
2.1.6　电气设备外壳防护等级的安全规定......................17
2.1.7　保护接地.........................18
2.1.8　保护接零.........................20
2.1.9　接地体和接地线.............21
1. 接地体............................21
2. 接地线............................22
2.1.10　照明设备的接地和接零............................24
2.1.11　移动便携设备的接地和接零..................26
2.1.12　电工警示牌..................28
1. 禁止警示牌....................28
2. 警告警示牌....................29
3. 指令警示牌....................30
4. 提示警示牌....................30
2.1.13　触电防护......................30
1. 悬挂安全警示牌............30
2. 装设围栏........................31
2.2　静电危害与防护........................32
2.2.1　静电的危害.....................32
1. 静电对人体的危害.........32
2. 静电对生产的影响.........32
3. 静电引发的事故............33
2.2.2　静电的预防.....................34
1. 接地................................34
2. 搭接................................35
3. 增加环境空气湿度.........35
4. 静电中和........................35
5. 使用抗静电剂................35

第3章　电工接线................36

3.1　导线剥线加工............................36

3.1.1　塑料硬导线——使用钢丝钳剥线加工............36

3.1.2　塑料硬导线——使用剥线钳剥线加工............37

3.1.3　塑料硬导线——使用电工刀剥线加工.............37

3.1.4　塑料软导线——使用剥线钳剥线加工.............38

3.1.5　塑料护套线——使用电工刀剥线加工.............39

3.2　导线连接....................................40

3.2.1　缠绕对接塑料硬导线......40

3.2.2　缠绕式T形连接塑料硬导线.............................41

3.2.3　多股塑料软导线的缠绕式对接....................42

3.2.4　多股塑料软导线的缠绕式T形连接.............43

3.2.5　单股塑料硬导线的绞接...............................45

3.2.6　两根单股塑料硬导线的扭接...............................46

3.2.7　三根单股塑料硬导线的绕接...............................47

3.2.8　用线夹连接单股塑料硬导线............................48

3.3　导线连接头的加工.....................49

3.3.1　塑料硬导线连接头的加工................................49

3.3.2　塑料软导线连接头的加工................................50

1. 绞绕式连接头的加工.....50

2. 缠绕式连接头的加工.....50

3. 环形连接头的加工.........51

3.4　线缆焊接与绝缘层恢复............52

3.4.1　线缆焊接.........................52

3.4.2　线缆绝缘层的恢复..........53

1. 使用热收缩管恢复线缆的绝缘层.................53

2. 使用绝缘材料包缠法恢复导线的绝缘层.........53

第4章　电气线路敷设..........55

4.1　瓷夹和瓷瓶配线敷设.................55

4.1.1　瓷夹配线敷设..................55

4.1.2　瓷瓶配线敷设..................56

1. 瓷瓶定位.........................56

2. 瓷瓶与导线的绑扎.........57

3. 瓷瓶配线敷设.................57

4.2　金属管配线敷设.........................58

4.2.1　金属管配线明敷..............58

4.2.2　金属管配线暗敷..............61

4.2.3　PVC线管配线明敷.........62

4.2.4　PVC线管配线暗敷.........63

4.3　线槽配线敷设............................67

4.3.1　金属线槽配线明敷..........67

4.3.2　金属线槽配线暗敷..........67

4.3.3　PVC线槽配线明敷.........68

4.4　电缆敷设....................................73

4.4.1　电缆直埋敷设..................73

1. 电缆直埋敷设的防护与标注.....................73

2. 电缆直埋敷设的深度要求.........................74

3. 电缆直埋敷设的特殊要求........................74

4. 电缆直埋敷设的接头配置要求.................75

4.4.2　电缆架空敷设..................75

4.4.3　电缆水下敷设..................76

4.4.4　电缆构筑物中电缆敷设................................77

1. 电缆排列的规定.............77

2. 电缆在支架上的敷设规定................................77

3. 电缆与热力管道敷设间距的规定.....................77

4. 电缆敷设完毕的处理规定......77

第5章 电气焊接......78

5.1 电焊......78
5.1.1 电焊设备......78
1. 电焊机......78
2. 电焊钳......79
3. 电焊条......79
4. 防护面罩......80
5. 防护手套......80
6. 电焊服......81
7. 绝缘橡胶鞋......81
8. 防护眼镜......82
9. 焊接衬垫......82
10. 敲渣锤......83
11. 钢丝轮刷......83
12. 灭火器......84
13. 焊缝抛光机......84
5.1.2 电焊操作规范......84
1. 电焊环境......84
2. 连接焊接工具......85
3. 焊件连接......87
4. 电焊机参数设置......88
5. 焊接操作......88
6. 焊接验收......91
5.2 锡焊......92
5.2.1 电烙铁......92
1. 直热式电烙铁......92
2. 恒温式电烙铁......93
3. 吸锡式电烙铁......93
5.2.2 热风焊机......93
5.2.3 焊料......94
1. 焊锡丝......94
2. 松香......94
3. 助焊膏......94
5.2.4 锡焊辅助工具......95
1. 吸锡器......95
2. 烙铁架......95
3. 多功能辅助焊台......96
4. 清洁海绵......96
5. 清洁球......96
6. 吸锡线......97
7. 除锡针......97
8. 镊子......97
5.2.5 电烙铁操作规范......98
1. 引线成型......98
2. 安装方式......100
3. 焊接操作......102
4. 焊接质量检查......105
5.2.6 热风焊机操作规范......106
1. 更换焊枪嘴......106
2. 涂抹助焊剂......106
3. 调节温度和风量......106
4. 焊接质量检查......107
5.3 气焊......108
5.3.1 气焊设备......108
5.3.2 气焊操作规范......109
1. 调整气焊设备......109
2. 调整火焰......110
3. 焊接管路......111

第6章 电工电路的文字及符号标识......112

6.1 电工电路文字标识......112
6.1.1 基本文字标识......112
6.1.2 辅助文字标识......118
6.1.3 组合文字标识......119
6.1.4 专用文字标识......120
1. 具有特殊用途的接线端子、导线的专用文字标识......120
2. 表示颜色的文字标识......120
6.2 电工电路符号标识......122
6.2.1 导体和连接件符号标识......122
6.2.2 模拟元件符号标识......125
6.2.3 二进制逻辑元件符号标识......130

6.2.4 电信、传输符号标识..152
6.2.5 基本无源元件符号标识................................163
6.2.6 半导体器件符号标识..165
6.2.7 电气部件符号标识........171
6.2.8 建筑安装符号标识........180

第7章 传感器与检测电路...187

7.1 温度检测电路...........................187
7.1.1 温度检测及信号传输电路................................187
7.1.2 热敏电阻和继电器构成的温度检测控制电路................................189
7.1.3 温度检测及显示电路....189
7.1.4 保温箱恒温控制电路....192
7.1.5 二极管构成的温度检测电路........................193
7.2 湿度检测电路...........................193
7.2.1 粮库湿度检测电路........193
7.2.2 电容型湿度传感器的应用电路........................194
7.2.3 湿度检测指示电路........194
7.2.4 湿度检测及信号处理电路................................195
7.2.5 湿度检测及报警电路....195
7.2.6 湿度检测及数字显示电路................................196
7.2.7 湿度传感器和运算放大器构成的湿度检测电路................................197
7.2.8 土壤湿度检测控制电路..197
7.2.9 菌类培养室湿度检测控制电路........................198
7.2.10 湿度检测与灌溉控制电路......................198
7.2.11 水池水位检测及自动补水电路......................199
7.2.12 油箱液面检测报警电路..............................199
7.3 光检测电路...............................200
7.3.1 光敏电阻器构成的光检测电路.................. 200
7.3.2 光控防盗报警控制电路..200
7.3.3 光控风扇电路................201
7.3.4 火焰探测报警电路........201
7.3.5 光电式报警提示电路....202
7.3.6 光反射式自动干手器电路................................202
7.3.7 自动值守防盗报警电路................................203
7.4 气体检测电路...........................203
7.4.1 气体检测报警电路........203
7.4.2 煤气泄漏检测报警电路................................204
7.4.3 井下氧浓度检测报警电路........................204
7.5 其他检测电路...........................205
7.5.1 振动检测报警电路........205
7.5.2 断线防盗报警电路........205
7.5.3 畜牧产仔报警电路........205

第8章 照明控制电路.........206

8.1 室内照明控制电路...................206
8.1.1 三方照明灯控制电路....206
8.1.2 光控照明电路................206
8.1.3 红外遥控照明电路........207
8.1.4 光控门灯电路................207
8.1.5 晶闸管控制的室内照明电路........................208
8.1.6 室内声控照明电路........208
8.1.7 卫生间门控照明电路....209
8.1.8 触摸延时照明控制电路................................209

8.2 公共照明控制电路....................210
8.2.1 继电器控制的光控路灯照明电路................210
8.2.2 走廊灯延时熄灭控制电路................................210
8.2.3 时基芯片控制的小区公共照明电路................211
8.2.4 楼道声控照明电路........212
8.2.5 楼道光控照明电路........212
8.2.6 声光双控照明电路........213
8.2.7 应急灯照明电路............213
8.2.8 景观照明控制电路........214
8.2.9 循环闪光彩灯控制电路................................214
8.2.10 LED广告灯控制电路....................................215
8.2.11 大厅调光照明控制电路.............................216
8.2.12 超声波遥控照明电路....................................216
8.2.13 电子开关集成电路控制的灯牌照明电路....................................217

第 9 章　供配电电路............218

9.1 低压供配电电路.......................218
9.1.1 双路互供低压配电柜供配电电路...................218
9.1.2 楼宇低压供配电电路....219
9.1.3 楼层配电箱供配电电路................................220
9.1.4 家庭入户供配电电路....221
9.1.5 低压设备供配电电路....221
9.1.6 具有过流保护功能的低压供配电电路 222
9.1.7 三相双电源安全配电电路................................222
9.1.8 三相双电源自动互供配电电路....................... 223
9.2 高压供配电电路.......................223
9.2.1 35kV 工厂变电所供配电电路....................... 223
9.2.2 一次变压供电电路........224
9.2.3 10kV 高压配电柜电路....................................225
9.2.4 35kV 高压变配电控制电路........................226
9.2.5 楼宇变电柜供电电路....227
9.2.6 具有备用电源的10kV变配电柜供电电路........228
9.2.7 具有备用电源的高压变电所供配电电路........228
9.2.8 工厂高压供配电电路....229
9.2.9 10kV 工厂变电所供配电电路....................... 230
9.2.10 35kV 变电站的供配电电路.................231
9.2.11 总降压变电所供配电电路.............................232
9.2.12 深井高压供配电电路....................................233

第 10 章　电动机控制电路.....234

10.1 直流电动机控制电路.............234
10.1.1 直流电动机三极管驱动电路......................234
10.1.2 直流电动机外加电压的控制电路.................234
10.1.3 直流电动机的限流控制电路......................235
10.1.4 变阻式直流电动机速度控制电路.............235
10.1.5 他励式直流电动机能耗制动控制电路......235
10.1.6 脉冲式电动机转速控制电路......................236
10.1.7 具有发电制动功能的电动机驱动控制电路...236
10.1.8 驱动和制动分离的直流电动机控制电路...237

10.1.9 由电位器调速的直流电动机驱动控制电路...237
10.1.10 直流电动机正/反转切换控制电路...........237
10.1.11 模拟电压控制的直流电动机正/反转驱动电路...................238
10.1.12 运放控制的直流电动机正/反转驱动电路...................238
10.1.13 直流电动机的限流和保护控制电路........239
10.1.14 直流电动机正/反转控制电路...................239
10.1.15 光控直流电动机驱动控制电路...........240
10.1.16 光控双向旋转的直流电动机驱动电路...................240
10.1.17 直流电动机调速控制电路...................241
10.1.18 直流电动机降压启动控制电路...........241
10.1.19 直流电动机正/反转连续控制电路...........242
10.1.20 直流电动机能耗制动控制电路...........242
10.2 伺服电动机控制电路............243
10.2.1 桥式伺服电动机驱动控制电路......................243
10.2.2 采用 LM675 芯片的伺服电动机驱动控制电路.............................243
10.2.3 采用 TLE4206 芯片的伺服电动机驱动控制电路......................244
10.2.4 采用 NJM2611 芯片的伺服电动机驱动控制电路......................245
10.2.5 采用 M64611FP 芯片的伺服电动机驱动控制电路......................246
10.2.6 采用 BA6411 和 BA6301两个芯片的伺服电动机驱动控制电路..............247
10.3 步进电动机控制电路.............248
10.3.1 单极性二相步进电动机的激磁驱动等效电路......................248
10.3.2 双极性二相步进电动机驱动控制电路......................249
10.3.3 采用 L298N 和 L297 芯片的步进电动机驱动控制电路..............249
10.3.4 5 相步进电动机的驱动控制电路..............250
10.3.5 采用TA8435H/HQ芯片的步进电动机驱动控制电路......................251
10.3.6 采用TB62209F芯片的步进电动机驱动控制电路......................252
10.3.7 采用TB6608FNG芯片的步进电动机驱动控制电路......................252
10.3.8 采用L6470芯片的步进电动机驱动控制电路......................253
10.3.9 采用TB6560HQ芯片的步进电动机驱动控制电路......................254
10.3.10 采用TB6562ANG/AFG芯片的步进电动机驱动控制电路...........................254
10.4 单相交流电动机控制电路.....256

10.4.1 单相交流电动机正/反转驱动控制电路......256
10.4.2 可逆单相交流电动机驱动控制电路......257
10.4.3 单相交流电动机启/停控制电路......257
10.4.4 单相交流电动机电阻启动式驱动控制电路......257
10.4.5 单相交流电动机电容启动式驱动控制电路......258
10.4.6 晶闸管控制的单相交流电动机调速电路......258
10.4.7 单相交流电动机电感器调速电路......259
10.4.8 单相交流电动机热敏电阻调速电路......259
10.4.9 点动开关控制的单相交流电动机正/反转驱动电路......260
10.4.10 限位开关控制的单相交流电动机正/反转驱动电路......260
10.4.11 转换开关控制的单相交流电动机正/反转驱动电路......261
10.5 三相交流电动机控制电路......261
10.5.1 三相交流电动机点动控制电路......261
10.5.2 三相交流电动机正/反转点动控制电路......262
10.5.3 三相交流电动机连续控制电路......262
10.5.4 具有过载保护功能的三相交流电动机正转控制电路......263
10.5.5 复合开关控制的三相交流电动机点动/连续电路......263
10.5.6 旋转开关控制的三相交流电动机点动/连续电路......264
10.5.7 按钮互锁的三相交流电动机正/反转控制电路......264
10.5.8 接触器互锁的三相交流电动机正/反转控制电路......265
10.5.9 按钮和接触器双重互锁的三相交流电动机正/反转电路......265
10.5.10 三相交流电动机正/反转自动维持控制电路......266
10.5.11 两台三相交流电动机先后启动的连锁控制电路......266
10.5.12 按钮控制的三相交流电动机启停电路......267
10.5.13 时间继电器控制的三相交流电动机顺序启动电路......267
10.5.14 三相交流电动机反接制动控制电路......268
10.5.15 三相交流电动机绕组短路式制动控制电路......269
10.5.16 三相交流电动机的半波整流制动控制电路......269
10.5.17 三相交流电动机串电阻降压启动控制电路......270

10.5.18 三相交流电动机串电阻降压启动控制电路......270
10.5.19 三相交流电动机Y—△降压式启动控制电路......272
10.5.20 三相交流电动机的过流保护电路......273
10.5.21 三相交流电动机定时启/停控制电路......273
10.5.22 两台三相交流电动机交替工作控制电路......274
10.5.23 双速电动机变换控制电路......274
10.5.24 三相交流电动机调速控制电路......275
10.5.25 由自耦变压器降压启动的三相交流电动机控制电路......276

第11章 农机和机电控制电路......277

11.1 农机控制电路......277
11.1.1 水泵控制电路......277
11.1.2 禽蛋孵化箱控制电路......278
11.1.3 排水设备自动控制电路......278
11.1.4 农田自动排灌控制电路......279
11.1.5 稻谷加工机控制电路......280
11.1.6 电围栏控制电路......280
11.1.7 鱼池增氧控制电路......281
11.1.8 自动灌水控制电路......281
11.1.9 养鱼池水泵和增氧泵自动交替运转控制电路......282
11.1.10 秸秆切碎机驱动控制电路......283
11.1.11 谷物加工机电气控制电路......284
11.2 机电控制电路......285
11.2.1 货物升降机控制电路......285
11.2.2 切纸机光电自动保护控制电路......286
11.2.3 牛头刨床控制电路......286
11.2.4 齿轮磨床控制电路......287
11.2.5 卧式车床控制电路......288
11.2.6 平面磨床控制电路......289
11.2.7 电动葫芦控制电路......291
11.2.8 铣床铣头电动机控制电路......291
11.2.9 C616 型车床控制电路......293
11.2.10 CW6136A 型车床控制电路......295
11.2.11 X52K 型立式升降台铣床控制电路......298
11.2.12 X53T 型立式铣床控制电路......302
11.2.13 M7120 型平面磨床控制电路......306
11.2.14 M1432A 型万能外圆磨床控制电路......311
11.2.15 Z3050 型摇臂钻床控制电路......315
11.2.16 Z35 型摇臂钻床控制电路......319

第1章 直流电和交流电

1.1 直流电和直流电路

1.1.1 磁场感应出电流

直流电（direct current，DC）是指电流流向单一，其方向不做周期性变化的电流，如图1-1所示。

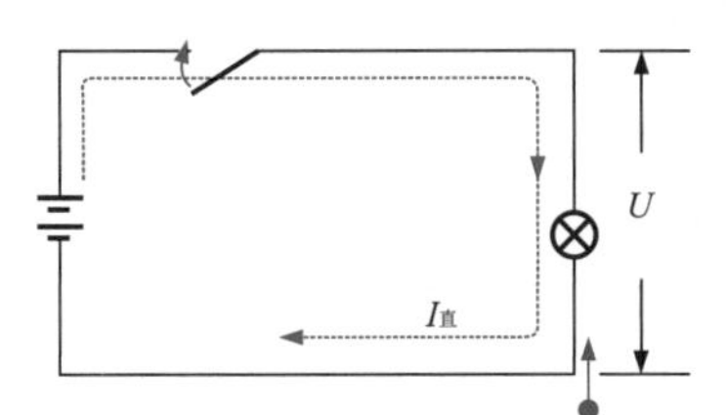

电源输出电流的方向不随时间变化的电压，称为直流电压，用U表示

（a）电路模型

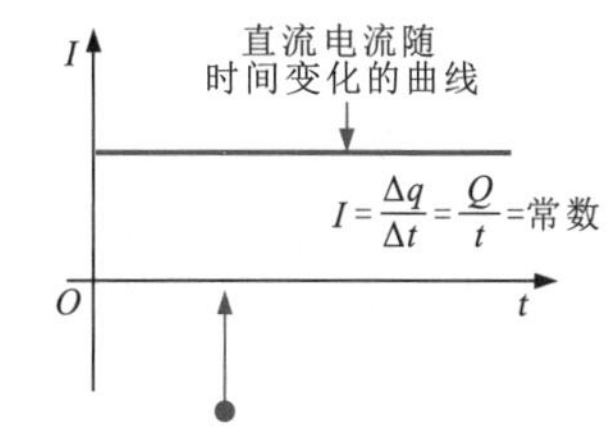

直流电流I与时间t的关系在I-t坐标系中为一条与时间轴平行的直线

（b）电流曲线

图1-1　直流电的特征

直流电可以分为脉动直流和恒定直流两种，如图1-2所示。脉动直流中直流电流大小不稳定；恒定直流是指大小和方向都不变的电流，也称为恒流电。

（a）脉动直流　　（b）恒定直流

图1-2　脉动直流和恒定直流

一般由（干）电池、蓄电池等产生的电流为直流电，即电流的大小和方向不随时间变化，也就是说其正、负极始终不改变。

补充说明

一般将可提供直流电的装置称为直流电源，它是一种形成并保持电路中恒定直流的供电装置，如干电池、蓄电池、直流发电机等。直流电源有正、负两极。当直流电源为电路供电时，直流电源能够使电路两端之间保持恒定的电位差，从而在外电路中形成由电源正极到负极的电流。

1.1.2 直流电路

直流电路是电流流向不变的电路，是由直流电源、控制器件及负载（电阻、照明灯、电动机等）构成的闭合导电回路。

图1-3所示为简单的直流电路。

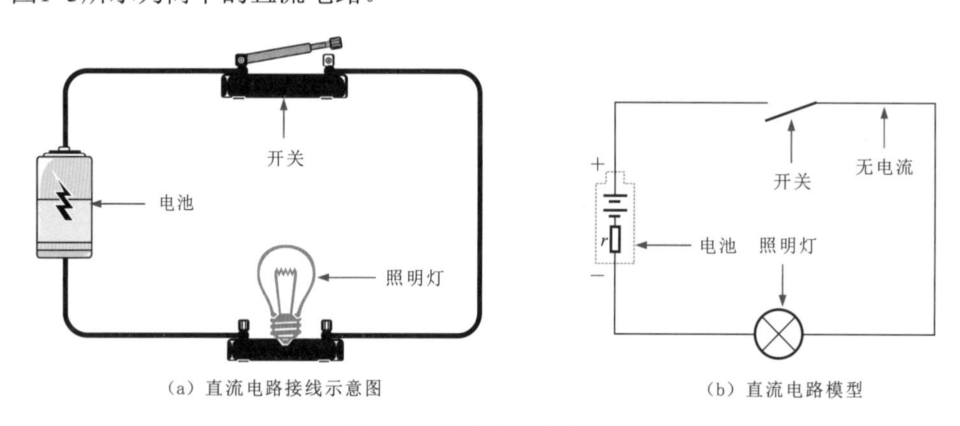

图1-3 简单的直流电路

补充说明

当开关断开时，电路断开，照明灯不亮，导线中无电流。
当开关闭合时，电路形成回路，照明灯亮，导线中有电流。

根据直流电源类型不同，直流电路的供电方式主要可以分为电池直接供电、交流-直流变换电路供电两种方式。

1 电池直接供电

图1-4所示为典型的电池直接供电电路。

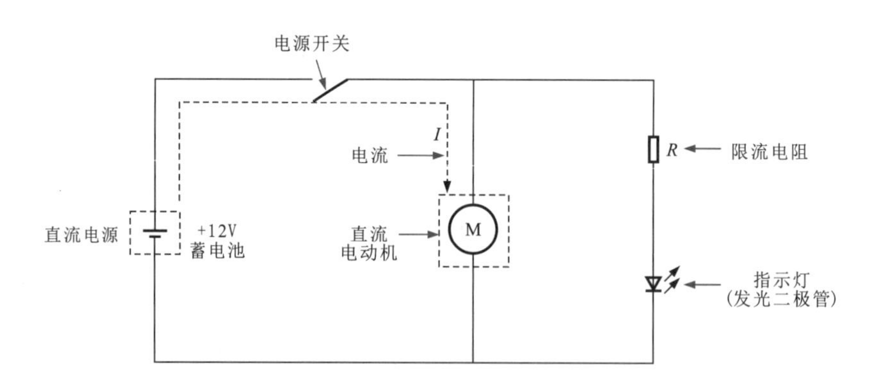

图1-4 典型的电池直接供电电路

补充说明

+12V蓄电池经电源开关为直流电动机供电，当闭合电源开关时，由蓄电池的正极输出电流，经电源开关、直流电动机到蓄电池的负极构成回路。直流电动机的线圈有电流流过，将启动运转。

干电池、蓄电池都是家庭中最常见的直流电源，由这类电池供电是直流电路最直接的供电方式。一般使用直流电动机的小型电器产品、小灯泡、指示灯及大多数电工用仪表类设备（万用表、钳形表等）都采用这种供电方式。

2 交流-直流变换电路供电

图1-5所示为典型的交流-直流变换电路供电。

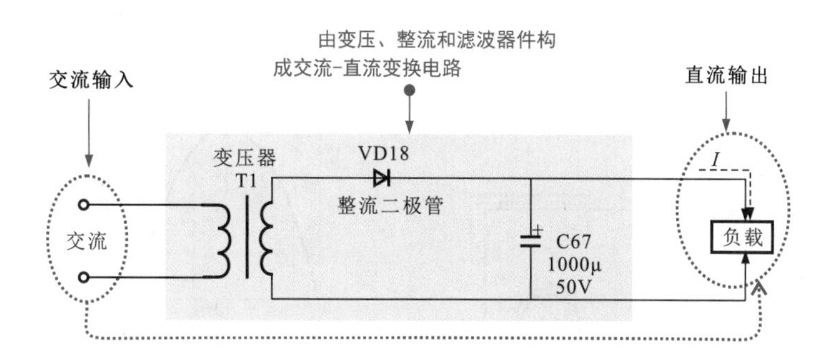

图1-5　典型的交流-直流变换电路供电

家用电器一般都连接220V交流电源，而电路中的单元电路和功能部件多需要直流供电。因此，若要家用电器正常工作，首先就需要通过交流-直流变换电路将输入的220V交流电压变换成直流电压。

图1-6所示为交流-直流变换电路的应用。

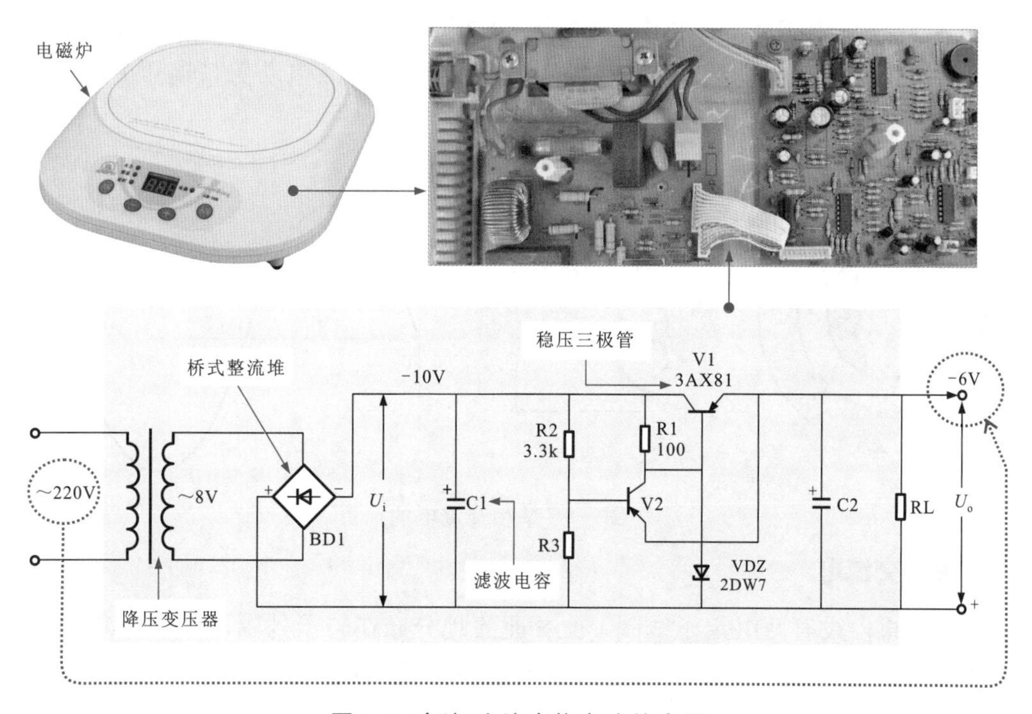

图1-6　交流-直流变换电路的应用

1.2 交流电和交流电路

1.2.1 交流电

交流电（alternating current，AC）是指大小和方向会随时间做周期性变化的电压或电流。日常生活中大多数电器设备都使用市电即220V、50Hz交流电作为供电电源，这是我国公共用电的统一标准，220V交流电压是指相线（L）对零线（N）的电压。

如图1-7所示，交流电是由交流发电机产生的，交流发电机通常有产生单相交流电的机型和产生三相交流电的机型。

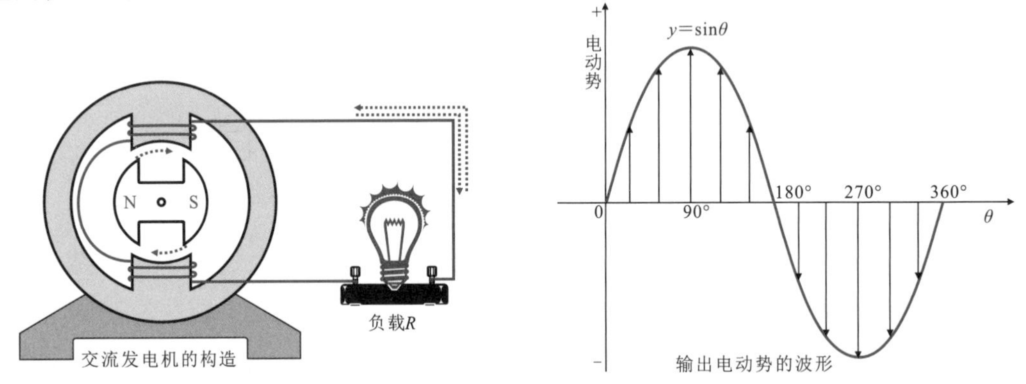

图1-7　交流电的产生

1 单相交流电

单相交流电在电路中具有单一交变的电压，该电压以一定的频率随时间变化，如图1-8所示。在单相交流发电机中，只有一个线圈绕制在铁芯上构成定子，转子是永磁体。当其内部的定子和线圈为一组时，它所产生的感应电动势（电压）也为一组（相），由两条线进行传输。

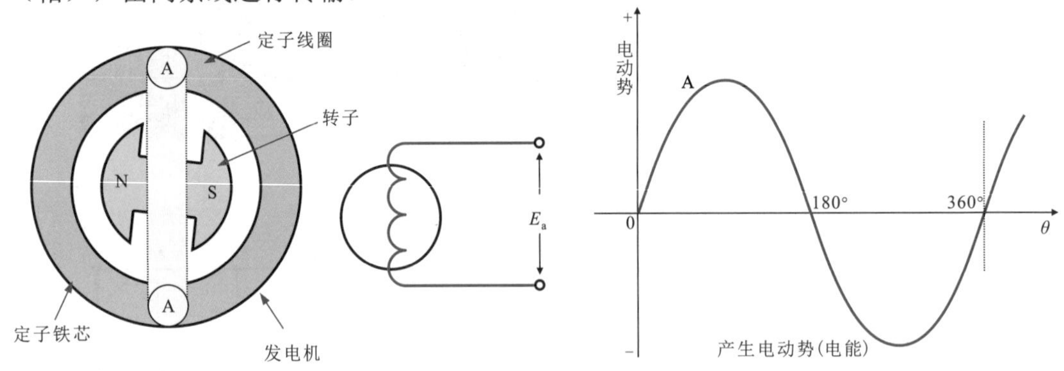

图1-8　单相交流电的产生

2 两相交流电

在发电机内设有两组定子线圈，互相垂直地分布在转子外围，如图1-9所示，转子旋转时两组定子线圈产生两组感应电动势，这两组电动势之间有90°的相位差，这种电源称为两相电源。这种方式多在自动化设备中使用。

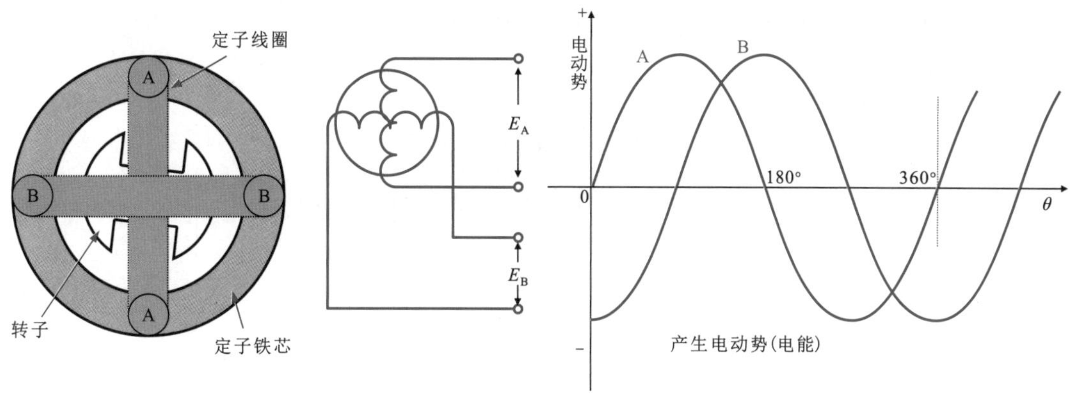

图1-9　两相交流电的产生

3 三相交流电

通常，把三相电源的线路中的电压和电流统称三相交流电，这种电源由三条线来传输，三条线之间的电压大小相等（380V）、频率相同（50Hz）、相位差为120°，如图1-10所示。

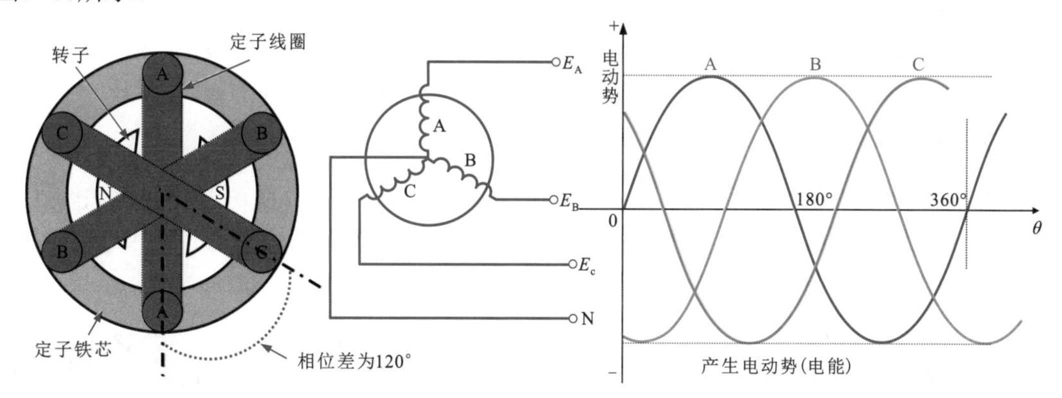

图1-10　三相交流发电动机

三相交流电是由三相交流发电机产生的。在定子槽内放置着三个结构相同的定子绕组A、B、C，这些绕组在空间互隔120° 。转子旋转时，其磁场在空间按正弦规律变化，当转子由水轮机或汽轮机带动以角速度ω等速地顺时针方向旋转时，在三个定子绕组中，就产生频率相同、幅值相等、相位上互差120° 的三个正弦电动势，这样就形成了对称三相电动势。

1.2.2 交流电路

交流电通过的电路称为交流电路。在电工领域，常见的交流电路主要为单相交流电路和三相交流电路。

1 单相交流电路

单相交流电路主要由单相交流供电电源、控制器件和负载构成。图1-11所示为家庭照明供电电路。该电路属于典型的单相交流电路。

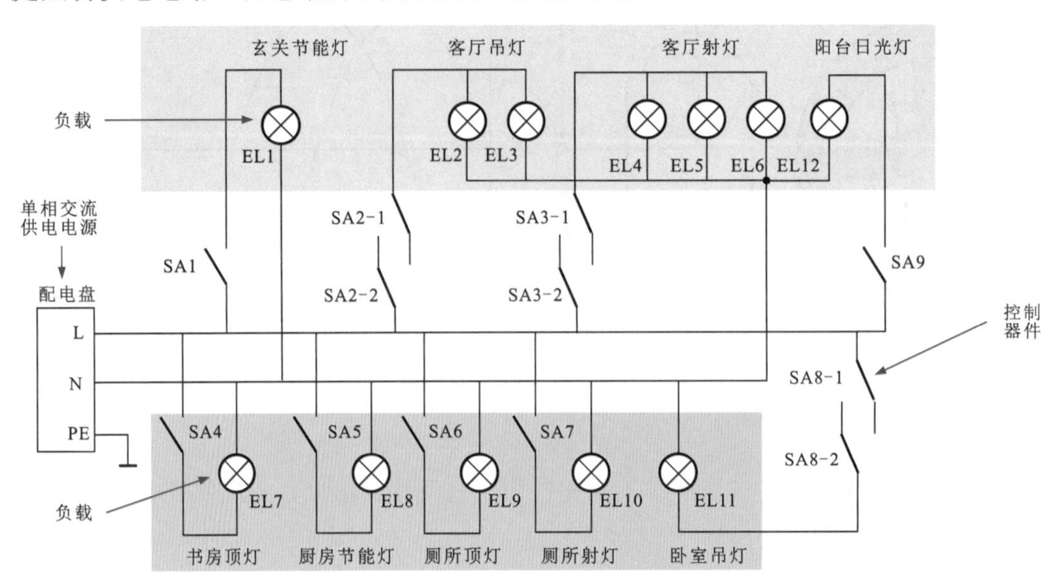

图1-11　家庭照明供电电路

单相交流电路主要有单相两线式、单相三线式供电方式。

1 单相两线式

单相两线式交流电路是由一根相线和一根零线组成的。取三相三线式高压线中的两根线作为柱上变压器的输入端，经变压处理后，由二次侧输出220V交流电压。

图1-12所示为单相两线式交流电路。

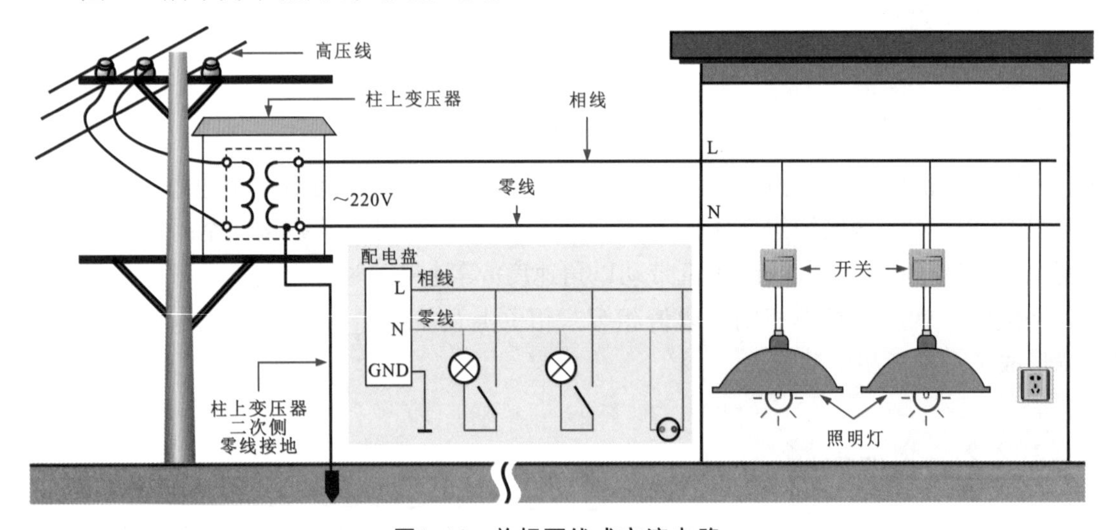

图1-12　单相两线式交流电路

2 单相三线式

单相三线式交流电路是由一根相线、一根零线和一根地线组成的。家庭供电线路中的相线和零线来自柱上变压器，地线是住宅的接地线。由于不同的接地点存在一定的电位差，因此零线与地线之间可能有一定的电压。

图1-13所示为单相三线式交流电路。

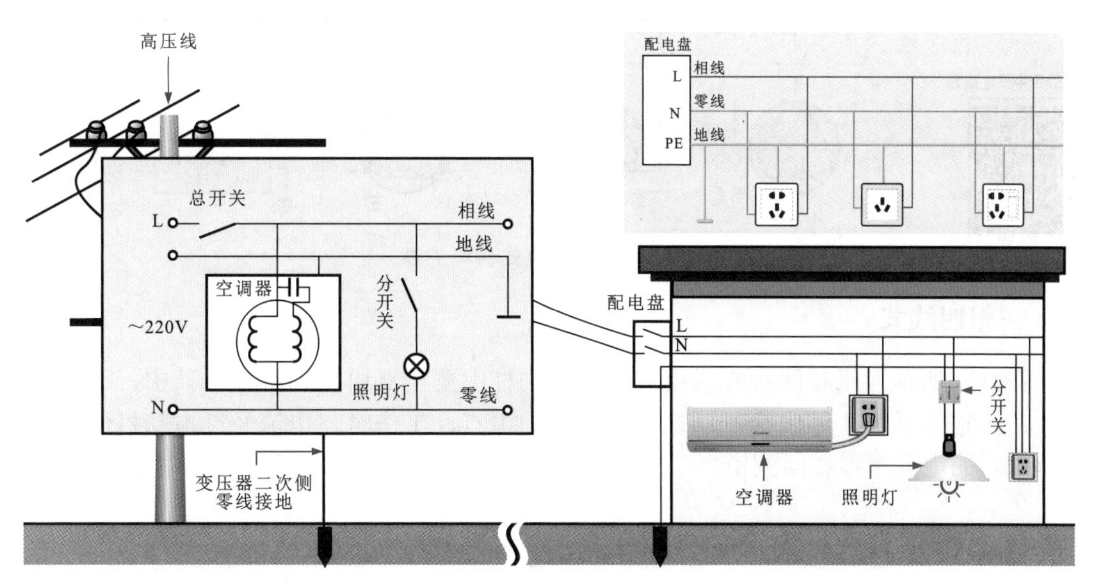

图1-13　单相三线式交流电路

2 三相交流电路

三相交流电路主要由三相供电电源、控制器件和负载构成。图1-14所示为一种简单的电力拖动控制电路，该电路属于典型的三相交流电路。

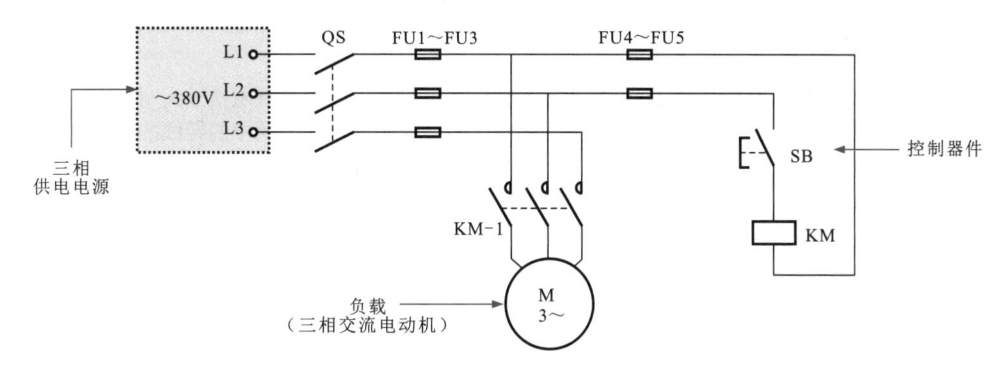

图1-14　一种简单的电力拖动控制电路

补充说明

三相交流电路供电电源为三根相线。其中，每两根相线之间的电压均为380V，频率均为50Hz，该电压称为线电压；每根相线与零线之间的电压均为220V，称为相电压。

三相交流电路主要有三相三线式、三相四线式和三相五线式三种供电方式。

1 三相三线式

图1-15所示为三相三线式供电方式，其由柱上变压器引出三根相线为工厂中的电气设备供电，三根相线之间的电压都为380V。

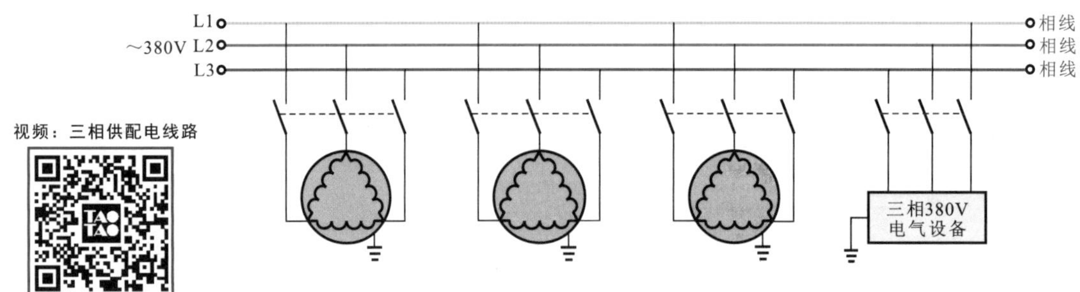

图1-15　三相三线式供电方式

2 三相四线式

图1-16所示为三相四线式供电方式，其由柱上变压器引出四根线。其中，三根为相线，一根为零线。零线接电动机三相绕组的中点，工作时，电流经过电动机做功，没有做功的电流经零线回到电厂，对电动机起保护作用。

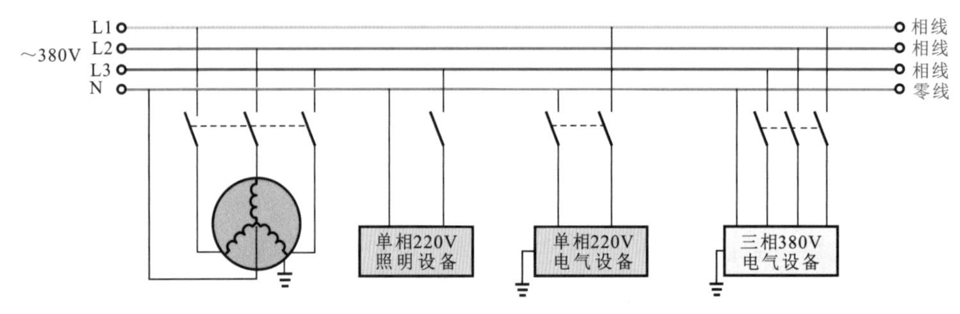

图1-16　三相四线式供电方式

补充说明

在三相四线式供电方式中，当三相负载不平衡或低压电网的零线过长且阻抗过大时，零线将有零序电流通过。由于环境恶化、导线老化、受潮等因素，会使过长的低压电网中的导线的漏电电流通过零线形成闭合回路，致使零线也带一定的电位，这对安全运行十分不利。在零线断线的特殊情况下，断线以后的单相设备和所有保护接零的设备会产生危险的电压，这是不允许的。

3 三相五线式

在三相四线式供电系统中，把零线的两个作用分开，即一根线作工作零线，另一根线作做保护零线（PE或地线），这样的供电接线方式称为三相五线式供电方式，如图1-17所示。

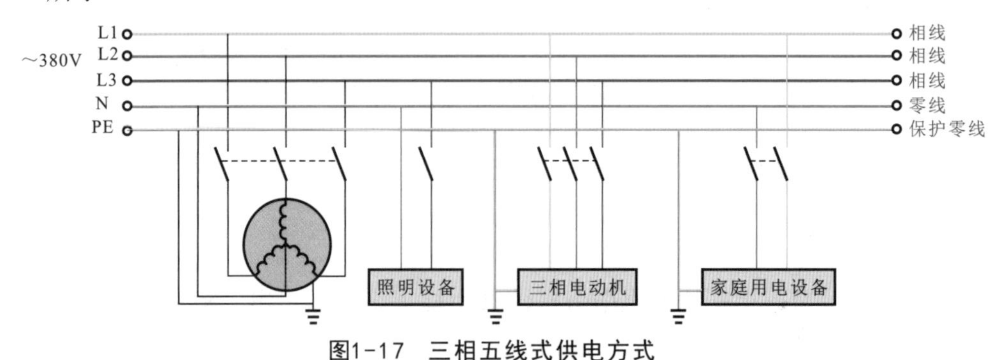

图1-17　三相五线式供电方式

第2章 电工安全常识

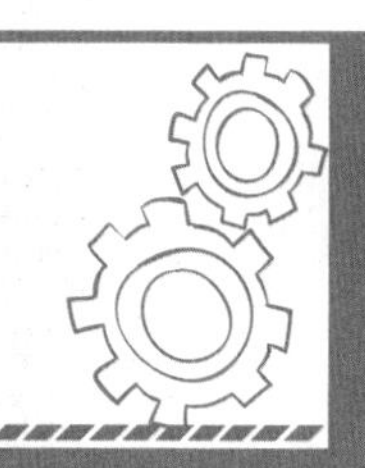

2.1 电工安全防护

2.1.1 电工线缆的安全使用规范

在电工作业领域，不同场合和环境下所使用的电缆电线种类多种多样，为了确保电缆电线的使用正确，方便连接、安装和检修，应按照规定进行相应标识，以准确区分和正确选用。

如图2-1所示，线芯绝缘层用不同颜色加以区分。不同颜色的导线，其电路功能或应用环境不同。

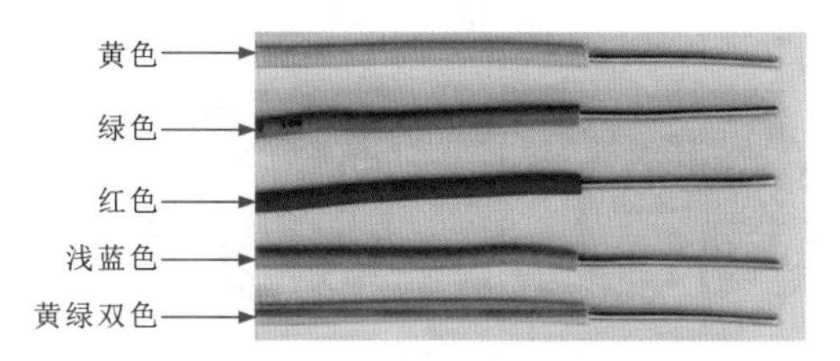

图2-1 不同颜色绝缘层的电工线缆

视频：电线的种类特点

补充说明

根据用线规范，在交流三相电路中，“U相”通常采用黄色绝缘层的线缆，“V相”通常采用绿色绝缘层的线缆，“W相”通常采用红色绝缘层的线缆，“零线（中性线）”通常采用浅蓝色绝缘层的线缆，“保护接地”通常采用黄绿双色绝缘层的线缆。

而在直流电路中，“正极”常采用棕色线，“负极”常采用蓝色线，“接地中线”采用浅蓝色线。

电工线缆的颜色标识与应用关系见表2-1。

表2-1 电工线缆的颜色标识与应用关系对照表

颜 色	应 用	颜 色	应 用
白色	双向晶闸管的主电极； 无指定用色的半导体电路	蓝色	直流电路的负极； 半导体三极管的发射极； 半导体二极管正极、晶闸管的阳极
黑色	装置和设备的内部布线	浅蓝色	三相电路的零线或中性线； 直流电路的接地中线
红色	三相电路的W相； 半导体三极管的集电极； 半导体二极管的负极； 晶闸管的阴极	棕色	直流电路的正极
黄色	三相电路的U相； 半导体三极管的基极； 晶闸管和双向晶闸管的门极	黄绿双色	安全用接地线
绿色	三相电路的V相	红黑色并行	用双芯导线或双根绞线连接的交流电路

图2-2所示为电工成套装置中电工线缆的颜色标识。

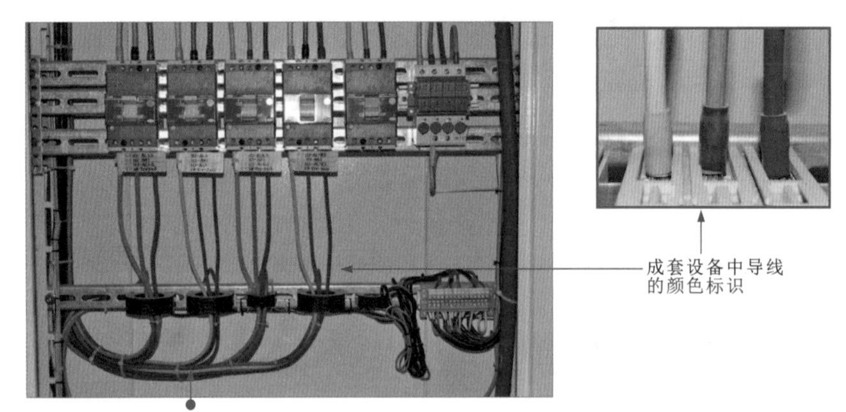

在电工成套装置中：
保护导线——黄绿双色线；动力线路中线、中间线——浅蓝色；交流控制电路——红色；
直流控制电路——蓝色；与保护导线连接的控制电路——白色；直流或交流动力电路——黑色；
连接电网的连锁电路——黄色。

图2-2　电工成套装置中电工线缆的颜色标识

如图2-3所示，多芯电力电缆线芯的颜色一般采用红、黄、绿、浅蓝标识，红、黄、绿为主线芯，浅蓝为中性线芯。

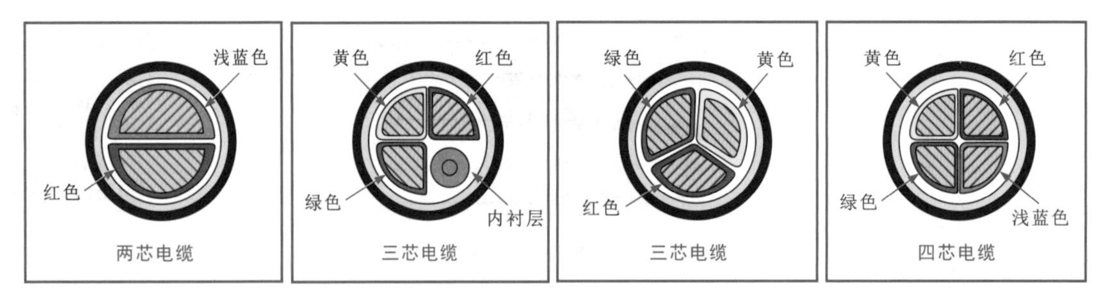

图2-3　多芯电力电缆线芯的颜色标识

2.1.2 指示灯的安全使用规范

指示灯是一种用于指示线路或设备的运行状态、警示等作用的指示部件。如图2-4所示，指示灯的颜色多种多样。不同颜色的指示灯所指示的含义或功能不同，了解和区分指示灯的颜色标识，在操作、检修中正确识别指示灯的颜色所代表的含义，是确保正确操作、保证设备和人身安全的基本前提。

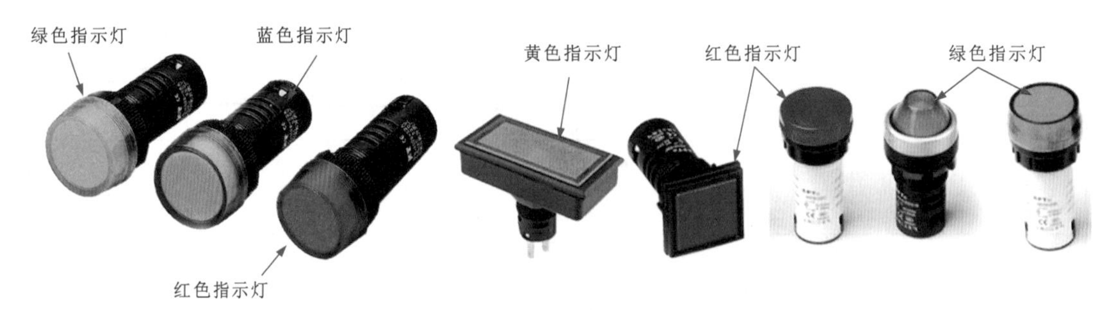

图2-4　不同外形和颜色的指示灯

指示灯的颜色主要有红、黄、绿、蓝、白五种，不同颜色代表的含义不同，电工人员在进行安装、操作执行、检修、维护时，必须正确区分这些不同颜色代表的含义，以保障设备和人身安全。指示灯颜色代表的含义见表2-2。

表2-2　指示灯颜色代表的含义

颜色标识	含　义	备　注
红色（RD）	危险指示	有触及带电部分的危险
	事故跳闸	因保护器件动作而停机
	重要的服务系统停机	—
	起重机停止位置超行程	—
	辅助系统的压力/温度超出安全极限	温度异常、压力异常
黄色（YE）	警告提示	情况有变化或即将发生变化
	高温报警	温度异常
	过负荷	仅能承受允许的短时过载
	异常提示	—
绿色（GN）	安全提示	—
	正常提示	核准继续运行
	正常分闸（停机）提示	设备在安全状态
	弹簧储能完毕提示	设备在安全状态
蓝色（BU）	电动机降压启动过程提示	设备在安全状态
白色（WH）	开关的合（关）或运行指示	单灯指示开关运行状态，双灯指示开关合时运行状态

在电工领域，指示灯的应用比较广泛，常见于各种配电箱、电工成套设备（如高低压配电柜、配电箱等）中，如图2-5所示，用于实施内部线路或设备的工作状态，以便电工作业人员根据指示操作、维护和检修设备。

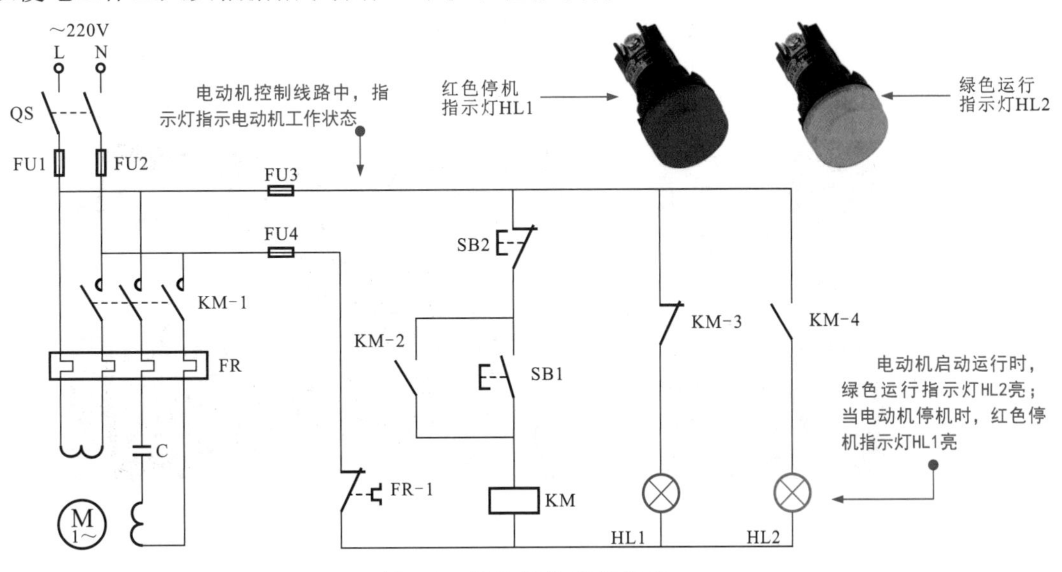

图2-5　指示灯的应用规范

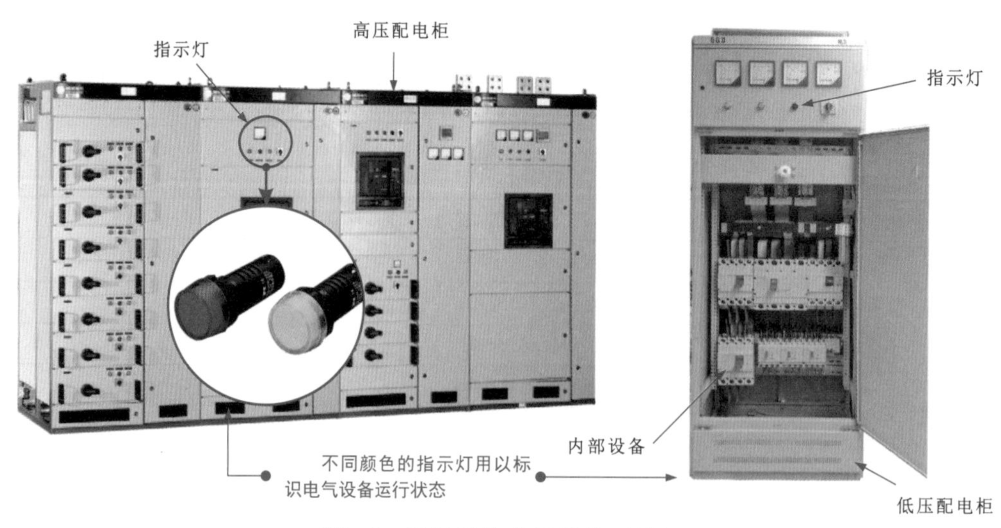

图2-5　指示灯的应用规范（续）

2.1.3 操控按钮的安全使用规范

操控按钮是一种手动操作的电气开关，一般用来在控制线路中发出远距离控制信号或指令去控制继电器、接触器或其他负载，实现对负载的控制，如图2-6所示为几种不同颜色的操控按钮。

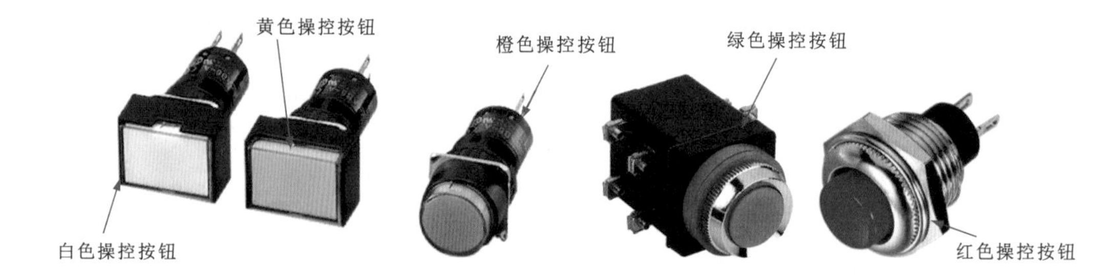

图2-6　几种不同颜色的操控按钮

实际应用中的操控按钮如图2-7所示，不同颜色操控按钮的功能有所不同。

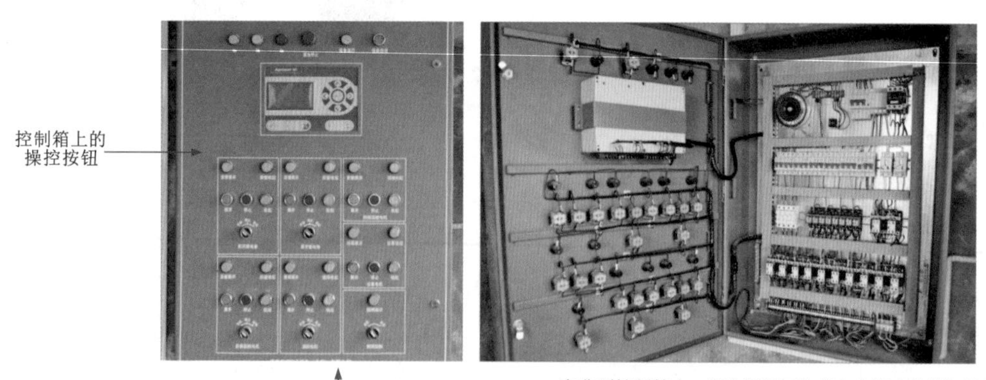

图2-7　实际应用中的操控按钮

操控按钮的颜色主要有红、绿、黄、白、蓝、黑、灰7种，不同颜色代表的含义见表2-3。电工人员在进行安装、操作执行、检修、维护时，必须正确区分这些不同颜色的含义，以保障设备和人身安全。

表2-3 操控按钮的不同颜色代表的含义

按钮开关颜色标识	含 义	备 注
红色（RD）	紧停按钮	紧急停机
	正常停和紧停合用按钮	正常停机
	停止或断电	停止一台或多台电动机
	危险状态或紧急指令	—
绿色（GN）	安全状态	工作正常
	合闸（通电或启动）按钮	启动一台或多台电动机
黄色（YE）	异常、故障状态	防止意外发生
白色（WH）	电动机降压启动结束按钮	—
	复位按钮	单一的复位功能
蓝色（BU）	弹簧储能按钮、复位按钮	—
黑色（BK）	无特定含义	除单功能的断电或停止按钮外的任何功能
灰色（GY）	无特定含义	一钮双用，即按下运行，抬起停止，可用白、灰、黑色按钮

2.1.4 灯光按钮的安全使用规范

灯光按钮如图2-8所示，是一种带有指示灯的按钮开关，具有指示、警示功能，可同时实现控制和指示作用。

图2-8 灯光按钮

灯光按钮指示灯的颜色在亮灭状态下颜色不变，只有点亮与熄灭两种状态。如图2-9所示，当按钮上的灯亮时，表示可以按下按钮，用以执行某种指令；按下后灯灭，表示指令被执行。当按钮上的灯灭时，按下后灯亮，表示指令已被执行；若按下后闪光，表示某一指令正在执行，执行完成后，变为固定光。

需要说明的是，这种按钮不能用作事故指示按钮。

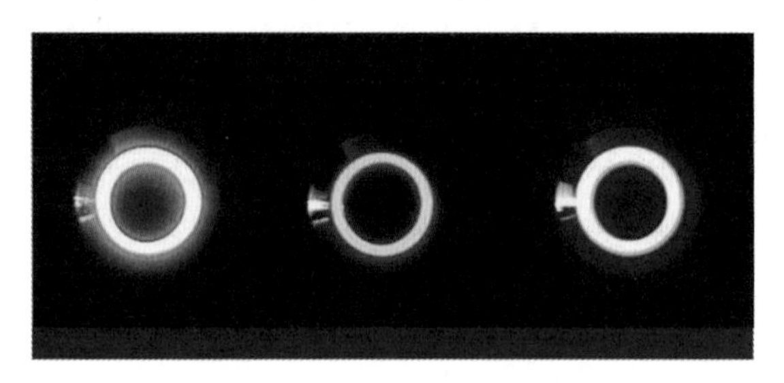

图2-9 灯光按钮实际使用

具有彩色指示灯的灯光按钮对颜色有一定的要求。常见的颜色主要有红、黄、绿、蓝、白几种，不同颜色代表的含义与用途见表2-4。电工人员在进行安装、执行、检修、维护时，必须正确区分这些不同颜色的含义。

表2-4 灯光按钮的颜色代表的含义与用途

颜色	含义	用途
红色（RD）	停止	停止（急停按钮绝对不要用灯光按钮），在某些情况下用作复位
黄色（YE）	注意或警告	全程避免危险情况出现而开始操作。例如，某些参数（电流、温度）接近它的许可极限，按下按钮后，可以不执行以前选定的功能
绿色（GN）	已准备好，可以开始	灯光按钮授权后的开动。例如，启动一台或几台辅助功能电动机，接通电磁夹盘或吸盘，开动部分工序。点动应当使用非灯光黑（或绿）色按钮
蓝色（BU）	红、黄、绿、白未包括的任何含义	指示或命令操作者去完成某项任务，如进行调整（在完成任务后，要按下该按钮，以示回答）
白色（WH）	证明电路已接通或证实操作或运动已开始或预选好了	接通电路或开动或进行预选。例如，接通与工作循环无关的辅助电路，开动或预选

2.1.5 电气设备的安全常识

电气设备主要包括电力系统中各种高、低压电气设备，如发电机、变压器、断路器、隔离开关、互感器、避雷器、母线、电动机、继电器、控制装置、仪表、保护装置等，即与电有关的各种设备都可以称为电气设备。所有电气设备应符合安全要求；安装和使用电气设备时，必须保证安全。

1 电气设备绝缘

电气设备绝缘如图2-10所示。电气设备绝缘良好，是保证人身安全和电气设备安全并正常工作的基本条件。电气设备的绝缘一般要求绝缘材料必须具备足够的绝缘性能，并能够承受因各种影响引起的过电压。

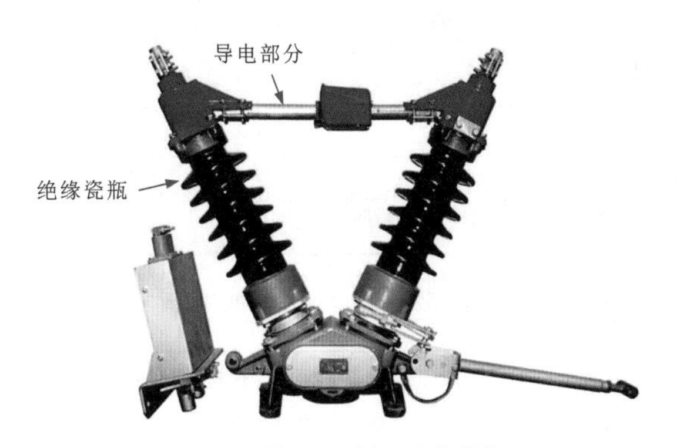

（a）高压隔离开关（高压电气设备）

（b）电流互感器（高压电气设备）

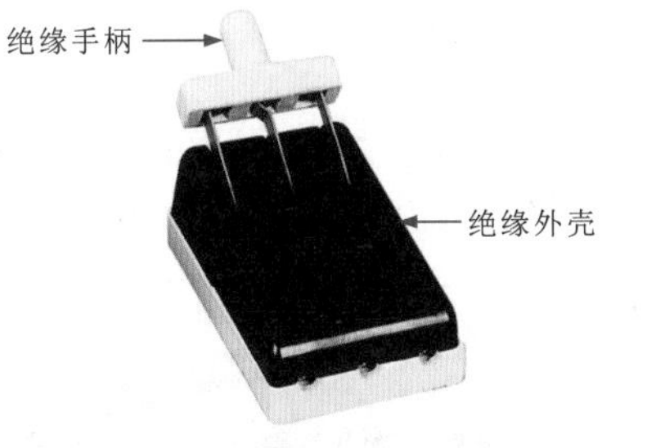

（c）三极开启式负荷开关（低压电气设备）

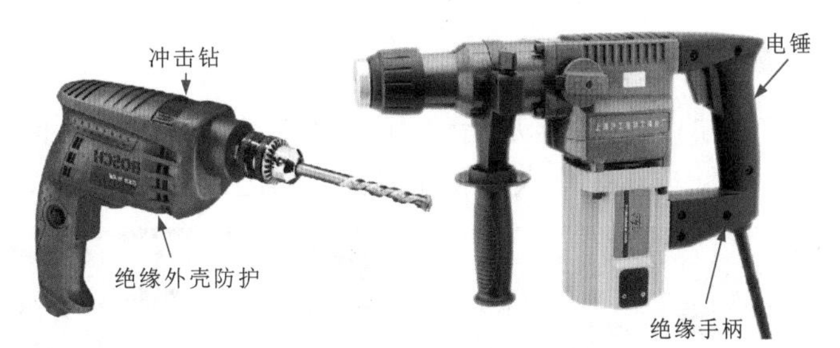

（d）电动工具（低压电气设备）

图2-10　电气设备绝缘

补充说明

目前，常用的绝缘材料有玻璃、云母、木材、塑料、胶木、布、纸、漆等，每种材料的绝缘性能和耐压数值都有所不同，应视情况合理选择。

2 安全距离

电气设备的安全距离是指人体、物体等接近电气设备带电部位、动作部件或可能散发出的粉尘、气体等而不发生危险的可靠距离，如图2-11所示。

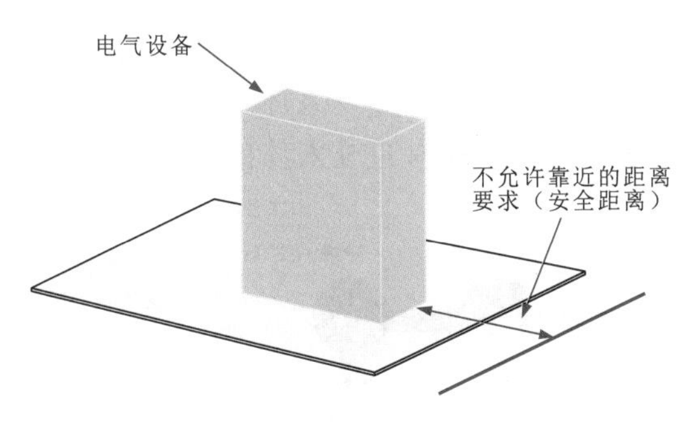

图2-11　电气设备的安全距离

补充说明

带电体电压不同、类型不同、安装方式不同等，要求操作人员作业时所需保持的间距也不一样。安全距离一般取决于电压、设备类型、安装方式等相关的因素。间距类型及说明见表2-5。

表2-5 间距类型及说明

间距类型	说 明
线路间距	线路间距是指厂区、市区、城镇低压架空线路的安全距离。一般情况下，低压架空线路导线与地面或水面的距离应不低于6m，330kV线路与附近建筑物之间的距离应不小于6m
设备间距	电气设备或配电装置的装设应考虑搬运、检修、操作和试验的方便性。为确保安全，电气设备周围需要保持必要的安全通道。例如，在配电室内，低压配电装置正面通道宽度单列布置时应不小于1.5m
检修间距	检修间距是指在维护检修中人体及所带工具与带电体之间或停电设备之间必须保持的足够的安全距离。 起重机械在架空线路附近作业时，要注意其与线路导线之间应保持足够的安全距离

3 屏护措施

屏护措施通常是指使用防护装置将带电体所涉及的场所或区域范围进行防护隔离，防止电工操作人员和非电工人员因靠近带电体引发直接触电事故，如图2-12所示。

图2-12 屏护措施

补充说明

常见的屏护措施有围栏屏护、护盖屏护、箱体屏护等。屏护装置必须具备足够的机械强度和较好的耐火性能。若材质为金属，则必须采取接地（或接零）处理，防止屏护装置意外带电造成触电事故。屏护应按电压等级的不同而设置，变配电设备必须安装完善的屏护装置。通常室内围栏屏护高度应不低于1.2m，室外围栏屏护高度应不低于1.5m，栏条间距应不大于0.2m。

4 安全电压

安全电压是指为了防止触电事故而规定的一系列不会危及人体的安全电压值，即把可能加在人身上的电压限制在某一范围内，在该范围内通过人体的电流不超过允许的范围，不会造成人身触电事故，如图2-13所示。

图2-13 安全电压

补充说明

需要注意，安全电压仅为特低电压保护形式，不能认为仅采用了“安全”特低电压电源就可以绝对防止电击事故发生。安全特低电压必须由安全电源供电，如安全隔离变压器、蓄电池及独立供电的柴油发电机，即使在故障时仍能够确保输出端子上的电压不超过特低电压值的电源等。

2.1.6 电气设备外壳防护等级的安全规定

根据GB 4208—2017《外壳防护等级（IP代码）》中的规定，对于额定电压不超过72.5kV的电气设备，可用外壳进行防护，可防止人体接触外壳内的危险部件、防止固体异物进入外壳内、防止水分进入外壳内等造成危害或对设备造成影响。

表2-6为常见电气设备的最低防护等级。

表2-6　常见电气设备的最低防护等级

设备名称	最低防护等级	设备名称	最低防护等级	设备名称	最低防护等级
机械加工车间设备	IP43	需防止灰尘的设备	IP65	控制开关、指示灯	IP55
金属加工工业用设备	IP43	位置传感器	IP55	接线盒、穿线盒入口	IP54
木工车间用设备	IP54	电磁阀、制动器	IP55	线管	IP33
水喷洒环境所用设备	IP55	电动机外壳	IP44	插座	IP33

图2-14所示为电气设备外壳防护等级标识方法。电气设备外壳的防护等级由特征字母IP和两个数字组成。IP是表示防护等级的特征字母，IP后的第一位数字表示防止人体接触外壳内部的带电部件和转动部分，防止固体异物进入外壳的防护等级，共7级（0～6）；第二位数字表示防止水进入外壳内部的防护等级，共9级（0～8）。数字越大，表示防护等级越高。电气设备外壳防护等级中的数字含义见表2-7。

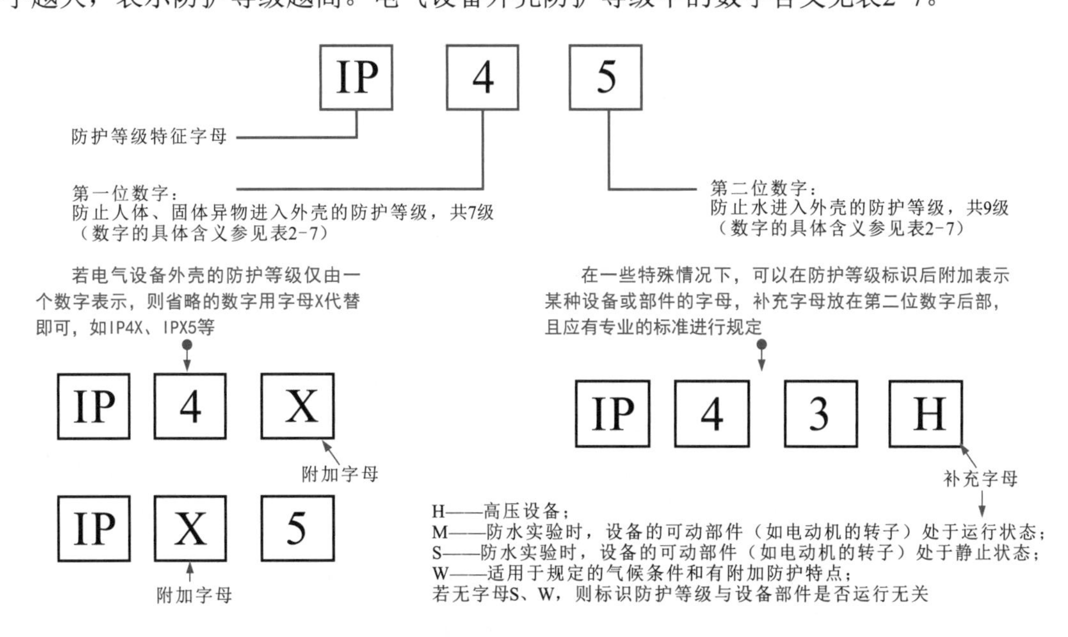

图2-14　电气设备外壳防护等级标识方法

表2-7　电气设备外壳防护等级中的数字含义对照表

第一位特征数字所代表的防止人体、固体异物进入外壳的防护等级		
第一位数字	防护范围	说　明
0	无防护	对外界的人或物无特殊的防护
1	防止直径大于50mm的固体外物侵入	防止人体（如手掌）因意外而接触电器内部的零件，防止较大尺寸（直径大于50mm）的外物侵入
2	防止直径大于12.5mm的固体外物侵入	防止人的手指接触到电器内部的零件，防止中等尺寸（直径大于12.5mm）的外物侵入
3	防止直径大于2.5mm的固体外物侵入	防止直径或厚度大于2.5mm的工具、电线及类似的小型外物侵入而接触电器内部的零件
4	防止直径大于1.0mm的固体外物侵入	防止直径或厚度大于1.0mm的工具、电线及类似的小型外物侵入而接触电器内部的零件
5	防止外物及不完全防止灰尘	完全防止外物侵入，虽不能完全防止灰尘侵入，但灰尘的侵入量不会影响电器的正常运作
6	防止外物及灰尘	完全防止外物及灰尘侵入
第二位特征数字所代表的防止水进入外壳的防护等级		
第二位数字	防护范围	说　明
0	无防护	对水或湿气无特殊的防护
1	防止水滴侵入	垂直落下的水滴（如凝结水）不会对电器造成损坏
2	倾斜15°时，仍可防止水滴侵入	当电器由垂直倾斜至15°时，滴水不会对电器造成损坏
3	防止喷洒的水侵入	防雨或防止与垂直的夹角小于60°的方向所喷洒的水侵入电器造成损坏
4	防止飞溅的水侵入	防止各个方向飞溅而来的水侵入电器而造成损坏
5	防止喷射的水侵入	防止来自各个方向由喷嘴射出的水侵入电器而造成损坏
6	防止大浪侵入	装设于甲板上的电器，可防止因大浪的侵袭而造成的损坏
7	防止浸水时水的侵入	电器浸在水中一定时间或水压在一定的标准以下，可确保不因浸水而造成损坏
8	防止沉没时水的侵入	电器无限期沉没在指定的水压下，可确保不因浸水而造成损坏

2.1.7 保护接地

保护接地是电气设备正常情况下将不带电的金属外壳及金属构架接地，以防止电气设备在绝缘损坏或意外情况下金属外壳带电，以确保人身安全。

在正常情况下，电气设备的金属外壳与带电部分是绝缘的，电气设备外壳上不会带电，但如果电气设备内部绝缘体老化或损坏，与外壳短接时，电就可能传到金属外壳上来，电气设备外壳就会带电。

如图2-15所示，如果外壳没有接地，若此时操作人员触碰电气设备外壳，电流就会经分布电容回到电源形成回路，操作人员便会触电。

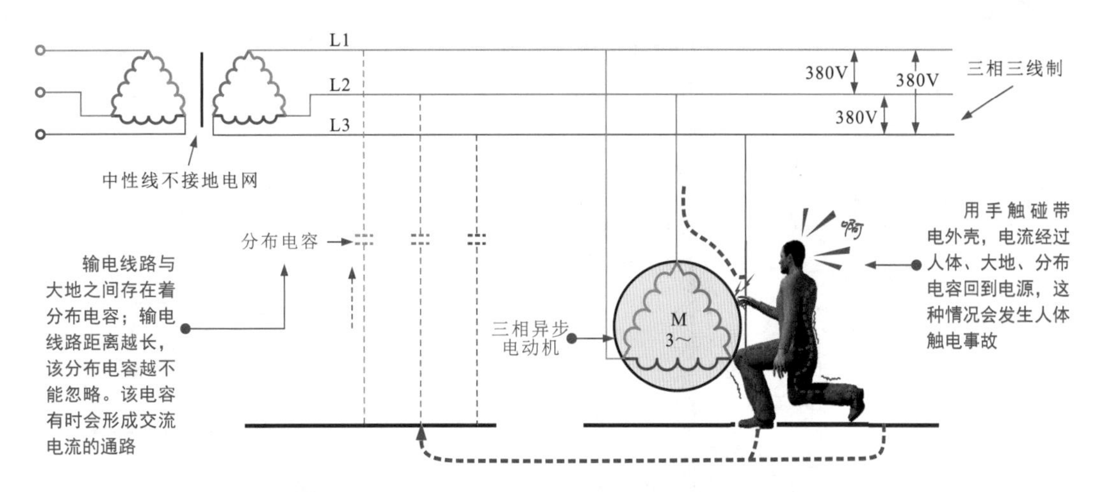

图2-15 没有保护接地的危害

如图2-16所示，若电气设备外壳接地，当操作人员触碰电气设备外壳时，由于接地电阻相对于人体电阻很小，所以大部分短路电流会经过接地装置形成回路，电流就会通过地线流入大地，而流过人体的电流很小，对人身的安全威胁也就大为减小；另外当漏电电流较大时，线路中的漏电保护装置动作，将切断线路电源，实现保护功能。

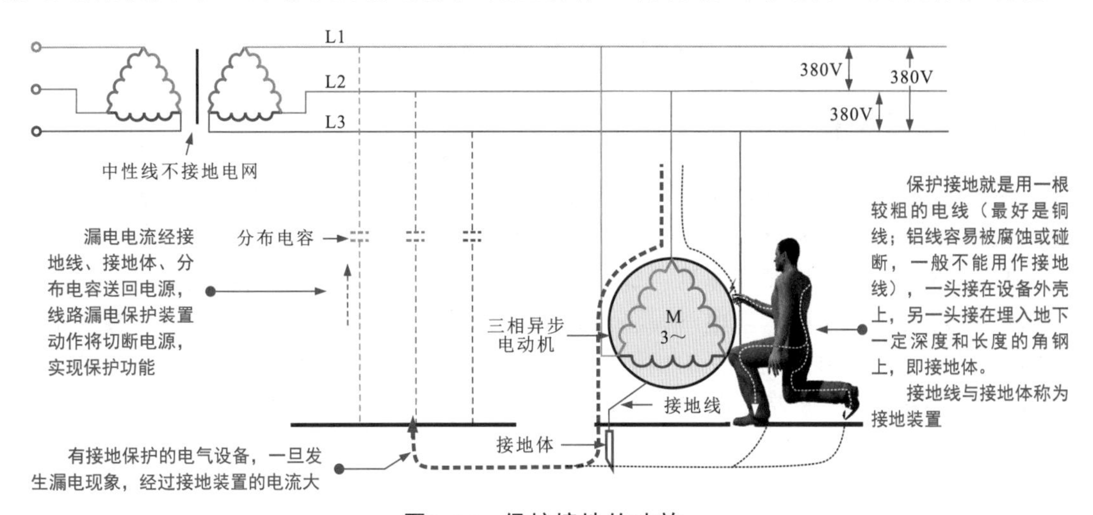

图2-16 保护接地的功效

图2-17所示为保护接地的应用。保护接地适用于不接地的电网系统，该系统正常情况下不带电，但由于绝缘损坏或其他原因可能出现危险电压的金属部分均应采用保护接地措施。

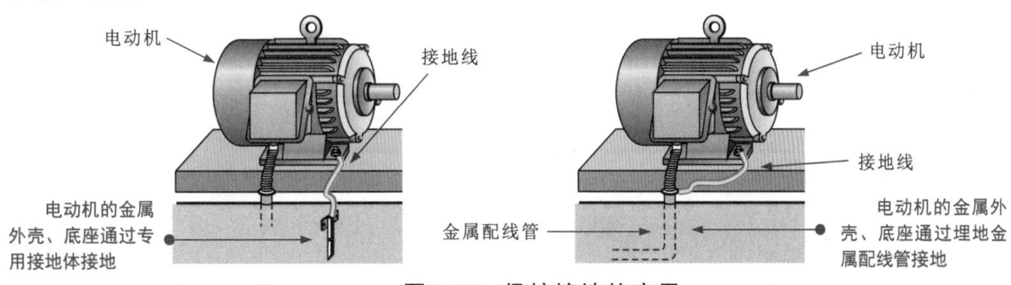

图2-17 保护接地的应用

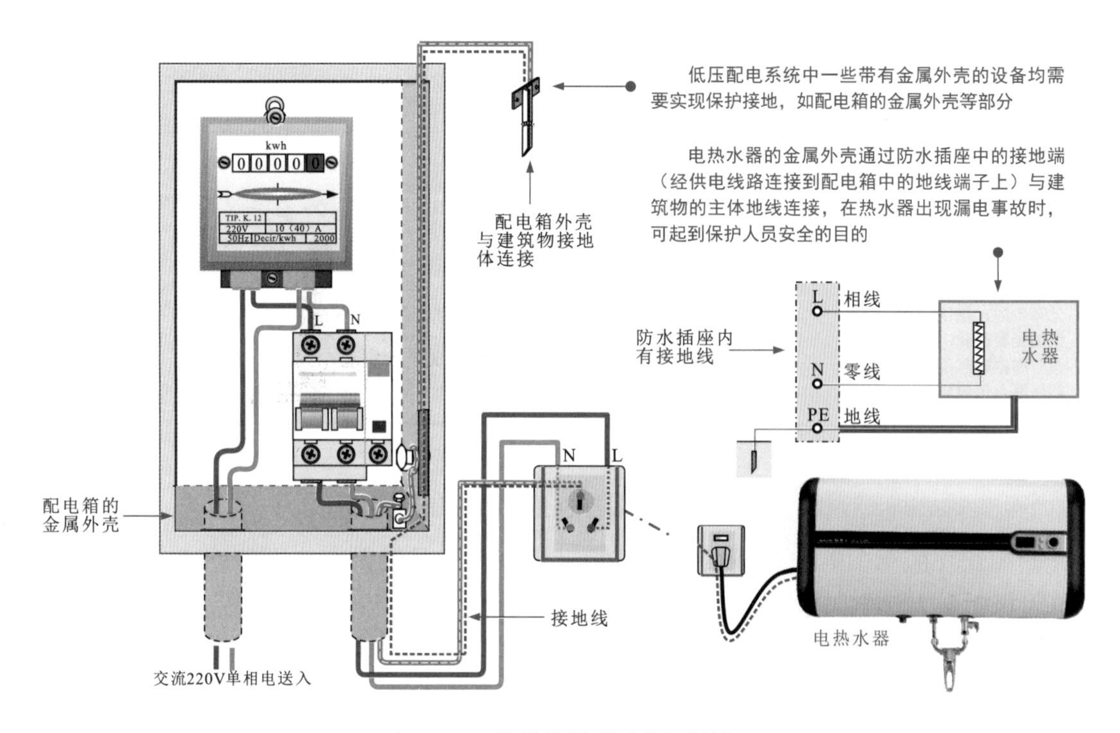

图2-17 保护接地的应用（续）

2.1.8 保护接零

保护接零是指在中性点接地的系统中将电气设备正常运行时不带电的金属外壳及和外壳相连的金属构架与系统中的中性线连接起来，是保护人员安全的措施。

图2-18所示为保护接零原理，保护接中性线路中，电气设备的金属外壳、底座等与线路中的中性线相连。当电气设备绝缘异常，导致某一相线与外壳连接，使外壳带电时，由于外壳采用了接零保护措施，此时形成相线与中性线的单相短路，短路电流较大，使线路上的熔断器等保护装置迅速动作，切断电源，实现保护作用。

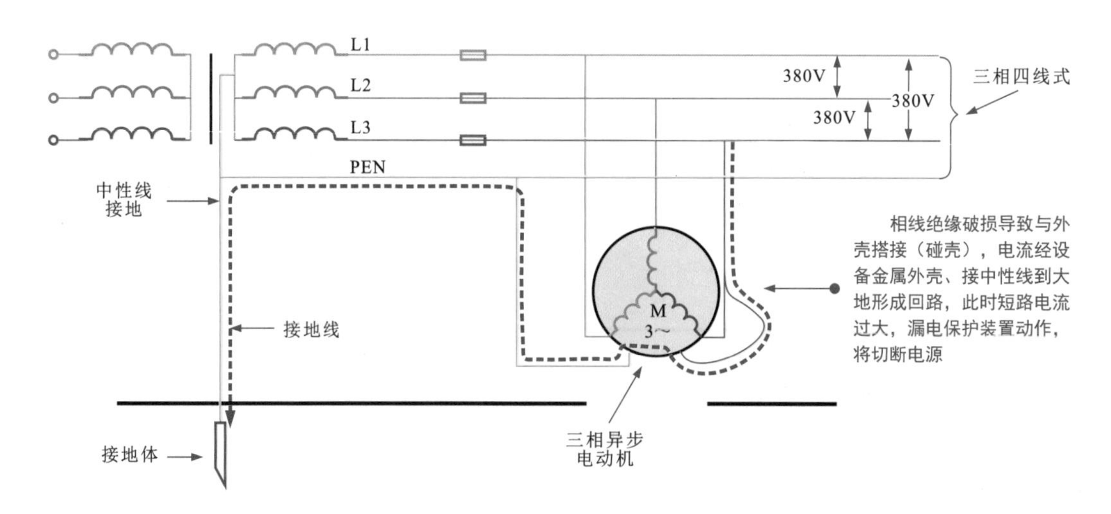

图2-18 保护接零原理

如图2-19所示，在保护接零系统中，当相线与中性线形成单相短路时，熔断器等保护装置未断开之前的很短一段时间内，若有人碰触漏电设备外壳，由于线路的电阻远远小于人体电阻，大量的短路电流将沿线路流动，流过人体的电流较小，因此，能够实现人身安全防护。

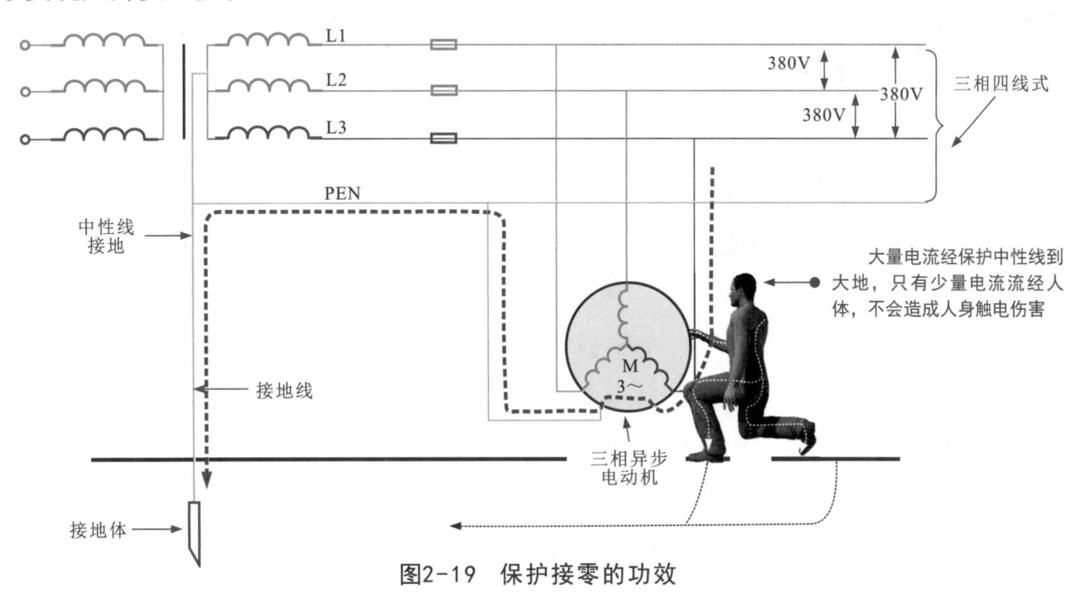

图2-19 保护接零的功效

2.1.9 接地体和接地线

接地体和接地线是保护接地及保护接零系统中的主要装置的。在保护接地系统中，电气设备的金属外壳通过接地线与接地体连接；在保护接零系统中，连接接地体的接地线则与电源的中性点相连。

1 接地体

通常，直接与土壤接触的金属导体被称为接地体。接地体有自然接地体和人工接地体两种。在应用时，应尽量选择自然接地体连接，可以节约材料和费用。在自然接地体不能利用时，再选择人工接地体。

如图2-20所示，自然接地体包括直接与大地可靠接触的金属管道（易燃、易爆液体或气体金属管道除外），建筑物与地连接的金属结构，钢筋混凝土建筑物的承重基础，带有金属外皮的电缆等。

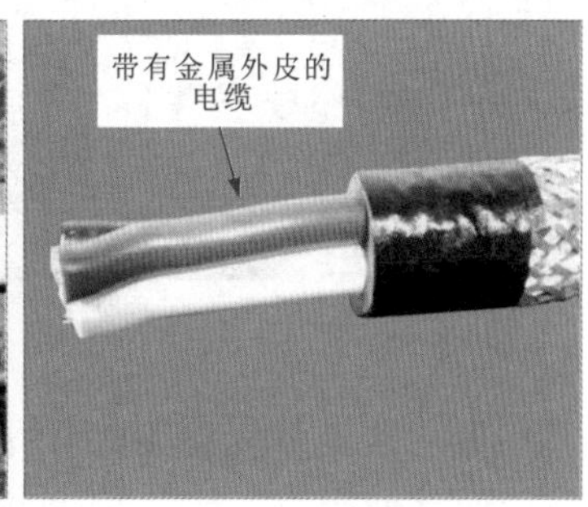

图2-20 自然接地体

如图2-21所示，人工接地体一般由钢材制成。常见有角钢、钢管、圆钢、扁钢几种。在有腐蚀性的土壤中，应使用镀锌钢材或者增大接地体的尺寸。

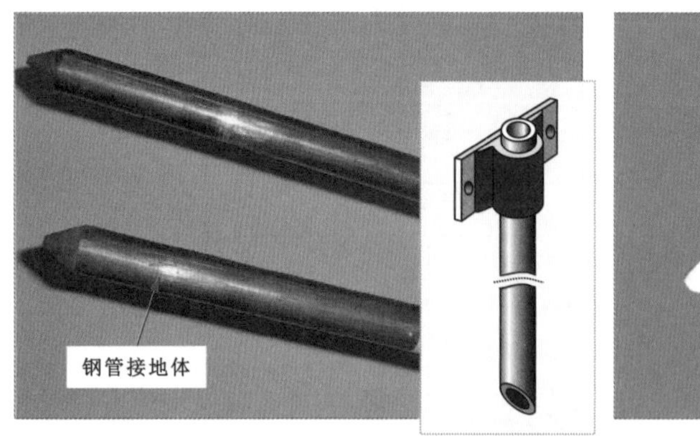

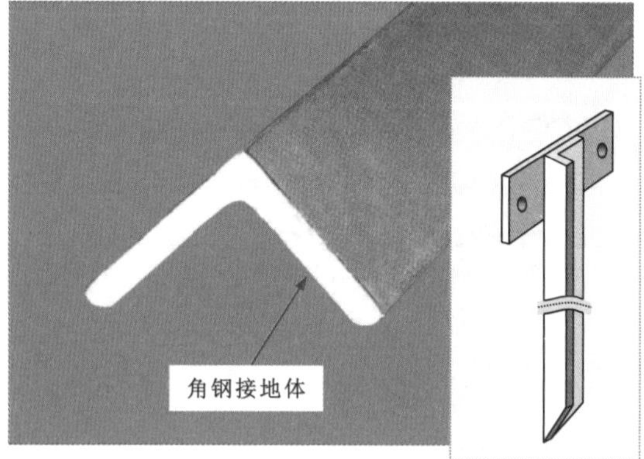

图2-21　人工接地体

补充说明

接地体根据安装环境和深浅不同有水平安装和垂直安装两种方式。

钢管和角钢适于垂直安装，其中钢管材料一般选用直径为50mm、壁厚不小于3.5mm的管材，角钢一般选用40mm×40mm×5mm和50mm×50mm×5mm两种规格的材料。圆钢和扁钢适于水平安装，其中圆钢一般选用直径为16mm的管材，扁钢一般选用40mm×4mm规格的材料。

2 接地线

接地线是连接接地体的金属导线，通常有自然接地线和专用接地线两种。

如图2-22所示，接地装置的接地线应尽量选用自然接地线，如建筑物的金属结构、配电装置的构架、配线用钢管（壁厚不小于1.5mm）、电力电缆的铅包皮或铝包皮（金属护套）、金属管道（1kV以下的电气设备可用，输送可燃液体或可燃气体的管道不能使用）。

图2-22　自然接地线

专用接地线是指专门用于与接地体进行连接的特制金属导线，如图2-23所示。目前，通常使用铜、铝、扁钢或圆钢材料制成的裸线或绝缘线作为专用接地线。

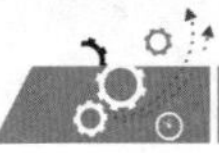

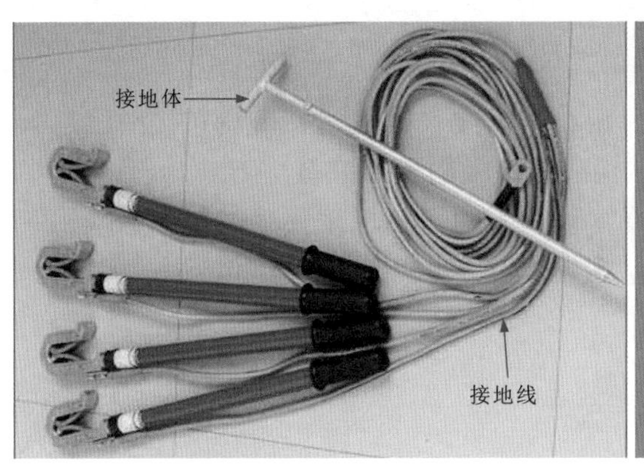

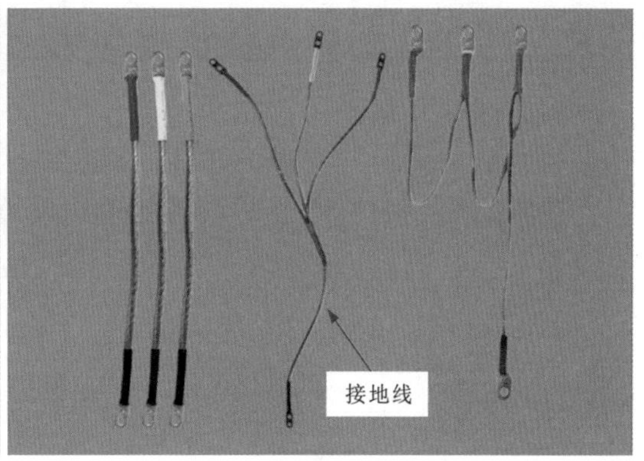

图2-23 专用接地线

补充说明

自然接地线的流散面积很大，如果要为较多的设备提供接地需要，则只要增加引接点，并将所有引接点连成带状或网状，再将每个引接点通过接地线与电气设备连接。图2-24为自然接地线为较多设备提供接地的连接方式。

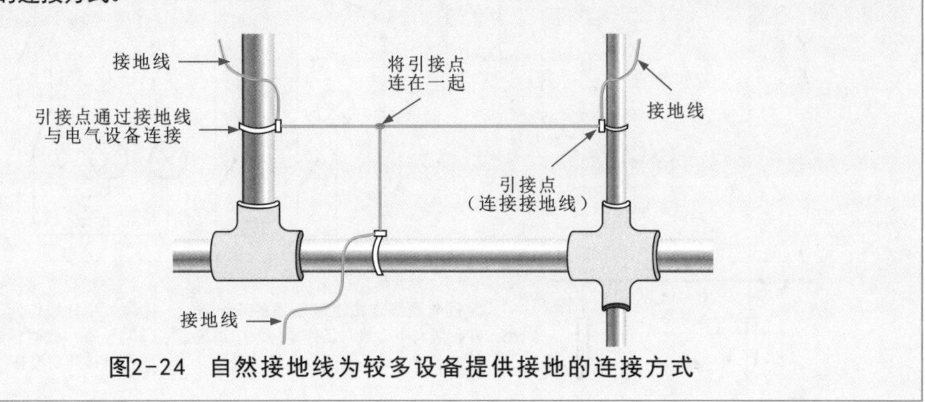

图2-24 自然接地线为较多设备提供接地的连接方式

接地线、保护零线应具有一定的机械强度和防腐蚀性。一般情况下，接地线或保护零线应采用钢质材料，条件不足情况下，也可以采用铜、铝接地线或保护零线。各种线材的选用和规格要求见表2-8。

表2-8 线材的选用和规格要求

线 材	接地线类别	最小截面积/mm^2	最大截面积/mm^2
铜	移动电具引线的接地芯线	生活用：0.12	25
		生产用：1.0	
	绝缘铜线	1.5	
	裸铜线	4.0	
铝	绝缘铝线	2.5	35
	裸铝线	6.0	
扁钢	户内：厚度不小于3 mm	24.0	100
	户外：厚度不小于4 mm	48.0	
圆钢	户内：直径不小于5 mm	19.0	100
	户外：直径不小于6 mm	28.0	
角钢	户内：厚度不小于2 mm	地下不小于4	—
	户外：厚度不小于2. 5mm		

2.1.10 照明设备的接地和接零

通常照明系统采用单相两线制供电，即相线和零线（中性线），没有接地线。只有采用金属结构的大型照明灯具，其金属结构部分会采用接地或接零方式。

图2-25所示为普通照明设备的供电线路。该类照明设备直接连接电源供电线路的相线和零线。在电源供电端中性线是否接地，不影响照明线路的连接和应用。

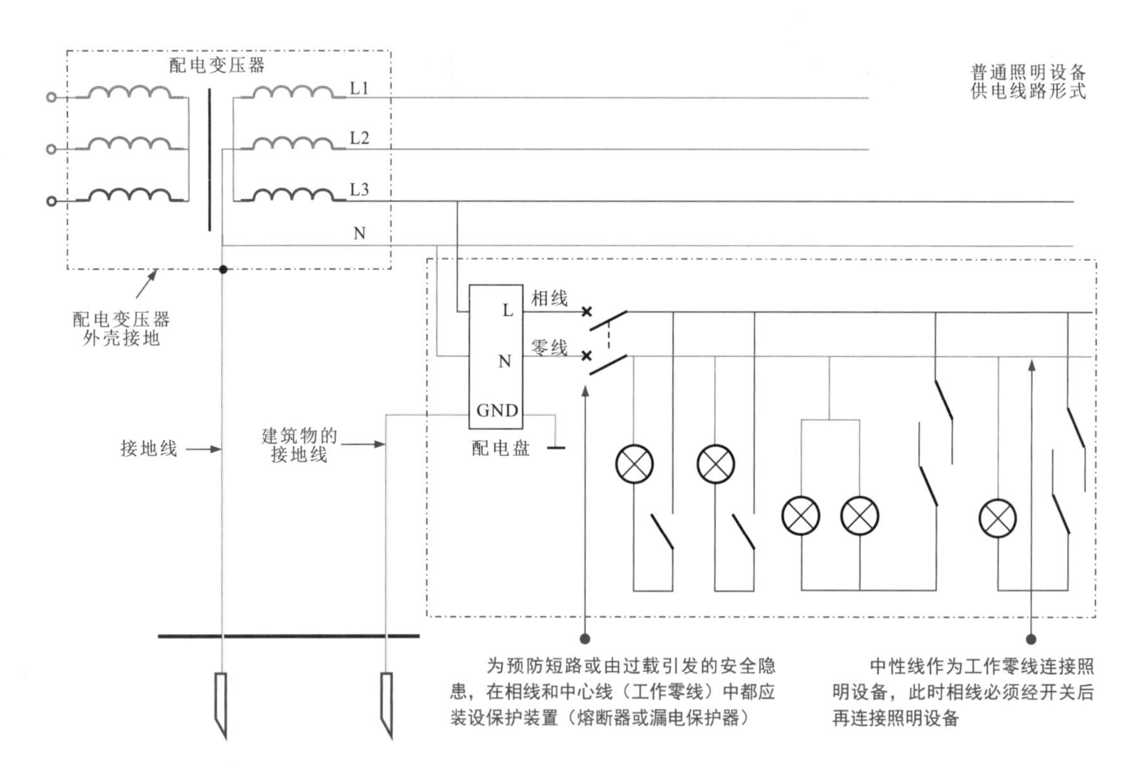

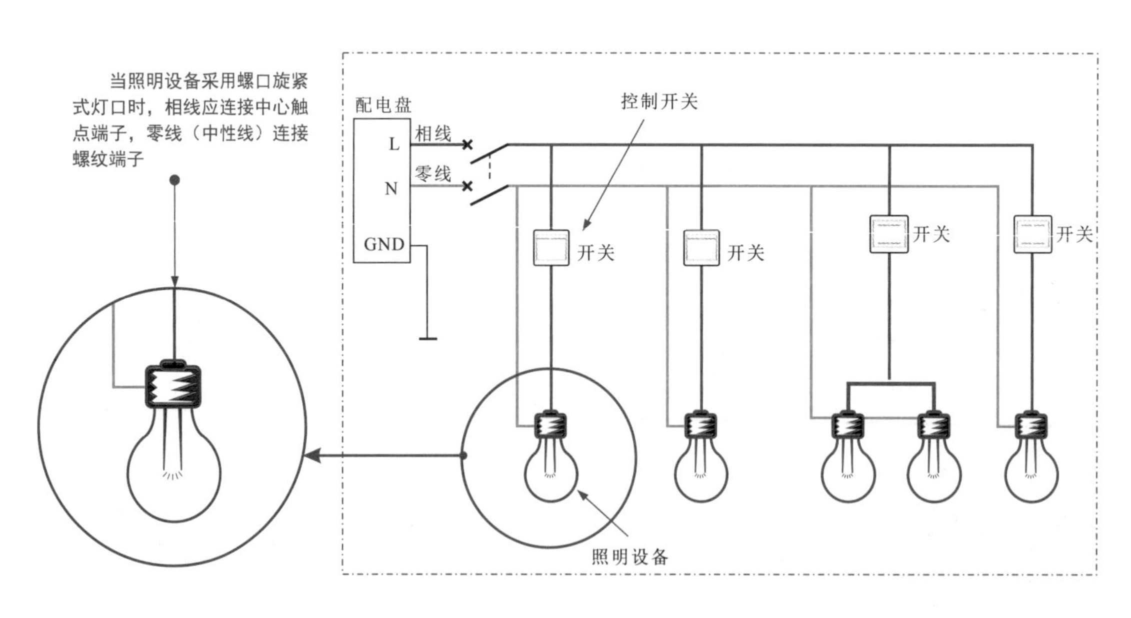

图2-25　普通照明设备的供电线路

如图2-26所示，在中性点接地的配电系统中，照明设备应采用保护接零措施。若环境允许条件下，没有接零要求，则应满足工作零线连续可靠；这种情况下，工作零线不能安装开关或熔断器，避免工作零线断线导致照明设备金属外壳带电情况。

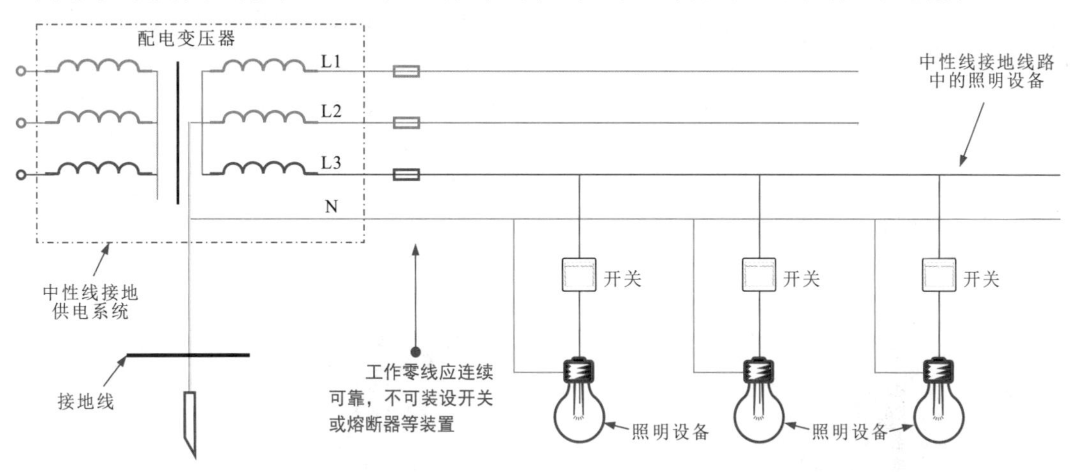

图2-26　中性点接地的配电系统中照明设备采用保护接零措施

如图2-27所示，在特殊环境中，如有爆炸和火灾危险时，为降低过载可能造成的危害，在相线和工作零线上均应装设保护装置。若根据工作需要应进行保护接地，则应另外装设保护地线，并将照明设备金属外壳连接保护地线。

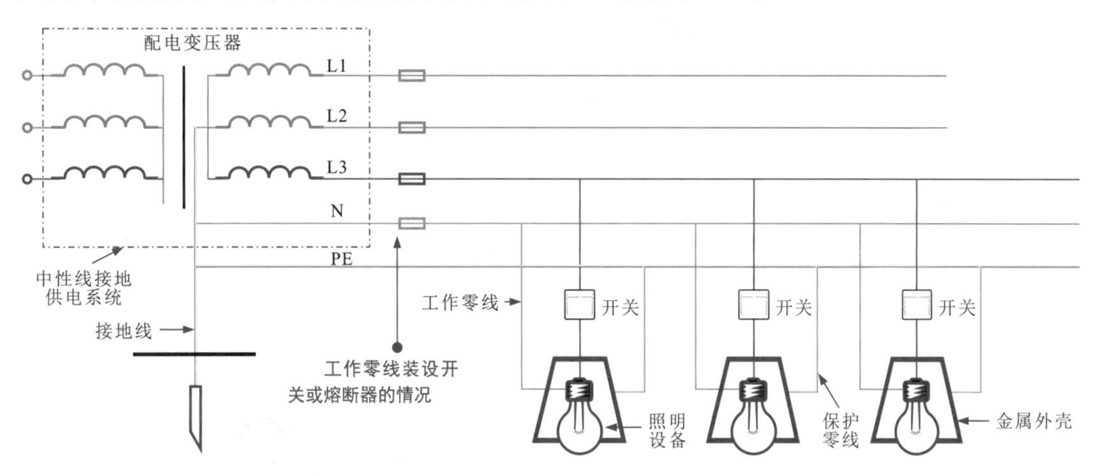

图2-27　特殊环境下照明设备采用保护接零措施

照明设备（照明灯具）防触电保护分类与接地保护见表2-9。

表2-9　照明设备（照明灯具）防触电保护分类与接地保护

类型	说　明	接地保护
0类	依靠基本绝缘作为防触电保护的灯具，其易触及导电部件不连接到保护线（PE），基本绝缘失效，只能依靠环境条件	0类照明灯具已经不允许生产
Ⅰ类	防触电保护不仅依靠基本绝缘，而且还包括附加的安全措施，即将易触及的导电部件连接到固定线路中的保护接地导体上	连接PE线，进行接地保护
Ⅱ类	防触电保护不仅依靠基本绝缘，而且具有附加的安全措施，如双重绝缘或加强绝缘，没有保护接地措施，也不依赖安装条件	不连接PE线
Ⅲ类	防触电保护依靠电源电压为安全特低电压（safety extra low voltage，SELV），且不会产生高于SELV电压的灯具	不允许连接PE线

2.1.11 移动便携设备的接地和接零

移动便携设备是电工作业中常用电气设备，该类电气设备由于在使用中需要经常挪动，比较容易发生漏电事故，且与人体紧密接触，触电的危险性较大，因此对该类设备有一定的接地或接零要求。

如图2-28所示，便携式电气设备的接地或接零一般不单独敷设，而是采用设备专用接地或接零芯线的橡皮护套线作为电源线，设备的金属外壳或正常工作不带电、绝缘损害后可能带电的金属构件通过电源线内的专用接地或接零芯线实现接地或接零。例如，电钻通过电源线的接地方式。

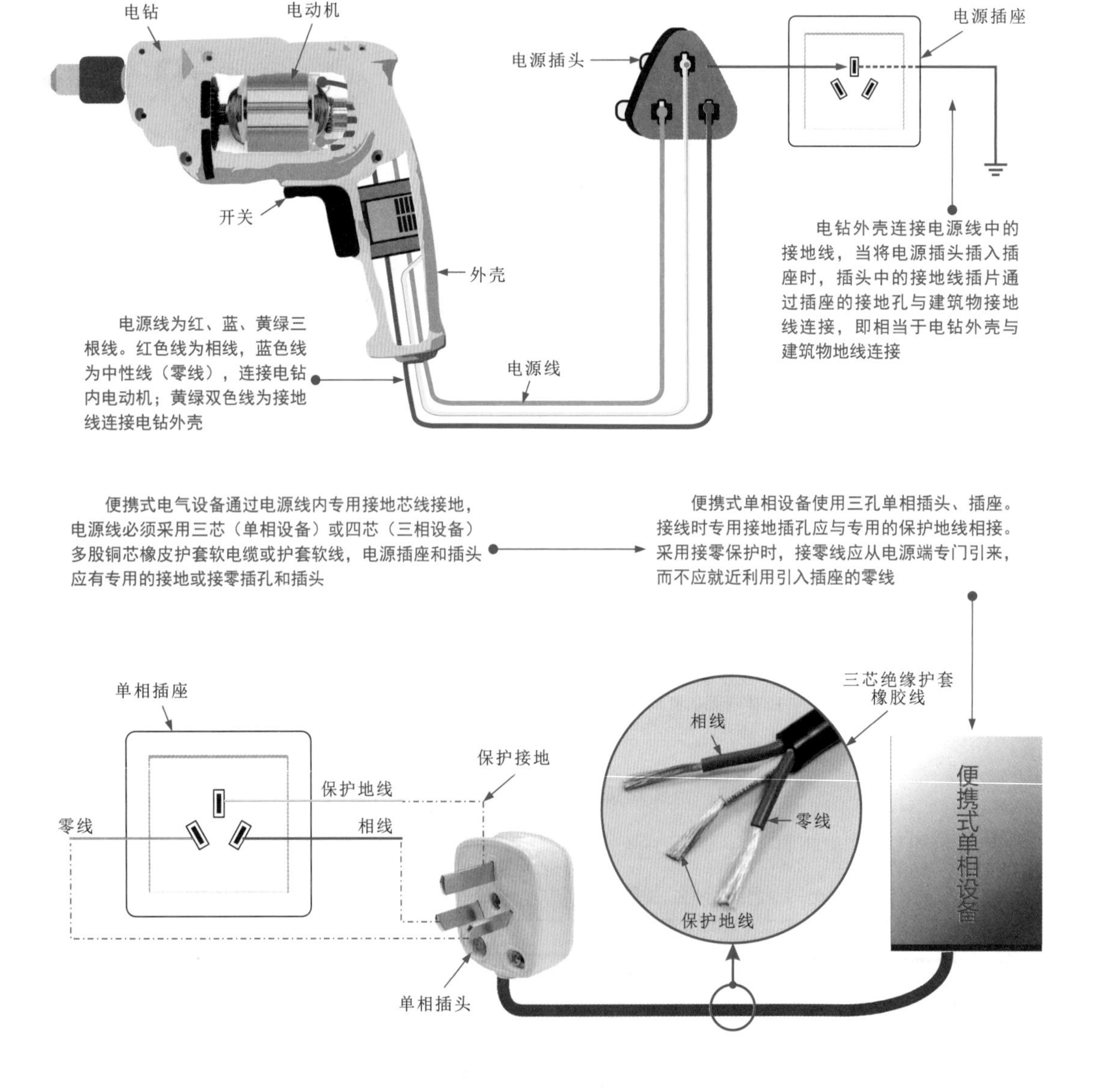

图2-28 便携式单相电气设备的接地和接零

图2-29所示为便携式三相电气设备的接地和接零。该类设备使用四孔三相插座。因为四孔插头有专用的保护接零（地）柱头，接零（地）的插头长一些，在插入时可以保证插座和插头的接零（地）触头在导电触头接触之前就先行连通；而在拔出时，导电触头脱离以后才会断开，从而能有效地起到保护作用。

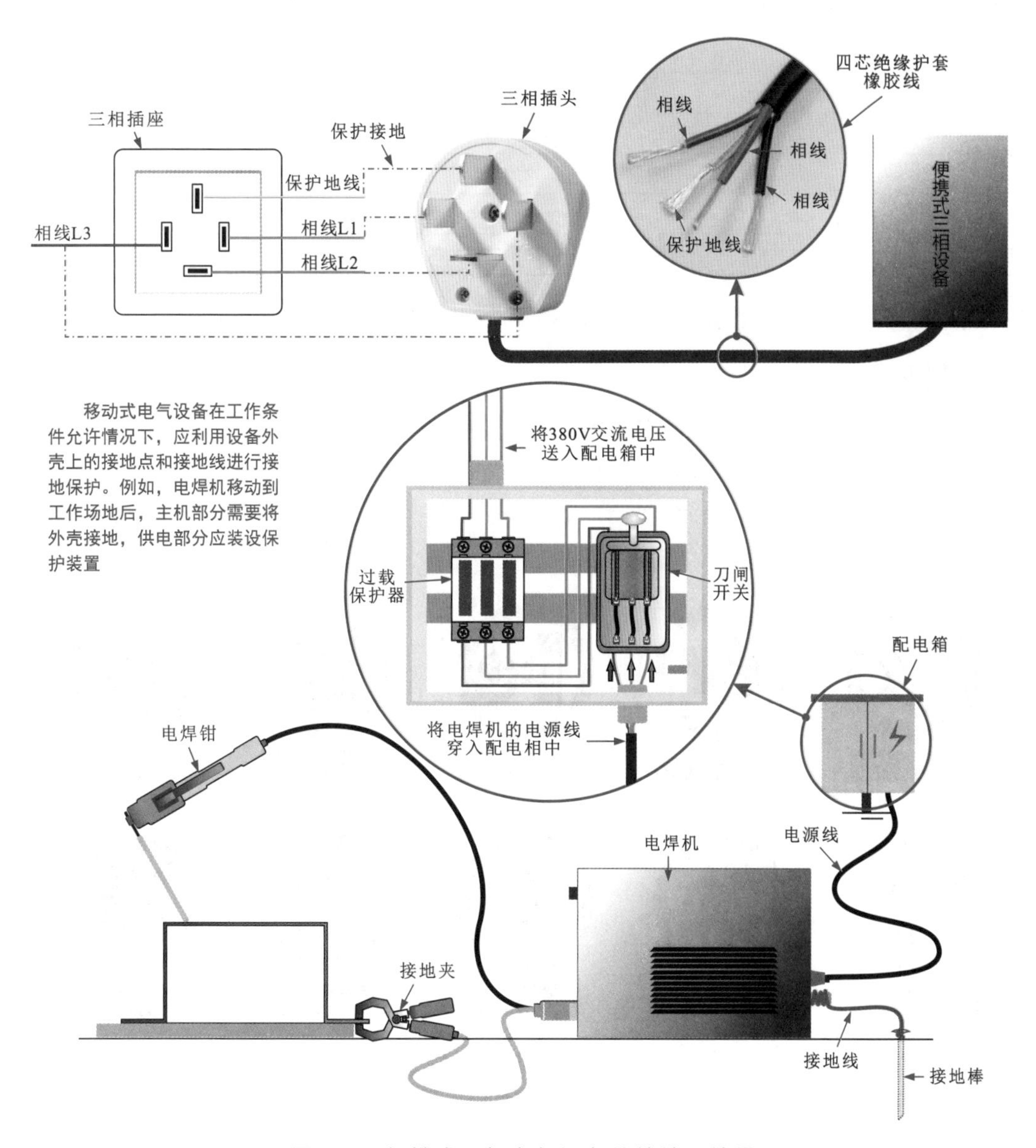

图2-29　便携式三相电气设备的接地和接零

补充说明

需要注意的是，移动式电气设备和机械的接地应符合固定式电气设备接地的规定。

移动式机械设备若由固定的电源或移动式发电设备供电，则设备金属外壳或底座应连接电源的接地装置；在中性点不接地的电网中，可在移动式机械附近装设接地装置，以代替敷设接地线，并应首先利用附近的自然接地体。

移动式机械设备与自用的发电设备放在同一金属框架上，在不给其他设备供电时，移动式机械设备可不接地。

2.1.12 电工警示牌

电工警示牌用以警示和防止操作人员误操作或超出工作范围，保护人身安全。

警示牌中不同的颜色也有着不同的含义，根据国家标准GB 2893—2008《安全色》，安全标志中的安全色为红、黄、蓝、绿四种，含义见表2-10。

表2-10 警示牌中的颜色含义

颜色	含义
红	禁止、停止（也表示防火）
黄	警示、警告
蓝	指令、必须遵守的规定
绿	提示、安全状态、通行

下面将重点介绍禁止警示牌、警告警示牌、指令警示牌和提示警示牌。

1 禁止警示牌

禁止警示牌的含义是不准或制止人们的某些行动。如图2-30所示，禁止警示牌的几何图形是带斜杠的圆环，其中圆环与斜杠相连，用红色；图形符号用黑色，背景用白色。几何图像下方可以补充文字标识，标识字体为黑体，竖写时，为白底黑字；横写时，应为红底白字。

图2-30 常用禁止警示牌

在实际应用中，一些警示牌可以由简单的图形符号和文字说明构成，如“止步 高压危险”“禁止攀登 高压危险”“禁止合闸 有人工作”“禁止合闸 线路有人工作”等，如图2-31所示，该类警示牌也应按规范设计和标识。

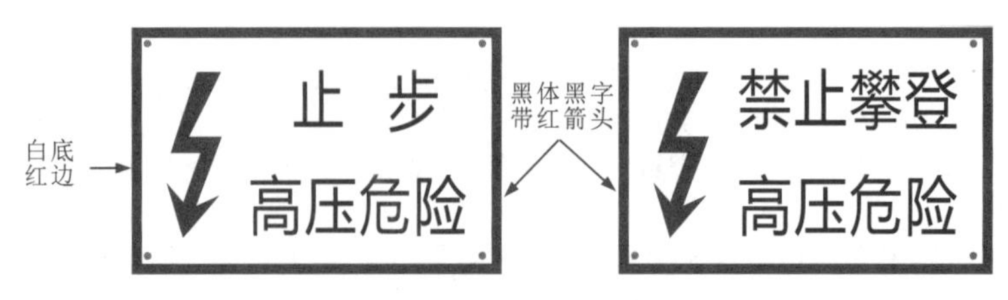

图2-31 特定内容的禁止警示牌

图2-31 特定内容的禁止警示牌（续）

2 警告警示牌

警告警示牌的含义是警告人们可能发生的危险。如图2-32所示，警告警示牌的几何图形是黑色的正三角形、黑色符号和黄色背景。几何图像下方可以补充文字标识（可标可不标），标识字体为黑体，横写、竖写均为白底黑字。

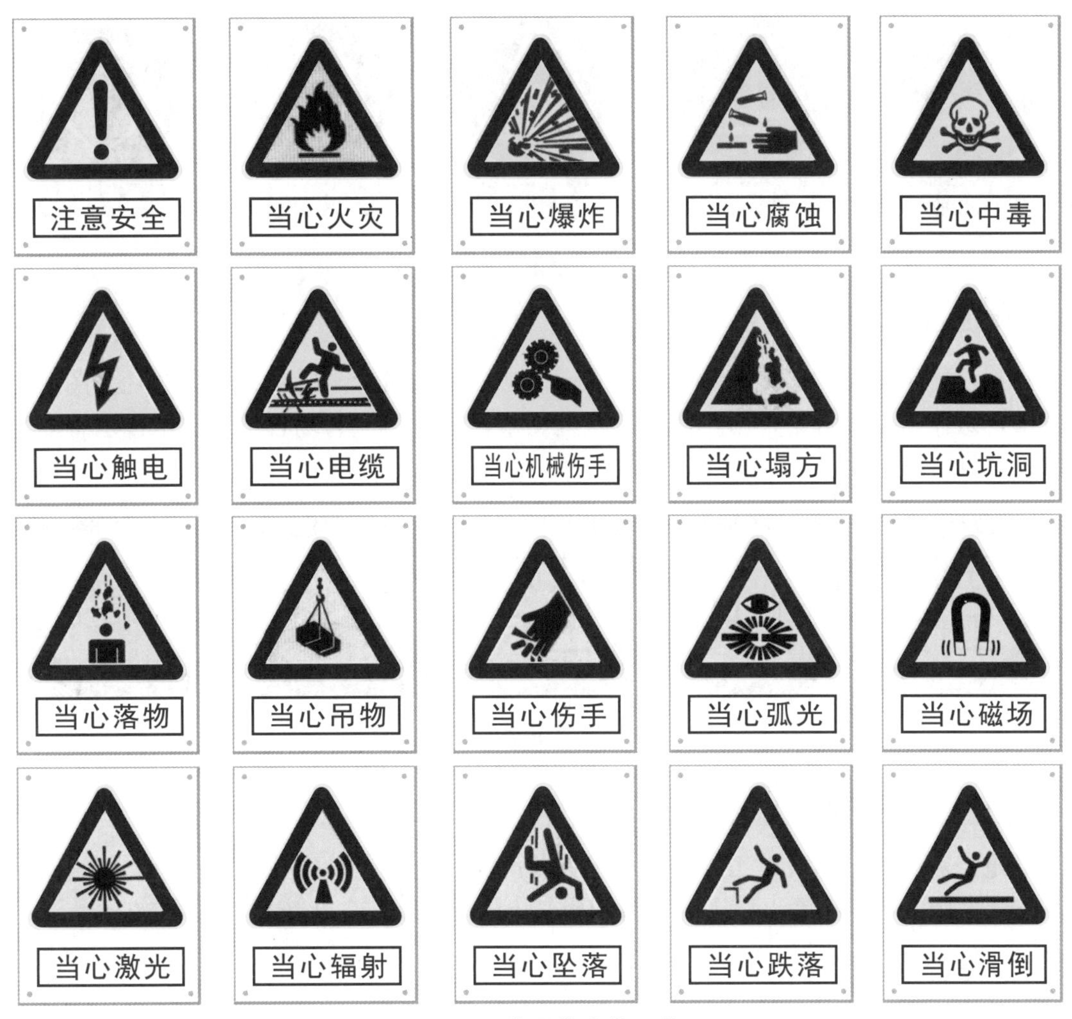

图2-32 常用警告警示牌

补充说明

注：警示牌不限以上形式，如以上“当心触电”警示牌与图2-35所示的“当心触电”警示牌图案略有不同，其他警示牌同理。本书不再一一说明。

3 指令警示牌

指令警示牌的含义是必须遵守指令。如图2-33所示，指令警示牌的几何图形是圆形，蓝色背景，白色图形符号。几何图像下方可以补充文字标识，标识字体为黑体，竖写时为白底黑字，横写时应为蓝底白字。

图2-33　常用指令警示牌

4 提示警示牌

提示警示牌的含义是示意目标的方向。如图2-34所示，提示警示牌的几何图形是方形，绿色、红色背景，白色图形符号或文字。其中，电力场合常用提示警示牌多为绿色背景，中间为白色圆圈，黑体黑色字。

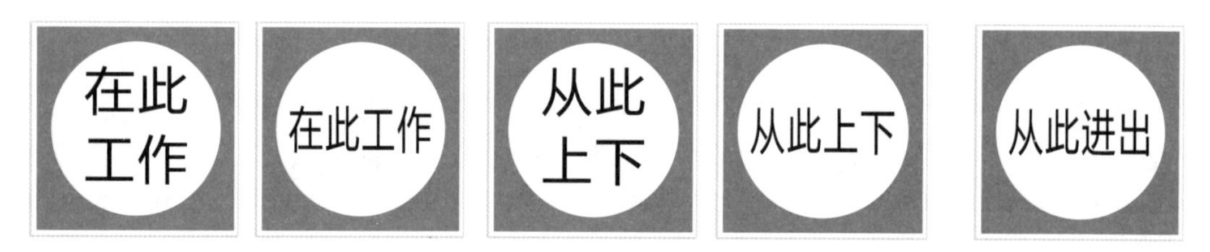

图2-34　常用提示警示牌

2.1.13 触电防护

电工需持证上岗（电工职业资格证）并严格按照电工操作规范进行操作，如果不具备安全作业常识不能上岗工作，否则极易出现触电伤亡、火灾等重大事故。

1 悬挂安全警示牌

悬挂警示牌是电工作业中非常重要的安全防护措施，用以警示和防止操作人员误操作或超出工作范围，用以保护人身安全。

如图2-35所示，在电工作业中，电工操作人员应在相应的工作地点或范围内按照安全规范要求悬挂警示牌。

通常，相应警示牌应悬挂或安装在需要警示的位置上，警示的内容必须与警示牌所表达的含义和内容相符合。

图2-35　悬挂警示牌

补充说明

悬挂警示牌时必须确保挂设牢固、可靠、醒目。除在作业工作中及时悬挂警示牌，在日常工作中电工也需要对警示牌进行基本维护，对损坏、缺失或不明显的警示牌应予以更换、补充和重新装设。

2 装设围栏

围栏是一种对特定范围进行防护的装置，常与警示牌配合使用。如图2-36所示，在室外高压带电设备周围或电工作业中，为防止非专业人员靠近或进入带电危险区域，都会在带电设备周围装设围栏，并在围栏上悬挂相应的警示牌，用以限制或警示，从而保障人身和设备安全。

图2-36　装设围栏

围栏的形状无具体要求，一般可根据实际需要选用。目前，常见的围栏主要有可伸缩式围栏、围网式围栏、立杆式围栏等，如图2-37所示。很多时候，围栏会与警示牌同时使用，以提高警示效果。

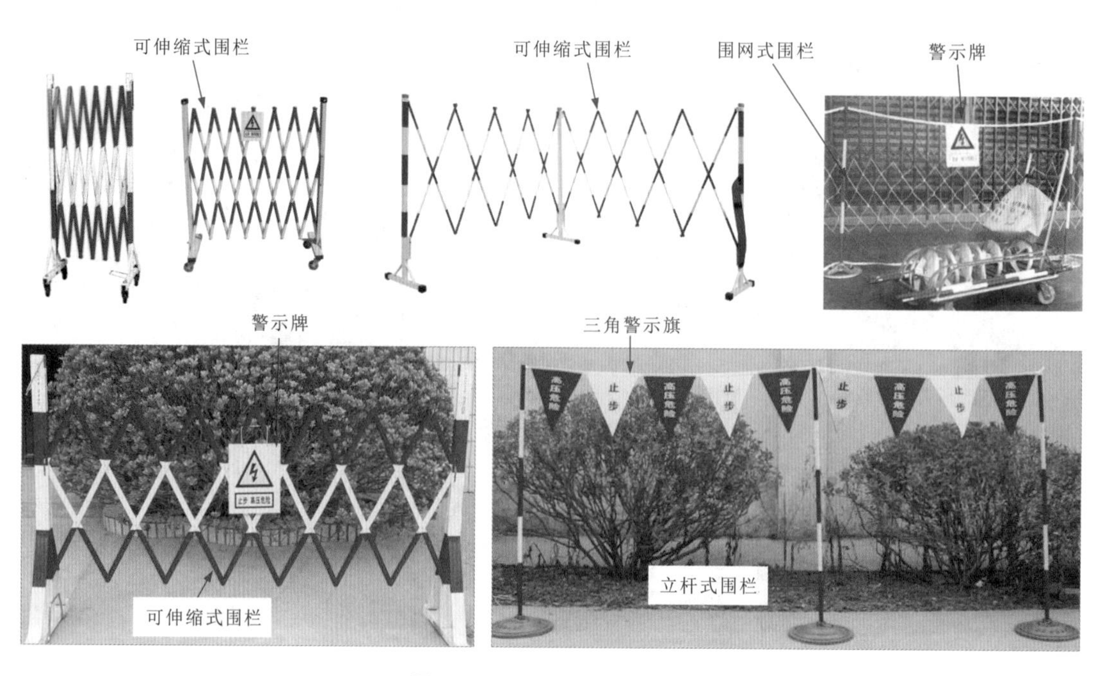

图2-37　不同类型的围栏

2.2 静电危害与防护

2.2.1 静电的危害

1 静电对人体的危害

静电会对人体造成电击的伤害。静电的电击伤害极易导致人体的应激反应，使电工作业人员动作失常，诱发触电、高空坠落或设备故障等二次故障，如图2-38所示。

一般情况下，普通静电电击的危害程度较小，人体受到电击后不会危及生命。但一些特殊环境下，也可能造成严重后果。例如，电工操作人员在作业中受到静电电击可能因精神紧张导致工作失误，或因较大电击而摔倒，造成二次事故等。

静电电击的程度与静电电压大小有关，静电电压越大，电击程度越大，引起的危害程度也越大

静电电压/kV	电击程度
1～2.5	放电部位有轻微冲击感，不疼痛，有微弱的放电响声
2.5～3	有轻微刺痛感，可看到放电火花
3～5	手指有较强的刺痛感，有电击感觉
5～7	手指、手掌有电击疼痛感、轻微麻木感，有明显放电的啪啪声
7～9	手指剧痛，手掌、手腕部有强烈电击感、麻木感
9以上	手指剧烈麻木，有电流流过感觉，有强烈电击感

诱发触电

高空坠落

电工作业过程中，要考虑静电的危害，如准备不足极易引发二次事故

图2-38　静电对人体的危害

2 静电对生产的影响

静电会对生产造成直接影响，如图2-39所示。静电可能引起电子设备（如计算机等）故障或误动作，影响正常运行；静电易造成电磁干扰，引发无线电通信异常等危害。

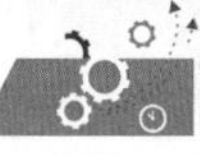

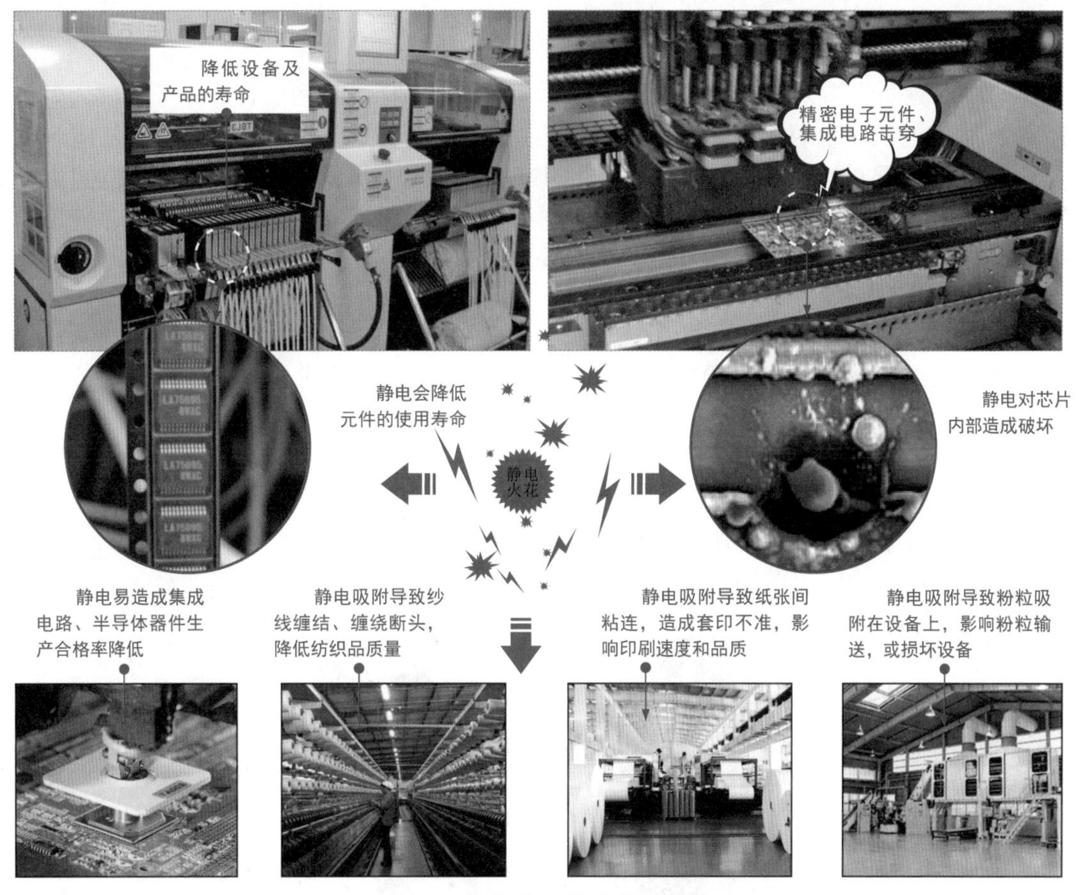

图2-39 静电对生产的影响

3 静电引发的事故

静电放电时会产生火花，这些火花使易燃易爆品爆炸或极易引起存在易燃易爆的粉尘、油雾、气体等的生产场所（如加油站、化工厂、煤矿、矿井等）爆炸和火灾，这也是静电造成的最严重危害，如图2-40所示。

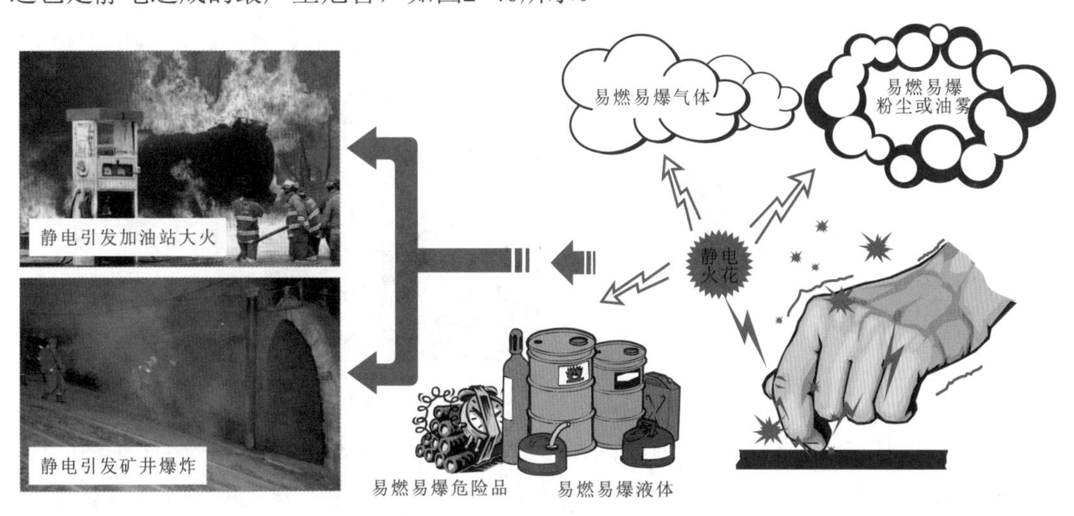

图2-40 静电引发事故

2.2.2 静电的预防

静电的预防是指为防止静电积累引起的人身电击、电子设备失误、电子器件失效和损坏、严重的火灾和爆炸事故以及对生产制造业的妨碍等危害所采取的防范措施。

目前，预防静电的关键是限制静电的产生、加快静电的释放、进行静电的中和等，常采用的预防措施主要包括接地、搭接、增加环境空气湿度、静电中和、使用抗静电剂等。

1 接地

接地是进行静电预防最简单、最常用的一种措施。接地的关键是将物体上的静电电荷通过接地导线释放到大地。

接地分为人体接地和设备接地两种。

人体接地就是将人体与大地“连接”，将人体所带静电通过导体释放到大地。人体接地主要可采取穿防静电服、佩戴防静电护腕带、触摸人体静电释放门帘等。

图2-41所示为常见的防静电设备。

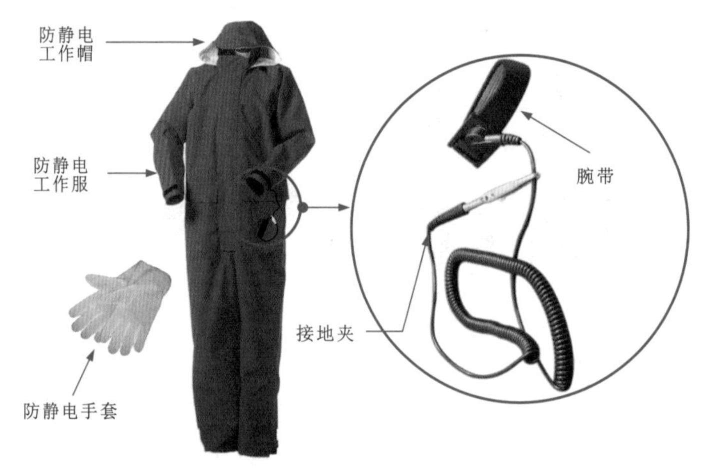

图2-41 常见的防静电设备

如图2-42所示，通过这些防静电设备实现人体与大地接触，从而释放静电电荷。

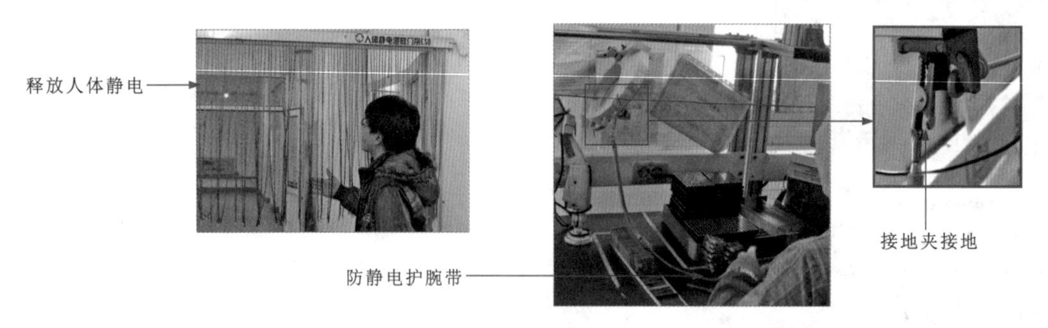

图2-42 人体接地预防静电

设备接地是指对静电防护有明确要求的供电设备、电气设备的外壳进行接地，并将其外壳直接接触防静电地板，如图2-43所示，将设备外壳上聚集的静电电荷释放到大地中，实现静电的防范。

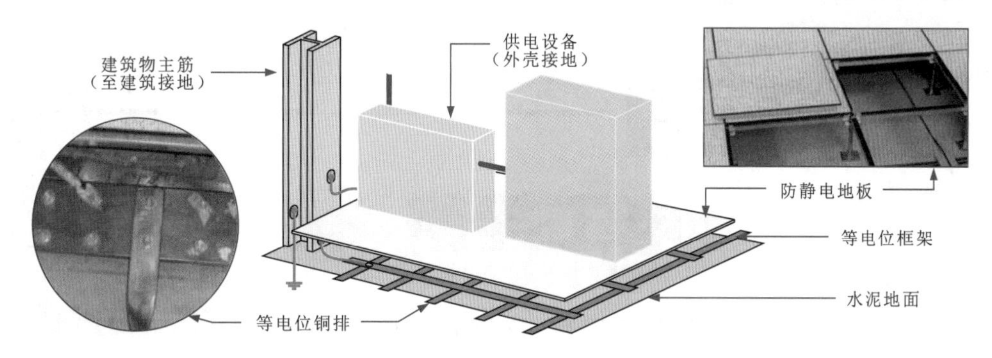

图2-43　设备接地预防静电

2 搭接

搭接或跨接是指将距离较近（小于100mm）的两个以上独立的金属导体，如金属管道之间、管道与容器之间进行电气上的连接，如图2-44所示，使其相互间基本处于相同的电位，防止静电积累。

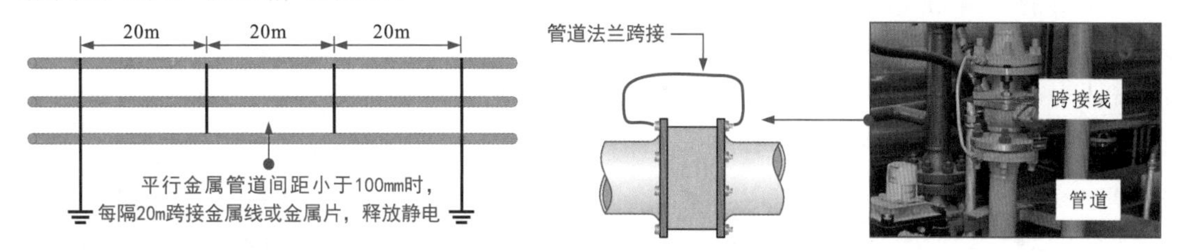

图2-44　采用搭接方法预防静电

3 增加环境空气湿度

增加湿度在一定程度上也可预防静电。增加湿度是指增加空气湿度，利于静电电荷释放，并可有效限制静电电荷的积累。一般情况下，空气相对湿度保持在70%以上利于消除静电危害。

4 静电中和

静电中和是进行静电防范的主要措施，是指借助静电中和器将空气分子电离出与带电物体静电电荷极性相反的电荷，并与带电物体的静电电荷相互抵消，从而达到消除静电的目的，如图2-45所示。

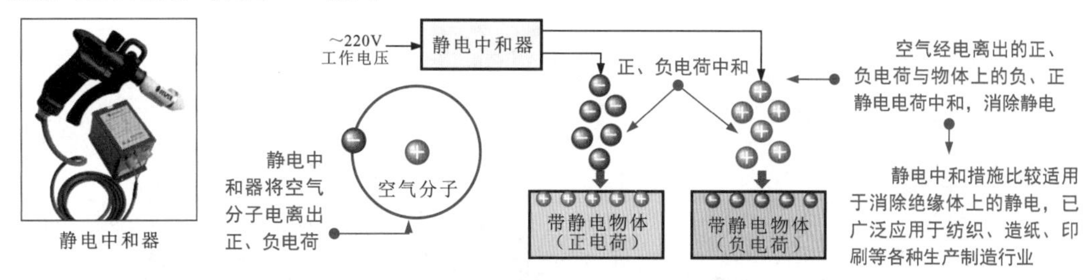

图2-45　采用静电中和措施预防静电

5 使用抗静电剂

对于一些高绝缘材料，如无法有效泄漏静电，可采用添加抗静电剂的方法，以增大材料的导电率（多称电导率），使静电加速泄漏，消除静电危害。

第3章 电工接线

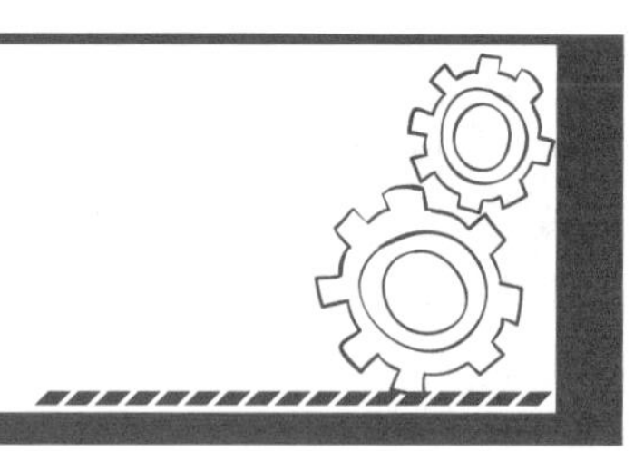

3.1 导线剥线加工

3.1.1 塑料硬导线——使用钢丝钳剥线加工

使用钢丝钳剥线加工塑料硬导线的绝缘层是电工操作中常使用的方法，应当使用左手捏住线缆，在需要剥离绝缘层处用钢丝钳的钳刀口钳住绝缘层轻轻地旋转一周，然后使用钢丝钳钳头钳住要去掉的绝缘层，向外拉即可剥离绝缘层。图3-1所示为使用钢丝钳剥线加工塑料硬导线绝缘层的操作方法。

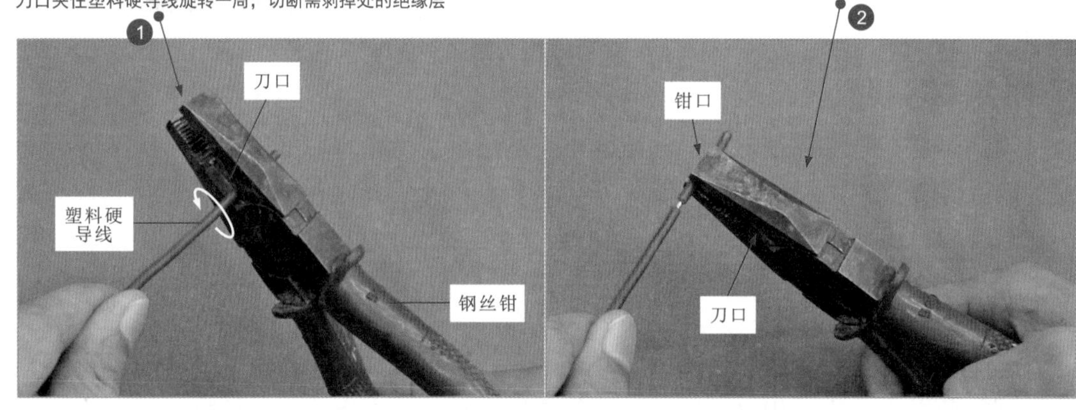

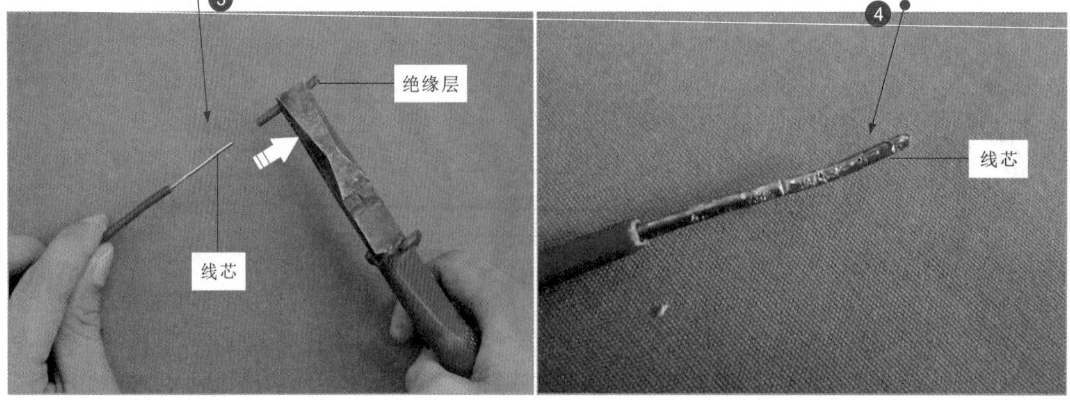

图3-1 使用钢丝钳剥线加工塑料硬导线绝缘层的操作方法

3.1.2 塑料硬导线——使用剥线钳剥线加工

使用剥线钳剥线加工塑料硬导线绝缘层也是电工操作中比较规范和简单的方法，一般适用于剥线加工横截面积大于4mm²的塑料硬导线，如图3-2所示。

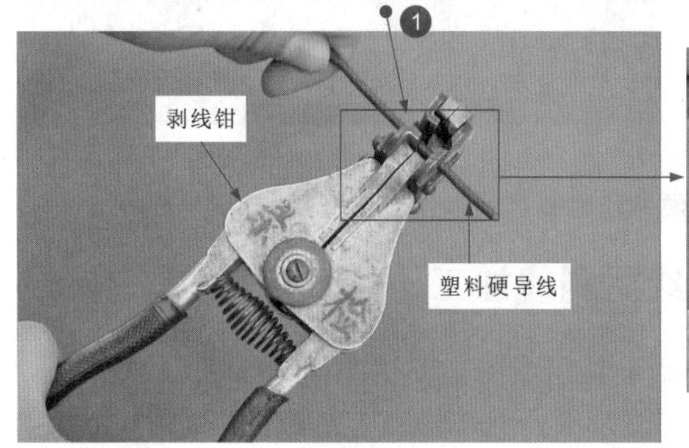

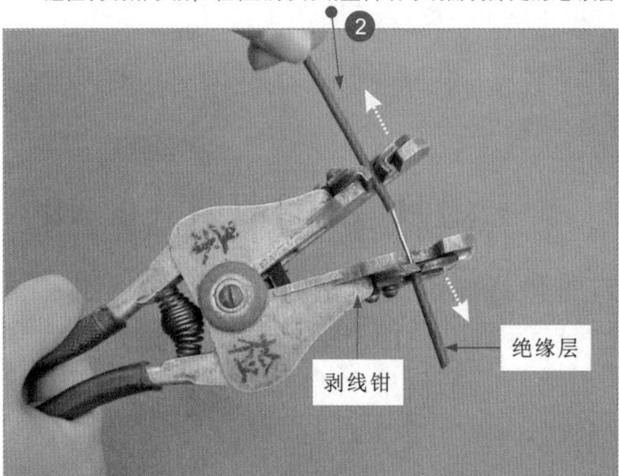

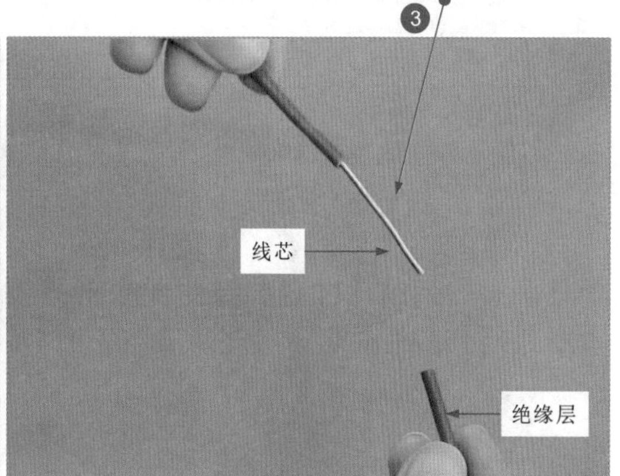

图3-2　使用剥线钳剥线加工塑料硬导线绝缘层的操作方法

3.1.3 塑料硬导线——使用电工刀剥线加工

一般横截面积大于4mm²的塑料硬导线可以使用电工刀剥线加工。图3-3所示为使用电工刀剥线加工塑料硬导线绝缘层的操作方法。

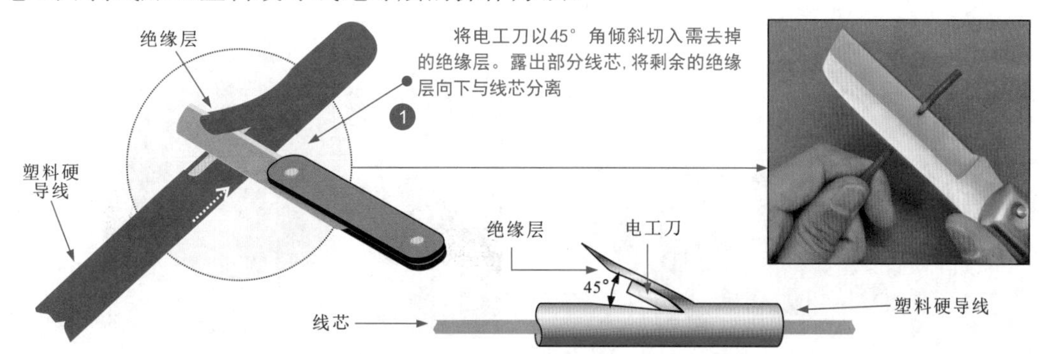

图3-3　使用电工刀剥线加工塑料硬导线绝缘层的操作方法

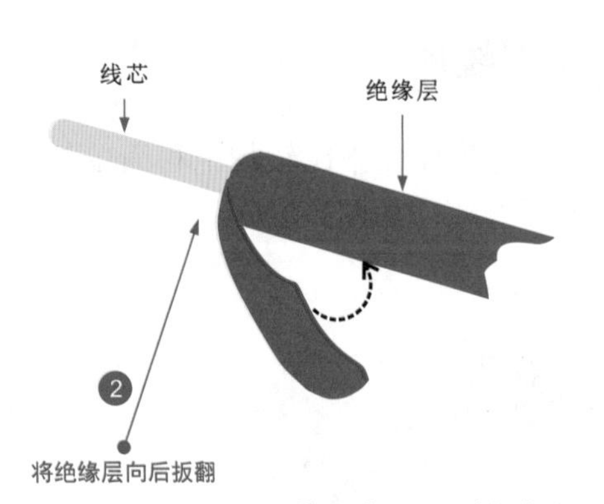

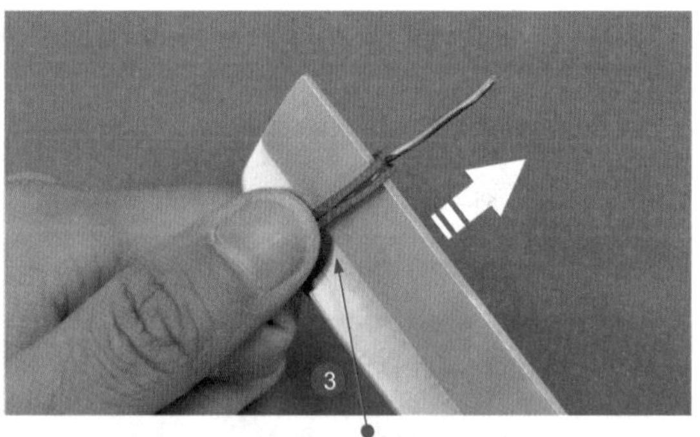

图3-3 使用电工刀剥削塑料硬导线绝缘层的操作方法（续）

3.1.4 塑料软导线——使用剥线钳剥线加工

塑料软导线的线芯大多是由多股铜（铝）丝组成的，不适宜用电工刀剥线加工，在实际操作中，多数使用剥线钳和斜口钳剥线加工，具体操作方法如图3-4所示。

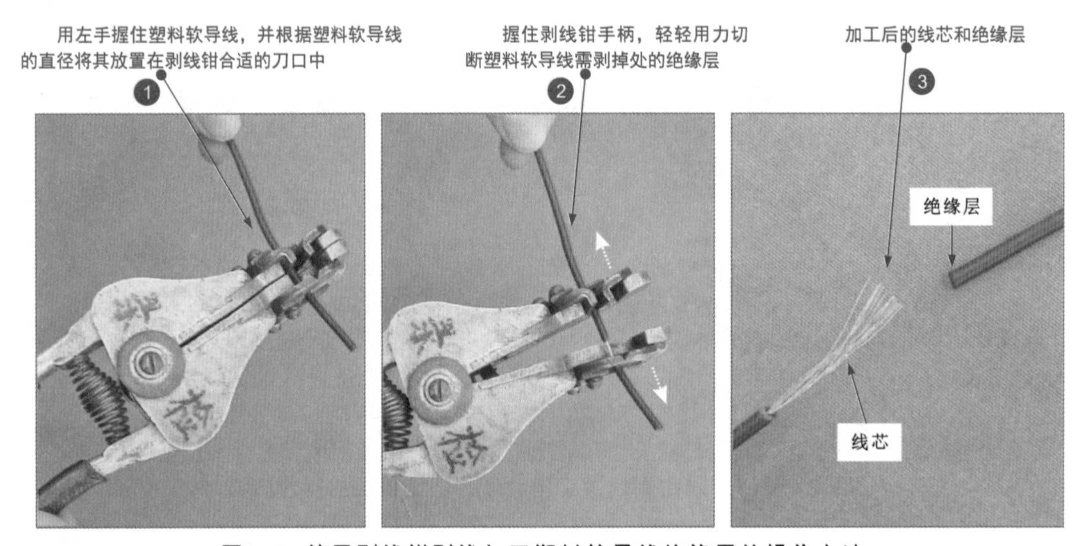

图3-4 使用剥线钳剥线加工塑料软导线绝缘层的操作方法

补充说明

在使用剥线钳剥线加工塑料软导线时，切不可选择小于塑料软导线线芯直径的刀口，否则会导致多根线芯与绝缘层一同被剥掉，如图3-5所示。

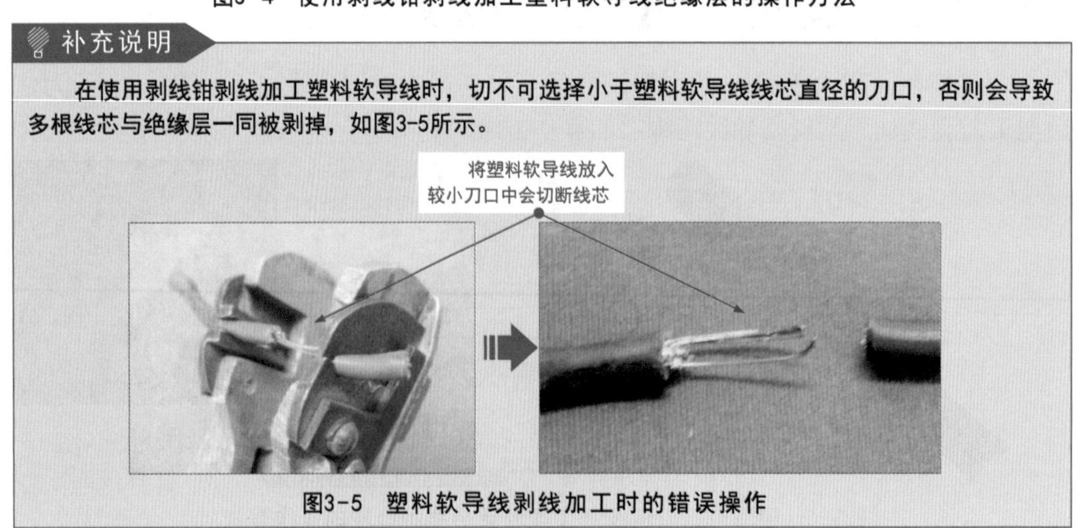

图3-5 塑料软导线剥线加工时的错误操作

3.1.5 塑料护套线——使用电工刀剥线加工

塑料护套线是将两根带有绝缘层的导线用护套层包裹在一起形成的，因此，在进行绝缘层剥线加工时要先剥削护套层，然后再分别对两根导线的绝缘层进行剥削。图3-6为使用电工刀剥线加工塑料护套线的操作方法。确定需要剥离护套层的长度后，使用电工刀尖对准线芯缝隙处，划开护套层，然后将剩余的护套层向后翻开，再使用电工刀沿护套层的根部切割整齐；当塑料护套线的护套绝缘层剥离后，应当选用合适的工具对内绝缘层进行剥离。

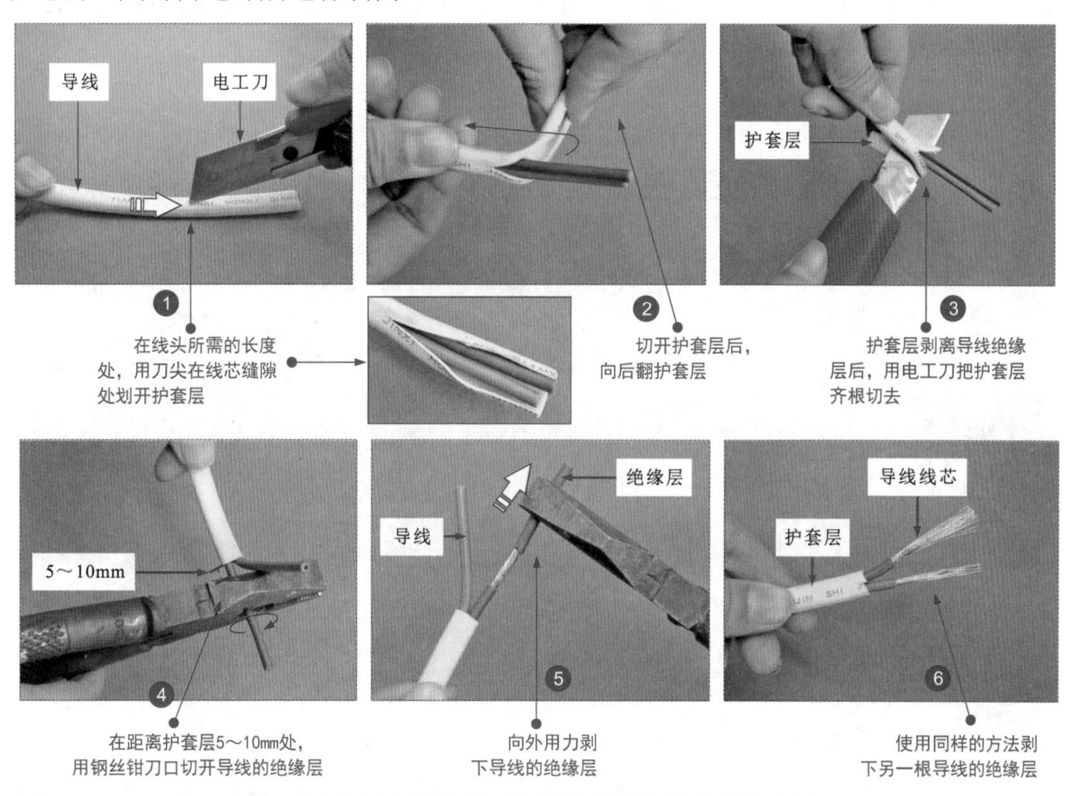

图3-6　使用电工刀剥线加工塑料护套线的操作方法

补充说明

使用电工刀去除塑料护套线缆的绝缘层时，要注意下刀位置。如图3-7所示，若从线缆的一侧下刀，极易使内部线缆被割伤破损，将导致该段线缆无法使用的后果。

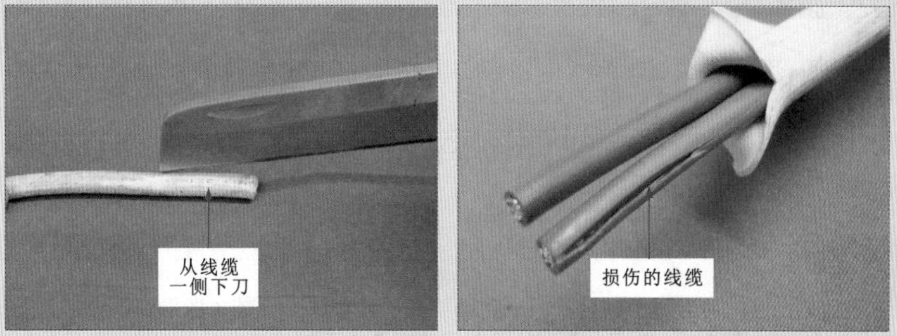

从线缆一侧下刀

损伤的线缆

图3-7　错误的切割效果

3.2 导线连接

3.2.1 缠绕对接塑料硬导线

如图3-8所示，将两根塑料硬导线的线芯相对叠交，然后选择一根剥去绝缘层的细裸铜丝，将其中心与叠交线芯的中心进行重合，并使用细裸铜丝从一端开始进行缠绕；当细裸铜丝缠绕至两根塑料硬导线的线芯对接的末尾处时，应当继续向外端缠绕8～10mm的距离，这样可以保证线缆连接后接触良好；再将另一端的细裸铜丝进行同样的缠绕即可。

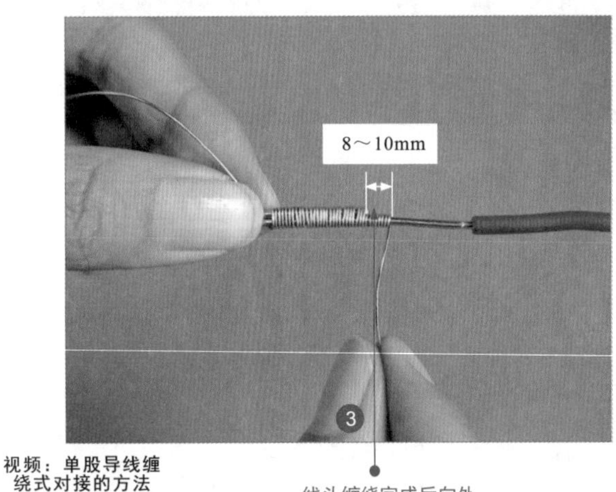

视频：单股导线缠绕式对接的方法

图3-8 塑料硬导线的缠绕对接

补充说明

需要注意的是，若单股导线的直径为5mm，则缠绕长度应为60mm；若单股导线的直径大于5mm，则缠绕长度应为90mm；缠绕好后，还要在两端的单股导线上各自再缠绕8～10mm。

3.2.2 缠绕式T形连接塑料硬导线

当一根支路单股导线和一根主路单股导线连接时，通常采用缠绕式T形连接。图3-9所示为缠绕式T形连接塑料硬导线的方法。

将去除绝缘层的支路线芯与主路线芯的中心十字相交

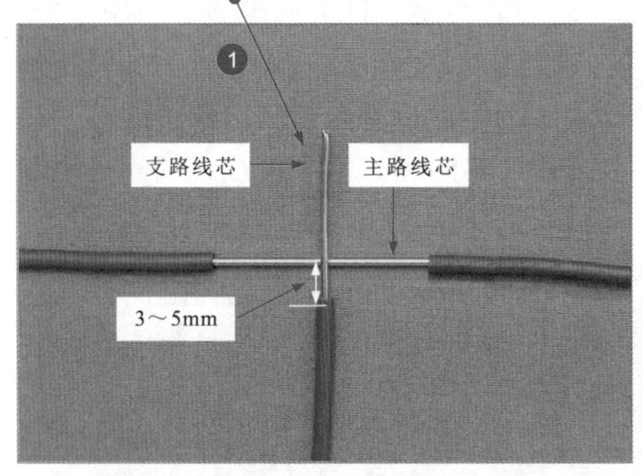

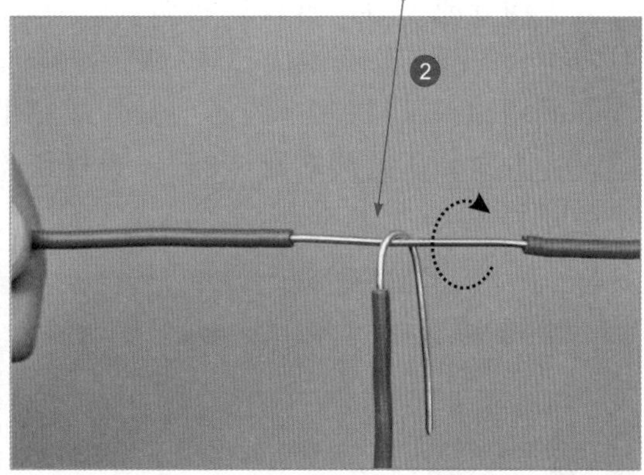

缠绕6～8圈

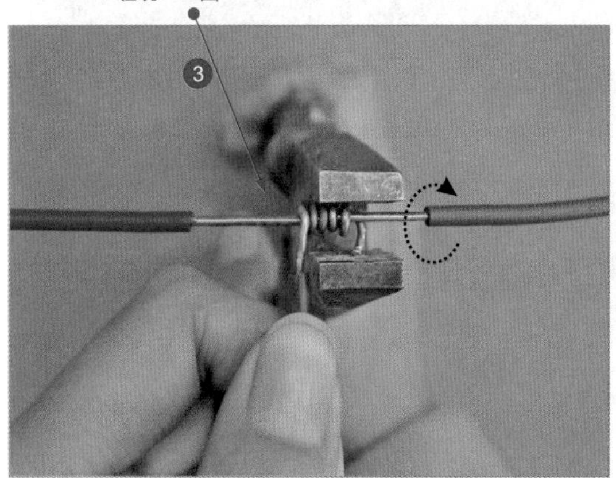

使用钢丝钳将剩余的支路线芯剪断并钳平接口，完成连接

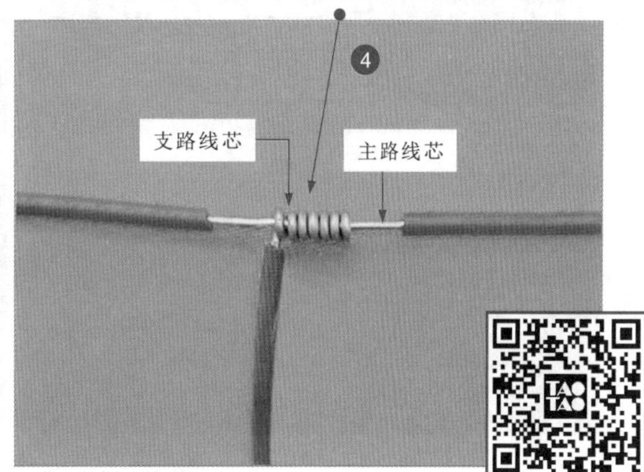

图3-9　缠绕式T形连接塑料硬导线的方法

视频：单股导线缠绕式T形连接的方法

补充说明

对于横截面积较大和较小的单股塑料硬导线，可以将支路线芯在主路线芯上环绕扣结，并沿主路线芯顺时针贴绕，如图3-10所示。

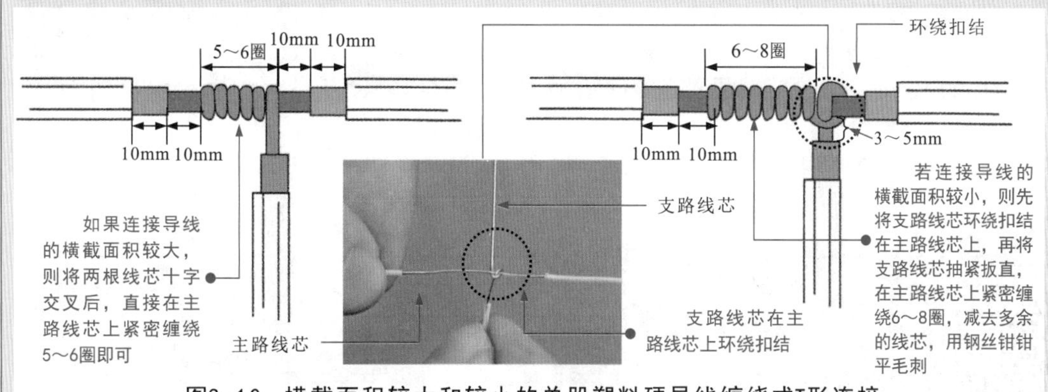

图3-10　横截面积较大和较小的单股塑料硬导线缠绕式T形连接

3.2.3 多股塑料软导线的缠绕式对接

图3-11所示为多股塑料软导线的缠绕对接操作方法。当两根塑料软导线需要连接时，首先将软导线的线芯散开拉直，并将靠近绝缘层1/3的线芯绞紧，再将剩余的2/3线芯分散为伞状；然后将线芯隔根式对插，捏平两端对插线头；接下来将一端的线芯近似平均分成三组，垂直扳起第一组的线芯，将线芯按顺时针方向缠绕，当缠绕2圈后将剩余的线芯与其他线芯平行贴紧；接着将第二组线芯扳起，按顺时针方向紧压着线芯缠绕2圈，再将剩余线芯与其他线芯平行紧贴；然后再垂直扳起第三组线芯，按顺时针方向紧压着线芯缠绕3圈；最后切除多余的线芯即可。另一根线缆的线芯也采用相同的方法。

把两根塑料软导线的线芯散开拉直，在靠近绝缘层1/3线芯处将该段线芯绞紧，把余下的2/3线头分散成伞状

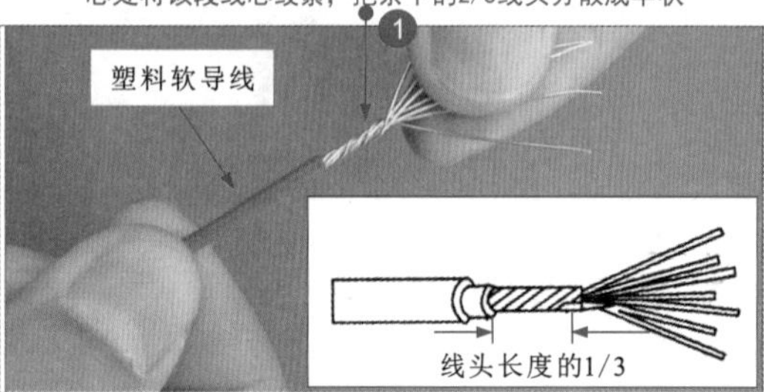

把两个分散成伞状的线芯隔根对插

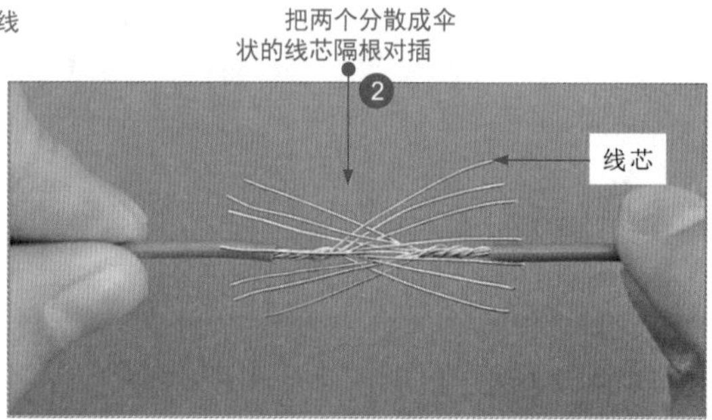

捏平两端对插的线头

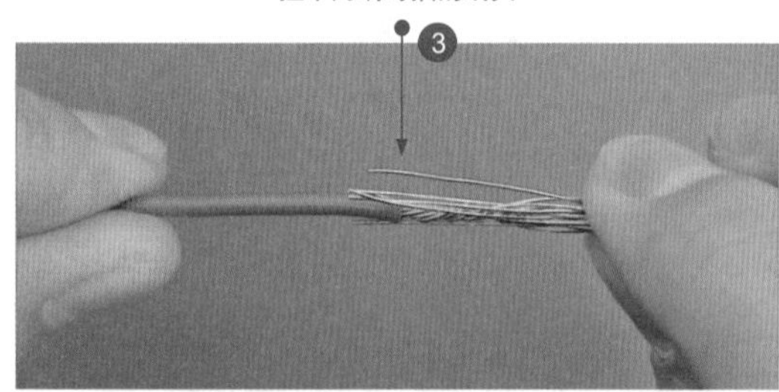

把一端的线芯近似平均分成三组，将第一组的线芯扳起，垂直于线头，按顺时针方向紧压扳平的线头缠绕2圈

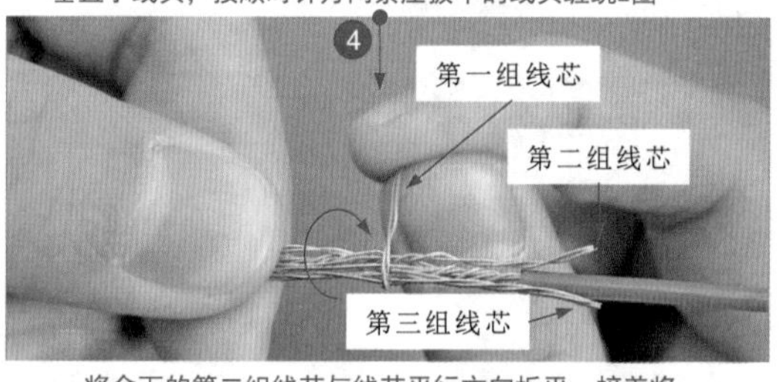

将余下的第一组线芯与主线芯平行方向扳平，接着将第二组线芯扳成与主线芯垂直，按顺时针方向紧压线芯扳平的线头方向缠绕2圈

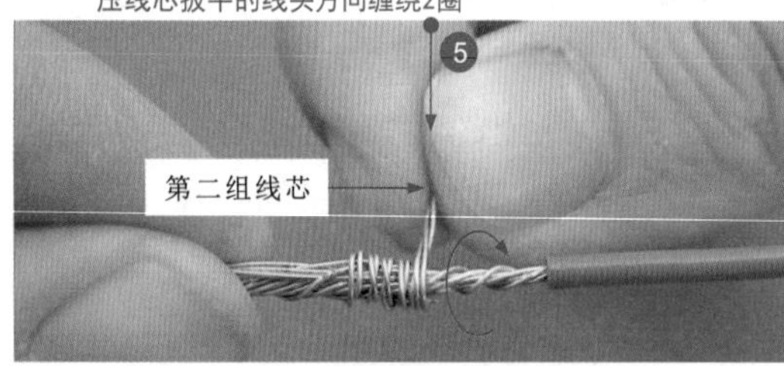

将余下的第二组线芯与线芯平行方向扳平，接着将第三组线芯扳成与线头垂直，按顺时针方向紧压扳平的线头缠绕3圈

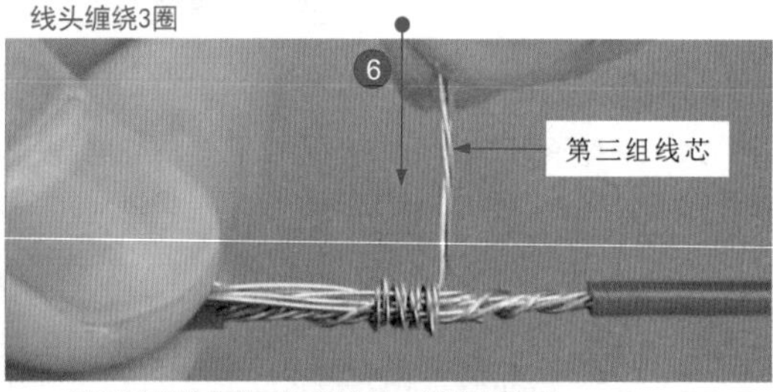

剪掉每组多余的线芯，钳平线端

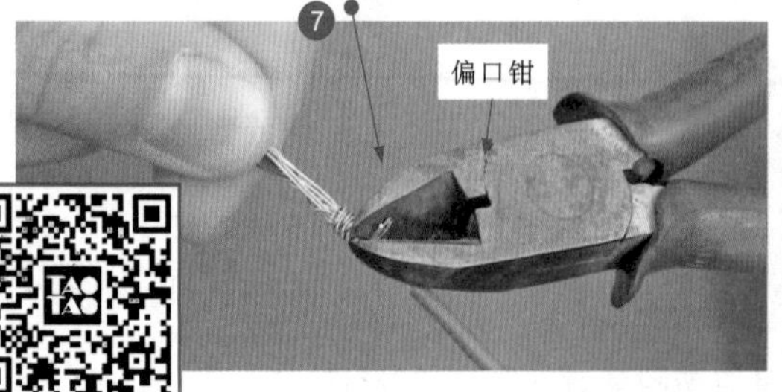

使用同样的方法对线芯的另一端进行连接，便完成了塑料软导线缠绕连接

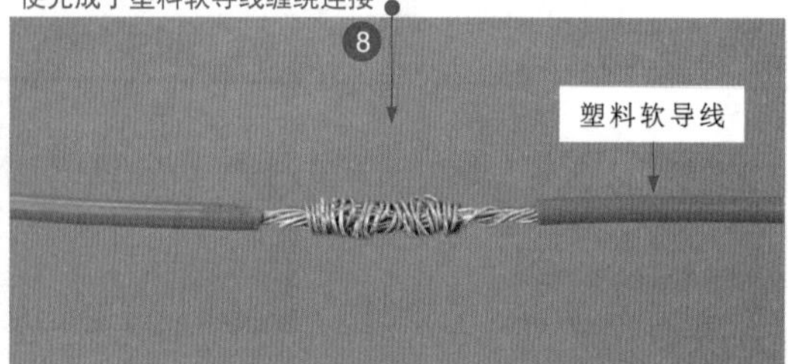

视频：多股导线缠绕式对接的方法

图3-11 多股塑料软导线的缠绕式对接操作方法

3.2.4 多股塑料软导线的缠绕式T形连接

当一根支路多股导线与一根主路多股导线连接时，通常采用缠绕式T形连接，如图3-12所示。

将主路和支路多股导线连接部位的绝缘层去掉

将一字槽螺钉旋具插入主路多股导线去掉绝缘层的线芯中心

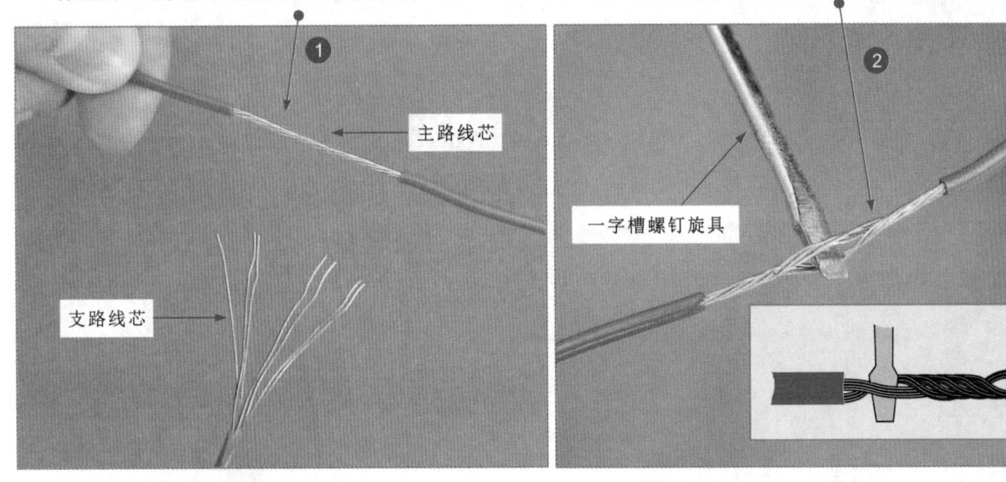

散开支路多股导线线芯，在距绝缘层的1/8线芯长度处将线芯绞紧，并将余下的7/8线芯长度的线芯分为两组

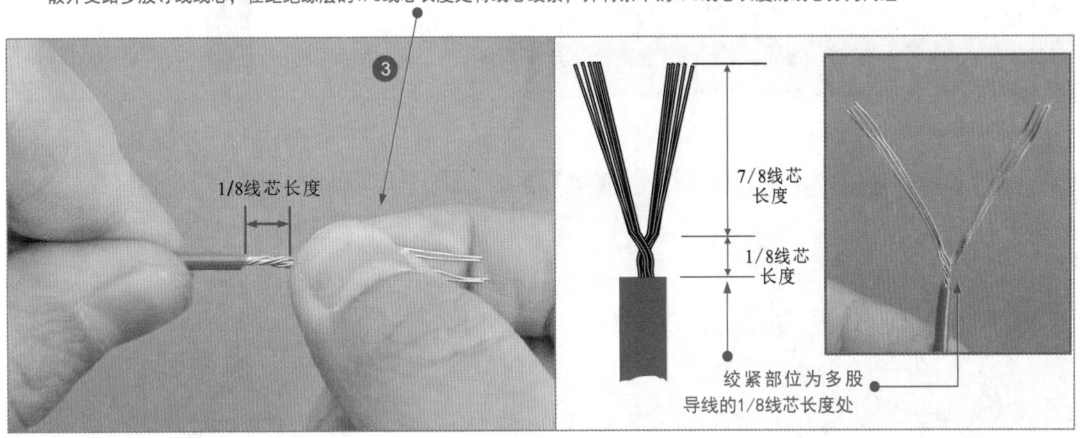

将线芯支路的一组插入主路线芯的中间，将另一组放在前面

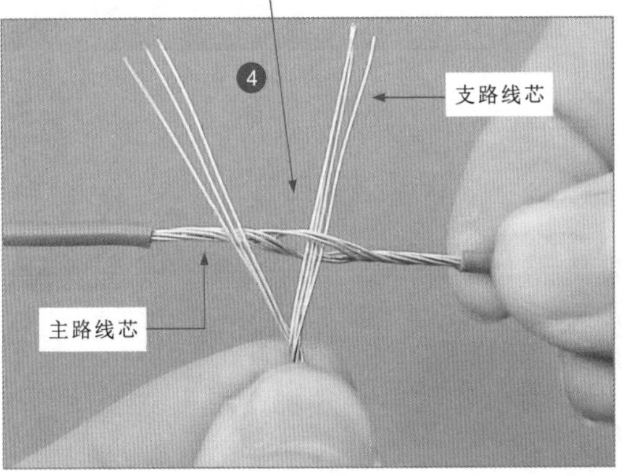

将放在前面的支路线芯沿主路线芯按顺时针方向缠绕

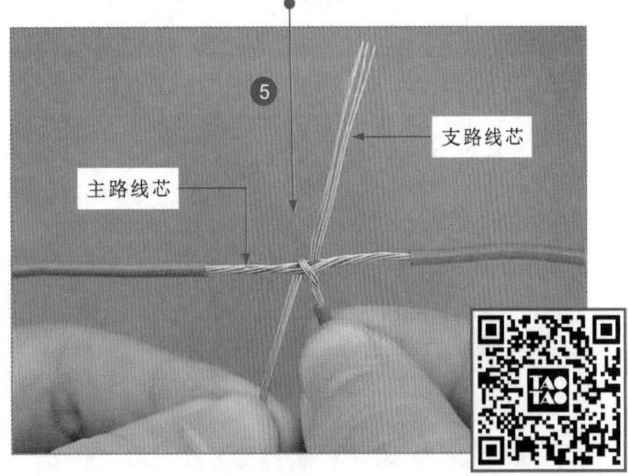

图3-12　多股塑料软导线的缠绕式T形连接

视频：多股导线T形连接的方法

将支路线芯继续沿主路线芯按顺时针方向缠绕3～4圈

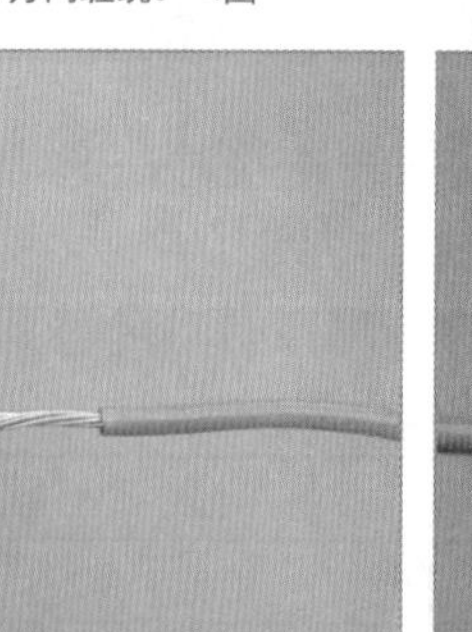

使用偏口钳剪掉多余的支路线芯

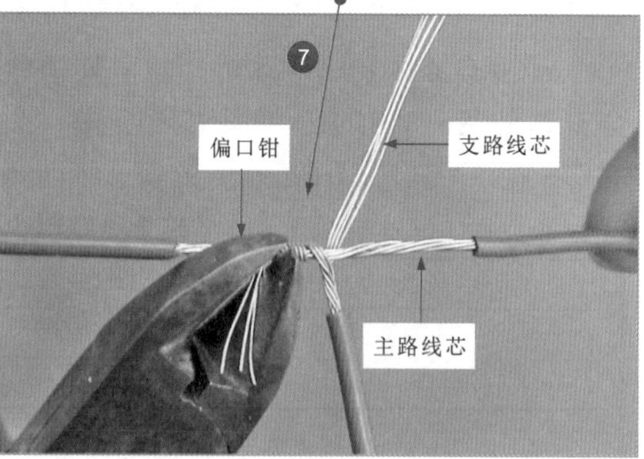

使用同样的方法将另一组支路线芯沿主路线芯按顺时针方向缠绕

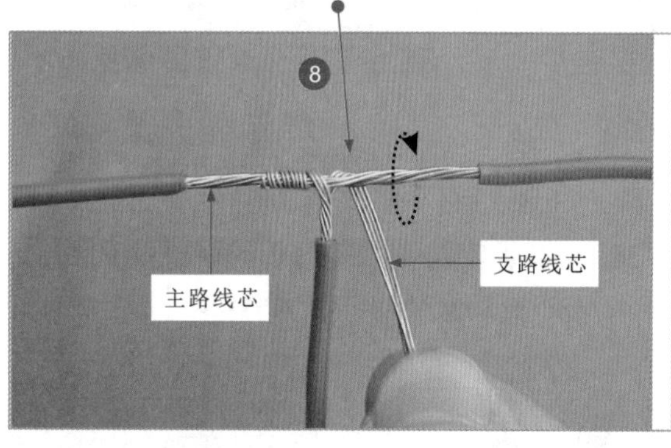

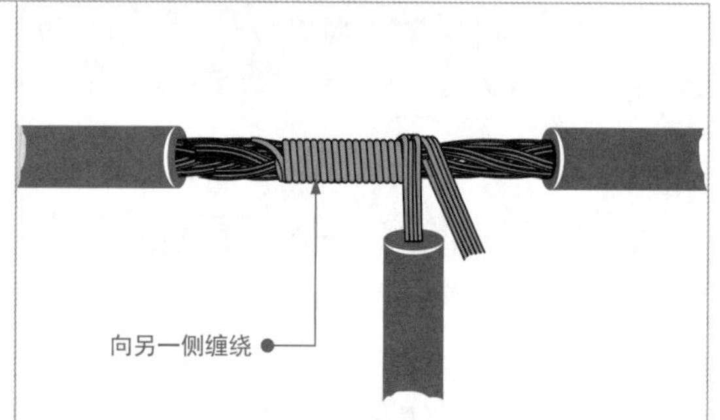

将支路线芯继续沿主路线芯按顺时针方向缠绕3～4圈

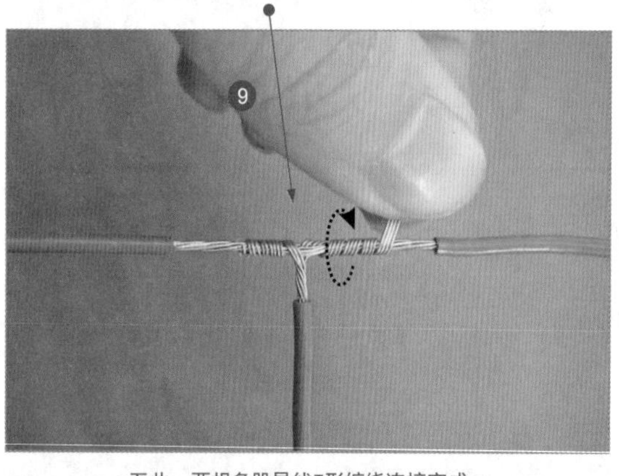

使用偏口钳剪掉多余的线芯

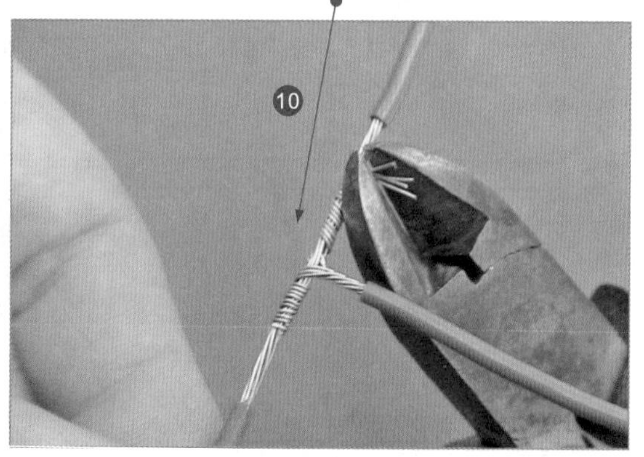

至此，两根多股导线T形缠绕连接完成

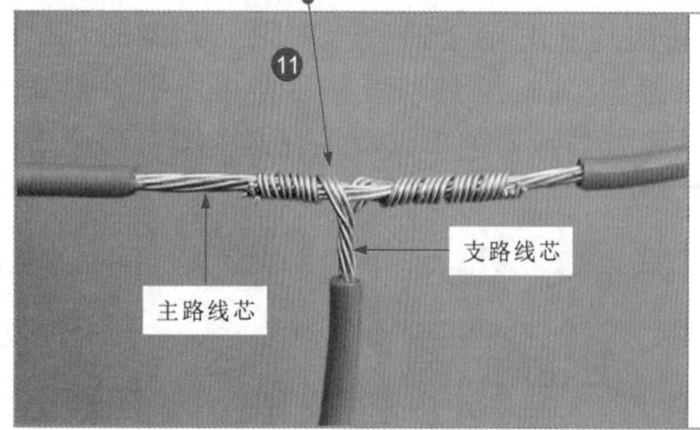

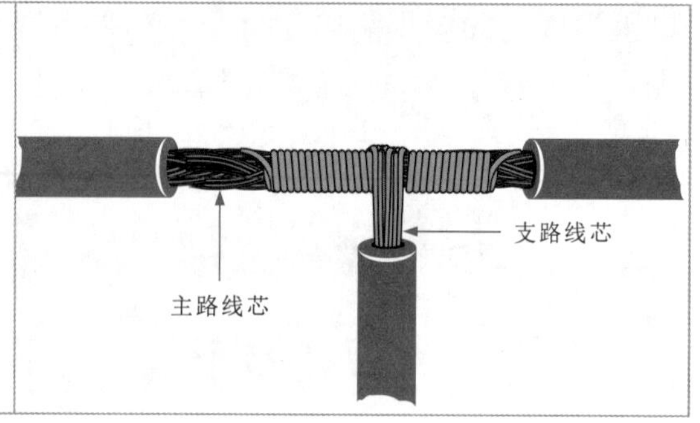

图3-12　多股塑料软导线的缠绕式T形连接（续）

3.2.5 单股塑料硬导线的绞接

当两根横截面积较小的铜线芯单股塑料硬导线需要连接时，可以采用绞接的方法，将两根单股塑料硬导线以X形摆放，利用线芯本身进行绞绕。

图3-13所示为单股塑料硬导线的绞接方法。首先，使两根线芯以中点搭接，摆放成X形，再分别使用钳子钳住，并将线芯向相反的方向旋转2～3圈；其次将两单股塑料硬导线的线头扳直，再将一根线芯在另一根线芯上紧贴并顺时针旋转绕紧；最后，使用同样的方法将另一根线芯进行同样的处理。

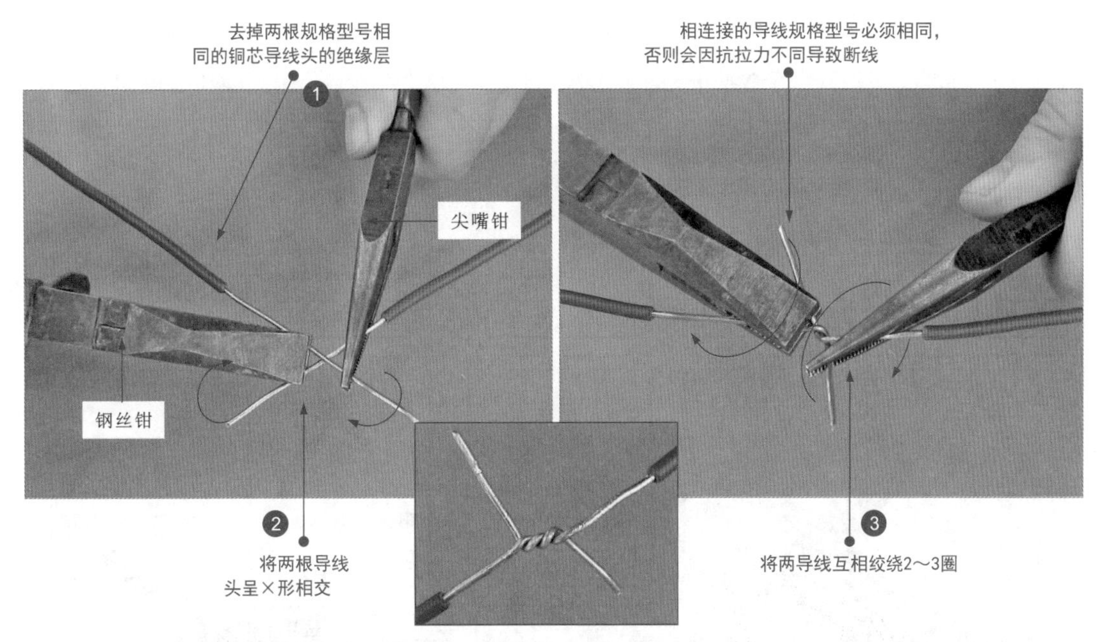

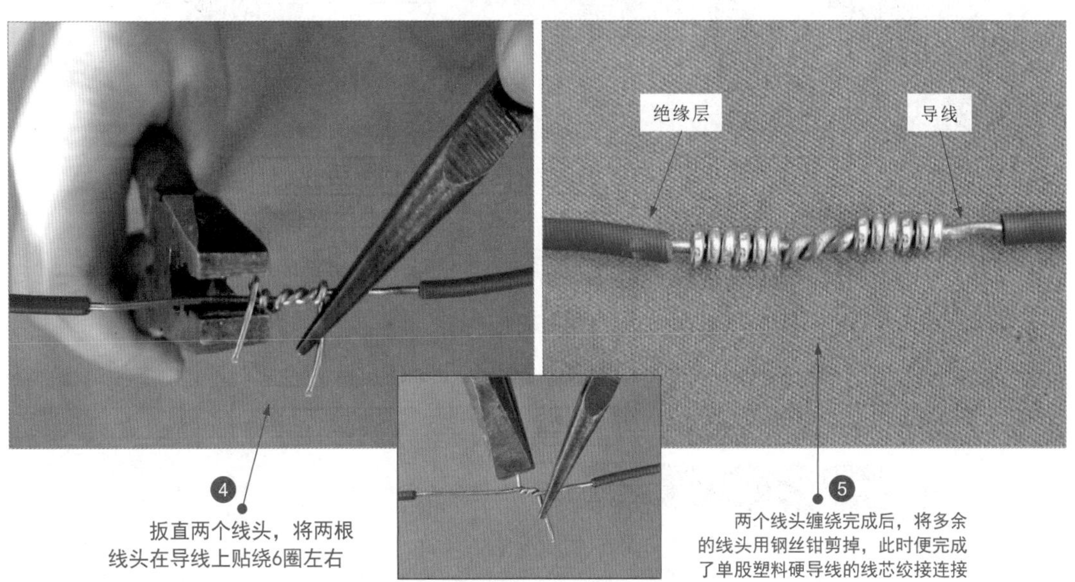

图3-13 单股塑料硬导线的绞接方法

3.2.6 两根单股塑料硬导线的扭接

扭接是指将待连接的线头平行同向放置，然后将线头同时互相缠绕的方法。通常，扭接的方式多应用于两根塑料硬导线的直接连接。

在实际线缆加工连接时，通常需要使用钢丝钳夹住导线切口中间位置，然后将导线弯成约90°后，用拇指和食指内侧将两根线芯相互对称绞接在一起。

图3-14所示为两根单股塑料硬导线的扭接方法。

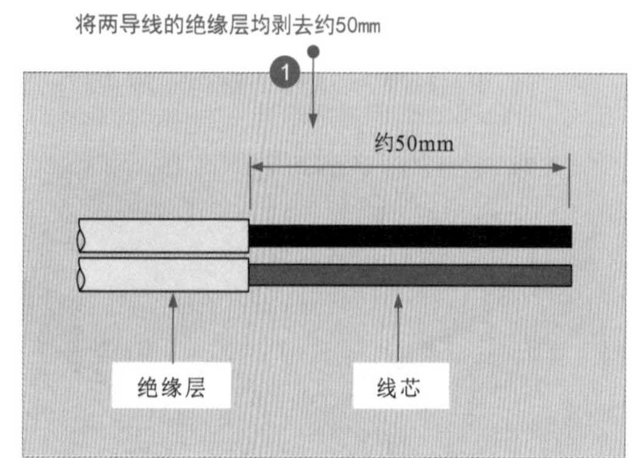

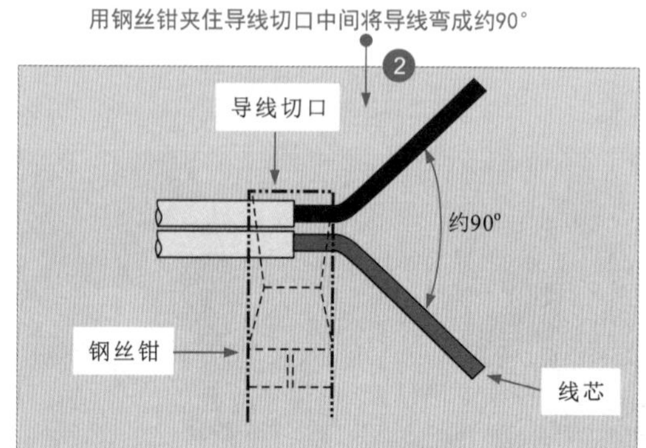

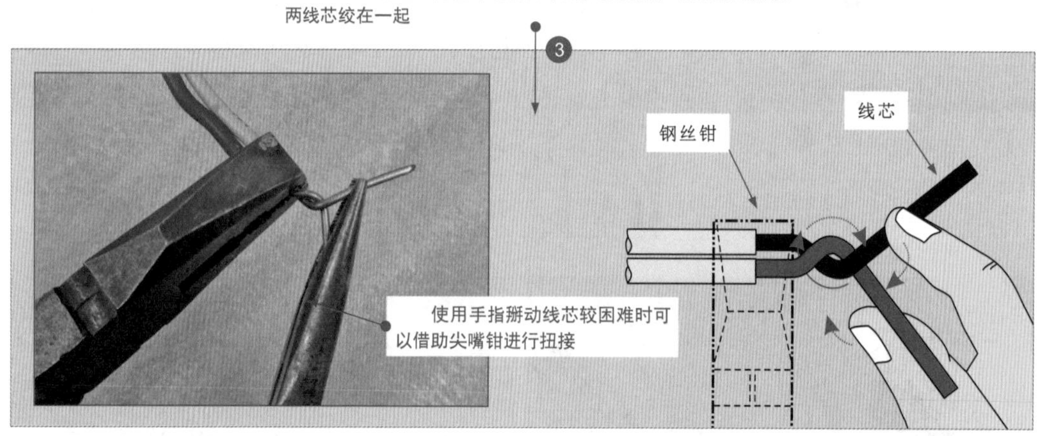

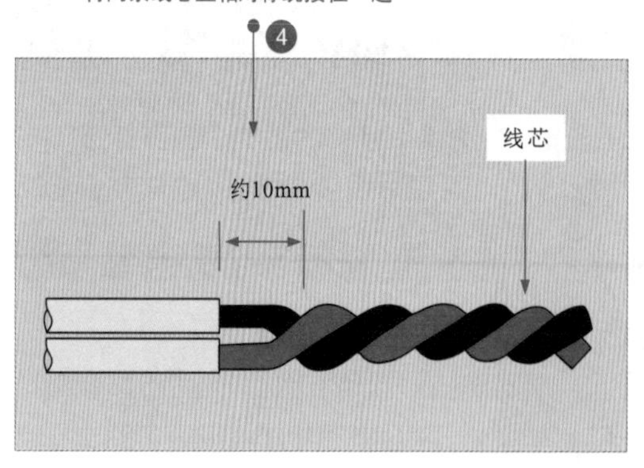

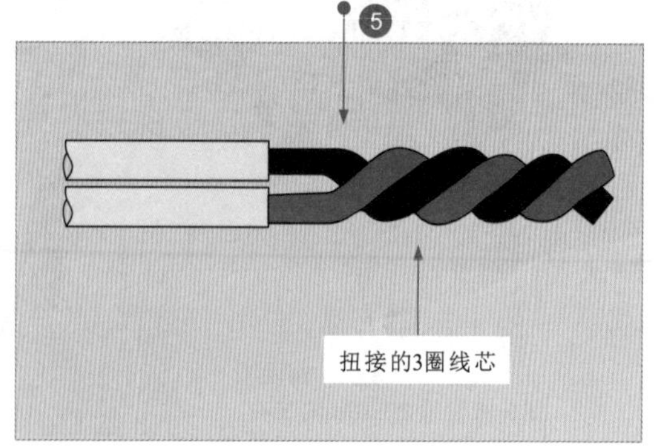

图3-14 两根单股塑料硬导线的扭接方法

3.2.7 三根单股塑料硬导线的绕接

绕接一般在三根导线连接时采用，是指第三根导线线头绕接在另外两根线头上的方法。在实际安装布线中，三根导线连接后仍需要按与原导线平行的方向走线，此时即可采用绕接的方法进行连接。

图3-15所示为三根单股塑料硬导线的绕接方法。

视频：三根塑料导线并头连接的方法

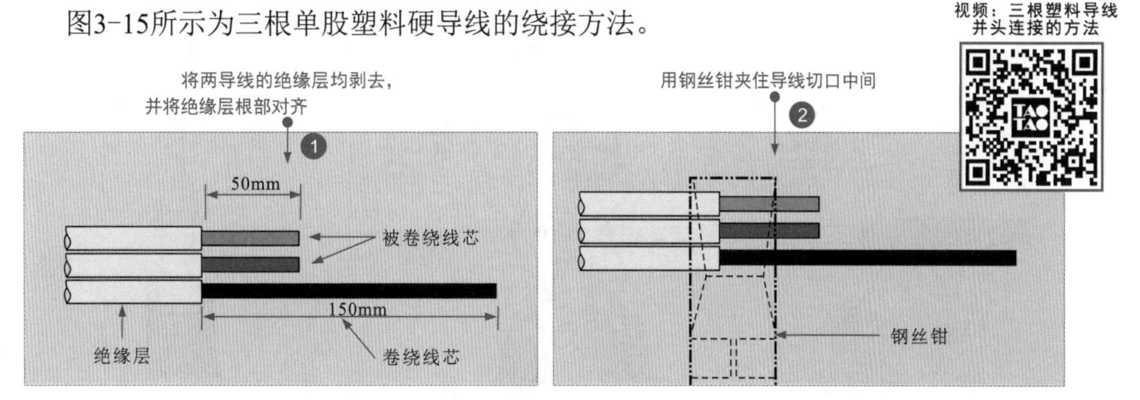

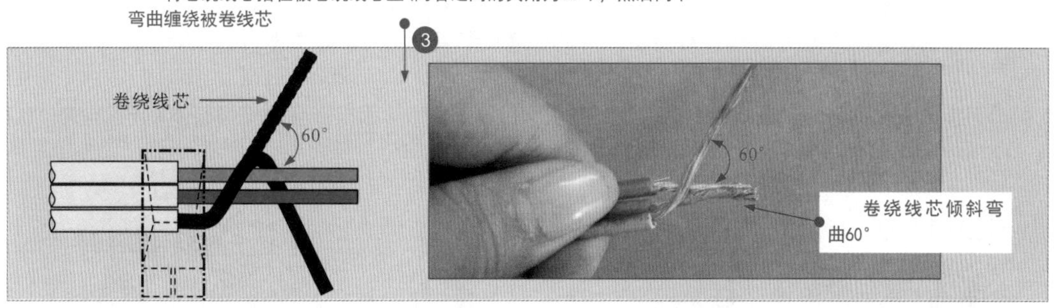

将卷绕线芯再向上弯成约90°

4

90°

用拇指固定导线，用食指内侧卷绕垂直的卷绕线芯

5

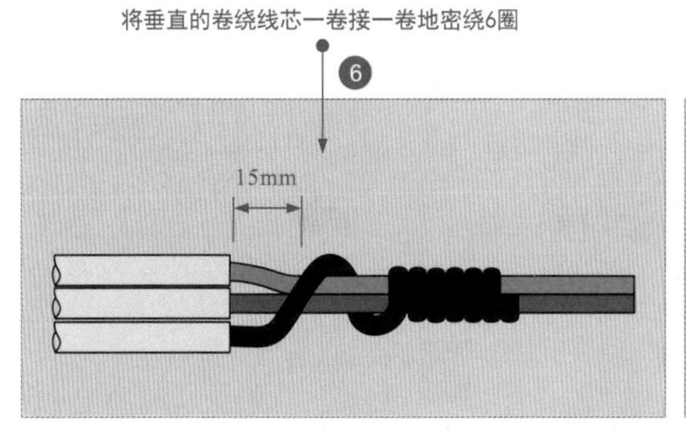

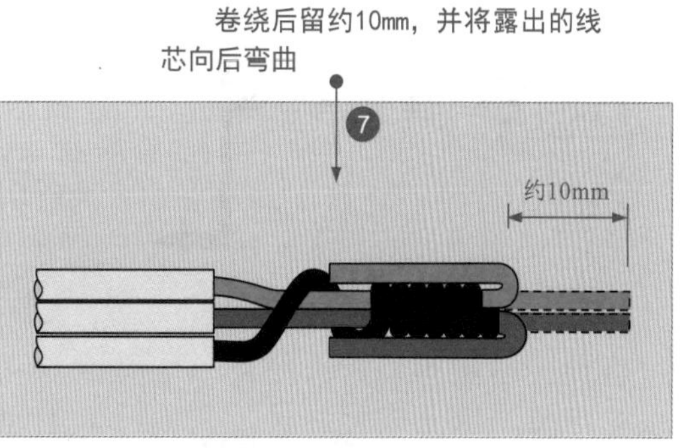

图3-15　三根单股塑料硬导线的绕接方法

3.2.8 用线夹连接单股塑料硬导线

在电工操作中，常用线夹连接硬导线，操作简单，牢固可靠。图3-16所示为采用线夹连接单股塑料硬导线的方法。

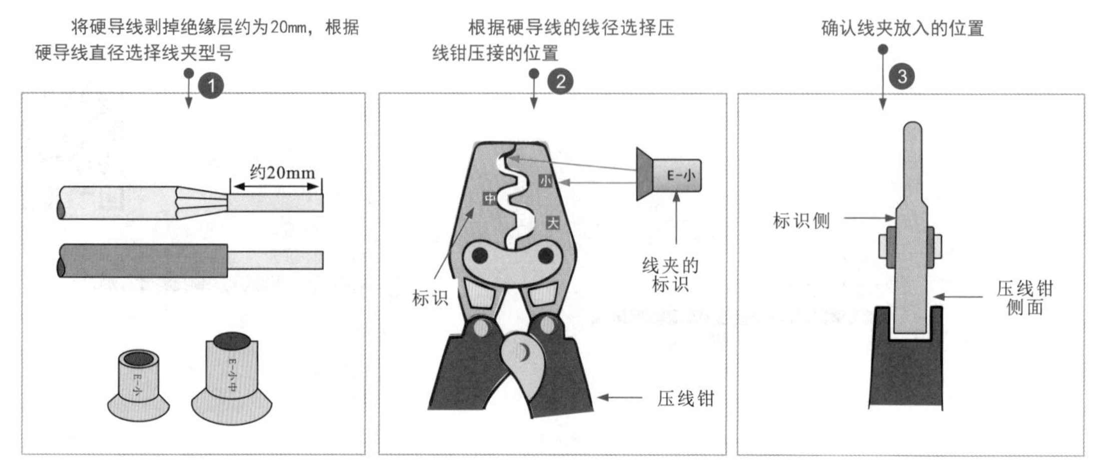

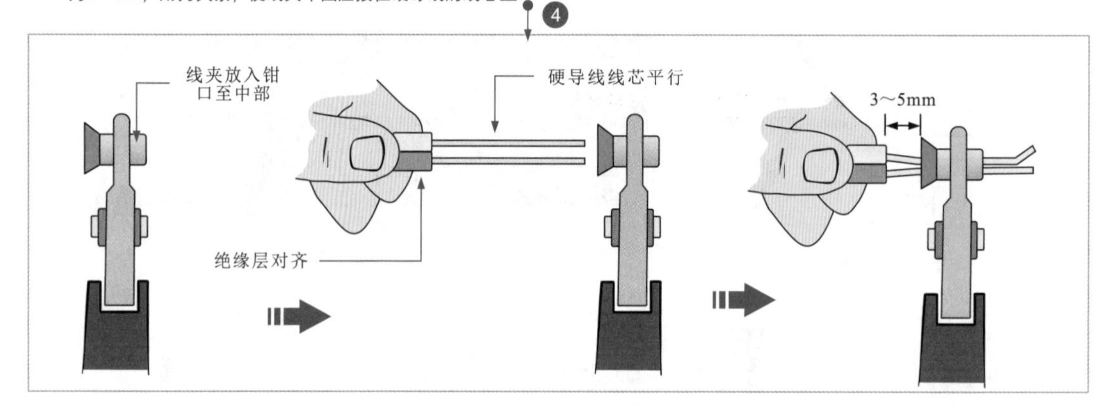

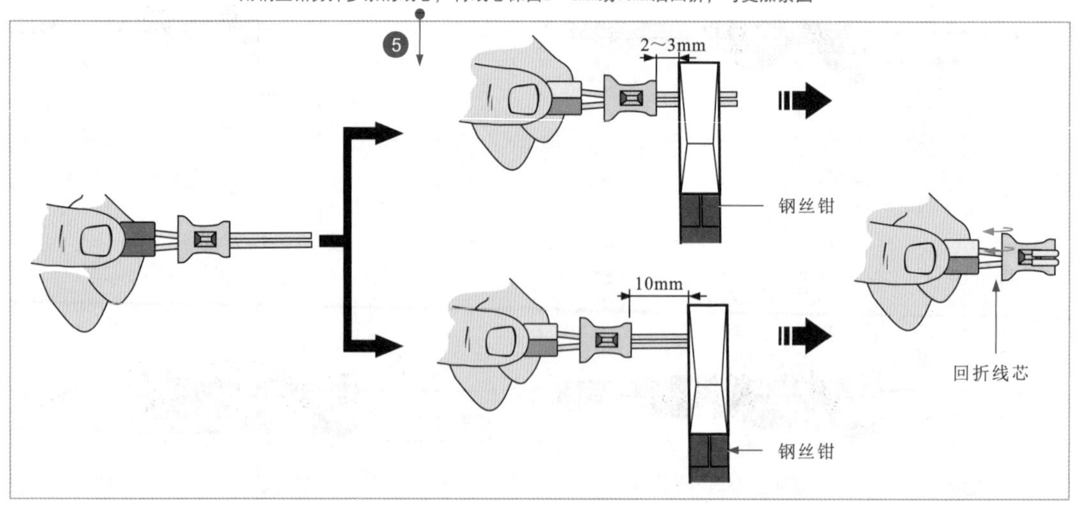

图3-16 采用线夹连接单股塑料硬导线的方法

3.3 导线连接头的加工

3.3.1 塑料硬导线连接头的加工

塑料硬导线一般可以直接用于连接，但在平接时，就需要提前对连接头进行加工，即需要将塑料硬导线线芯加工为合适的连接环。

图3-17所示为塑料硬导线连接头的加工方法。

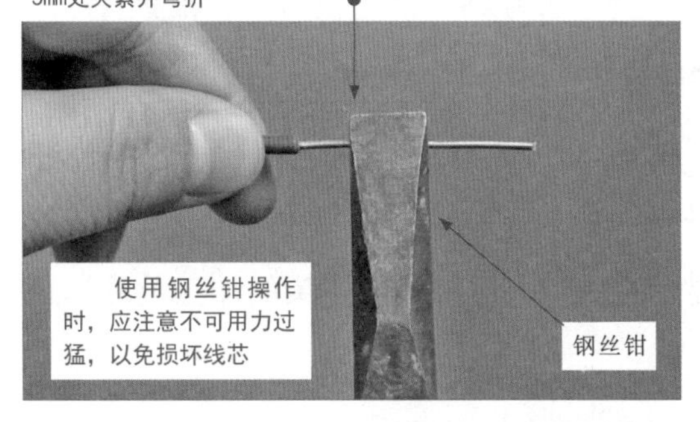

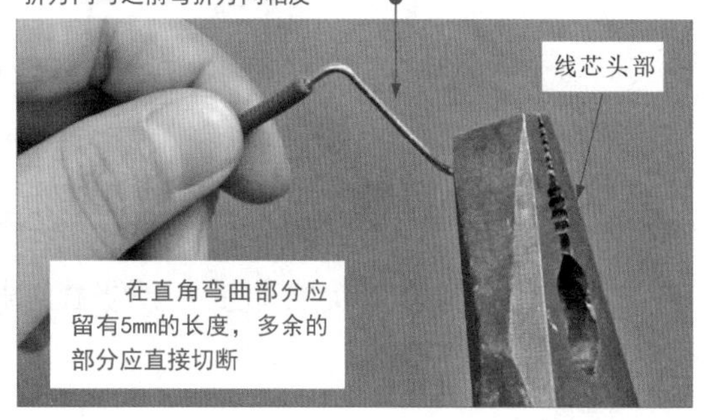

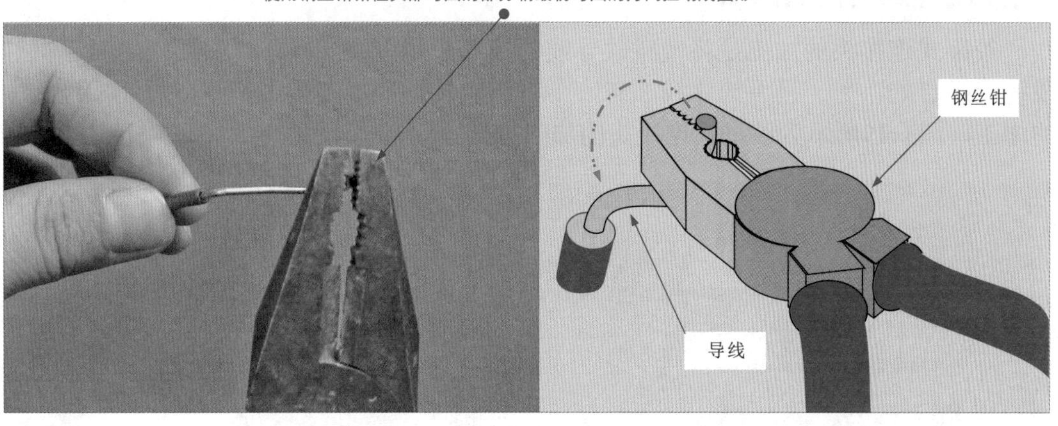

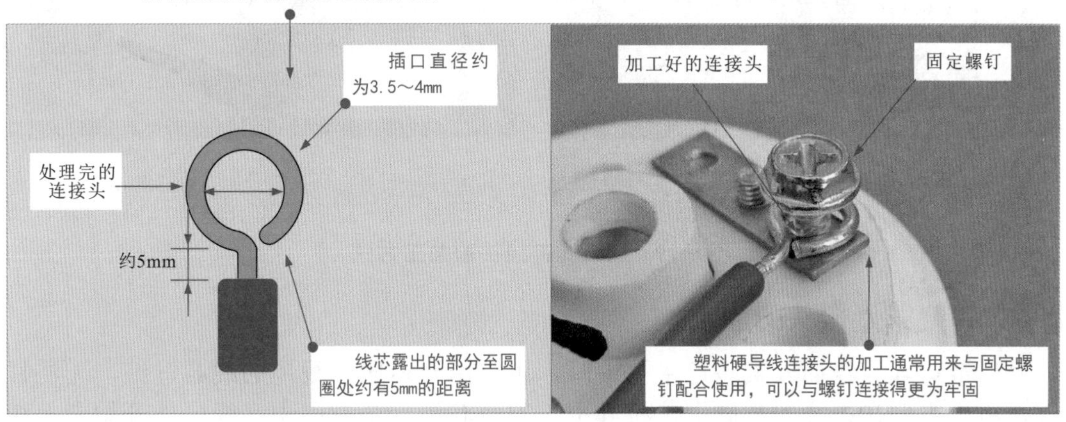

图3-17 塑料硬导线连接头的加工方法

补充说明

在加工塑料硬导线的连接头时应注意，若尺寸不规范或弯折不规范，都会影响接线质量。在实际操作过程中，若出现不合规范的连接头，则需要剪掉重新加工。图3-18所示为合格与不合格的塑料硬导线连接头。

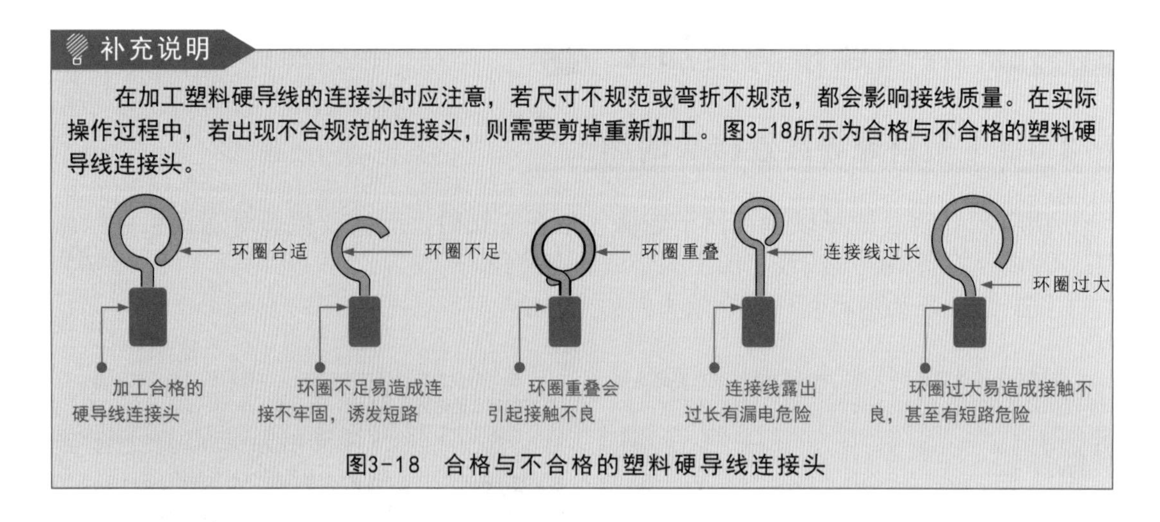

图3-18　合格与不合格的塑料硬导线连接头

3.3.2 塑料软导线连接头的加工

塑料软导线连接头的加工有绞绕式连接头的加工、缠绕式连接头的加工及环形连接头的加工三种方法。

1 绞绕式连接头的加工

绞绕式连接头的加工是将塑料软导线的线芯采用绞绕式操作，需要用一只手握住线缆绝缘层处，另一只手捻住线芯向一个方向旋转，使线芯紧固整齐即可完成连接头的加工，图3-19所示为绞绕式连接头的加工方法。

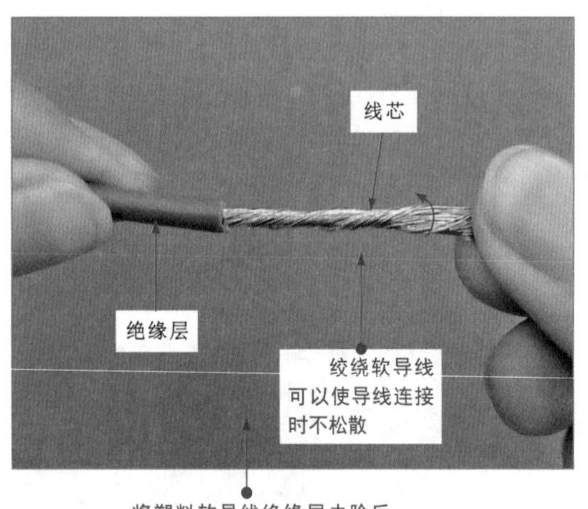

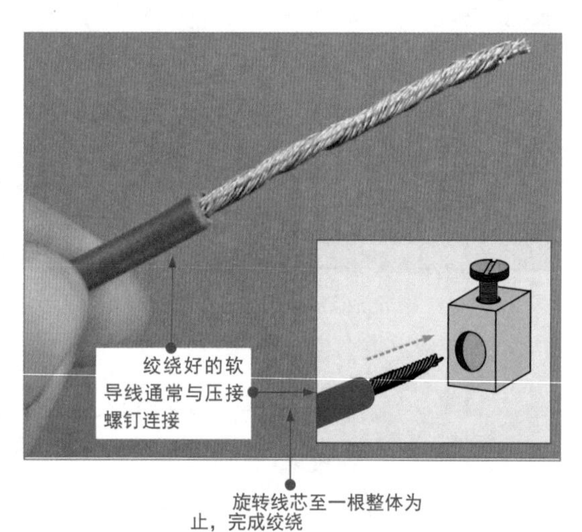

图3-19　绞绕式连接头的加工方法

2 缠绕式连接头的加工

当塑料软导线插入某些连接孔中时，可能由于多股软线缆的线芯过细，无法插入，所以需要在绞绕的基础上，将其中一根线芯沿一个方向由绝缘层处开始向上缠绕，直至缠绕到顶端，完成缠绕式加工。图3-20所示为缠绕式连接头的加工方法。

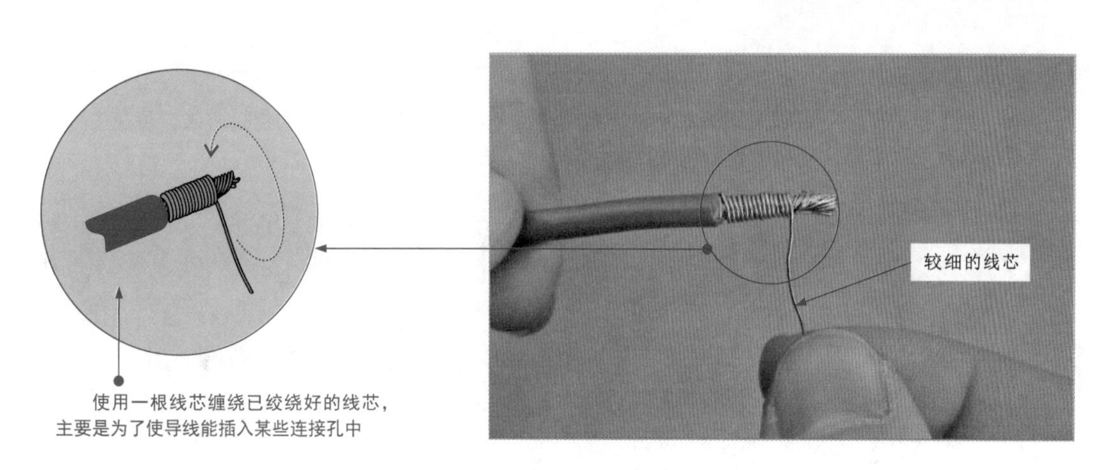

图3-20　缠绕式连接头的加工方法

3 环形连接头的加工

要将塑料软导线的线芯加工为环形，首先将线芯离绝缘层根部1/2处的线芯绞绕紧，然后将其弯折成环形，并将弯折成环形后的线芯与线缆并紧，将1/3的线芯拉起来环绕其余的线芯与线缆。图3-21所示为环形连接头的加工方法。

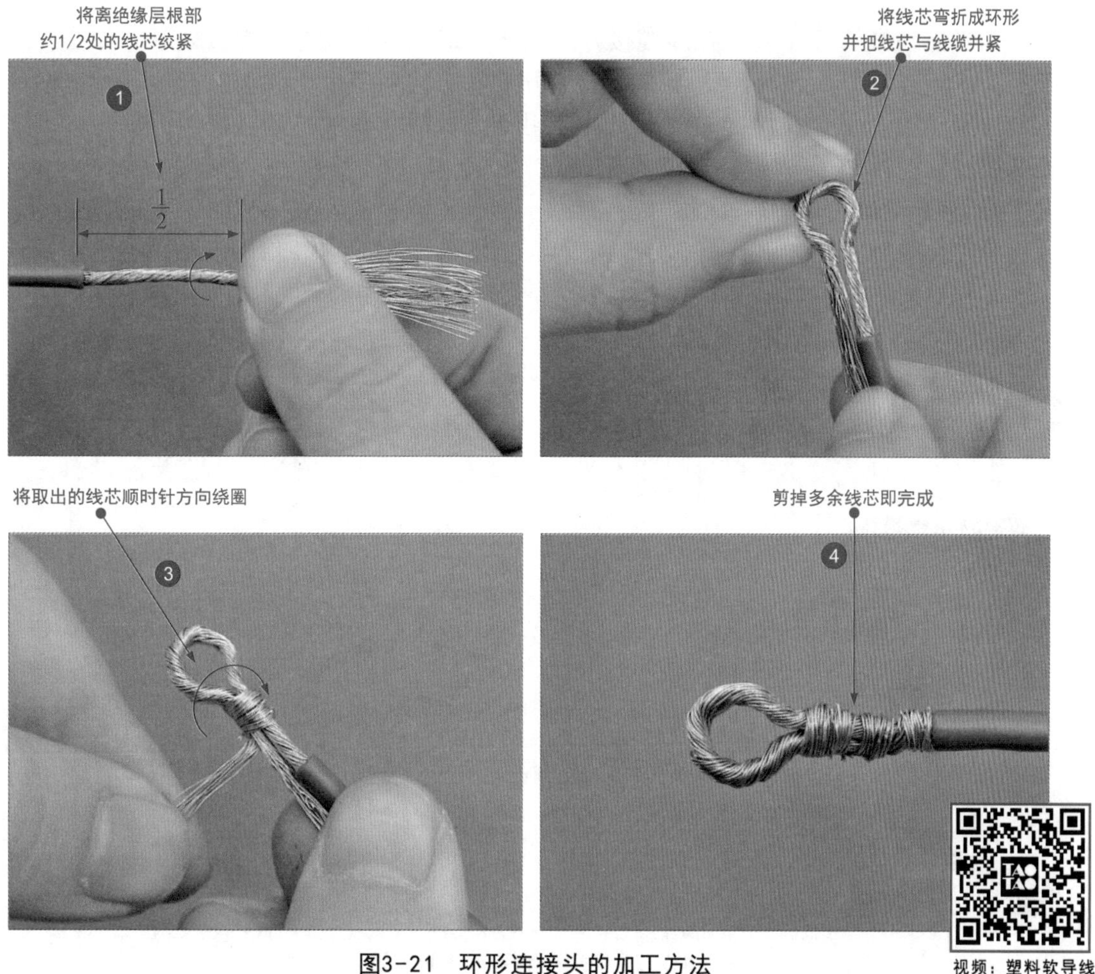

图3-21　环形连接头的加工方法

补充说明

线缆的连接头除以上几种加工方式外，还有一种是多股线芯与接线螺钉的连接方法，可在多股线芯与接线螺钉连接之前，先将线芯与螺钉绞紧，如图3-22所示。

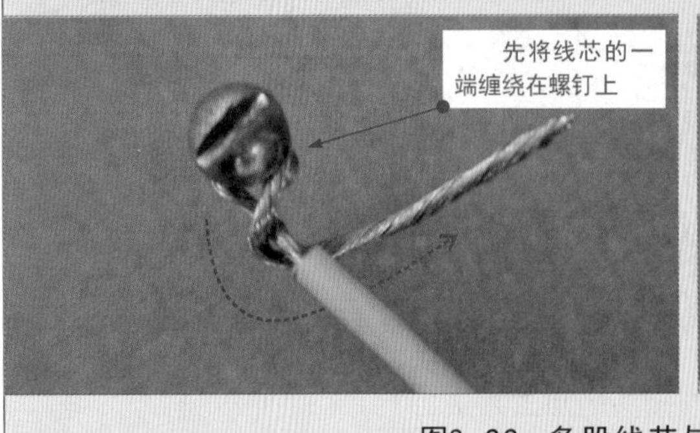

图3-22　多股线芯与接线螺钉的连接

3.4 线缆焊接与绝缘层恢复

3.4.1 线缆焊接

为确保线缆连接牢固，在线缆接好后还需要对其连接端进行焊接处理，如图3-23所示。线缆连接好后首先给需要焊接的地方上锡，然后用电烙铁加热把线芯焊接在一起，再将热缩套管套在焊接的地方，并使用打火机或其他加热工具把热缩套管紧紧地裹在接线处即完成了线缆的焊接。

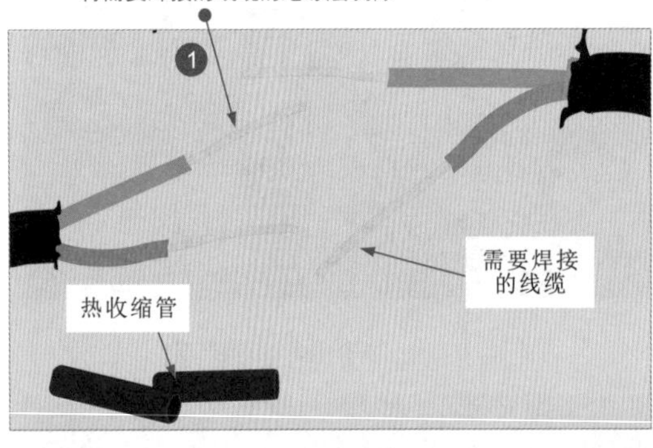

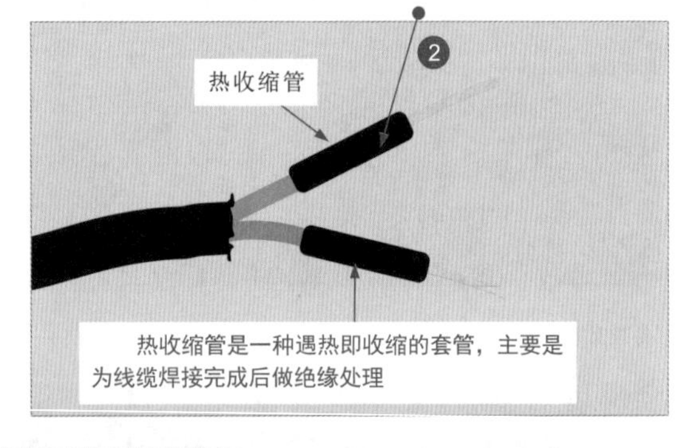

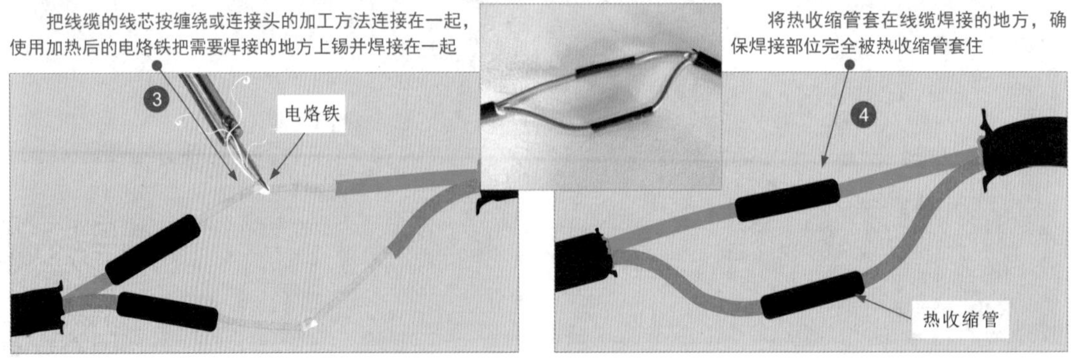

图3-23　线缆焊接处理的方法

3.4.2 线缆绝缘层的恢复

线缆连接或线缆绝缘层遭到破坏后，都必须恢复线缆绝缘性能才可以正常使用，并且恢复后绝缘强度应不低于原有线缆绝缘层。常用绝缘层的恢复方法有两种：一种是使用热收缩管，另一种是使用绝缘材料包缠法。

1 使用热收缩管恢复线缆的绝缘层

使用热收缩管恢复线缆绝缘层是一种简便、高效的操作方法，如图3-24所示。

将热收缩管滑至线缆的连接处

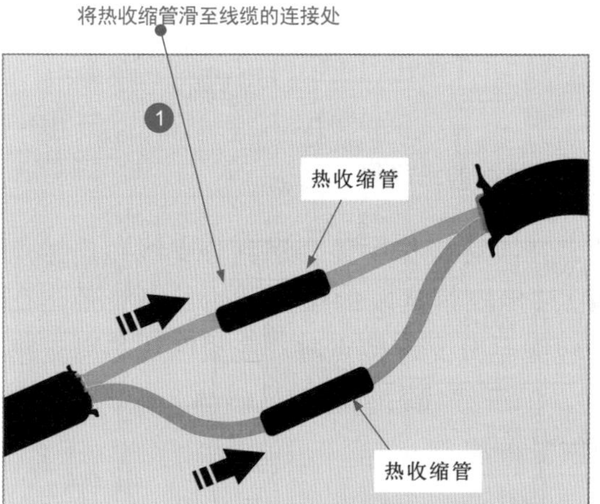

使用电吹风机加热热收缩管，使其缩至贴合线缆

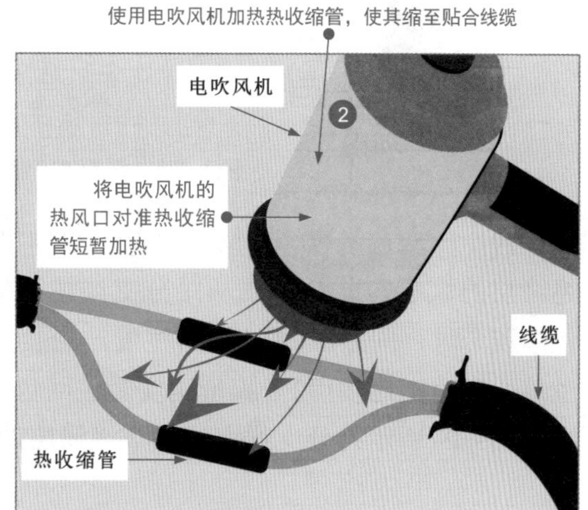

图3-24　使用热收缩管恢复导线的绝缘层的方法

2 使用绝缘材料包缠法恢复导线的绝缘层

绝缘材料包缠法是使用绝缘材料（黄蜡带、涤纶薄膜带、胶带）缠绕线缆线芯，如图3-25所示，使导线恢复绝缘功能。

将胶带从完整的绝缘层上开始包缠（一般为距线芯根部2倍胶带宽度的绝缘层位置）

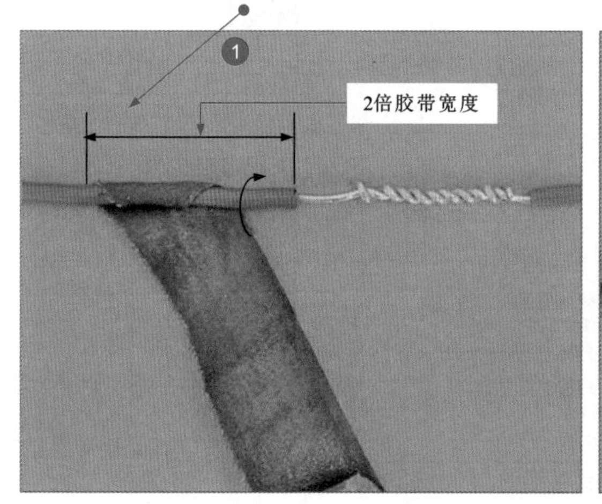

包缠时，每圈胶带应覆盖前一圈胶带一半的位置，包缠至另一端时也需同样包缠2倍胶带宽度的完整绝缘层

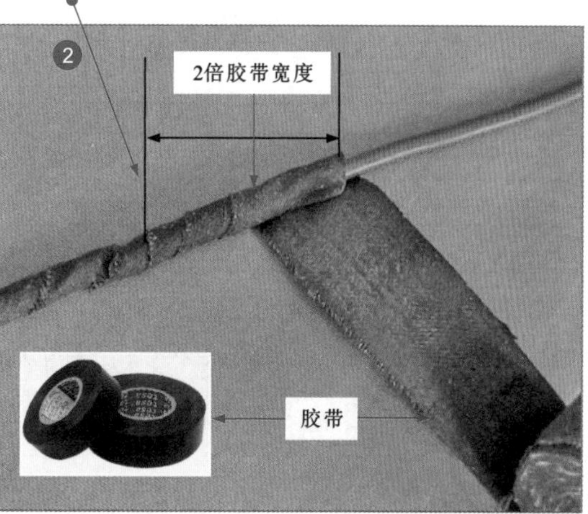

图3-25　使用包缠法恢复绝缘层

在一般情况下，恢复220V线路线缆的绝缘性能时，应先包缠一层黄蜡带或涤纶薄膜带，再包缠一层胶带；恢复380V线路的绝缘性能时，先包缠两三层黄蜡带或涤纶薄膜带，再包缠两层胶带，如图3-26所示。

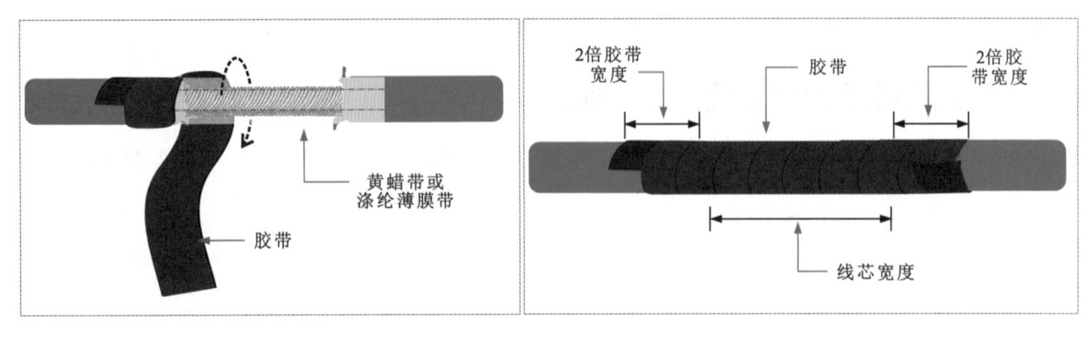

图3-26 恢复220V和380V线路的绝缘层

线缆绝缘层的恢复是较为普通和常见的，在实际操作中还会遇到分支线缆连接点绝缘层的恢复，此时需要从距分支线缆连接点2倍胶带宽度的位置开始包缠胶带。在包缠胶带时，间距应为1/2胶带宽度，当胶带包缠至分支连接点时，应紧贴线芯沿支路包缠，当超出连接点2倍胶带宽度后往回包缠，沿干线线芯包缠至另一端。

图3-27所示为分支线缆连接点绝缘层的恢复方法。

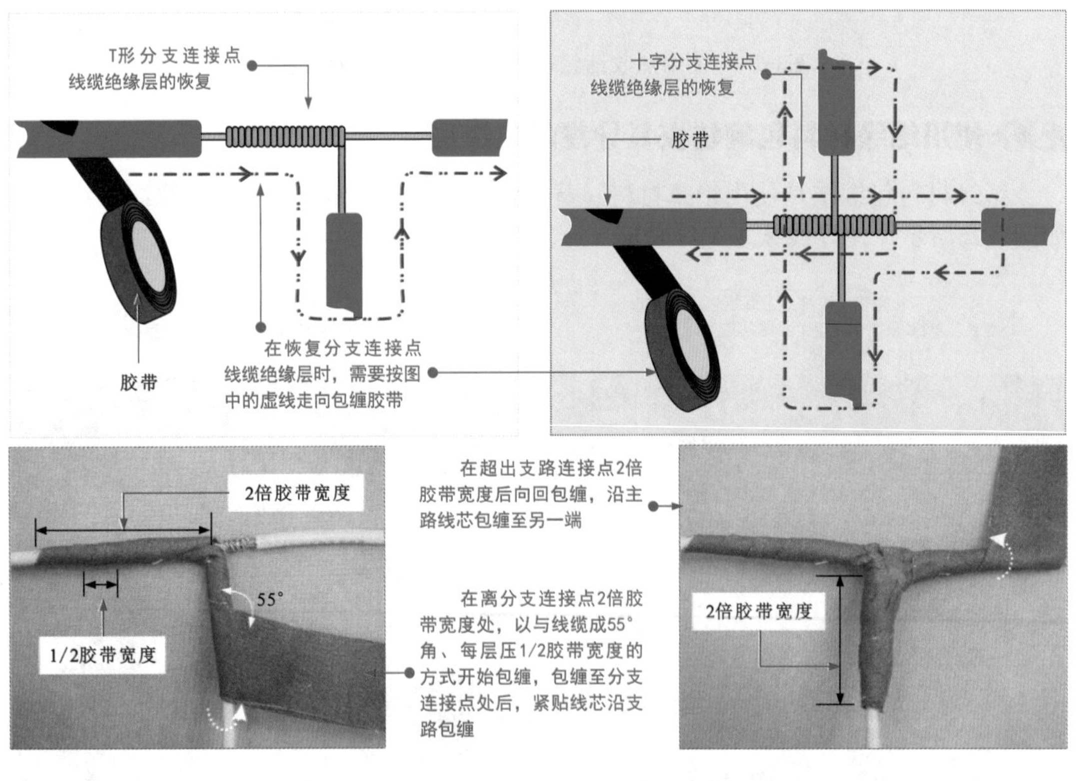

图3-27 分支线缆连接点绝缘层的恢复方法

第4章 电气线路敷设

4.1 瓷夹和瓷瓶配线敷设

4.1.1 瓷夹配线敷设

瓷夹配线也称为夹板配线，是指用瓷夹来支持导线，使导线固定并与建筑物绝缘的一种配线方式，一般适用于正常干燥的室内场所和房屋挑檐下的室外场所，通常情况下，使用瓷夹配线时，其配线路的截面积一般不要超过$10mm^2$。

瓷夹在固定时可以将其埋设在坚固件上，或是使用胀管螺钉固定。用胀管螺钉固定时，应先在需要固定的位置上钻孔（孔的大小应与胀管粗细相同，其深度略长于胀管螺钉的长度），然后将胀管螺钉放入瓷夹底座的固定孔内固定，接着将导线固定在瓷夹内的槽内，最后使用螺钉固定好瓷夹的上盖即可。

图4-1所示为瓷夹的固定方法。

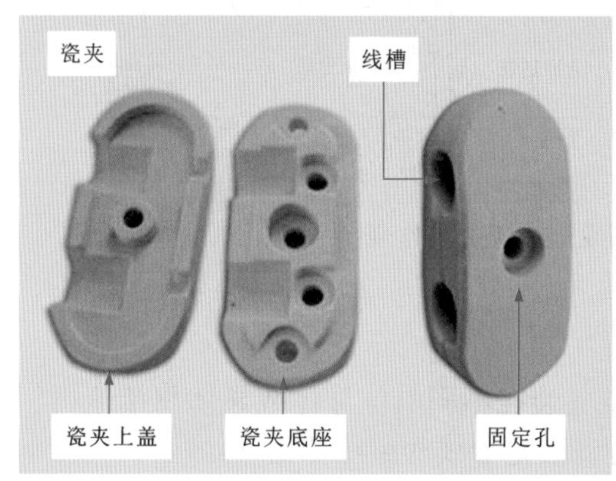

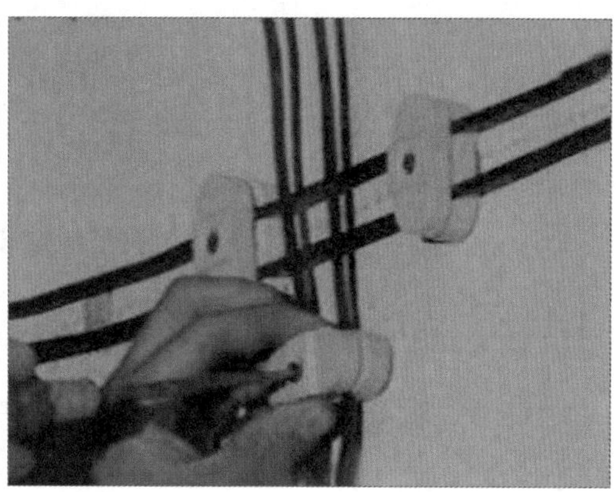

图4-1　瓷夹的固定方法

瓷夹配线时，通常会遇到一些建筑物，如水管、蒸汽管或转角等，对于该类情况，在进行操作时应进行相应的保护。

例如，在与导线进行交叉敷设时，应使用塑料管或绝缘管对导线进行保护，并且在塑料管或绝缘管的两端导线上须用瓷夹夹牢，防止塑料管或绝缘管移动；在跨越蒸汽管时，应使用瓷管对导线进行保护，瓷管与蒸汽管保温层须有20mm的距离；若使用瓷夹进行转角或在分支上配线时，应在距离墙面40～60mm处安装一个瓷夹，用来固定线路。

图4-2所示为瓷夹配线时遇到建筑物的操作规范。

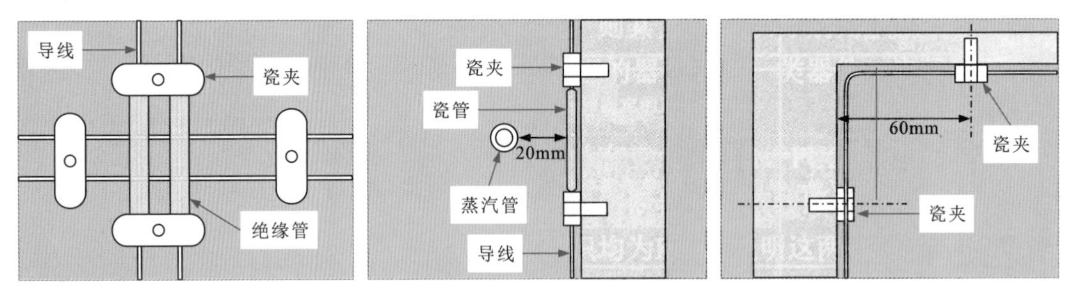

图4-2 瓷夹配线时遇到建筑物的操作规范

补充说明

若使用瓷夹配线，则连接导线时需要将其连接头尽量安装在两瓷夹的中间，避免将导线的接头压在瓷夹内。使用瓷夹在室内配线时，绝缘导线与建筑物表面的最小距离应不小于5mm；使用瓷夹在室外配线时，不可以应用在雨雪能落到导线的地方。

图4-3所示为瓷夹配线穿墙或穿楼板的操作规范。瓷夹配线过程中，通常会遇到穿墙或是穿楼板的情况，在进行该类操作时，应按照相关的规定进行操作。例如，线路穿墙进户时，一根瓷管内只能穿一根导线，并应有一定的倾斜度；在穿过楼板时，应使用保护钢管，并且在楼上距离地面的钢管高度应为1.8m。

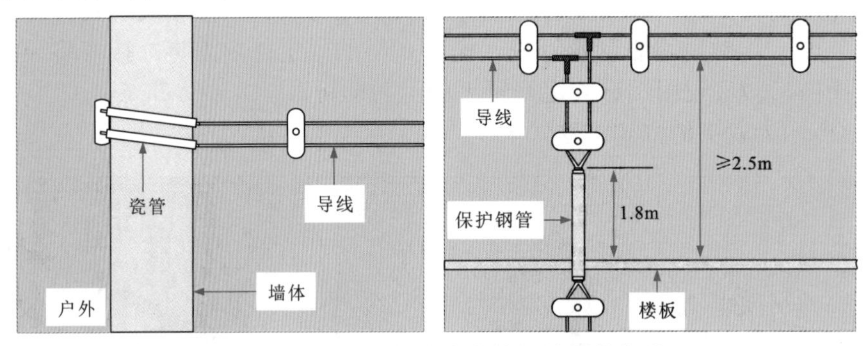

图4-3 瓷夹配线穿墙或穿楼板的操作规范

4.1.2 瓷瓶配线敷设

通常，瓷瓶多由玻璃或陶瓷制成，主要安装在不同电位导体或导体与接地构件之间，能够耐受电压和机械应力作用，是支持、固定导线的绝缘体器件。

瓷瓶配线是利用瓷瓶支持并固定导线的一种配线，常用于线路的明敷。

1 瓷瓶定位

在进行瓷瓶配线时，对于瓷瓶的定位有着严格的规定。表4-1为瓷瓶配线线径与线间及固定点间的距离的对应标准。

表4-1 瓷瓶配线线径与线间及固定点间的距离的对应标准

导线截面积/mm²	1.5～4	6～10	6～16	25～35	50～95
线间最小距离/mm	100	100	100	100～150	150
固定点最大间距/mm	1200～1500	1500～2500	3000	6000	6000

瓷瓶配线敷设时，绝缘导线至地面的最小距离见表4-2。

表4-2　瓷瓶配线敷设时绝缘导线至地面的最小距离

敷设场合	水平敷设时最小距离/mm	垂直敷设时最小距离/mm
室内	2500	1800
室外	2700	2700

补充说明

瓷瓶配线应避免与其他管道相遇。导线与建筑物表面的距离应不小于10mm。

导线在转弯、分支或进入电气设备处，均应专设支持件固定。支持件与转弯中点、分支点或电气设备边缘的距离应为60～100mm。

若在室外配线，当跨越人行道时，绝缘导线距地面高度应不低于3.5m，当跨越通车道路时，绝缘导线距地面高度应不低于6m。

2 瓷瓶与导线的绑扎

使用瓷瓶配线时，需要将导线与瓷瓶进行绑扎，在绑扎时通常会采用单绑、双绑以及绑回头几种方式，如图4-4所示。单绑方式通常用于不受力瓷瓶或导线截面积在6mm^{2}及以下的绑扎；双绑方式通常用于受力瓷瓶的绑扎，或导线的截面积在10mm^{2}以上的绑扎；绑回头的方式通常是用于终端导线与瓷瓶的绑扎。

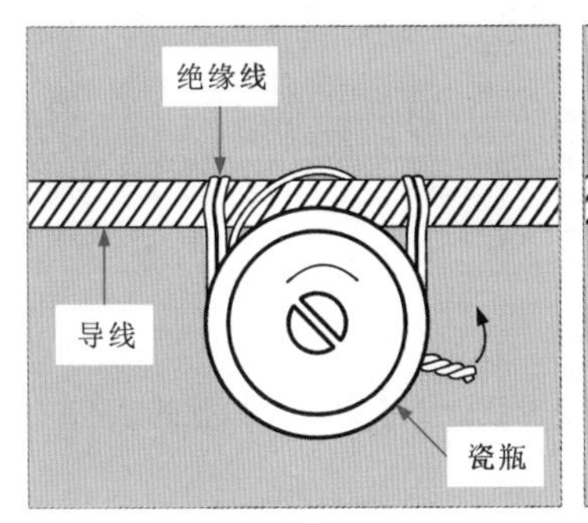

(a) 单绑方式

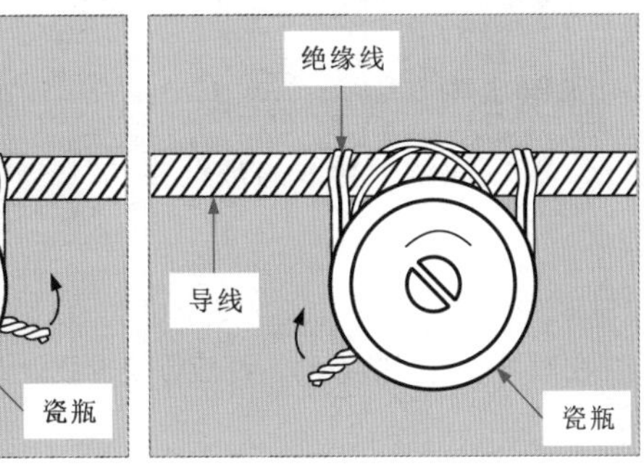

(b) 双绑方式

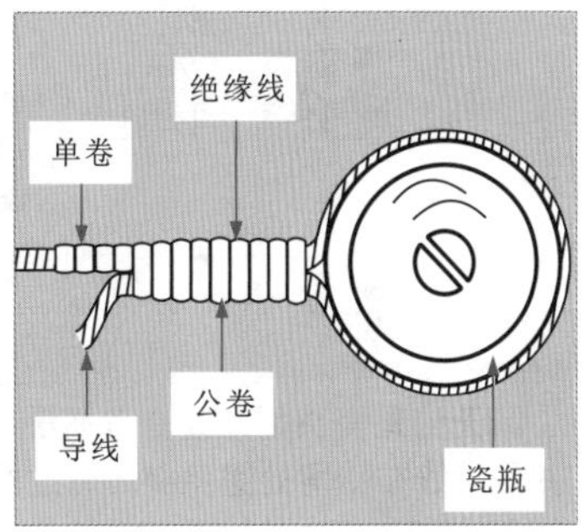

(c) 绑回头方式

图4-4　瓷瓶与导线的绑扎规范

补充说明

在瓷瓶配线时，应先将导线校直，将导线的其中一端绑扎在瓷瓶的颈部，然后在导线的另一端将导线收紧，并绑扎固定，最后绑扎并固定导线的中间部位。

3 瓷瓶配线敷设

在瓷瓶配线敷设的过程中，难免会遇到导线之间的分支、交叉或是拐角等操作，对于该类情况进行配线时，应按照相关的规范进行操作。如图4-5所示，导线在分支操作时，需要在分支点处设置瓷瓶，以支持导线，不让导线受其他张力；导线相互交叉时，应在距建筑物较近的导线上套绝缘保护管；导线在同一平面内进行敷设时，若遇到有弯曲的情况，瓷瓶需要装设在导线曲折角的内侧。

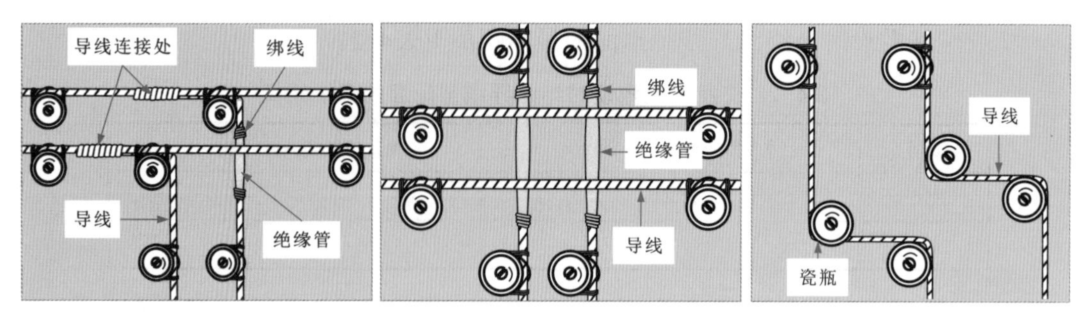

（a）导线分支时操作规范　　（b）导线交叉及弯曲时的操作规范

图4-5　瓷瓶配线敷设规范

补充说明

瓷瓶配线时，若是两根导线平行敷设，应将导线敷设在两个瓷瓶的同一侧或者在两个瓷瓶的外侧，如图4-6所示；在建筑物的侧面或斜面配线时，必须将导线绑在瓷瓶的上方。严禁将两根导线置于两个瓷瓶的内侧。

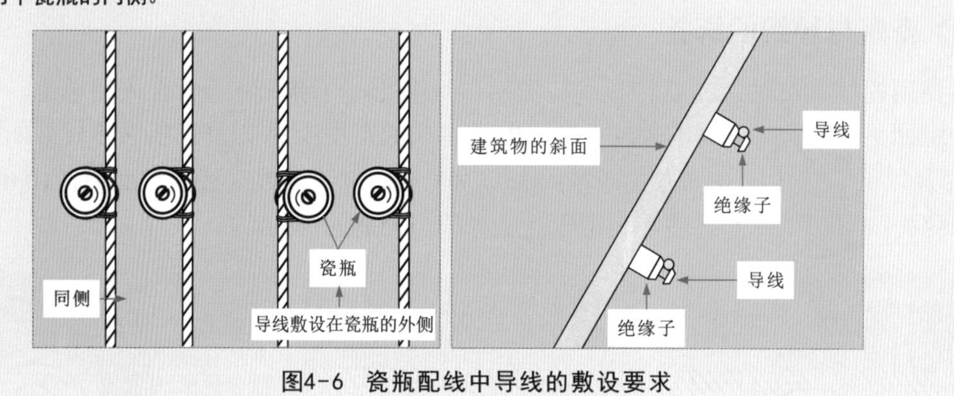

图4-6　瓷瓶配线中导线的敷设要求

补充说明

无论是瓷夹配线还是瓷瓶配线，在对导线进行敷设时，都应该使导线处于平直、无松弛的状态，并且导线在转弯处避免有急弯的情况。

4.2 金属管配线敷设

4.2.1 金属管配线明敷

金属管配线的明敷是指使用金属材质的管制品，将线路敷设于相应的场所，是一种常见的配线方式，室内和室外都适用。采用金属管配线可以使导线能够受到很好的保护，并且能减少因线路短路而发生火灾。

在使用金属管明敷于潮湿的场所时，由于金属管会受到不同程度的锈蚀，为了保障线路的安全，应采用较厚的水、煤气钢管；若是敷设于干燥的场所时，则可以选用金属电线管。两种金属管如图4-7所示。

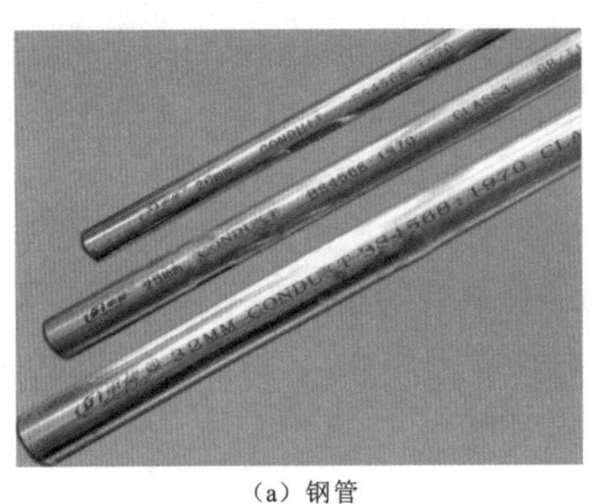

（a）钢管

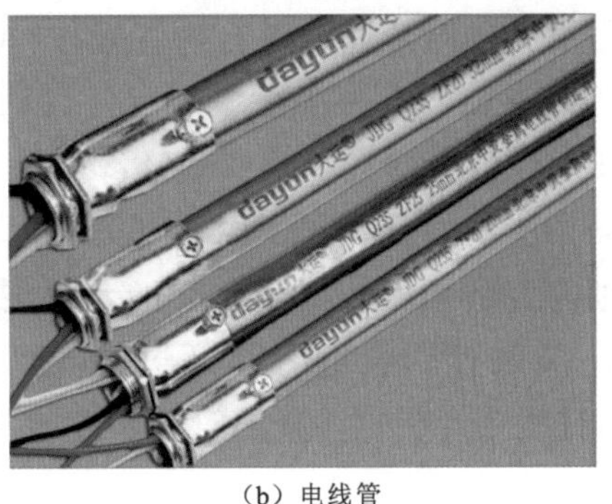

（b）电线管

图4-7 两种金属管

补充说明

选用金属管进行配线时，其表面不应有穿孔、裂缝和明显的凹凸不平等现象；其内部不允许出现锈蚀的现象，尽量选用内壁光滑的金属管。无防腐措施的金属管应在外表面涂抹防腐漆，镀锌管锌层剥落处也应涂防腐漆。

图4-8所示为金属管管口的加工规范。在使用金属管进行配线时，为了防止穿线时金属管口划伤导线，其管口的位置应使用专用工具进行打磨，使其没有毛刺或是尖锐的棱角。

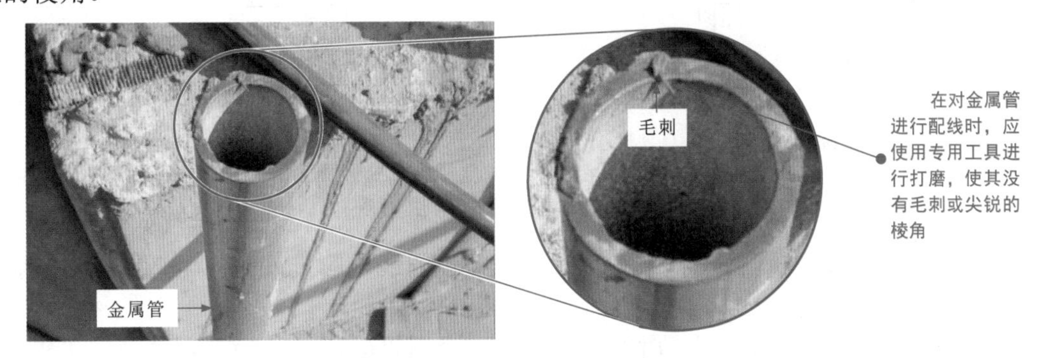

图4-8 金属管管口的加工规范

金属管的内径与穿入电缆外径之比不得小于1.5。在敷设金属管时，为了减少配线时的困难程度，应尽量减少弯头出现的总量。例如，每根金属管的弯头应不超过3个，直角弯头应不超过2个。

图4-9所示为金属管弯头的操作规范。

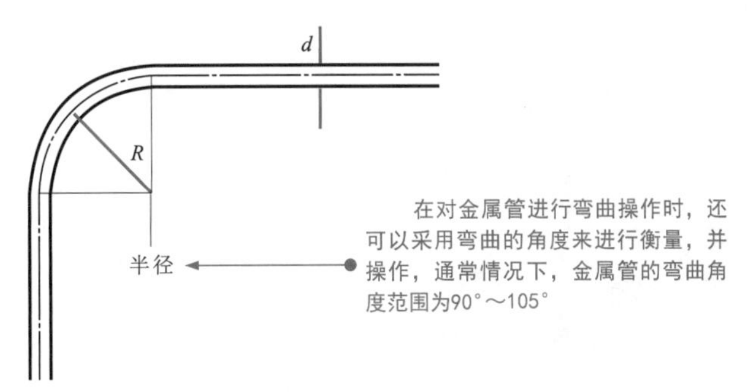

图4-9 金属管弯头的操作规范

使用弯管器对金属管进行弯管操作时，应按相关的操作规范执行。例如，金属管的平均弯曲半径，不得小于金属管外径的6倍；在明敷时且只有一个弯时，可将金属管的弯曲半径减少为管子外径的4倍。

图4-10所示为金属管使用长度的规范。金属管配线连接，若管路较长或有较多弯头时，则需要适当加装接线盒。当无弯头时，金属管的长度应不超过30m；当有一个弯头时，金属管的长度应不超过20m；当有两个弯头时，金属管的长度应不超过15m；当有三个弯头时，金属管的长度应不超过8m。

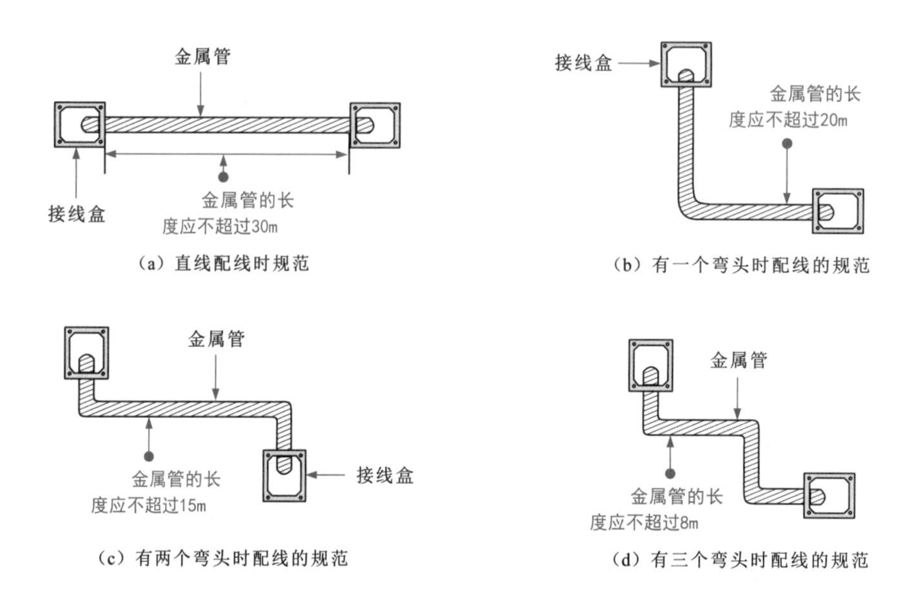

图4-10 金属管使用长度的规范

金属管走向应与地面平行或垂直，并排敷设的线管应排列整齐。金属管应安装牢固，不应受到损伤。

图4-11所示为金属管配线时的固定规范。金属管配线时，为了金属管美观和拆卸方便，通常会使用管卡对其进行固定。若是没有设计要求，则对金属管卡的固定间隔应不超过3m；在距离接线盒0.3m的区域，应使用管卡进行固定；在弯头两边也应使用管卡进行固定。

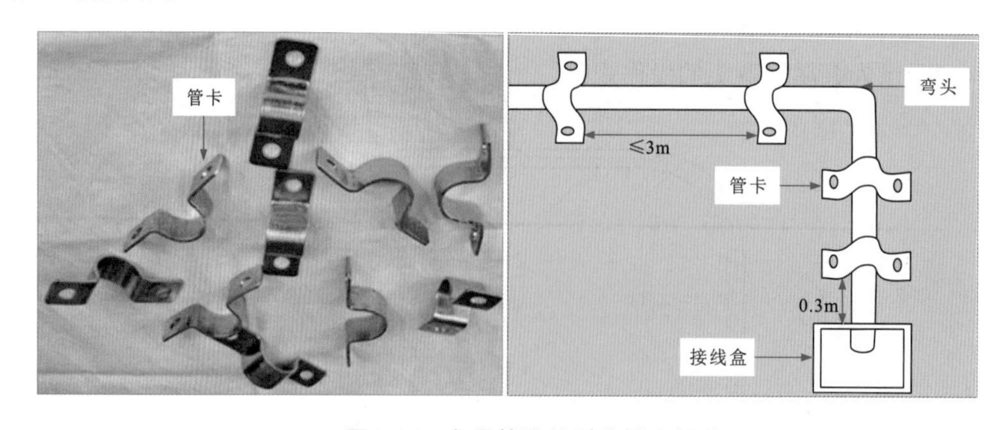

图4-11 金属管配线时的固定规范

4.2.2 金属管配线暗敷

暗敷是指将导线穿管并埋设在墙内、地板下或顶棚内进行配线，该操作对于施工要求较高，对于线路进行检查和维护时较困难。

在金属管配线的过程中，若遇到有弯头的情况时，金属管的弯头弯曲的半径应不小于管外径的6倍；敷设于地下或是混凝土的楼板时，金属管的弯曲半径应不小于管外径的10倍。

图4-12所示为金属管管口的操作规范。金属管配线时，通常会采用直埋操作，为了减小直埋管在沉陷时连接管口处对导线的剪切力，在加工金属管管口时可以将其做成喇叭形；若是将金属管口伸出地面时，应距离地面25～50mm。

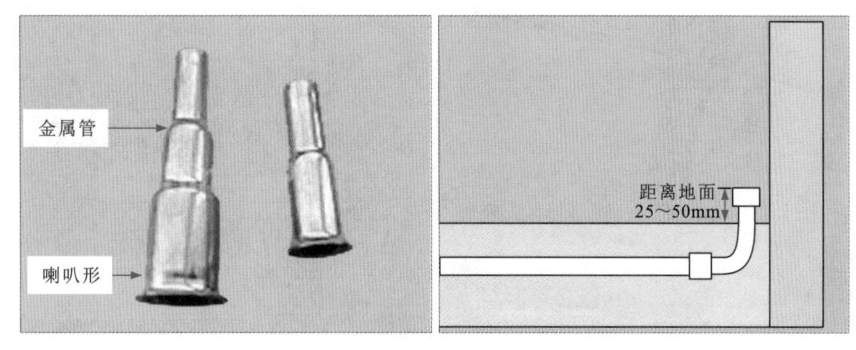

图4-12　金属管管口的操作规范

补充说明

金属管在转角时，其角度应大于90°。为了便于导线穿过，敷设金属管时，每根金属管的转弯点应不多于两个，并且不可以有S形拐角。

由于金属管配线时，由于内部穿线的难度较大，所以选用的管径要大一点，一般管内填充物最多为总空间的30%左右，以便于穿线。

图4-13所示为金属管的连接规范。金属管在连接时，可以使用专用连接头进行连接，也可以使用接线盒进行连接；采用接线盒连接两根金属管时，钢管的一端应在连接盒内使用锁紧螺母夹紧，防止脱落。采用管箍连接两根金属管时，将钢管的螺纹部分应顺螺纹的方向缠绕麻丝绳后再拧紧，以加强其密封程度。

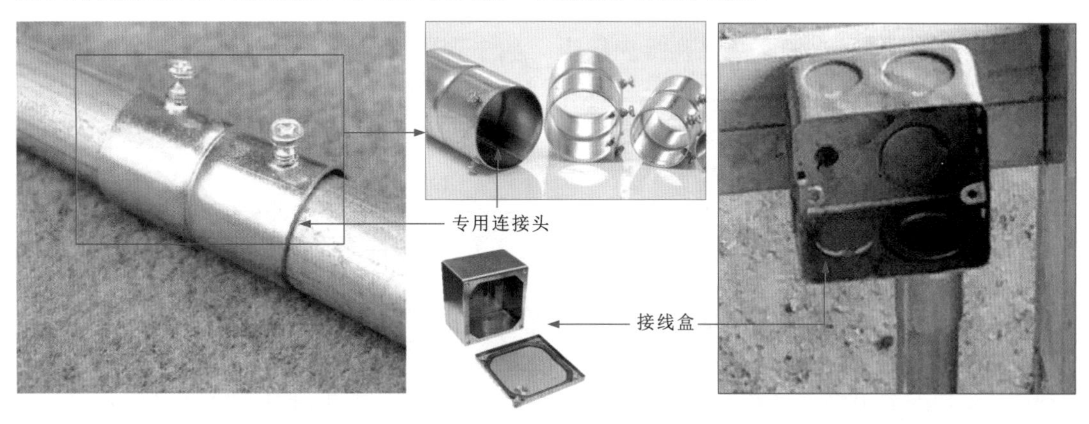

图4-13　金属管的连接规范

4.2.3 PVC线管配线明敷

PVC线管配线明敷的操作方式具有配线施工操作方便、施工时间短、抗腐蚀性强等特点，适合应用在腐蚀性较强的环境中。在配线时使用的塑料管可分为硬质塑料管和半硬质塑料管。

图4-14所示为PVC线管配线的固定规范，PVC管配线时，应使用管卡进行固定、支撑。在距离PVC线管始端、终端、开关、接线盒或电气设备150～500mm处应固定一次，如果多条PVC线管敷设时要保持其间距均匀。

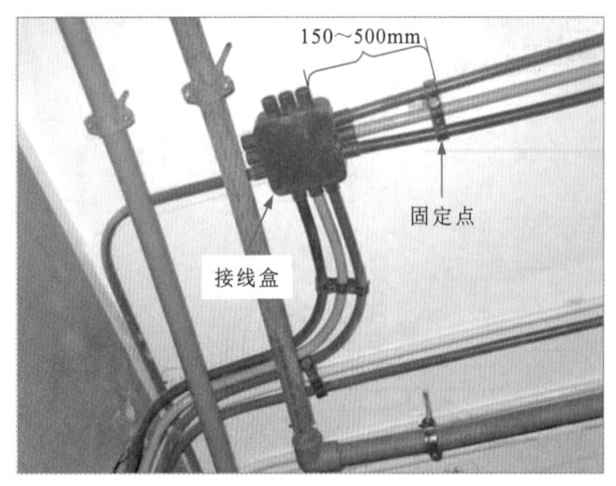

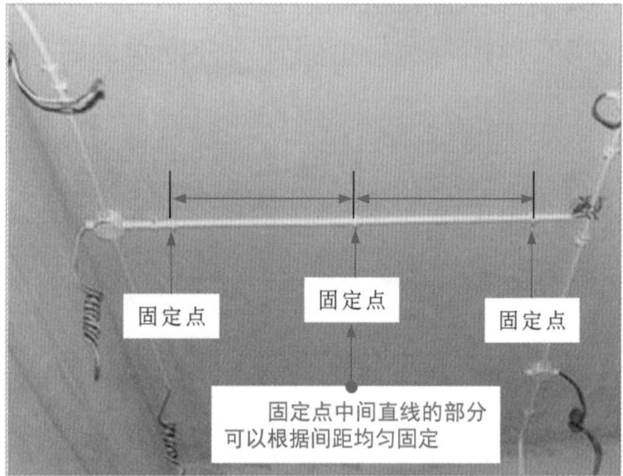

图4-14 PVC线管配线的固定规范

补充说明

PVC线管配线前，应先对塑料管本身进行检查，其表面不可以有裂缝、瘪陷的现象，其内部不可以有杂物，而且保证PVC线管的管壁厚度不小于2mm。

图4-15所示为PVC线管的连接规范。PVC线管之间的连接可以采用插入法和套接法连接，插入法是指将黏接剂涂抹在A管的表面，然后将A管插入B管内约为A管管径的1.2～1.5倍深度即可。套接法则是同直径的PVC线管扩大成套管，其长度为PVC线管外径的2.5～3倍；套接时，先将套管加热至130℃左右，1～2min使套管软后，同时将两根PVC线管插入套管即可。

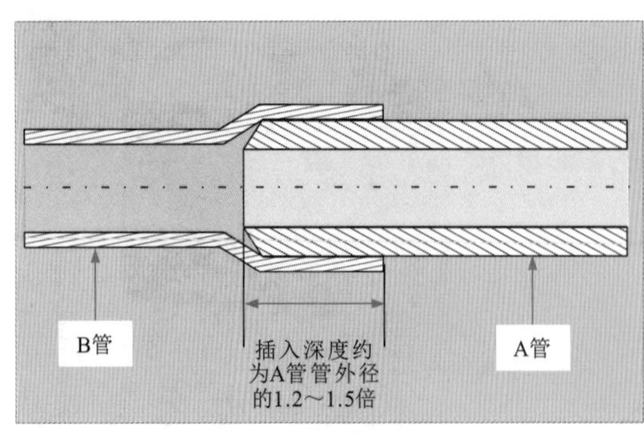

(a) 插入法连接

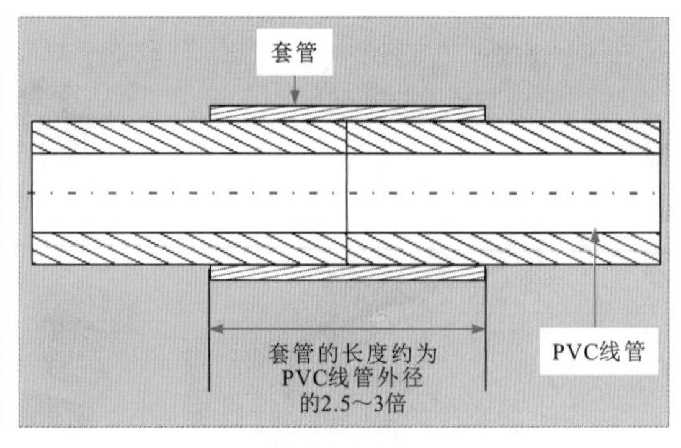

(b) 套接法连接

图4-15 PVC线管的连接规范

补充说明

在使用PVC线管敷设连接时，可使用辅助连接配件，如直接头、正三通头、90°弯头、45°弯头、异径接头等进行连接弯曲或分支等操作，如图4-16所示。在安装连接过程中，可以根据其环境的需要使用相应的配件。

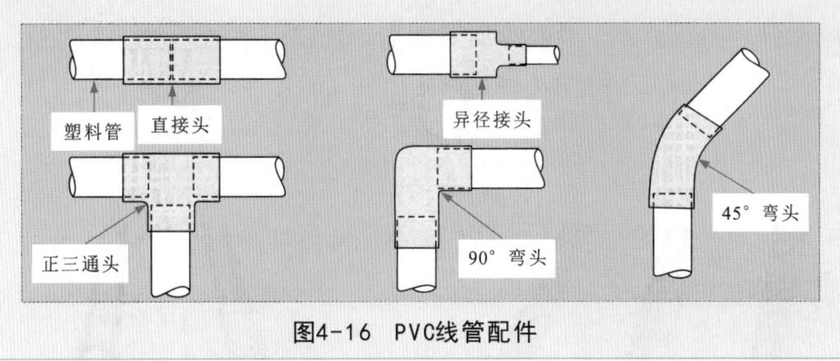

图4-16　PVC线管配件

4.2.4　PVC线管配线暗敷

PVC线管配线的暗敷操作是指将PVC线管埋入墙壁内的一种配线方式。

图4-17所示为PVC线管的选用规范。在选用PVC线管配线时，首先应检查PVC线管的表面是否有裂缝或是瘪陷的现象，若存在该现象则不可以使用；然后检查PVC线管内部是否存有异物或是尖锐的物体，若有该情况时，则不可以选用。将PVC线管用于暗敷时，要求其管壁的厚度应不小于3mm。

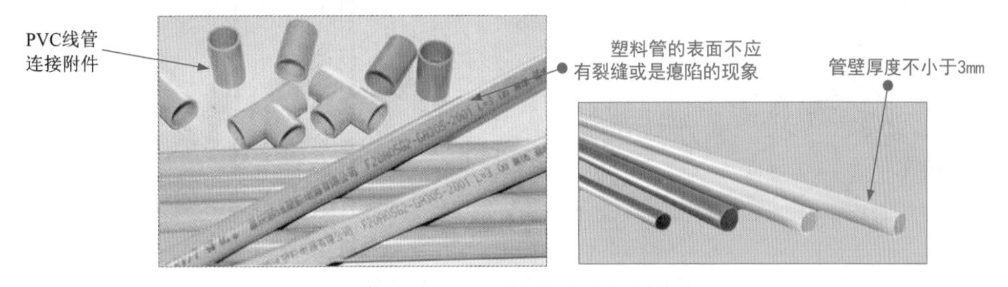

图4-17　PVC线管的选用规范

在暗敷PVC线管之前要先根据电气线路布线图或施工图规划好布线的位置，确定线缆的敷设路径，并在墙壁或地面、屋顶上画出线缆的敷设路径及开关、插座的固定点，在固定中心标注“×”标记，如图4-18所示。

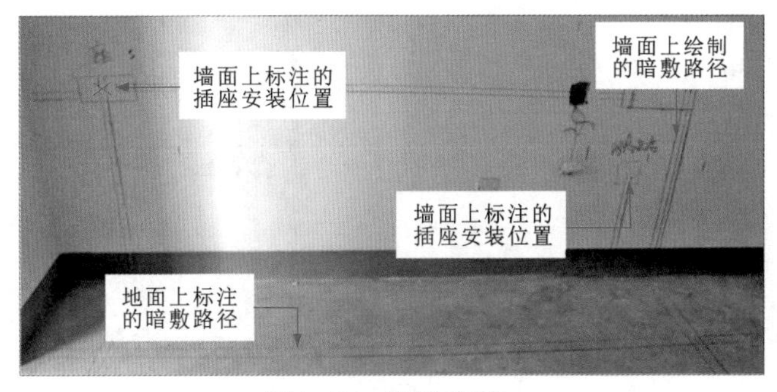

图4-18　画线定位

如图4-19所示，在PVC线管暗敷之前，要对地面或墙面进行开槽操作。开槽深度通常至少比PVC线管直径大10mm，宽度比PVC线槽直径略大即可，以确保PVC线管能够放入线槽中。

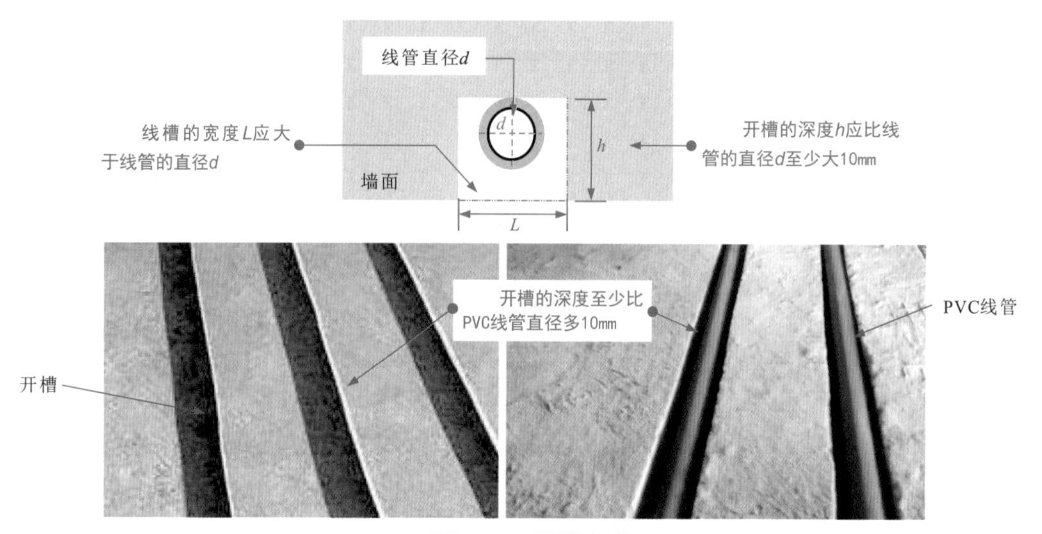

图4-19　开槽规范

在墙面上开槽作业时，只允许竖向开槽。图4-20所示为墙面开槽的正确操作。

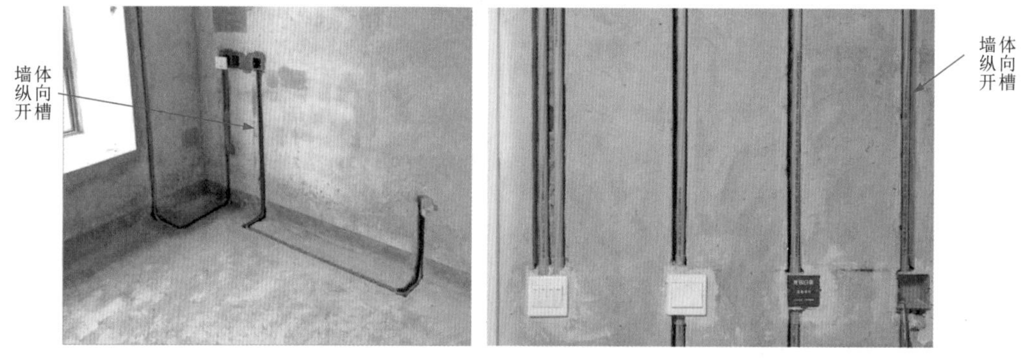

图4-20　墙面开槽的正确操作

值得注意的是，绝对不能因为节省布线路程而选择在墙面上横向或斜向开槽，这样会很大程度影响墙体的承重效果。图4-21所示为墙面开槽的错误操作。

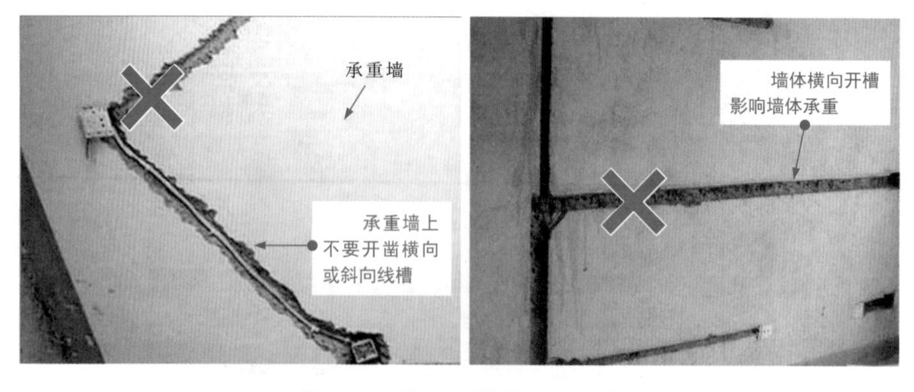

图4-21　墙面开槽的错误操作

开槽完毕，如图4-22所示，根据线路布局对PVC线管进行剪切操作，并使用锉刀对PVC裁切面进行打磨，确保接口处平整、光滑。

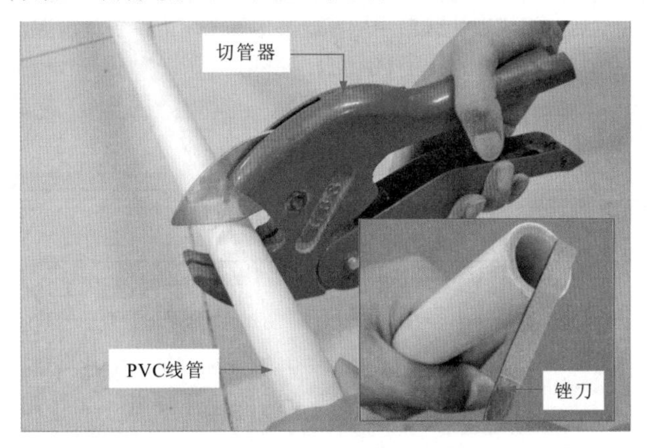

图4-22　PVC线管的剪切和管口打磨

图4-23所示为PVC线管弯曲的操作规范。为了便于导线穿过，PVC线管的弯头部分的角度一般应不小于90°，要有明显的圆弧，不可以出现管内弯瘪的现象。

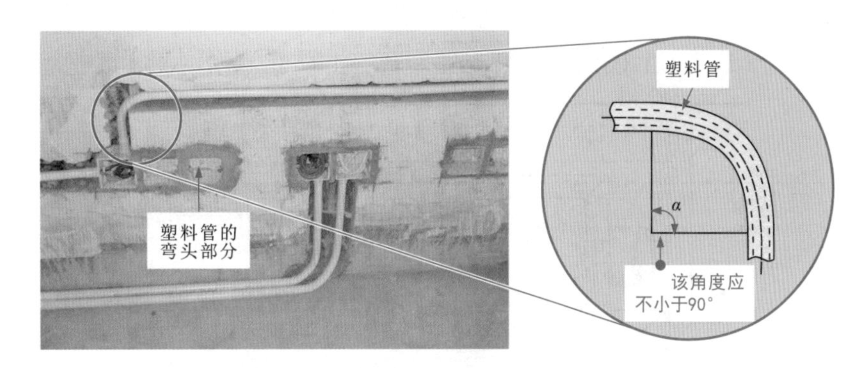

图4-23　PVC线管弯曲的操作规范

如图4-24所示，若有多条PVC线管同时敷设，则尽量并排敷设。若布线长度超过15m或中间有3个弯曲时，需要在中间加装一个接线盒。接线盒可以加盖插座、开关或白板。布线时尽量在两个接线盒之间不再另设接头。

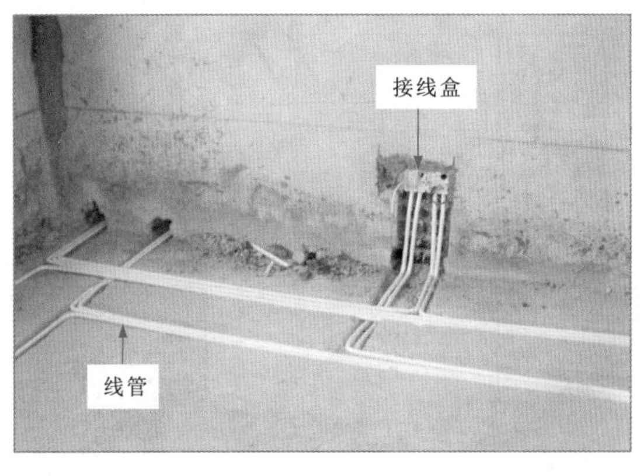

图4-24　PVC线管敷过程中添加接线盒的效果

补充说明

图4-25所示为敷设接线盒时的操作规范。敷设接线盒时，应将线管从接线盒的侧孔中穿出，并利用螺母和护套固定。固定后，将线管的管口用木塞或其他塞子堵上，防止水泥、砂浆或其他杂物进入线管内，造成堵塞。

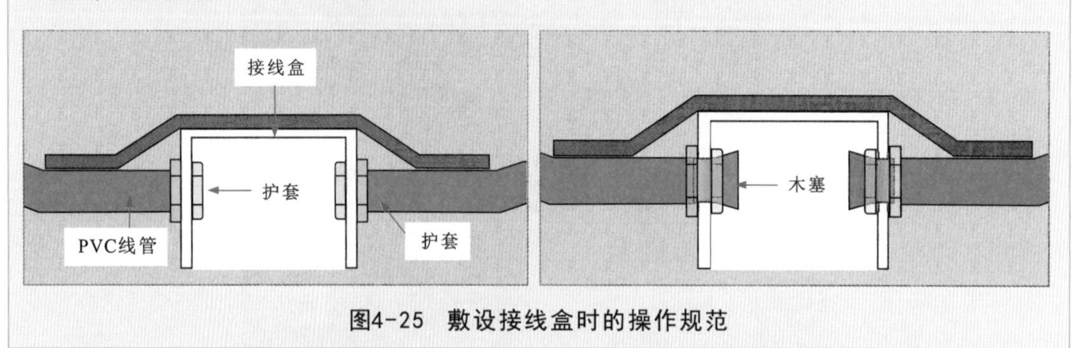

图4-25 敷设接线盒时的操作规范

图4-26所示为PVC线管在砖墙内及混凝土内敷设时的操作规范。线管在砖墙内暗线敷设时，一般在土建砌砖时预埋，否则应先在砖墙上留槽或开槽，然后在砖缝里打入木榫并钉上钉子，再用铁丝将线管绑扎在钉子上，并进一步将钉子钉入，若是在混凝土内暗线敷设时，可用低碳钢丝将管子绑扎在钢筋上，将管子用垫块垫高10～15mm，使管子与混凝土上模板间保持足够距离，并防止浇灌混凝土时把管子拉开。

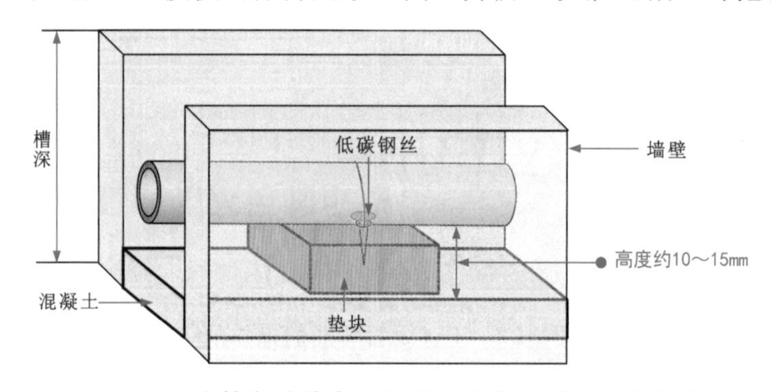

图4-26 PVC线管在砖墙内及混凝土内敷设时的操作规范

穿线是PVC线管暗敷操作中非常关键的环节。如图4-27所示，实施穿线操作可借助穿管弹簧、钢丝等，将线缆从线管一端引至接线盒中。

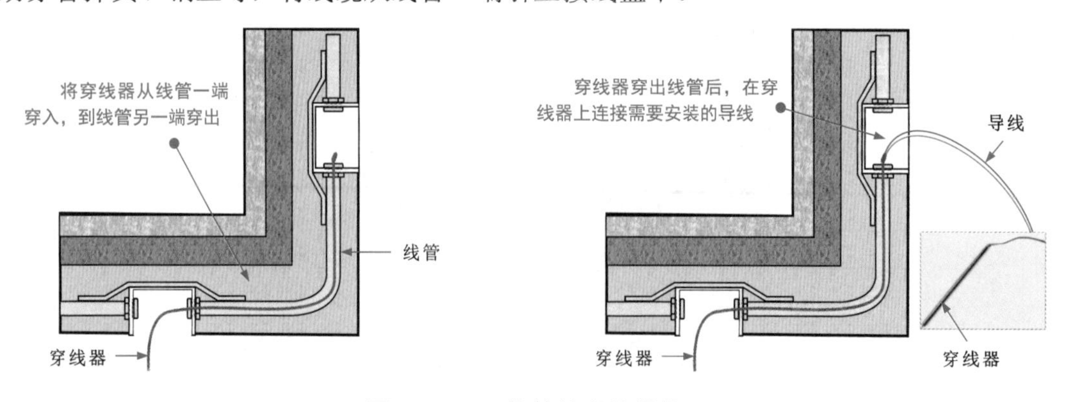

图4-27 PVC线管的穿线操作

4.3 线槽配线敷设

4.3.1 金属线槽配线明敷

金属线槽配线用于明敷时，一般适用于正常环境的室内场所，带有槽盖的金属线槽，具有较强的封闭性，其耐火性能也较好，可以敷设在建筑物顶棚内，但是对于金属线槽有严重腐蚀的场所不可以采用该类配线方式。

金属线槽配线时，其内部的导线不能有接头，若是在易于检修的场所，可以允许在金属线槽内有分支的接头，并且在金属线槽内配线时，其内部导线的截面积应不超过金属线槽内截面的20%，载流导线不宜超过30根。

图4-28所示为金属线槽的安装规范。当金属线槽配线遇到特殊情况时，如线槽的接头处直线敷设金属线槽的长度范围为1～1.5m处，以及金属线槽的首端、终端以及进出接线盒的0.5m处，应设置安装支架或是使用吊架。

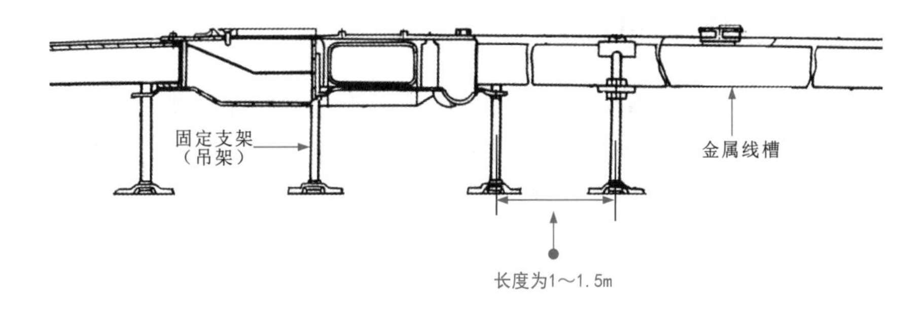

图4-28 金属线槽的安装规范

4.3.2 金属线槽配线暗敷

金属线槽配线使用于暗敷时，通常适用于正常环境下空间大且隔断变化多、用电设备移动性大或敷设有多种功能的场所，主要是敷设于现浇混凝土地面、楼板或楼板垫层内。

图4-29所示为金属线槽配线时接线盒的使用规范。

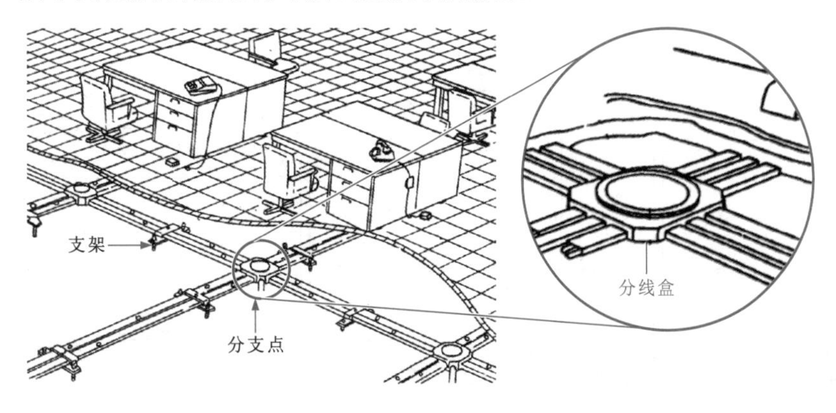

图4-29 金属线槽配线时接线盒的使用规范

金属线槽配线时，为了便于穿线，金属线槽在交叉/转弯或是分支处配线时应设置分线盒；若直线长度超过6m时，应采用分线盒进行连接。并且为了日后线路的维护，分线盒应能够开启，并需采取防水措施。

图4-30所示为金属线槽配线时环境的规范。金属线槽配线时，若是敷设在现浇混凝土的楼板内，要求楼板的厚度应不小于200mm；若是在楼板垫层内，要求垫层的厚度应不小于70mm，并且避免与其他的管路有交叉的现象。

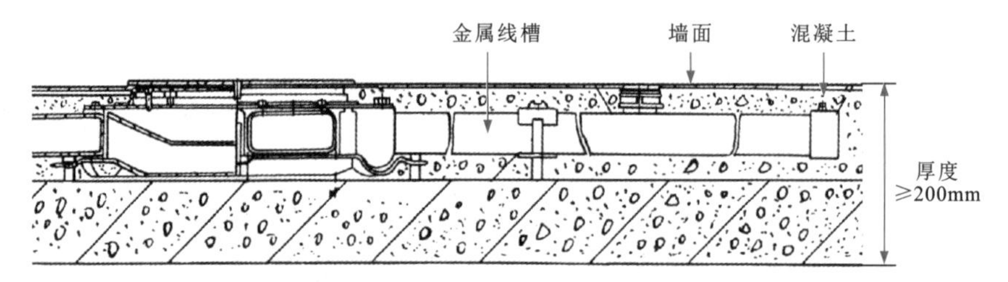

图4-30　金属线槽配线时环境的规范

4.3.3　PVC线槽配线明敷

如图4-31所示，PVC线槽配线是指将绝缘导线敷设在PVC槽板的线槽内，上面使用盖板把导线盖住。配线明敷方式适用于办公室、生活间等干燥房屋内的照明电路，在工程改造中需更换线路时也适用。通常该类配线方式在墙面抹灰粉刷后进行。

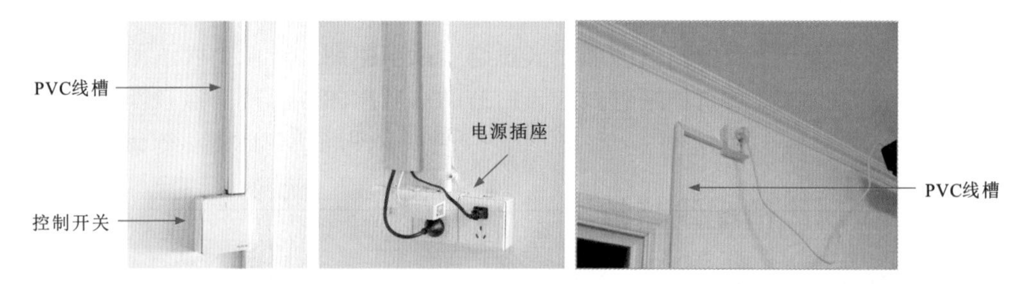

图4-31　PVC线槽配线明敷的效果

如图4-32所示，PVC线槽配线明敷对线路的走向、线槽间距、高度和线槽固定点间距有一定要求。

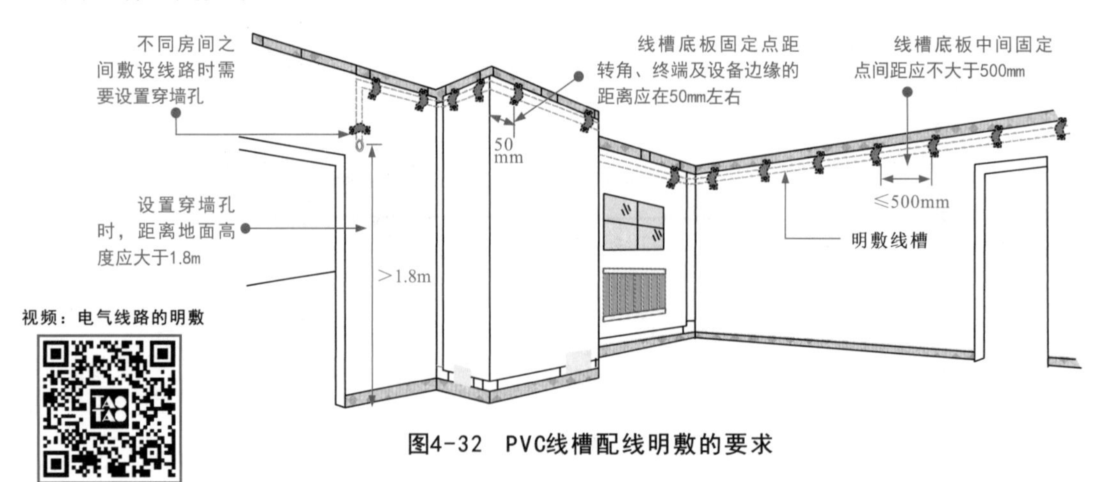

图4-32　PVC线槽配线明敷的要求

定位画线是指根据电气线路布线图或根据增设线路的实际需求规划好布线的位置，并借助尺子绘制线缆走线的路径及开关、灯具、插座的固定点，在固定中心标注“×”标记，如图4-33所示。

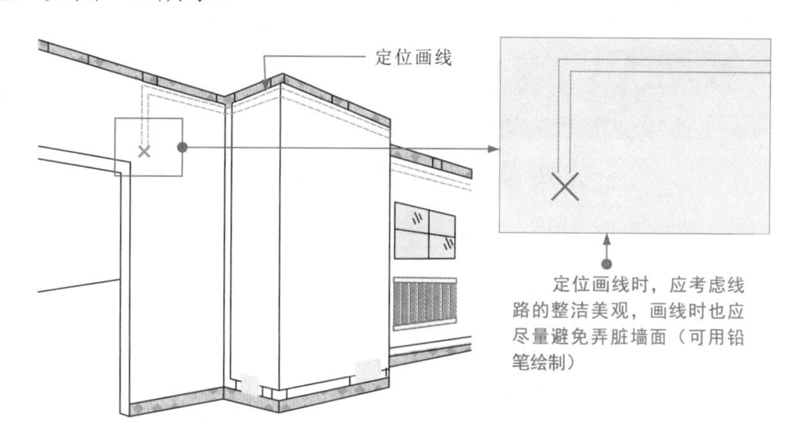

图4-33 PVC线槽配线明敷定位画线

PVC线槽的规格种类多种多样。选配时，应根据规划线路路径选择相应长度、宽度的线槽，如图4-34所示为PVC线槽的种类。

图4-34 PVC线槽的种类

PVC线槽配线时，其内部的导线填充率及载流导线的根数应满足导线的安全散热要求，并且在塑料线槽的内部不可以有接头、分支接头等，若有接头的情况，可以使用接线盒进行连接。

补充说明

有些电工为了节省成本和劳动，将强电导线和弱电导线放置在同一线槽内进行敷设，这样会对弱电设备的通信传输造成影响，是非常错误的行为；另外线槽内的线缆也不宜过多，通常规定在线槽内的导线或是电缆的总截面积不应超过线槽内总截面积的20%。有些电工在使用塑料线槽敷设线缆时，线槽内的导线数量过多，且接头凌乱，这样会为日后用电留下安全隐患，必须将线缆理清后重新设计敷设方式。

图4-35所示为PVC线槽的固定规范。对线槽的槽底进行固定时，其固定点之间的距离应根据线槽的规格而定。

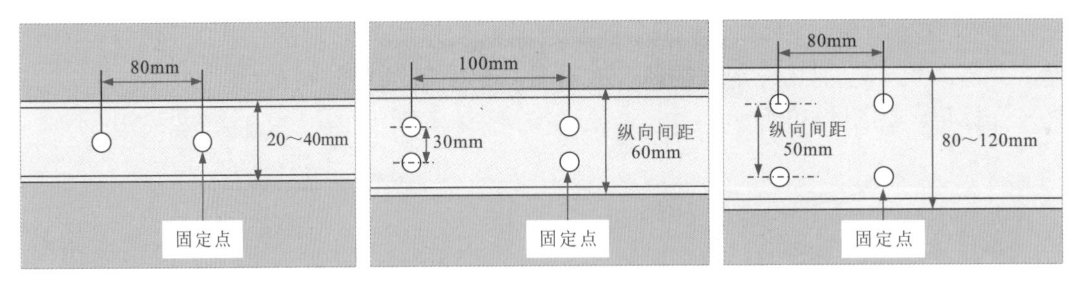

图4-35　PVC线槽的固定规范

例如，塑料线槽的宽度为20～40mm时，其两固定点间的最大距离应为80mm，可采用单排固定法；若塑料线槽的宽度为60mm时，其两固定点的最大距离应为100mm，可采用双排固定法并且固定点纵向间距为30mm；若塑料线槽的宽度为80～120mm时，其固定点之间的距离应为80mm，可采用双排固定法并且固定点纵向间距为50mm。

通常，对于轻便的PVC线槽，可采用双面胶或玻璃胶黏合，如图4-36所示。目前，有些PVC线槽为安装便捷，直接在PVC线槽背板上附带有双面胶；安装时，只需将双面胶表面的封条撕开即可使其贴牢在墙面上。

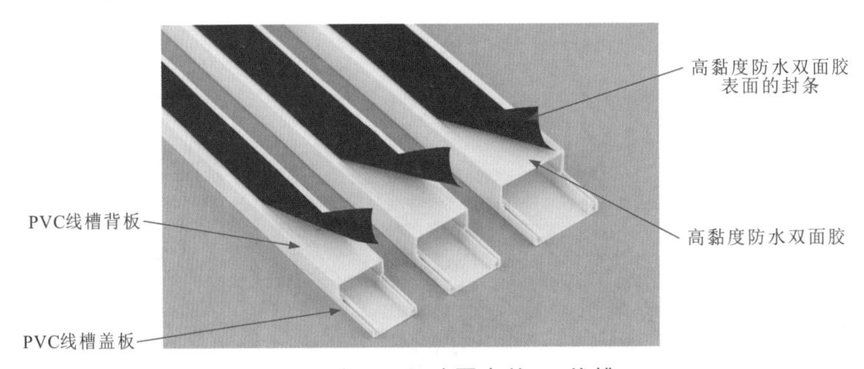

图4-36　采用双面胶固定的PVC线槽

对于尺寸较大的PVC线槽，为确保安装牢固，通常采用螺钉固定的安装方式。使用冲击钻在固定位钻孔后，安装胀管，然后再使用螺钉将PVC线槽固定在墙面上。图4-37所示为采用螺钉固定PVC线槽的安装方法。

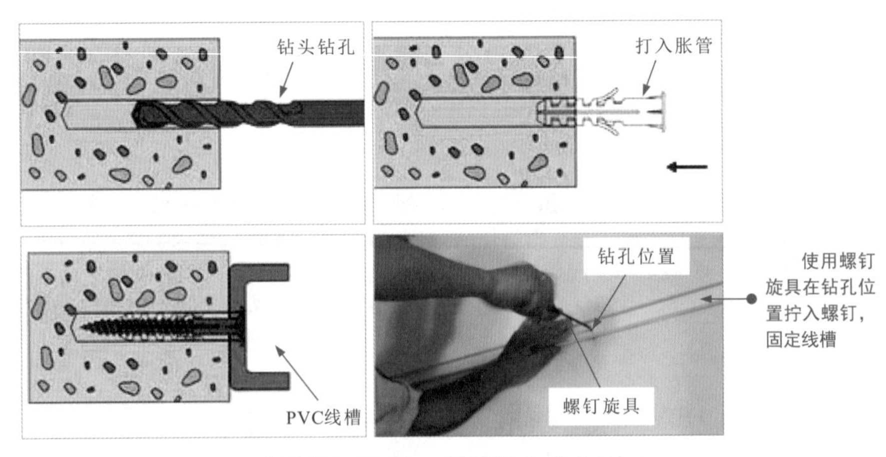

图4-37　采用螺钉固定PVC线槽的安装方法

另外，由于PVC线槽明敷要沿规划路径弯折。因此，在明敷PVC线槽时需要对PVC线槽进行切割连接。图4-38所示为PVC线槽的加工处理。

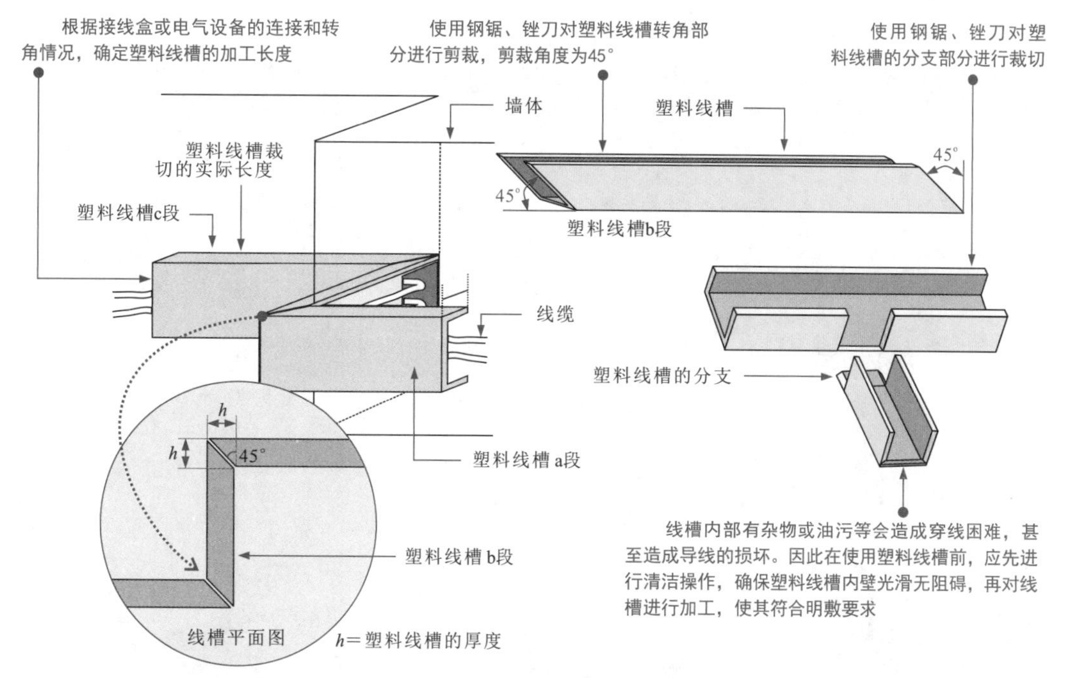

图4-38　PVC线槽的加工处理

图4-39所示为PVC线槽常见的连接加工方式。通常，为了敷设效果，在剪切PVC线槽时常常会使用专用的多功能电工线槽剪刀。这种剪刀可设定线槽剪切的角度，方便实用。

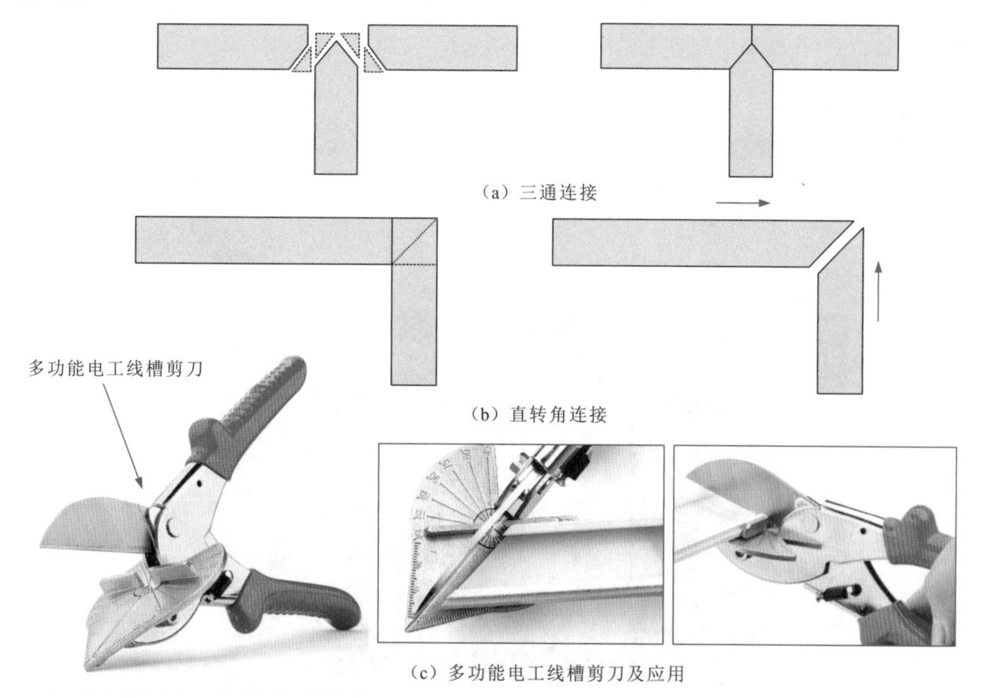

(a) 三通连接

(b) 直转角连接

(c) 多功能电工线槽剪刀及应用

图4-39　PVC线槽常见的连接加工方式

为方便PVC线槽的敷设连接，保证明敷效果的美观，目前，市场上有很多PVC线槽的敷设连接配件，如阴转角、阳转角、分支三通、直转角等，如图4-40所示。使用这些配件可以为PVC线槽的敷设连接提供方便。

图4-40 PVC线槽的敷设连接配件

如图4-41所示，当PVC线槽明敷固定完毕，可将线缆布于PVC线槽内，最后装好盖板，在转接处安装相应的连接配件即可。

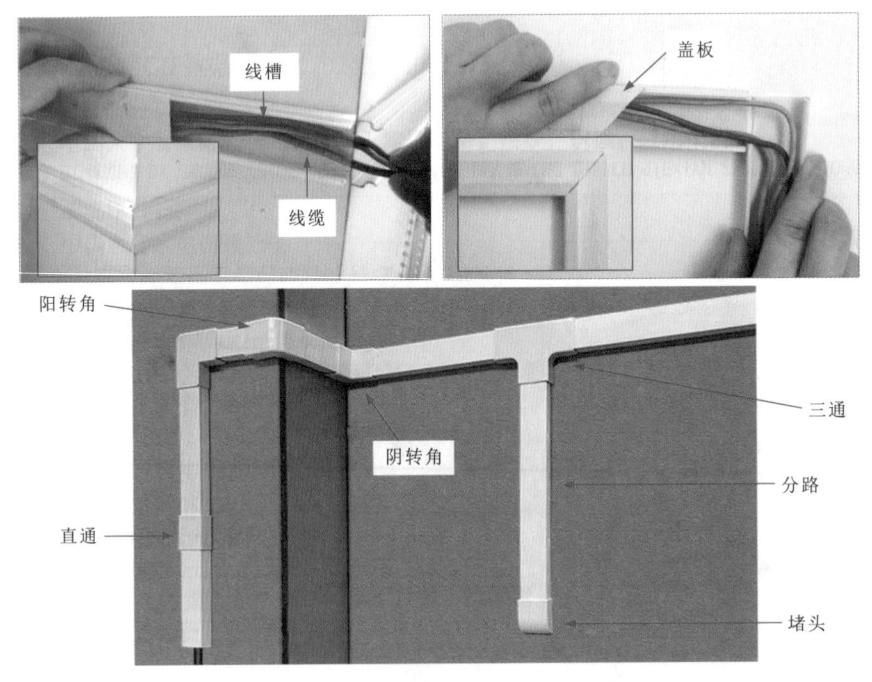

图4-41 PVC线槽明敷布线及安装效果

4.4 电缆敷设

4.4.1 电缆直埋敷设

电缆直埋敷设要避开含有酸、碱强腐蚀或杂散电流电化学腐蚀严重的地段，同时也要避开白蚁危害地带和易遭受热源影响或外力损伤的区段。

1 电缆直埋敷设的防护与标注

如图4-42所示，电缆应敷设于壕沟之中，并应沿电缆全长的上、下紧邻侧铺设厚度不小于100mm的软土或砂层。沿电缆全长应覆盖宽度不小于电缆两侧各50mm的混凝土保护板。并在保护板上层铺设醒目标志带。

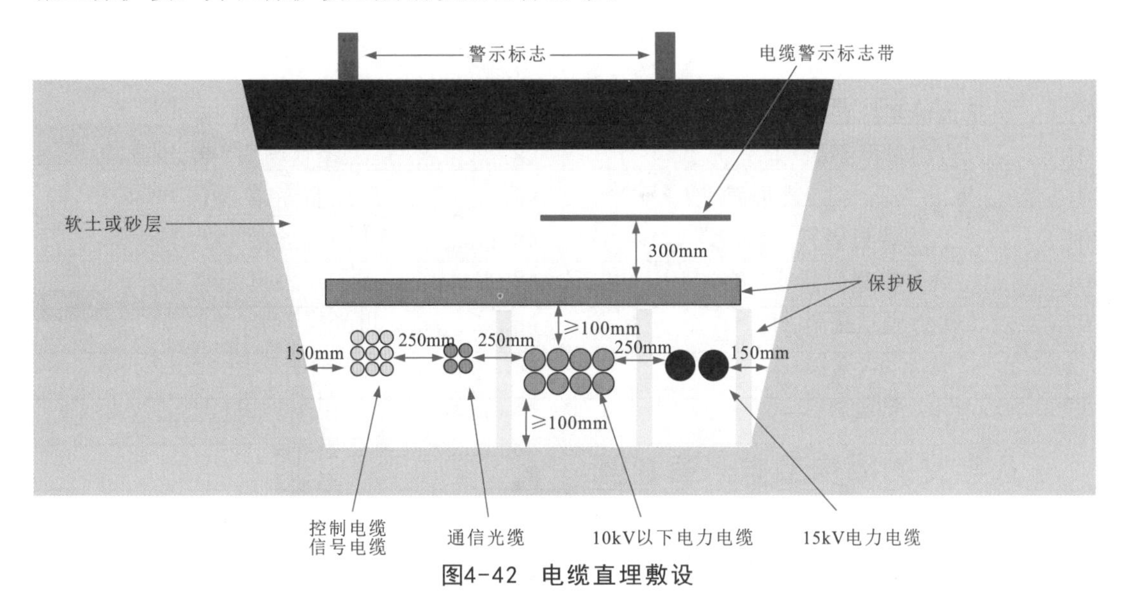

图4-42　电缆直埋敷设

为确保安全，在城郊或空旷地带，沿电缆敷设路径，每间隔100m或转弯、接头位置，应竖立明显的警示标志或标桩。图4-43所示为常见的电缆直埋的路面警示标志或标桩。

图4-43　常见的电缆直埋的路面警示标志或标桩

2 电缆直埋敷设的深度要求

电缆直埋敷设与电缆、管道、道路、构筑物之间的距离标准见表4-3。

表4-3 电缆直埋敷设与电缆、管道、道路、构筑物之间的距离标准

电缆直埋敷设时的配置情况		平行距离/m	交叉距离/m
控制电缆之间		—	0.5
电力电缆之间或与控制电缆之间	10kV及以下电力电缆	0.1	0.5
	10kV以上电力电缆	0.25	0.5
不同部门使用的电缆之间		0.5	0.5
热管道（管沟）及热力设备		2.0	0.5
油管道（管沟）		1.0	0.5
可燃气体及易燃液体管道（管沟）		1.0	0.5
其他管道（管沟）		0.5	0.5
铁路路轨		3.0	1.0
电缆与铁路	非直流电气化铁路路轨	3.0	1.0
	直流电气化铁路路轨	1.0	1.0
电缆与公路边		1.0	—
城市街道路面		1.0	—
电缆与建筑物基础		0.6	—
电缆与排水沟		1.0	0.5
电缆与树木的主干		0.7	—
电缆与1kV以下架空线电杆		1.0	—
电缆与1kV以上架空线杆塔基础		4.0	—

根据规定，如果电缆直埋敷设在非冻土地区时，电缆外皮到地下构筑物基础的距离不得小于0.3m；电缆外皮到地面的深度不得小于0.7m；如果是敷设在耕地下面，深度应不小于1m。

如果电缆直埋敷设在冻土地区时，应埋入冻土层之下。当受条件限制时，应采取防止电缆受到损伤的必要措施。

同时，要确保直埋敷设的电缆不得平行敷设于地下管道的正上方或正下方。

3 电缆直埋敷设的特殊要求

当直埋敷设的电缆与铁道、道路交叉时，应穿保护管，并且确保保护管的排水坡度应不低于1%。其中，与铁路交叉时，保护管应超出路基面宽各1m，或者排水沟外0.5m，埋设深度不低于路基面1m；与道路交叉时，保护管应超出道路边各1m，或者排水沟外0.5m，埋设深度不低于路面1m。

4 电缆直埋敷设的接头配置要求

直埋电缆接头应有防止机械损伤的保护结构或外设保护盒，位于冻土层内的保护盒内宜注入沥青。

直埋敷设的电缆接头与邻近电缆的净距离不得小于0.25m；并列电缆的接头位置要相互错开，净距离不得小于0.5m；斜坡地形处的接头应使其呈水平状安置；而且重要回路的电缆接头附近应采用留有备用量方式敷设。

补充说明

1. 同一通路少于6根的35kV及以下电力电缆，在厂区通往远距离辅助设施或城郊等不易经常性开挖的地段，宜采用直埋方式；在城镇人行道下或道路边缘等较易翻修的地段，也可采用直埋方式，但一定要做好防护及警示措施。
2. 厂区内地下管网较多的地段，可能有融化金属、高温液体溢出的场所，待开发且有较频繁开挖趋势的地方，不宜采用直埋方式。
3. 在化学腐蚀或杂散腐蚀的土壤范围内，不得采用直埋方式。

4.4.2 电缆架空敷设

电缆悬吊点或固定支点间的距离标准应符合表4-4所列的设计要求。

表4-4 电缆悬吊点或固定支点间的距离标准

<table>
<tr><th colspan="2">电缆种类</th><th>水平敷设距离/mm</th><th>垂直敷设距离/mm</th></tr>
<tr><td rowspan="3">电力电缆</td><td>全塑型</td><td>400</td><td>1000</td></tr>
<tr><td>除全塑型外的中低压电缆</td><td>800</td><td>1500</td></tr>
<tr><td>35kV及以上高压电缆</td><td>1500</td><td>3000</td></tr>
<tr><td colspan="2">控制电缆</td><td>800</td><td>1000</td></tr>
</table>

注 全塑型电力电缆水平敷设沿支架能把电缆固定时，支点间的距离允许为800mm。

电缆与铁路、公路、架空线路交叉跨越时，最小允许距离应符合表4-5所列的设计要求。

表4-5 电缆与铁路、公路、架空线路交叉跨越时最小允许距离

<table>
<tr><th colspan="2">交叉设施</th><th>最小允许距离/m</th><th colspan="2">交叉设施</th><th>最小允许距离/m</th></tr>
<tr><td rowspan="2">铁路</td><td>至承力索或接触线</td><td>3</td><td rowspan="5">电力线路</td><td>电压1kV以下</td><td>1</td></tr>
<tr><td>至轨顶</td><td>6</td><td>6～10kV</td><td>2</td></tr>
<tr><td colspan="2">公路</td><td>6</td><td>35～110kV</td><td>3</td></tr>
<tr><td rowspan="2">电车路</td><td>至承力索或接触线</td><td>3</td><td>154～220kV</td><td>4</td></tr>
<tr><td>至路面</td><td>9</td><td>220～330kV</td><td>5</td></tr>
<tr><td colspan="2">弱电流线路</td><td>1</td><td rowspan="2">河道</td><td>5年一遇洪水水位</td><td>6</td></tr>
<tr><td colspan="2">索道</td><td>1.5</td><td>至最高航行水位的最高船桅顶</td><td>1</td></tr>
</table>

电缆最小弯曲半径应符合表4-6所列的设计要求。

表4-6　电缆最小弯曲半径

<table>
<tr><th colspan="2" rowspan="2">电缆形式</th><th colspan="2">最小弯曲半径</th></tr>
<tr><th>多芯</th><th>单芯</th></tr>
<tr><td rowspan="3">控制电缆</td><td>非铠装型、屏蔽型软电缆</td><td>6D</td><td rowspan="3">—</td></tr>
<tr><td>铠装型、铜屏蔽型</td><td>12D</td></tr>
<tr><td>其他</td><td>10D</td></tr>
<tr><td rowspan="3">橡皮绝缘电力电缆</td><td>无铅包、钢铠护套</td><td colspan="2">10D</td></tr>
<tr><td>裸铅包护套</td><td colspan="2">15D</td></tr>
<tr><td>钢铠护套</td><td colspan="2">20D</td></tr>
<tr><td rowspan="2">塑料绝缘电力电缆</td><td>无铠装</td><td>15D</td><td>20D</td></tr>
<tr><td>有铠装</td><td>12D</td><td>15D</td></tr>
<tr><td colspan="2">自容式充油（铅包）电缆</td><td>—</td><td>20D</td></tr>
<tr><td colspan="2">0.6/1kV铝合金导体电力电缆</td><td colspan="2">7D</td></tr>
</table>

注　1. D为电缆外径。
　　2. “0.6/1kV铝合金导体电力电缆”弯曲半径值适用于无铠装或联锁铠装形式电缆。

补充说明

架空敷设的电缆不宜设置电缆接头；电缆的金属护铠装及悬吊线均应有良好的接地；支撑电缆的钢绞线应满足负荷要求，并应全线良好接地，在转角处应打拉线或顶杆。

4.4.3　电缆水下敷设

在水下敷设电缆时，水下电缆不应有接头；当整根电缆超出制造能力时，可采用软接头连接。水下电缆的敷设路径应设在河床稳定、流速较缓、岸边不易被冲刷、水底无暗礁和沉船等障碍物的水域。

水下电缆敷设路径还应避开码头、渡口、水工构筑物及规划筑港地带和拖网渔船活动区。

根据规定，在主航道内，水下电缆的间距宜不小于最高水位水深的两倍。引至岸边间距可适当缩小。在非通航的流速不超过1m/s的小河中，同回路单芯电缆间距不得小于0.5m，不同回路电缆间距不得小于5m。

在水下敷设时应采取助浮措施，不得在水底直接拖拉电缆。如电缆装盘敷设时，电缆盘可根据水域条件放置于路径一端的登陆点处，另一端布置牵引设备。水下电缆敷设的起始端宜选择在登陆作业相对困难的一侧。

敷设操作应选择小潮汛、憩流期间或枯水期进行，风力要小于5.0级，并应确保作业视线清晰。水下电缆末端登陆时，应将余缆全部浮托于水面上，水下电缆引至陆上时应装设锚定装置，陆上区段应采用穿管、槽盒、沟井等措施保护，其保护范围下端应置于最低水位1m以下，上端应高于最高洪水位。水下电缆部分不得悬浮于水中。

在通航水道范围内，水下电缆应埋于水底，并应稳固、覆盖保护；浅水区埋深不宜小于0.5m，深水区埋深不宜小于2m；同时，在水下电缆两侧应按航标规范设置警告标志。

另外，如果水下电缆在穿过小河、小溪时，可采取穿管敷设。

4.4.4 电缆构筑物中电缆敷设

电缆构筑物通常是指专供敷设电缆或安置附件的电缆沟、排管、隧道、夹层、竖（斜）井和工作井等的统称。

电缆敷设在电缆构筑物（电缆沟和隧道）内，通常采用电缆支架固定。常用的支架有角钢支架和装配式支架。通常，敷设35kV电缆时支架层间垂直距离为300mm，控制电缆敷设时支架层间距离为120mm。

1 电缆排列的规定

电力电缆和控制电缆不宜配置在同一层支架上。

高低压电力电缆、强电、弱电控制电缆应当按照顺序从上而下分层配置；但在含有35kV以上高压电缆引入盘柜时，可由下而上配置；并且，同一重要回路的工作与备用电缆实行耐火分隔时，应配置在不同侧或不同层支架上。

补充说明

值得注意的是，三相四线制系统中应采用四芯电力电缆敷设，不应采用三芯电力电缆另加一根单芯电缆或以导线、电缆金属护套作中性线，并联使用的电力电缆其额定电压、型号规格和长度应相同，电力电缆在终端与接头附近宜留备用长度。

2 电缆在支架上的敷设规定

控制电缆在普通支架上，不宜超过2层；桥架上不宜超过3层。

交流三芯电力电缆在普通支吊架上不宜超过一层，桥架上不宜超过2层。

交流单芯电力电缆应布置在同侧支架上，并应限位固定；当按品字形（三叶形）排列时，除固定位置外，其余应每隔一定的距离用电缆夹具绑带扎牢，以免松散。

3 电缆与热力管道敷设间距的规定

电缆在敷设时，与热力管道、热力设备之间的净距：平行时应不小于1m，交叉时应不小于0.5m；当受条件限制时，应采取隔热保护措施。

电缆通道应避开过路的观察孔和制粉系统的防爆门；当条件受限时，应采取穿管或封闭槽盒等隔热防火措施。绝对不可将电缆平行敷设于热力设备和热力管道上部。

4 电缆敷设完毕的处理规定

电缆敷设完毕，应及时清除杂物，盖好盖板；当盖板上方需回填土时，宜将盖板缝隙密封。

第5章 电气焊接

5.1 电焊

5.1.1 电焊设备

1 电焊机

电焊机根据输出电压的不同，可以分为直流电焊机和交流电焊机，如图5-1所示，交流电焊机的电源是一种特殊的降压变压器，它具有结构简单、噪声小、价格便宜、使用可靠、维护方便等优点；直流电焊机电源输出端有正、负极之分，焊接时电弧两端极性不变。

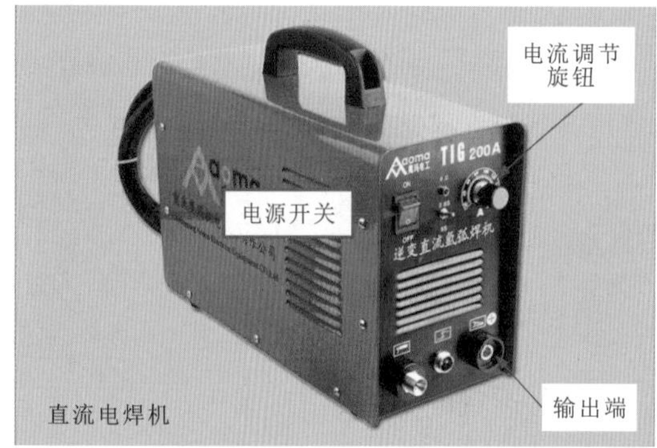

图5-1　电焊机的实物外形

随着技术的发展，有些电焊机将直流和交流集合于一体，如图5-2所示；通常该类电焊机的功能旋钮相对较多，根据不同的需求可以调节相应的功能。

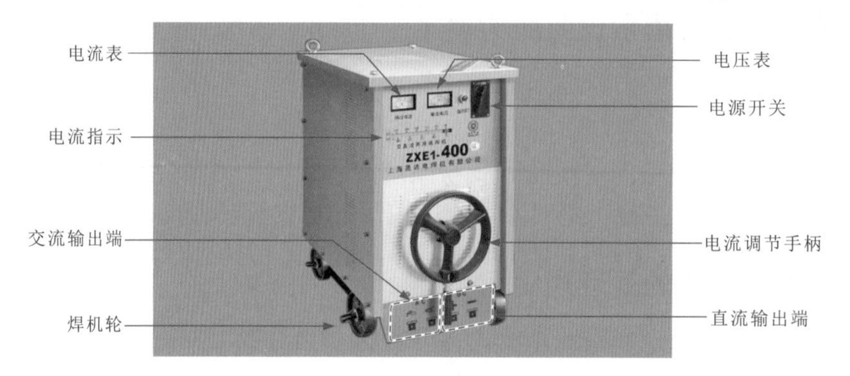

图5-2　交流、直流两用电焊机

补充说明

直流电焊机输出电流分正负极，其连接方式分为直流正接和直流反接，直流正接是将焊件接到电源正极，焊条接到负极；直流反接则相反，如图5-3所示。直流正接适合焊接厚焊件，直流反接适合焊接薄焊件。交流电焊机输出无极性之分，可随意搭接。

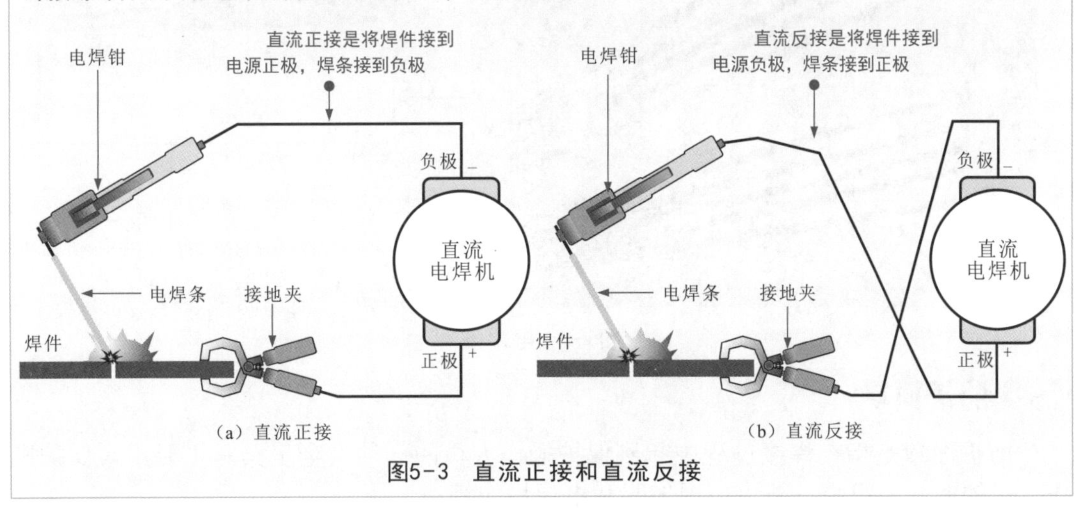

图5-3 直流正接和直流反接

2 电焊钳

电焊钳需要结合电焊机同时使用，进行焊接操作时，主要用来夹持电焊条，传导焊接电流的一种器械。

电焊钳的外形如图5-4所示，该工具的外形像一把钳子，其手柄通常采用塑料或陶瓷制作，具有防电击、耐高温、耐焊接飞溅以及耐跌落等多重保护功能；其夹子是采用铸铜制作而成，主要是用来夹持或是操纵电焊条。

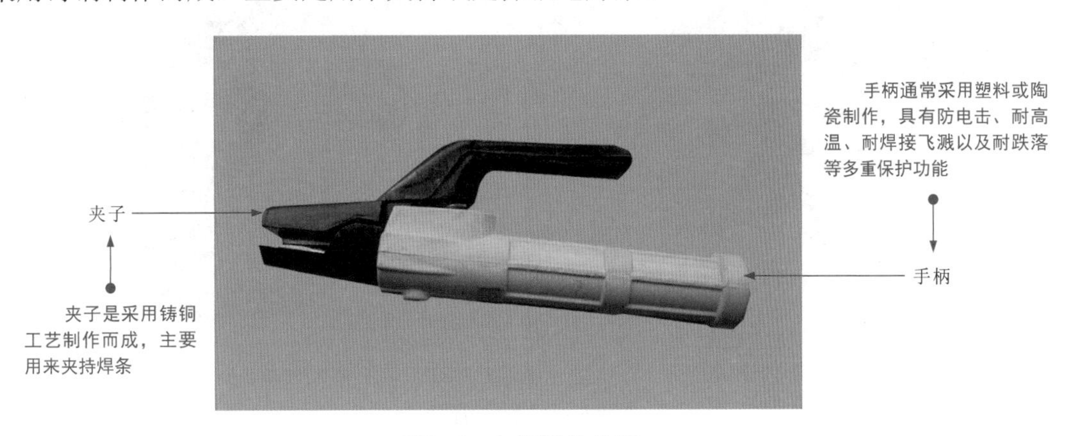

图5-4 电焊钳的外形

3 电焊条

电焊条由焊芯及药皮两部分构成。在其金属焊芯外层，均匀的包裹着一层药皮，如图5-5所示，其头部为引弧端，尾部有一段无涂层的裸焊芯，便于电焊钳夹持和利于导电，焊芯可作为填充金属实现对焊缝的填充连接；药皮具有助焊、保护、改善焊接工艺的作用。

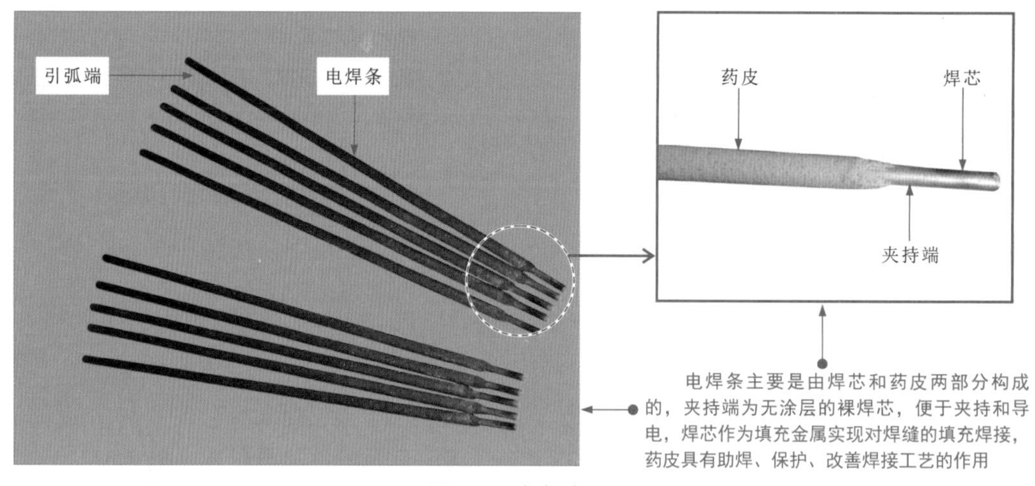

图5-5 电焊条

4 防护面罩

防护面罩是指在焊接过程中起到保护操作人员的一种安全工具，主要用来保护操作人员的面部和眼睛，防止电焊伤眼和电焊灼伤等。

通常情况下，防护面罩分为两种：一种是手持式，操作人员手持防护面罩进行焊接操作；另一种是可戴式，操作人员可以直接将其戴在头上，此时双手可以同时进行焊接操作，如图5-6所示。其中遮光镜具有双重滤光，避免电弧所产生的紫外线和红外线有害辐射，以及焊接强光对眼睛造成的伤害，杜绝电光性眼炎的发生；面罩可以有效防止作业出现的飞溅物和有害体等对脸部造成侵害，降低皮肤灼伤症的发生。

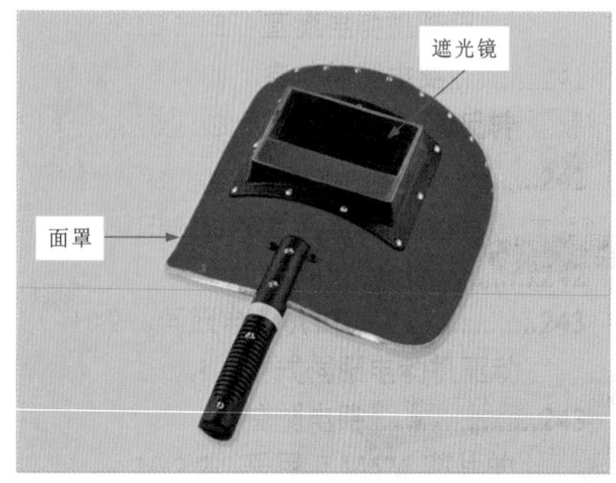

（a）手持式防护面罩

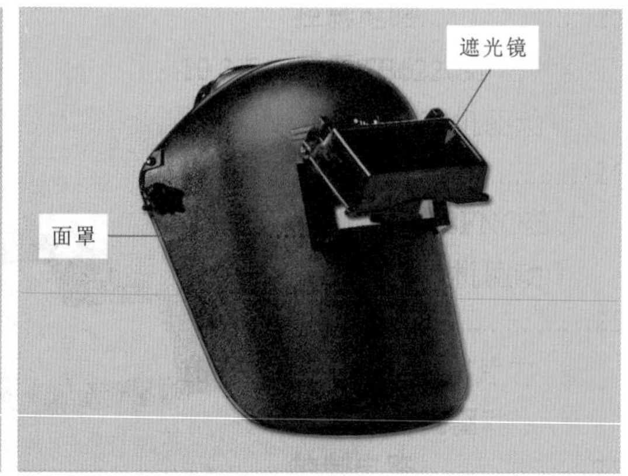

（b）可戴式防护面罩

图5-6 防护面罩

5 防护手套

防护手套是操作人员在焊接操作过程中，为了避免操作人员的手部被火花（焊渣）溅伤的一种防护工具，具有隔热、耐磨，防止飞溅物烫伤，阻挡辐射等特点，并用有一定的绝缘性能。

焊接种类的不同，对操作人员产生的影响也不同，所以使用的防护手套也不相同。防护手套大致可以分为两种，即普通手工焊手套和氩弧焊手套，如图5-7所示。

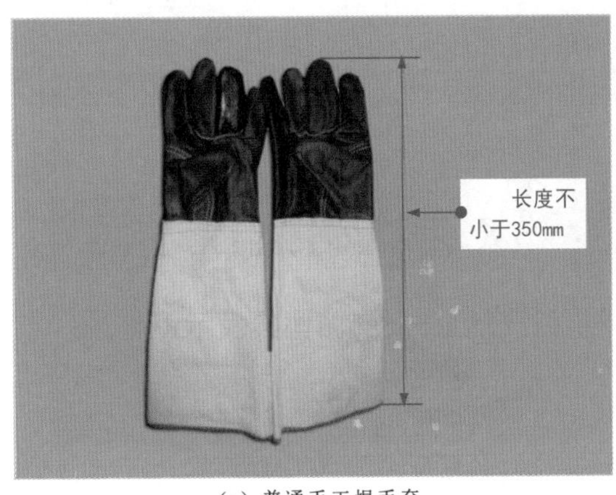

（a）普通手工焊手套

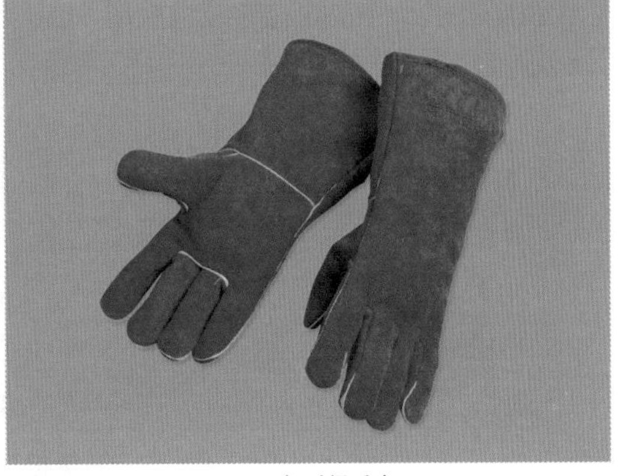

（b）氩弧焊手套

图5-7　防护手套

补充说明

普通手工焊手套多为普通的双层手套，长度通常在350mm以上；氩弧焊手套手感比较好，比较薄，可以有效防高温、防辐射。

6 电焊服

电焊服是焊接操作人员工作时需要的一种具有防护性能的服装，主要是用来防止人身受到电焊的灼伤，可以在高温、高辐射等条件下作业。

通常电焊服有具耐磨、隔热和防火性能，对于重点受力的部位均采用双层皮及锅钉进行加固，如图5-8所示，配有可调魔术贴的可翻式直立衣领，可阻挡烧焊飞溅物；肩部置有护缝条，加强耐用度。防火阻燃的棉质衣领安全、舒适又吸汗；手袖上部和肩位有内里，方便穿卸；电焊服前胸防护皮条设计可防止烧焊飞溅物溅入电焊服内，用双层皮及锅钉加固结构可防止撕脱。

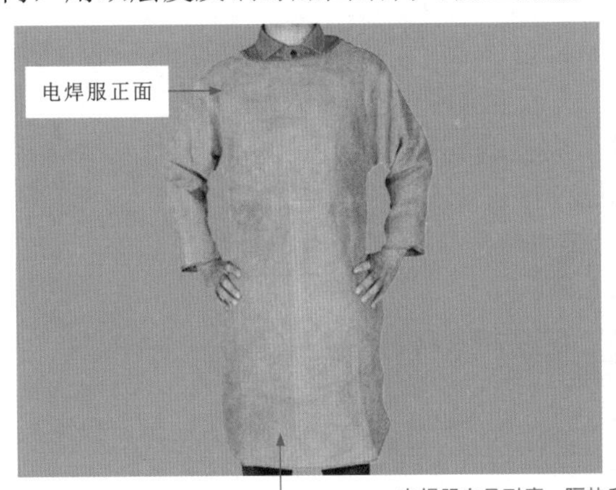

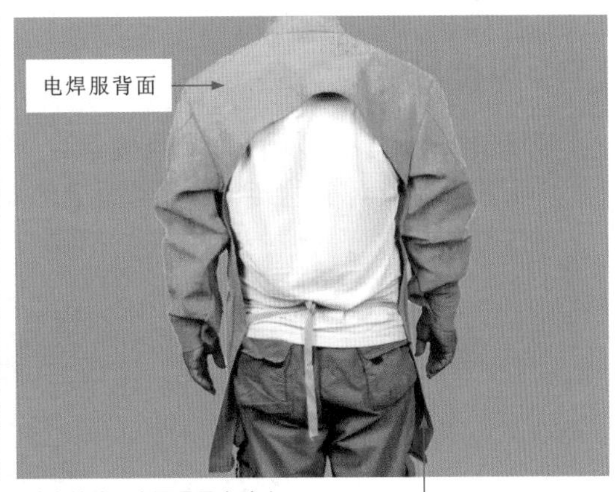

图5-8　电焊服

7 绝缘橡胶鞋

绝缘橡胶鞋是采用橡胶类绝缘材质制作的一种安全鞋，虽然其不直接接触带电部分，但是可以防止跨步电压对操作人员的伤害，保护电焊人员的人身安全。

图5-9所示为常见的绝缘橡胶鞋和绝缘橡胶靴。

图5-9 绝缘橡胶鞋和绝缘橡胶靴

绝缘橡胶鞋外层底部的厚度在不含花纹的情况下，应不小于4mm；耐压至少应达到15kV。可应用在工频50～60Hz、1000V以下的作业环境中。

8 防护眼镜

图5-10所示为防护眼镜的实物外形。当焊接操作完成后需要对焊接处进行敲渣操作，此时应佩戴防护眼镜，避免飞溅的焊渣伤到操作人员的眼睛。防护眼镜的镜片具有耐高温、不黏附火花飞溅焊渣等特点。

图5-10 防护眼镜

9 焊接衬垫

焊接衬垫是一种为了确保焊接部位背面成型的衬托垫，通常由无机材料（高岭土、滑石等）按比例混合加压烧结而成的陶瓷制品。

图5-11所示为焊接衬垫的实物外形，焊接衬垫能够在焊接时维持稳定状态，防止金属熔落，从而在焊件背面形成良好的焊缝。

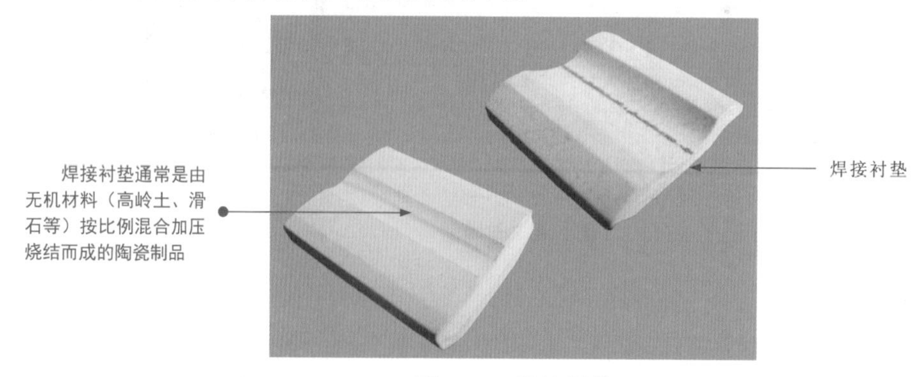

图5-11 焊接衬垫

补充说明

根据焊件的接口形式选用适合的焊接衬垫，可有效提高焊缝的质量。下面为大家介绍几种焊接衬垫的应用方式，如图5-12所示。

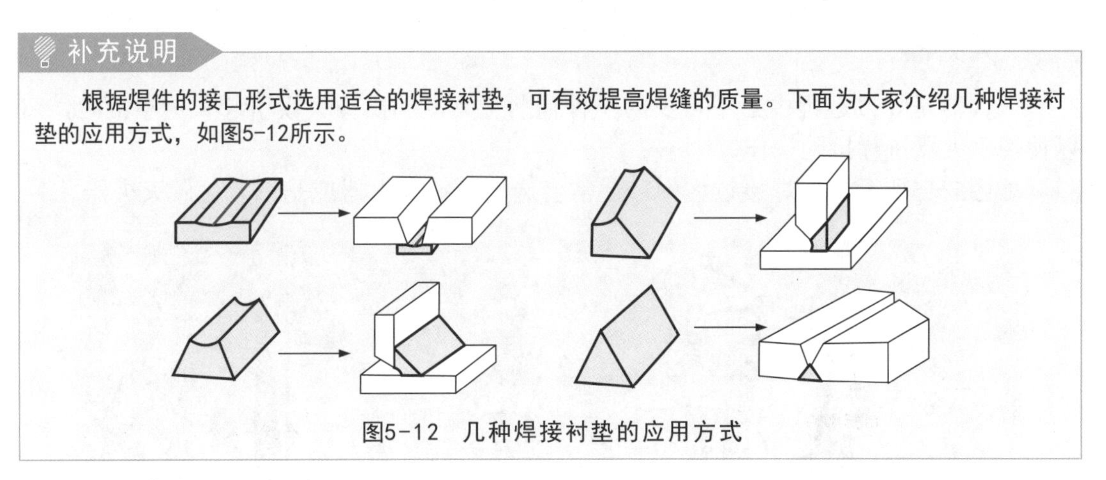

图5-12　几种焊接衬垫的应用方式

10 敲渣锤

敲渣锤主要用来对焊接处进行除渣处理。图5-13所示为敲渣锤的实物外形。敲渣锤一般都为钢制品，头部分为两端，其中一端为圆锥头，一端为平錾口；而手柄采用螺纹弹簧把手，具有防震的功能。通常在敲渣时操作人员应佩戴防护眼镜。

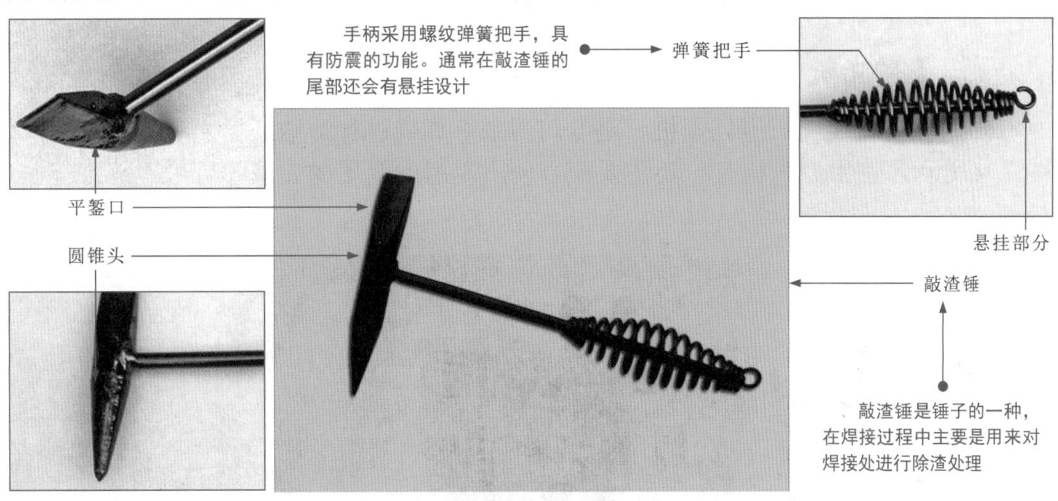

图5-13　敲渣锤

11 钢丝轮刷

钢丝轮刷是专门用来对焊缝进行打磨处理，去除焊渣的工具，如图5-14所示。钢丝轮刷需要安装到砂轮机上，通过砂轮机带动钢丝轮刷转动，从而对焊缝进行打磨。

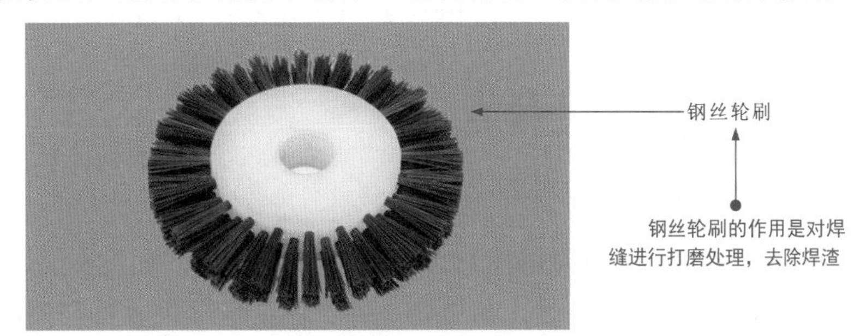

图5-14　钢丝轮刷

12 灭火器

灭火器是焊接过程中必不可少的一种辅助工具，当操作失误引起火灾事故时，可以使用灭火器进行抢险操作。

如图5-15所示，在焊接过程中，通常会选用干粉灭火器或是二氧化碳灭火器。

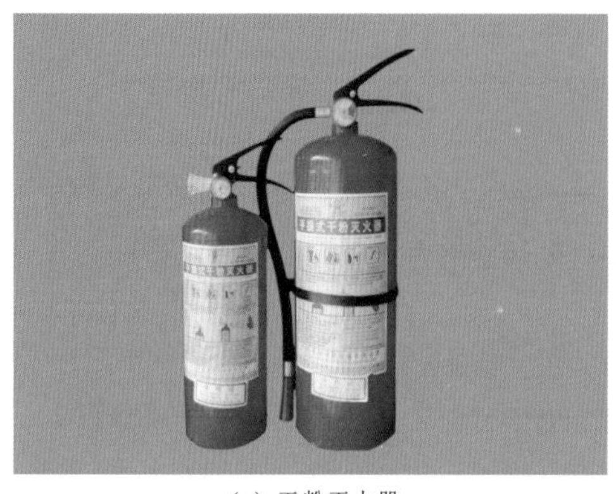

（a）干粉灭火器

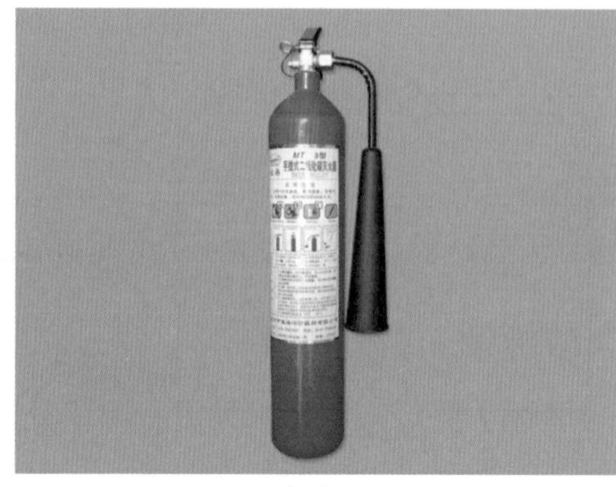

（b）二氧化碳灭火器

图5-15 干粉灭火器和二氧化碳灭火器

13 焊缝抛光机

焊缝抛光机（或焊道处理机）是专门用来对焊缝进行清洁、抛光处理的仪器，如图5-16所示。使用抛光机时，还需要配合使用专用的金属抛光液才可对焊缝进行抛光处理。

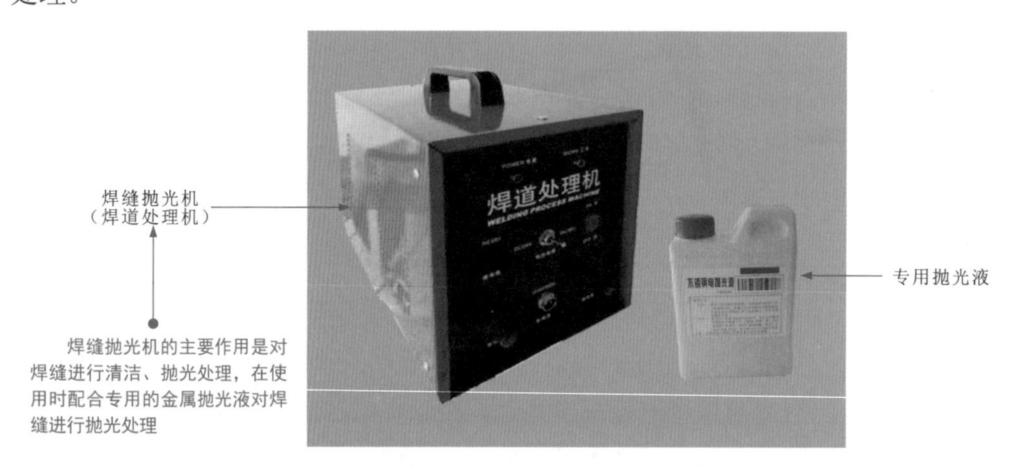

图5-16 焊缝抛光机（焊道处理机）

5.1.2 电焊操作规范

1 电焊环境

在进行电焊操作前应当对施焊现场进行检查，如图5-17所示，在施焊操作周围10m范围内不应设有易燃、易爆物，并且保证电焊机放置在清洁、干燥的地方，并且应当在焊接区域中配置灭火器。

图5-17 电焊环境

在进行电焊操作前，电焊操作人员应穿戴电焊服、绝缘橡胶鞋和防护手套、防护面罩等安全防护用具，这样可以保证操作人员的人身安全；同时要确保电焊机远离水源，并且应当做好接地绝缘防护处理，如图5-18所示。

图5-18 电焊保护措施

补充说明

在穿戴防护工具前，要对所使用的专用防护手套及绝缘橡胶鞋等进行相应的抗压性能、耐高压性能等测试，确保防护工具检测合格，方可使用。

在管路等封闭区域中进行焊接时，管路必须可靠接地，并通风良好；管路外应有人监护，监护人员应熟知焊接操作规程和抢救方法。

2 连接焊接工具

在进行电焊前应当连接焊接工具。图5-19所示将电焊钳通过连接线与电焊机上电焊钳连接孔连接（通常带有标识），接地夹通过连接线与电焊机上的接地夹连接孔连接；将焊件放置到焊接垫上，再将接地夹夹至焊件的一端；然后将焊条的加持端夹至电焊钳口即可。

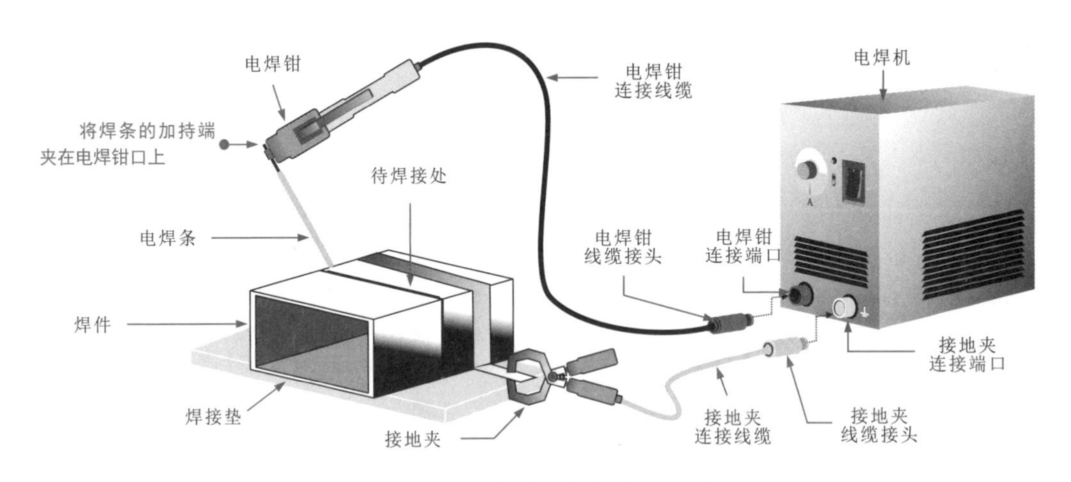

图5-19　连接电焊钳与接地夹

补充说明

在使用连接线缆将电焊钳、接地夹与电焊机进行连接时，连接线缆的长度范围为20～30m为佳；若连接线缆的长度太长，会增大电压降；若连接线缆过短，可能会导致操作不便。

应将电焊机的外壳进行保护性接地或接零，如图5-20所示；接地装置可以使用铜管或无缝钢管，其埋入地下深度应大于1m，接地电阻应小于4Ω；然后使用一根导线将一端连接在接地装置上，另一端连接在电焊机的外壳接地端上。

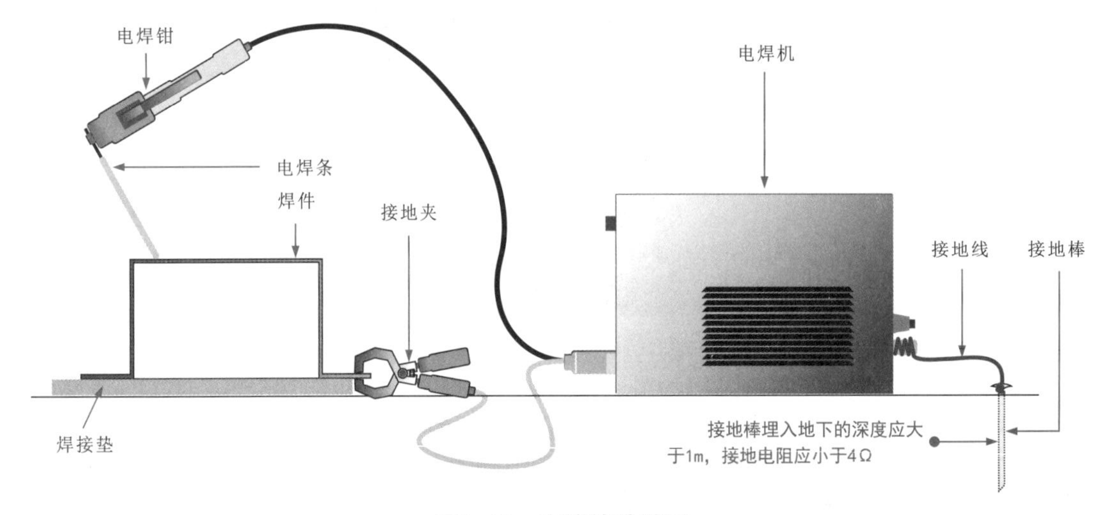

图5-20　连接接地装置

再将电焊机与配电箱通过连接线缆进行连接，并且保证连接线缆的长度范围为2～3m；在配电箱中应当设有过载保护装置以及刀闸开关等，可以对电焊机的供电进行单独控制，如图5-21所示。

补充说明

当电焊机连接完成后，应当对连接线缆的绝缘皮外层进行检查，确认其是否有破损现象。该过程可有效防止在进行电焊工作中，发生触电事故。

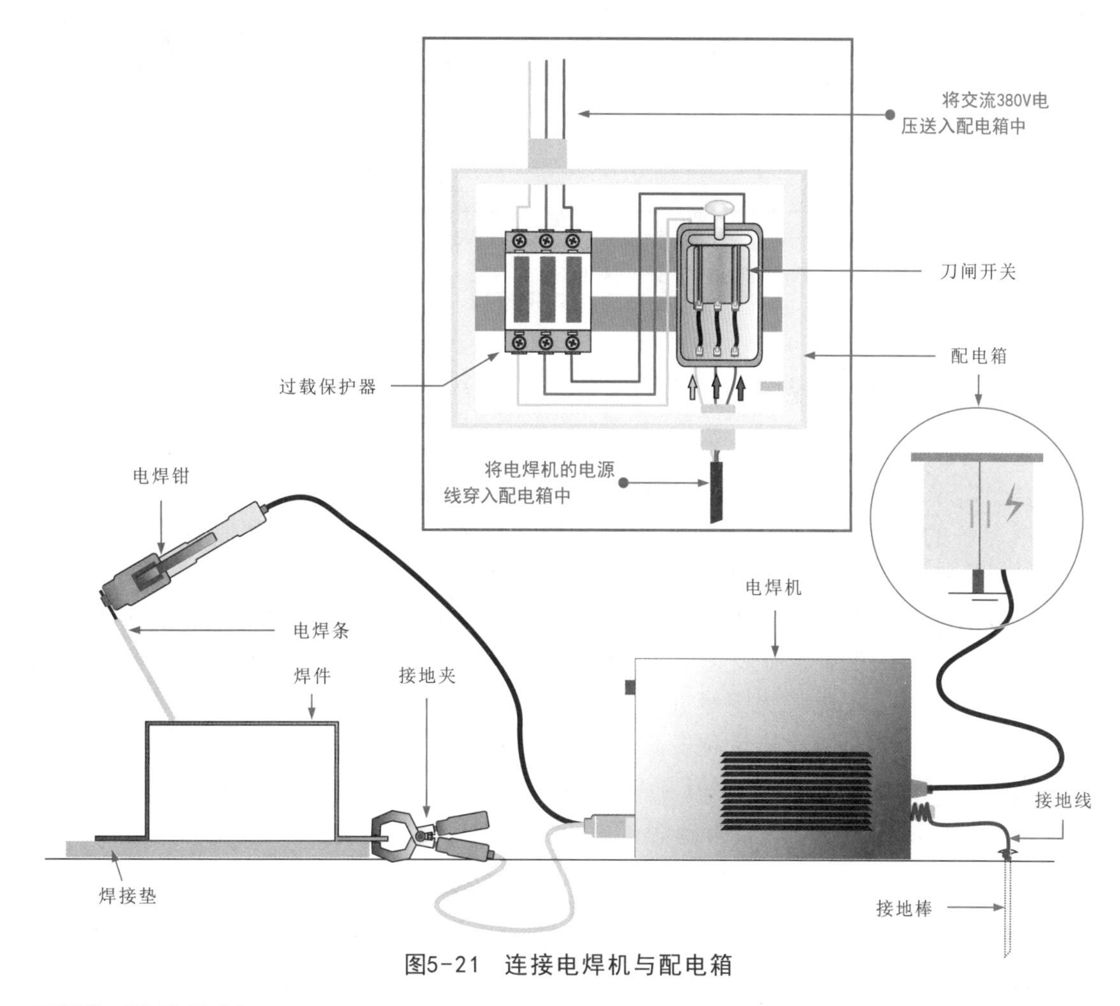

图5-21　连接电焊机与配电箱

3 焊件连接

将焊接设备连接好以后，需要对焊接的焊件进行连接；根据焊件厚度、结构形状和使用条件，基本的焊接接头型式有对接接头、搭接接头、角接接头、T形接头，如图5-22所示。其中，对接接头受力比较均匀，使用最多，重要的受力焊缝应尽量选用。

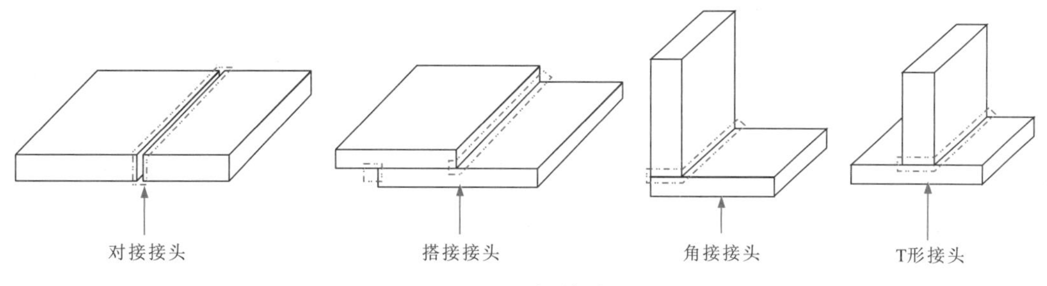

图5-22　焊接接头

为了焊接方便，在对对接接头的焊件进行焊接前，需要对两个焊件的接口进行加工。如图5-23所示，对于较薄的焊件需将接口加工成I形或单边V形，进行单层焊接；对于较厚的焊件需加工成V形、U形或X形，以便进行多层焊接。

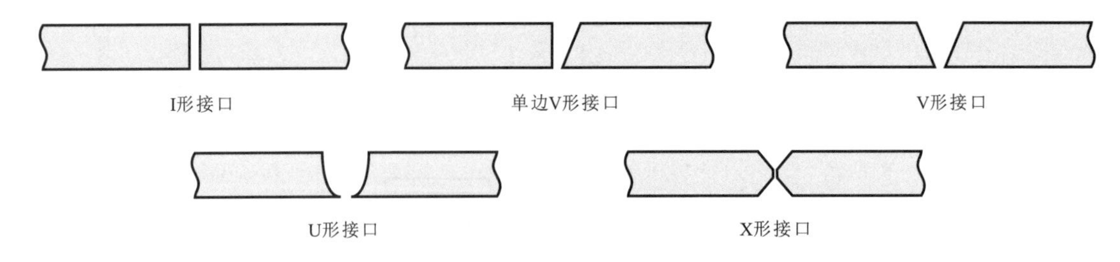

图5-23 对接接口

4 电焊机参数设置

进行焊接时，应先将配电箱内的开关闭合，再打开电焊机的电源开关。操作人员在拉合配电箱中的电源开关时，必须戴绝缘手套。选择输出电流时，输出电流的大小应根据焊条的直径、焊件的厚度、焊缝的位置等进行调节。焊接过程中不能调节电流，以免损坏电焊机，并且调节电流时，旋转旋钮不能过快过猛。

电焊机工作负荷应不超出铭牌规定，即在允许的负载值下持续工作，不得任意长时间超载运行。当电焊机温度超过60℃时，应停机降温后再进行焊接。

焊接电流是手工电弧焊中最重要的参数，它还受焊接人员的技术水平影响。焊条直径越大，熔化焊条所需热量越多，所需焊接电流越大。每种直径的焊条都有一个合适的焊接电流范围，见表5-1。在其他焊接条件相同的情况下，平焊位置可选择偏大的焊接电流，横焊、立焊、仰焊的焊接电流应减少10%～20%。

表5-1 焊条直径与相应的焊接电流

焊条直径/mm	1.6	2.0	2.5	3.2	4.0	5.0	5.8
焊接电流/A	25～40	40～65	50～80	100～130	160～210	220～270	260～300

设置的焊接电流太小，电弧不易引出，燃烧不稳定，弧声变弱，焊缝表面呈圆形，高度增大，熔深减小；设置的焊接电流太大，焊接时弧声强，飞溅增多，焊条往往变得红热，焊缝表面变尖，熔池变宽，熔深增加，焊薄板时易烧穿。

5 焊接操作

焊接操作主要包括引弧、运条和灭弧，焊接过程中应注意焊接姿势、焊条运动方式以及运条速度。

如图5-24所示，在电弧焊中，有两种引弧方式，即划擦法和敲击法。划擦法是将焊条靠近焊件，然后将焊条像划火柴似的在焊件表面轻轻划擦，引燃电弧，然后迅速将焊条提起2～4mm，并使之稳定燃烧；而敲击法是将焊条末端对准焊件，然后手腕下弯，使焊条轻微碰一下焊件，再迅速将焊条提起2～4mm，引燃电弧后手腕放平，使电弧保持稳定燃烧。敲击法不受焊件表面大小和形状的限制，是电焊中主要采用的引弧方法。

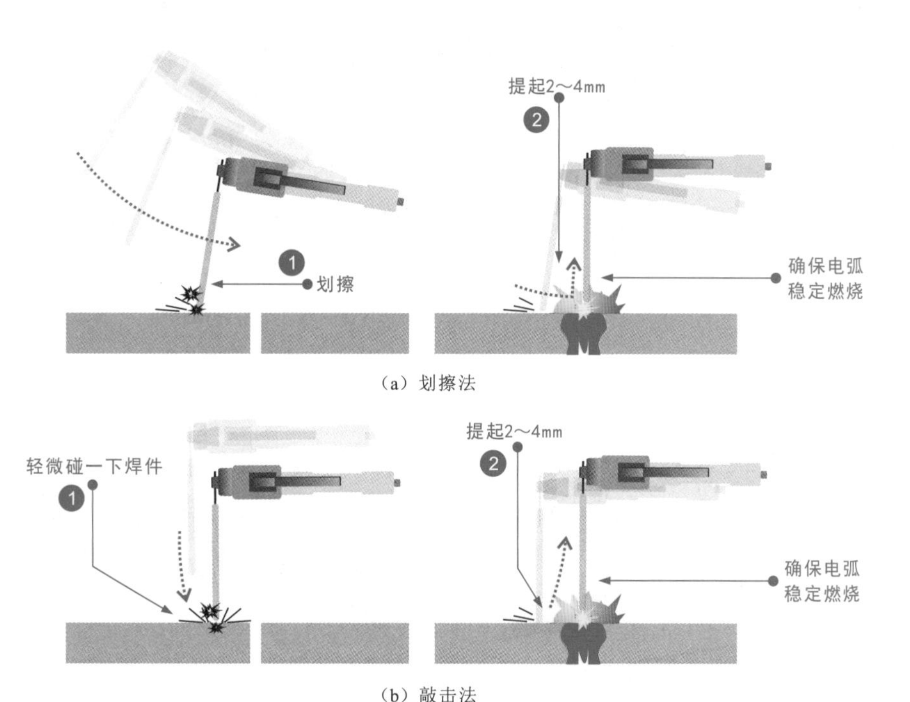

（a）划擦法

（b）敲击法

图5-24 引弧方式

焊条与焊件接触后提升速度要适当，太快难以引弧；太慢焊条和焊件容易粘在一起（电磁力），这时，可横向左右摆动焊条，便可使焊条脱离焊件。引弧操作比较困难，焊接之前，可反复多练习几次。

在焊接时，通常会采用平焊（蹲式）操作，如图5-25所示。操作人员蹲姿要自然，两脚间夹角为70°～85°，两脚间距离约240～260mm。持电焊钳的手臂半伸开悬空进行焊接操作，另一只手握住电焊面罩，保护好面部器官。

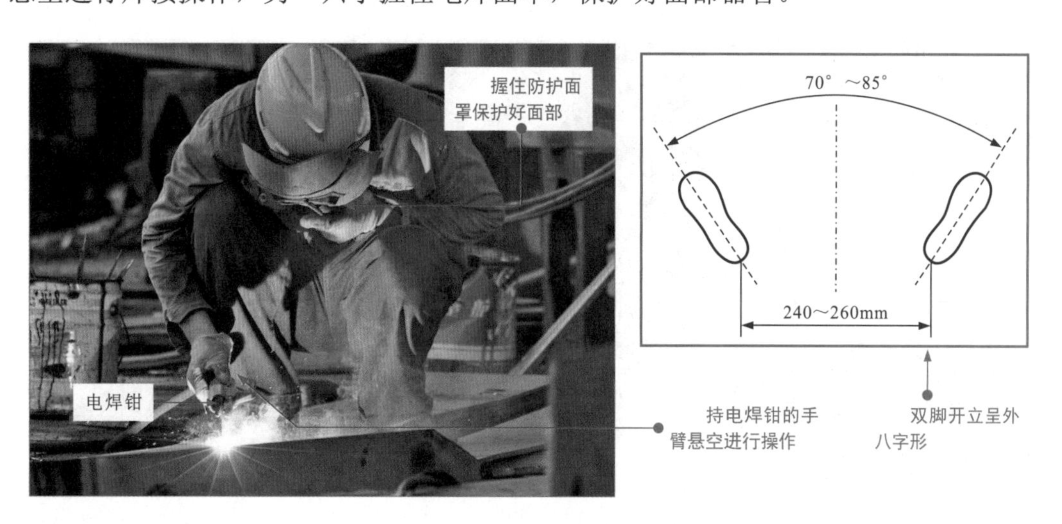

图5-25 平焊（蹲式）操作

补充说明

在焊接操作过程中，必须时刻配戴绝缘手套，以防发生触电危险。并且绝缘手套因出汗变潮湿后，应及时进行更换，以防因绝缘阻值降低而发生电击意外。

由于焊接起点处温度较低，引弧后可先将电弧稍微拉长，对起点处预热，然后再适当缩短电弧进行正式焊接。在焊接时，需要匀速推动电焊条，使焊件的焊接部位与电焊条充分熔化、混合，形成牢固的焊缝。焊条的移动可分为三种基本形式：沿焊条中心线向熔池送进、沿焊接方向移动、焊条横向摆动。焊条移动时，应向前进方向倾斜10°～20°，并根据焊缝大小横向摆动焊条。焊条移动方式如图5-26所示。注意在更换焊条时，必须佩戴防护手套。

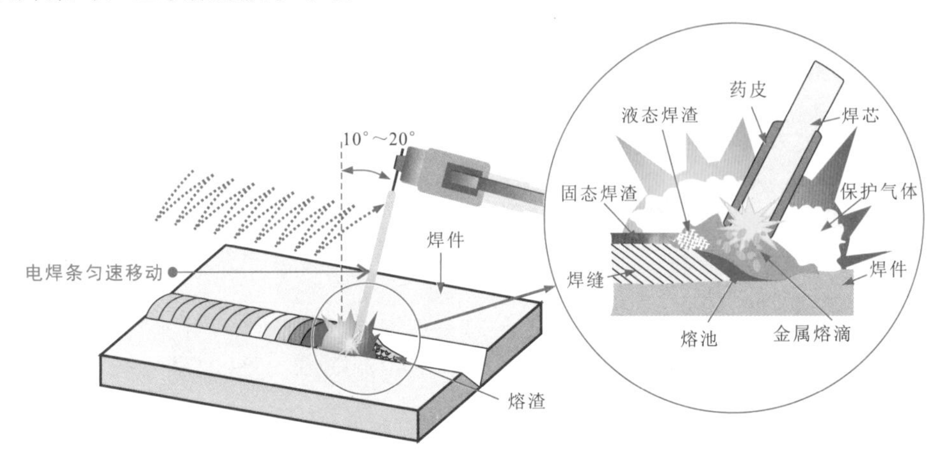

图5-26 焊条移动方式

焊接过程中，焊条沿焊接方向移动的速度，即单位时间内完成的焊缝长度，称为焊接速度。速度过快会造成焊缝变窄，高低不平，形成未焊透、熔合不良等缺陷；若焊接速度过慢则热量输入多，热影响区变宽，会有接头晶粒粗，力学性能降低，焊接变形加大等缺陷。因此焊条的移动应根据具体情况适当地保持均匀速度。

除了平焊（蹲式）操作外，根据焊件的大小、焊缝的位置不同，还可采用横焊操作、立焊操作和仰式操作，如图5-27所示。

（a）横焊操作

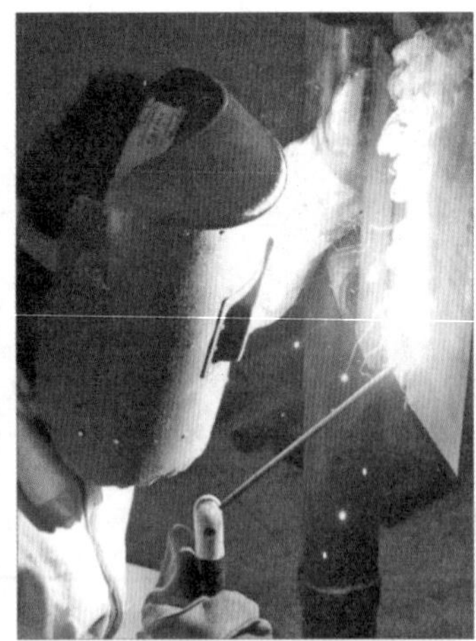

（b）立焊操作

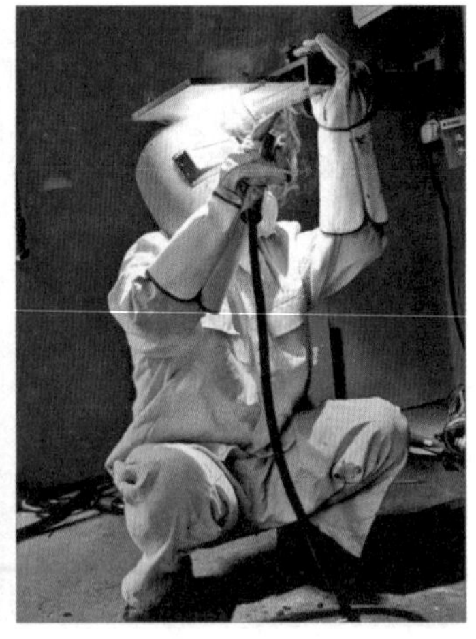

（c）仰式操作

图5-27 平焊（蹲式）之外的焊接操作

图5-28所示为焊接的收尾方式。焊接的灭弧是指一条焊缝焊接结束时的收尾方式，通常有画圈法、反复断弧法和回焊法。

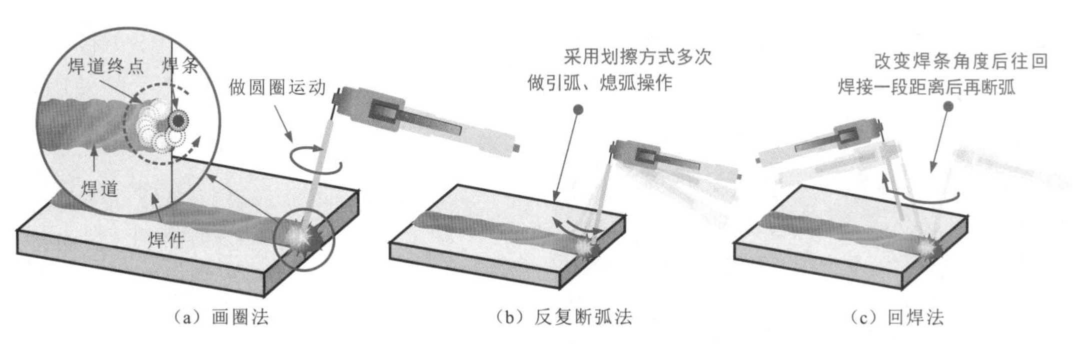

（a）画圈法　　（b）反复断弧法　　（c）回焊法

图5-28　焊接的收尾方式

其中，画圈法是在焊条移至焊道终点时，利用手腕动作使焊条尾端做圆圈运动，直到填满弧坑后再拉断电弧，此法适用于较厚焊件的收尾；反复断弧法是反复在弧坑处熄弧、引弧，直至填满弧坑，此法适用于较薄的焊件和大电流焊接；回焊法是焊条移至焊道收尾处即停止，但不熄弧，改变焊条角度后往回焊接一段距离，待填满弧坑后再慢慢拉断电弧。

补充说明

焊接操作完成后，应先断开电焊机电源，再放置焊接工具，然后清理焊件以及焊接现场。在消除可能引发火灾的隐患后，再断开总电源，离开焊接现场。

6 焊接验收

如图5-29所示，检查并整理焊接现场，使各种焊接设备断电、冷却并整齐摆放；同时要仔细检查现场是否存在火种的迹象，若存在应及时处理，以杜绝火灾隐患。

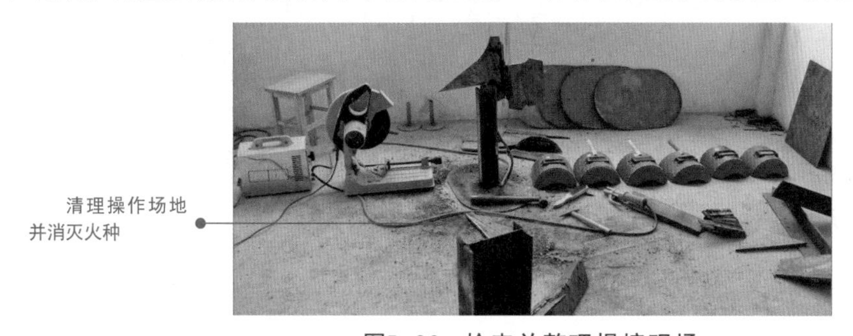

图5-29　检查并整理焊接现场

使用敲渣锤、钢丝轮刷和焊缝抛光机等工具和设备，对焊接部位进行清理，确保焊接部位平整光滑。图5-30所示为使用焊缝抛光机清理焊缝的效果。

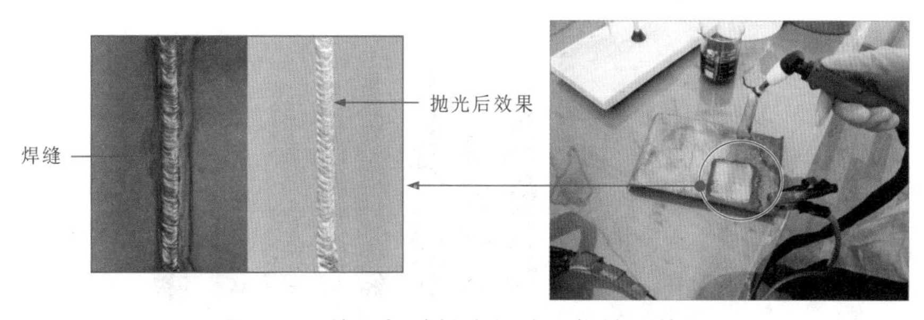

图5-30　使用焊缝抛光机清理焊缝的效果

清除焊渣后，要对焊接部位进行仔细检查，若发现焊接缺陷、变形等，如图5-31所示，应分析产生原因，并重新使用新焊件进行焊接；原缺陷焊件则废弃不能使用。

图5-31 不合格焊口

5.2 锡焊

5.2.1 电烙铁

1 直热式电烙铁

直热式电烙铁是应用最广泛的电烙铁类型，适合初学者和专业人员使用。根据不同结构，可分为内热式电烙铁和外热式电烙铁。图5-32所示为直热式电烙铁的实物外形。

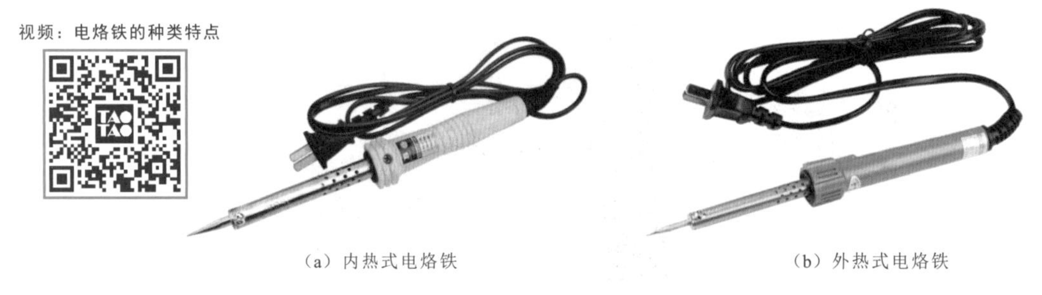

图5-32 直热式电烙铁

图5-33所示为不同形状的烙铁头。为了适合不同焊接物接触面的需要，电烙铁的烙铁头也具有不同的形状，可根据实际焊接情况更换。

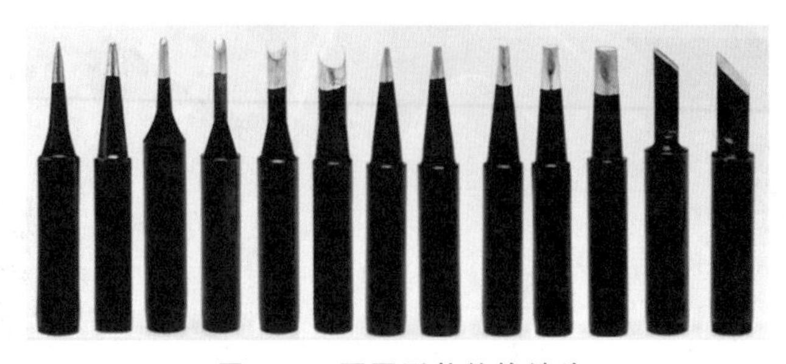

图5-33 不同形状的烙铁头

2 恒温式电烙铁

恒温式电烙铁的烙铁头温度是可以控制的，可使烙铁头的温度保持在某一恒定温度上。它具有升温速度快，焊接质量高等特点。如图5-34所示，根据控温方式的不同，恒温式电烙铁可分为电控式和磁控式两种。

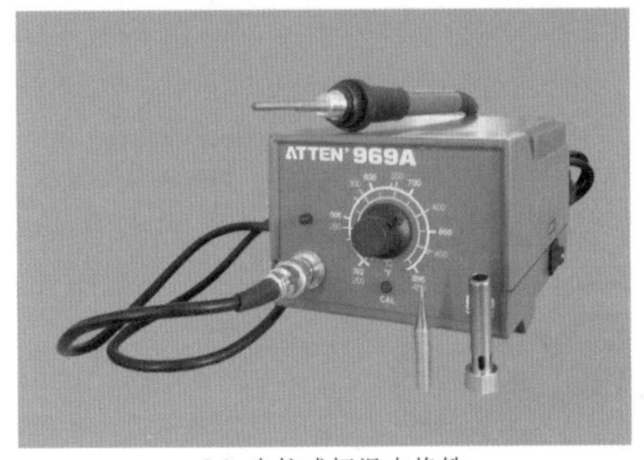

（a）电控式恒温电烙铁

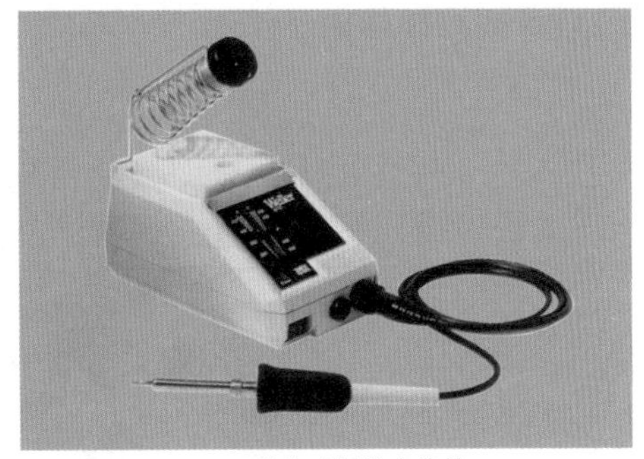

（b）磁控式恒温电烙铁

图5-34　恒温式电烙铁

3 吸锡式电烙铁

吸锡焊式电烙铁主要用于拆焊元器件，其烙铁头内部是中空的，而且多了一个吸锡装置。图5-35所示为吸锡式电烙铁的实物外形。

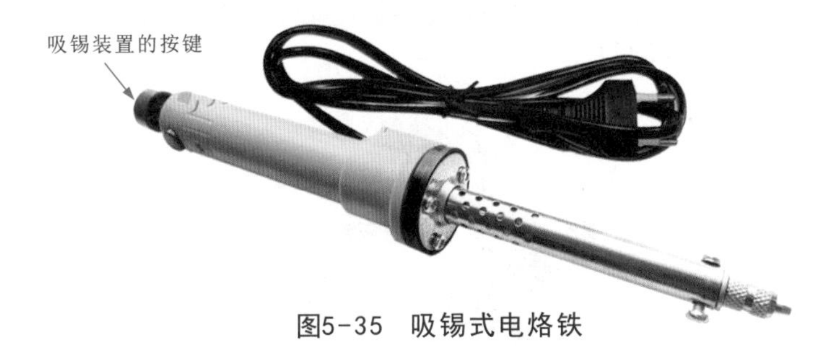

图5-35　吸锡式电烙铁

5.2.2 热风焊机

热风焊机是专门用来拆焊贴片元器件的设备。图5-36所示为典型热风焊机。

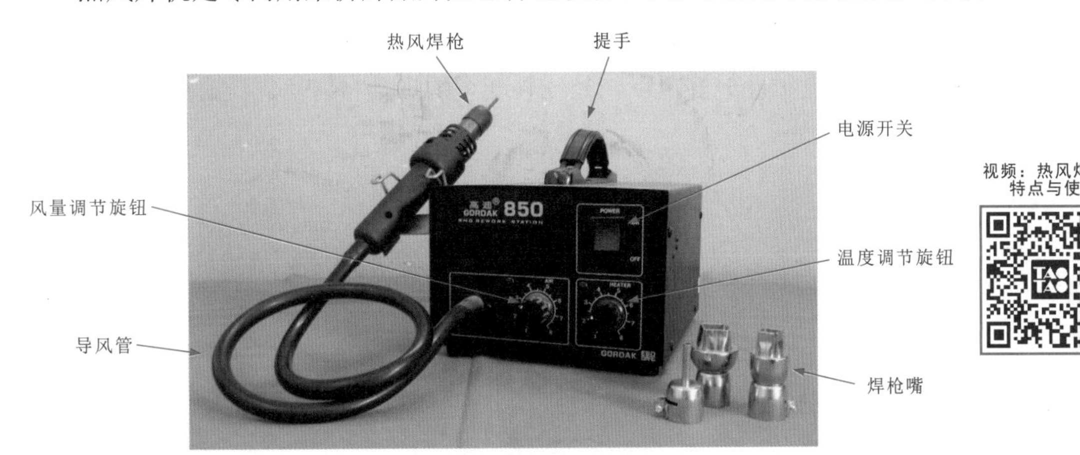

图5-36　典型热风焊机

视频：热风焊机的特点与使用

5.2.3 焊料

1 焊锡丝

焊锡丝简称锡丝，如图5-37所示，它由锡合金和助剂两部分组成，在电子元器件焊接时配合电烙铁使用。

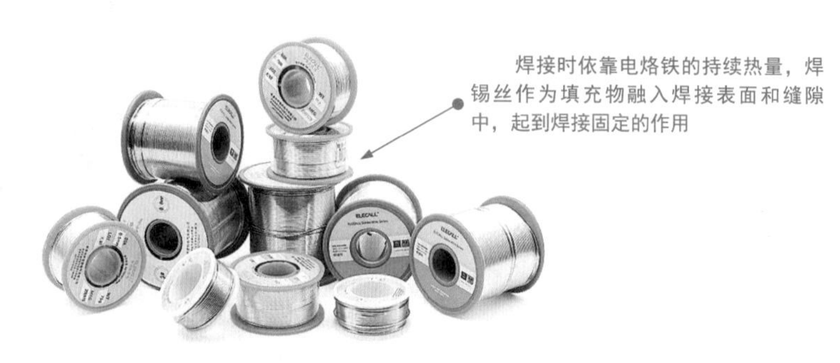

图5-37 焊锡丝

2 松香

图5-38所示为松香，是树脂类助焊剂的代表，它能在焊接过程中清除氧化物和杂质，并且在焊接后形成膜层，保护焊点不被氧化，可有效提高焊接性能，具有无腐蚀、绝缘性能好、稳定、耐湿等特点。

图5-38 松香

3 助焊膏

助焊膏简称焊膏，如图5-39所示，是一种新型的焊接材料，广泛应用于表面贴装元器件的焊接。

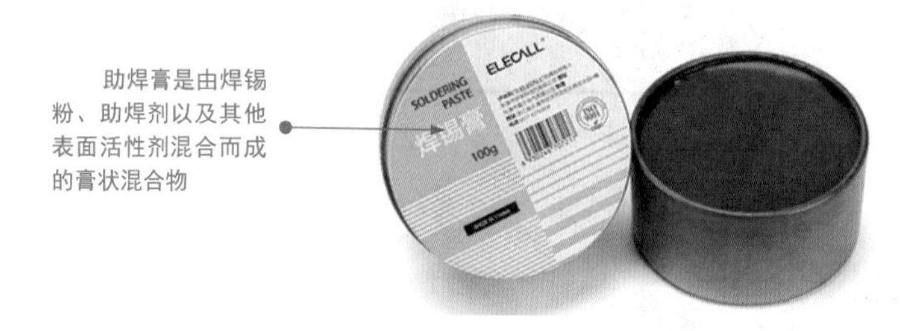

图5-39 助焊膏

5.2.4 锡焊辅助工具

1 吸锡器

吸锡器主要用来收集电子元件引脚熔化时的焊锡。根据工作原理不同，可分为手动式和电动式两种。

图5-40所示为典型的手动式吸锡器，它的吸嘴处由耐高温塑料制成。吸锡操作需在电烙铁熔锡后手动完成。

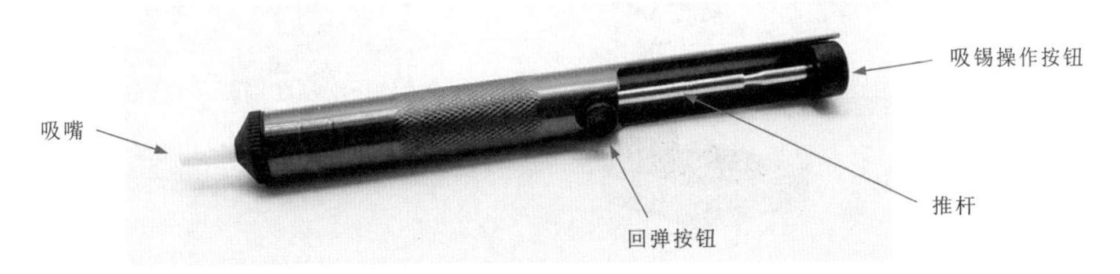

图5-40　手动式吸锡器

图5-41所示为典型的电动式吸锡器，它集熔锡、吸锡操作于一体，内部有电磁阀真空泵，可快速方便地吸锡脱焊。

图5-41　典型的电动式吸锡器

2 烙铁架

烙铁架主要用于在焊接过程中放置电烙铁，防止操作人员因放置位置不当，引起火灾。图5-42所示为典型烙铁架的实物外形。

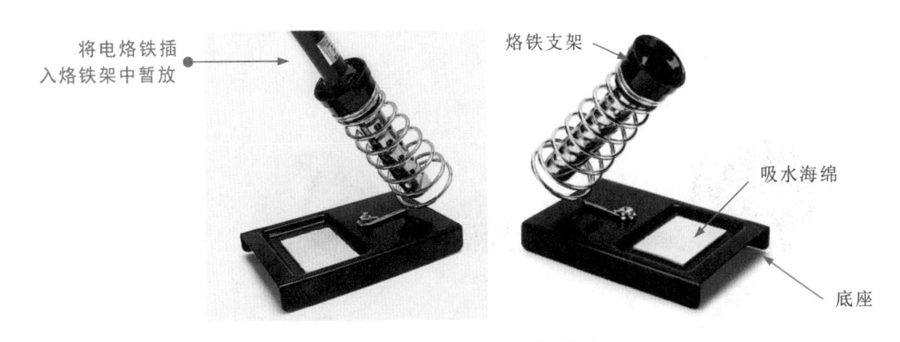

图5-42　烙铁架

3 多功能辅助焊台

图5-43所示为典型的多功能辅助焊台，它集成了放大镜、夹具、烙铁架等焊接辅助设备，多用于微小元器件的电路板焊接操作。

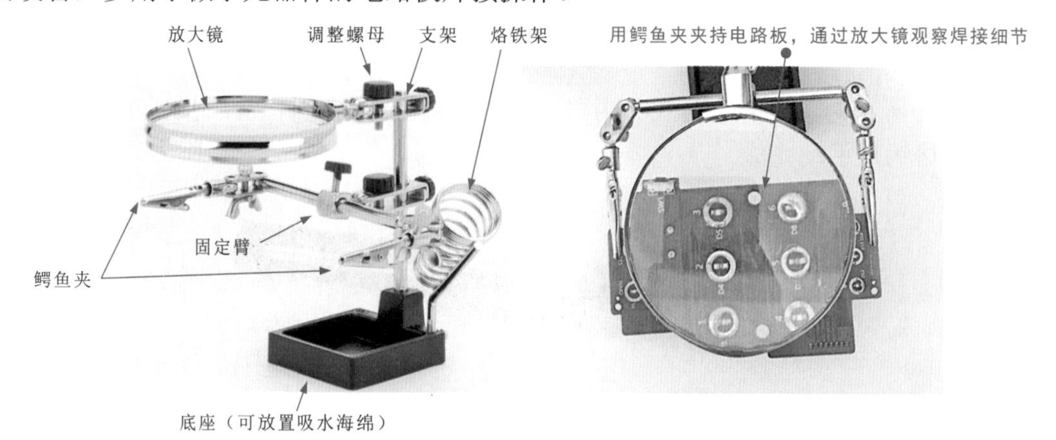

图5-43 典型的多功能辅助焊台

> **补充说明**
>
> 焊接微小元器件时，可用鳄鱼夹夹持固定住待焊接电路板，然后通过上方的放大镜即可清晰地观察焊接环境，确保精确焊接；同时，旁边的烙铁架可暂放电烙铁。多功能辅助焊台为焊接提供了极大的方便。

4 清洁海绵

图5-44所示为清洁海绵的实物外形。焊接用的清洁海绵属于耐高温吸水海绵，主要用于擦拭烙铁头上的残锡和氧化物杂质。

（a）长方形清洁海绵

（b）圆形清洁海绵

图5-44 清洁海绵

5 清洁球

清洁球也称烙铁头清洁球或烙铁洁嘴器，其主要用于清洁烙铁头在焊接时夹带的残渣。图5-45所示为典型烙铁头清洁球的实物外形。

图5-45 清洁球

6 吸锡线

图5-46所示为吸锡线，在拆除贴片元件时，用于吸取元件引脚处的焊锡。

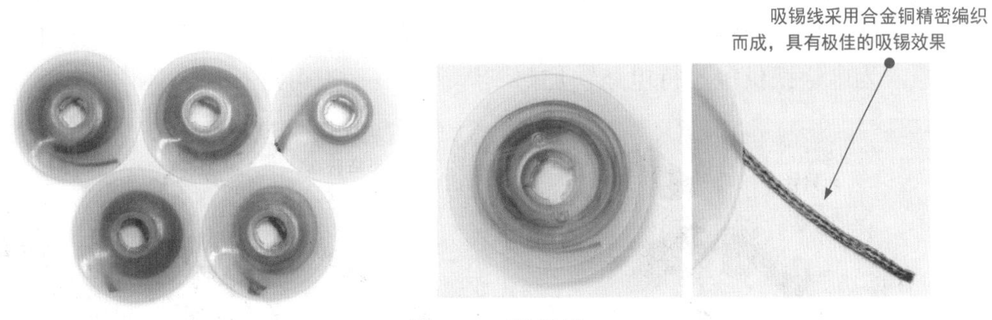

图5-46　吸锡线

7 除锡针

如图5-47所示，除锡针主要用于清除电路板及焊接孔洞处的残锡或异物。

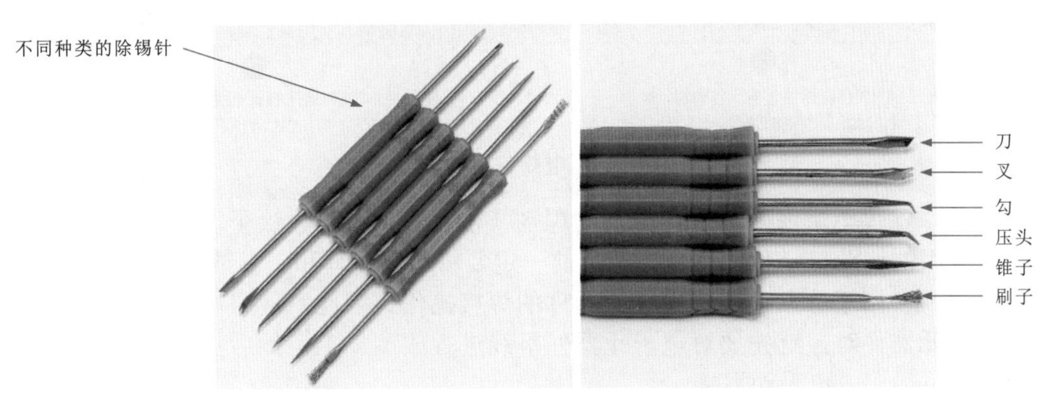

图5-47　除锡针

补充说明

除锡针中，刀用于切割电路板上的敷铜连线，叉用于固定调整元件引脚或连接线，勾用于钩出引脚或连线，压头用于压紧定位元件，锥子用于清洁或扩大孔眼，刷子用于清扫残渣和异物。

8 镊子

图5-48所示为镊子，主要用来夹取电子元器件，便于夹持固定，确保焊接质量。镊子的规格多种多样，可根据使用要求选择相应的镊子。

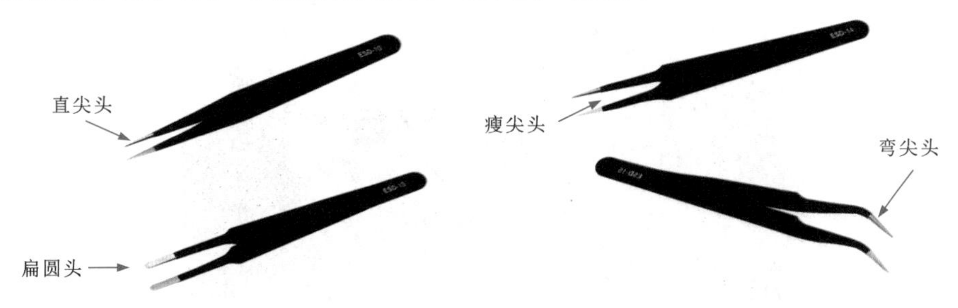

图5-48　镊子

5.2.5 电烙铁操作规范

在使用电烙铁前，要确保电烙铁放置环境的干净整洁，不可有任何易燃易爆的物品，并要保证工作环境的通风良好；将电烙铁妥善放置到烙铁架上后，按图5-49所示接通电源，为电烙铁供电，待电烙铁加热到焊接温度后方可进行焊接操作。

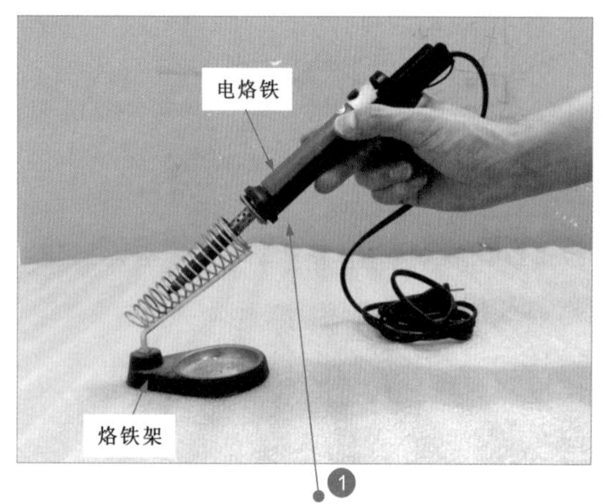

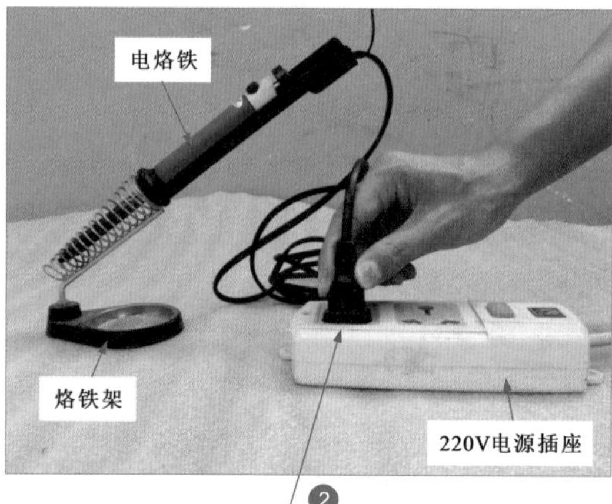

① 使用电烙铁之前，首先将电烙铁放置到烙铁架上

② 将电烙铁的供电线插在220V电源插座上进预热

图5-49　电烙铁通电加热

另外，除了电烙铁外，焊锡丝、助焊剂（松香、焊膏）、镊子以及吸锡器等都是焊接时常用的辅助材料和工具，在焊接前一定要将这些材料和工具准备好。

电烙铁多用于分立直插式电子元器件的焊接操作。因此，使用电烙铁焊接分立直插式电子元器件时，首先要对电子元器件引线进行成型加工，然后按规范将待焊元器件安装到位后，方可手动焊接。

1 引线成型

电子元器件的引线是焊接的关键部位，在焊接前首先要将引线拉直，如图5-50所示，可使用平口钳将元器件的引线沿原始角度拉直，不能出现引线处弯折的情况；元器件（如电阻、二极管）两端引线要与元器件轴心线保持水平。注意平口钳的钳口不能有纹路，以防损坏元器件的引线。

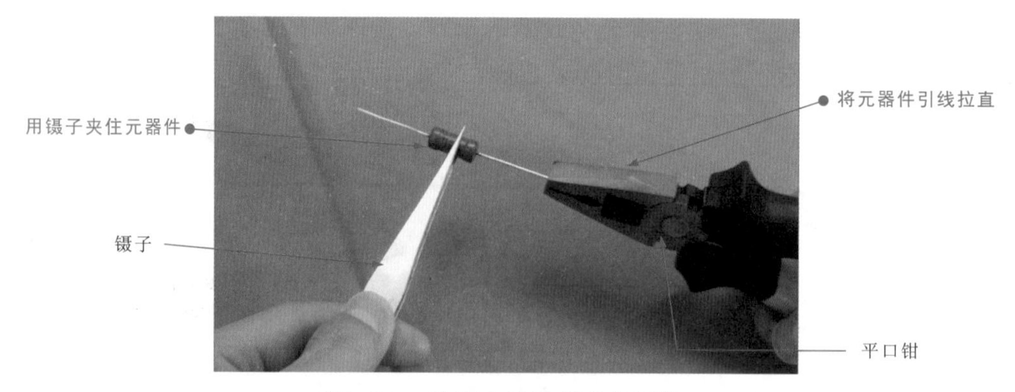

图5-50　拉直电子元器件的引线

对于电子元器件引线上的氧化层，可以使用助焊剂清除，但它对锈迹、油迹等不起作用，此时可采用软布擦拭或砂纸打磨，否则这些附着物会严重影响焊接质量，因此，必要的表面清洁十分重要，如图5-51所示。

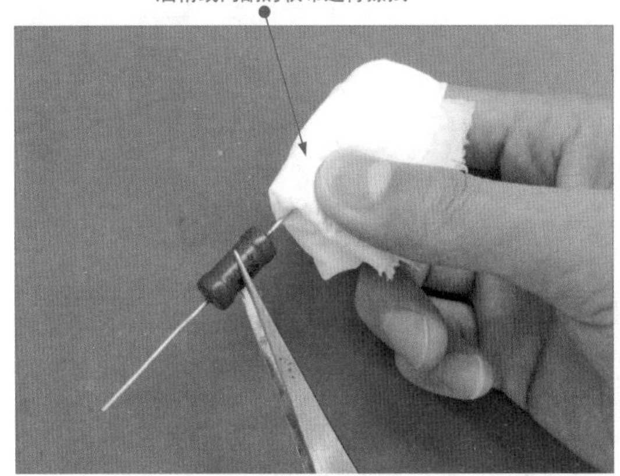

图5-51　引脚表面清洁处理

不同元器件在插装到印制板之前，需要对元器件的引线进行必要的加工处理。元器件的引线要根据电路板焊盘插孔的设计需求做成需要的形状，引线折弯成型要符合后期的插装需求，使它能迅速准确地插入电路板插孔内。

如图5-52所示，使用尖嘴钳或镊子对轴向元器件的引线进行弯折，用手捏住元器件的引线，尖嘴钳或镊子夹住需要弯折的部位，进行弯曲操作；元器件引线可使用卧式跨接和立式跨接两种方式。

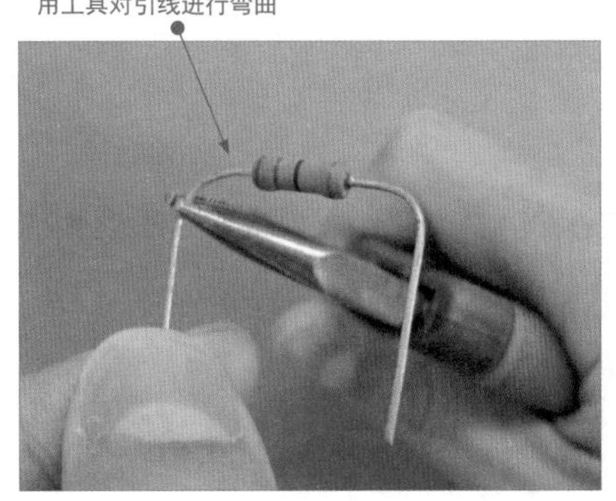

（a）弯曲操作

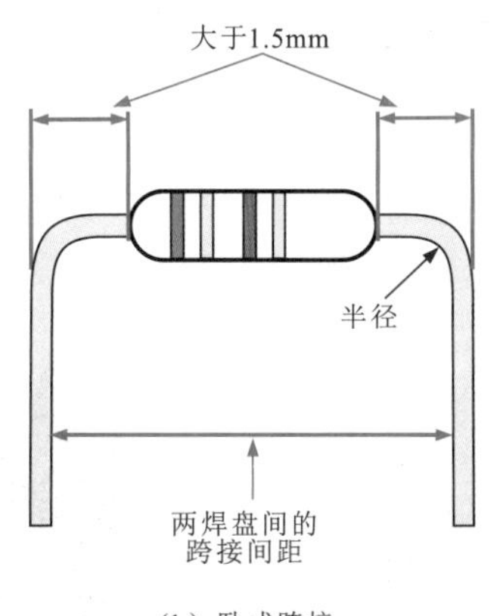

（b）卧式跨接

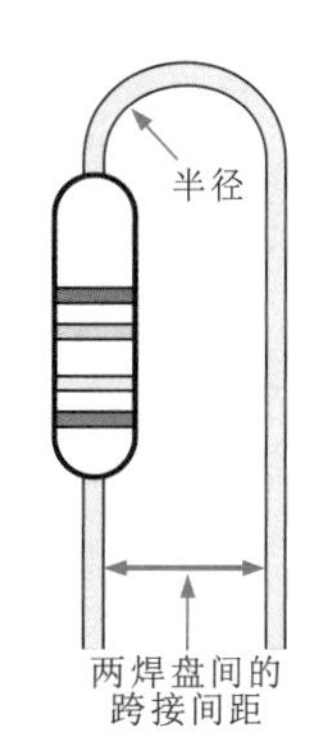

（c）立式跨接

图5-52　引线弯折

补充说明

弯曲引线时，弯曲的角度不要超过最终成型的弯曲角度；不要反复弯曲引线；对扁平形状的引线不能进行纵向弯折，不要沿引线轴向施加过大的拉伸力。弯折元器件的引线时一定要用手捏住元器件的引线，再进行弯折。很多操作人员使用工具弯折元器件的引线时，习惯用手捏住元器件，这样弯折引线时，很容易使元器件与引线相连的部位断裂。

对温度十分敏感的元器件进行引线成型时，可以适当增加一个绕环，如图5-53所示。这样的线型可以防止元器件壳体因引线根部受热膨胀而开裂。

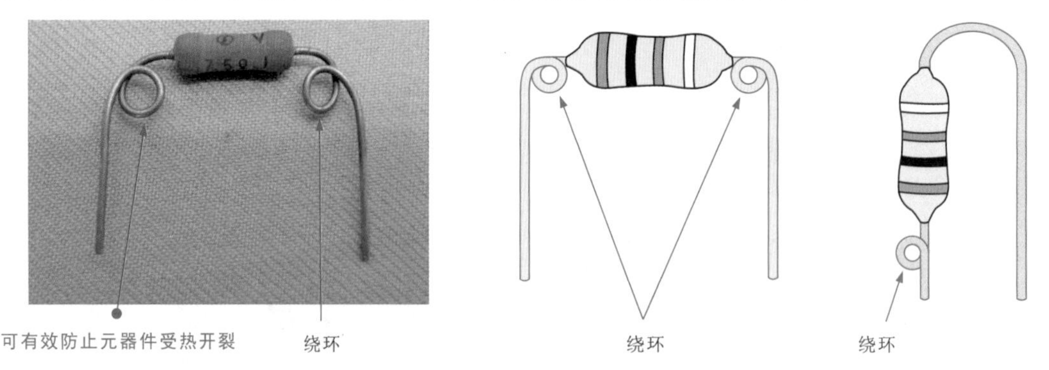

图5-53 带有绕环的引线弯折形式

2 安装方式

1 贴板安装

图5-54所示为贴板安装方式。贴板安装就是将元器件贴紧电路板表面进行安装，安装间隙在1mm左右。贴板插装稳定性好，插装简单，但不利于散热，不适合高发热元器件的安装。双面焊接的电路板尽量不要采用该方式安装。

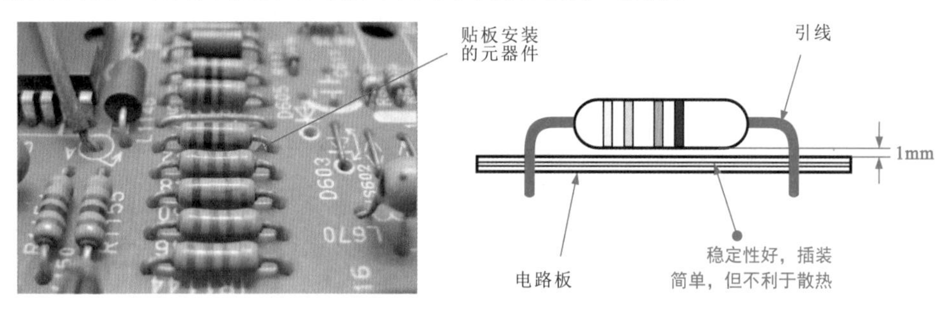

图5-54 贴板安装方式

补充说明

如果元器件为金属外壳，安装面又有印制导线，为了避免短路，元器件壳体应加垫绝缘衬垫或套绝缘套管，如图5-55所示。

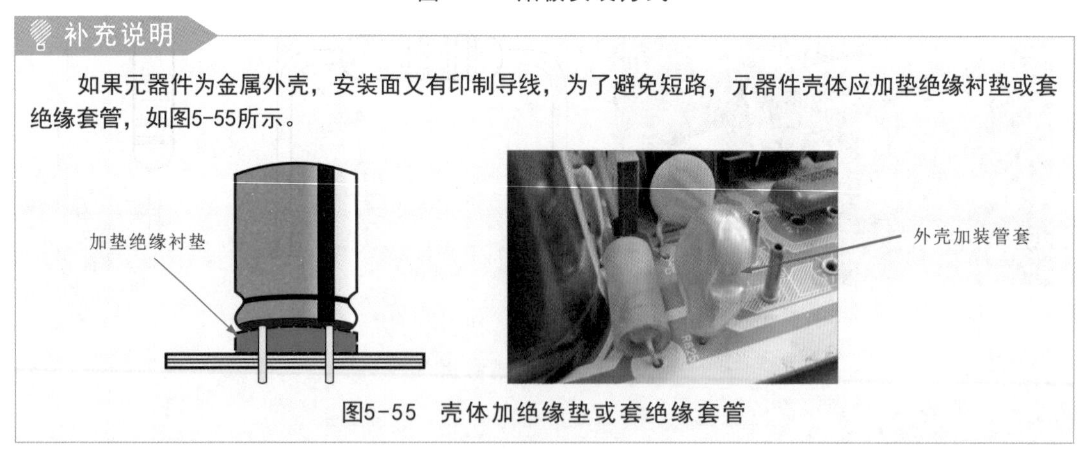

图5-55 壳体加绝缘垫或套绝缘套管

2 悬空安装

图5-56所示为悬空安装方式。悬空安装就是将元器件壳体距离印制板面有一定距离安装，安装间隙为3～8mm。发热元器件、怕热元器件一般都采用悬空安装方式。

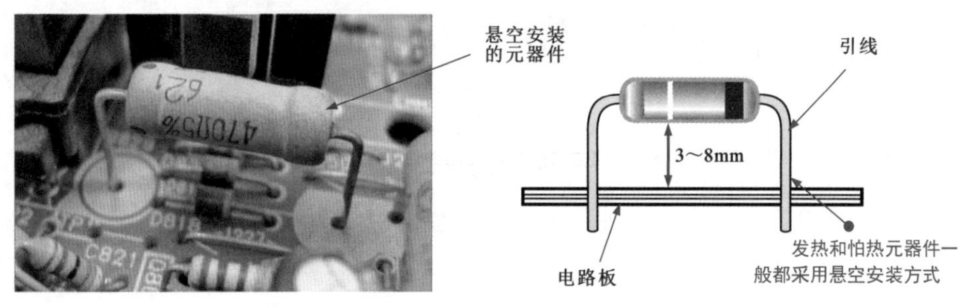

图5-56　悬空安装方式

> **补充说明**
>
> 为了防止引线焊接时，大量的热量被传递，可以在怕热元器件的引线上套上套管，如图5-57所示，阻隔热量的传导。

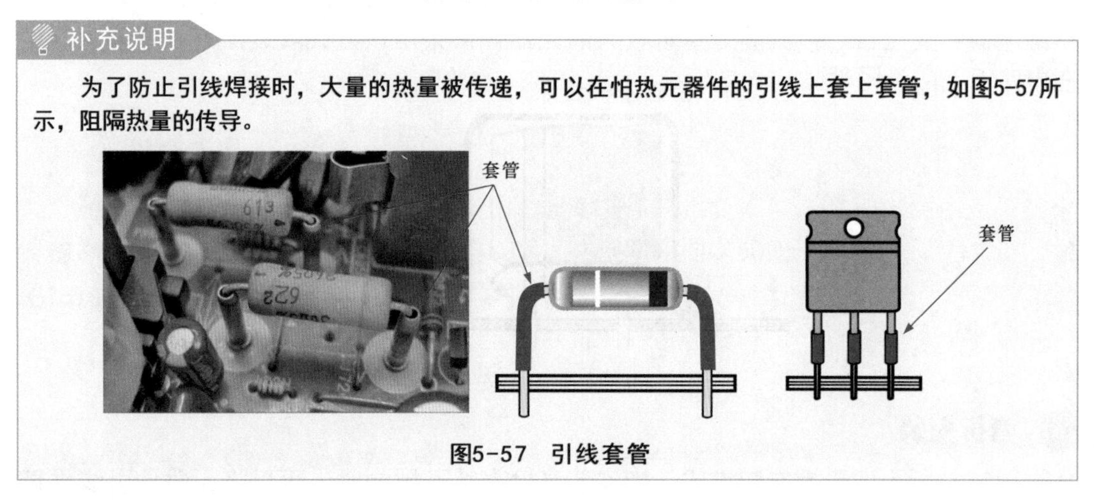

图5-57　引线套管

3　立式安装

图5-58所示为立式安装方式，就是将元器件壳体垂直安装，部分高密度安装区域采用该方法进行安装，但重量大且引线细的元器件不宜采用这种方式。

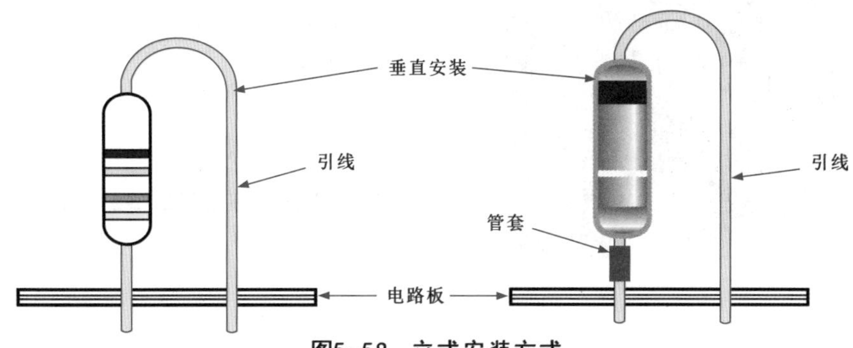

图5-58　立式安装方式

> **补充说明**
>
> 立式安装时，短引线的一端壳体十分接近电路板，引线焊接时，大量的热量被传递，为了避免高温损坏元器件，可以采用衬垫或套管阻隔热量的传导。

4　嵌入式安装

图5-59所示为嵌入式安装方式，俗称埋头安装，就是将元器件部分壳体埋入印制电路板嵌入孔内，以降低安装高度。一些需要防振保护的元器件采用该方式，可以增强元器件的抗振性。

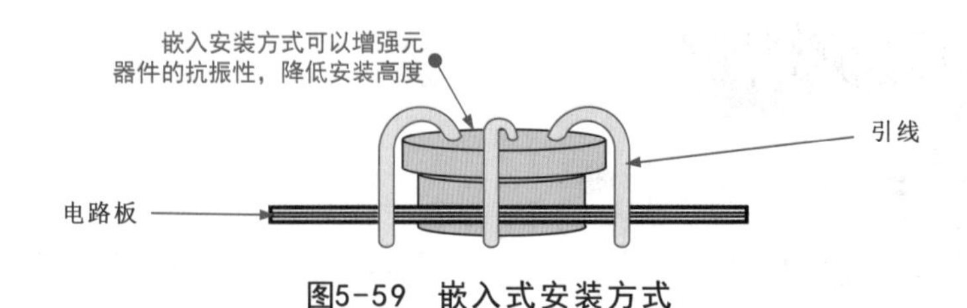

图5-59　嵌入式安装方式

5 支架固定安装

图5-60所示为支架固定安装方式，就是用支架将元器件固定在电路板上。一些大型继电器、变压器、扼流圈等重量较大的元器件常采用该方式安装，可以增强元器件在电路板上的稳固性。

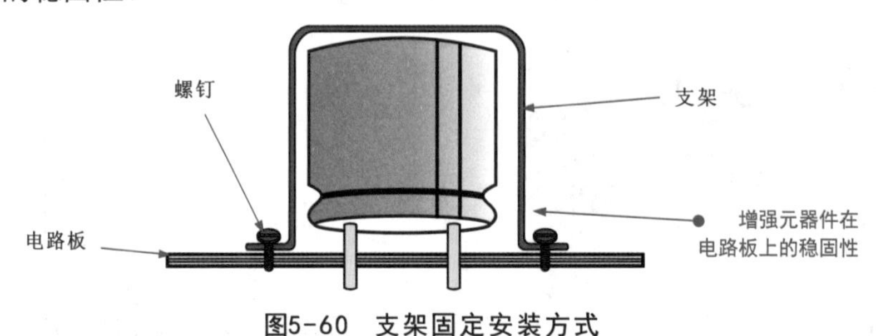

图5-60　支架固定安装方式

6 弯折安装

图5-61所示为弯折安装方式，当安装高度有特殊限制时，可以将元器件引线垂直插入电路板插孔后，壳体再朝水平方向弯曲，可以适当降低安装高度。

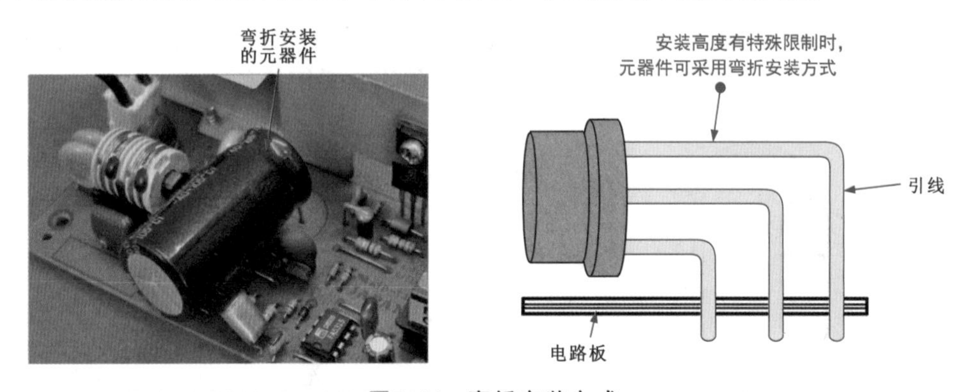

图5-61　弯折安装方式

> **补充说明**
>
> 为了防止部分重量较大的元器件歪斜、引线受力过大而折断，弯折后应采取绑扎、粘固等措施，增强元器件的稳固性。

3 焊接操作

对于普通电子元器件的插接，应使用镊子夹住元器件外壳，将引脚对应插入电路板的插孔中即可，如图5-62所示。对于集成电路，其引脚都是加工好的，可以直接插入电路板的插孔中。安装元器件时，引脚不要出现歪斜、扭曲的现象。

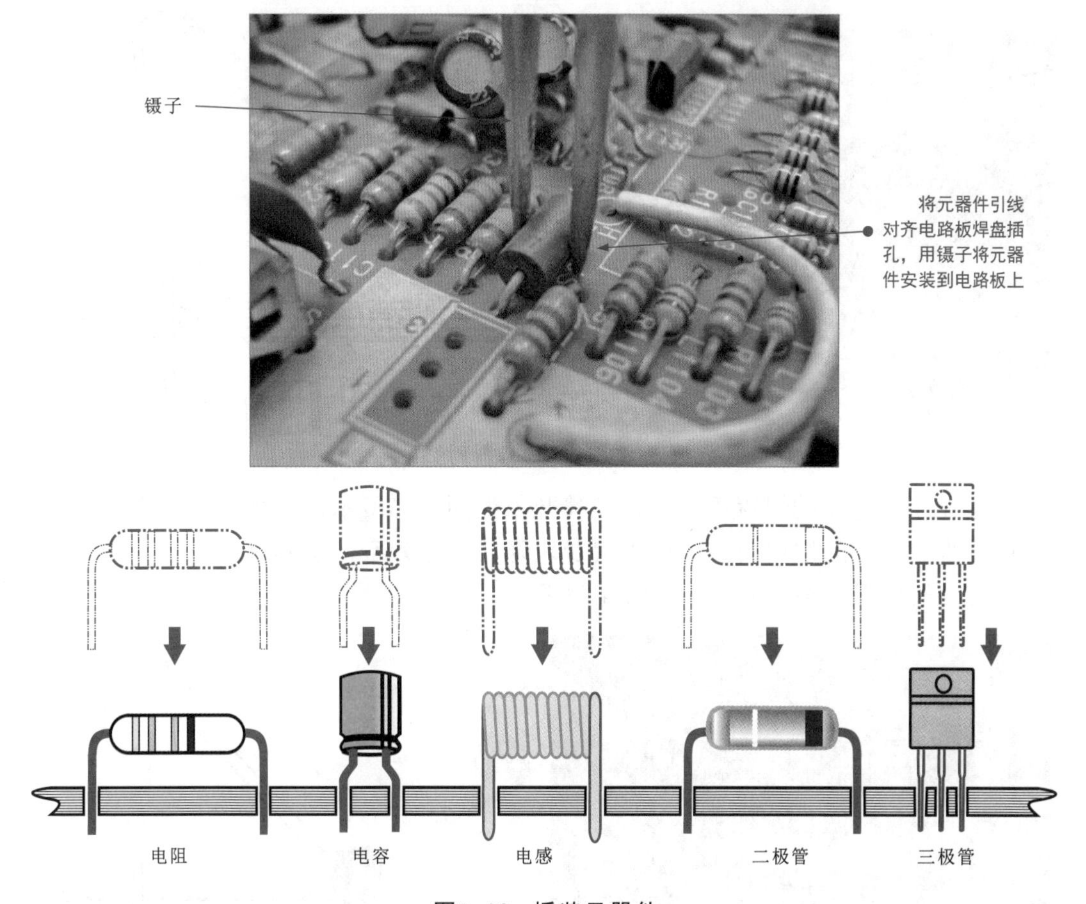

图5-62　插装元器件

待焊元器件插装到位，电烙铁通电加温后，左手拿焊锡丝，右手握经过预上锡的电烙铁。如图5-63所示，将烙铁头接触焊点部位，对元器件引线和焊盘进行预加热。

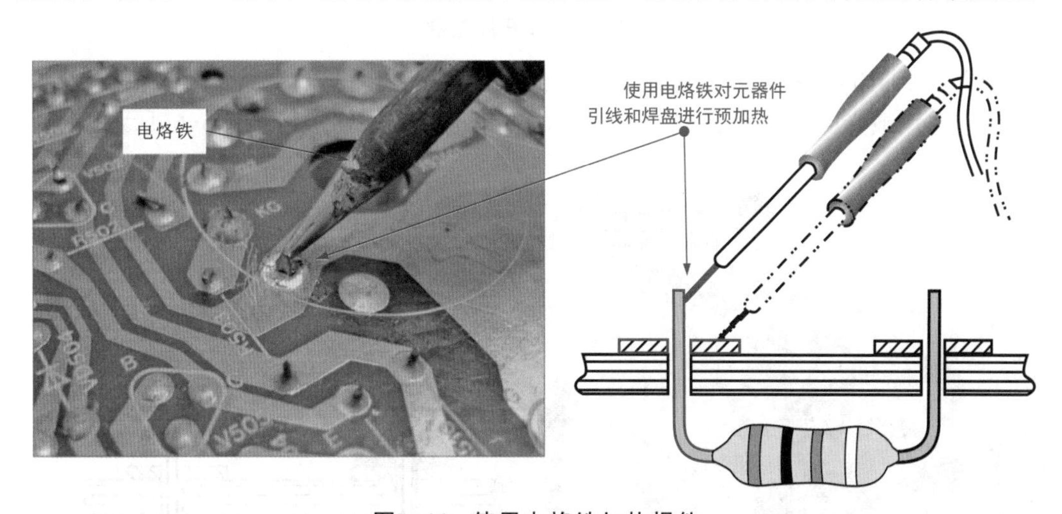

图5-63　使用电烙铁加热焊件

当焊点温度达到焊接要求后，用电烙铁蘸取少量助焊剂，将焊锡丝置于焊点部位，并将焊锡丝熔化并润湿焊点，如图5-64所示。

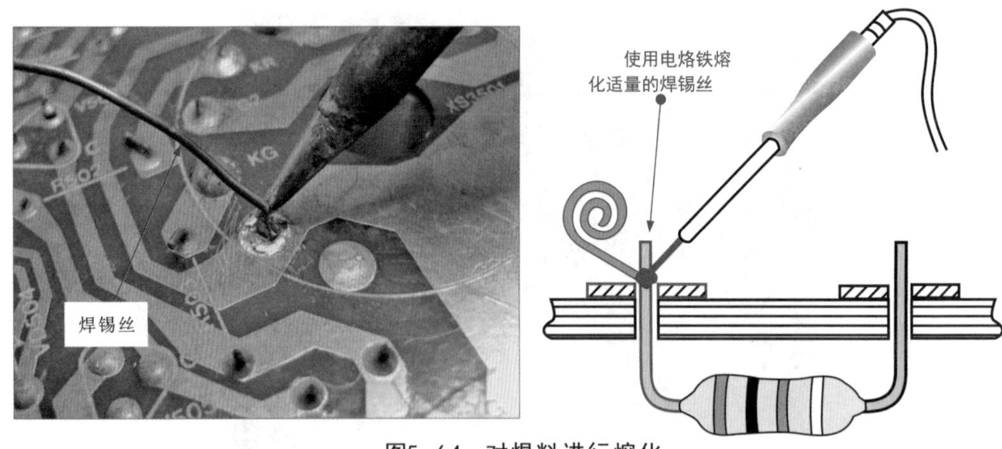

图5-64 对焊料进行熔化

当熔化了一定量的焊锡后将焊锡丝移开，如图5-65所示，所熔化的焊锡不能过多也不能过少。过多的焊锡会造成成本浪费，降低工作效率，也容易造成搭焊，形成短路。而过少的焊锡又不能形成牢固的焊接点。

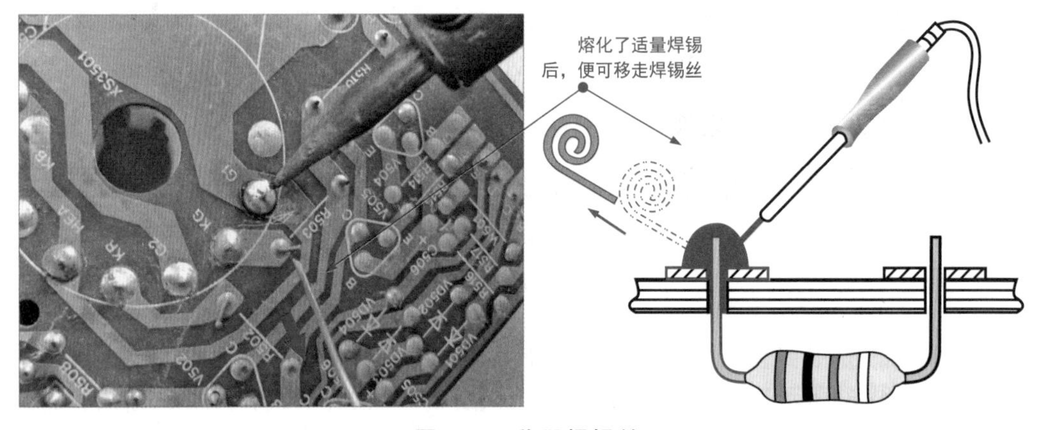

图5-65 移开焊锡丝

当焊接点上的焊料流散接近饱满，助焊剂尚未完全挥发，也就是焊接点上的温度最适当、焊锡最光亮、流动性最强的时刻，应迅速移开烙铁头，如图5-66所示。

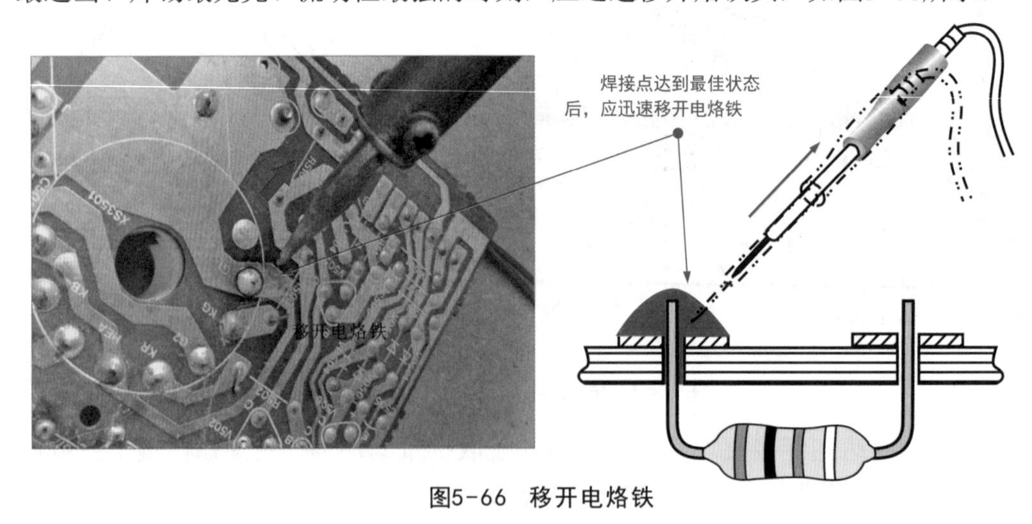

图5-66 移开电烙铁

补充说明

移开电烙铁是很重要的一环，若电烙铁移开方向或速度有偏差，对焊点的质量有很大影响。一般来说，移开电烙铁的方向应该大致是45°的方向，并且移开速度不能太慢。图5-67所示为电烙铁移开时的角度和方向对焊点的影响。

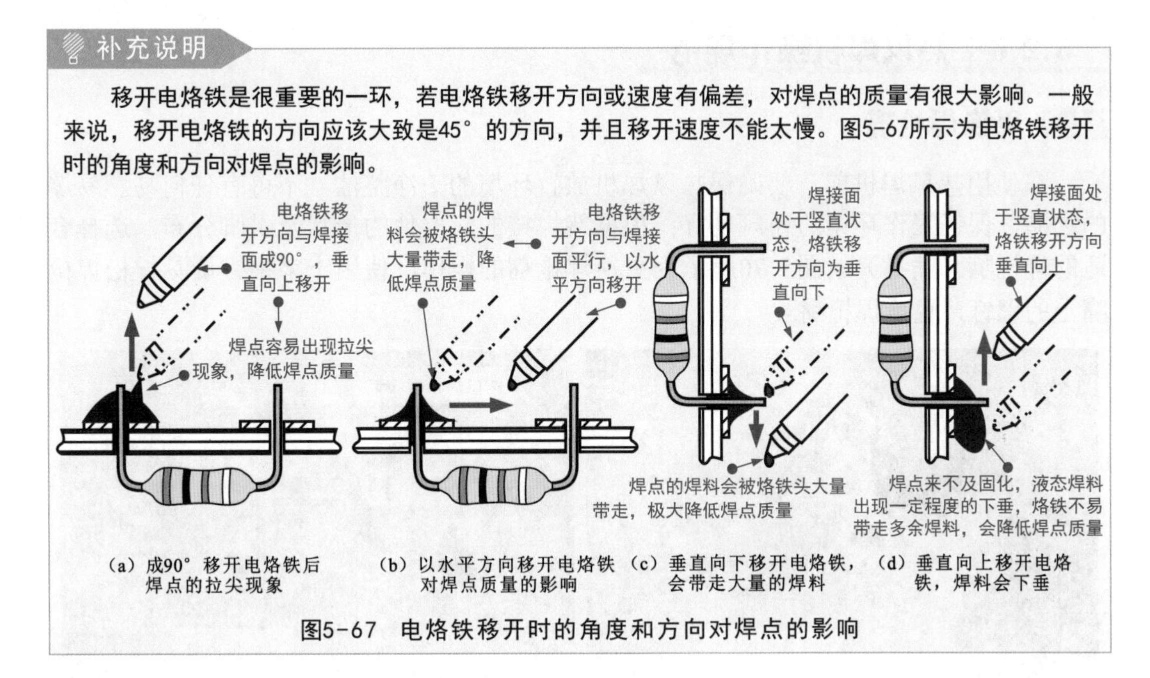

图5-67 电烙铁移开时的角度和方向对焊点的影响

4 焊接质量检查

在外观方面，焊点的表面应光亮、均匀且干净清洁，不应有毛刺、空隙等瑕疵，如图5-68所示。

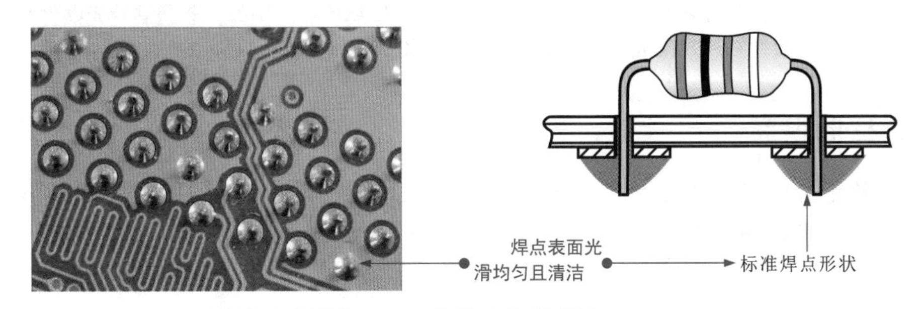

图5-68 焊接良好的焊点

在对元器件焊接完毕后，由于温度、锡剂质量、电烙铁移开方向、浸润度、焊件面清洁度以及引脚与插孔间的间隙等原因，很容易造成许多的不良焊点。其中，搭焊、拉尖、虚焊是几种最常见的焊接不良现象，如图5-69所示。

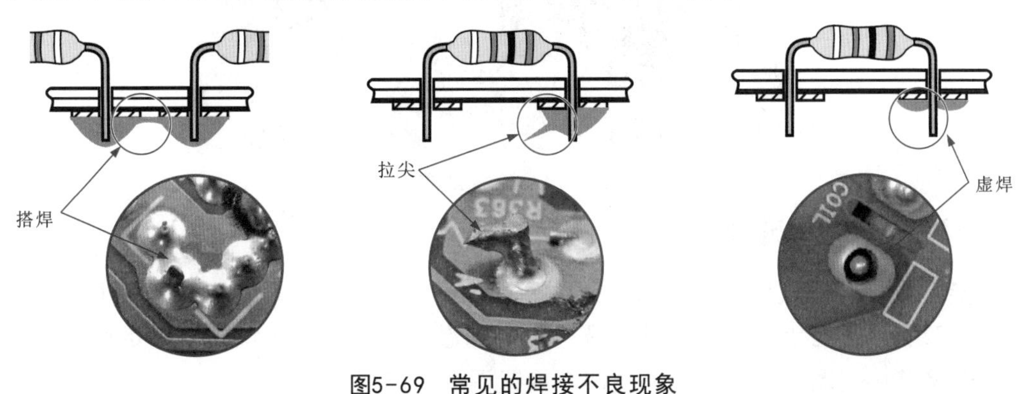

图5-69 常见的焊接不良现象

5.2.6 热风焊机操作规范

1 更换焊枪嘴

在使用热风焊机前，要确保热风焊机放置环境的干净整洁，不可有任何易燃易爆的物品，保证工作环境的通风良好；根据待焊接的元器件的形状及引脚分布，选择合适的焊枪嘴（喷嘴）。图5-70所示为更换焊枪嘴的操作，使用十字螺钉旋具拧松焊枪嘴上的螺钉，更换焊枪嘴。

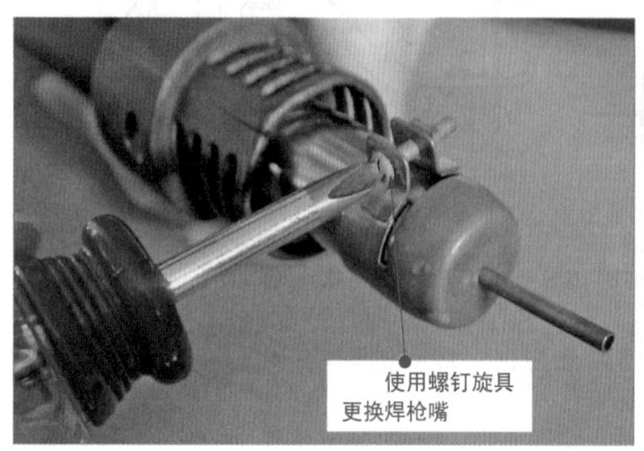

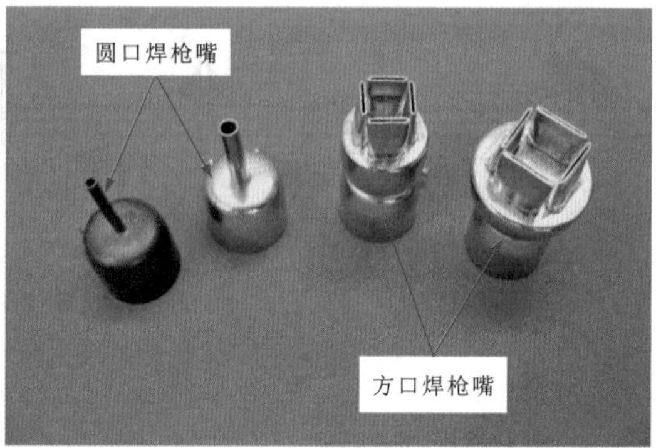

图5-70 更换焊枪嘴

补充说明

针对不同封装的贴片元器件，需要更换不同型号的专用焊枪嘴。例如，普通贴片元器件需要使用圆口焊枪嘴进行焊接，贴片式集成电路需要使用方口焊枪嘴进行焊接。

2 涂抹助焊剂

在焊接元器件的位置上涂上一层助焊剂，如图5-71所示，然后将元器件放置在规定位置上，可用镊子微调元器件的位置。若焊点的焊锡过少，可先熔化一些焊锡再涂抹助焊剂。

图5-71 涂抹助焊剂

3 调节温度和风量

接下来打开热风焊机上的电源开关，对热风焊枪的加热温度和送风量进行调节，如图5-72所示。对于贴片元器件，选择较高的温度和较小的风量即可满足焊接要求。将温度调节旋钮调至5～6挡，风量调节旋钮调至1～2挡。

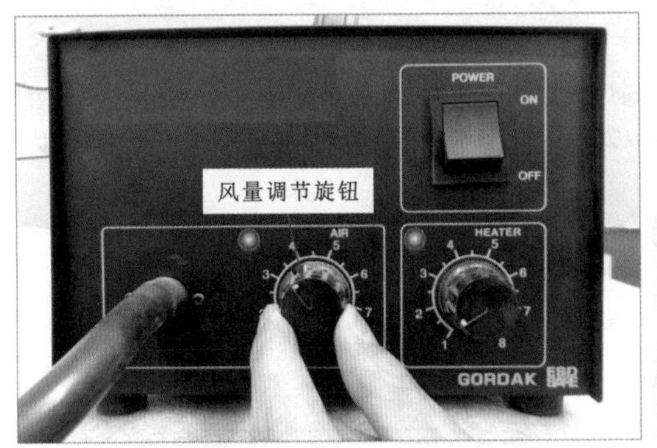
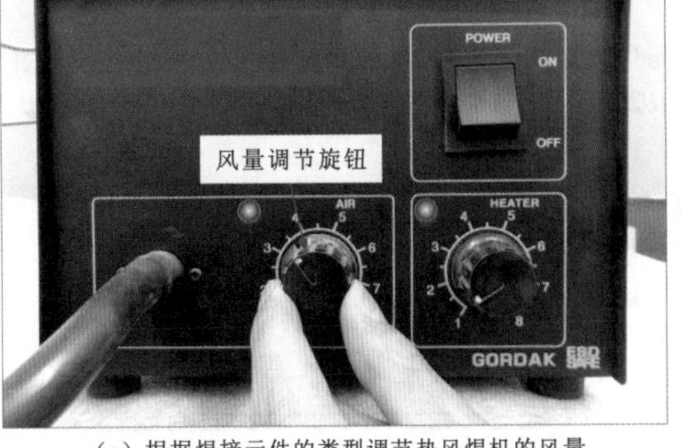

（a）根据焊接元件的类型调节热风焊机的风量

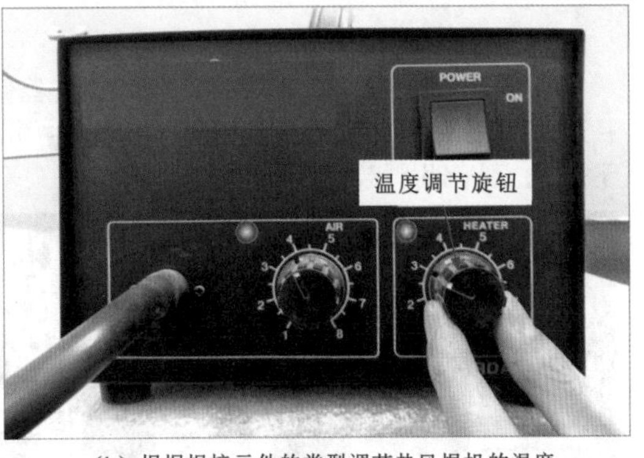

（b）根据焊接元件的类型调节热风焊机的温度

图5-72　调节热风焊机的风量和温度

将热风焊机的风量和温度调整好后，打开电源开关，待风枪嘴达到焊接（拆焊）温度后，便可将风枪嘴直接对准待焊（拆焊）元器件，并来回移动风枪嘴完成焊接或拆焊操作。焊接贴片元器件如图5-73所示。

图5-73　焊接贴片元器件

补充说明

在焊接过程中，要时刻确保风枪嘴与焊接元器件直接的安全距离，风枪嘴不可离元器件过近，也不可使风枪嘴长时间停留在元器件表面，否则易使元器件被烧损。

4 焊接质量检查

对于贴片元器件，焊点要保证平整，焊锡要适量，不要太多，以免出现连焊现象。焊接质量检查如图5-74所示。

图5-74　焊接质量检查

补充说明

图5-75所示为贴片元器件的焊接标准。元器件与焊盘之间的焊料适中，焊接处形成总体连续，并且连接脚应不大于90°，焊点牢固可靠。其中$\theta1$和$\theta2$均不大于90°最佳，如果其中有一个连接脚大于90°，则表明焊接不良。

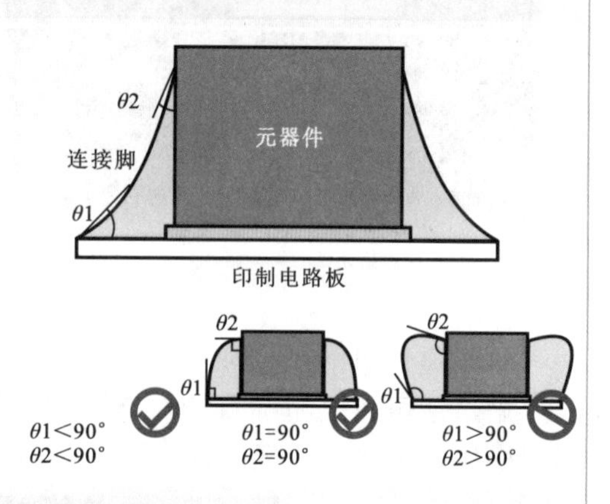

图5-75 贴片元器件的焊接标准

5.3 气焊

5.3.1 气焊设备

气焊设备是利用可燃气体与助燃气体混合燃烧生成的火焰作为热源熔化焊条，将金属管路焊接在一起的。如图5-76所示，气焊设备主要是由氧气瓶、燃气瓶、焊枪和连接软管组成的。

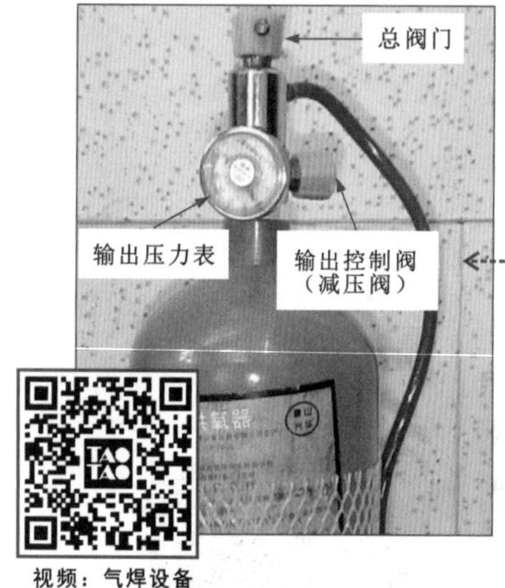

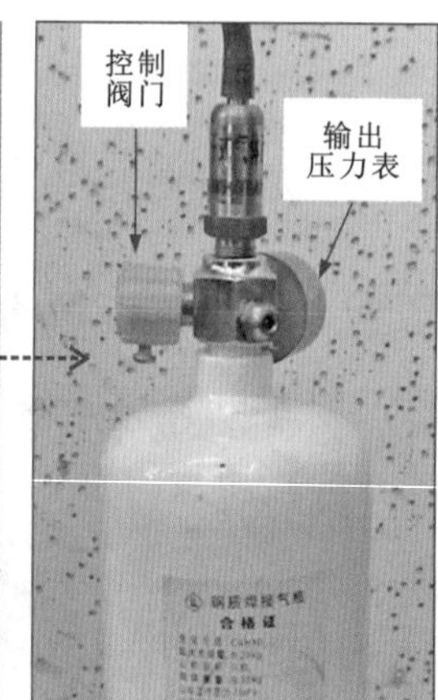

视频：气焊设备

图5-76 气焊设备

补充说明

如图5-76所示，氧气瓶上安装有总阀门、输出控制阀和输出压力表，而燃气瓶上安装有控制阀门和输出压力表。

氧气瓶和燃气瓶输出的气体在焊枪中混合，通过点燃的方式在焊嘴处形成高温火焰，对铜管进行加热。图5-77所示为焊枪的外形结构。

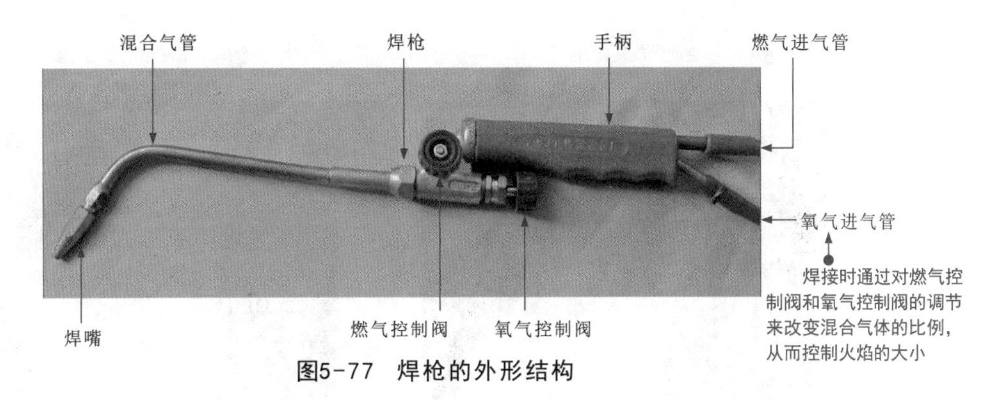

图5-77　焊枪的外形结构

图5-78所示为气焊所需的焊料。在气焊过程中常用的焊料主要有焊条、焊粉等。

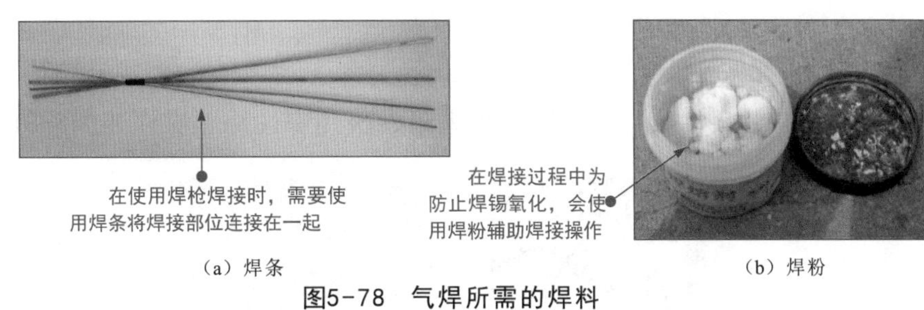

（a）焊条　（b）焊粉

图5-78　气焊所需的焊料

5.3.2 气焊操作规范

1 调整气焊设备

如图5-79所示，在使用气焊设备焊接管路前，需要先将气焊设备调整至最佳焊接状态。将氧气瓶和燃气瓶的阀门打开，氧气输出压力保持在0.3～0.5MPa，燃气输出压力保持在0.03～0.05MPa。

图5-79　准备并调整好气焊设备

按图5-80所示，首先打开焊枪的燃气控制阀，然后将打火机置于焊枪口附近进行点火，即可完成点火操作。

图5-80　点火操作

2 调整火焰

完成点火后，再打开氧气控制阀，将火焰调整到中性焰。操作如图5-81所示。

视频：气焊操作

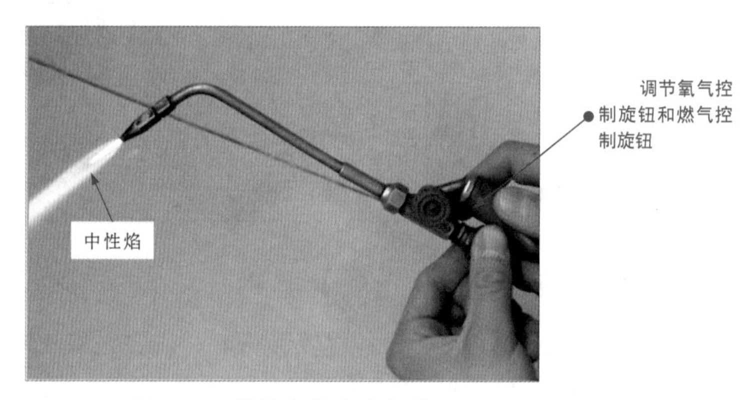

图5-81　调整火焰为中性焰

图5-82所示为中性焰的效果。中性焰焰长20～30cm，外焰呈橘红色，内焰呈蓝紫色，焰芯呈白亮色，内焰温度最高，焊接时应将管路置于内焰附近。

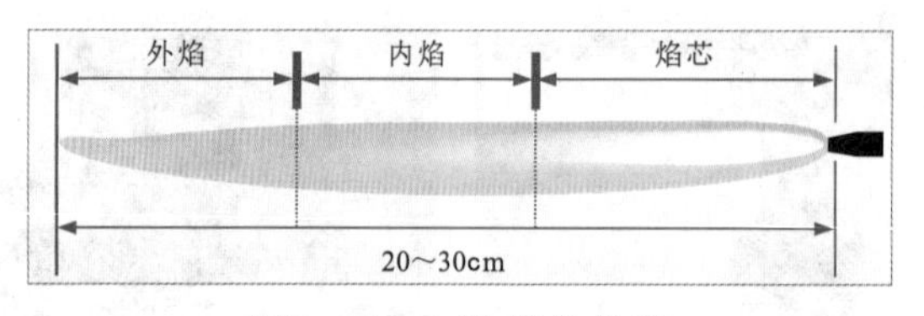

图5-82　中性焰的效果

补充说明

如图5-83所示，当氧气与燃气的输出比小于1：1时，焊枪火焰会变为碳化焰；当氧气与燃气的输出比大于1：2时，焊枪火焰会变为氧化焰。

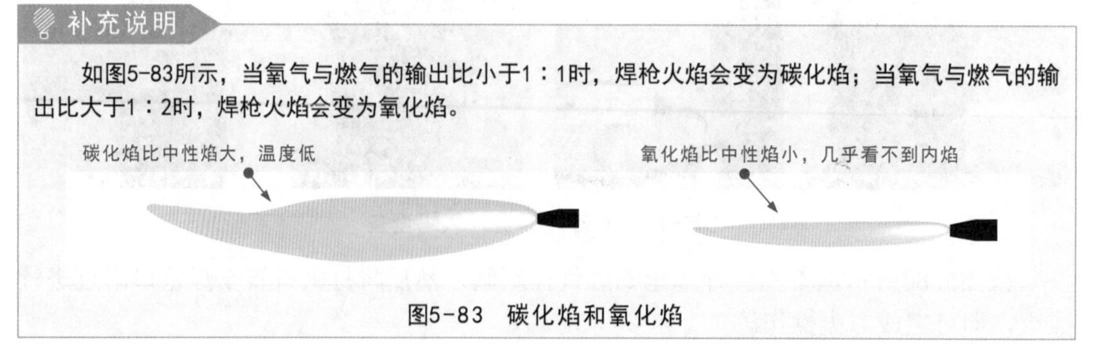

图5-83　碳化焰和氧化焰

在调节火焰时，如氧气或燃气开得过大，不易出现中性火焰，反而成为不适合焊接的过氧焰或碳化焰，如图5-84所示。其中过氧焰温度高，火焰逐渐变成蓝色，焊接时会产生氧化物；而碳化焰的温度较低，无法焊接管路。

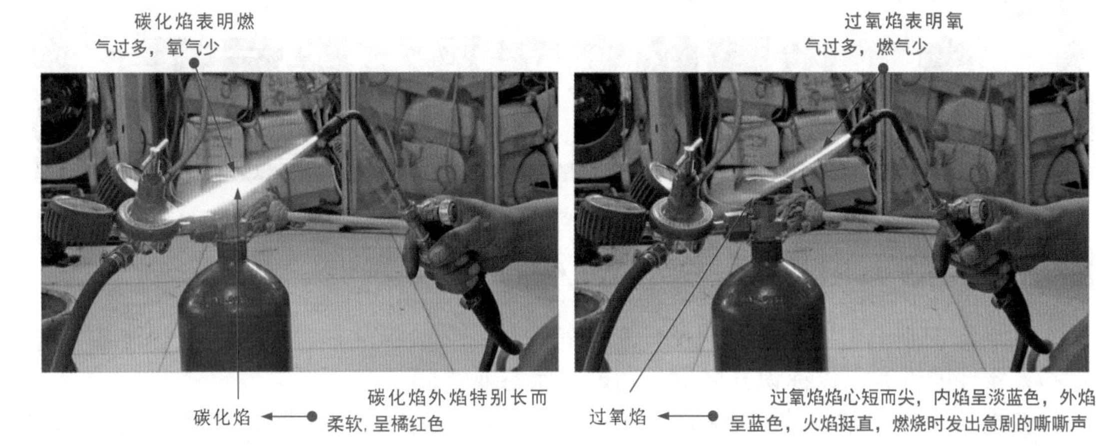

图5-84 不良的调节效果

3 焊接管路

图5-85所示为焊接管路的操作演示。将焊枪对准管路的焊口均匀加热，当管路被加热到一定程度呈暗红色时，把焊条放到焊口处，待焊条熔化并均匀地包围在两根管路的焊接处时即可将焊条取下。

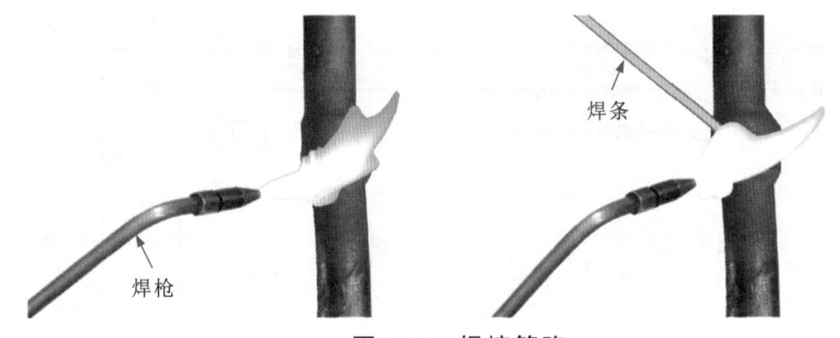

图5-85 焊接管路

关闭阀门时，先关闭焊枪上的氧气控制阀门，然后关闭焊枪上的燃气控制阀门，如图5-86所示；若长时间不再使用，还应最后关闭氧气瓶和燃气瓶上的阀门。

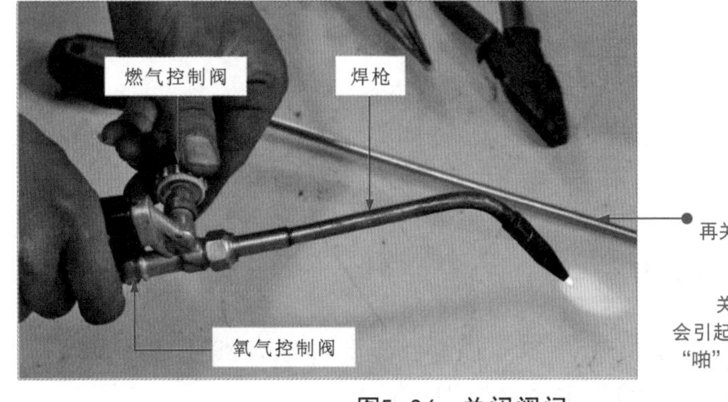

图5-86 关闭阀门

第6章 电工电路的文字及符号标识

6.1 电工电路文字标识

文字标识是电工电路中常用的一种字符代码，一般标注在电路中的电气设备、装置和元器件的近旁，以标识其名称、功能、状态或特征。

在电工电路中常见的文字标识一般可分为基本文字标识、辅助文字标识、字母+数字组合标识和专用文字标识。文字标识可以用单一的字母或单一的数字来表示，也可以用字母与数字组合的方式来表示。图6-1所示为一个典型的电工电路，从图可以看到，电路中包含不同的文字标识。

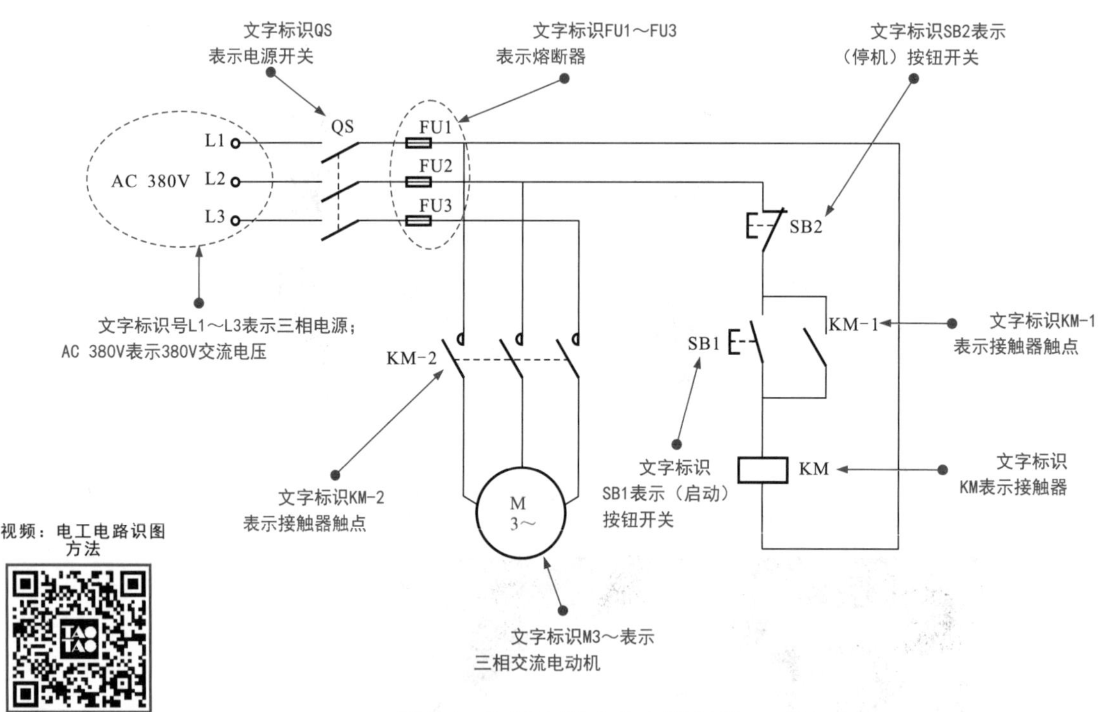

图6-1 电工电路中的文字标识

6.1.1 基本文字标识

基本文字标识用以标识电气设备、装置、元器件以及线路的种类名称和特性。图6-2所示为典型电工电路中的基本文字标识。

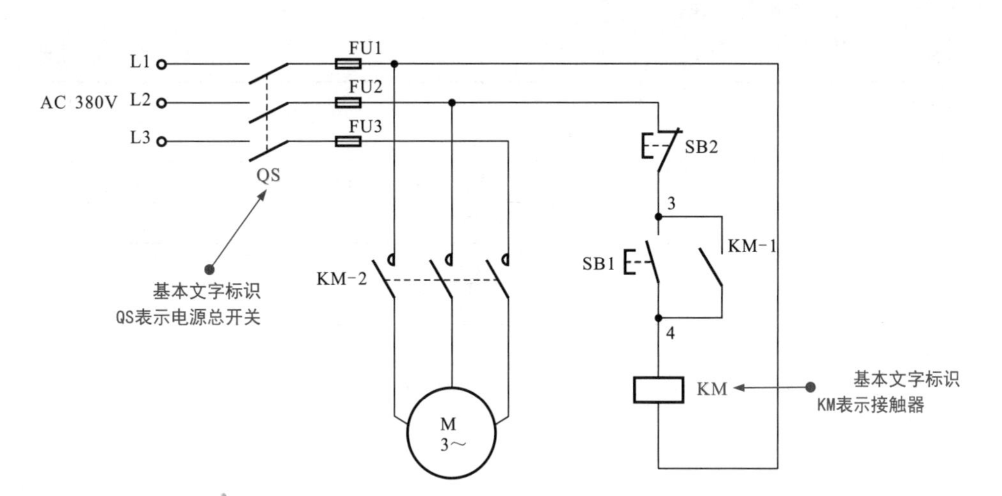

图6-2　电工电路中的基本文字标识

基本文字标识一般分为单字母标识和双字母标识。其中，单字母标识是按拉丁字母将各种电气设备、装置、元件划分为23大类，每种大类用一个大写字母表示，如R表示电阻器类，S表示开关选择器类，在电气电路中优先选用单字母。

双字母标识由一个表示种类的单字母标识与另一个字母组成。通常以单字母标识在前，另一个字母在后的组合形式，如F表示保护器件类，FU表示熔断器，G表示电源类，GB表示蓄电池（B为蓄电池的英文名称battery的首字母），T表示变压器类，TA表示电流互感器（A为电流表的英文名称ammter的首字母）。

电工电路中常见的基本文字标识见表6-1。

表6-1　电工电路中常见的基本文字标识

序号	种类	字母标识		对应中文名称
		单字母	双字母	
1	组件 部件	A	—	分立元件放大器
			—	激光器
			—	调节器
			AB	电桥
			AD	晶体管放大器
			AF	频率调节器
			AG	给定积分器
			AJ	集成电路放大器
			AM	磁放大器
			AP	印制电路板、脉冲放大器
			AR	支架盘、电动机扩大机
			AT	抽屉柜、触发器
			ATR	转矩调节器
			AV	电子管放大器
			AVR	电压调节器

续表

序号	种 类	字母标识		对应中文名称
		单字母	双字母	
2	变换器（从非电量到电量或从电量到非电量）	B	—	热电传感器、热电池、光电池、测功计、晶体转换器
			—	送话器
			—	拾音器
			—	扬声器
			—	耳机
			—	自整角机
			—	旋转变压器
			—	模拟和多级数字
			—	变换器或传感器
			BC	电流变换器
			BO	光电耦合器
			BP	压力变换器
			BPF	触发器
			BQ	位置变换器
			BR	旋转变换器
			BT	温度变换器
			BU	电压变换器
			BUF	电压—频率变换器
			BV	速度变换器
3	电容器	C	—	电容器
			CD	电流微分环节
			CH	斩波器
4	二进制单元及延迟器件和存储器件	D	—	数字集成电路和器件、延迟线、双稳态元件、单稳态元件、磁芯存储器、寄存器、磁带记录机、盘式记录机、光器件、热器件
			DA	与门
			D（A）N	与非门
			DN	非门
			DO	或门
			DPS	数字信号处理器
5	杂项	E	—	本表其他地方未提及的元件
			EH	发热器件
			EL	照明灯
			EV	空气调节器
6	保护器件	F	—	过电压放电器件、避雷器
			FA	具有瞬时动作的限流保护器件
			FB	反馈环节
			FF	快速熔断器
			FR	具有延时动作的限流保护器件

续表

序号	种类	字母标识		对应中文名称
		单字母	双字母	
6	保护器件	F	FS	具有延时和瞬时动作的限流保护器件
			FU	熔断器
			FV	限压保护器件
7	发电机电源	G	—	旋转发电机、振荡器
			GA	异步发电机
			GB	蓄电池
			GF	旋转式或固定式变频机、函数发生器
			GD	驱动器
			G-M	发电机—电动机组
			GS	发生器、同步发电机
			GT	触发器（装置）
8	信号器件	H	—	信号器件
			HA	声响指示器
			HL	光指示器、指示灯
			HR	热脱口器
9	继电器、接触器	K	—	继电器
			KA	瞬时接触继电器、瞬时有或无继电器、交流接触器、电流继电器
			KC	控制继电器
			KG	气体继电器
			KL	闭锁接触继电器、双稳态继电器
			KM	接触器、中间继电器
			KMF	正向接触器
			KMR	反向接触器
			KP	极化继电器、簧片继电器、功率继电器
			KR	逆流继电器
			KT	延时有或无继电器、时间继电器
			KTP	温度继电器、跳闸继电器
			KVC	欠电流继电器
			KVV	欠电压继电器
10	电感器及电抗器	L	—	感应线圈、线路陷波器，电抗器（并联和串联）
			LA	桥臂电抗器
			LB	平衡电抗器
11	电动机	M	—	电动机
			MC	笼型电动机
			MD	直流电动机
			MG	可作发电机或电动用的电动机
			MS	同步电动机
			MT	力矩电动机

续表

序号	种 类	字母标识		对应中文名称
		单字母	双字母	
11	电动机	M	MW（R）	绕线转子电动机
12	模拟集成电路	N		运算放大器、模拟/数字混合器件
13	测量设备与试验设备	P	—	指示器件、记录器件、计算测量器件、信号发生器
			PA	电流表
			PC	（脉冲）计数器
			PJ	电度表（电能表）
			PLC	可编程控制器
			PRC	环型计数器
			PS	记录仪器、信号发生器
			PT	时钟、操作时间表
			PV	电压表
			PWM	脉冲调制器
14	电力电路的开关	Q	QF	继路器
			QK	刀开关
			QL	负荷开关
			QM	电动机保护开关
			QS	隔离开关
15	电阻器	R	—	电阻器
			—	变阻器
			RP	电位器
			RS	测量分路表
			RT	热敏电阻器
			RV	压敏电阻器
16	控制电路的开关选择器	S	—	拨号接触器、连接极
			—	机电式有或无传感器
			SA	控制开关、选择开关、电子模拟开关
			SB	按钮开关、停止按钮
			SL	液体标高传感器
			SM	主令开关、伺服电动机
			SP	压力传感器
			SQ	位置传感器
			SR	转数传感器
			ST	温度传感器
17	变压器	T	TA	电流互感器
			TAN	零序电流互感器
			TC	控制电路电源用变压器
			TI	逆变变压器
			TM	电力变压器

续表

序号	种 类	字母标识		对应中文名称
		单字母	双字母	
17	变压器	T	TP	脉冲变压器
			TR	整流变压器
			TS	磁稳压器
			TU	自耦变压器
			TV	电压互感器
18	调制器及变换器	U	—	鉴频器、编码器、交流器、电报译码器
			UD	解调器
			UF	变频器
			UI	逆变器
			UPW	脉冲调制器
			UR	变流器、整流器
19	电真空器件及半导体器件	V	—	气体放电管、二极管、三极管、晶闸管
			VC	控制电路用电源的整流器
			VD	二极管
			VE	电子管
			VS	晶闸管
			VT	三极管、场效应晶体管
			VTO	门极关断晶闸管
			VZ	稳压二极管
20	传输通道及波导、天线	W	—	导线、电缆、波导、波导定向耦合器、偶极天线、抛物面天线
			WB	母线
			WF	闪光信号小母线
21	端子、插头及插座	X	—	连接插头和插座、接线柱、电缆封端和接头、焊接端子板
			XB	连接片
			XJ	测试塞孔
			XP	插头
			XS	插座
			XT	端子板
22	电气操作的机械装置	Y	—	气阀
			YA	电磁铁
			YB	电磁制动器
			YC	电磁离合器
			YH	电磁吸盘
			YM	电动阀
			YV	电磁阀
23	终端设备混合变压器滤波器、均衡器及限幅器	Z	—	电缆平衡网络、压缩扩展器、晶体滤波器、网络

6.1.2 辅助文字标识

电气设备、装置和元件的种类名称用基本文字标识表示，而它们的功能、状态和特征则用辅助文字标识表示，如图6-3所示。

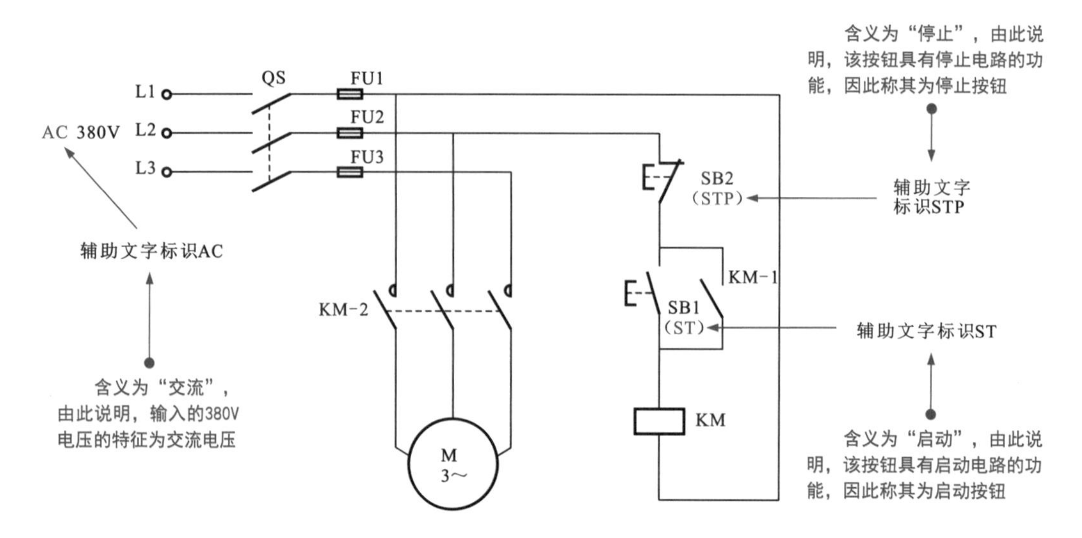

图6-3 典型电工电路中的辅助文字标识

辅助文字标识通常用表示功能、状态和特征的英文单词的前一、二位字母构成，也可采用常用缩略语或约定俗成的习惯用法构成，一般不超过三位字母，如IN表示输入，ON表示闭合，STE表示步进，表示启动采用START的前两位字母ST；而表示停止（STOP）的辅助文字符号必须再加一个字母，为STP。

辅助文字标识也可放在表示种类的单字母标识后边组合成双字母标识，此时辅助文字标识一般采用表示功能、状态和特征的英文单词的第一个字母，如YB表示电磁制动器等。

某些辅助文字标识本身具有独立的、确切的意义，也可以单独使用，如N表示交流电源的中性线，DC表示直流电，AC表示交流电，PE表示保护接地等。

电气电路中常用的辅助文字标识见表6-2。

表6-2 电气电路中常用的辅助文字标识

序号	标识	名 称	序号	标识	名 称	序号	标识	名 称
1	A	电流	8	ASY	异步	15	CCW	逆时针
2	A	模拟	9	AUX	辅助	16	CW	顺时针
3	A，AUT	自动	10	B，BRK	制动	17	D	延时（延迟）
4	AC	交流	11	BK	黑	18	D	差动
5	ACC	加速	12	BL	蓝	19	D	数字
6	ADD	附加	13	BW	向后	20	D	降
7	ADJ	可调	14	C	控制	21	DC	直流

续表

序号	标识	名称	序号	标识	名称	序号	标识	名称
22	DEC	减	39	M	中间线	56	RUN	运转
23	E	接地	40	M，MAN	手动	57	S	信号
24	EM	紧急	41	N	中性线	58	S，SET	置位，定位
25	F	快速	42	OFF	断开	59	SAT	饱和
26	FB	反馈	43	ON	闭合	60	ST	启动
27	FW	正，向前	44	OUT	输出	61	STE	步进
28	GN	绿	45	P	压力	62	STP	停止
29	H	高	46	P	保护	63	SYN	同步
30	IN	输入	47	PE	保护接地	64	T	温度
31	INC	增	48	PEN	保护接地与中性线共用	65	T	时间
32	IND	感应	49	PU	不接地保护	66	TE	无噪声（防干扰）接地
33	L	左	50	R	记录	67	V	真空
34	L	限制	51	R	右	68	V	速度
35	L	低	52	R	反	69	V	电压
36	LA	闭锁	53	R，RST	复位	70	WH	白
37	M	主	54	RD	红	71	YE	黄
38	M	中	55	RES	备用			

6.1.3 组合文字标识

字母+数字代码是目前最常采用的一种组合文字标识，其中，字母表示了各种电气设备、装置和元器件的种类或功能（为基本文字标识），数字表示其对应的编号（序号），如图6-4所示。

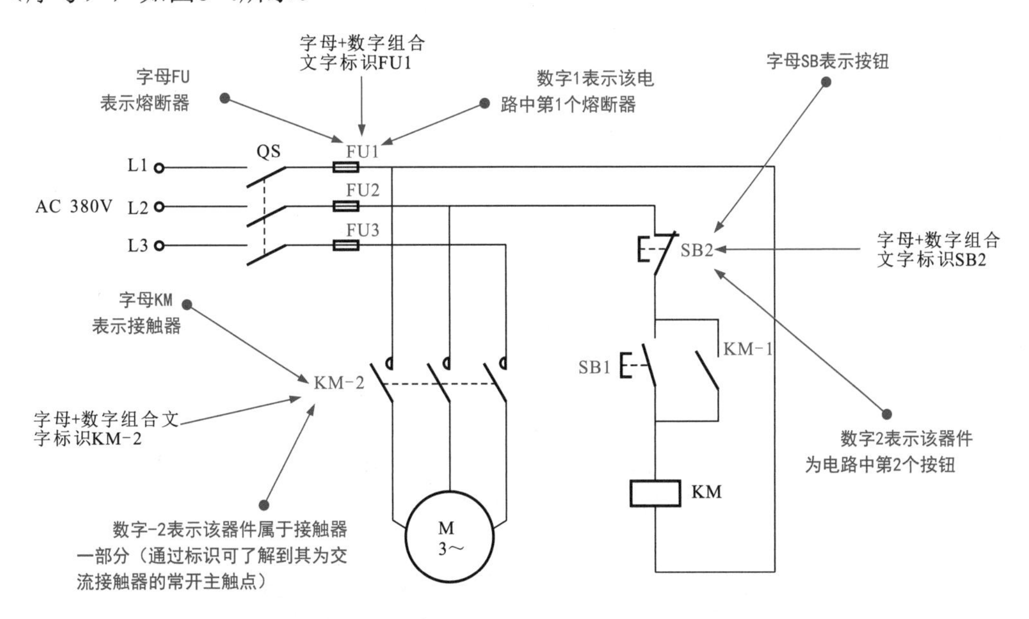

图6-4 典型电工电路中由字母+数字代码构成的组合文字标识

将数字代码与字母标识组合起来使用，可说明同一类电气设备、元件的不同编号。若电工电路中有三个相同类型的继电器，则其文字标识分别为“KA1、KA2、KA3”；反过来说，电气电路中，相同字母标识的器件为同一类器件，字母后面的数字最大值表示该线路中该器件的总个数。

如图6-4中，以字母FU作为文字标识的器件有三个：FU1、FU2、FU3，分别表示该线路中的第1个熔断器、第2个熔断器、第3个熔断器，且该线路中有三个熔断器；又如图6-4中，KM-1、KM-2中的基本文字标识均为KM，说明这两个器件与KM属于同一个器件，它们是KM中所包含的两个部分，即接触器KM中的两个触点。

6.1.4 专用文字标识

在电工电路图中，有些时候为了清楚地表示接线端子和特定导线的类型、颜色或用途，通常也专用文字标识表示。

1 具有特殊用途的接线端子、导线的专用文字标识

在电工电路图中，一些具有特殊用途的接线端子、导线等通常采用一些专用的文字标识。这里归纳总结了一些常用的特殊用途的专用文字标识，见表6-3。

表6-3 特殊用途的专用文字标识

序号	名　称	文字标识		序号	名　称	文字标识	
		新符号	旧符号			新符号	旧符号
1	交流系统中电源第一相	L1	A	11	接地	E	D
2	交流系统中电源第二相	L2	B	12	保护接地	PE	—
3	交流系统中电源第三相	L3	C	13	不接地保护	PU	—
4	中性线	N	0	14	保护接地线和中性线共用	PEN	—
5	交流系统中设备第一相	U	A	15	无噪声接地	TE	—
6	交流系统中设备第二相	V	B	16	机壳或机架	MM	—
7	交流系统中设备第三相	W	C	17	等电位	CC	—
8	直流系统电源正极	L+	—	18	交流电	AC	JL
9	直流系统电源负极	L-	—	19	直流电	DC	ZL
10	直流系统电源中间线	M	Z				

2 表示颜色的文字标识

由于大多数电工电路图等技术资料为黑白颜色，很多导线的颜色无法进行区分，因此在电工电路图上通常用字母代号表示导线的颜色，用于区分导线的功能。常见表示颜色的文字标识见表6-4。

除了上述几种基本的文字标识外，为了实现与国际接轨，近年生产的大多数电气仪表中也都采用了大量的英文语句或单词，甚至是缩写等，作为文字标识来表示仪表的类型、功能、量程和性能等。

通常，一些文字标识直接用于表示仪表的类型及名称，见表6-5；有些文字标识则表示仪表上的相关量程、用途等，见表6-6。

表6-4　常见表示颜色的文字标识

颜　　色	文字标识（标记代号）	颜　　色	文字标识（标记代号）
红	RD	棕	BN
黄	YE	橙	OG
绿	GN	绿黄	GNYE
蓝（包括浅蓝）	BU	银白	SR
紫、紫红	VT	青绿	TQ
白	WH	金黄	GD
灰、蓝灰	GY	粉红	PK
黑	BK	—	—

表6-5　表示电气仪表的类型及名称的文字标识

名　　称	文字标识	名　　称	文字标识
安培表（电流表）	A	频率表	Hz
毫安表	mA	波长表	λ
微安表	μA	功率因数表	cosφ
千安表	kA	相位表	φ
安培小时表	Ah	欧姆表	Ω
伏特表（电压表）	V	兆欧表	MΩ
毫伏表	mV	转速表	n
千伏表	kV	小时表	h
瓦特表（功率表）	W	温度表（计）	θ（t°）
千瓦表	kW	极性表	±
乏表（无功功率表）	var	和量仪表（如电量和量表）	ΣA
电度表（瓦时表）	Wh	—	—
乏时表	varh	—	—

表6-6　典型电气仪表上表示量程、用途的文字标识（万用表）

文字标识	含　　义	用　　途	备　　注
DCV	直流电压	直流电压测量	用V或V-表示
DCA	直流电流	直流电流测量	用A或A-表示
ACV	交流电压	交流电压测量	用V或V～表示
OHM（OHMS）	欧姆	阻值的测量	用Ω或R表示
BATT	电池	用于检测表内电池电压	国产7050、7001、7002、7005、7007等指针万用表设有该量程
OFF	关、关机	关机	—
MDOEL	型号	该仪表的型号	—
HEF	晶体三极管直流电流放大倍数测量插孔与挡位		—
COM	模拟地公共插口		—
ON/OFF	开/关		—
HOLD	数据保持		—
MADE IN CHINA	中国制造		—

根据表6-4～表6-6可以了解文字标识的几种表现形式，通过大量阅读电工电路不难发现，使用文字标识有一定的规律和原则，掌握该规律和原则对识读电工电路图也很有帮助。

（1）一般情况下优先选用基本文字标识、辅助文字标识以及它们的组合。

（2）在基本文字标识中，应优先选用单字母标识（如电容C、电阻R、电感L等）；只有当单字母标识不能满足要求时方可采用双字母标识（如电位器RP、按钮开关SB等）。基本文字标识不能超过两位字母，辅助文字标识不能超过三位字母。

（3）当基本文字标识和辅助文字标识不够用时，可按有关电气名词术语国家标准或专业标准中规定的英文术语所写进行补充。

（4）文字标识可作为限定符号与其他图形符号组合使用，以派生出新的图形符号。

（5）文字标识不适于电气产品型号编制与命名。

（6）如果新国家标准中所列的基本文字标识和辅助文字标识不敷使用，可以在遵循上述选用原则的基础上补充标准未列出的双字母标识和辅助文字标识。

需要注意的是，补充文字标识应按有关电气名词术语国家标准或专业标准中规定的英文术语缩写而成；另外，由于拉丁字母I、O易与数字1、0混淆，因此不允许用这两个字母作文字标识。

6.2 电工电路符号标识

6.2.1 导体和连接件符号标识

导体和连接件符号标识见表6-7。

表6-7 导体和连接件符号标识

名 称	图形符号标识	名 称	图形符号标识
连线，一般符号		软连接	
导线组（示出导线数） **备注**：示出三根连线		绞合连接 **备注**：示出两根连线	
导线组（示出导线数） **备注**：示出三根连线	3	电缆中的导线 **备注**：示出三根连线	
直流电路 **备注**：110V，两根横截面120mm²的铝导线	==110V 2×120mm²A1	电缆中的导线 **备注**：五根导线，其中箭头所指的两根在同一电缆内	
三相电路 **备注**：50Hz，400V，三根横截面120mm²的导线，一根50mm²的中性线3+N	3N～50Hz 400V 3×120mm²+1×50mm²		
屏蔽导体		同轴对	

续表

名　称	图形符号标识	名　称	图形符号标识
连到端子上的同轴对	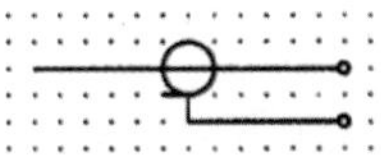	屏蔽同轴对	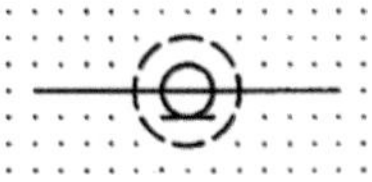
导线或电缆的终端，未连接	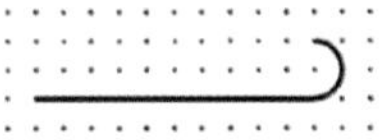	导线或电缆的终端，未连接并有专门的绝缘	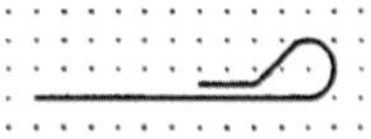
连接点		端子	
端子板	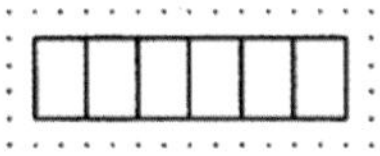	T形连接	
T形连接 **备注**：示出连接符号		导线的双T连接	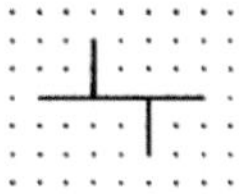
导线的双T连接	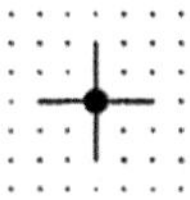	支路 **备注**：一组相同并重复并联的电路的公共连接	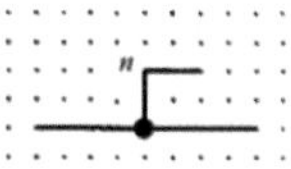 n
换位	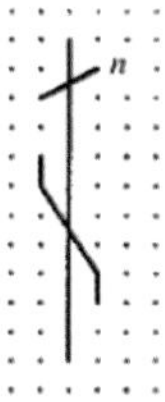 n	相序变更	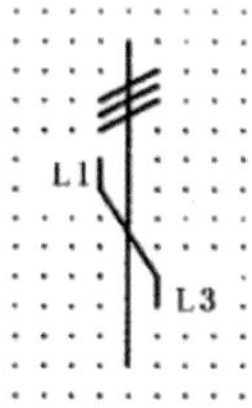 L1 L3
中性点 **备注**：在该点多重导体连接在一起形成多相系统的中性点	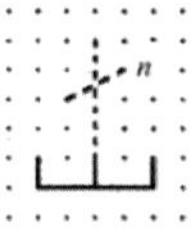 n	不切断导线的导线抽头	
发电机中性点（单线表示法） **备注**：绕组每相两端引出，示出外部中性点的三相同步发电机	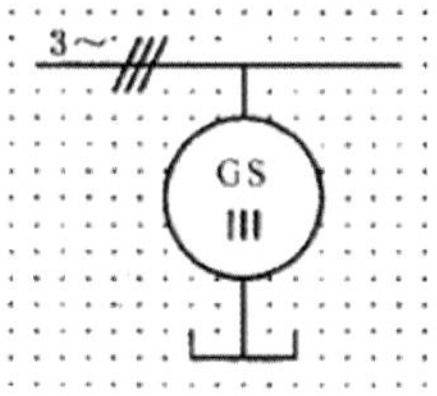 3～ GS III	发电机中性点（多线表示法）	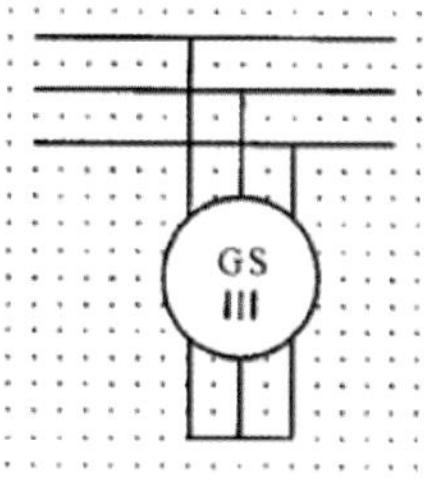 GS III
需要专门工具的连接		阴接触件（连接器的）	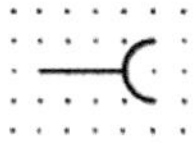
阳接触件（连接器的）		插头和插座	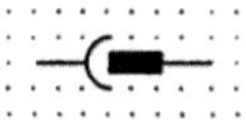

续表

名　称	图形符号标识	名　称	图形符号标识
插头和插座，多级（多线表示法） **备注**：本符号用多线表示法表示6个阴接触件和6个阳接触件	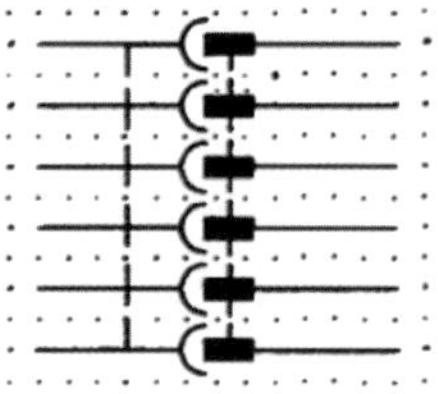	插头和插座，多极（单线表示法） **备注**：本符号用单线表示法表示6个阴接触件和6个阳接触件	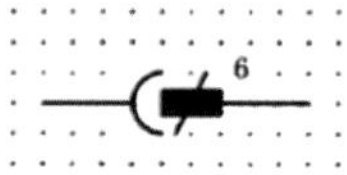 6
连接器，组件的固定部分	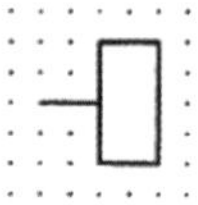	连接器，组件的可动部分	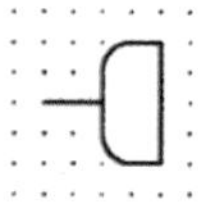
配套连接器 **备注**：本符号表示插头端固定和插座端可动	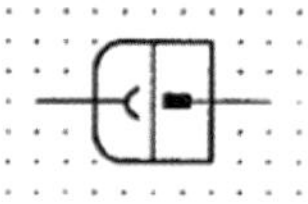	电话型插塞和插孔 **备注**：本符号示出2个极	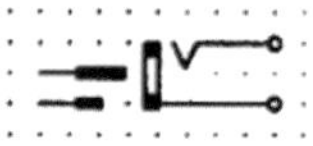
带断开触头的电话型插塞和插孔 **备注**：本符号示出3个极	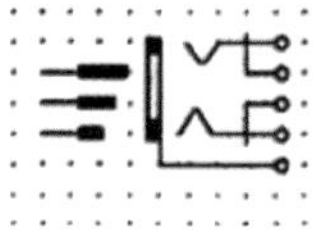	电话型断开的插孔，电话型隔离的插孔	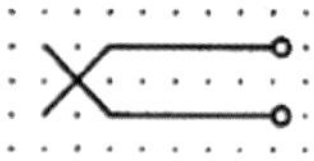
同轴的插头和插座	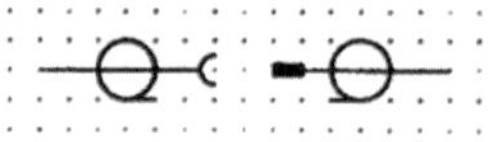	对接连接器	
接通的连接片	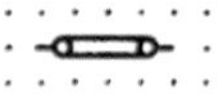	接通的连接片	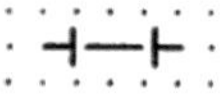
断开的连接片		插头和插座式连接器，阳-阳	
插头和插座式连接器，阳-阴		插头和插座式连接器，有插座的阳-阳	
电缆密封终端（多芯电缆） **备注**：本符号表示带有一根三芯电缆	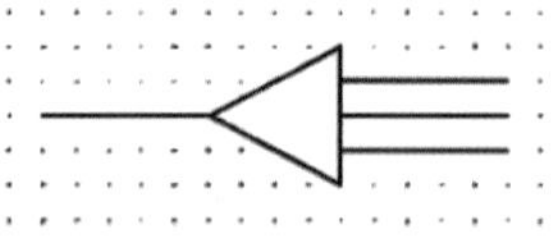	电缆密封终端（单芯电缆） **备注**：本符号表示带有三根单芯电缆	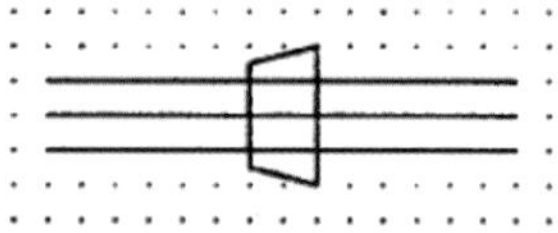
直通接线盒（多线表示） **备注**：本符号用多线表示带有三根导线	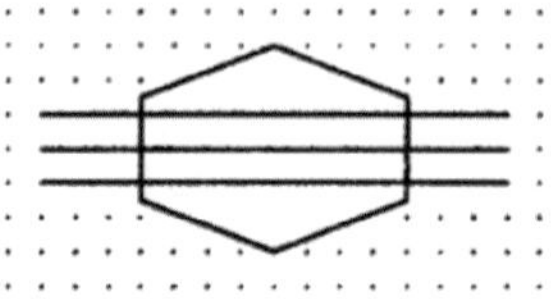	直通接线盒（单线表示） **备注**：本符号用单线表示带有三根导线	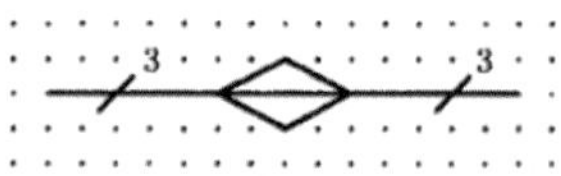 3　3

续表

名　称	图形符号标识	名　称	图形符号标识
接线盒（多线表示） **备注**：本符号用多线表示带T形连接的三根导线		接线盒（单线表示） **备注**：本符号用单线表示带T形连接的三根导线	
电缆气闭套管 **备注**：本符号表示带有3根电缆		连线组	
定向连接 **备注**：斜线应指向连接点的方向，所示符号是从右到左的一根导线，通过一个位于左边的连接点连接到末端		进入线束的点 **备注**：在平面布置图中，本符号表示进入导线束的点，在功能图中，该符号表示“图形线束”，也就是两根或更多的连线在图中占用了同一个空间	
活动连接端		活动连接，活动可拆卸	

6.2.2 模拟元件符号标识

模拟元件符号标识见表6-8。

表6-8　模拟元件符号标识

名　称	图形符号标识	名　称	图形符号标识
放大，一般符号		模拟输入	
模拟输出		数字输入	
数字输出		辅助连接	
电源-电压端 **备注**：符号示于左边。U后可附加极性符号，也可用带正负号的额定值（如+5V）或适当的助记符（如VCC，GND）代替。在图中，电源引出端通常不表示出来		电源-电流端 **备注**：符号示于左边。I后可附加极性符号，也可用带正负号的额定值（如10mA）或适当的助记符（如VCC，GND）代替。在图中，电源引出端通常不表示出来	

续表

名　称	图形符号标识	名　称	图形符号标识
电源-电压输出 **备注**：连接电源的输出端。 U或I后可附加极性符号，也可用带正负号的额定值（如+5V PWR、1A PWR）或适当的助记符（如VCCPWR、GNDPWR）代替	UPWR	电源-电流输出 **备注**：连接电源的输出端。 U或I后可附加极性符号，也可用带正负号的额定值（如+5V PWR、1A PWR）或适当的助记符（如VCCPWR、GNDPWR）代替	IPWR
基准输入 **备注**：接到基准源的输入端。 星号应用表示基准源参数的符号（如U、I、f）代替，参数符号后可附加极性符号，也可用带正负号的额定值（如+5V REF、10mA REF）或适当的助记符（如VCCREF、GNDREF）代替	*REF	基准输出 **备注**：接到基准源的输出端。 星号应用表示基准源参数的符号（如U、I、f）代替，参数符号后可附加极性符号，也可用带正负号的额定值（如+5V REF、10mA REF）或适当的助记符（如VCCREF、GNDREF）代替	*REF
量值输入 **备注**：所示量值表示信息的输入。 星号应用表示量值的符号（如U、I、f）代替，量值符号后可附加极性符号，或用带正负号的一个或多个额定值（如+5V、0mA、…、20mA、440Hz）或适当的助记符（如VCC、GND、A#）代替。 若不标出极性符号，则U应省略，否则会引起混淆	*	量值输出 **备注**：所示量值表示信息的输出。 星号应用表示量值的符号（如U、I、f）代替，量值的符号后可附加极性符号，或用带正负号的一个或多个额定值（如+5V、0mA、…、20mA、440Hz）或适当的助记符（如VCC、GND、A#）代替。 若不标出极性符号，则U应省略，否则会引起混淆	*
模拟操作数输入 **备注**：示出X输入。 此输入表示可执行一个或多个模拟功能的操作数。 对于模拟操作数，应用字母X和Y表示。若有两个以上操作数，也可以用其他字母，在不引起混淆的情况下，也可加后缀	X	外接辅助电路或电路元件的引出端 **备注**：（引出端）示于左面。EXT应以其他代号代替，如RX代表电阻器，CX代表电容器，RCX代表电阻器和电容器，XTAL代表晶体。在不引起混淆的情况下，本符号也可不示出辅助连接符号（S01752）。若需指明极性，可加“+”或“-”作为符号后缀	EXT
内接辅助电路或电路元件的引出端 **备注**：（引出端）示于左面。INT应以其他代号代替，如RINT代表电阻器，CINT代表电容器，RCINT代表电阻器和电容器，XTALINT代表晶体。在不引起混淆的情况下，本符号也可不示出辅助连接符号（S01752）；若需指明极性，可加“+”或“-”作为符号后缀	INT	调整端 **备注**：（引出端）示于左面。A*应用ADJ代替，或只把星号用受到调整的量值符号代替。 推荐用下列符号来代替所列量值：B——偏置；CL——限流；f——频率；H——滞后；m——放大系数；OFS——失调，偏移；P——功率；SR——转换或变化；SYM——对称；T——温度；U或V——电压；WF——波形；Z——阻抗；ψ或φ——相位	A*
补偿端 **备注**：（引出端）示于左面。C*应用CPN代替，或只把星号用受到调整的量值符号代替。X应用产生需要调整或补偿的量值符号代替。 建议用下列符号来代替星号或X：B——偏置；CL——限流；f——频率；H——滞后；m——放大系数；OFS——失调，偏移；P——功率；SR——转换或变化；SYM——对称；T——温度；U或V——电压；WF——波形；Z——阻抗；ψ或φ——相位	C*(X)	保持输入 **备注**：当此输入呈现其内部“1”状态时，模拟输出保持其值不变。 当此输入为“0”状态时，对元件不起作用	H
Zm输出（模拟） **备注**：模拟影响Zm输出，将其信号电平强加于受其影响的模拟输出	Zm	Zm输入（模拟） **备注**：模拟影响Zm输入，将其信号电平强加于受其影响的模拟输入	Zm
比较器的不等输出 **备注**：星号应用与之比较的量值或操作数的代号代替	*≠*	比较器的等于输出 **备注**：星号应用与之比较的量值或操作数的代号代替	*=*
比较器的小于输出 **备注**：星号应用与之比较的量值或操作数的代号代替	*<*	比较器的大于输出 **备注**：星号应用与之比较的量值或操作数的代号代替	*>*

续表

名　称	图形符号标识	名　称	图形符号标识
Mm输入	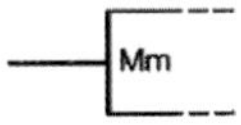 Mm	Mm输出	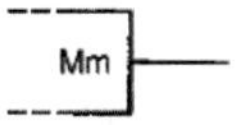 Mm
ENm输入	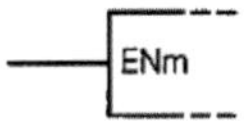 ENm	Xm输入	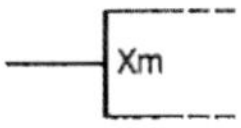 Xm
Xm输出	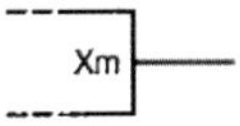 Xm	函数-运算元件，一般符号 **备注**：f（x_1，…，x_n）用函数适当的标记（符号或图形）代替。 x_1，…，x_n应用函数自变量代替。 为了避免与电平转换器和代码转换器混淆，不应使用斜线表示除法	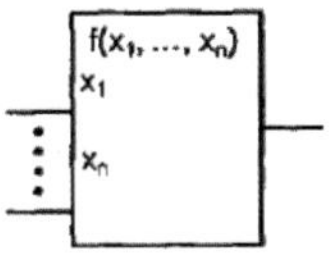 f(x_1, …, x_n) x_1 x_n
乘法器 **备注**：如AD532D	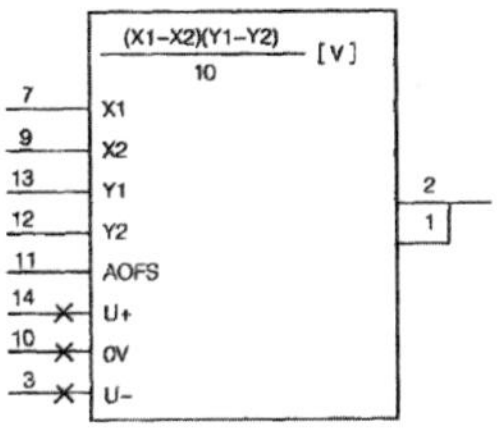 (X1−X2)(Y1−Y2)/10 [V] 7 X1 9 X2 13 Y1 12 Y2 11 AOFS 14 U+ 10 0V 3 U− 2 1	平方器 **备注**：如AD532D	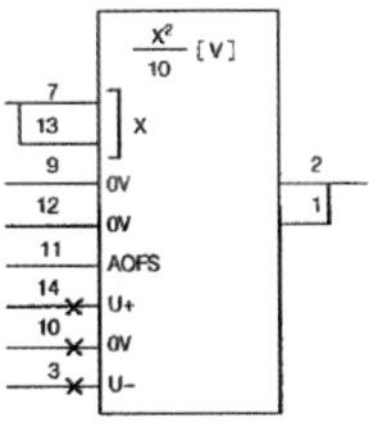 X^2/10 [V] 7 13 X 9 0V 12 0V 11 AOFS 14 U+ 10 0V 3 U− 2 1
放大器，一般符号 **备注**：u_i=mm_if（w_1a_1，w_2a_2，…，w_na_n） 式中i=1，2，…，k； mm_i——输出i的放大倍数； m——放大倍数的公因子； m_1，…，m_k——含正负号的输出放大系数； w_1，…，w_n——含正负号的加权系数的值，如加权系数等于1，则1可省略	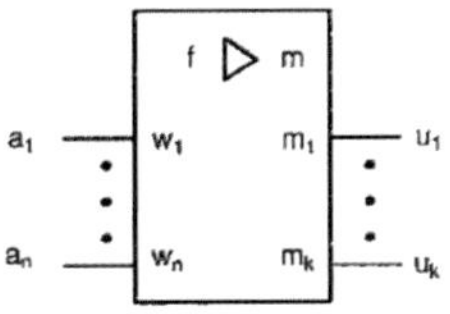 f ▷ m a_1 w_1 m_1 u_1 a_n w_n m_k u_k	运算放大器 **备注**：如LM324的一部分	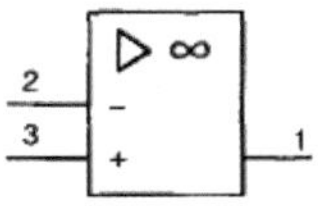 ▷ ∞ 2 − 3 + 1
运算放大器 **备注**：如LM741	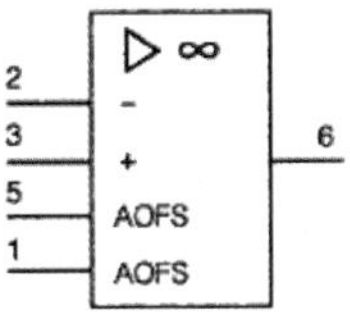 ▷ ∞ 2 − 3 + 5 AOFS 1 AOFS 6	运算放大器 **备注**：如LM301A	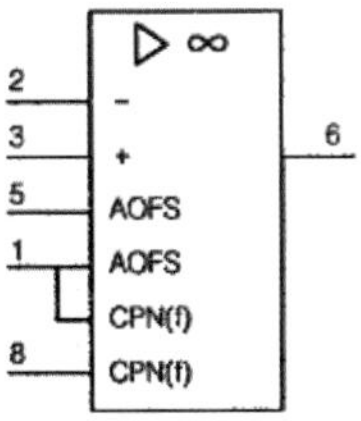 ▷ ∞ 2 − 3 + 5 AOFS 1 AOFS CPN(f) 8 CPN(f) 6
电压跟随器 **备注**：如LM310，金属壳封装	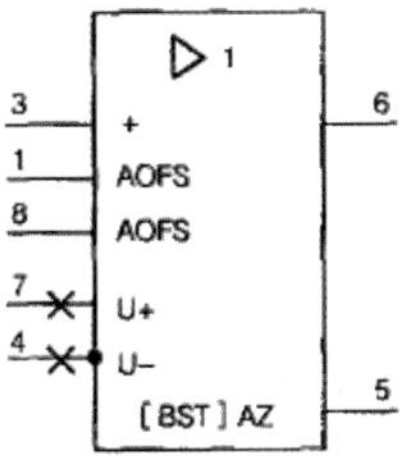 ▷ 1 3 + 1 AOFS 8 AOFS 7 U+ 4 U− [BST] AZ 6 5	放大系数可选放大器 **备注**：如AD624	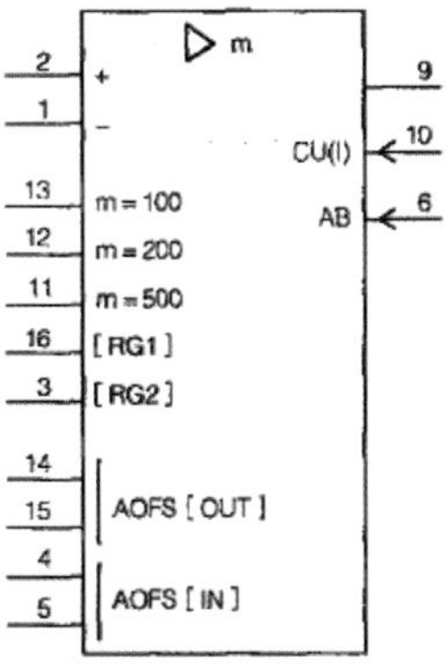 ▷ m 2 + 1 − 13 m=100 12 m=200 11 m=500 16 [RG1] 3 [RG2] 14 15 AOFS [OUT] 4 5 AOFS [IN] 9 CU(I) 10 AB 6

续表

名　称	图形符号标识	名　称	图形符号标识
放大系数为1的采样-保持放大器 **备注**：如LF398	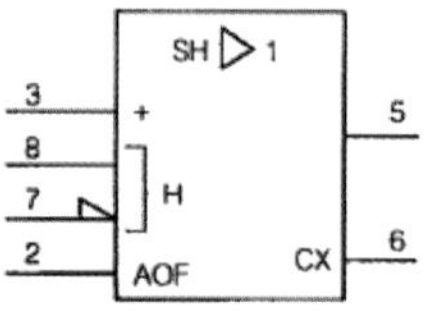	隔离放大器 **备注**：如AD293	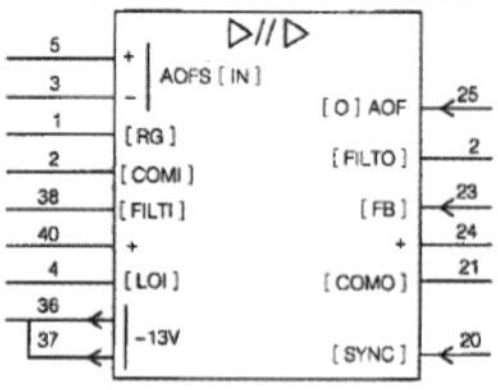
放大系数为1的采样一保持放大器 **备注**：如4860	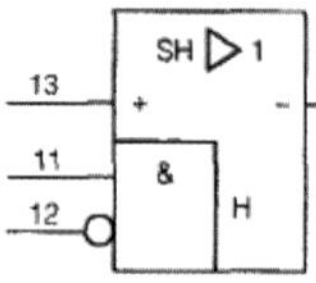	多路选择输入运算放大器（四选一） **备注**：如HA-2400	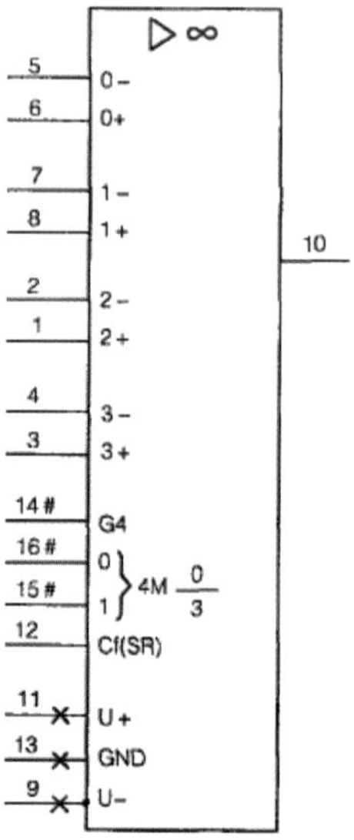
转换器，一般符号 **备注**：若需要标识电气上的隔离，则总限定符号*/*可用*//*代替。 星号应用有关的量值或适当的符号代替。 左星号代表输入，右星号代表输出。 以下符号推荐用来表示所列项目： #——数字的，未限定代码； ∩——模拟的，函数为限定代码； U或V——电压； f——频率； Ψ或Φ——相位； I——电流； T——温度。 总限定符号#/∩和∩/#分别用DAC和ADC代替	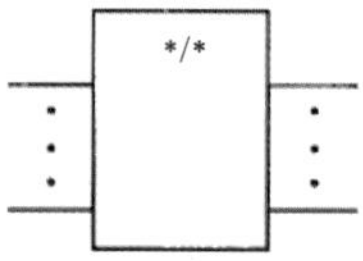		
乘法运算的数模转换器（DAC） **备注**：如AD7545	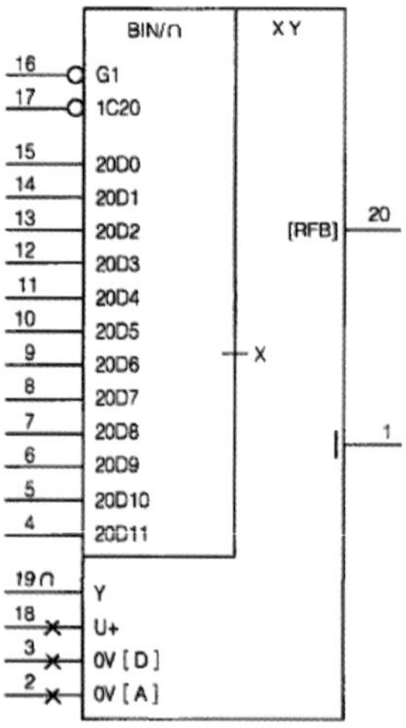	数模转换器（ADC） **备注**：如AD573。 总限定符号#/∩和∩/#分别用DAC和ADC代替	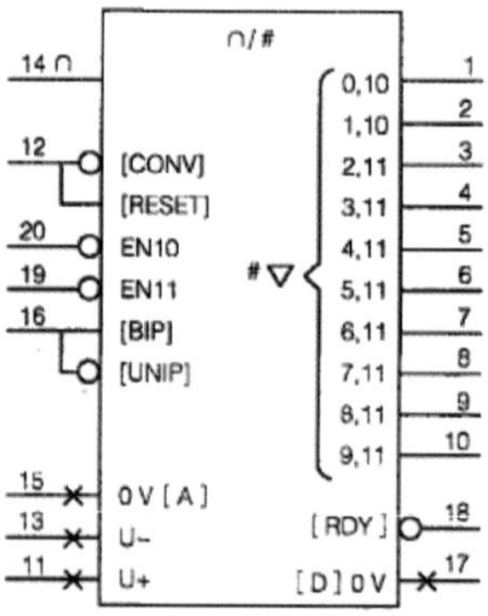
电压频率转换器 **备注**：如AD537	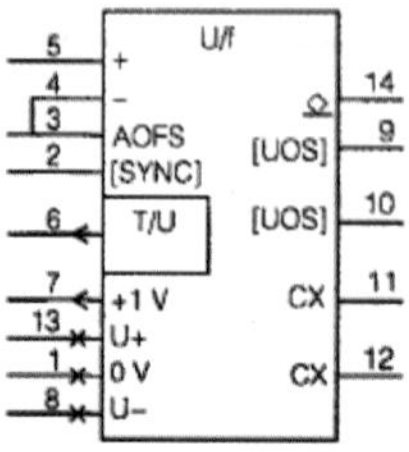	隔离的直流-直流转换器 **备注**：如PM671P。 示出内部链接，如引出端2和23；若对此不强调，也可采用标记组合符号	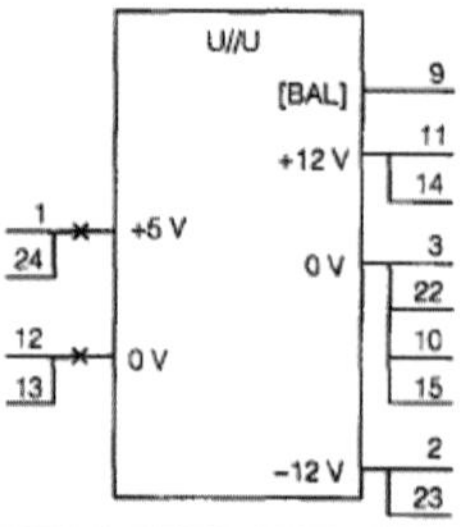

续表

<table>
<tr><th>名 称</th><th>图形符号标识</th><th>名 称</th><th>图形符号标识</th></tr>
<tr><td>电压调整器，一般符号

备注：mm_1，…，m_k代表相对于公共端（0V）的调整（稳定）电压。
m_1，…，m_k应用以下内容代替：
—U_1，…，U_k各带一极性符号；
—调整电压的实际电压值或范围</td><td>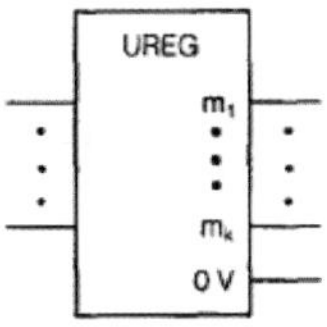
</td><td>固定正电压调整器

备注：如LM309H。
黑点表示引出端与外壳连接</td><td>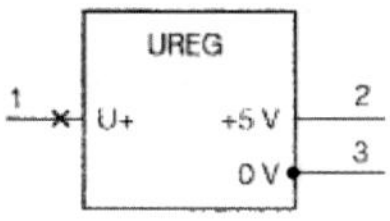
</td></tr>
<tr><td>可调整正电压调整器

备注：如LM317T。
黑点表示引出端与外壳连接。
引出端1、2的电压值虽然是固定的，仍可采用一个外接网络，在引出端2和网络其他点之间获得不同的稳定电压</td><td>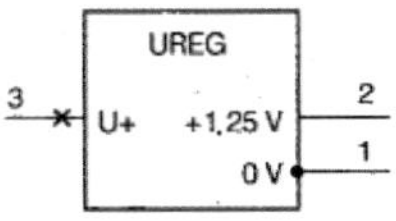
</td><td>带限流的可调正电压调整器

备注：如L200CV</td><td>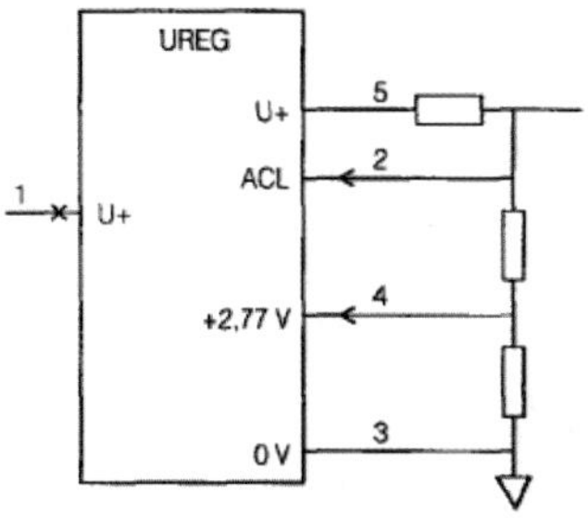
</td></tr>
<tr><td>比较器，一般符号

备注：星号应用表示被比较的数值或操作数适当的文字符号代替。在不引起混淆的情况下，此文字符号也可略去</td><td>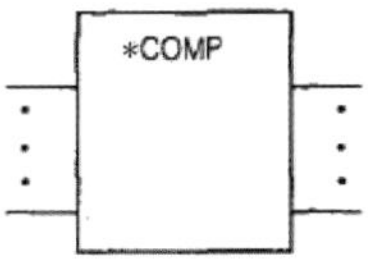
</td><td>电压比较器

备注：如LM339的一部分</td><td>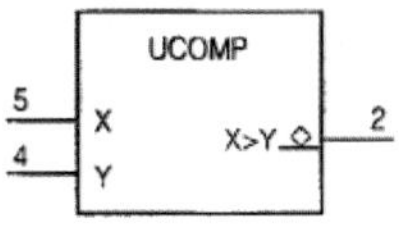
</td></tr>
<tr><td>电压比较器

备注：如LM361</td><td>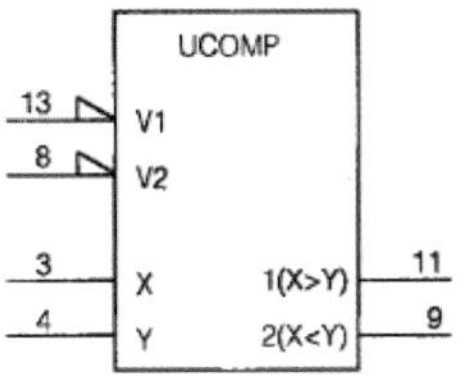
</td><td rowspan="2">脉宽调制器

备注：如UC3526A</td><td rowspan="2">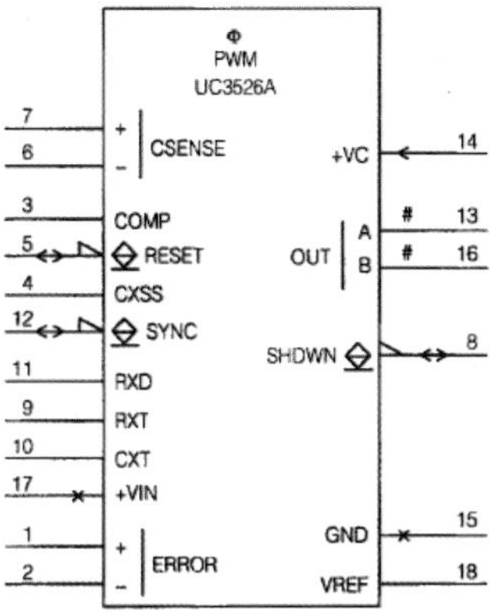
</td></tr>
<tr><td>模拟开关

备注：如TL604</td><td>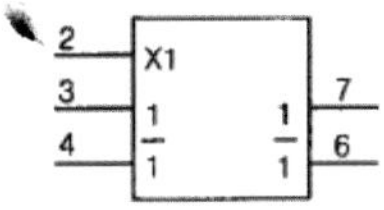
</td></tr>
<tr><td>模拟多路选择器/多路分配器（三路）

备注：如74HC4053</td><td>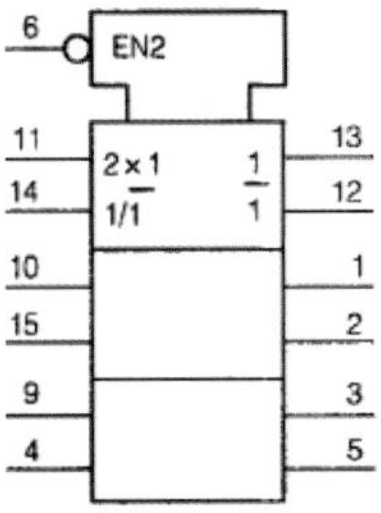
</td><td>电压监控器

备注：如TL7705A</td><td>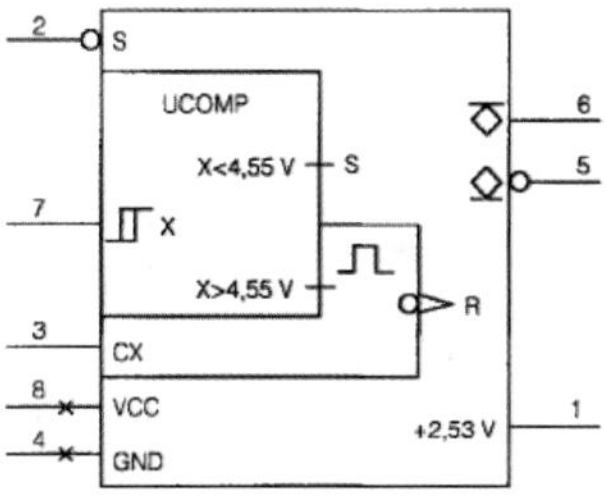
</td></tr>
</table>

6.2.3 二进制逻辑元件符号标识

二进制逻辑元件符号标识见表6-9。

表6-9 二进制逻辑元件符号标识

名称	图形符号标识	名称	图形符号标识
元件框 **备注**：示出正方形	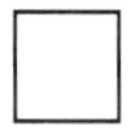	公共控制框	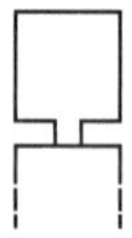
公共输出元件框	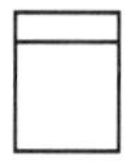	逻辑非，输入端 **备注**：该符号示于输入端。 内部“1”状态与外部“0”状态对应	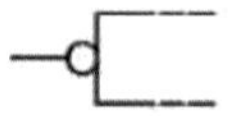
逻辑非，输出端 **备注**：该符号示于输出端。 内部“1”状态与外部“0”状态对应。 连接线可延伸穿过小圆	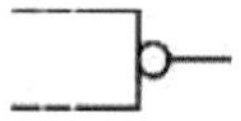	极性指示符，输入端 **备注**：该符号示于输出（入）端。 内部“1”状态与连接线上的L-电平相对应	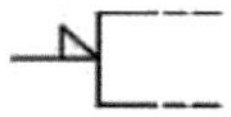
极性指示符，输出端 **备注**：该符号示于输出端。 内部“1”状态与连接线上的L-电平相对应	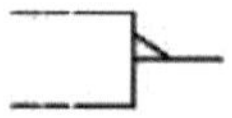	极性指示符，从右向左输入端 **备注**：该符号示于从右至左的信号流输入端。 内部“1”状态与连接线上的L-电平相对应	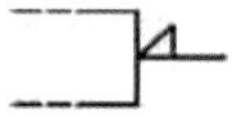
极性指示符，从右向左输出端 **备注**：该符号示于从右至左的信息输出端。 内部“1”状态与连接线上的L-电平相对应	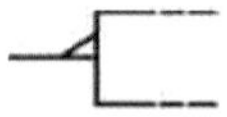	动态输入 **备注**：内部“1”状态（暂态）与外部“0”状态转换到外部“1”状态的过程相对应。在其他时间内，内部逻辑状态为0。 在采用逻辑极性符号的图上，内部“1”状态（暂态）与连接线上从L-电平到H-电平的转换过程相对应。在其他时间，内部逻辑状态为0	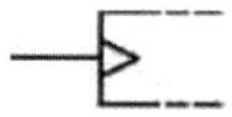
逻辑非动态输入 **备注**：内部“1”状态（暂态）与外部“1”状态到外部“0”状态的转换过程相对应。在其他时间，内部逻辑状态为0	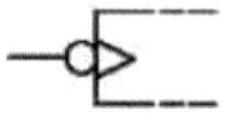	有极性指示符的动态输入 **备注**：内部“1”状态（暂态）与连接线上从H-电平到L-电平的转换过程相对应。在其他时间，内部逻辑状态为0	
内部连接 **备注**：右边元件输入端的内部“1”状态（“0”状态）与左边元件输出端的内部“1”状态（“0”状态）相对应	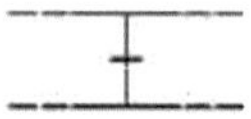	有逻辑非的内部连接 **备注**：右边元件输入端的内部“1”状态（“0”状态）与左边元件输出端的内部“0”状态（“1”状态）相对应。 垂直线可延伸穿过小圆	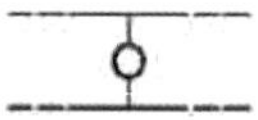
内部连接 **备注**：右边元件输入端的内部“1”状态（“0”状态）与左边元件输出端的内部“1”状态（“0”状态）相对应	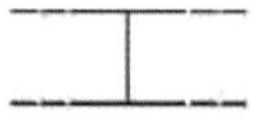	动态特性内部连接 **备注**：右边元件输入端的内部“1”状态（暂态）与左边元件输出端从内部“0”状态到内部“1”状态的转换过程相对应。在其他时间，元件输入端的内部逻辑状态为“0”	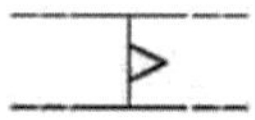
有逻辑非和动态特性的内部连接 **备注**：右边元件输入端的内部“1”状态（暂态）与左边元件输出端从内部“1”状态到内部“0”状态的转换过程相对应。其他所有时间，元件输入端的内部逻辑状态为“0”		内部输入（左边） **备注**：该符号示于左边。 如果该输入不受占优势的或修正作用的关联关系的影响，它总是处于其内部“1”状态。 内部输入和输出只有内部逻辑状态	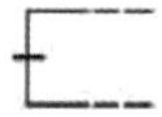

续表

名 称	图形符号标识	名 称	图形符号标识
内部输入（右边） **备注**：该符号示于右边。 如果该输入不受强制或调节关联影响，它总是处于其内部"1"状态。 内部输入和输出只有内部逻辑状态	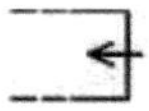	内部输出（右边） **备注**：该符号示于右边。 该输出对与之相连的输入或输出的影响由关联标记注明。 内部输入和输出只有内部逻辑状态	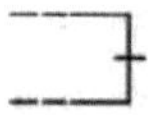
内部输出（左边） **备注**：该符号示于左边。 如果该输入不受强制或调节关联影响，它总是处于其内部"1"状态。 内部输入和输出只有内部逻辑状态		有动态特性的内部输入（左边） **备注**：该符号示于左边。 内部"1"状态（暂态）对应于从内部"0"状态到非动态的内部"1"状态的转换。 转换信号的来源由关联标记注明。转换信号的标识号应为该输入端标记字符串最左边的字符。无论该输入示于符号框的左边或右边都是这样	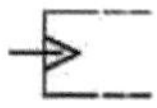
有动态特性的内部输入（右边） **备注**：该符号示于右边。 内部"1"状态（暂态）对应于从内部"0"状态到非动态的内部"1"状态的转换。 转换信号的来源由关联标记注明。转换信号的标识号应为该输入端标记字符串最左边的字符。无论该输入示于符号框的左边或右边都是这样	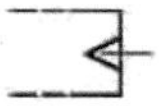	从右到左信号流的内部连接 **备注**：左边元件输入端的内部"1"状态（"0"状态）与右边输出端的内部"1"状态（"0"状态）相对应	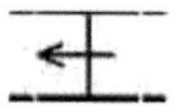
从右到左信号流有逻辑非的内部连接 **备注**：该符号示于输出端。 内部"1"状态与连接线上的L-电平相对应	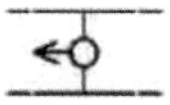	从右到左信号流有动态特性的内部连接 **备注**：左边元件输入端的内部"1"状态（暂态）对应于右边元件输出端从内部"0"状态到内部"1"状态的转换。其他所有时间，左边元件输入端的内部逻辑状态为0	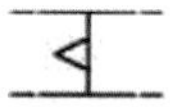
从右到左有逻辑非和动态特性的内部连接 **备注**：左边元件输入端的内部"1"状态（暂态）对应于右边元件输出端从内部"1"状态到内部"0"状态的转换。在其他时间，左边元件输入端的内部逻辑状态为0	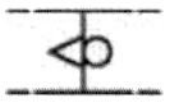	延迟输出 **备注**：该输出内部状态的改变延迟到引发它改变的输入信号返回到它起始的外部逻辑状态或逻辑电平时才开始。在该起始的输入处于其内部"1"状态期间，任何影响输入或受引发输入影响的输入的内部逻辑状态必须无变化，否则，得到的输出状态将不由该符号决定。如果引发改变的输入信号出现在内部连接处，则状态的改变延迟到前面元件的输出返回到其起始内部逻辑状态才开始	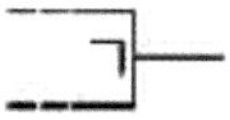
内部连接的固定"1"状态输出	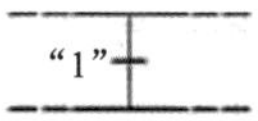 "1"	内部连接的固定"0"状态输出	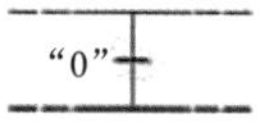 "0"
双向门槛输入 **备注**：当外部信号电平达到某一门槛值V1时，输入呈现其内部"1"状态，此状态维持到外部信号电平返回并经V1达到另一门槛值V0为止。如果该符号（无逻辑非符号或极性符号）出现在采用逻辑极性符号或正逻辑约定的图上，则V1比V0正得较多。如果该符号出现在采用负逻辑约定的图上，则V1比V0负得较多。 如果输入端有逻辑非或极性符号，V1和V0的关系与此相反	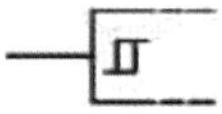	开路输出 **备注**：如开集电极、开发射极、开漏极、开源极。 此类输出两种可能的内部逻辑状态之一与外部高阻抗状态相对应。为在此条件下产生正确的逻辑电平，需要外接元件或电路，通常接电阻。此类输出常常能够组成分布连接的一部分。 该符号应标在紧靠输出线的位置。 虽然该符号画在框内，但它只涉及外部状态和电平	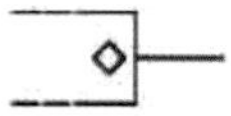
开路输出（H型） **备注**：如PNP型集电极、NPN型发射极、P沟道开漏极、N沟道开源极。 当不处于外部高阻抗状态时，此类输出产生相对低阻抗的H电平。 该符号的含义不因出现逻辑非或极性而改变	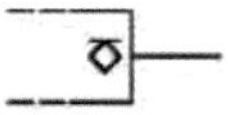	开路输出（L型） **备注**：如PNP开集电极、PNP开发射极、N沟道开漏极、P沟道开源极。 当不处于外部高阻抗状态时，此类输出产生相对低阻抗的L电平。 该符号的含义不因出现逻辑非或极性而改变	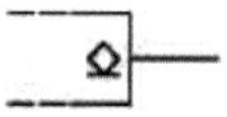

续表

名　称	图形符号标识	名　称	图形符号标识
无源下拉输出 **备注：**此类输出与H型开路输出相似，并且同样可用作分布连接的一部分，而无需外接元件或电路。 该符号的含义不因出现逻辑非或极性而改变		无源上拉输出 **备注：**此类输出与L型开路输出相似，并且同样可用作分布连接的一部分，而无需外接元件或电路。 该符号的含义不因出现逻辑非或极性而改变	
三态输出 **备注：**该输出可呈现没有逻辑意义的高阻抗状态的第三种外部状态		具有特殊放大作用（驱动能力）的输出	
具有特殊放大作用（灵敏度）的输入		扩展输入 **备注：**可与扩展器元件相连的二进制元件的输入。 表示二进制变量的外部逻辑状态与其对应的物理量之间关系的说明通常对扩展输入和扩展器输出无效	E
扩展输出 **备注：**二进制元件的输出，可与另外一个二进制元件扩展输入相连，目的在于扩展那个元件的输入端数。 表示二进制变量的外部逻辑状态与其对应的物理量之间的关系说明通常对扩展输入和扩展输出无效	E	使能输入 **备注：**若无其他占优势且作用相反的输入或输出，当该输入处于内部“1”状态时，所有输出处于其通常规定内部逻辑状态，并且对可与输出相连的元件或分布连接有通常规定的作用	EN
D输入 **备注：**D输入的内部逻辑状态由元件存储。 该输入的内部逻辑状态总是受输入或输出的支配	D	J输入 **备注：**当该输入处于其内部“1”状态时，元件存储“1”。 当输入处于其内部“0”状态时，对元件不起作用	J
K输入 **备注：**当该输入处于其内部“1”状态时，元件存储“0”。 当输入处于其内部“0”状态时，对元件不起作用	K	R输入 **备注：**当该输入处于其内部“1”状态时，元件存储“1”。 当输入处于其内部“0”状态时，对元件不起作用	R
S输入 **备注：**当该输入处于其内部“1”状态时，元件存储“1”。 当输入处于其内部“0”状态时，对元件不起作用	S	T输入 **备注：**该输入每呈现其内部“1”状态一次，输出的内部逻辑状态就变为其补状态一次。当输入处于其内部“0”状态时，对元件不起作用	T
从左到右或从上到下移位输入 **备注：**该输入每呈现其内部“1”状态一次，存储在元件内的信息就按元件符号的指向，从左到右或从上到下移m位一次。 当输入处于其内部“0”状态时，对元件不起作用。 m应用相应的值代替，若m=1，则1可省略。 上述移位方向都是相对于箭头指向右侧时而言的	→m	从右到左或从下到上移位输入 **备注：**该输入每呈现其内部“1”状态一次，存储在元件内的信息就按元件符号的指向，从右到左或从下到上移m位一次。 当输入处于其内部“0”状态时，对元件不起作用。 m应用相应的值代替，若m=1，则1可省略。 上述移位方向都是相对于箭头指向左侧而言的	←m
加计数输入 **备注：**该输入每呈现其内部“1”状态一次，元件的内容就增加m单位一次。当输入处于其内部“0”状态时，对元件不起作用。 m应该用相应的值代替，若m=1，则1可省略	+m	减计数输入 **备注：**该输入每呈现其内部“1”状态一次，元件的内容就减少m单位一次。当输入处于其内部“0”状态时，对元件不起作用。 m应用相应的值代替，若m=1，则1可省略	−m
联想存储器的询问输入 **备注：**若该输入呈现其内部“1”状态，就发生对该元件内容的询问。若输入处于内部“0”状态，则对元件不起作用	?	联想存储器的比较输出 **备注：**该输出的内部“1”状态表示匹配	I

续表

名 称	图形符号标识	名 称	图形符号标识
多位输入的位组合，一般符号 **备注**：由该符号所组合的多个输入产生一个数，该数为处于内部“1”状态的各个输入的权之和。各个输入应按权的递增或递减顺序排列。 该数可以是执行数学操作的一个数，或定义关联标记的标记符号，或形成元件内容的值。 m_1，…，m_k应由实际权的十进制等效值来代替。若所有的权均为2的幂，m_1，…，m_k可用2的幂指数代替。m_1和m_k之间的标记可以省略，以不引起混淆为原则	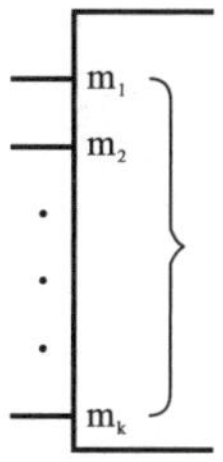 m_1 m_2 · · · m_k	多位输出位组合，一般符号 **备注**：由该符号所组合的多个输出表示一个数，该数为处于内部“1”状态的各个输出的权之和。各个输出应按权的递增或递减顺序排列。 该数可以是执行数学操作的一个数，或元件内容的值。 m_1，…，m_k应由实际权的十进制等效值来代替。若所有的权均为2的幂，m_1，…，m_k可用2的幂指数代替。m_1和m_k之间的标记可以省略，以不引起混淆为原则	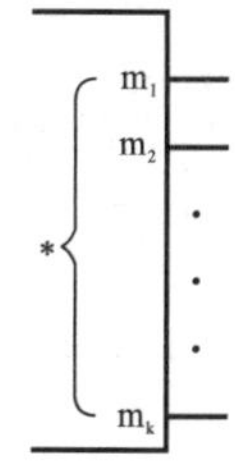 * m_1 m_2 · · · m_k
标记组合，一般符号 **备注**：该符号示于输出边。 该符号表示标记部分相似的相邻和相关连接线的组合。 这些标记的不同部分（x_1，…，x_n）位于相对连接线的垂直边。共同部分（yy）只位于垂直线的另一边一次。如果不同部分是数字，连续组中的中间数字可以在不引起混淆的情况下省略。尽管不同部分可以是数字，其包含的数值不应视作各自输入和输出的权。例如，它们可能只标识输入或输出的相对顺序	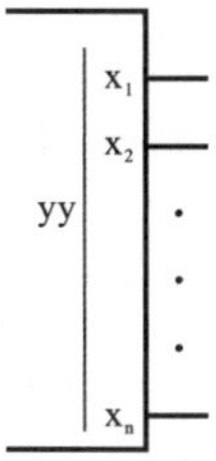 yy x_1 x_2 · · · x_n	操作数输入 **备注**：示出Pm输入。 m应由位权的十进制等效值来代替。若元件所有Pm输入的位权均为2的幂，则每个Pm输入的m可用2的幂指数代替。 操作数的优选字母为P或Q。如果这两个字母不适合，或包含两个以上操作数时，只要不引起混淆也可用其他字母	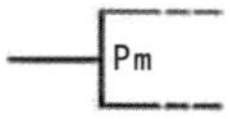 Pm
数值比较器的“大于”输入	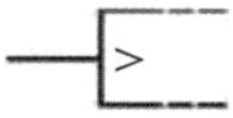 >	数值比较器的“小于”输入	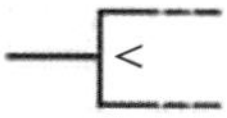 <
数值比较器的“等于”输入	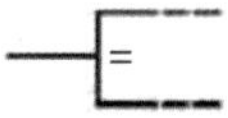 =	数值比较器的“大于”输出 **备注**：星号应该用操作数字母代替，如分别用P和Q	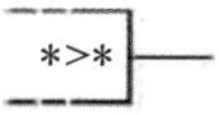 *>*
数值比较器的“小于”输出 **备注**：星号应该用操作数字母代替，如分别用P和Q	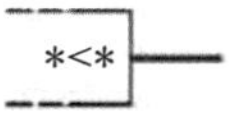 *<*	数值比较器的“等于”输出 **备注**：星号应该用操作数字母代替，如分别用P和Q，或者省略，只要不混淆	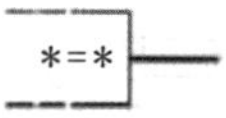 *=*
运算元件的借位入输入 **备注**：若该输入处于其内部“1”状态，则表示由低位运算元件所执行的减法运算产生一个运算借位。 可以加一个十进制数字权的标记作为该标记的后缀。若权是2的幂，只要不引起混淆，则该数字标记可用2的幂指数代替	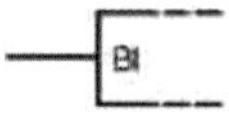 BI	运算元件的借位出输出 **备注**：若该输出处于其内部“1”状态，则表示由运算元件所执行的减法运算产生一个运算借位。 可以加一个十进制数字权的标记作为该标记的后缀。若权是2的幂，只要不引起混淆，则该数字标记可用2的幂指数代替	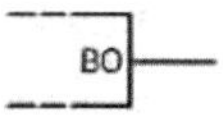 BO
运算元件的借位产生输出 **备注**：若该输出处于其内部“1”状态，则表示执行减法运算的元件处于借位产生状态，即加于元件的减数大于被减数，引起从与BI-输入状态无关的元件借位到该元件。 可以加一个十进制数字权的标记作为该标记的后缀。若权是2的幂，只要不引起混淆，则该数字标记可用2的幂指数代替	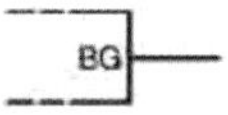 BG	运算元件的借位产生输入 **备注**：若该输入处于其内部“1”状态，则对先行借位元件表示产生BG信号的运算元件处于借位产生状态。为了减少时延，利用先行借位元件的BG、BP-和BI-输入信号来确定一组执行二进制减法运算元件的运算借位信号状态	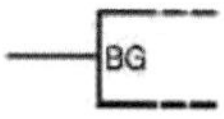 BG
运算元件的借位传播输入 **备注**：若该输出处于其内部“1”状态，则对先行借位元件标识产生BP信号的运算元件处于借位传播状态。 可以加一个十进制数字权的标记作为该标记的后缀。若权是2的幂，只要不引起混淆，则该数字标记可用2的幂指数代替	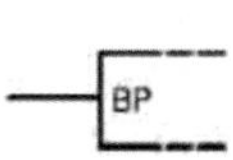 BP	运算元件的借位传播输出 **备注**：若该输出处于其内部“1”状态，则表示执行减法运算的元件处于借位传播状态，即加于元件的减数和被减数的数值相等。以至当且仅当BI-输入处于其内部状态“1”时，BO输出将处于内部“1”状态。 可以加一个十进制数字权的标记作为该标记的后缀。若权是2的幂，只要不引起混淆，则该数字标记可用2的幂指数代替	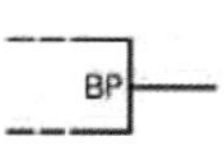 BP

续表

名　称	图形符号标识	名　称	图形符号标识
运算元件的进位入输入 **备注**：若该输入处于其内部“1”状态，则表示由低位运算元件所执行的加法运算产生一个运算进位。 可以加一个十进制数字权的标记作为该标记的后缀。若权是2的幂，只要不引起混淆，则该数字标记可用2的幂指数代替	CI	运算元件的进位出输出 **备注**：若该输出处于其内部“1”状态，则表示由运算元件执行的加法运算产生一个运算进位。 可以加一个十进制数字权的标记作为该标记的后缀。若权是2的幂，只要不引起混淆，则该数字标记可用2的幂指数代替	CO
运算元件的进位产生输入 **备注**：若该输入处于其内部“1”状态，则对先行进位元件来说，表示产生CG信号的运算元件处于进位产生状态。为了减少时延，利用先行进位元件的CG-、CP-和CI-输入信号来确定运算借位信号的状态。 可以加一个十进制数字权的标记作为该标记的后缀。若权是2的幂，只要不引起混淆，则该数字标记可用2的幂指数代替	CG	运算元件的进位产生输出 **备注**：若该输出处于其内部“1”状态，则表示执行加法运算的元件处于进行产生状态，即其各个加数之和足以引起进位，引起从与CI-输入状态无关的元件进位到该元件。 可以加一个十进制数字权的标记作为该标记的后缀。若权是2的幂，只要不引起混淆，则该数字标记可用2的幂指数代替	CG
运算元件的进位传播输入 **备注**：若该输入处于其内部“1”状态，则对先行进位元件表示：产生CP信号的运算元件处于进位传播状态。 可以加一个十进制数字权的标记作为该标记的后缀。若权是2的幂，只要不引起混淆，则该数字标记可用2的幂指数代替	CP	运算元件的进位传播输出 **备注**：若该输出处于其内部“1”状态，则表示执行加法运算的元件处于进行传播状态，即：各个加数之和是一个小于元件产生输出进位的值。因而，当且仅当CT-输入处于其内部状态“1”时，CO输出将处于内部“1”状态。 可以加一个十进制数字权的标记作为该标记的后缀。若权是2的幂，只要不引起混淆，则该数字标记可用2的幂指数代替	CP
内容输入 **备注**：m应由元件（如计数器）内容的适当标记来代替。每当该输入呈现内部“1”状态，该元件就产生以m指示的内容。 若该输入处于内部“0”状态，对元件不起作用	CT=m	内容输出 **备注**：星号应由元件（如计数器）内容值的适当标记来代替。每当该输入呈现内部“1”状态，该元件就产生以m指示的内容	CT*
输入侧的线组合 **备注**：该符号表示实现一个逻辑输入需要两条或两条以上的引出线。 该符号组合的引出线的逻辑电平可能不同于其他输入和输出端的逻辑电平。 没有该符号并不一定表示没有特定放大作用	⋮	输出侧的线组合 **备注**：该符号表示实现一个逻辑输出需要两条或两条以上的引出线。 该符号组合的引出线的逻辑电平可能不同于其他输入和输出端的逻辑电平	⋮
固定方式输入 **备注**：若元件能执行若干种功能，但只对几种功能感兴趣，则可采用此方法来标识执行感兴趣功能要素的输入，该输入必须处于内部“1”状态。 固定方式输入不应受关联标记的影响，也没有其他功能	"1"	固定“1”状态输出 **备注**：此种表示方法可用来标识总是处于内部“1”状态的输出。 固定方式输入不应受关联标记的影响，也没有其他功能	"1"
固定“0”状态输出 **备注**：此种表示方法可用来标识总是处于内部“0”状态的输出。 固定“0”状态输出不应受到关联标记的影响，也没有其他功能	"0"	必需连接线 **备注**：示于输入端。 该符号标识必须连接到同一元件中的一个或多个其他输入或输出端，以执行由该符号标明的另外功能。 星号应该用“0”或“1”之外的标记代替。每个（通过元件外部）连接到它的输入应该有相同的必需连接标记。 必需连接线不受关联标记的影响。然后，输入或输出可能有受关联标记影响的其他功能	"*"
非逻辑连接线 **备注**：符号示于左面。 该符号可用来表示不载任何逻辑信息的连接线（如基准电压连接线）。 与非逻辑连接引出线有关的补充信息可以示于框内，而不加括号		双向信号流	

续表

名　称	图形符号标识	名　称	图形符号标识
有内部下拉的输入 **备注**：当该输入没有外部连接时，外部逻辑电平是L。没有该符号未必表示没有内部下拉		有内部上拉的输入 **备注**：当该输入没有外部连接时，外部逻辑电平是H。 没有该符号未必表示没有内部上拉	
Vm-输入 **备注**：若Vm-输入处于其内部“1”状态，则受该Vm-输入影响的所有输入和输出均处于其内部“1”状态。 若Vm-输入处于其内部“0”状态，则受该Vm-输入影响的所有输入和输出均处于其通常规定的内部逻辑状态。 m应该用相关的标识序号代替	Vm	Vm-输出 **备注**：若Vm-输出处于其内部“1”状态，则受该Vm-输出影响的所有输入和输出均处于其内部“1”状态。 若Vm-输出处于其内部“0”状态，则受该Vm-输出影响的所有输入和输出均处于其通常规定的内部逻辑状态。 m应该用相关的标识序号代替	Vm
Nm-输入 **备注**：若Nm-输入处于其内部“1”状态，则受该Nm-输入影响的所有输入和每个输出的内部逻辑状态是该输入通常规定的内部逻辑状态的补状态。 若Nm-输入处于其内部“0”状态，则受该Nm-输入影响的所有输入和输出均处于其通常规定的内部逻辑状态。 m应该用相关的标识序号代替	Nm	Nm-输出 **备注**：若Nm-输出处于其内部“1”状态，则受该Nm-输出影响的每个输入和每个输出的内部逻辑状态是该输出通常规定的内部逻辑状态的补状态。 若Nm-输出处于其内部“0”状态，则受该Nm-输出影响的所有输入和输出均处于其通常规定的内部逻辑状态。 m应该用相关的标识序号代替	Nm
Zm-输入 **备注**：若Zm-输入处于其内部“1”状态，则受该Zm-输入影响的所有输入和输出均处于其内部“1”状态，但另有其他关联标记限定者除外。 若Zm-输入处于其内部“0”状态，则受该Zm-输入影响的所有输入和输出均处于其内部“0”状态，但另有其他关联标记限定者除外 m应该用相关的标识序号代替	Zm	Zm-输出 **备注**：若Zm-输出处于其内部“1”状态，则受该Zm-输出影响的所有输入和输出均处于其内部“1”状态，但另有其他关联标记限定者除外。 若Zm-输出处于其内部“0”状态，则受该Zm-输出影响的所有输入和输出均处于其内部“0”状态，但另有其他关联标记限定者除外。 m应该用相关的标识序号代替	Zm
Xm-输入 **备注**：若Xm-输入处于其内部“1”状态，则建立了受该输入影响的全部端口的传输通路。然而，若一个端口受两个或两个以上标识序号用逗号分隔的Xm-输入和/或Xm-输出的影响，则只有当这些影响输入均处于其内部“1”状态时才与由这些Xm-输入所建立的传输通路相连。如无另外标记（如其他的关联标记）的限制，连接到传输通路的全部端口处于同一模拟信号电平或同一内部逻辑状态。 m应该用相关的标识序号代替	Xm	Xm-输出 **备注**：若Xm-输出处于其内部“1”状态，则建立了受该输出影响的全部端口的传输通路。然而，若一个端口受两个或两个以上标识序号用逗号分隔的Xm-输入和/或Xm-输出的影响，则只有当这些影响输出均处于其内部“1”状态时才与由这些Xm-输出所建立的传输通路相连。如无另外标记（如其他的关联标记）的限制，连接到传输通路的全部端口处于同一模拟信号电平或同一内部逻辑状态。 m应该用相关的标识序号代替	Xm
Cm-输入 **备注**：若Cm-输入处于其内部“1”状态，则受该Cm-输入影响的输入对元件功能有其通常规定的作用。 若Cm-输入处于其内部“0”状态，则受该Cm-输入影响的输入对元件功能不起作用。 m应该用相关的标识序号代替	Cm	Cm-输出 **备注**：若Cm-输出处于其内部“1”状态，则受该Cm-输出影响的输入对元件功能有其通常规定的作用。 若Cm-输出处于其内部“0”状态，则受该Cm-输出影响的输入对元件功能不起作用。 m应该用相关的标识序号代替	Cm
Gm-输出 **备注**：每个受Gm-输出影响的输出处于与该Gm-输出“与”关联。 若Gm-输出处于其内部“1”状态，则受该Gm-输出影响的所有输入和输出均处于其通常规定的内部逻辑状态。 若Gm-输出处于其内部“0”状态，则受该Gm-输出影响的所有输入和输出均处于其内部“0”状态。 m应该用相关的标识序号代替	Gm	Sm-输入 **备注**：若Sm-输入处于其内部“1”状态，则受该Sm-输入影响的输出将呈现其S=1，R=0时通常呈现的内部逻辑状态，而与R输入的状态无关。 若Sm-输入处于其内部“0”状态，则它不起作用。 m应该用相关的标识序号代替	Sm

续表

名　称	图形符号标识	名　称	图形符号标识
Rm-输入 **备注**：若Rm-输入处于其内部“1”状态，则受该Rm-输入影响的输出将呈现其S=0，R=1时通常呈现的内部逻辑状态，而与S输入的状态无关。 若Rm输入处于其内部“0”状态，则它不起作用。 m应该用相关的标识序号代替	Rm	ENm-输入 **备注**：该输入对其影响输出的作用与EN输入相同。 该输入对其影响输入的作用与Mm输入相同。 m应该用相关的标识序号代替	ENm
Mm-输入	Mm	Mm-输出	Mm
Am-输入 **备注**：若Vm-输出处于其内部“1”状态，则受该Vm-输出影响的所有输入和输出均处于其内部“1”状态。 若Vm-输出处于其内部“0”状态，则受该Vm-输出影响的所有输入和输出均处于其通常规定的内部逻辑状态。 m应该用相关的标识序号代替	Am	“或”元件，一般符号 **备注**：当且仅当一个或一个以上的输入处于其“1”状态时，输出才能处于“1”状态。 若不会引起混淆，“≥1”可以用“1”代替	≥1
“与”元件，一般符号 **备注**：当且仅当所有输入处于其“1”状态时，输出才处于其“1”状态	&	逻辑门槛元件，一般符号 **备注**：当且仅当处于其“1”状态的输入数等于或大于限定符号中以m表示的数时，输出才处于其“1”状态。 m永远小于输入端个数。 m=1的元件一般称为或元件	≥m
等于m元件，一般符号 **备注**：当且仅当处于其“1”状态的输入数等于限定符号中以m表示的数时，输出才处于其“1”状态。 m=1的两输入元件通常称为“异或”元件。 m永远小于输入端个数	=m	多数元件，一般符号 **备注**：当且仅当多数输入处于其“1”状态时，输出才处于其“1”状态	>n/2
偶数元件，一般符号 **备注**：当且仅当处于“1”状态的输入个数是偶数时（0、2、4、…），输出才处于其“1”状态	2k	奇数元件，一般符号 **备注**：当且仅当处于“1”状态的输入个数是奇数时（1、3、5、…），输出才处于其“1”状态	2k+1
逻辑恒等元件，一般符号 **备注**：当且仅当输入处于相同逻辑状态时，输出才处于其“1”状态	=	异或元件 **备注**：若两个输入中的一个且只有一个处于“1”状态时，输出才处于其“1”状态	=1
无特殊放大输出的缓冲器 **备注**：当且仅当输入处于其“1”状态时，输出才处于其“1”状态	1	非门 **备注**：当且仅当输入处于其外部“1”状态时，输出才处于其外部“0”状态	1
反相器（在用逻辑极性限定符号表示器件的情况下） **备注**：当且仅当输入处于其H电平时，输出才处于其L状态	1	分布连接，一般符号 **备注**：分布连接是把若干个元件的特定输出连接起来以实现“与”功能或“或”功能的一种连接。 星号应该用功能限定符号“&”或1代替	* ◇

续表

名　称	图形符号标识	名　称	图形符号标识
有非输出的与门（与非门） **备注**：如SN7410的一部分	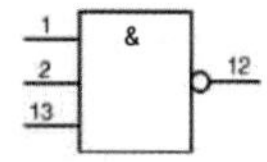	有非输出的或门（或非门） **备注**：如SN7427的一部分	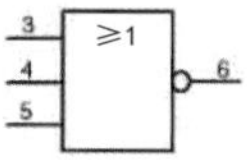
AND-OR-转换 **备注**：如SN74L51的一部分	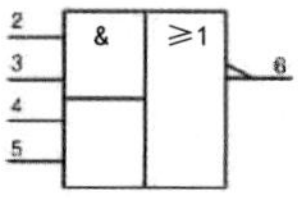	有L型开路输出的与非门 **备注**：如SN7403的一部分	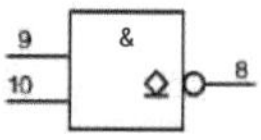
有互补H型开路输出的或与门 **备注**：如MC10121	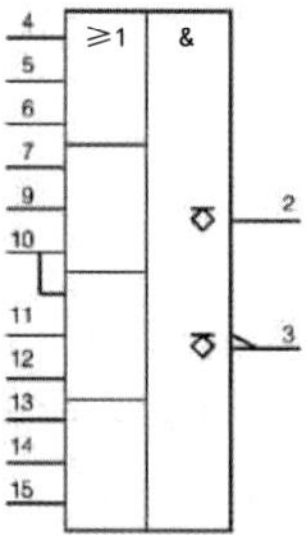	可扩展的与或反相器 **备注**：如SN7450的一部分	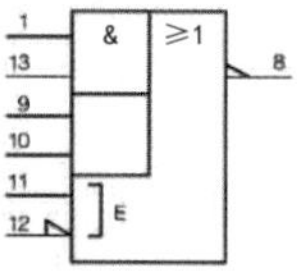
		扩展器 **备注**：如SN7460的一部分	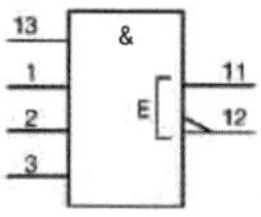
有一个公共输入和互补输出的五或门 **备注**：如F100102	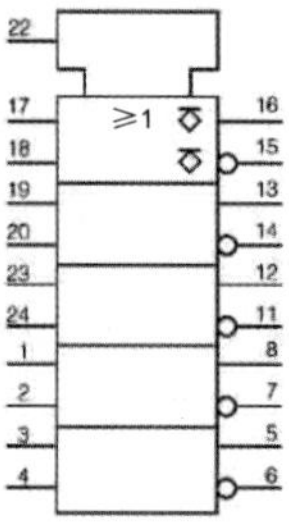	有互补输出和一个公共输出的五异或门 **备注**：如F100107。 五个元件中的每个元件有一个输出内连到公共输出元件的输入。该输入的内部逻辑状态与它相连的输出的内部逻辑状态一致，而不取决于该输出的选择。因为每个元件的两个输出有相同的内部逻辑状态	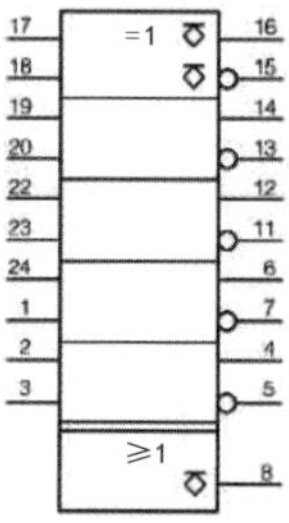
双异或/异或非门 **备注**：如SN74S135的一部分	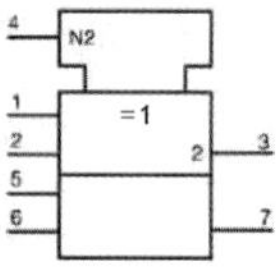	有一公共输入的双奇数元件 **备注**：如SN74S135的一部分	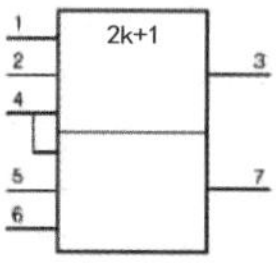
有互补输出奇偶发生器/校验器 **备注**：如SN74280	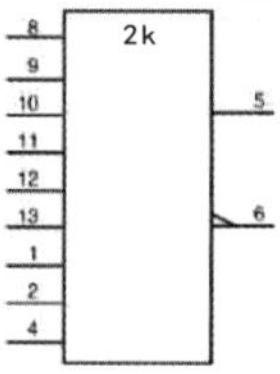	检错/纠错元件 **备注**：如MC10163	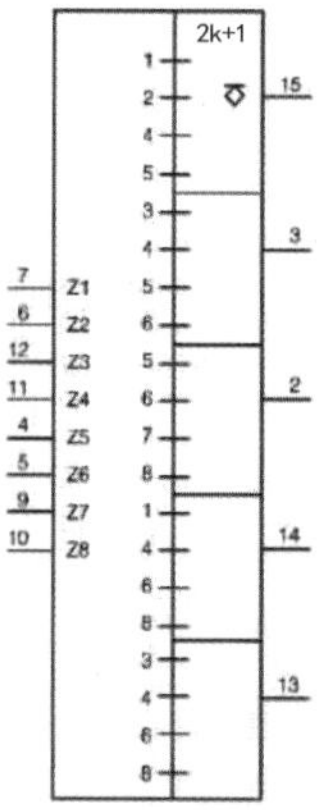
奇偶发生器/校验器 **备注**：如SN74108	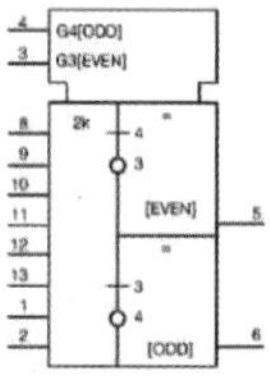		
四位原码/反码、0/1元件 **备注**：如SN74H87	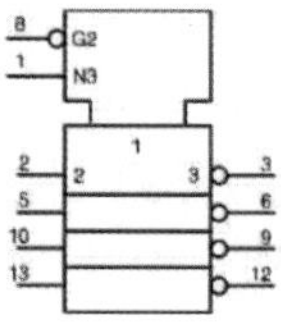		

续表

名　称	图形符号标识	名　称	图形符号标识
反相L型开路输出的缓冲器/驱动器 **备注**：如SN7406的一部分		与非缓冲器 **备注**：如SN7437的一部分	
四总线收发器 **备注**：如Am26S10		四双门槛输入和3态输出的总线驱动器 **备注**：如SN74S240的一部分	
		四双向总线驱动器 **备注**：如8826	
六3态输出的反相缓冲器 **备注**：如CD4502B			
双线接收器 **备注**：如SN75107		线接收器 **备注**：如SN75127的一部分	
		双线接收器 **备注**：如SN55152	
8位并行双向总线驱动器 **备注**：如8286			
		双向开关 **备注**：如CD4016B的一部分	
具有公共使能的三双向开关 **备注**：如74HC4053		CMOS传输门 **备注**：箭头（S01547）是选择的	
		有磁滞特性的元件，一般符号	
编码器，一般符号 **备注**：输入和输出的关系由以下内容给出。 ——输入和输出端有标记的总限定符号的指示。 ——和/或参考的表。 X和Y可分别用表示输入和输出信息代码的合适指示代替	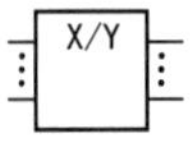 X/Y	具有反相输出的双门槛监测器 **备注**：如SN74LS14的一部分	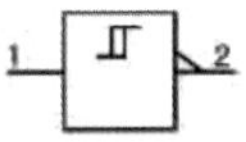
		斯密特触发器与非门 **备注**：如SN74132的一部分	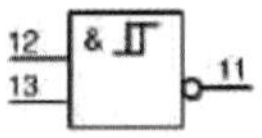

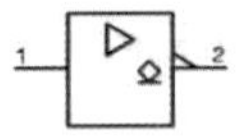

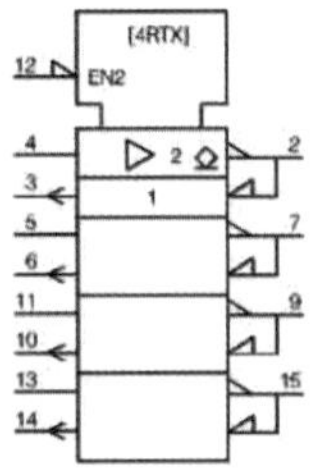

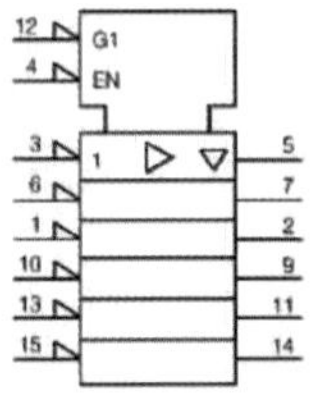

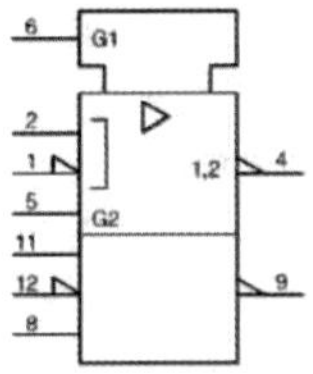

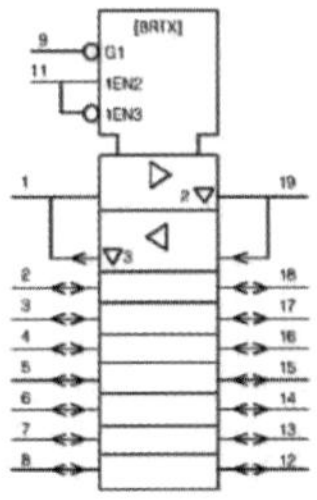

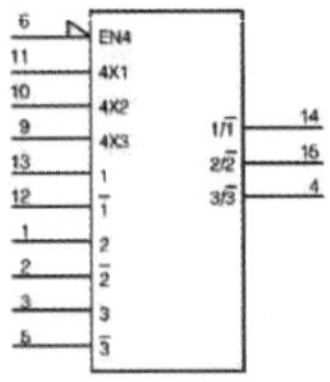

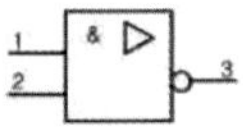

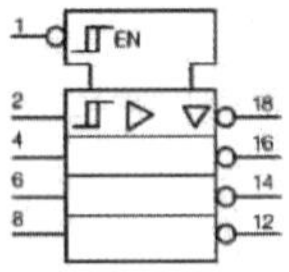

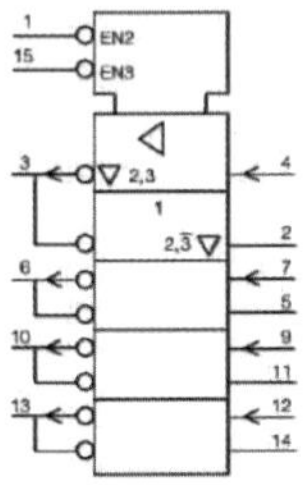

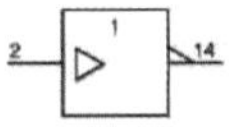

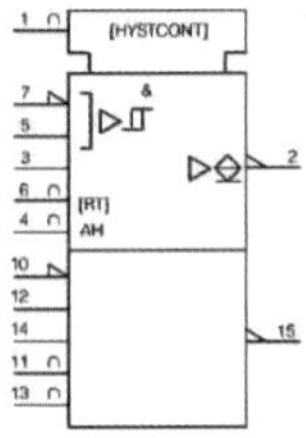

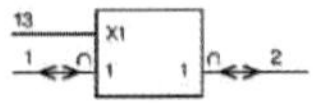

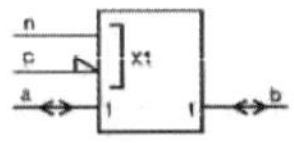

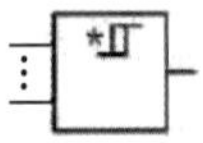

续表

名　称	图形符号标识	名　称	图形符号标识
格雷码-DEC代码转换器 **备注**：如SN7444	X/Y [GRAY/DEC] 15 1, 14 2, 13 4, 12 8 [0]2 1, [1]6 2, [2]7 3, [3]5 4, [4]4 5, [5]12 6, [6]13 7, [7]15 9, [8]14 10, [9]10 11	余3-十进制代码转换器 **备注**：如SN7443	X-3/DEC 15 1, 14 2, 13 4, 12 8 0 1, 1 2, 2 3, 3 4, 4 5, 5 6, 6 7, 7 9, 8 10, 9 11
余3-十进制代码转换器 **备注**：如SN7443	X/Y [EX3/DEC] 15 1, 14 2, 13 4, 12 8 [0]3 1, [1]4 2, [2]5 3, [3]6 4, [4]7 5, [5]8 6, [6]9 7, [7]10 9, [8]11 10, [9]12 11	BCD-十进制代码转换器 **备注**：如SN7442	BCD/DEC 15 1, 14 2, 13 4, 12 8 0 1, 1 2, 2 3, 3 4, 4 5, 5 6, 6 7, 7 9, 8 10, 9 11
3线-8线代码转换器 **备注**：如SN74LS138	BIN/OCT 1 0, 2 1, 3 2 6, 5, 4 & EN 0 15, 1 14, 2 13, 3 12, 4 11, 5 10, 6 9, 7 7	9线-4线BCD优先编码器 **备注**：如SN74147	HPRI/BCD 11 1, 12 2, 13 3, 1 4, 2 5, 3 6, 4 7, 5 8, 10 9 1 9, 2 7, 4 6, 8 14
8线-3线优先编码器（八进制） **备注**：如SN74148	HPRI/BIN 10 Z10, 11 1/Z11, 12 2/Z12, 13 3/Z13, 1 4/Z14, 2 5/Z15, 3 6/Z16, 4 7/Z17 5 ENα/V18 10–17 ≥1 $\overline{18}$ 15, α 14 0α 9, 1α 7, 2α 6	二进制-7段译码器/驱动器 **备注**：如SN74LS47	BIN/7SEG ▷ [T1] 4, 5, 3 ≥1 & G21 CT=0 V20 7 1, 1 2, 2 4, 6 8 a20,21 13, b20,21 12, c20,21 11, d20,21 10, e20,21 9, f20,21 15, g20,21 14
BCD/BIN代码转换器 **备注**：如SN74S484	BCD/BIN 15, 16 & EN 5 2/Gα, 4 4/Gα, 3 8, αVβ, 2 10, 1 20, 19 40, 18 80, 17 160 2β 6, 4β 7, 8β 8, 16β 9, 32β 10, 64β 11, 128β 12, 256β 13	BCD/BIN代码转换器	BCD/BIN 15, 16 & EN 5 2, 4 4, 3 8, 2 10, 1 20, 19 40, 18 80, 17 160 2 6, 4 7, 8 8, 16 9, 32 10, 64 11, 128 12, 256 13
BIN/BCD代码转换器 **备注**：如SN74185	BIN/BCD 15 Vα 10 2, 11 4, 12 8, 13 16, 14 32 2α 1, 4α 2, 8α 3, 10α 4, 20α 5, 40α 6 “1” 7, “1” 9	信号电平变换器，一般符号 **备注**：若可能与其他编码器混淆，可把电平的标记示于符号内，并代替X和Y。 当需要表明电隔离时，可用X/Y代替总限定符号X和Y	X/Y

续表

名 称	图形符号标识	名 称	图形符号标识
双TTL/MOS电平转换器 备注：如SN75356的一部分	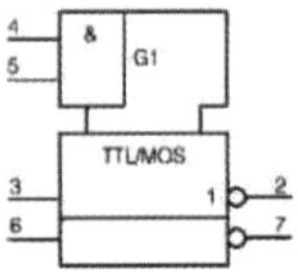	ECL/TTL电平转换器 备注：如MC10125的一部分	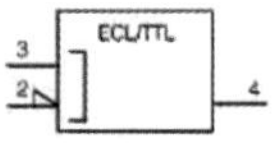
多路选择器，一般符号 备注：若多路选择器的一个输入被选，则输出的内部逻辑状态处于被选输入的内部逻辑状态。 若无输入被选，则输出处于其内部"0"状态。 输入和控制选择动作的逻辑关系也必须示出。例如，在元件框内或公共控制框内标示出那些输入和有关的关联标记	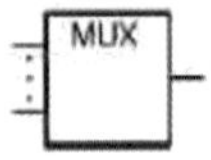	多路分配器，一般符号 备注：若多路分配器的一个输出被选，则该输出的内部逻辑状态处于输入的内部逻辑状态。否则，输出处于其内部"0"状态。 若会引起混淆，则可用DMUX代替DX。 输入和控制选择动作的逻辑关系也必须示出。例如，在元件框内或公共控制框内标示出那些输入和有关的关联标记	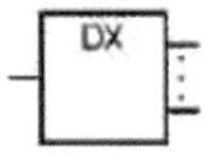
双向多路选择器/分配器（选择器），一般符号 备注：该元件在一个输入/输出端口与从一组输入/输出端口选出的另一端口之间建立双向连接关系。 输入和控制选择动作的逻辑关系也必须示出。例如，在元件框内或公共控制框内示出那些输入和有关的关联标记。 箭头是随意的。 若会引起混淆，则可用MUXDX代替MDX	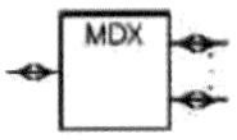	双向多路选择器/分配器（选择器），一般符号 备注：该元件在一个输入/输出端口与从一组输入/输出端口选出的另一端口之间建立双向连接关系。 输入和控制选择动作的逻辑关系也必须示出。例如，在元件框内或公共控制框内示出那些输入和有关的关联标记。 若会引起混淆，则可用MUXDX代替MDX。 箭头是随意的	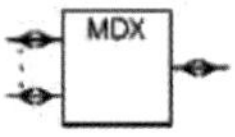
数据选择器（8选1） 备注：如SN74151	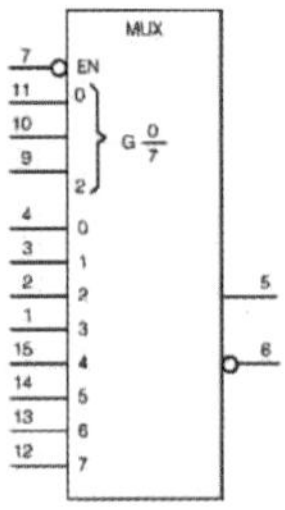	四多路选择器 备注：如MC14519。"非0线"是随意的	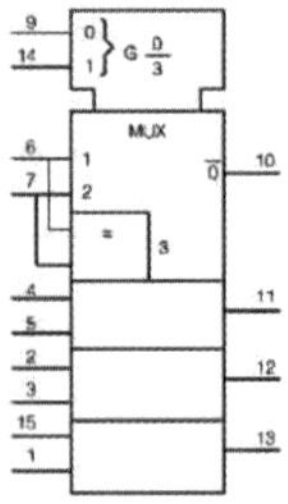
四异或非门 备注：如MC14519	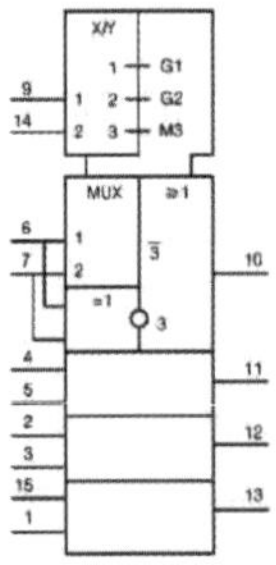	多路分配器（1对8） 备注：如SN74LS138	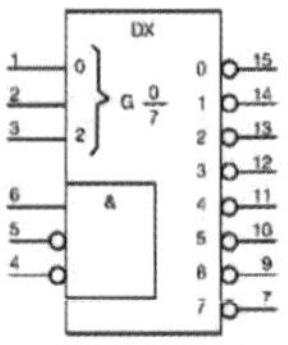
双-4路模拟数据选择器（多路选择器/多路分配器） 备注：如MC14529B。 当使用总限定符号MDX时，若不会引起混淆，在多路传输端口上，X-关联的标识序号（如0/1/2/3）可以省略。 箭头和模拟信号符号是随意的	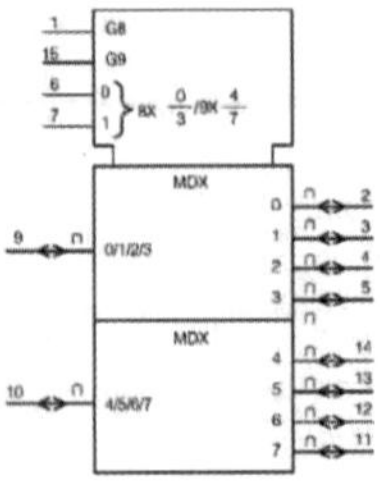	双万用多路分配器/译码器 备注：如F100170。 为了正确执行DX1：8的功能，需要在引线19和20之间，以及引线22和23之间进行外连。 在此示例中，开路输出符号位未示出，这是因为ECL输出均为同一开路形式	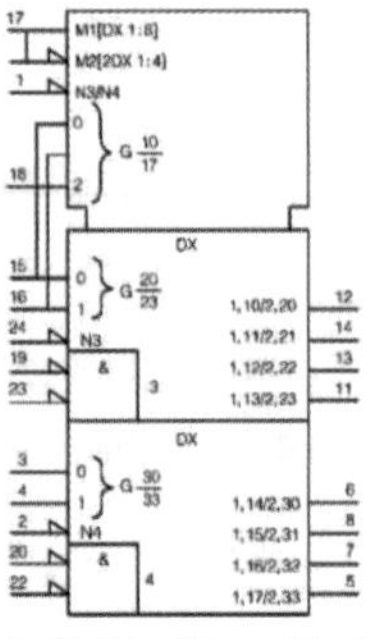

续表

名　称	图形符号标识	名　称	图形符号标识
加法器，一般符号	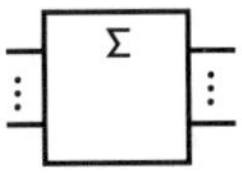 Σ	减法器，一般符号	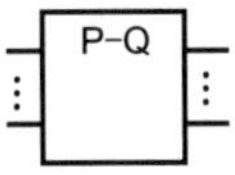 P-Q
先行进位产生器（进位传播和产生），一般符号	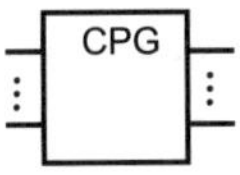 CPG	乘法器，一般符号	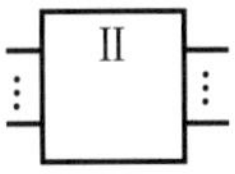 Π
数值比较器，一般符号 **备注**：级联比较器被设定为从低位到高位进行比较。否则，应另加说明。例如，用“[H-L]”来说明，并把它置于限定符号“COMP”之下	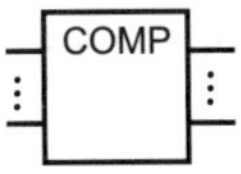 COMP	运算器，一般符号 **备注**：总限定符号应增加补充信息以说明元件的功能	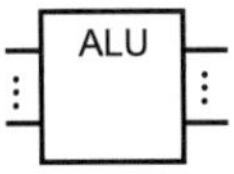 ALU
半加器	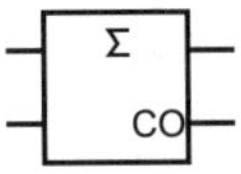 Σ CO	1位全加器	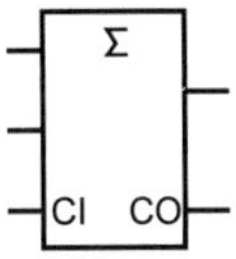 Σ CI CO
具有互补和输出及反相进位输出的1位全加器 **备注**：如SN7480	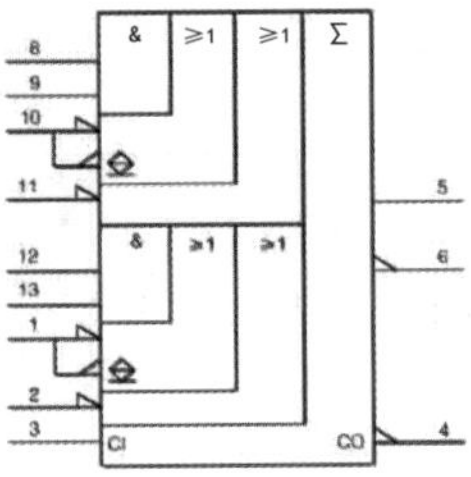 & ≥1 ≥1 Σ CI CO	4位全加器 **备注**：如SN74283	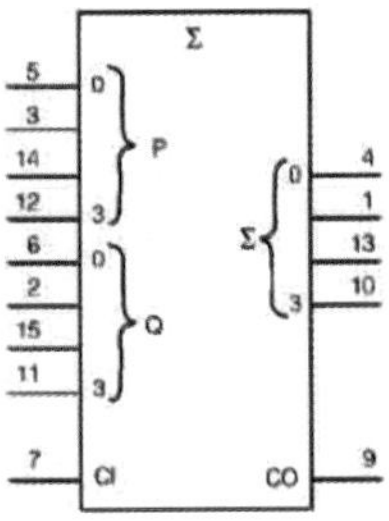 Σ P Q CI CO
4位全减器 **备注**：如SN74283	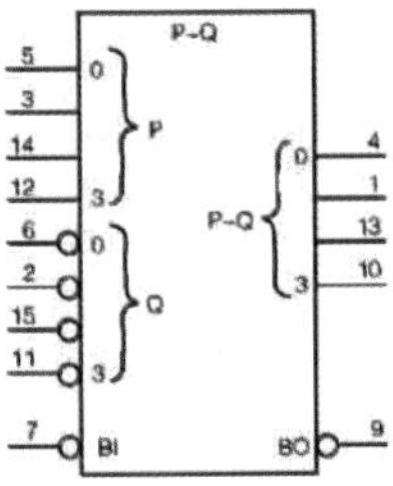 P-Q P Q BI BO	4位先行进位产生器 **备注**：如SN74182	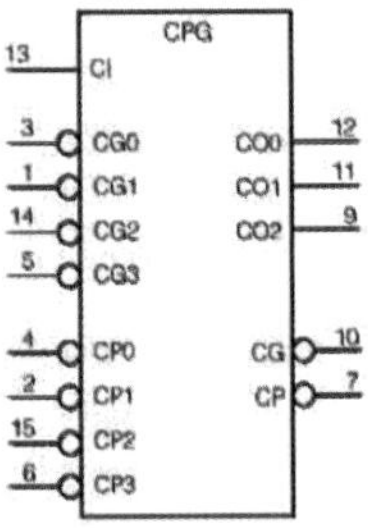 CPG CI CG0 CG1 CG2 CG3 CP0 CP1 CP2 CP3 CO0 CO1 CO2 CG CP
4位并行乘法器，产生乘积的4个最低有效位 **备注**：如SN74285	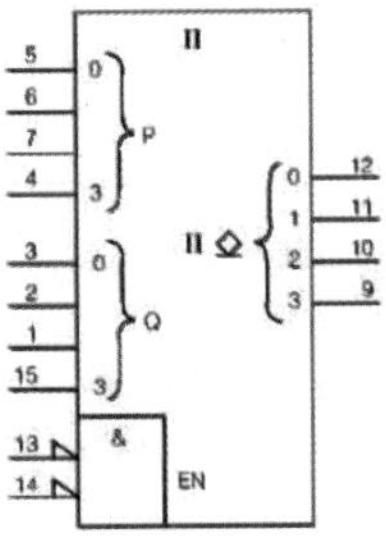 Π P Q & EN	4位并行乘法器，产生乘积的4个最高有效位 **备注**：如SN74284	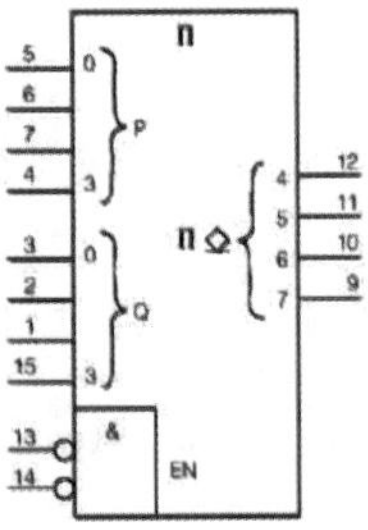 Π P Q & EN

续表

名　称	图形符号标识	名　称	图形符号标识
L型开路输出6位数值比较器 **备注**：如DM7160	COMP；0、P、5；0、Q、5；P=Q；EN；1、3、5、10、12、14、2、4、6、11、13、15、7、9	4位级联输入的数值比较器 **备注**：如SN7485	COMP；0、P、3；>、=、<；0、Q、3；P>Q、P=Q、P<Q；10、12、13、15、4、3、2、9、11、14、1、5、6、7
三态输出的4位数值比较器 **备注**：如DM76L24	COMP；0、P、3；0、Q、3；&；EN；P>Q、P<Q、P=Q、P=Q±1、P=Q；3、2、1、15、7、6、5、4、13、14、9、10、11、12	4位运算逻辑元件 **备注**：如SN74181	ALU [T1]；0、M $\frac{0}{31}$、4；CI；CP、CG、CO、P=Q；P0、Q0、P1、Q1、P2、Q2、P3、Q3；6、5、4、3、8、7、15、17、16、14、2、1、23、22、21、20、19、18、9、10、11、13
4位输出有锁存器的运算逻辑元件 **备注**：如F100181	ALU [T1]；0、M $\frac{0}{15}$、3；CI、C16；CP、CO、CG；P0、Q0、P1、Q1、P2、Q2、P3、Q3；16D；19、20、23、24、14、22、12、11、13、4、15、3、16、2、17、1、18、5、6、7、8	给定延迟时间的延迟元件	t_1　t_2
		延迟元件（100ns）	100ns
		带抽头的延迟元件（按10ns分级）	10ns、20ns、30ns、40ns、50ns
5抽头延迟线 **备注**：该符号是具有相同功能但有不同引线排列的两个器件的合成表示。在印制电路板上，不同的“引脚”定义可以在一个通用封装上表示	1；10ns、"A"/20ns、"A"、30ns、"B"/40ns、"B"、50ns；12、3、4、10、5、6、8	R-S触发器	S、R
双D锁存器 **备注**：如SN7475的一部分	1D、C1、C2、2D；6、4、7、10、11、9、8	边沿触发J-K触发器 **备注**：如SN74LS107的一部分	1J、C1、1K、R；1、12、4、13、3、2

续表

名 称	图形符号标识	名 称	图形符号标识
脉冲触发J-K触发器 **备注**：如SN74107的一部分	1 1J 3 12 C1 4 1K 2 13 R	数据锁定输出J-K触发器 **备注**：如SN74111的一部分	2 S 4 1J 7 5 C1 1 1K 6 3 R
具有逻辑非输入的R-S锁存器 **备注**：如SN74279的一部分	2 S 3 S 4 1 R	边沿触发的D触发器 **备注**：如SN7474的一部分。若规定了S=R=1组合的作用，则该作用可用S-和R-的关联示出	4 S 2 1D 5 3 C1 6 1 R
脉冲触发R-S触发器 **备注**：如SN74L71	13 S 3 & 4 1S 8 5 12 C1 9 & 10 1R 6 11 2 R	双边沿触发D触发器 **备注**：如MC10131	9 Z1 5 S 7 2D 2 6 ≥1 C2 1 3 4 R 12 10 15 11 13 14
边沿触发D触发器 **备注**：如MC1222	10 S 11 S 12 1D 5 13 1D 4 C1 2 C1 6 8 R 9 R	四2输入有锁存功能的多路选择器 **备注**：如SN74298。引脚10上的“M1”可用“G1”代替	10 M1 11 C2 3 1,2D 15 2 1,2D 4 14 1 9 13 5 7 12 6
8位输入/输出端口 **备注**：如8212	[I/O PORT] 1 & ≥1 13 G1 1R2 23 14 R2/Z6 11 S 2 G3 6R 1EN5 2 EN5/1C4 3C4 3 4D 5 4 5 6 7 8 9 10 16 15 18 17 20 19 22 21	初始为“0”状态的RS-双稳 **备注**：电源接通的瞬间，输出处于其内部“0”状态	I=0 S R
		初始为“1”状态的RS-双稳 **备注**：电源接通的瞬间，输出处于其内部“1”状态	I=1 S R
		非易失的RS-双稳 **备注**：电源接通的瞬间，输出的内部逻辑状态与电源断开时相同	NV S R
可重复触发单稳（当有脉冲输出期间），一般符号 **备注**：每当输入变到其“1”状态，输出就变到或保持其“1”状态。经过由特定器件的特性决定的时间间隔后，输出回到其“0”状态，时间检测从输入最后一次变到其“1”状态算起		非重复触发单稳（当有脉冲输出期间），一般符号 **备注**：仅当输入变到其“1”状态，输出才变到其“1”状态。经过由特定器件的特性决定的时间间隔后，输出回到其“0”状态，而不管在此期间输入变量有何变化	1

续表

名 称	图形符号标识	名 称	图形符号标识
可重复触发单稳触发器 **备注**：如SN74L123的一部分	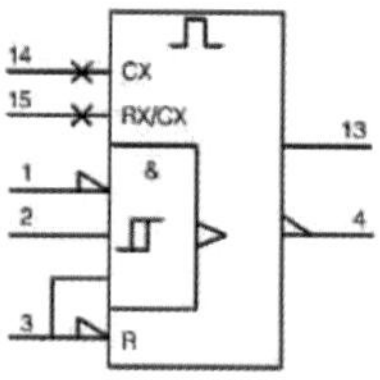	非重复触发单稳触发器 **备注**：如SN74221的一部分	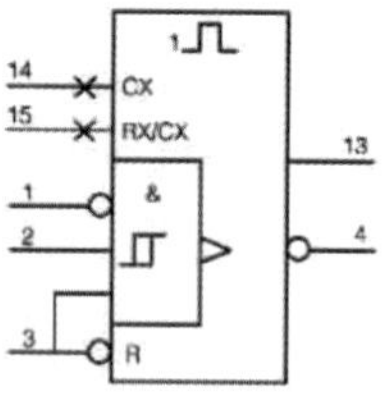
非稳态元件，一般符号 **备注**：该符号中，字符G为发生器的限定符号。若波形明显时，该符号可以无附加符号示出	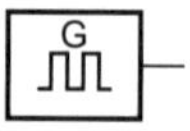	可控非稳态元件，一般符号 **备注**：该符号中，字符G为发生器的限定符号。若波形明显时，该符号可以无附加符号示出	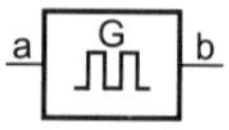
同步启动非稳态元件，一般符号 **备注**：输入呈现其内部“1”状态的瞬间，输出以一个完整的脉冲开始。 该符号中，字符G为发生器的限定符号。若波形明显时，该符号可以无附加符号示出	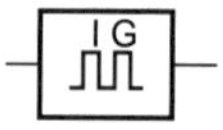	完成最后一个脉冲后停止输出的非稳态元件，一般符号 **备注**：输入回到其内部“0”状态时，输出保持其内部“0”状态或完成其最后一个脉冲。 该符号中，字符G为发生器的限定符号。若波形明显时，该符号可以无附加符号示出	
同步启动，完成最后一个脉冲后停止输出的非稳态元件，一般符号 **备注**：该符号中，字符G为发生器的限定符号。若波形明显时，该符号可以无附加符号示出		四相时钟发生器/启动器 **备注**：如TIM9904，以前的SN74LS362	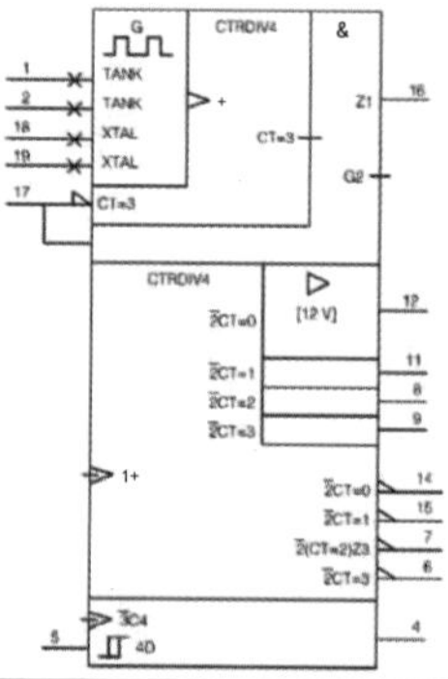
移位寄存器，一般符号 **备注**：m应以位数代替			
循环长度为2的m次幂的计数器，一般符号 **备注**：m应以实际值代替。 为区别起见，可在波动计数器的总限定符号上加前缀R，如RCTRm	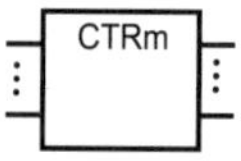	双压控振荡器 **备注**：如SN74S124	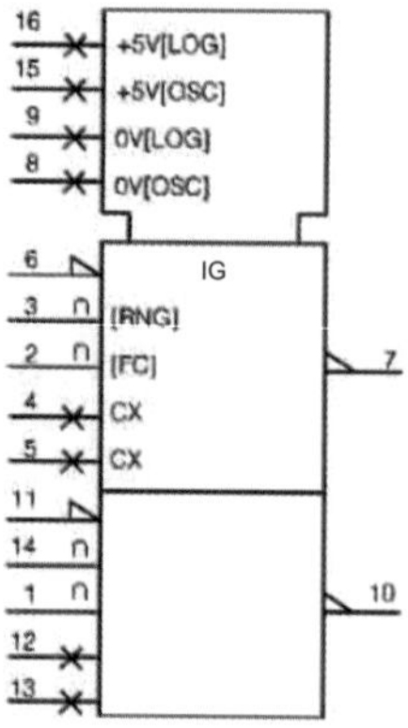
循环长度为m的计数器，一般符号 **备注**：m应以实际值代替。 为区别起见，可在波动计数器的总限定符号上加前缀R，如RCTRDIVm	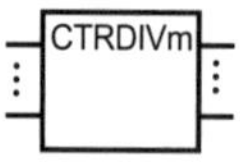		
8位串行输入和互补串行输出移位寄存器 **备注**：如SN7491的一部分	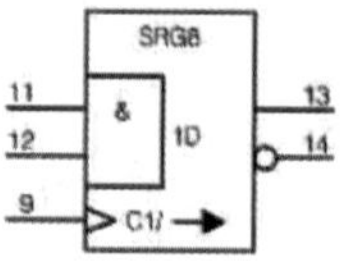	512位静态移位寄存器 **备注**：如MM4057	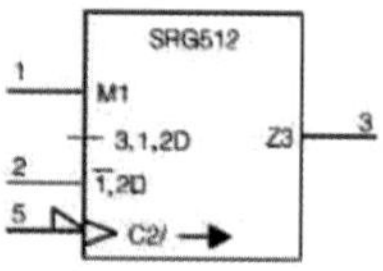

续表

名　称	图形符号标识	名　称	图形符号标识
4位双向移位寄存器 **备注**：如SN74LS194	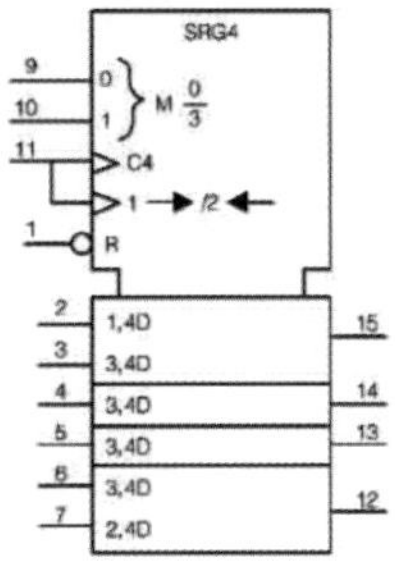	4位并行入/并行出移位寄存器 **备注**：如CD4053A	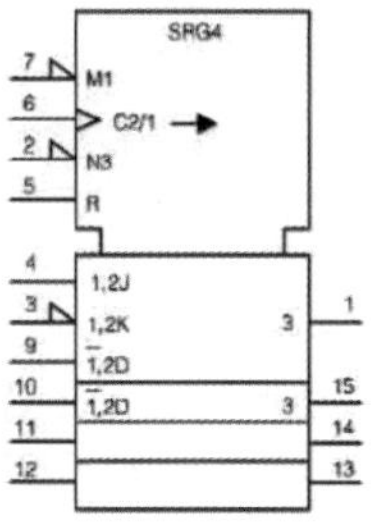
8位并行输出移位寄存器 **备注**：如SN74164	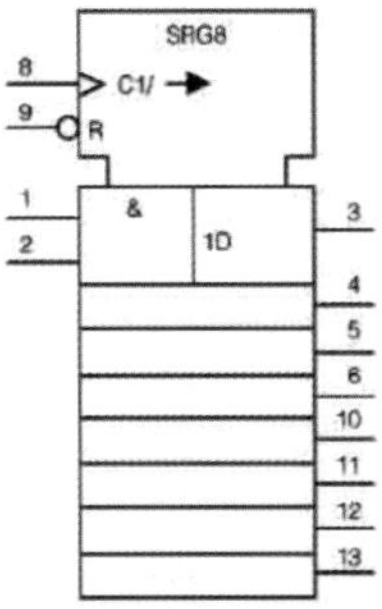	8位并行装入移位寄存器 **备注**：如SN74165	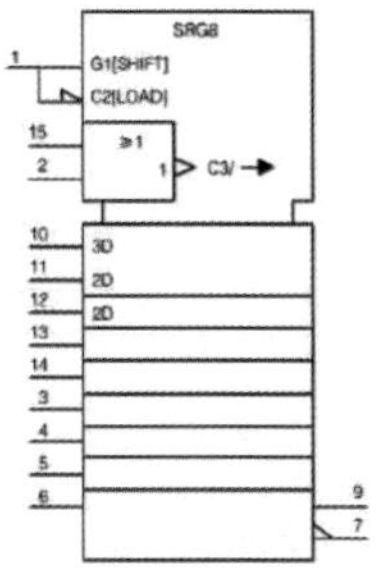
8位通用移位/存储寄存器（一） **备注**：如SN74LS323，只示出复位、移位和并行装入方式	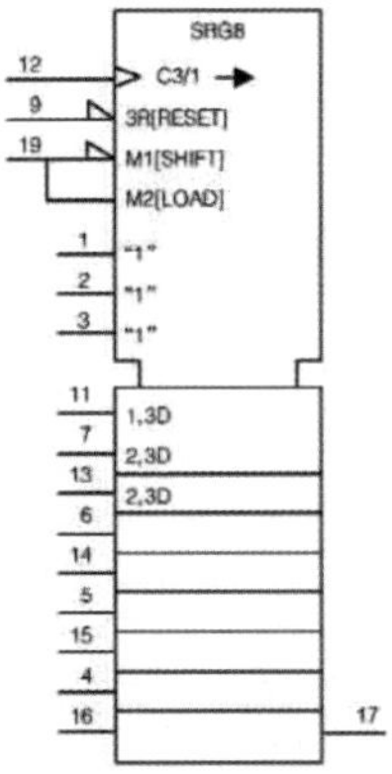	8位通用移位/存储寄存器（二） **备注**：如SN74LS323，只示出复位、移位和并行装入方式。 该符号表明一种未完全使用的器件可用一种合适应用的符号表示	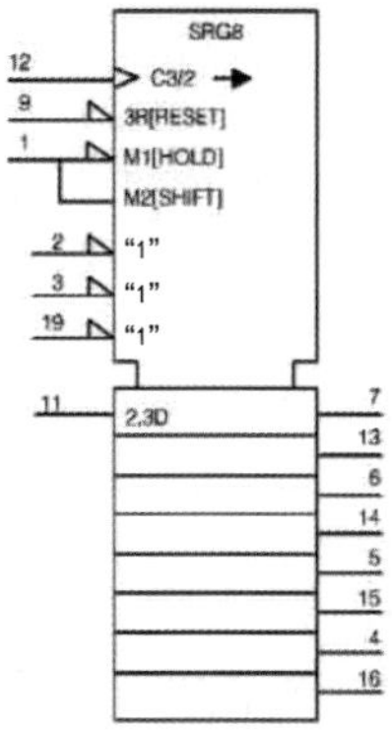
14位二进制行波计数器 **备注**：如CD4020	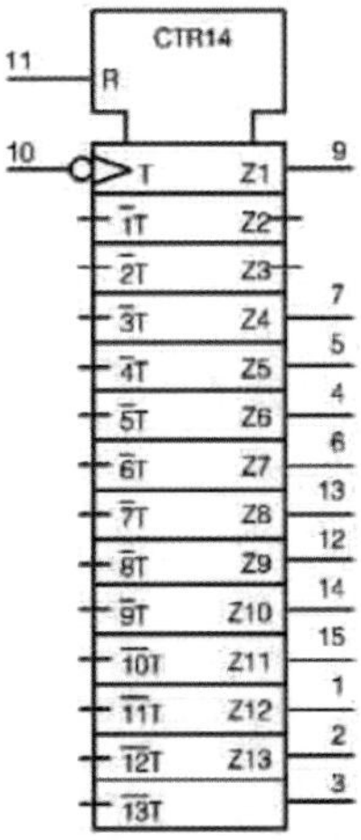	14位二进制行波计数器 **备注**：如CD4020。 若需表示波动作用，则应在总限定符号上加前缀R	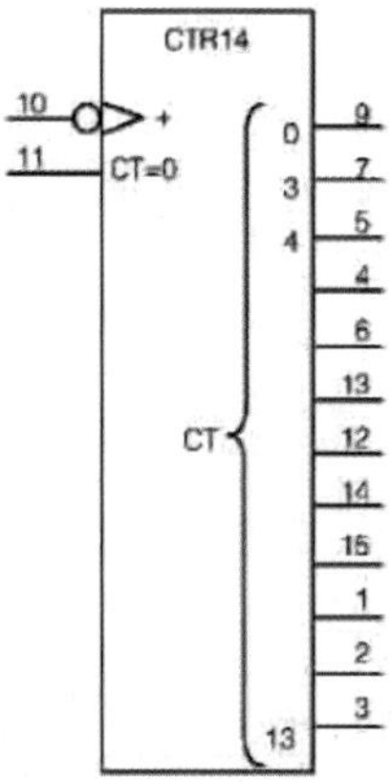

续表

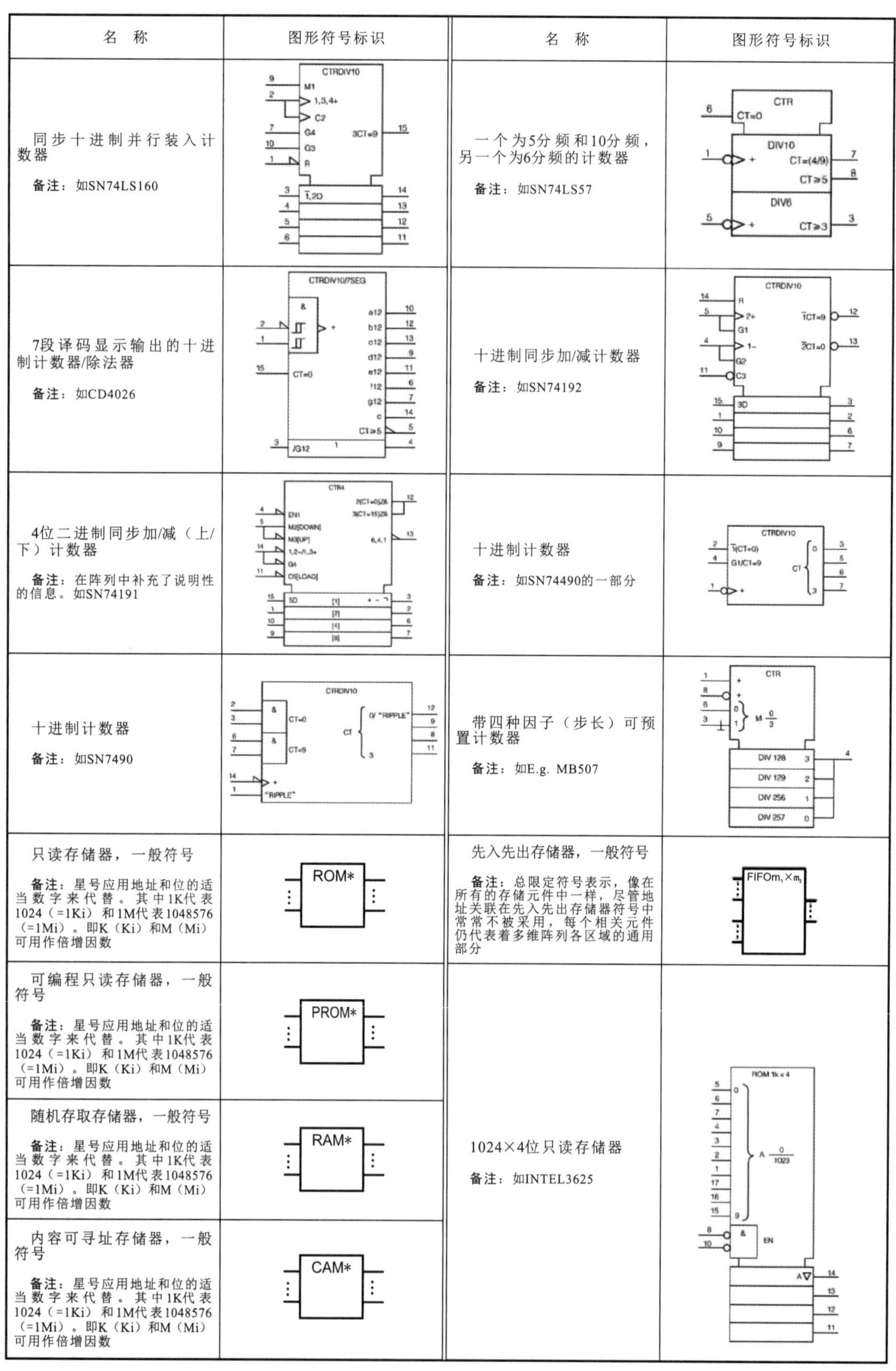

名称	图形符号标识	名称	图形符号标识
同步十进制并行装入计数器 **备注**：如SN74LS160		一个为5分频和10分频，另一个为6分频的计数器 **备注**：如SN74LS57	
7段译码显示输出的十进制计数器/除法器 **备注**：如CD4026		十进制同步加/减计数器 **备注**：如SN74192	
4位二进制同步加/减（上/下）计数器 **备注**：在阵列中补充了说明性的信息。如SN74191		十进制计数器 **备注**：如SN74490的一部分	
十进制计数器 **备注**：如SN7490		带四种因子（步长）可预置计数器 **备注**：如E.g. MB507	
只读存储器，一般符号 **备注**：星号应用地址和位的适当数字来代替。其中1K代表1024（=1Ki）和1M代表1048576（=1Mi）。即K（Ki）和M（Mi）可用作倍增因数	ROM*	先入先出存储器，一般符号 **备注**：总限定符号表示，像在所有的存储元件中一样，尽管地址关联在先入先出存储器符号中常常不被采用，每个相关元件仍代表着多维阵列各区域的通用部分	FIFOm₁×m₂
可编程只读存储器，一般符号 **备注**：星号应用地址和位的适当数字来代替。其中1K代表1024（=1Ki）和1M代表1048576（=1Mi）。即K（Ki）和M（Mi）可用作倍增因数	PROM*	1024×4位只读存储器 **备注**：如INTEL3625	
随机存取存储器，一般符号 **备注**：星号应用地址和位的适当数字来代替。其中1K代表1024（=1Ki）和1M代表1048576（=1Mi）。即K（Ki）和M（Mi）可用作倍增因数	RAM*		
内容可寻址存储器，一般符号 **备注**：星号应用地址和位的适当数字来代替。其中1K代表1024（=1Ki）和1M代表1048576（=1Mi）。即K（Ki）和M（Mi）可用作倍增因数	CAM*		

续表

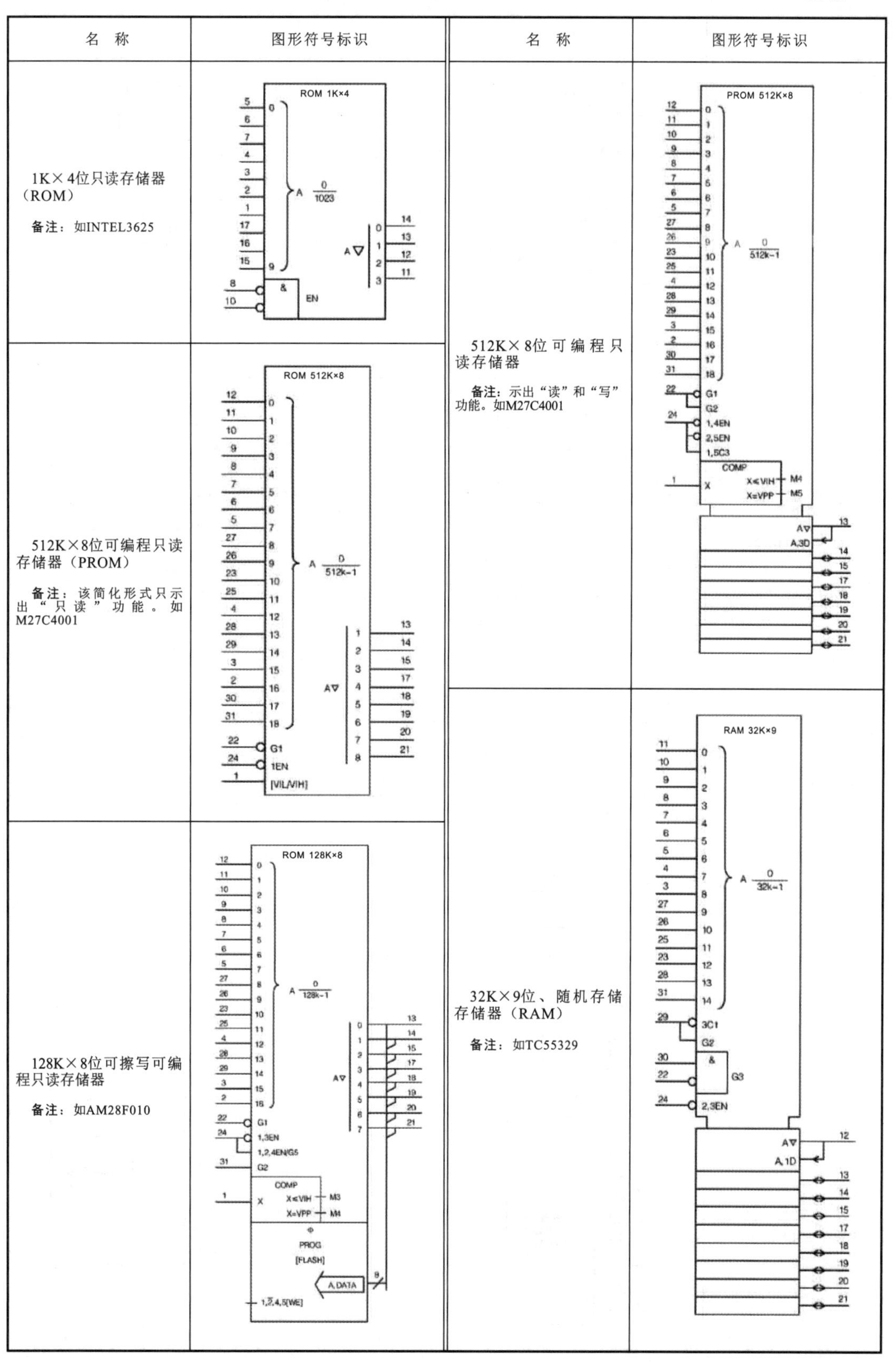

名　称	图形符号标识	名　称	图形符号标识
1K×4位只读存储器（ROM） **备注**：如INTEL3625		512K×8位可编程只读存储器 **备注**：示出“读”和“写”功能。如M27C4001	
512K×8位可编程只读存储器（PROM） **备注**：该简化形式只示出“只读”功能。如M27C4001		32K×9位、随机存储存储器（RAM） **备注**：如TC55329	
128K×8位可擦写可编程只读存储器 **备注**：如AM28F010			

续表

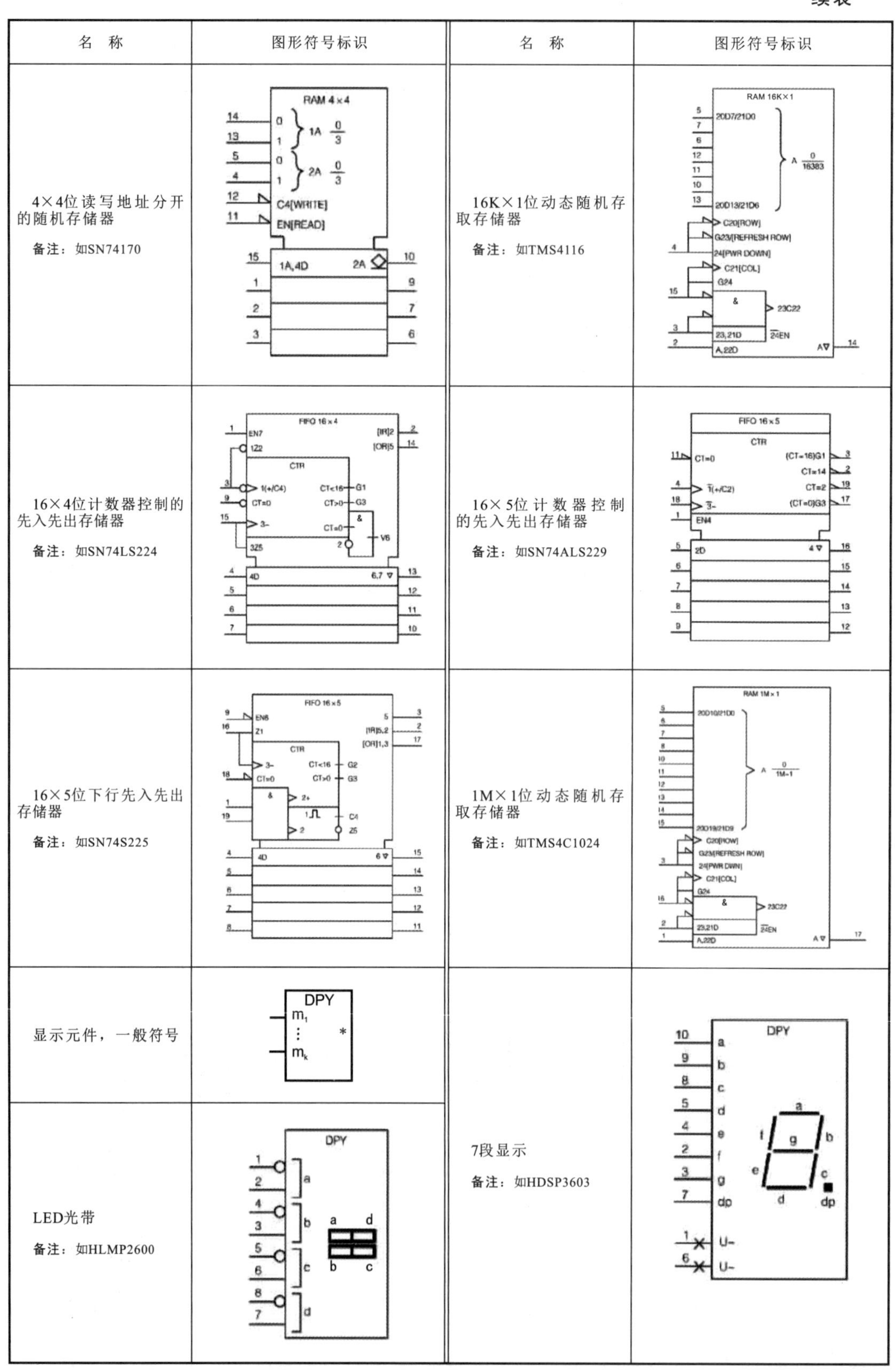

名　称	图形符号标识	名　称	图形符号标识
4×4位读写地址分开的随机存储器 备注：如SN74170		16K×1位动态随机存取存储器 备注：如TMS4116	
16×4位计数器控制的先入先出存储器 备注：如SN74LS224		16×5位计数器控制的先入先出存储器 备注：如SN74ALS229	
16×5位下行先入先出存储器 备注：如SN74S225		1M×1位动态随机存取存储器 备注：如TMS4C1024	
显示元件，一般符号		7段显示 备注：如HDSP3603	
LED光带 备注：如HLMP2600			

续表

名　称	图形符号标识	名　称	图形符号标识
溢出显示 **备注**：如HDSP5607	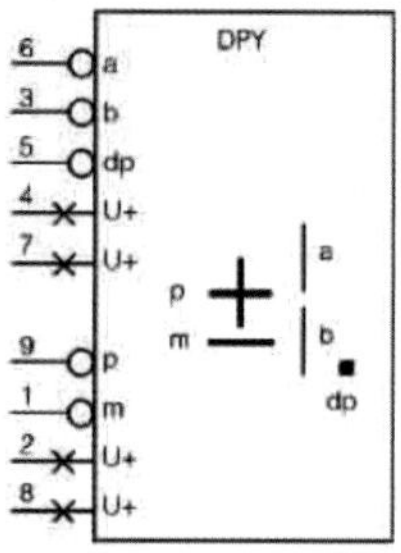 DPY 6 a 3 b 5 dp 4 U+ 7 U+ 9 p 1 m 2 U+ 8 U+ p m a b dp	十六进制显示 **备注**：如5082-7340	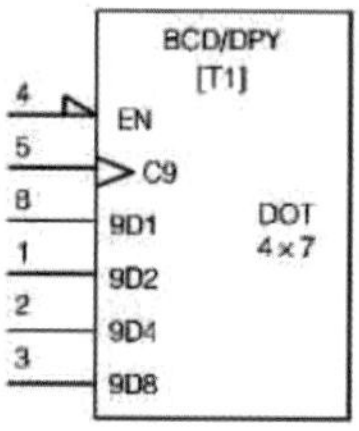 BCD/DPY [T1] 4 EN 5 C9 8 9D1 1 9D2 2 9D4 3 9D8 DOT 4×7
三个带小数点的7段字符数字显示 **备注**：如5082-7433	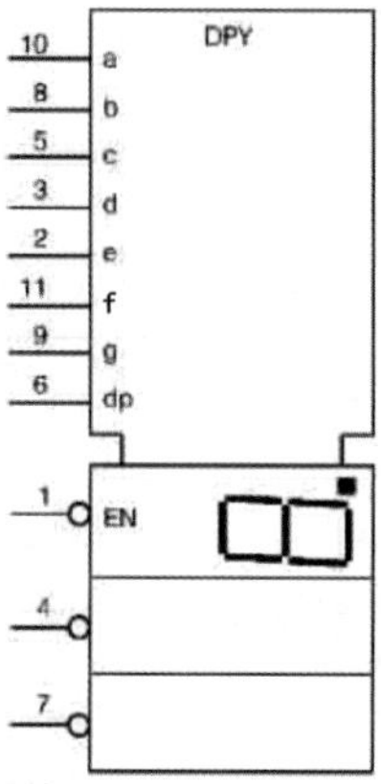 DPY 10 a 8 b 5 c 3 d 2 e 11 f 9 g 6 dp 1 EN 4 7	四个16段符号的字符显示 **备注**：如HDSP6504	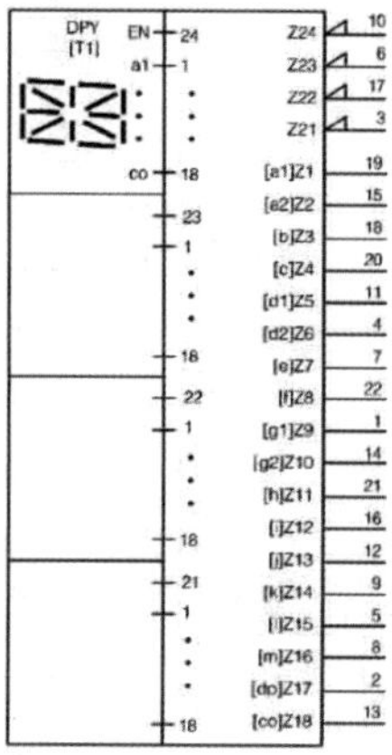 DPY [T1] EN 24 a1 1 co 18 23 1 18 22 1 18 21 1 18 Z24 10 Z23 6 Z22 17 Z21 3 [a1]Z1 19 [a2]Z2 15 [b]Z3 18 [c]Z4 20 [d1]Z5 11 [d2]Z6 4 [e]Z7 7 [f]Z8 22 [g1]Z9 1 [g2]Z10 14 [h]Z11 21 [i]Z12 16 [j]Z13 12 [k]Z14 9 [l]Z15 5 [m]Z16 8 [dp]Z17 2 [co]Z18 13
四个5×7点符号的字符显示 **备注**：如HDSP2000	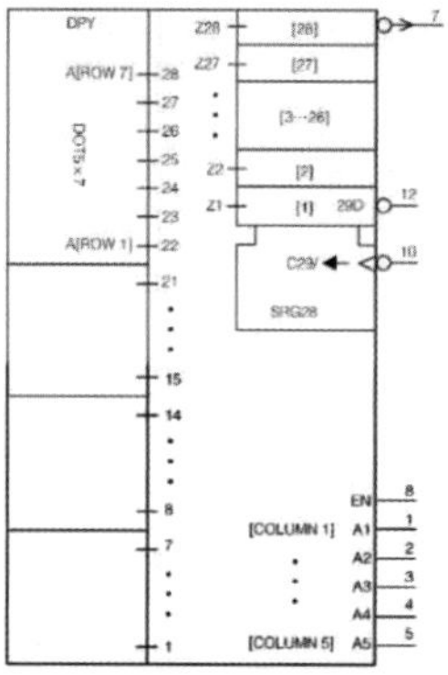 DPY DOT5×7 A[ROW 7] 28 27 26 25 24 23 A[ROW 1] 22 21 15 14 8 7 1 Z28 [28] 7 Z27 [27] [3…26] Z2 [2] Z1 [1] 29D 12 C29/ 10 SRG28 EN 8 [COLUMN 1] A1 1 A2 2 A3 3 A4 4 [COLUMN 5] A5 5	复杂功能元件（“灰盒子”），一般符号 **备注**：字母应以尽可能简短的功能标记来补充。此外，在符号框内或符号框旁，还应补充有关的参考信息（如型号或项目代号）	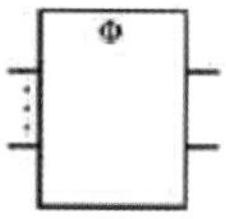 Φ
		单向总线指示符 **备注**：信号流从左到右符号	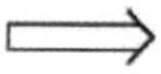
		双向总线指示符	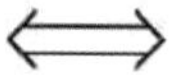
8位微处理器 **备注**：如INTEL8085	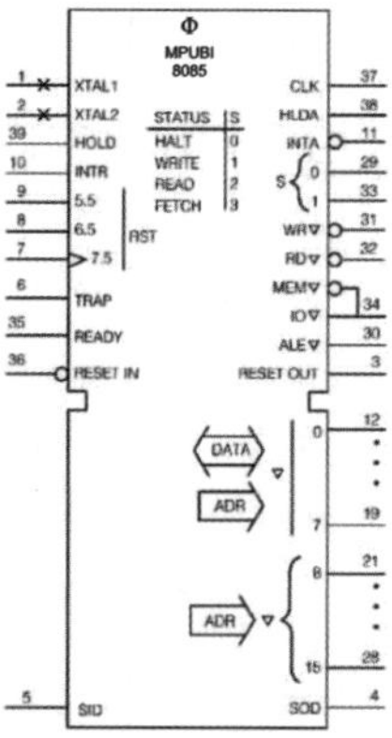 Φ MPUBI 8085 1 XTAL1 2 XTAL2 39 HOLD 10 INTR 9 5.5 8 6.5 7 7.5 RST 6 TRAP 35 READY 36 RESET IN 5 SID STATUS S HALT 0 WRITE 1 READ 2 FETCH 3 CLK 37 HLDA 38 INTA 11 S 0 29 1 33 WR 31 RD 32 MEM 34 IO ALE 30 RESET OUT 3 DATA ADR 0 12 7 19 ADR 8 21 15 28 SOD 4	可编程外设接口 **备注**：如INTELM8255A	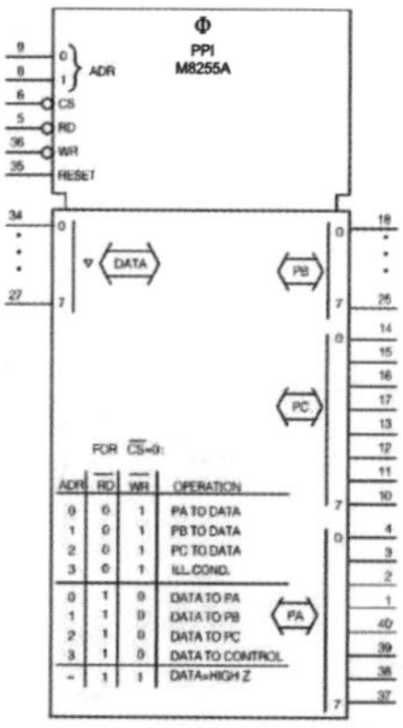 Φ PPI M8255A 9 0 8 1 ADR 6 CS 5 RD 36 WR 35 RESET 34 0 27 7 DATA PB 0 18 … 7 25 PC 0 14 15 16 17 13 12 11 7 10 FOR CS=0: ADR RD WR OPERATION 0 0 1 PA TO DATA 1 0 1 PB TO DATA 2 0 1 PC TO DATA 3 0 1 ILL.COND. 0 1 0 DATA TO PA 1 1 0 DATA TO PB 2 1 0 DATA TO PC 3 1 0 DATA TO CONTROL – 1 1 DATA=HIGH Z PA 0 4 3 2 1 40 39 38 7 37

续表

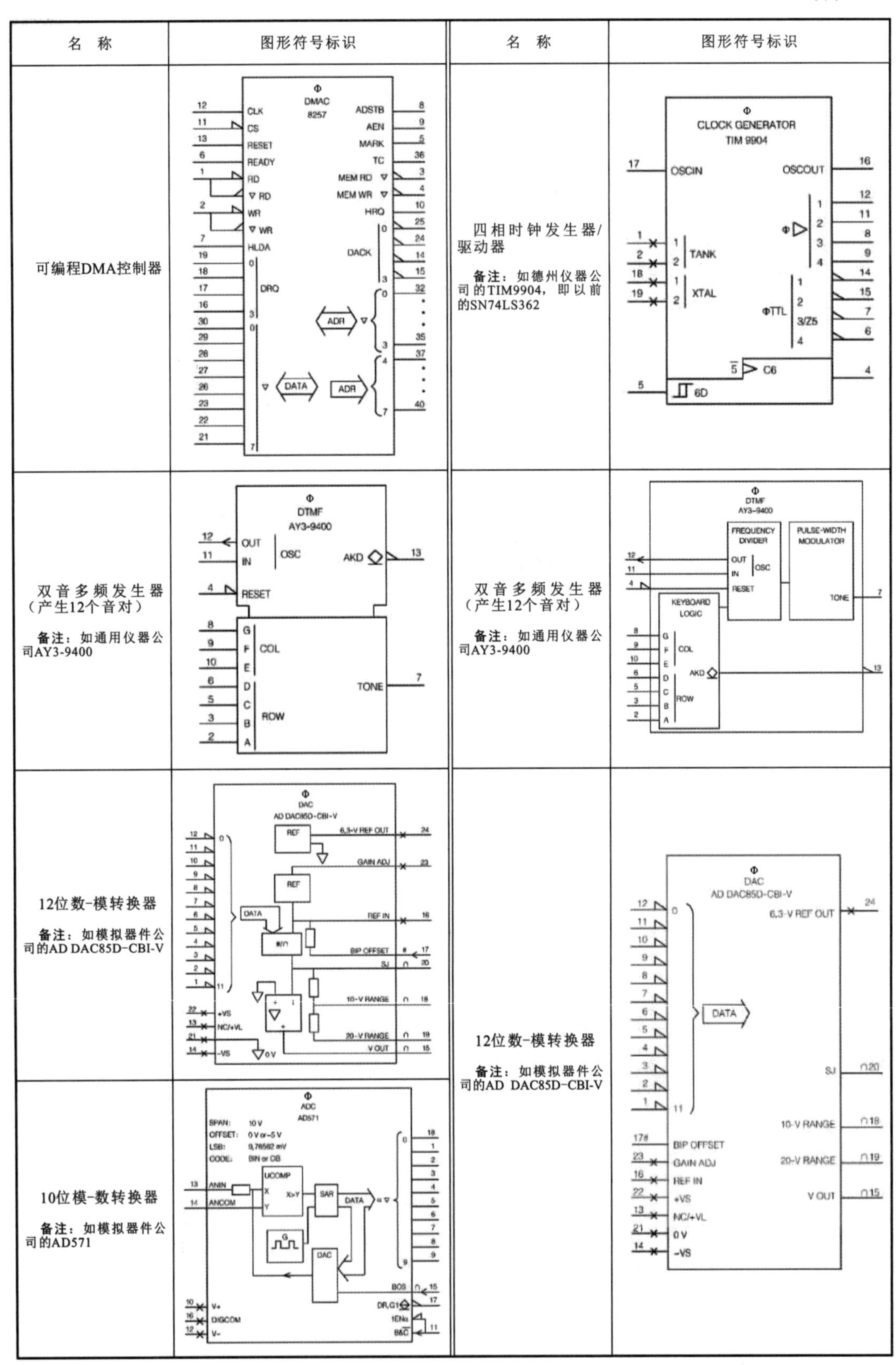

名　称	图形符号标识	名　称	图形符号标识
可编程DMA控制器		四相时钟发生器/驱动器 **备注**：如德州仪器公司的TIM9904，即以前的SN74LS362	
双音多频发生器（产生12个音对） **备注**：如通用仪器公司AY3-9400		双音多频发生器（产生12个音对） **备注**：如通用仪器公司AY3-9400	
12位数-模转换器 **备注**：如模拟器件公司的AD DAC85D-CBI-V		12位数-模转换器 **备注**：如模拟器件公司的AD DAC85D-CBI-V	
10位模-数转换器 **备注**：如模拟器件公司的AD571			

续表

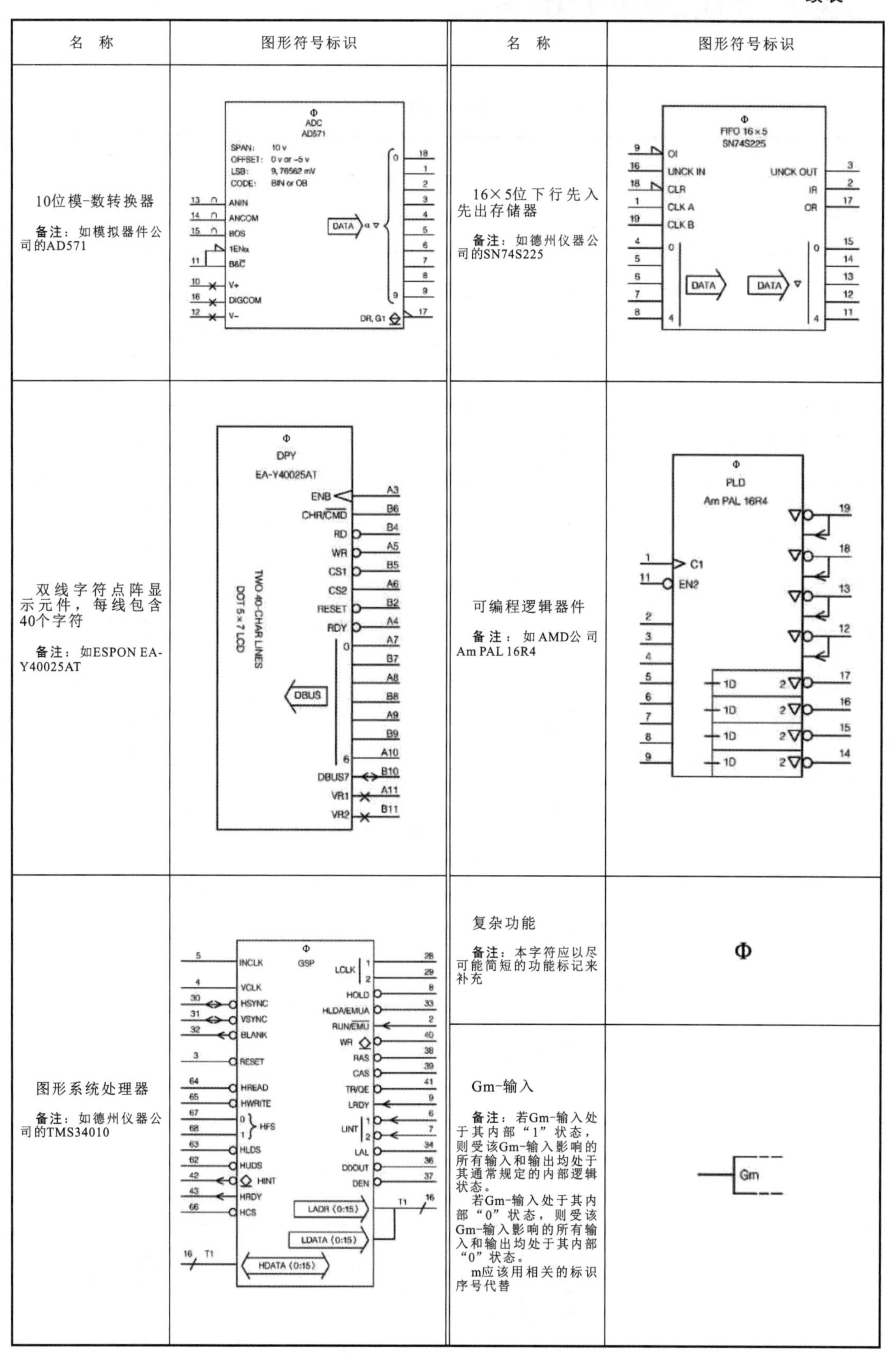

名 称	图形符号标识	名 称	图形符号标识
10位模-数转换器 **备注**：如模拟器件公司的AD571	Φ ADC AD571	16×5位下行先入先出存储器 **备注**：如德州仪器公司的SN74S225	Φ FIFO 16×5 SN74S225
双线字符点阵显示元件，每线包含40个字符 **备注**：如ESPON EA-Y40025AT	Φ DPY EA-Y40025AT	可编程逻辑器件 **备注**：如AMD公司Am PAL 16R4	Φ PLD Am PAL 16R4
图形系统处理器 **备注**：如德州仪器公司的TMS34010	Φ GSP	复杂功能 **备注**：本字符应以尽可能简短的功能标记来补充	Φ
		Gm-输入 **备注**：若Gm-输入处于其内部“1”状态，则受该Gm-输入影响的所有输入和输出均处于其通常规定的内部逻辑状态。 若Gm-输入处于其内部“0”状态，则受该Gm-输入影响的所有输入和输出均处于其内部“0”状态。 m应该用相关的标识序号代替	Gm

6.2.4 电信、传输符号标识

电信、传输符号标识见表6-10。

表6-10　电信、传输符号标识

名　称	图形符号标识	名　称	图形符号标识
平面极化		圆极化	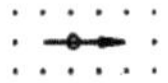
方位角固定的辐射方向	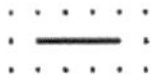	方位角可变的辐射方向	
仰角固定的辐射方向		仰角可变的辐射方向	
方位角和仰角固定的辐射方向	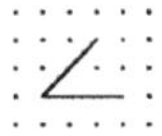	测向器、无线电信标	
天线，一般符号		圆极化天线	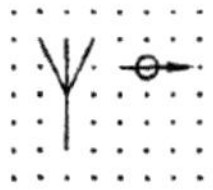
在方位角上辐射方向可变的天线		方位角固定的水平极化定向天线	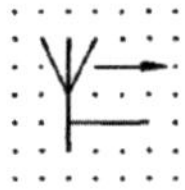
在仰角上辐射方向可变的天线		测向天线	
定向天线	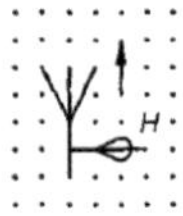 H	雷达天线 **备注：**方位角每分钟转4周，仰角每秒由0°，…，57°，…，0°交变1次的雷达天线	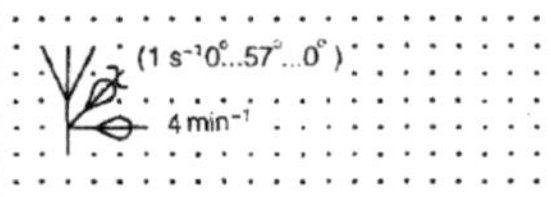 (1 s⁻¹ 0°...57°...0°) 4 min⁻¹
绕杆式天线	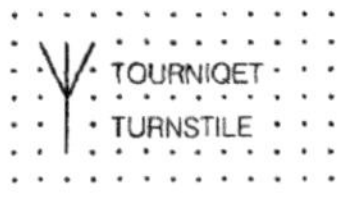 TOURNIQET TURNSTILE	环形天线；框式天线	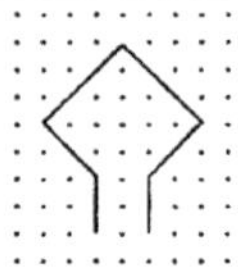
菱形天线	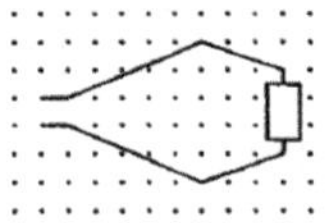	磁杆天线	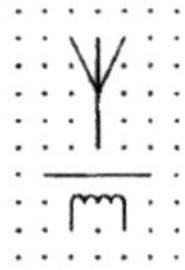
偶极子天线	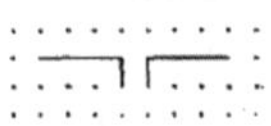	折叠偶极子天线	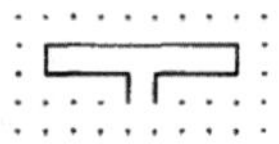
带平衡/不平衡变换器和馈线的折叠偶极子天线	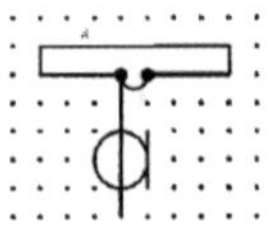	带馈线的隙缝天线 **备注：**表示为带矩形波导馈直线	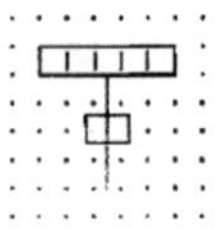

续表

名　称	图形符号标识	名　称	图形符号标识
喇叭式天线	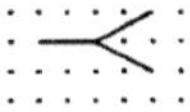	带喇叭馈源的盒形反射器 **备注**：表示为带矩形波导馈直线	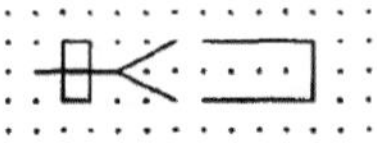
带馈线的抛物面天线 **备注**：表示为带矩形波导馈直线	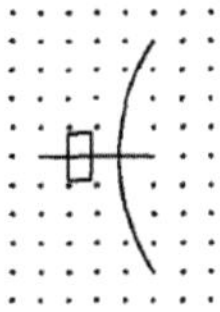	带反射器的喇叭式天线 **备注**：表示为带圆波导馈直线	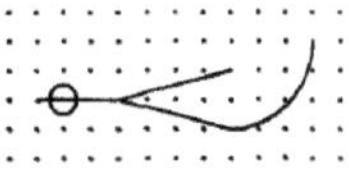
无线电台，一般符号	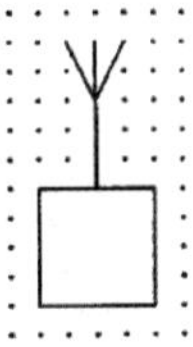	无线电收发电台 **备注**：在同一天线上同时发射和接收	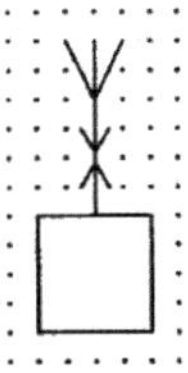
测向无线电接收电台	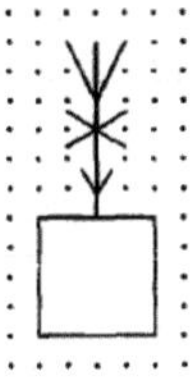	信标发射无线电台	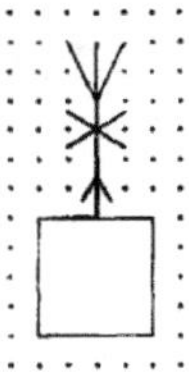
空间站		跟踪空间站的地球站 **备注**：符号带有抛物面天线	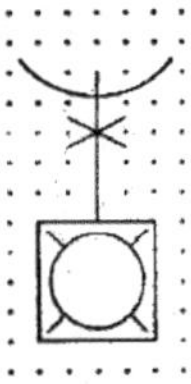
与空间站通信的地球站	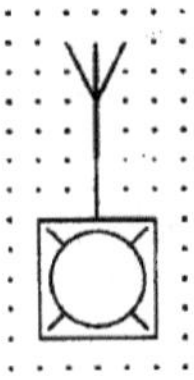	矩形波导	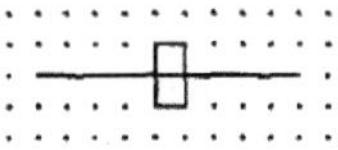
矩形波导 **备注**：符号表示为在TE_{01}模式下传播	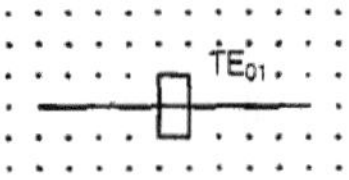 TE_{01}	圆波导	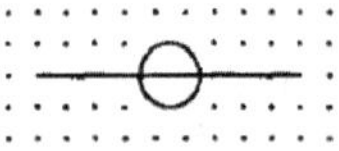
脊型波导	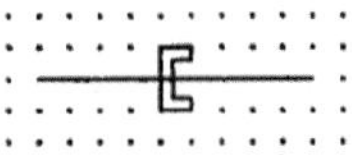	同轴波导	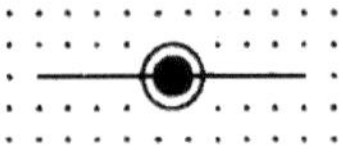
带状线 **备注**：带两个导体	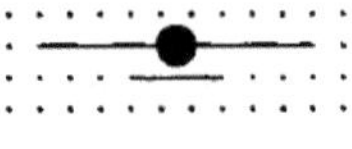	带状线 **备注**：带三个导体	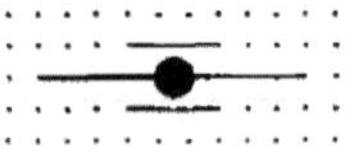
充气矩形波导	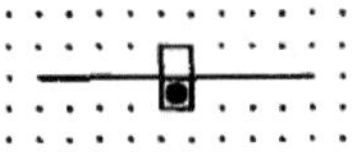	软波导	

续表

名　称	图形符号标识	名　称	图形符号标识
扭波导	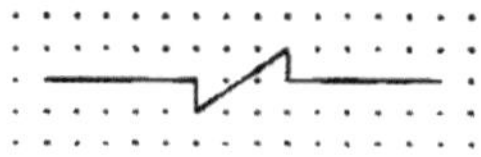	模抑制	
谐振器		全反射的反射器	
部分反射的反射器	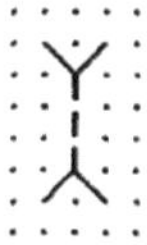	不连续性双端口器件，一般符号	
可调的匹配器件，不连续可调的匹配器件		可调的滑动螺钉匹配器	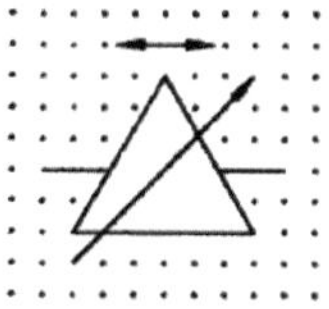
可调的*E*-*H*匹配器		可调的多短柱匹配器	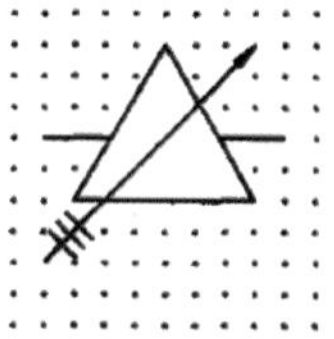
与传输通路并联的不连续性器件		与传输通路串联的不连续性器件	
与传输通路串联的并联谐振式不连续性器件		与传输通路并联的串联谐振式不连续性器件	
与传输通路并联的电容式不连续性器件		不连续性终端	
转换，一般符号		由圆波导转换成矩形波导	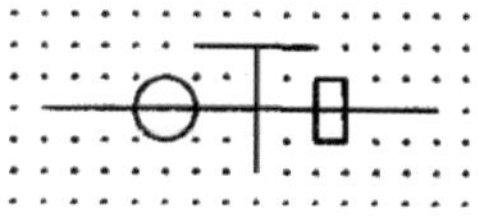
由圆波导逐渐转换成矩形波导	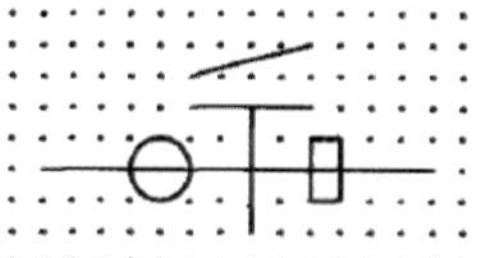	空腔谐振器	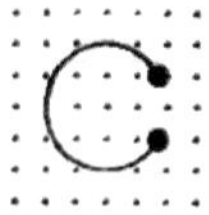

续表

名　称	图形符号标识	名　称	图形符号标识
受气体放电控制的带通滤波器	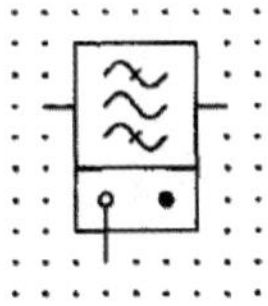	模滤波器	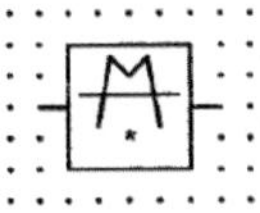
微波隔离器	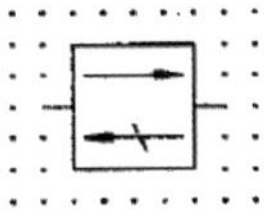	定向相位转换器	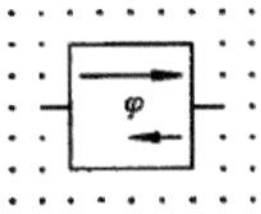
回转器	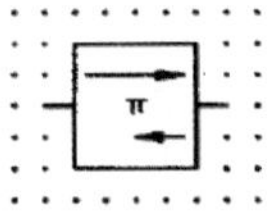	短路终端	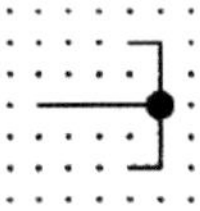
滑动式短路终端	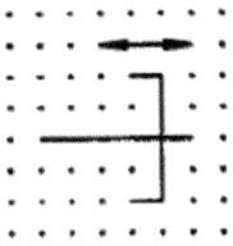	匹配终端	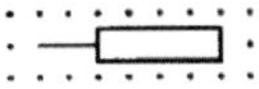
单端口声表面波器件	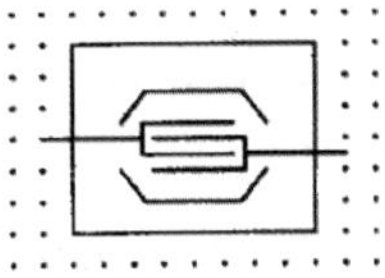	全反射双端口声表面波器件	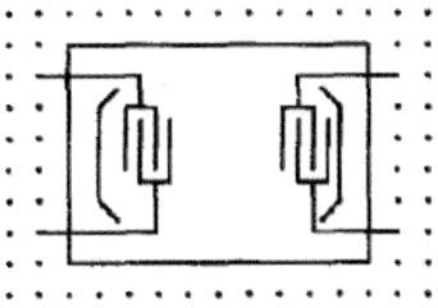
部分反射及全反射双端口声表面波器件	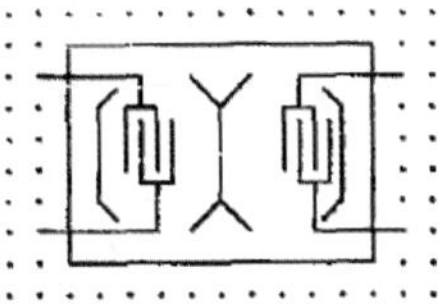	双端口声表面波器件	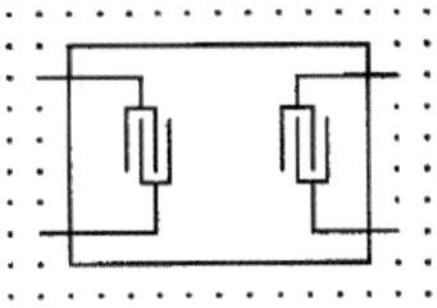
三端口连接	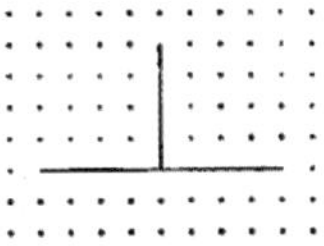	三端口连接（串联T型，E平面T连接）	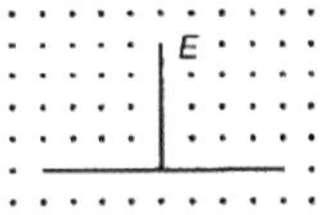
三端口连接（并联T型，H平面T连接）	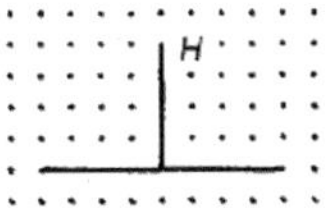	三端口连接（功率分配器）	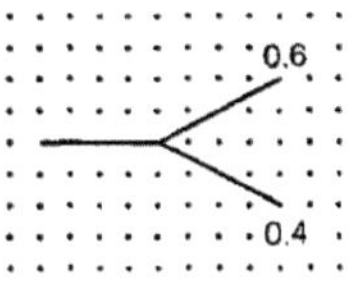
四端口连接	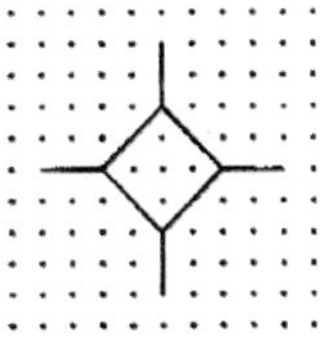	四端口连接	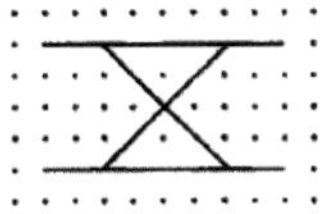

续表

名　称	图形符号标识	名　称	图形符号标识
四端口连接	E H	四端口连接	E H
四端口连接；定向耦合器	20 dB 40 dB	四端口连接：正交混合连接	π/2
混合环连接	λ/4 λ/4 λ/4 3λ/4	三端口环行器	
四端口环行器		四端口可逆环行器 **备注：**电流从线圈上有黑点的一端进入，使能量在环行器里按有黑点的箭头方向流动	
电场极化旋转器 **备注：**表示45°的电场极化旋转器，当从信号传输方向看时，箭头指示电场旋转方向	E 45°	两步位微波开关（每步90°）	
三步位微波开关（每步120°）		四步位微波开关（每步45°）	
未指定类型的耦合器（或馈源），一般符号		接向空腔谐振器的耦合器	
接向矩形波导的耦合器		窗（孔）耦合器，一般符号	
接头上的窗（孔）耦合器		*E*平面的窗（孔）耦合器	E

续表

名　称	图形符号标识	名　称	图形符号标识
环状耦合器		探针耦合器	
与传输通道耦合器的滑动探针		微波激射器，一般符号	
用作放大器的微波激射器		激光器（光量子放大器），一般符号	
用氙气灯作泵源的红宝石激光发生器	G Xe $Cr^{3+}Al_2O_3$	红宝石激光发生器	G $Cr^{3+}Al_2O_3$
激光发生器	G	脉冲位置或脉冲相位调制	
脉冲频率调制		脉冲幅度调制	
脉冲间隔调制		脉冲宽度调制	
脉冲编码调制		7中选3编码的脉冲编码调制	$\binom{7}{3}$
信号发生器，一般符号	G	500Hz正弦波发生器	G ~ 500 Hz
500Hz锯齿波发生器	G 500 Hz	脉冲发生器	G

续表

名　称	图形符号标识	名　称	图形符号标识
频率可调的正弦波发生器	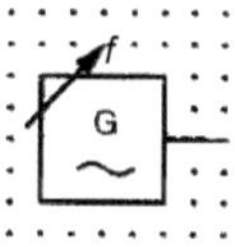	频率由f_1变到f_2的变频器	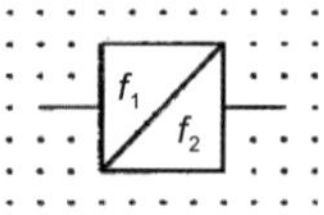
倍频器	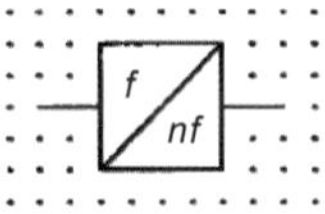	分频器	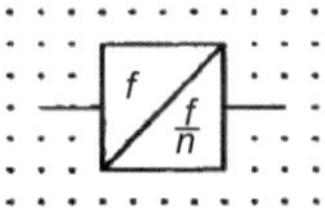
脉冲倒相器	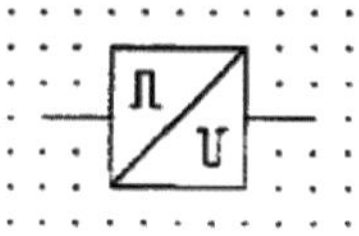	二进制码变换器	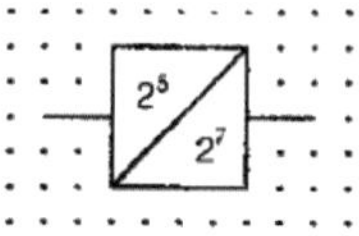
用5位二进制码给出时钟时间的变换器	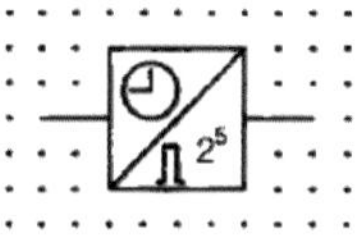	脉冲再生器	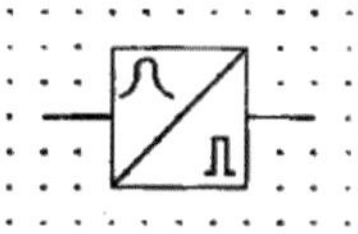
放大器，一般符号	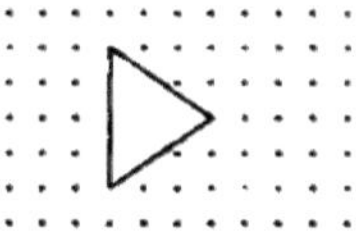	放大器，一般符号	
固定衰减器	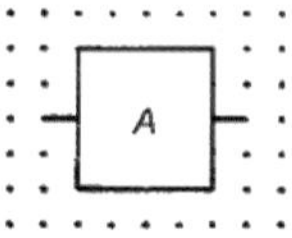	可变衰减器	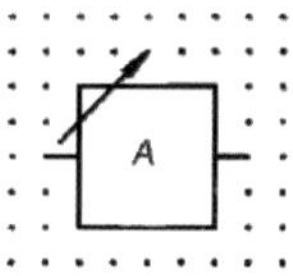
滤波器，一般符号		高通滤波器	
低通滤波器	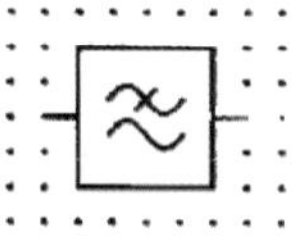	带通滤波器	
带阻滤波器		高频预加重装置	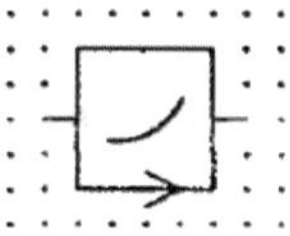
高频去加重装置	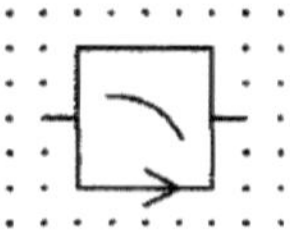	压缩器	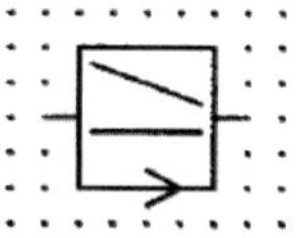

续表

名　称	图形符号标识	名　称	图形符号标识
扩展器	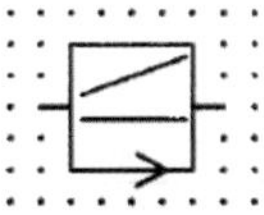	仿真线	
变相网络	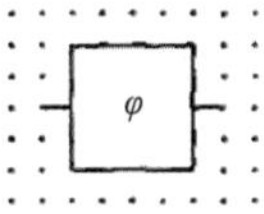	失真校正器，一般符号	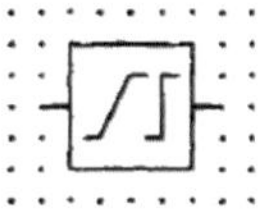
衰减均衡器		相位失真校正器	
延时失真校正器，延时均衡器	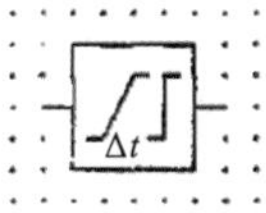	无失真限幅器	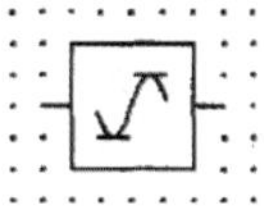
混合器	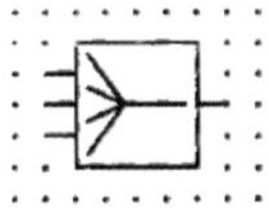	电子斩波器	
声表面波滤波器	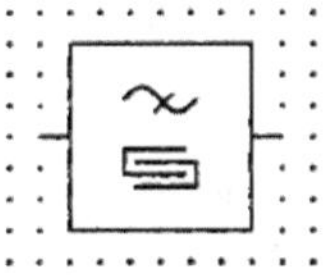	声表面波谐振器	
声表面波延迟线	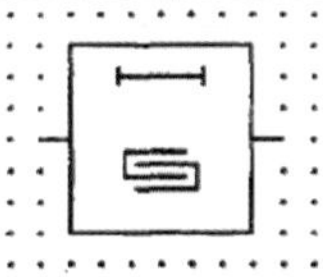	削波器	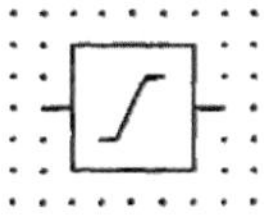
基区限幅器；阈限器件	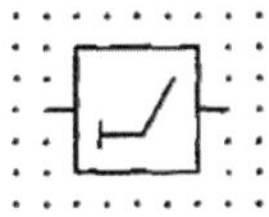	阈值可预置的基区限幅器，阈值可预置的阈限器件	
正峰值削波器	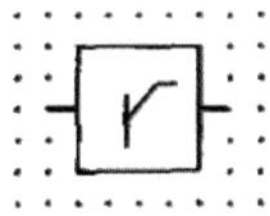	负峰值削波器	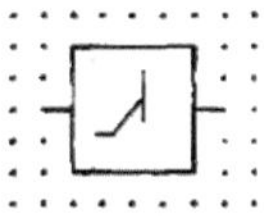
调制器，一般符号；解调器，一般符号；鉴别器，一般符号	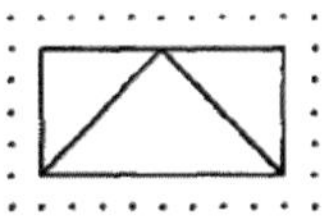	双边带输出的调制器	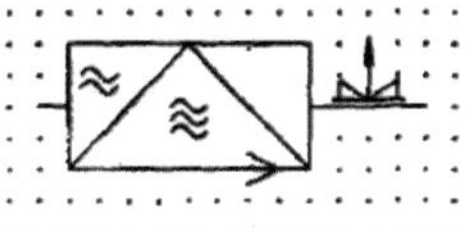
脉冲编码调制器	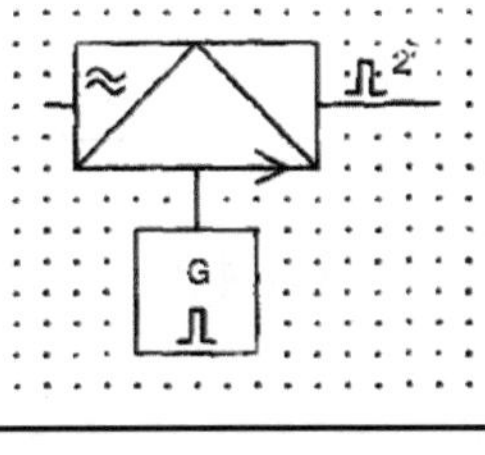	单边带解调器	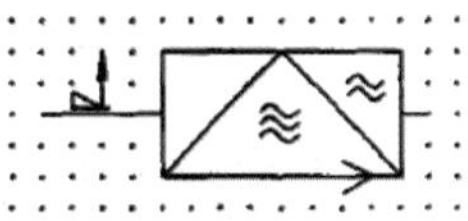

续表

名 称	图形符号标识	名 称	图形符号标识
聚集功能		扩展功能	
集线器	m n	集线器	m n
多路复用功能	MUX	多路分路功能	DX
多路复用和多路分路功能	MULDEX	载频	f
抑制载频	f	减幅载频	f
导频	f	导频，超群导频	f
抑制导频	f	附加测试频率	f
（根据需要）附加测试频率	f	信号频率	f
频带，一般符号	f	频带（主群）	f
频带	f_1 f_2 f	上升频带	f
一组多个通路的上升频带	f	一组多个通路的上升频带	12 f

续表

名称	图形符号标识	名称	图形符号标识
下降频带	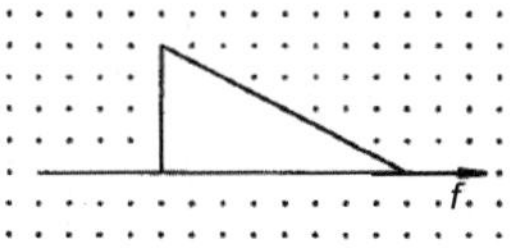 f	混合通路频带	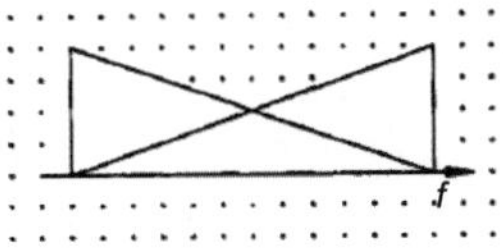 f
调幅载波	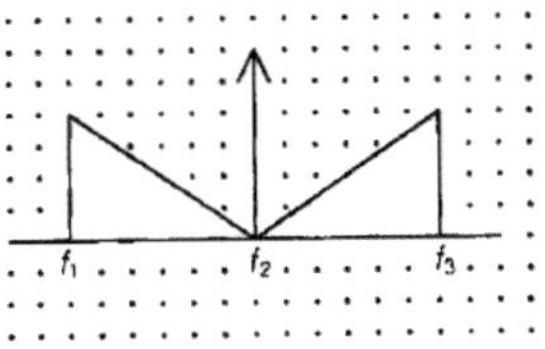 f_1 f_2 f_3	调相载波	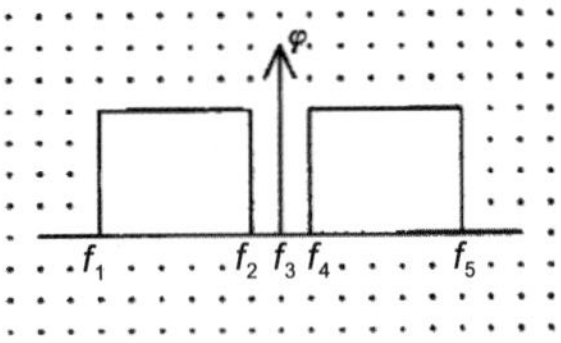 φ f_1 f_2 f_3 f_4 f_5
调幅载波	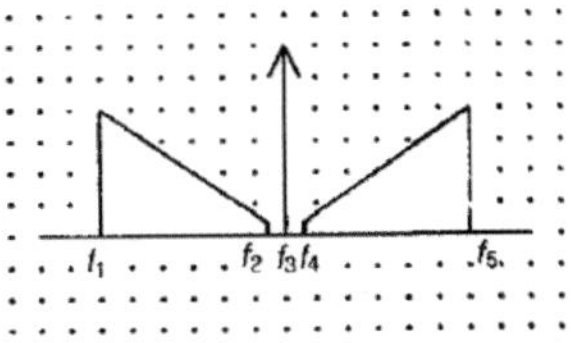 f_1 f_2 f_3 f_4 f_5	调幅载波	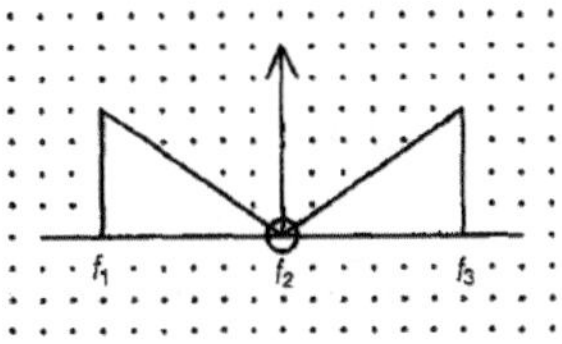 f_1 f_2 f_3
抑制载波的单边带	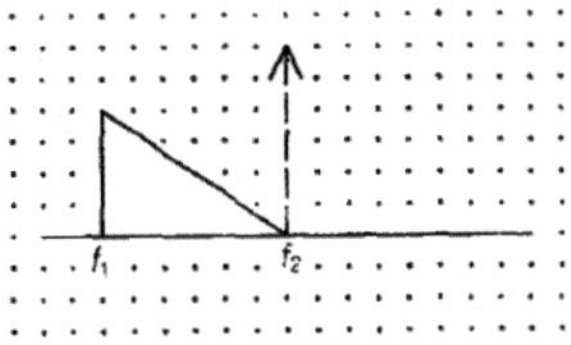 f_1 f_2	上升单边带减幅载波	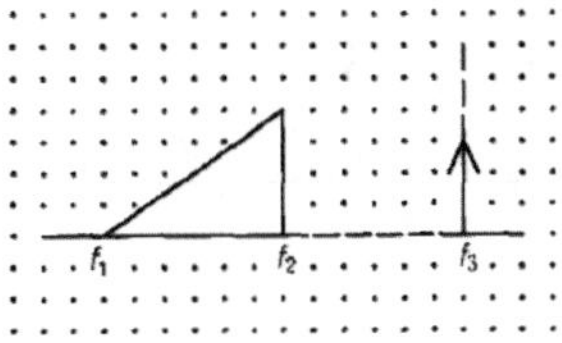 f_1 f_2 f_3
倒频抑制载波	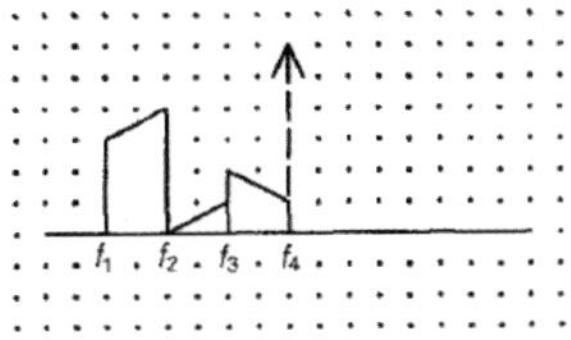 f_1 f_2 f_3 f_4	调幅载波	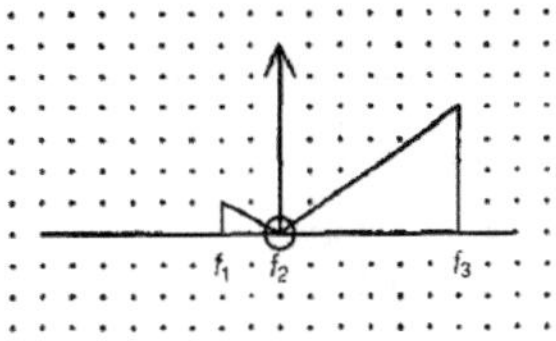 f_1 f_2 f_3
五通路频带	 f	光纤，一般符号；光缆，一般符号	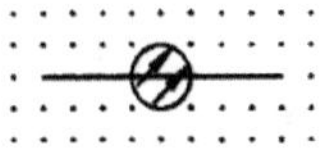
多模突变型光纤	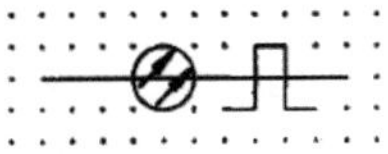	单模突变型光纤	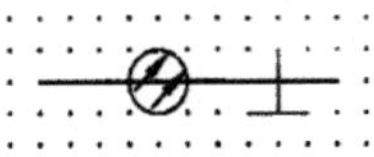
渐变型光纤	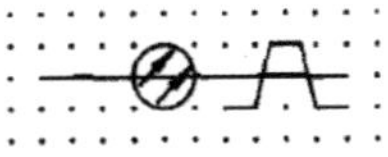	示出尺寸数据的光纤（示例）	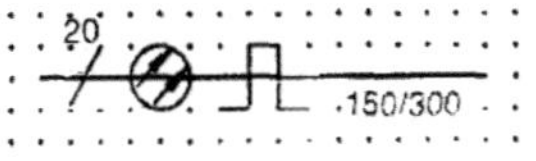 20 150/300
传输系统	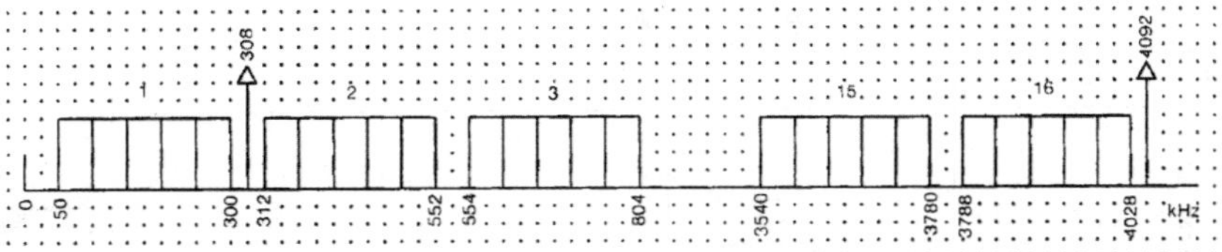 308 4092 1 2 3 15 16 0 50 300 312 552 554 804 3540 3780 3788 4028 kHz		

续表

名称	图形符号标识	名称	图形符号标识
光发射机	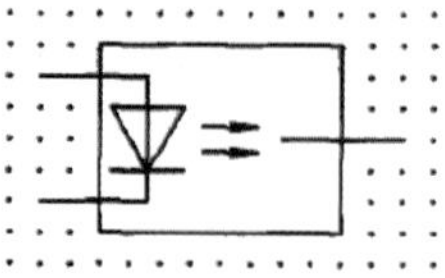	光接收机	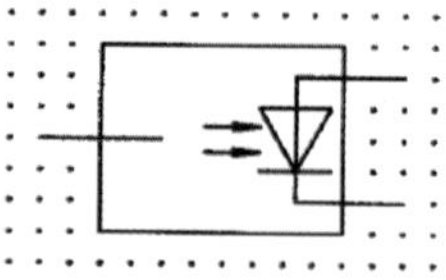
相干光发射机	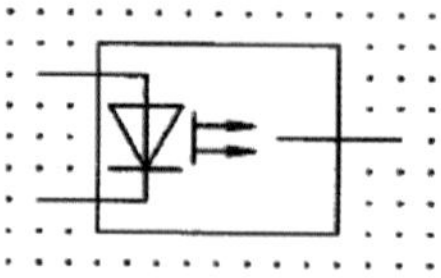	扰模器	
包层模消除器	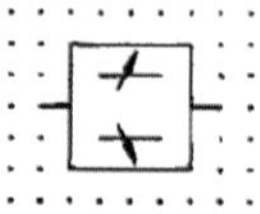	分配器，一般符号 **备注**：表示两路分配器	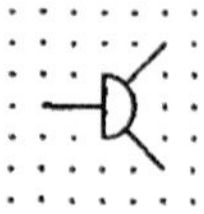
混合器，一般符号 **备注**：表示两路混合器，信息流从左到右		信号分支，一般符号 **备注**：表示一个信号分支	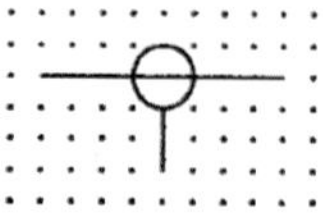
熔接式分支 **备注**：一路信号分成两路的熔接式分支	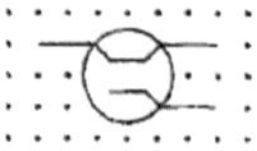	熔接式星形耦合器，透射型 **备注**：此类型的星形耦合器中每一个输入与所有输出相连通，不同的输入之间是隔离的	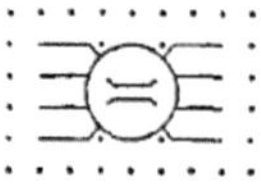
熔接式星形耦合器，反射型 **备注**：此类型的星形耦合器中每个端口都是双向的，可在同一时刻用于输入和输出，每个端口反馈给其他任意端口	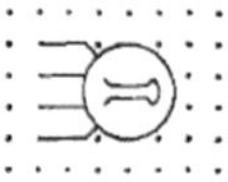	定向耦合器，一般符号	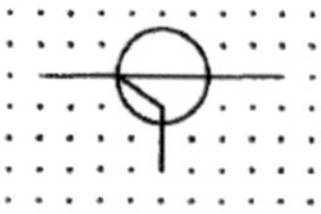
平衡单元；平衡/不平衡变换器		电话 **备注**：已废除，仅供参考	F
电报和数据传出 **备注**：已废除，仅供参考	T	视频通路，电视 **备注**：已废除，仅供参考	V
声道 **备注**：电视和无线电广播中的声道。已废除，仅供参考	S	电话线路；电话电路 **备注**：已废除，仅供参考	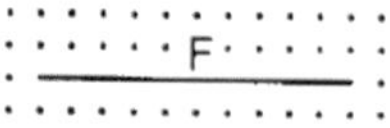 F
单向放大，二线传输通路 **备注**：已废除，仅供参考	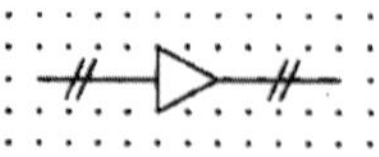	地网 **备注**：已废除，仅供参考	
衰减器 **备注**：已废除，仅供参考	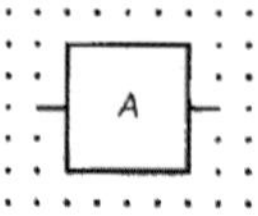 A	光衰减器 **备注**：已废除，仅供参考	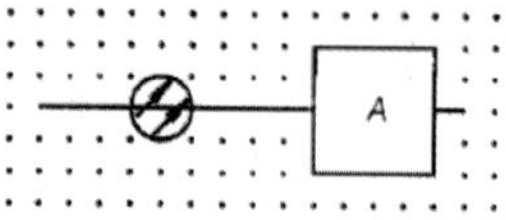 A

6.2.5 基本无源元件符号标识

基本无源元件符号标识见表6-11。

表6-11　基本无源元件符号标识

名　称	图形符号标识	名　称	图形符号标识
电阻器，一般符号	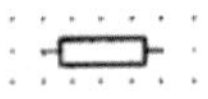	可调电阻器	
压敏电阻器	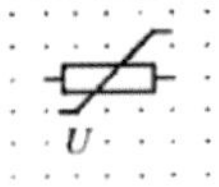 U	带滑动触点的电阻器	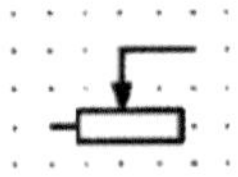
带滑动触点和断开位置的电阻器	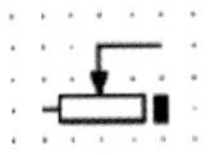	带滑动触点的电位器	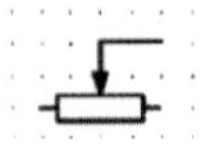
带滑动触点和预调的电位器	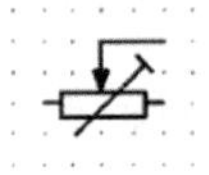	带固定抽头的电阻器	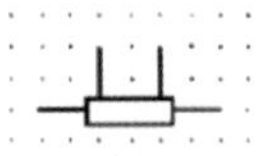
带分流和分压端子的电阻器	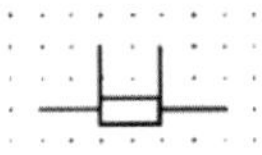	碳柱电阻器	
加热元件	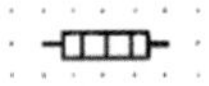	电容器，一般符号	
极性电容器	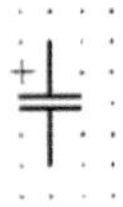 +	可调电容器	
预调电容器	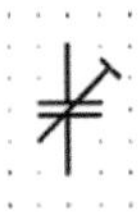	差动电容器	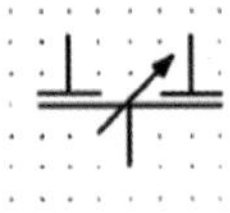
定片分离可调电容器	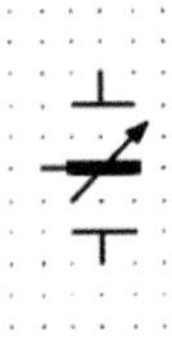	热敏极性电容器	 + θ
压敏极性电容器	 + U	线圈，绕组，一般符号	
带磁芯的电感器		磁芯有间隙的电感器	
带磁芯连续可变的电感器	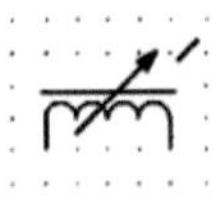	带固定抽头的电感器	

续表

名　称	图形符号标识	名　称	图形符号标识
步进移动触点可变电感器		可变电感器	
带磁芯的同轴扼流圈		铁氧体磁珠 **备注**：穿在导线上的铁氧体磁珠	
两电极压电晶体		三电极压电晶体	
两对电极压电晶体		具有电极和连线的驻极体 **备注**：较长的线表示正极	
带绕组的磁致伸缩延迟线 **备注**：本符号以集中表示法示出三个绕组		具有绕组的磁致伸缩延迟线 **备注**：延迟线以分开表示法示出一输入，两输出。绕组从上到下： （1）输入； （2）具有50μs延迟的中间输出； （3）具有100μs延迟的末端输出	50μs 100μs
同轴延迟线			
具有压电传感器的固体材料延迟线		延迟线，延迟元件，一般符号	
磁致伸缩延迟线 **备注**：本符号示出两个输出端。输出信号分别延迟了50μs和100μs	50μs 100μs	同轴延迟线	
具有压电传感器式的水银延迟线	Hg	仿真延迟线	
压电效应		穿心电容器	

6.2.6 半导体器件符号标识

半导体器件符号标识见表6-12。

表6-12　半导体器件符号标识

名　称	图形符号标识	名　称	图形符号标识
三极闸流晶体管，未规定类型 **备注**：若不需指定控制极的类型时，本符号用于表示反向阻断三极闸流晶体管		半导体区，具有一处接触 **备注**：垂直线表示半导体区，水平线表示欧姆接触	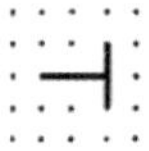
半导体区，具有多处接触 **备注**：示出两处接触		半导体区，具有多处接触 **备注**：示出两处接触	
半导体区，具有多处接触 **备注**：示出两处接触		耗尽型器件导电沟道	
增强型器件导电沟道		整流结	
影响半导体层的结，影响N层的P区	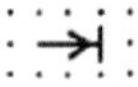	影响半导体层的结，影响P层的N区	
导电型沟道，P型衬底上的N型沟道 **备注**：P型衬底上的N型沟道，示出耗尽型IGFET	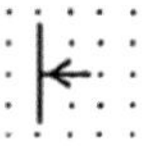	导电型沟道，N型衬底上的P型沟道 **备注**：N型衬底上的P型沟道，示出增强型IGFET	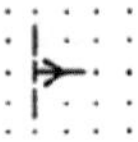
绝缘栅	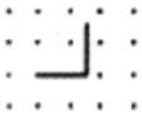	不同导电型区上的发射极，N区上的P型发射极	
不同导电型区上的发射极，N区上的P型发射极	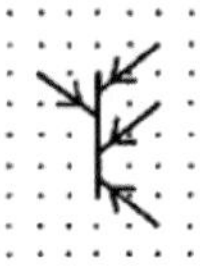	不同导电型区上的发射极，P区上的N型发射极	
不同导电型区上的发射极，P区上的N型发射极	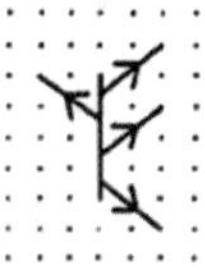	不同导电型区上的集电极	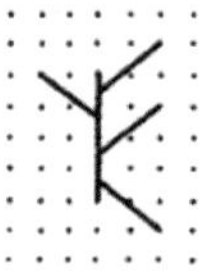
不同导电型区上的集电极		不同导电型区之间的过渡	
隔开不同导电型区的本征区		相同导电型区之间的本征区	

续表

名　称	图形符号标识	名　称	图形符号标识
集电极与不同导电型区之间的本征区		集电极与相同导电型区之间的本征区 备注：示出PIP或NIN结构	
肖特基效应	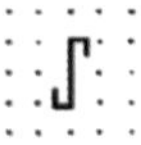	隧道效应	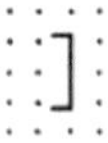
单向击穿效应		双向击穿效应	
反向效应		半导体二极管，一般符号	
热敏二极管		变容二极管	
隧道二极管		单向击穿二极管	
双向击穿二极管		反向二极管（单隧道二极管）	
双向二极管		反向阻断二极闸流晶体管	
逆导二极闸流晶体管		双向二极闸流晶体管，双向二极晶闸管	
反向阻断三极闸流晶体管，N栅（阳极侧受控）		反向阻断三极闸流晶体管，P栅（阴极侧受控）	
可关断三极闸流晶体管，未指定栅极		可关断三极闸流晶体管，N栅（阳极侧受控）	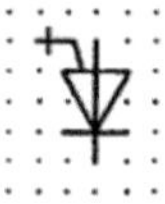
可关断三极闸流晶体管，P栅（阴极侧受控）		反向阻断四极闸流晶体管	
双向三极闸流晶体管		逆导三极闸流晶体管，未指定栅极	

续表

名称	图形符号标识	名称	图形符号标识
逆导三极闸流晶体管，N栅（阳极侧受控）	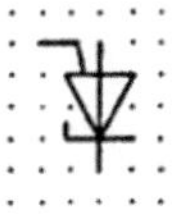	逆导三极闸流晶体管，P栅（阴极侧受控）	
PNP三极管	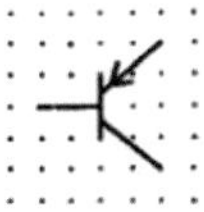	集电极接管壳的NPN三极管	
NPN雪崩三极管	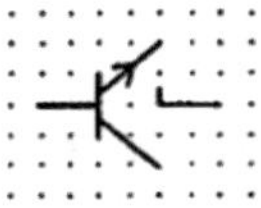	具有P型双基极的单结晶体管	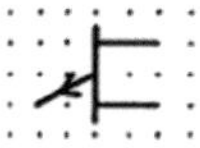
具有N型双基极的单结晶体管	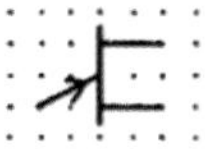	具有横向偏压基极的NPN晶体管	
与本征区有接触的PNIP晶体管	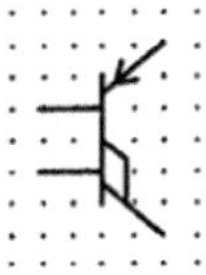	与本征区有接触的PNIN晶体管	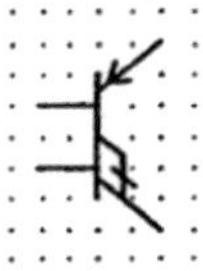
N型沟道结型场效应晶体管	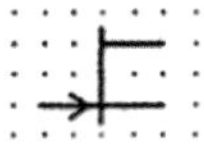	P型沟道结型场效应晶体管	
绝缘栅场效应晶体管，增强型、单栅、P型沟道、衬底无引出线		绝缘栅场效应晶体管，增强型、单栅、N型沟道、衬底无引线	
绝缘栅场效应晶体管，增强型、单栅、P型沟道、衬底有引出线		绝缘栅场效应晶体管，增强型、单栅、N型沟道、衬底与源极内部连接	
绝缘栅场效应晶体管，耗尽型、单栅、N型沟道、衬底无引出线		绝缘栅场效应晶体管，耗尽型、单栅、P型沟道、衬底无引出线	
绝缘栅场效应晶体管，耗尽型、双栅、P型沟道、衬底有引出线	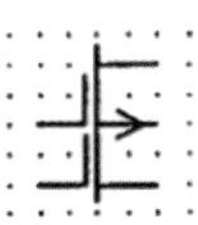	反向阻断三极闸流晶体管，P栅（阴极侧受控）	
可关断三极闸流晶体管，未指定栅极	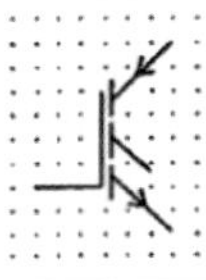	绝缘栅双极晶体管增强型、P型沟道	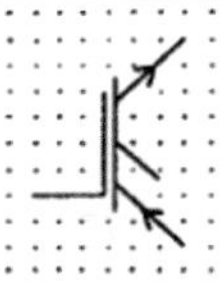
绝缘栅双极晶体管（增强型、N型沟道	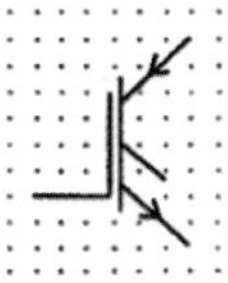	光敏电阻，光敏电阻器	

续表

名　称	图形符号标识	名　称	图形符号标识
光生伏打电池		光电晶体管 备注：示出PNP型	
具有4根引出线的霍尔发生器	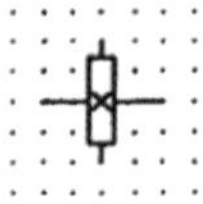	磁[电]阻器 备注：图示为线性电阻器	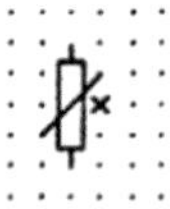
磁耦合器件	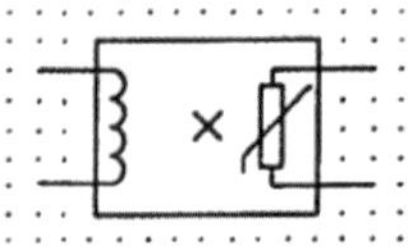	光电耦合器 备注：示出发光二极管和光电晶体管	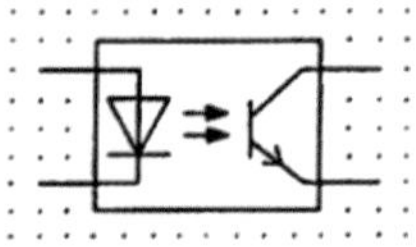
具有光阻挡槽的光耦合器 备注：本符号示出带有机械阻挡的发光二极管和光电晶体管	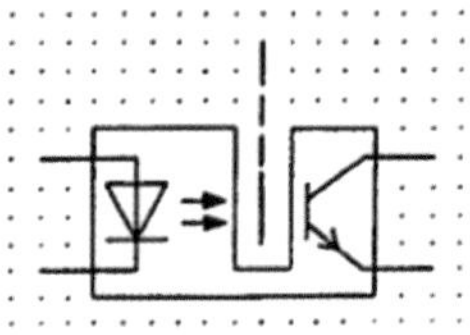	充气管壳	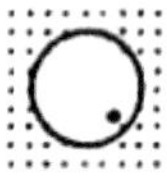
有外屏蔽的管壳	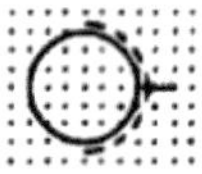	管壳，内表面有导电涂层	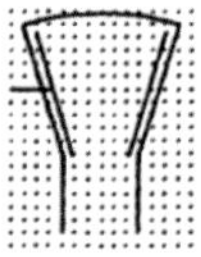
热阴极，间热式		热阴极，直热式	
光电阴极		冷阴极	
阳极		栅极	
横向偏转电极 备注：示出一对电极		强（亮）度调制极	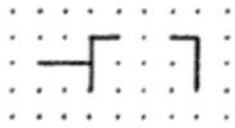
孔形聚焦极		分束极 备注：与电子枪最末聚束极内部连接的分束极	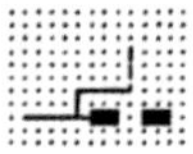
圆筒聚焦极	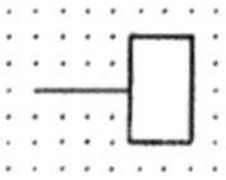	闭式慢波结构 备注：本符号示出管壳	
管内谐振腔	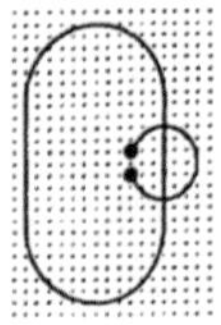	管外（部分或全部在管外）谐振腔	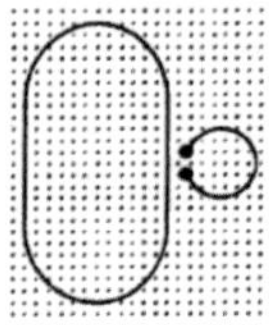

续表

名 称	图形符号标识	名 称	图形符号标识
X射线管阳极		直热式阴极三极管	
间热式阴极充气三极管	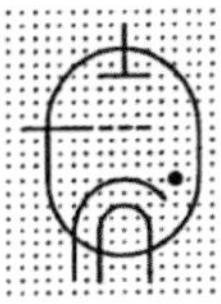	五极管 **备注**：抑制极与阴极间有内连接的间热式阴极五极管	
具有电磁偏移的阴极射线管 **备注**：本符号中示出了永磁聚焦和离子捕集，亮度调制极，间热式阴极	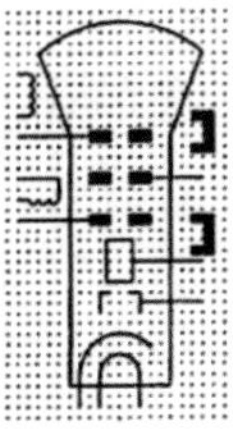	分束型双束阴极射线管 **备注**：本符号中示出了静电偏转，间热式阴极	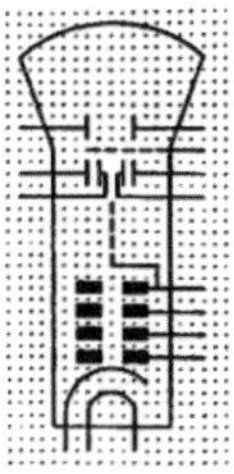
反射速调管 **备注**：本符号中示出了间热式阴极，强度调制极，聚束板极，管外调谐输入谐振腔，漂移空间极，直流连接的外调谐输出谐振腔，收集极，聚焦线圈，耦合环耦合，同轴波导输入，窗口耦合，矩形波导输出	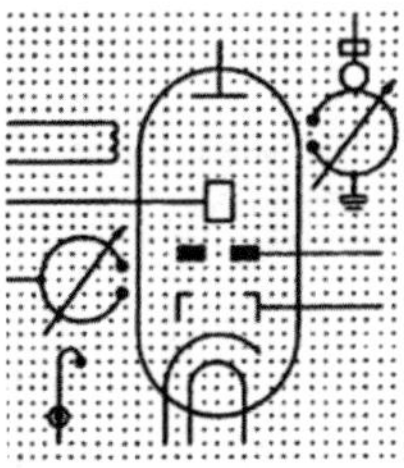	冷阴极充气管	
直热式阴极X射线管		电离室	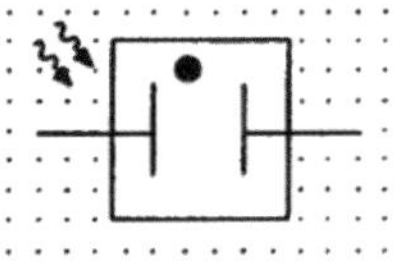
半导体探测器件	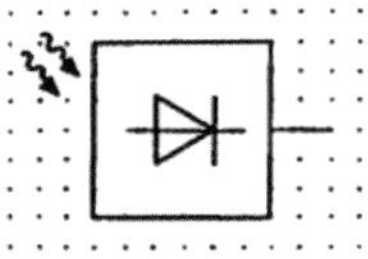	探测器，一般符号	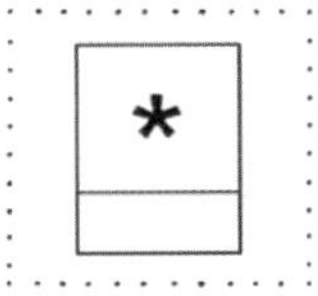 *
移动探测器（未标明类型）	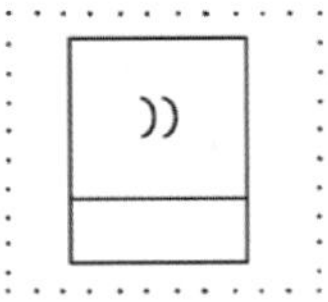))	移动探测器，红外线	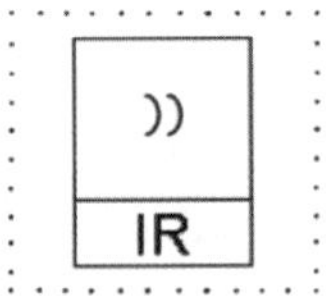)) IR

续表

名 称	图形符号标识	名 称	图形符号标识
红外线和超声波移动探测器	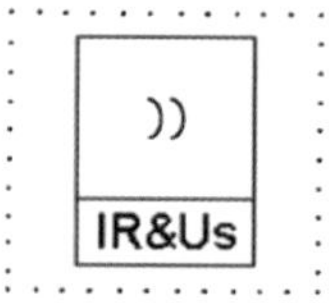 IR&Us	烟雾探测器（未标明类型）	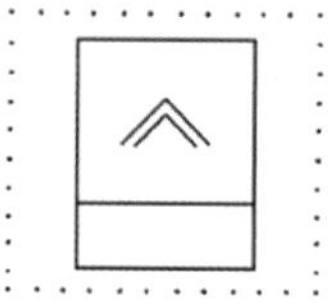
离子烟雾报警器	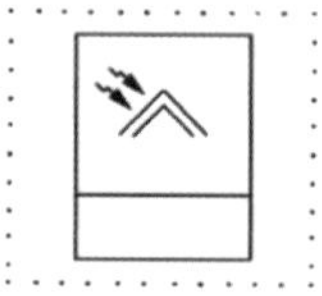	光学烟雾报警器	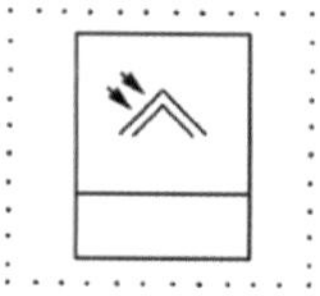
紫外线火焰探测器	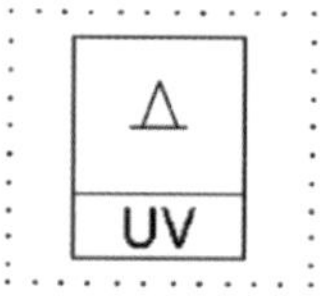 UV	红外线火焰探测器	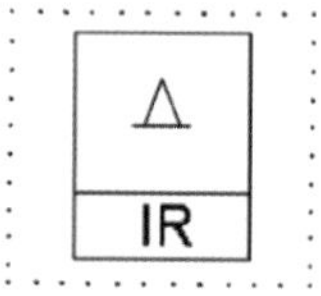 IR
红外线和紫外线火焰探测器	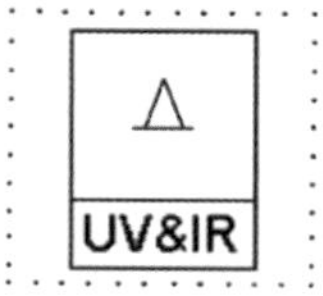 UV&IR	火焰探测器（未标明类型）	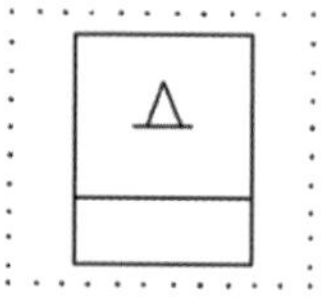
感温探测器（未标明类型）	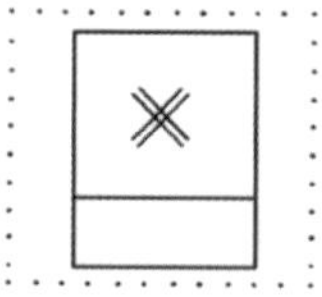	最大值感温探测器	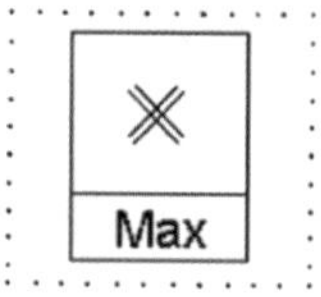 Max
微分感温探测器	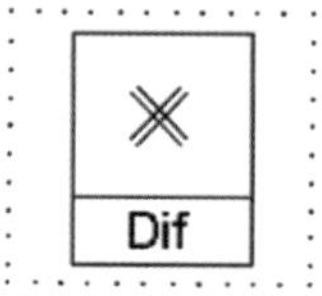 Dif	烟雾报警装置	
发光二极管，一般符号		光电二极管	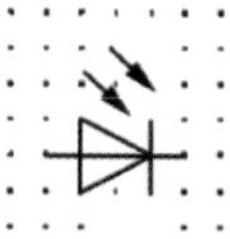
发光二极管(LED)，一般符号 **备注**：已废除，仅供参考		光电二极管（LED)，一般符号 **备注**：已废除，仅供参考	
热阴极，间热式 **备注**：已废除，仅供参考		热阴极，直热式 **备注**：已废除，仅供参考	

6.2.7 电气部件符号标识

电气部件符号标识见表6-13。

表6-13 电气部件符号标识

名 称	图形符号标识	名 称	图形符号标识
接触器功能	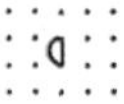	断路器功能	
隔离开关（隔离器）功能	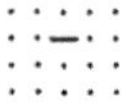	隔离开关功能	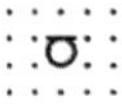
自动释放功能 **备注**：自动释放功能由内置的测量继电器或脱扣器启动		位置开关功能	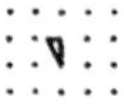
开关的正向动作		动合（常开）触点，一般符号；开关，一般符号	
动断（常闭）触点		先断后合的转换触点	
中间断开的转换触点	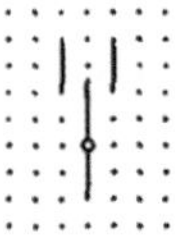	先合后断的双向转换触点	
先合后断的双向转换触点		双动合触点	
双动断触点		吸合时的过渡动合触点 **备注**：当动作器件被吸合时，此触点短时闭合	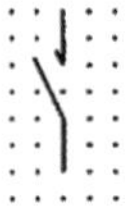
释放时的过渡动合触点 **备注**：当动作器件被释放时，此触点短时闭合	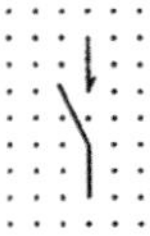	过渡动合触点 **备注**：当动作器件被吸合或释放时，此触点短时闭合	
提前闭合的动合触点 **备注**：多触点组中此动合触点比其他动合触点提前闭合		滞后闭合的动合触点 **备注**：多触点组中此动合触点比其他动合触点滞后闭合	
滞后断开的动断触点 **备注**：多触点组中此动断触点比其他动断触点滞后断开		提前断开的动断触点 **备注**：多触点组中此动断触点比其他动断触点提前断开	

续表

名 称	图形符号标识	名 称	图形符号标识
延时闭合的动合触点 **备注**：当带该触点的器件被吸合时，此触点延时闭合	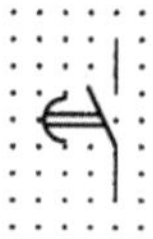	延时断开的动合触点 **备注**：当带该触点的器件被释放时，此触点延时断开	
延时断开的动断触点 **备注**：当带该触点的器件被吸合时，此触点延时断开		延时闭合的动断触点 **备注**：当带该触点的器件被释放时，此触点延时闭合	
延时动合触点 **备注**：无论带该触点的器件被吸合还是释放，此触点均延时	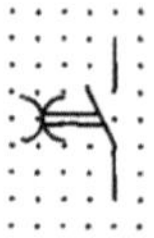	触点组 **备注**：该触点组表示一个不延时的动合触点，一个延时闭合的动合触点和一个延时闭合的动断触点	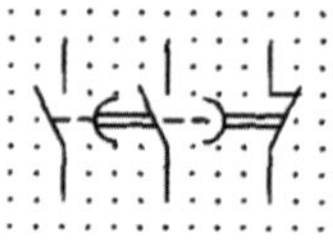
手动操作开关，一般符号	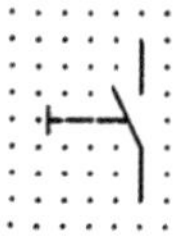	自动复位的手动按钮开关	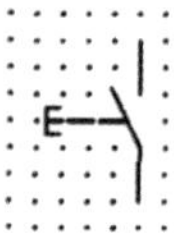
自动复位的手动拉拔开关	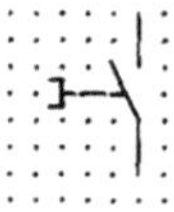	无自动复位的手动旋转开关	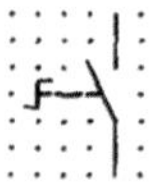
正向操作且自动复位的手动按钮开关		应急制动开关 **备注**：用“蘑菇头”触发，正向操作的动断触点，有保持功能	
带动合触点的位置开关		带动断触点的位置开关	
组合位置开关 **备注**：对两个独立的电路做双向机械操作	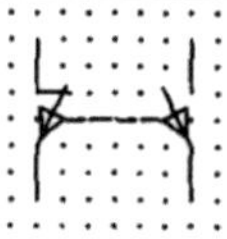	能正向操作带动断触点的位置开关	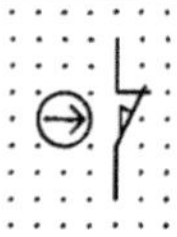
带动合触点的热敏开关		带动断触点的热敏开关	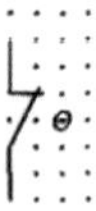
带动断触点的热敏自动开关 **备注**：注意区别此触点和热继电器的触点	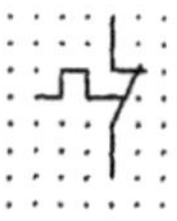	有热元件的气体放电管	
多位开关 **备注**：示出6个位置	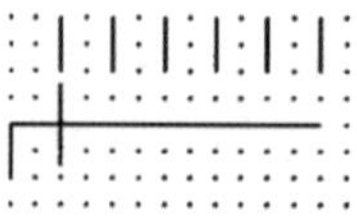	多位开关，最多4位	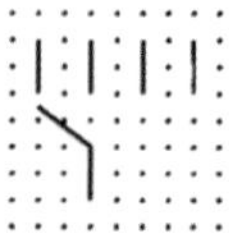

续表

名　称	图形符号标识	名　称	图形符号标识
带位置图示的多位开关	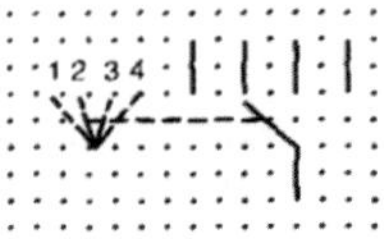	接触器；接触器的主动合触点 **备注**：在非操作位置上触点断开	
带自动释放功能的接触器 **备注**：由内装的测量继电器或脱扣器触发		接触器；接触器的主动断触点 **备注**：在非操作位置上触点闭合	
断路器		隔离开关，隔离器	
双向隔离开关；双向隔离器	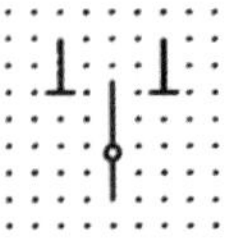	隔离开关；负荷隔离开关	
带自动释放功能的负荷隔离开关 **备注**：具有由内装的测量继电器或脱扣器触发的自动释放功能		隔离开关；隔离器 **备注**：带有手工操作的闭锁装置	
自由脱扣机构		正向断开开关 **备注**：3个主动断触点具有正向断开操作而辅助动合触点无正向操作的开关	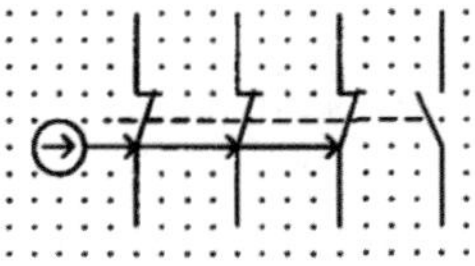
自由脱扣机构，应用 **备注**：三极机械式开关装置，电动或手动操作，具有自由脱扣机构和过负荷热脱扣器、过电流脱扣器、带闭锁的手动脱扣器、遥控脱扣线圈、1个动合和1个动断辅助触点	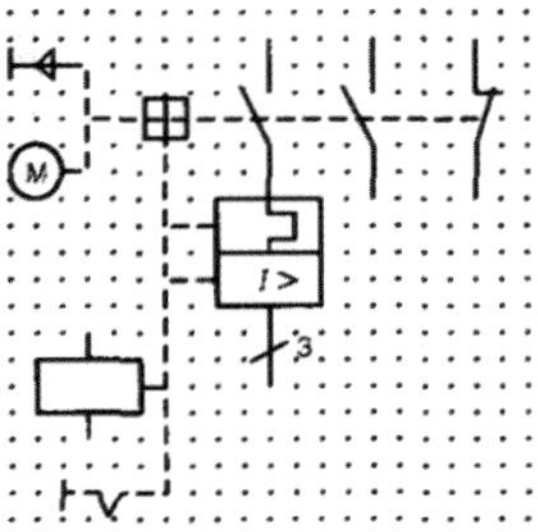	三极机械式开关装置 **备注**：弹簧贮能电动操作和3个过负荷脱扣器、3个过电流脱扣器、手动脱扣器、遥控脱扣线圈、3个动合主触点、1个动合和1个动断辅助触点、1个用于电动机的启动和停止操作的位置开关	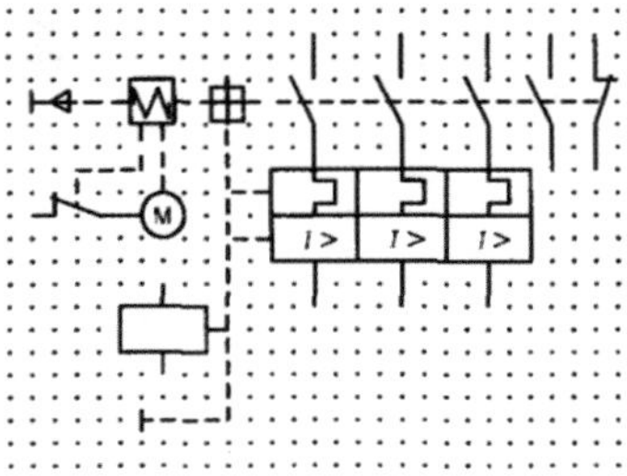
电动机启动器，一般符号		步进启动器	
调节-启动器		可逆直线在线启动器	
星-三角启动器		带自耦变压器的启动器	

续表

名 称	图形符号标识	名 称	图形符号标识
带可控硅整流器的调节-启动器		驱动器件，一般符号；继电器线圈，一般符号	
驱动器件；继电器线圈（组合表示法） **备注**：具有两个独立绕组的驱动器件的组合表示法		缓慢释放继电器线圈	
缓慢吸合继电器线圈		延时继电器线圈	
快速继电器线圈		对交流不敏感继电器线圈	
交流继电器线圈		机械谐振继电器线圈	
机械保持继电器线圈		极化继电器线圈	
自复位极化继电器 **备注**：在绕组中只有一个方向的电流起作用，并能自复位的极化继电器		带中间位置的极化继电器 **备注**：在绕组中任一方向的电流均可起作用的具有中间位置并能自动复位的极化继电器	
剩磁继电器线圈		剩磁继电器线圈	
热继电器驱动器件		电子继电器的驱动器件	
测量继电器，测量继电器有关的器件	*	对机壳故障电压，故障时的机壳电位	U
剩余电压	U_{rsd}	反向电流	I←
差动电流	I_d	差动电流百分比	I_d/I

续表

名　称	图形符号标识	名　称	图形符号标识
对地故障电流	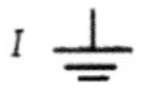 I	中性线电流	I_N
两个多相系统中性线之间的电流	I_{N-N}	相角为α时的功率	$P_α$
反时限特性	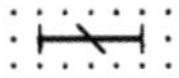	零电压继电器	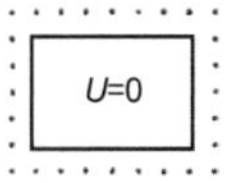 U=0
逆电流继电器	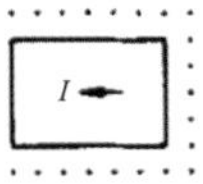 I ←	欠功率继电器	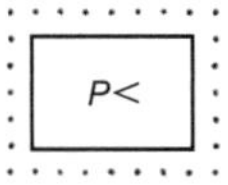 P<
延时过流继电器	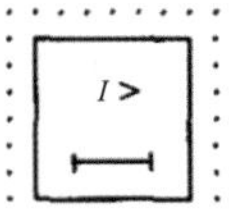 I >	过流继电器 **备注**：具有两个测量元件，整定值范围为5～10A	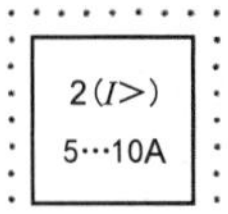 2(I>) 5…10A
无功过功率继电器 **备注**：无功过功率继电器的能量流向母线，作数值为1Mvar，延时调节范围为5～10s	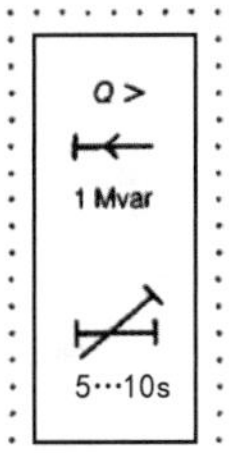 Q > 1 Mvar 5…10s	欠压继电器 **备注**：欠压继电器，整定值范围为50～80V，重整定比为130%	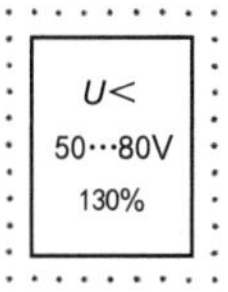 U< 50…80V 130%
电流继电器 **备注**：有最大和最小整定值，示出限定值3A和5A	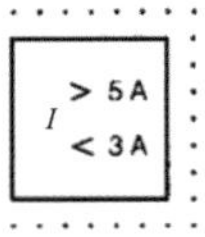 I > 5 A < 3 A	欠阻抗继电器	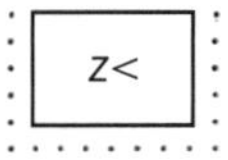 Z<
匝间短路检测继电器	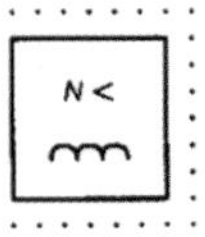 N <	断线检测继电器	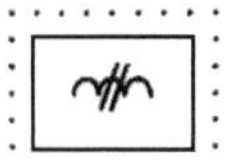
断相故障检测继电器 **备注**：图示用在三相系统中	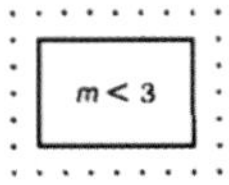 m < 3	堵转电流检测继电器 **备注**：由电流测量值驱动	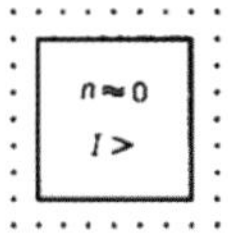 n≈0 I >
过流继电器 **备注**：有两路输出。一路在电流＞5倍整定值时动作，另一路依据器件的反时限特性动作	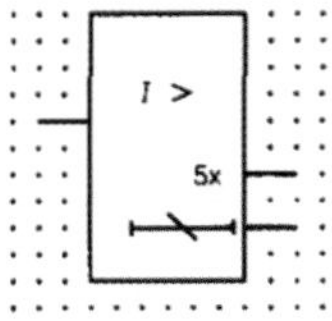 I > 5x	瓦斯保护器件：气体继电器	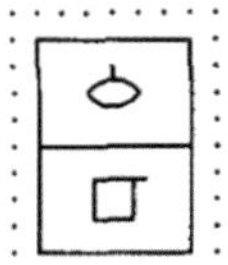
自动重闭合器件：自动重合闸继电器	 O→I	接近传感器	

续表

名称	图形符号标识	名称	图形符号标识
接近传感器件		容性接近传感器件 备注：固体材料接近时动作的电容性接近检测器	
接触传感器		接触敏感开关 备注：具有动合触点	
接近开关 备注：示出动合触点		磁控接近开关 备注：示出磁体接近时动作的动合触点	
铁控接近开关 备注：示出铁金属接近时动作的动断触点	Fe	熔断器，一般符号	
熔断器 备注：熔断器烧断后仍带电的一端用粗线表示		熔断器；撞击式熔断器 备注：带机械连杆	
带报警触点熔断器 备注：具有报警触点的三端熔断器		独立报警熔断器 备注：具有独立报警电路	
带撞击式熔断器的三极开关 备注：任何一个撞击式熔断器熔断即自动断路的三极开关		熔断器开关	
熔断器式隔离开关，熔断器式隔离器		熔断器负荷开关组合电器	
火花间隙		双火花间隙	
避雷器		保护用充气放电管	
保护用对称充气放电管		静态开关，一般符号	

续表

名　称	图形符号标识	名　称	图形符号标识
静态（半导体）接触器		单向静态开关 **备注**：只能单向通过电流	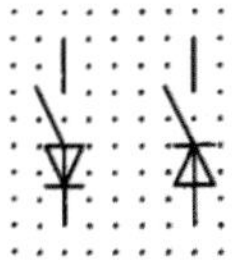
静态继电器，一般符号 **备注**：图示为半导体动合触点	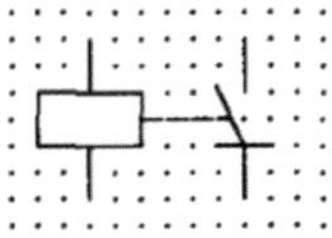	静态继电器 **备注**：发光二极管作驱动元件，同时示出半导体动合触点	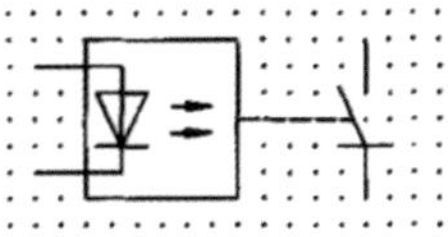
静态热过载电器 **备注**：三极热过载继电器具有两个半导体触点，其中一个是半导体动合触点，另一个是半导体动断触点；驱动器需要独立辅助电源	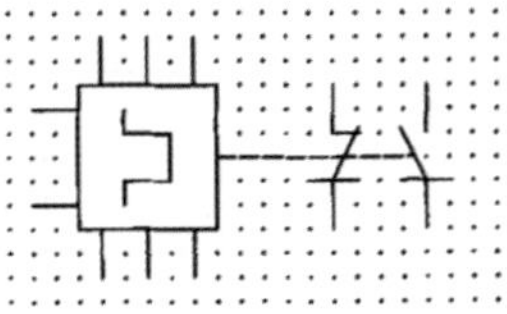	静态继电器 **备注**：具有半导体动合触点的半导体	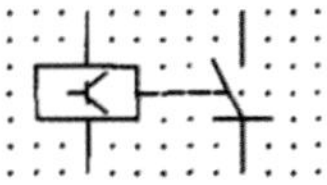
电气独立的耦合器件	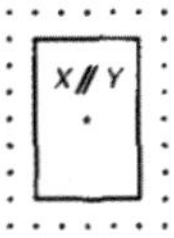 X// Y	电气独立的光耦合器件 **备注**：电气上独立的光耦合器件	 //
多功能开关器件 **备注**：该多功能开关器件包括可逆功能、断路器功能、隔离功能、接触器功能和自动脱扣功能，可通过使用相关功能符号表示。为了相位转换，该符号示出了可逆功能。当使用该符号时，应省略不适用的功能符号要素		带稳定位置的极化继电器	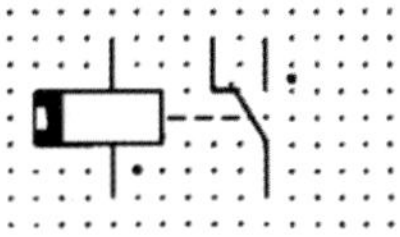
复合开关，一般符号	 Φ	镜像触点 **备注**：具有两个稳定位置	
指示仪表，一般符号 **备注**：符号内的星号应由下列之一代替。 ●被测量量的单位的文字符号或倍数、约数。 ●被测量的文字符号。 ●化学分子式。 ●图形符号。 使用的符号或标识都应根据仪表所显示的相关信息，而不管获得信息的方法	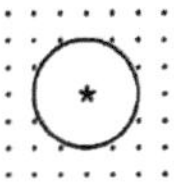 *	记录仪表，一般符号 **备注**：符号内的星号应由下列之一代替。 ●被测量量的单位的文字符号或倍数、约数。 ●被测量的文字符号。 ●化学分子式。 ●图形符号。 使用的符号或标识都应根据仪表所显示的相关信息，而不管获得信息的方法	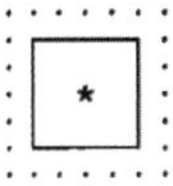 *
积算仪表，一般符号 **备注**：符号内的星号同指示仪表说明	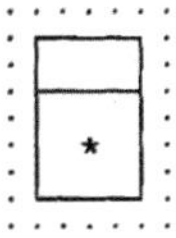 *	电压表	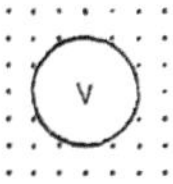 V
无功电流表	 A $I\sin\varphi$	最大需量指示器 **备注**：被积算仪表激励	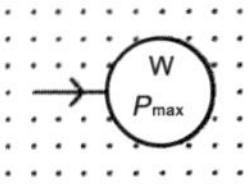 W P_{max}
无功功率表	 var	功率因数表	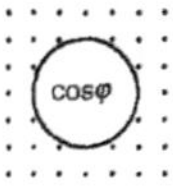 $\cos\varphi$

续表

名　称	图形符号标识	名　称	图形符号标识
相位表	φ	频率计	Hz
同步指示器		波长计	λ
示波器		差动式电压表	V U_d
检流计		盐度计	NaCl
温度计，高温计	θ	转速表	n
记录式功率表	W	组合式记录功率表和无功功率表	W var
录波器		小时计，计时器	h
安培小时计	Ah	电度表（瓦时计）	Wh
电度表，仅测量单向传输能量	Wh	电度表，计算从母线流出的能量	Wh
电度表，计算流入母线的能量	Wh	电度表，计算双向流动能量 **备注**：流入或流出母线	Wh
复费率电度表 **备注**：示出二费率	Wh	超量电度表	Wh $P>$
带发送器电度表	Wh	从动电度表（转发器）	Wh

续表

名 称	图形符号标识	名 称	图形符号标识
从动电度表（转发器）带有打印器件	Wh	带最大需量指示器电度表	Wh P_{max}
带最大需量记录器电度表	Wh P_{max}	无功电度表	varh
计数功能		脉冲器	
手动预置n的脉冲计 **备注**：示出预置n（n=0时，则重新设定）	n	电动复零脉冲计	0
带有多触点的脉冲计 **备注**：计数器每记录1次、10次、100次、1000次，相应触点闭合一次	10^3 10^2 10^1 10^0	凸轮驱动计数器件 **备注**：每n次触点闭合一次	n
时钟，一般符号		母钟	
带有触点的时钟		热电偶 备注：示出极性符号	- +
带有非绝缘加热元件的热电偶		带有绝缘加热元件的热电偶	
灯，一般符号		闪光型信号灯	
机电型指示器；信号元件		机电型位置指示器 **备注**：示出具有一个断开位置和两个工作位置	
报警器		蜂鸣器	
由内置变压器供电的信号灯		音响信号装置，一般符号	

6.2.8 建筑安装符号标识

建筑安装符号标识见表6-14。

表6-14 建筑安装符号标识

名 称	图形符号标识	名 称	图形符号标识
发电站，规划的		发电站，运行的或未规定的	
变电站、配电所，规划的		变电站、配电所，运行的或未规定的	
水力发电站，规划的		水力发电站，运行的或未规定的	
热电站，规划的		热电站，运行的或未规定的	
核电站，规划的		核电站，运行的或未规定的	
地热发电站，规划的		地热发电站，运行的或未规定的	
太阳能发电站，规划的		太阳能发电站，运行的或未规定的	
风力发电站，规划的		风力发电站，运行的或未规定的	
等离子体发电站，规划的；MHD（magneto hydro dynamic）磁流体发电站，规划的		等离子体发电站，运行的或未规定的；MHD磁流体发电站，运行的或未规定的	
换流站，规划的 **备注**：符号表示直流变交流		换流站，运行的或未规定的 **备注**：符号表示直流变交流	
地下线路		水下线路	
架空线路		套管线路	
人孔，用于地井		带接头的地下线路	

续表

名　称	图形符号标识	名　称	图形符号标识
带接头的地下线路	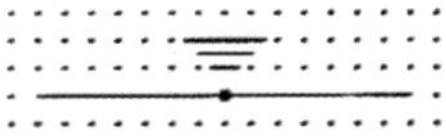	带充气或注油堵头的线路	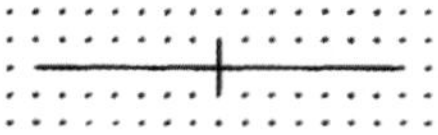
带充气或注油截止阀的线路	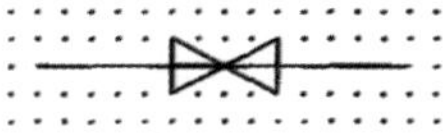	带旁路的充气或注油堵头的线路	
防雨罩，一般符号	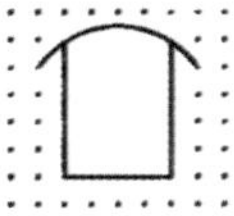	防雨罩内的放大点	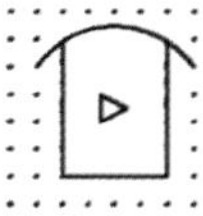
线路集线器；自动线路连接器 **备注**：符号表示信号从左至右传输。左边若干线路被集中为右边较少线路		杆上线路集线器 **备注**：符号表示信号从左至右传输。左边若干线路被集中为右边较少线路	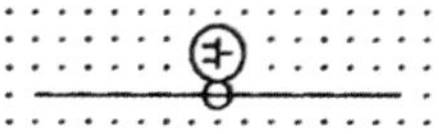
保护阳极		镁保护阳极	 Mg
有本地天线引入的前端 **备注**：符号表示一条馈线支路	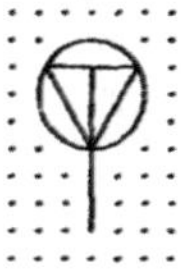	无本地天线引入的前端 **备注**：符号表示一条输入和一条输出通路	
交接点		桥式放大器 **备注**：符号表示三条支路或激励输出	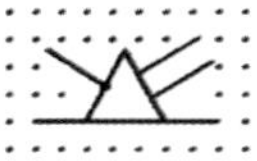
主干桥式放大器 **备注**：符号表示三条馈线支路输出	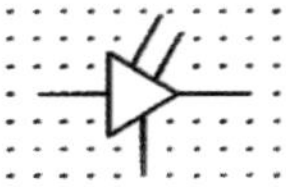	末端放大器（支路或激励馈线） **备注**：符号表示一条激励馈线输出	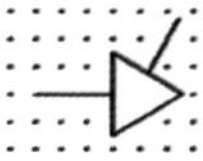
带反馈通道的放大器	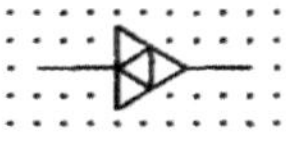	三路分配器 **备注**：符号表示带一路较高电平输出	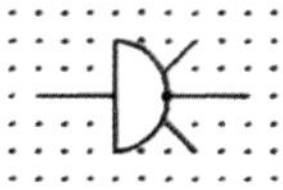
系统输出端	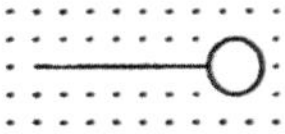	环路系统出线端；串联出线端	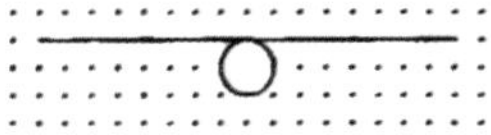
均衡器	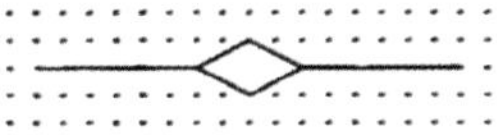	可变均衡器	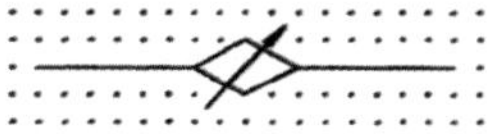
衰减器	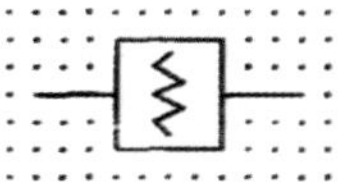	线路电源器件 **备注**：表示交流型	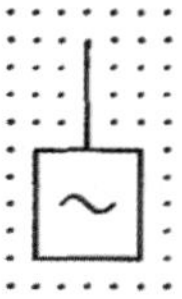
供电阻塞 **备注**：配电馈线中的符号	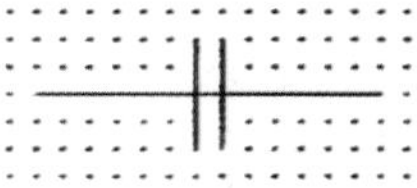	线路电源接入点	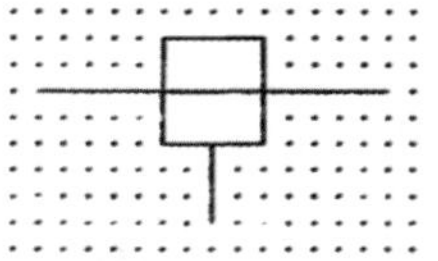

续表

名　称	图形符号标识	名　称	图形符号标识
中性线	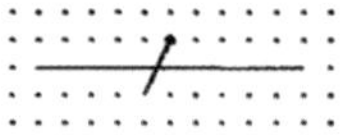	保护线	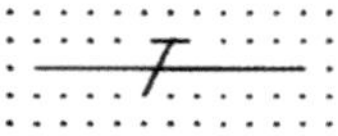
保护线和中性线共用线	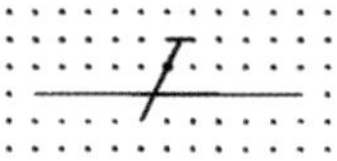	带中性线和保护线的三相线路	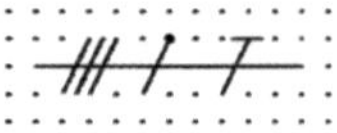
向上配线；向上布线		向下配线；向下布线	
垂直通过配线；垂直通过布线		用户端，供电引入设备 **备注**：符号表示带配线	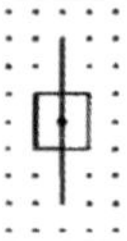
盒，一般符号		连接盒、接线盒	
配电中心 **备注**：符号表示带五路配线	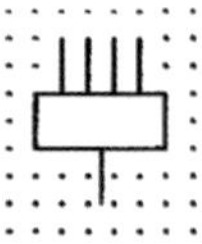	（电源）插座，一般符号	
多个（电源）插座 **备注**：符号表示三个插座	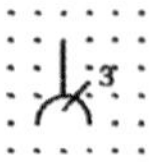 3	多个（电源）插座 **备注**：符号表示三个插座	
带保护极的（电源）插座		带滑动防护板的（电源）插座	
带单极开关的（电源）插座		带联锁开关的（电源）插座	
带隔离变压器的（电源）插座		电信插座，一般符号	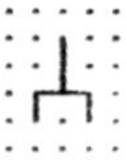
开关，一般符号		带指示灯的开关	
单极限时开关	 t	双极开关	
多位单极开关 **备注**：例如用于不同照度		调光器	
双控单极开关	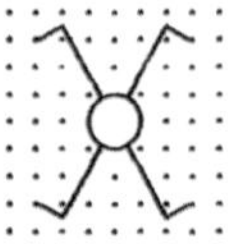	中间开关 **备注**：等效电路图 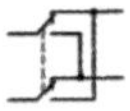	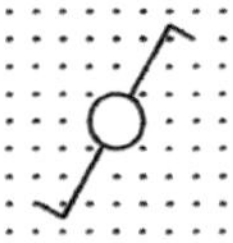

续表

名　称	图形符号标识	名　称	图形符号标识
单极拉线开关		按钮	
带指示灯的按钮		防止无意操作的按钮	
定时器	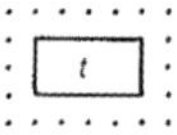	定时开关	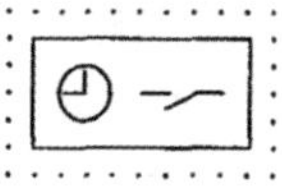
钥匙开关		照明引出线位置 **备注**：符号表示带配线	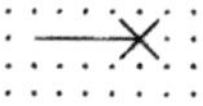
墙上照明引出线 **备注**：符号表示自左配线	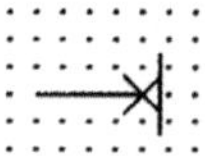	灯，一般符号	
光源，一般符号；荧光灯，一般符号	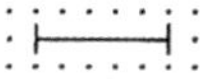	多管荧光灯 **备注**：符号表示三管荧光灯	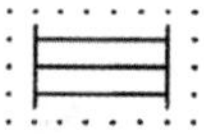
多管荧光灯 **备注**：符号表示五管荧光灯	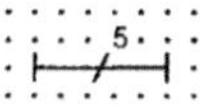	投光灯，一般符号	
聚光灯	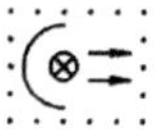	泛光灯	
专用电路上的应急照明灯		自带电源的应急照明灯	
热水器 **备注**：符号表示带配线	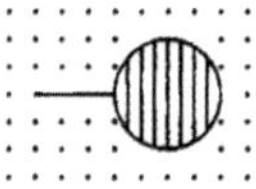	时钟；时间记录器	
电锁	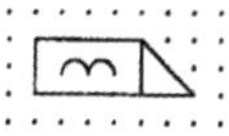	内部对讲设备	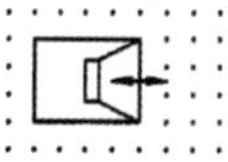
直通段，一般符号	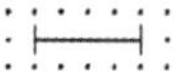	组合的直通段 **备注**：符号表示两节装配段	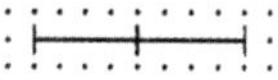
终端封头	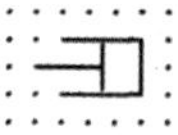	弯通	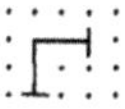
T形（三通）	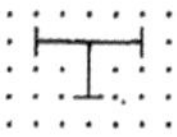	十字形（四通）	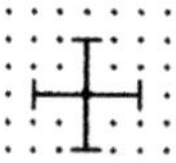
无连接的两个系统的交叉 **备注**：如不同标高的两个系统	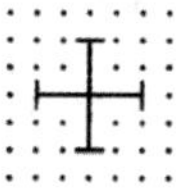	两个独立系统的交叉	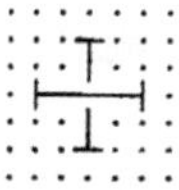

续表

名　称	图形符号标识	名　称	图形符号标识
长度可调的直通段		内部固定的直通段	
外壳膨胀单元 **备注**：此单元适应外壳或托盘的机械运动		导体膨胀单元 **备注**：此单元适应导体的热膨胀	
外壳及导体膨胀单元 **备注**：此单元适应外壳或托盘及导体的机械运动和膨胀		柔性单元	
变径单元		带内部压紧垫板的直通段	
相位转换单元		设备盒（箱）	*
带内部防火垫板的直通段		中心馈线单元 **备注**：符号表示自顶部供电	
末端馈线单元 **备注**：符号表示自左供电		带设备盒（箱）的末端馈线单元 **备注**：符号表示自左边供电	*
带设备盒（箱）的中心馈线单元 **备注**：符号表示自顶部供电	*	带固定分支的直通段 **备注**：符号表示带向下分支	
带几路分支的直通段 **备注**：符号表示带上下各两路的四路分支		带连续移动分支的直通段	
带可调步长分支的直通段 **备注**：符号表示带1m步长	1m	带移动分支的直通段 **备注**：如滑动触头	
带设备盒（箱）固定分支的直通段	*	带设备盒（箱）移动分支的直通段	*
带保护极插座固定分支的直通段		由两个配线系统组成的直通段 **备注**：符号表示A、B两个配线系统	A B

续表

名　称	图形符号标识	名　称	图形符号标识
由两个配线系统组成的直通段 **备注**：符号表示A、B两个配线系统	A B	由几个独立间隔组成的直通段 **备注**：符号表示三个间隔，A系统配线间隔，B系统配线间隔，C电缆现场安装间隔	A B C
由几个独立间隔组成的直通段 **备注**：符号表示三个间隔，A系统配线间隔，B系统配线间隔，C电缆现场安装间隔	A B C	航空地面灯，立式，一般符号	
航空地面灯，嵌入式，一般符号		航空地面灯，白色单向光束，立式	
航空地面灯，白色单向光束，嵌入式		航空地面灯，白色/白色双向光束，立式	
航空地面灯，白色/白色双向光束，嵌入式		航空地面灯，白色全向光束，立式	
航空地面灯，白色全向光束，嵌入式		弯道灯，绿色/绿色双向光束，嵌入式	
弯道灯，白色单向光束，嵌入式		航空地面灯，白色闪光单向光束，立式	
航空地面灯，顶部白色全向光束，下部白色单向光束，立式		航空地面灯，顶部白色全向光束，下部白色/白色双向光束，立式	
航空地面灯，白色闪光单向光束，嵌入式		精密进近航道指示器，白色/红色单向光束	
风向指示器		着陆方向指示器	
障碍灯、危险灯、红色闪光全向光束		航空地面灯，白色闪光全向光束	
警告标记牌、引导标记牌，一般符号		距离警告标记牌 **备注**：距离警告标记牌显示4000/9000英尺（1219.2/2743.2m）	4 9

续表

名称	图形符号标识	名称	图形符号标识
滑行引导标记牌 **备注**：滑行引导标记牌显示“坡道”	R A M P	有内部导体的气体绝缘外壳 **备注**：内部导体用虚线示出	
气体绝缘外壳——间隔的气体密封端		气体绝缘外壳——室间的隔板	
气体绝缘导体——与空气绝缘套管的分界		气体绝缘体——与电缆密封端的分界	
气体绝缘导体——与变压器或电抗器套管的分界		无气体分界的导体支撑绝缘子 **备注**：这种支架允许气体流动	
气体绝缘外壳——气体可通过隔板		气体绝缘外壳——两室之间隔板	
气体绝缘外壳——模块内的支撑绝缘子		气体绝缘外壳——模块外的支撑绝缘子	
同心导体		直法兰 **备注**：不带绝缘子的法兰	
弹簧操动装置		带有电气隔离的转换	
热电联产发电站，规划的		热电联产发电站，运行的或未规定的	
风扇；风机 **备注**：本符号示出配线		泵 **备注**：本符号示出配线	
在电缆梯架上的布线 **备注**：电缆梯架（IEV 826-06-08）：一个由一系列的横向支撑件刚性固定到主纵向支撑件上组成的支撑框架		电缆托盘内的布线 **备注**：电缆托盘（IEV 826-06-07）：由连续的底板和凸起的边缘以及无遮盖物组成的一个支撑。一个盘可以有也可以没有穿孔	XXX
墙装电缆槽布线		连接，明装	
带支撑的杆上架空线		带拉线的杆上架空线	

第7章 传感器与检测电路

7.1 温度检测电路

7.1.1 温度检测及信号传输电路

图7-1所示为典型的温度检测及信号传输电路。电路采用精密、低漂移4～20mA两线变送器XTR101，它可以将温度传感器的检测信号变成4～20mA的电流信号并借助两条线进行远距离传输。

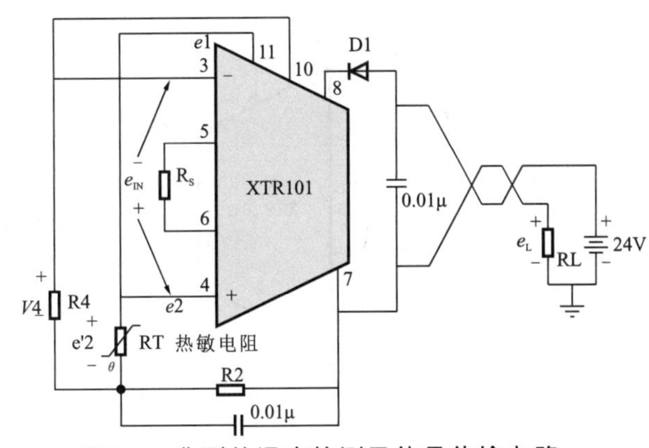

图7-1 典型的温度检测及信号传输电路

图7-2所示的传感器采用了两个温度区的热电偶和冷却二极管补偿方式的电路。

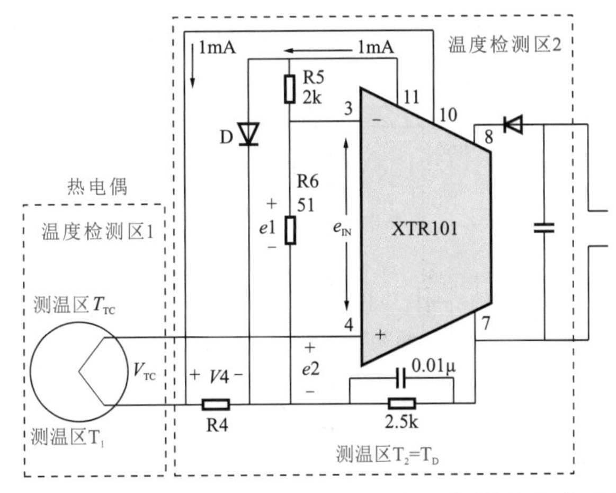

图7-2 具有两个温度区的热电偶和冷却二极管补偿方式的电路

注：电子电路中，电阻单位“Ω”、电容单位“F”、电感单位“H”默认省略。

图7-3所示的传感信号传输电路在热电偶的输入端用热敏电阻RTD的冷端进行补偿（正极性输入）。

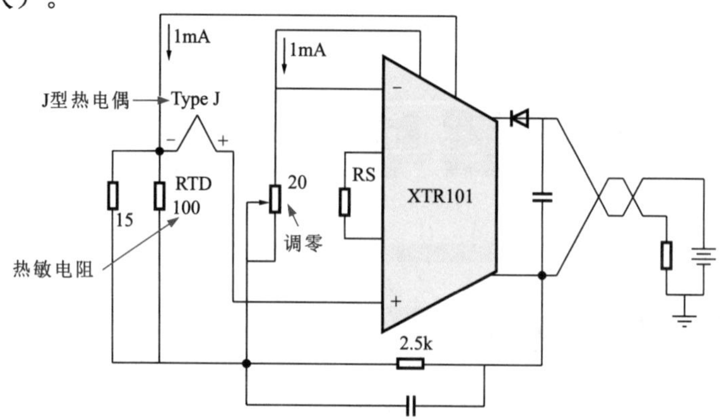

图7-3　热电偶输入端设有热敏电阻RTD冷端补偿电路（正极性输入）

图7-4所示是在热电偶的输入端用二极管冷端进行温度补偿。

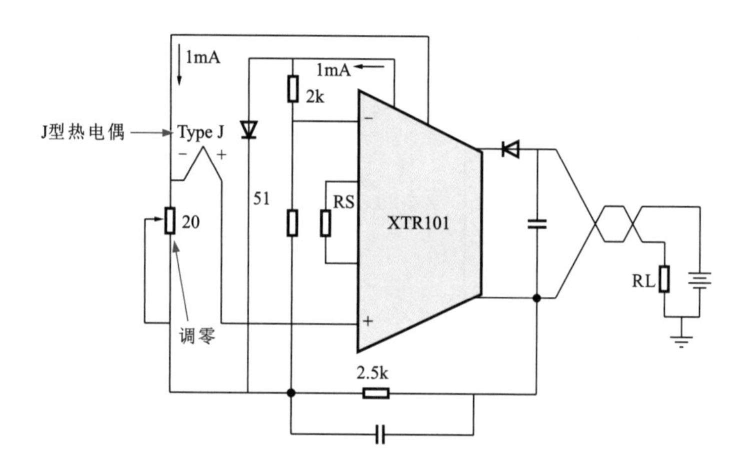

图7-4　热电偶输入端设有冷结二极管补偿电路

图7-5所示是在热电偶的输入端用热敏电阻RTD的冷端进行补偿（负极性输入）。

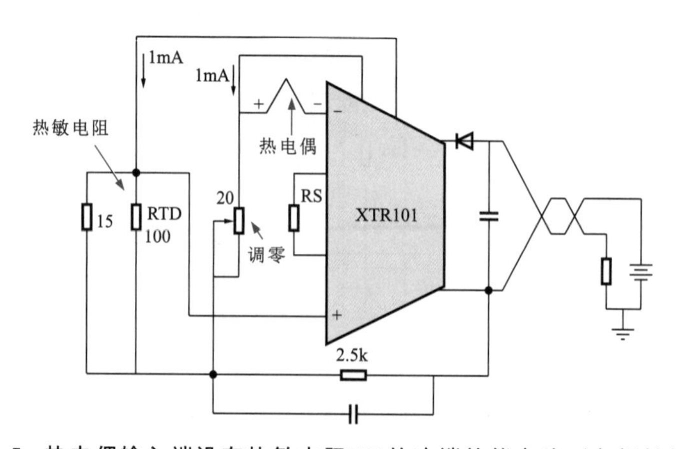

图7-5　热电偶输入端设有热敏电阻RTD的冷端补偿电路（负极性输入）

7.1.2 热敏电阻和继电器构成的温度检测控制电路

图7-6所示为热敏电阻和继电器构成的温度检测控制电路。该电路是由传感信号放大器VT1、热敏电阻器（TH1 D-53）、电压比较器IC1和继电器、三极管VT2 等部分构成的。继电器可控制电机、加热器、风扇等设备。

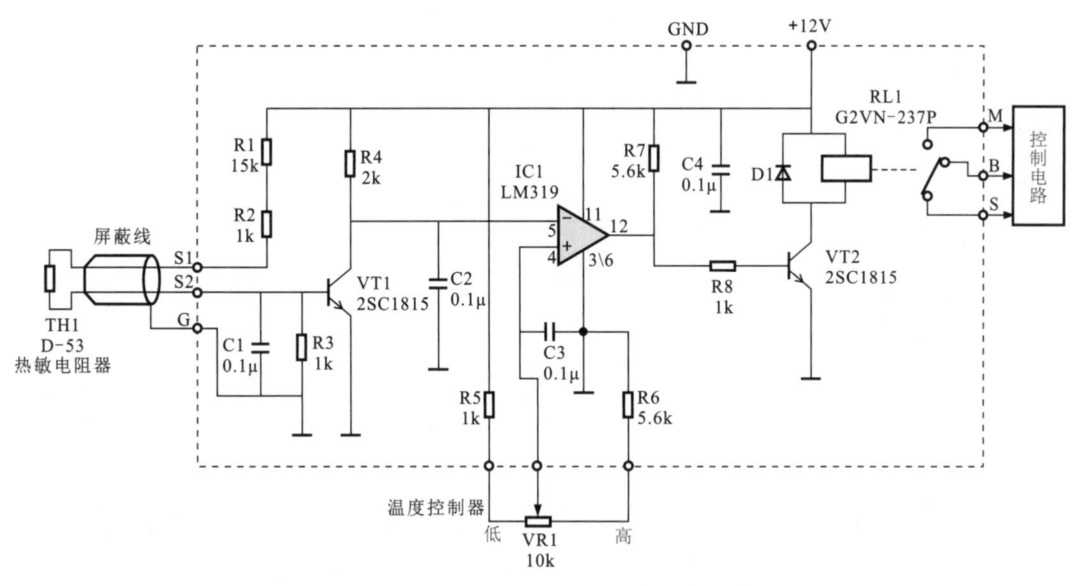

图7-6　热敏电阻和继电器构成的温度检测控制电路

7.1.3 温度检测及显示电路

图7-7所示为典型的温度检测及显示电路。VD1是PN结温度传感器，它是一种利用硅二极管的PN结进行温度检测的传感器。温度变化VD1的结电流就会发生变化，从而使加到反相放大器IC1A输入端的电压发生变化，经放大后将温度变化的量变成了电压的变化量。表示温度的电压加到TC14433的输入端，TC14433是一种A/D变换器，它将模拟电压信号变成数字信号，并可通过数字显示电路显示温度的数值。

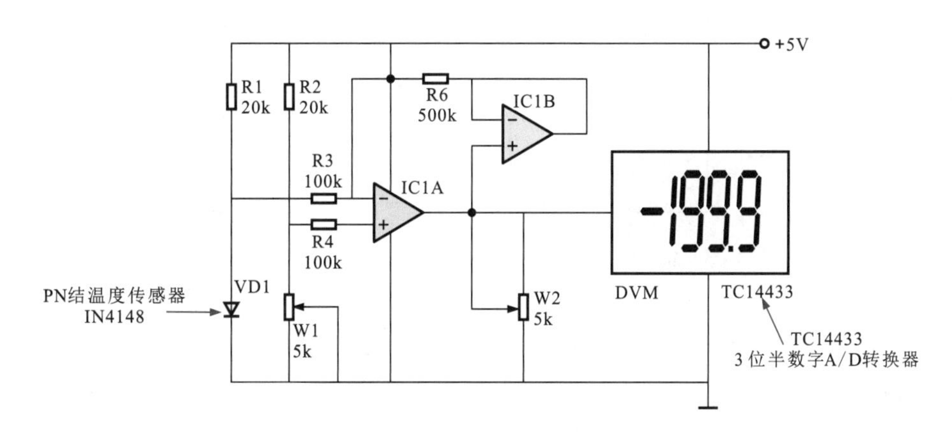

图7-7　典型的温度检测及显示电路

A/D转换器和数字显示电路的结构如图7-8所示，温度检测电路输出的电压信号送到A/D转换器TC14433的3脚，经A/D转换后，输出显示信号并送到CD4543B译码器，CD4543B的输出即7段显示信号，最后经显示驱动器MC1413去驱动LED显示器。

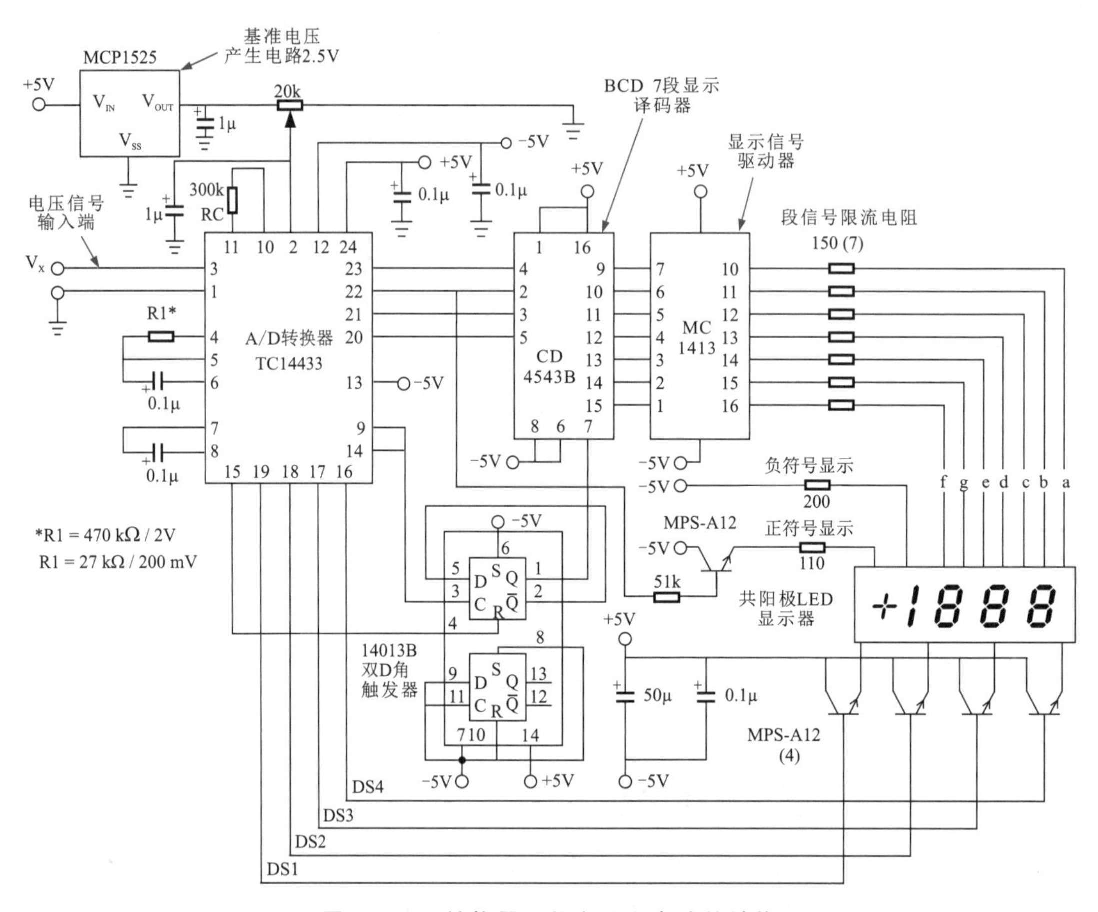

图7-8 A/D转换器和数字显示电路的结构

TC14433芯片的时钟振荡电路可采用如图7-9所示的电路结构。

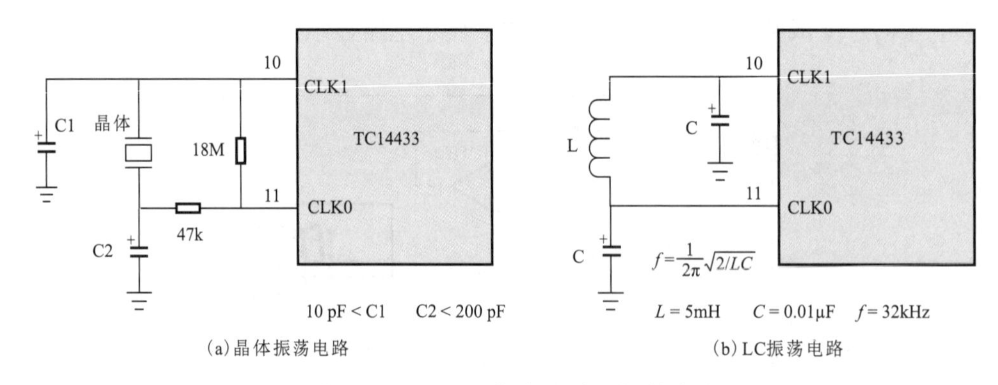

(a)晶体振荡电路　(b)LC振荡电路

图7-9 TC14433芯片的时钟振荡电路

TC14433 A/D转换器的内部电路结构框图如图7-10所示，应用TC14433 A/D转换器的传感信号显示电路还有如图7-11和图7-12所示的电路结构。

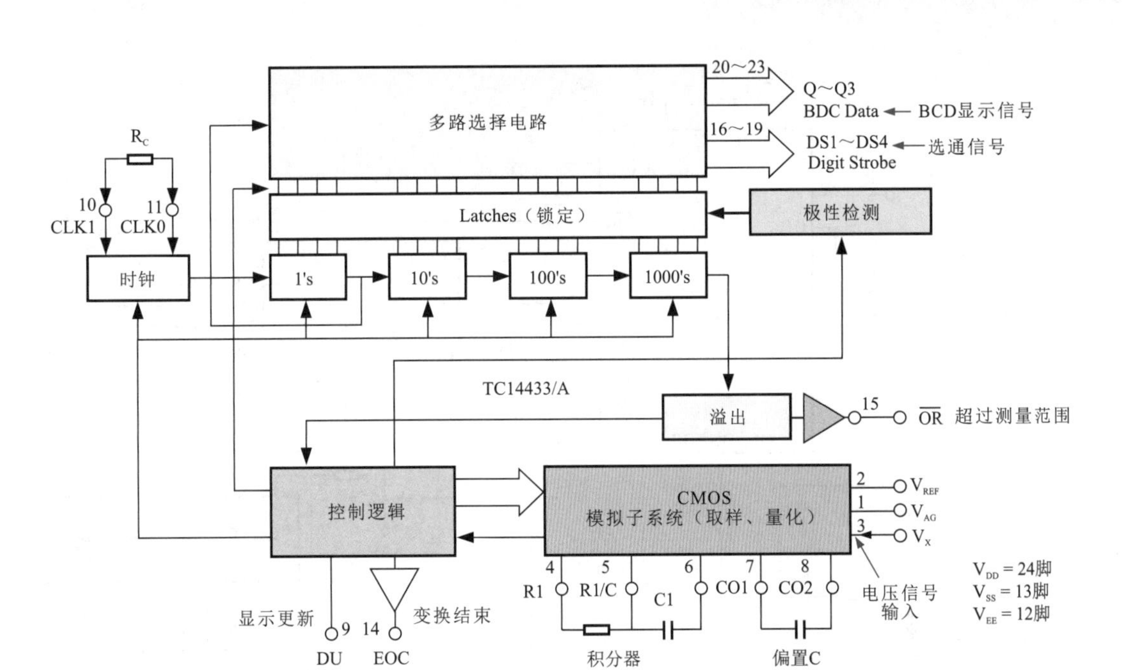

图7-10 TC14433 A/D转换器的内部电路结构框图

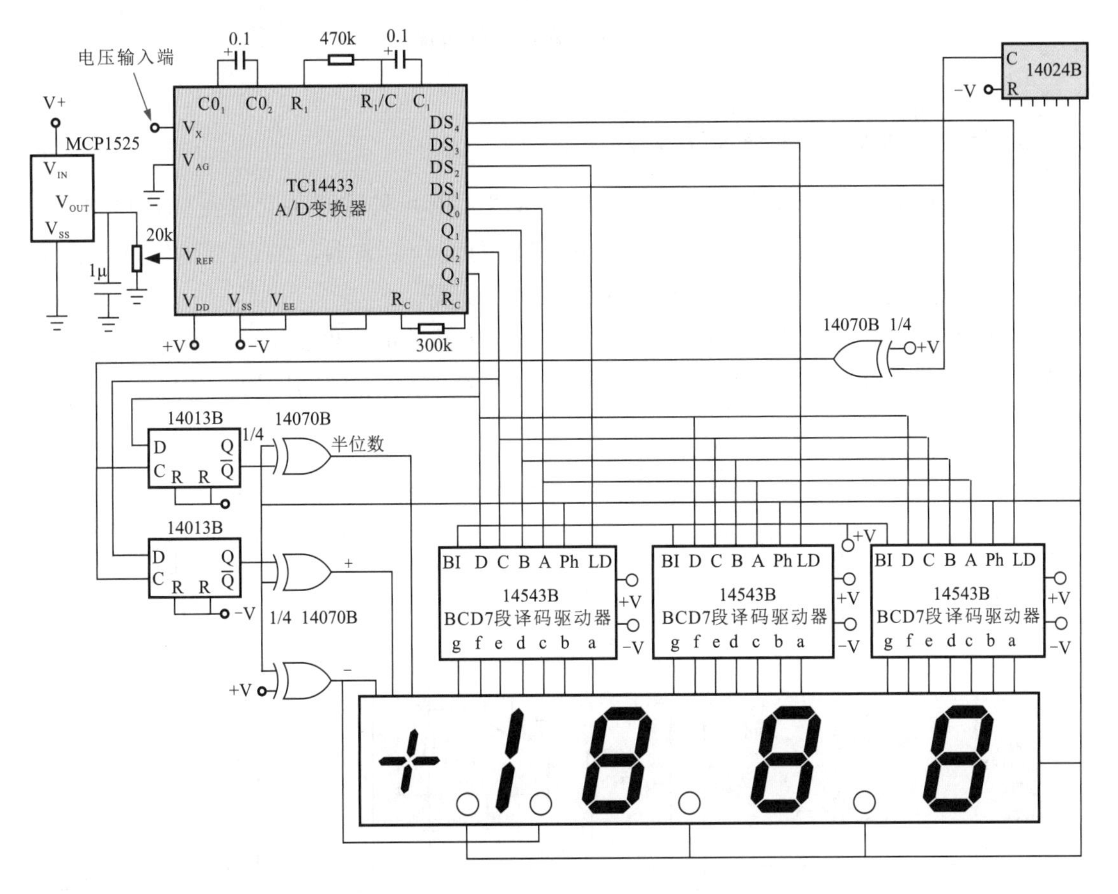

图7-11 采用LCD显示器的3-1/2数字电压表电路

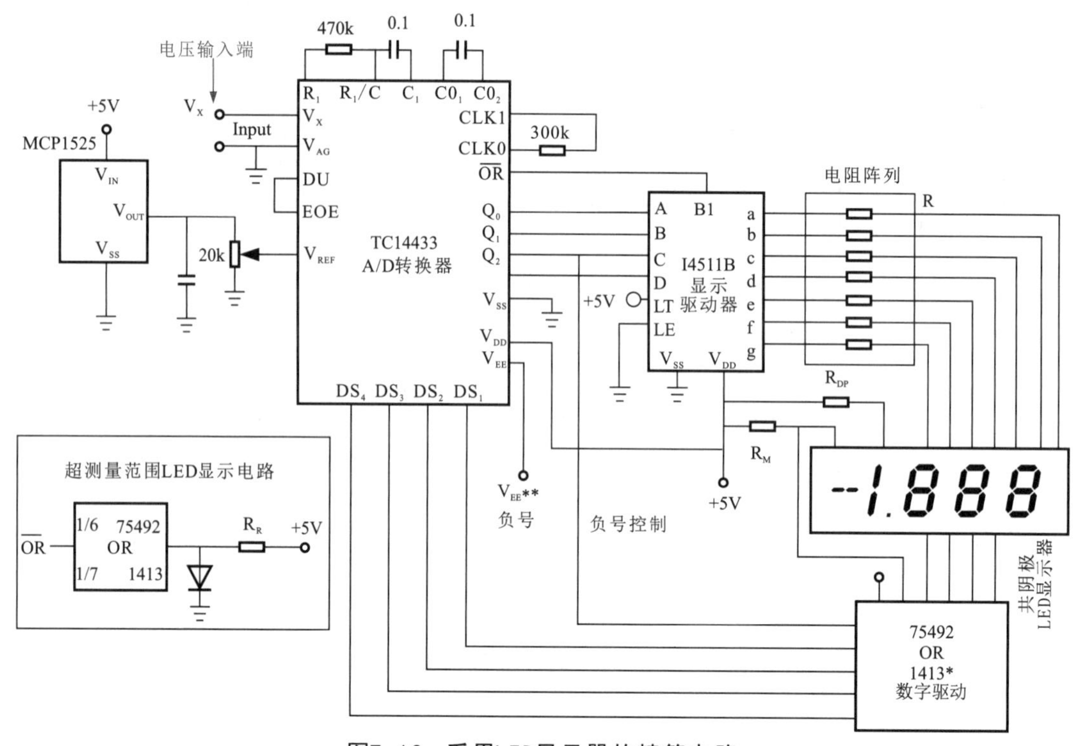

图7-12　采用LED显示器的精简电路

7.1.4 保温箱恒温控制电路

图7-13为保温箱恒温控制电路，温度传感器采用两只硅开关二极管VD1和VD2串联后与电阻R1、IC1A等组成测温电路，IC1B作为差分放大器，IC1A作为缓冲隔离放大器，IC1C作为矩形波发生器，IC1D作为脉宽调制器。

该温控电路采用周期开关控制方式，通过控制开关的时间比来控制温度。其温度调节范围为30～60℃，可用作家庭制作酸奶、面粉发酵等方面的应用。

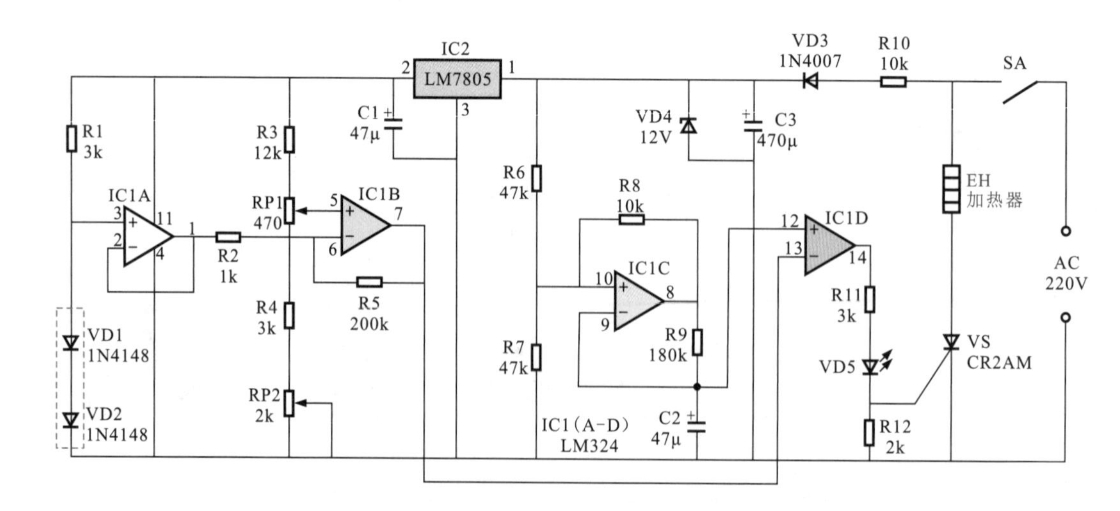

图7-13　保温箱恒温控制电路

7.1.5 二极管构成的温度检测电路

图7-14所示是一种结构简单的温度检测电路，它采用二极管作为温度传感器。电路中，采用硅二极管VD1和VD2作为温度传感器，硅二极管的温度系数为2mV/℃。IC1A和VT1等构成恒流源电路，为VD1和VD2提供恒定的电流。IC1B为放大器，温度变化会引起VD1和VD2的电压变化，IC1B将温度电压放大到所需要的电平。将温度的变化变成了模拟电压，该电压可送到温度控制电路和温度显示电路。

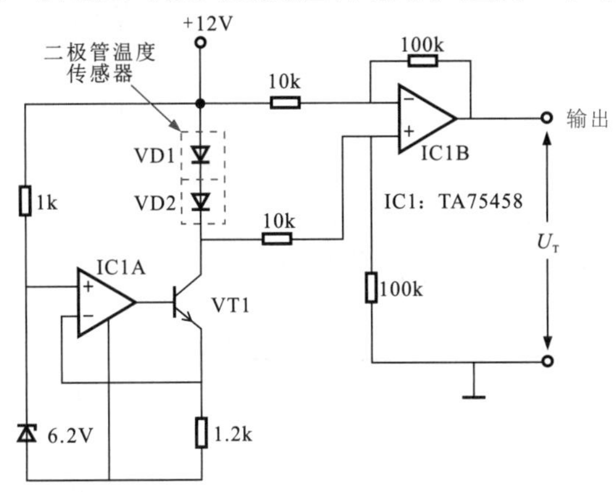

图7-14　二极管构成的温度检测电路

7.2 湿度检测电路

7.2.1 粮库湿度检测电路

图7-15所示为典型的粮库湿度检测电路。电容C1是两块面积相等的金属板，中间相隔一定距离后用绝缘材料将其连接固定制作成的湿度检测器件。由IC1 NE555和R1、R2及电容C1组成了一个脉冲振荡器。在振荡电路的输出端，由C3、C4及VD1、VD2组成一个脉冲检波电路，它将振荡电路输出的脉冲变换为直流电压，将这一电压加到直流电压表上不同的电压值等效相应的湿度，观察电压表的指针，就可得知粮食的湿度。C1只要有10pF的变化量，输出电压的变化即可达2V。

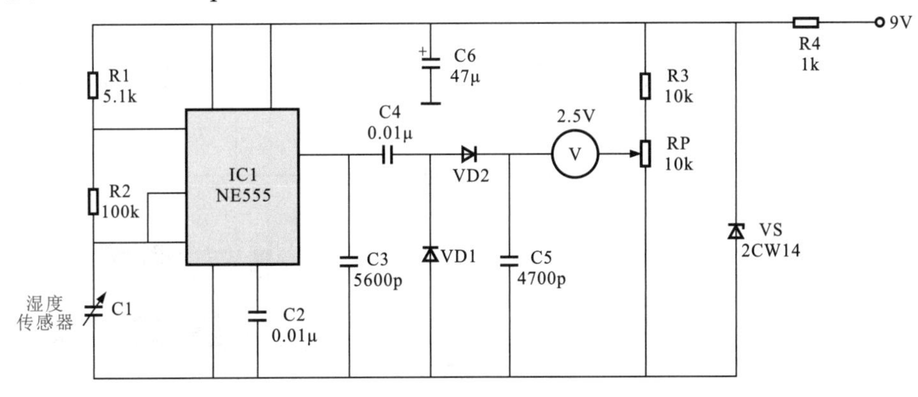

图7-15　典型的粮库湿度检测电路

7.2.2 电容型湿度传感器的应用电路

图7-16所示为电容型湿度传感器的应用电路。电容型湿度传感器以高分子材料的湿敏元件作为敏感元件，它利用有机高分子材料的吸湿性能与膨润性能制成的属水分子亲和力型湿敏元件，吸湿后，介电常数发生明显变化的高分子电介质可做成电容式湿敏元件。

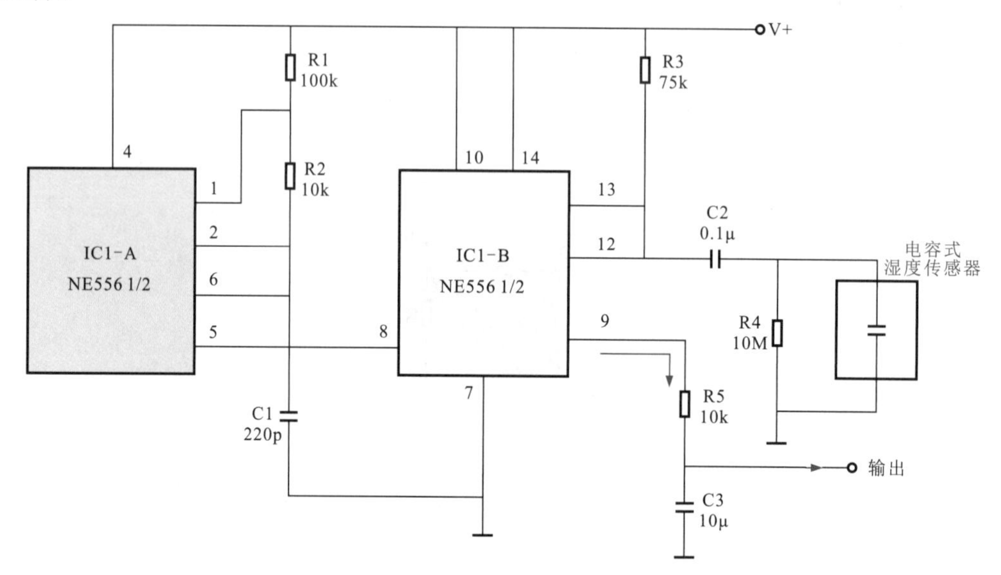

图7-16 电容型湿度传感器的应用电路

7.2.3 湿度检测指示电路

图7-17所示为湿度检测指示电路。该电路适用于可承受较大电流的陶瓷湿度传感器。由于湿度检测电路可以获得较强信号，故可以省去电桥和放大器，可以用市电作为电源，只要用降压变压器即可。由电流表指示湿度的百分数。

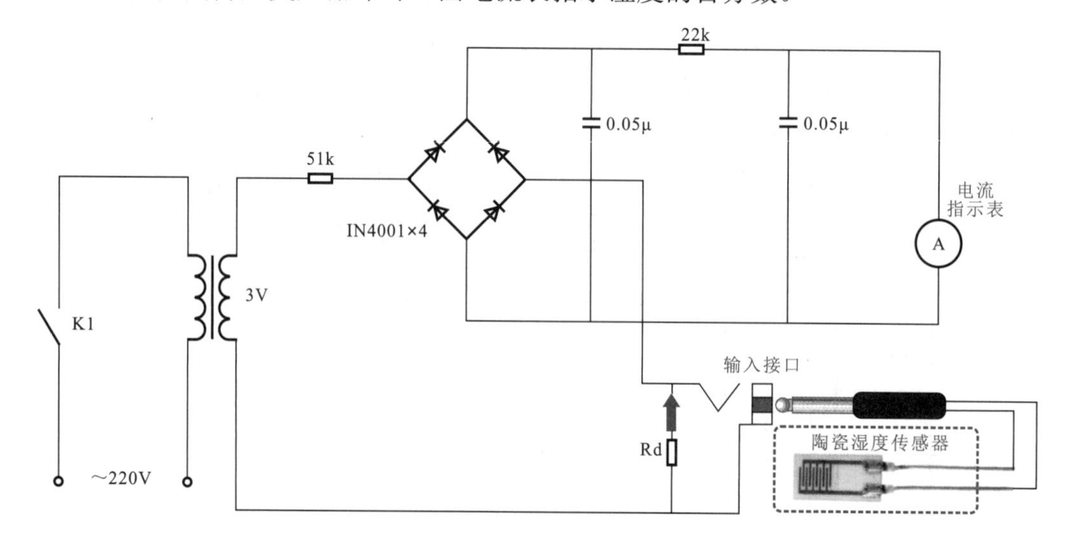

图7-17 湿度检测指示电路

7.2.4 湿度检测及信号处理电路

图7-18所示为典型的湿度检测及信号处理电路。它由电源供电电路IC1 LTC1046、传感信号放大器IC3 LTC1250、双开关电容切换电路IC2 LTC1043以及输出放大器IC4 LTC1050等电路组成。

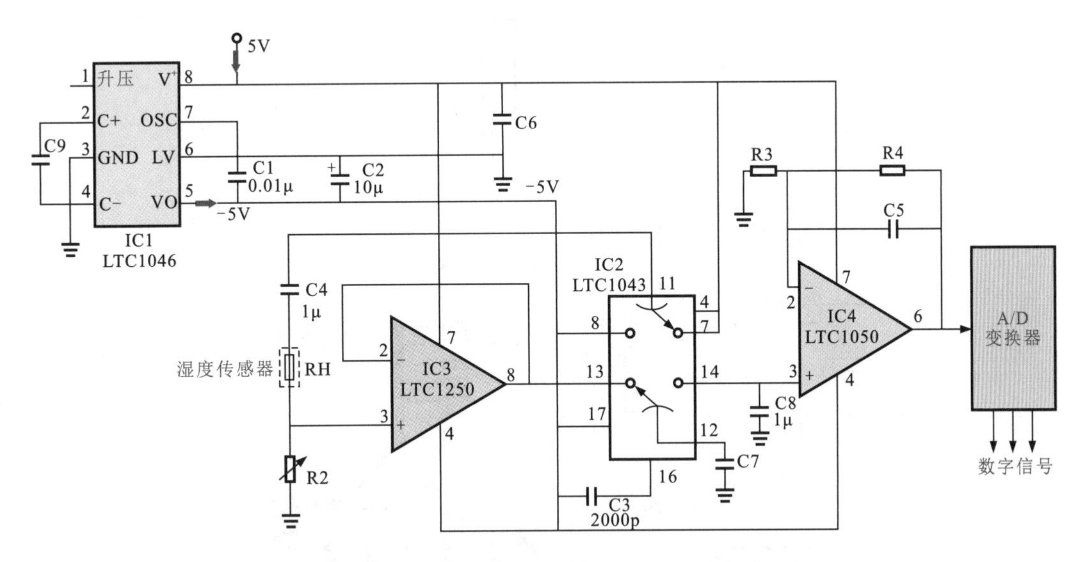

图7-18　典型的湿度检测及信号处理电路

7.2.5 湿度检测及报警电路

图7-19所示为湿度检测及报警控制电路。该控制电路中的电源总开关QS、变压器T、湿敏电阻器RS、NE555时基电路和报警器HA是湿度检测及报警电路的主要元件。

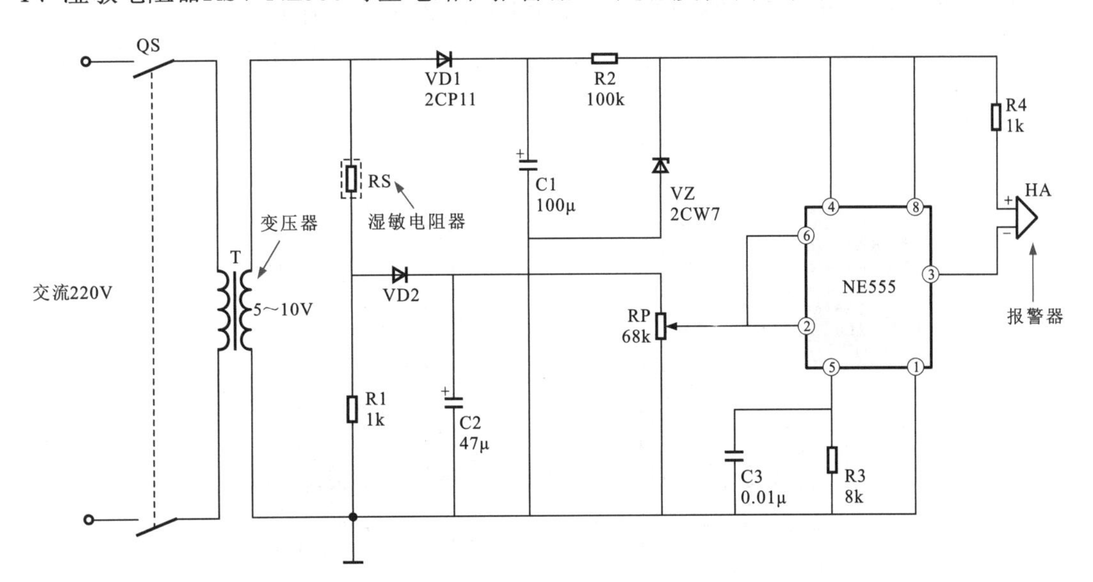

图7-19　湿度检测及报警控制电路

7.2.6 湿度检测及数字显示电路

图7-20所示为湿度检测及数字显示电路。该电路中通过HM1500系列的湿度传感器和具有A/D转换功能的微处理器PIC16CXXX芯片的组合进行湿度信息的处理。湿度传感器将环境湿度变成电压值在微处理器芯片中变成数字信号，然后驱动数字显示管。

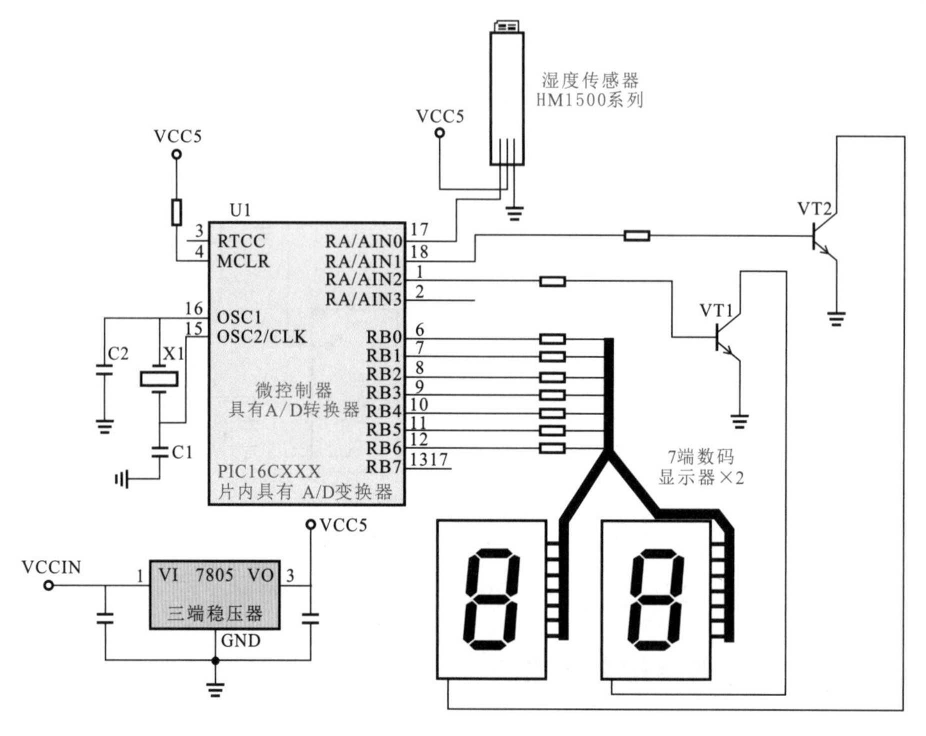

图7-20 湿度检测及数字显示电路

微处理器芯片PIC16F877/874的引脚和封装形式如图7-21所示。

PIC16F877/874是一种8位微处理器，内含8路逐次逼近式10位A/D转换器，最多可对8路湿度信号进行A/D转换。

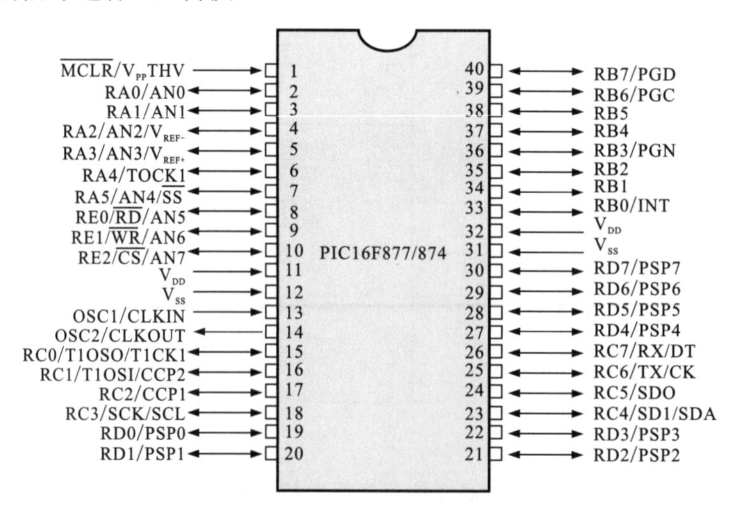

图7-21 微处理器芯片PIC16F877/874的引脚和封装形式

7.2.7 湿度传感器和运算放大器构成的湿度检测电路

图7-22所示是由湿度传感器和运算放大器构成的湿度检测电路。该电路是将振荡电路输出的交流电压加到湿度传感器上，它由振荡电路、缓冲器、整流电路、温度补偿差分放大电路、湿度输出放大电路、湿度检测电路、湿度输出放大电路等组成。

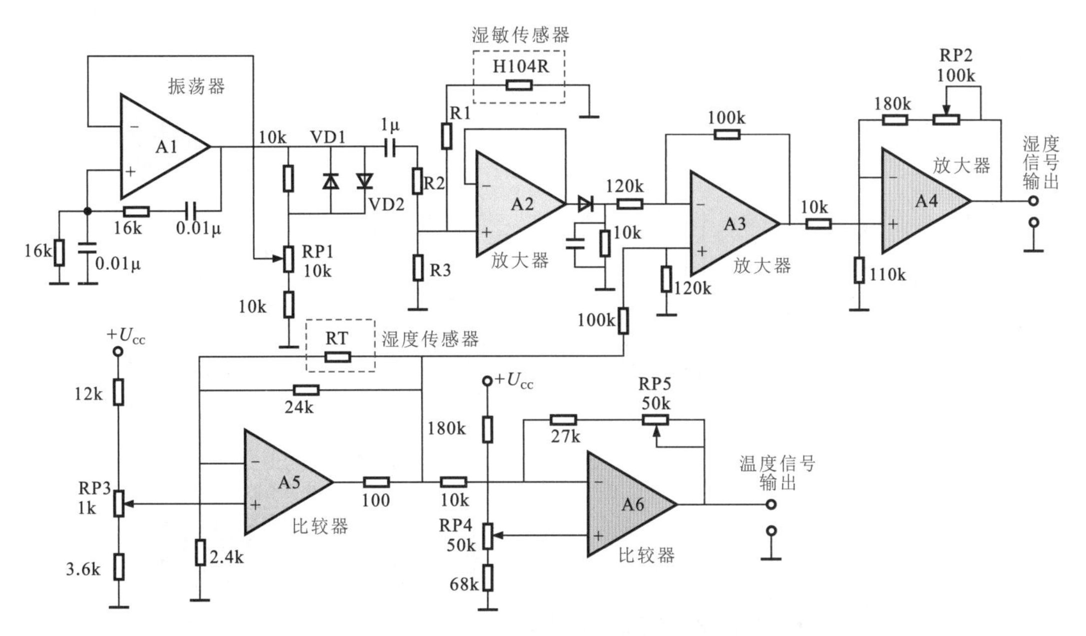

图7-22 由湿度传感器和运算放大器构成的湿度检测电路

7.2.8 土壤湿度检测控制电路

图7-23所示为土壤湿度检测控制电路。电路利用湿敏电阻器对土壤湿度进行检测并采用指示灯提示。使种植者可以随时根据该检测设备的提醒采取相应的措施。

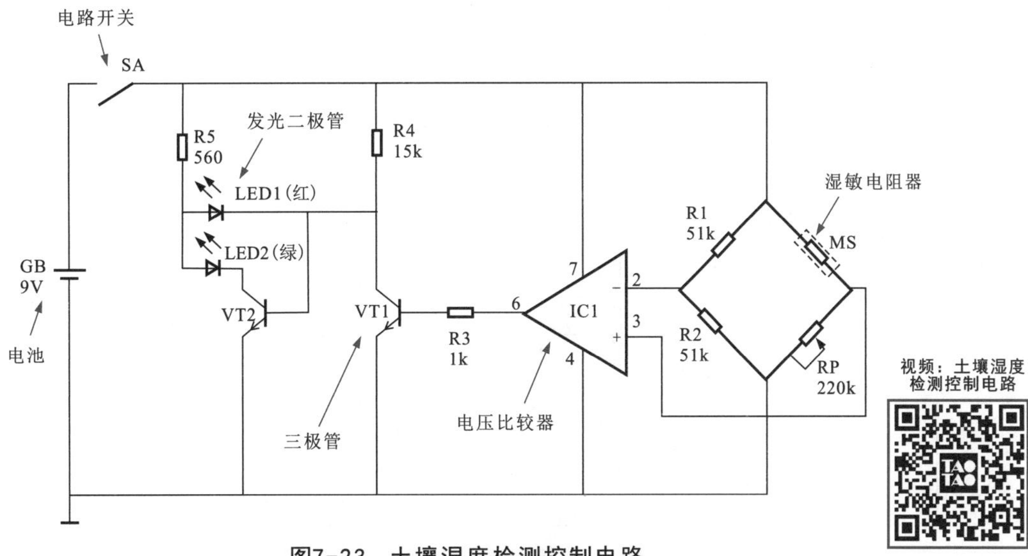

图7-23 土壤湿度检测控制电路

7.2.9 菌类培养室湿度检测控制电路

图7-24所示为菌类培养室湿度检测控制电路。该电路由电池进行供电，由金属检测探头、可变电阻器、晶体三极管、发光二极管、集成电路IC NE555和扬声器等构成。利用扬声器和指示灯发出警报指示。

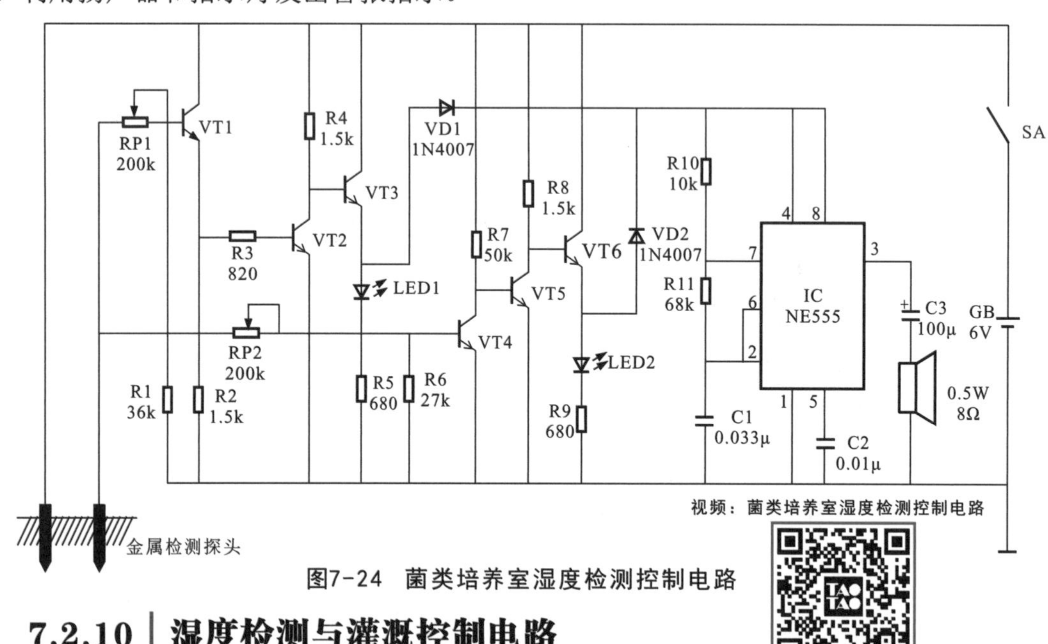

视频：菌类培养室湿度检测控制电路

图7-24 菌类培养室湿度检测控制电路

7.2.10 湿度检测与灌溉控制电路

图7-25所示为简单的湿度检测与灌溉控制电路。该控制电路由降压整流电路、开关控制电源、多谐振荡器（IC1 NE555、R5、R6、RP2、C2）和双向晶闸管VS控制电路等组成。

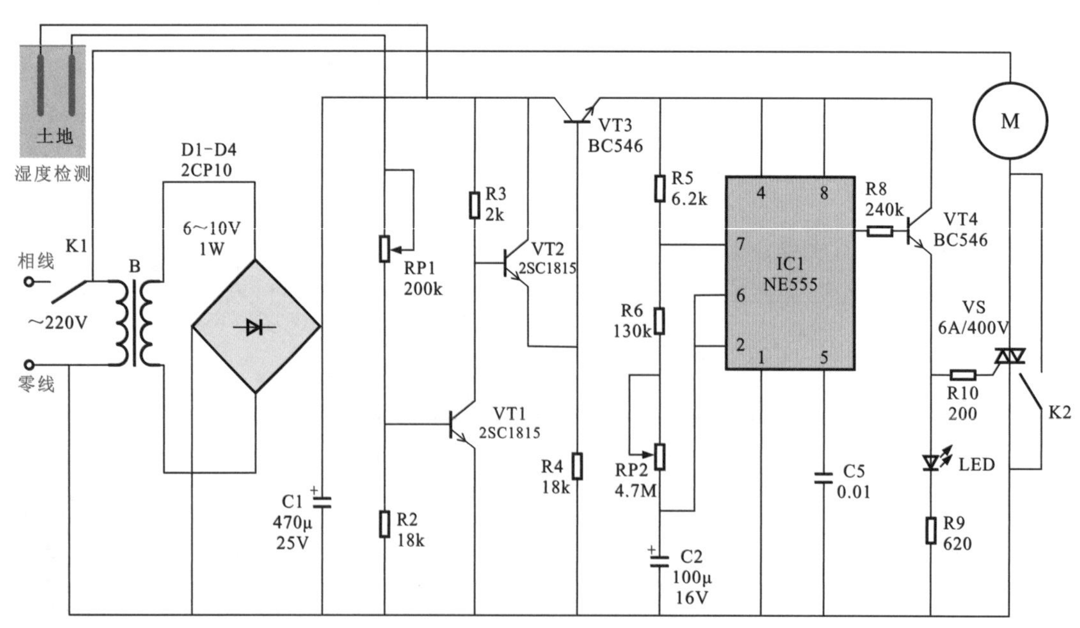

图7-25 湿度检测与灌溉控制电路

7.2.11 水池水位检测及自动补水电路

图7-26所示是一种通过对水池水位的检测及自动控制供水电路。三相电源经断路器QF和交流接触器的主触点为泵水电动机供电。泵水电动机旋转为水池供水。

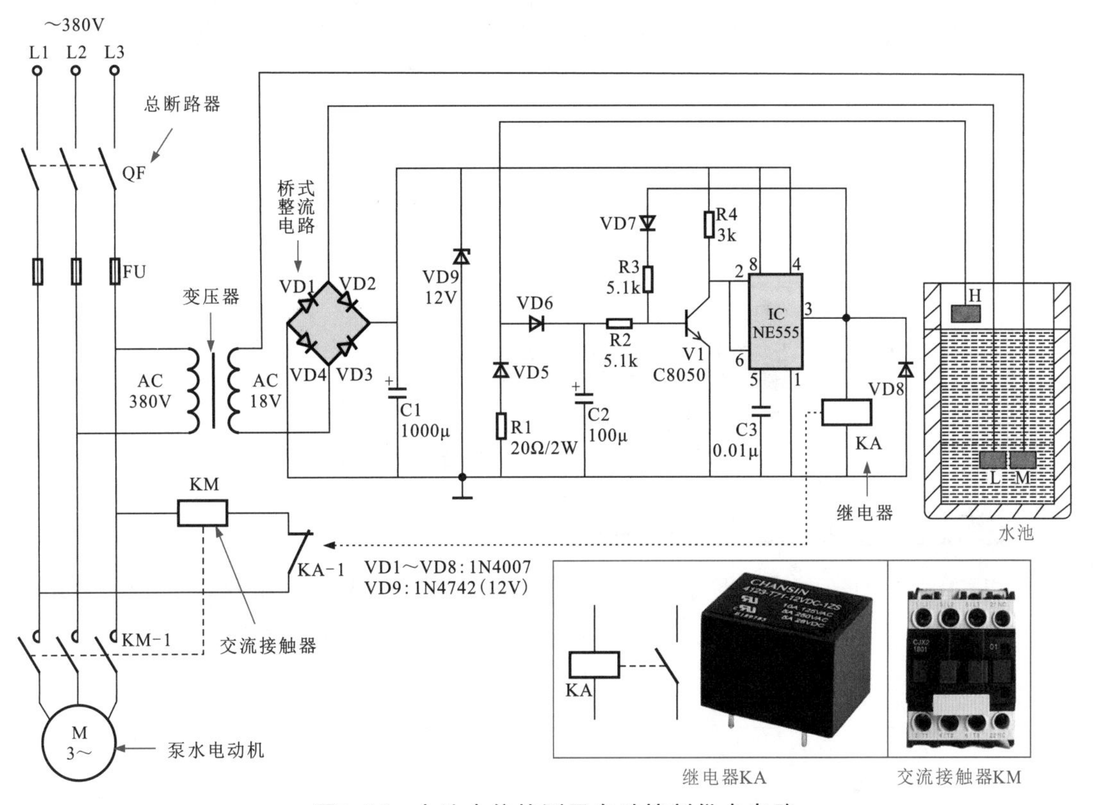

图7-26　水池水位检测及自动控制供水电路

7.2.12 油箱液面检测报警电路

图7-27所示是一种油箱液面检测和报警控制电路，用于车辆油箱液面检测与提示。

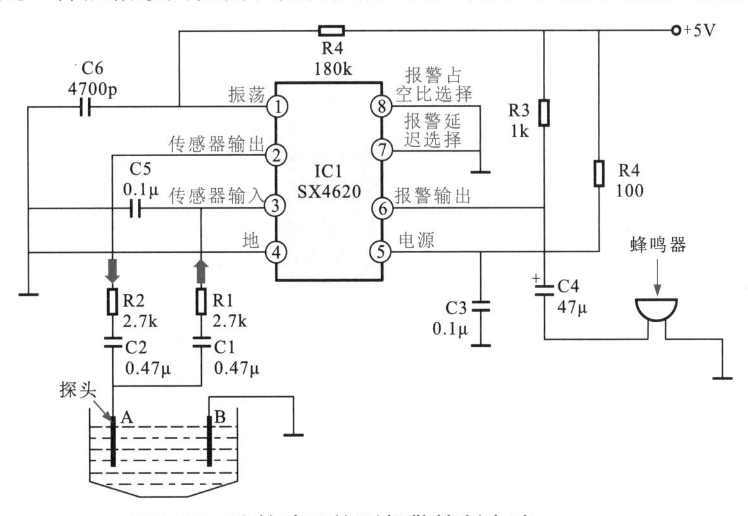

图7-27　油箱液面检测报警控制电路

7.3 光检测电路

7.3.1 光敏电阻器构成的光检测电路

图7-28所示为采用光敏电阻器构成的光检测电路。电路中，光敏电阻受光照时其电阻值会发生变化，接在电路中其接点的电压会发生变化，经放大后可输出相应的电信号。

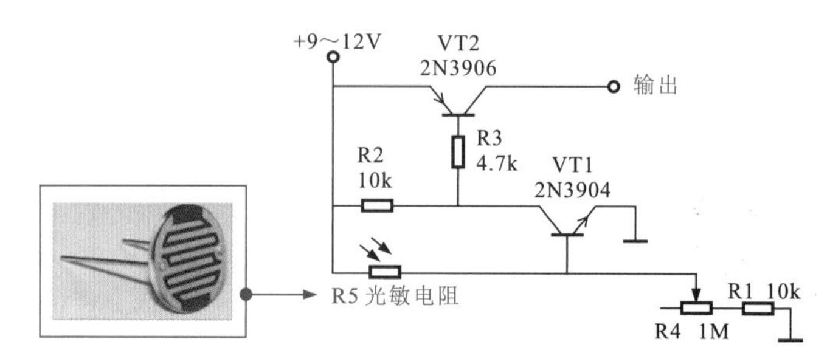

图7-28　光敏电阻器构成的光检测电路

7.3.2 光控防盗报警控制电路

图7-29所示为一种光控防盗报警控制电路，它是由光检测电路，语音芯片IC1 HFC 5209和扬声器的驱动电路等部分构成的。光敏电阻RG可设置在需要防护的箱柜内。

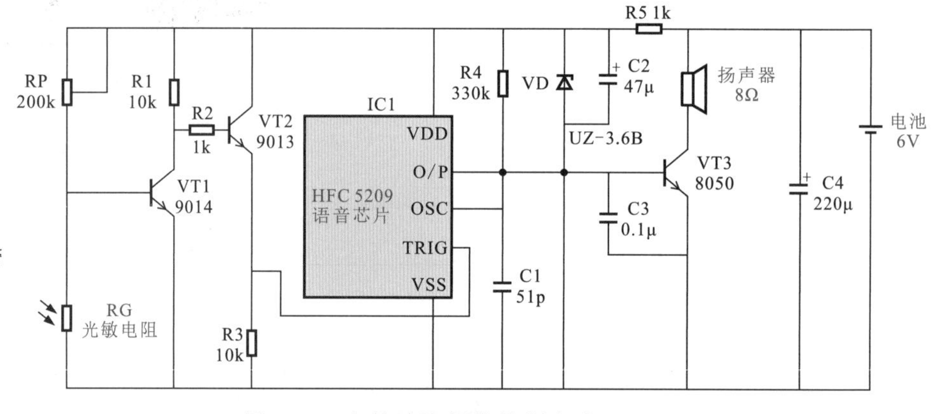

视频：光控防盗报警控制电路

图7-29　光控防盗报警控制电路

当箱门处于关闭状态，无光照，光敏电阻的阻值很大，VT1处于正偏而导通，VT2则截止，IC1 HFC 5209芯片的触发端（TRIG）为低电平，电路不动作，处于监控等待状态。

当箱门被非法打开时（偷盗情况），有光照到光敏电阻上，光敏电阻的阻值下降，VT1截止，VT2导通，IC1 HFC 5209芯片的触发端为高电平，语音芯片被触发，输出报警的语音信号，经VT3驱动扬声器发声。

标准COB黑膏软封式的语音合成报警集成电路内储有“请简短留言”“抓贼啊”等警告语音信号。

7.3.3 光控风扇电路

图7-30所示是光控风扇电路，该电路是由三极管VT1、光电二极管VD1等组成光接收电路。每接收光照一次，就使由三极管VT2、VT3组成的双稳态电路发生翻转，通过三极管VT4去驱动继电器K1工作，触点K1-1接通，风扇电动机得以通电工作。该电路可用手电筒进行遥控。

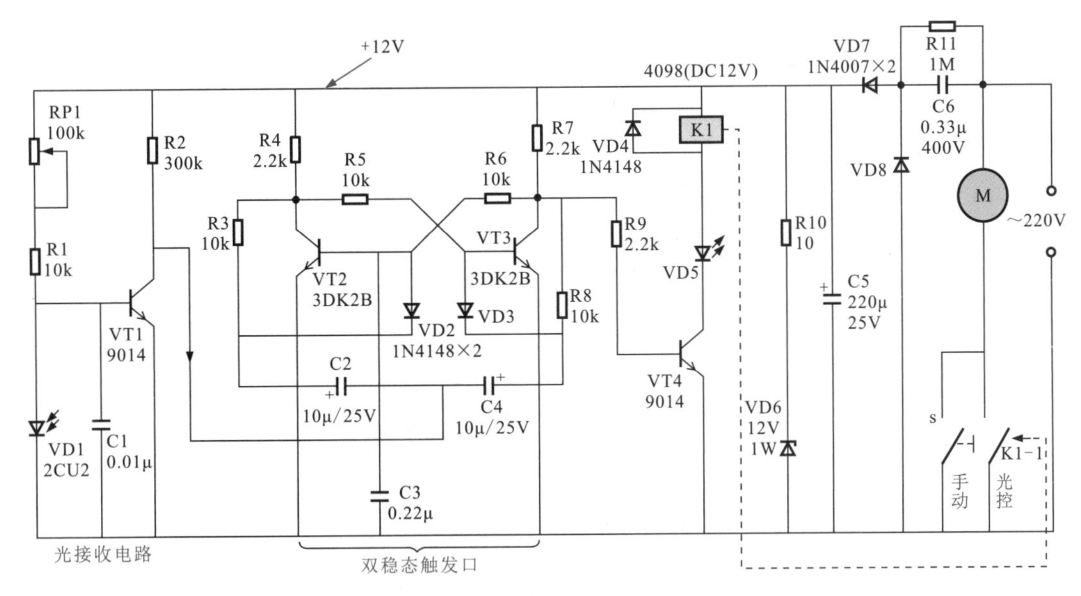

图7-30 光控风扇电路

7.3.4 火焰探测报警电路

图7-31所示是采用硫化铅光敏电阻为探测元件的火焰探测报警电路。电路中，硫化铅光敏电阻的暗电阻约为1MΩ，亮电阻为0.2MΩ（在光照度0.01W/m^{2}下测试）。光敏电阻接于VT1管组成的恒压偏置电路中，其偏置电压约为6V，电流约为6μA。VT2、VT3构成二级负反馈互补放大器，火焰的闪动信号经二级放大后送给控制电路进行报警处理。

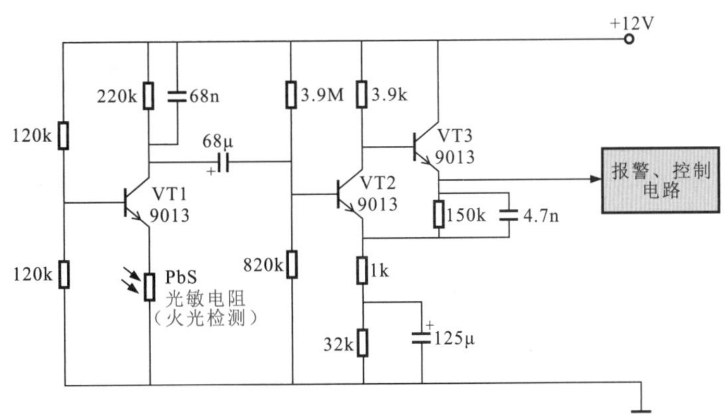

图7-31 火焰探测报警电路

7.3.5 光电式报警提示电路

图7-32所示是光电式报警提示电路，它采用硅光电池2CR11作为光检测传感器；当硅光电池受到光照时，其阻值就会减少，从而使三极管VT1～VT3导通，为报警音产生芯片IC1供电，IC1发出报警音，驱动压电陶瓷报警器。

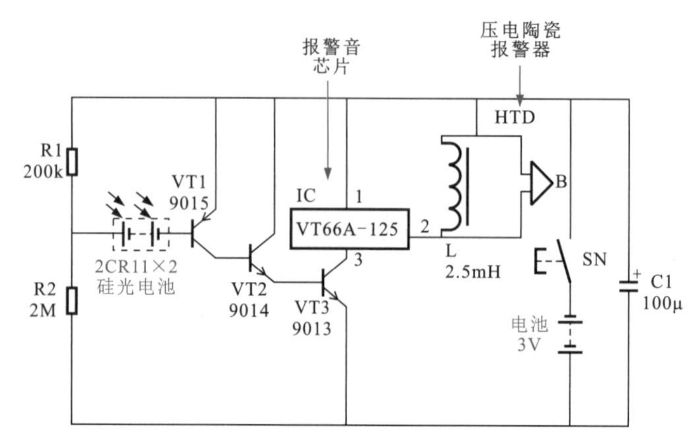

图7-32 光电式报警提示电路

7.3.6 光反射式自动干手器电路

图7-33所示为光反射式自动干手器电路。该电路是通过反射式光耦检测，然后形成继电器K1的驱动信号，继电器K1动作，K1-1接通，为热风机供电，热风机自动启动。

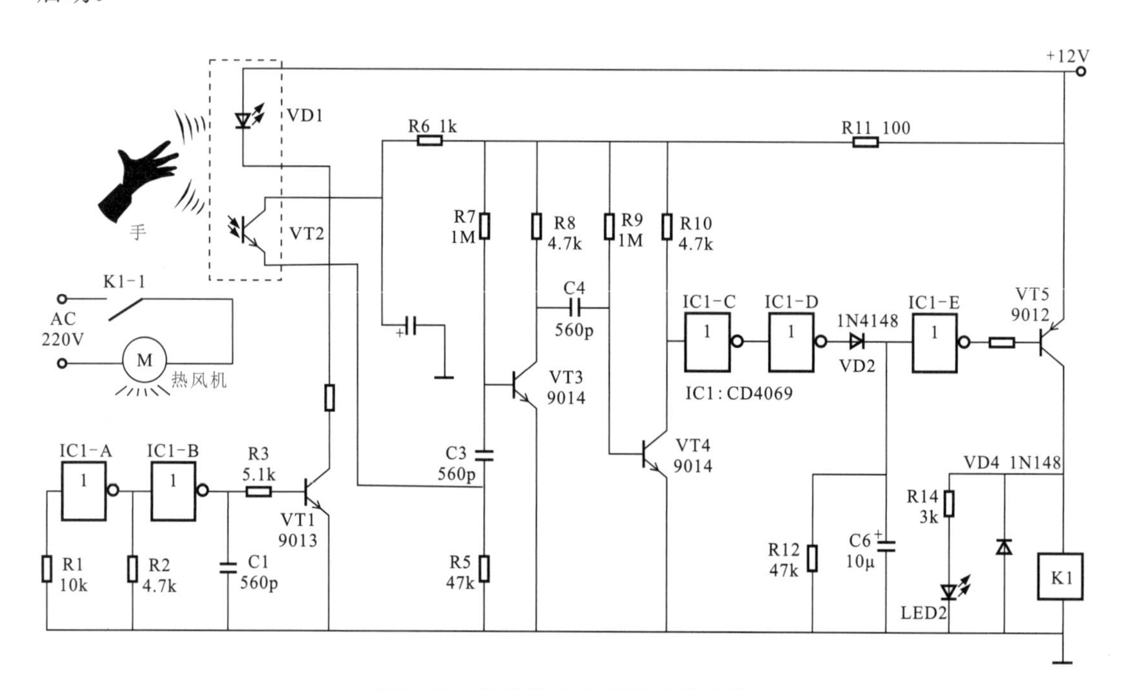

图7-33 光反射式自动干手器电路

7.3.7 自动值守防盗报警电路

图7-34所示为自动值守防盗报警电路。该电路主要由热释电红外线传感器、光控电路（RG、RP2、R4）、报警驱动电路（IC2及外围元件）等部分构成。

当光线强度较高时，如在白天，光敏电阻器RG呈低阻状态，三极管VT1导通，经报警电路中IC1的④脚短路；当光线强度较弱时，如在夜间，RG阻值变大，VT1截止，后级报警电路进入准备报警状态。当有人进入热释电红外线传感器探测的区域时，IC1的 ②脚被触发，蜂鸣器发出报警音。

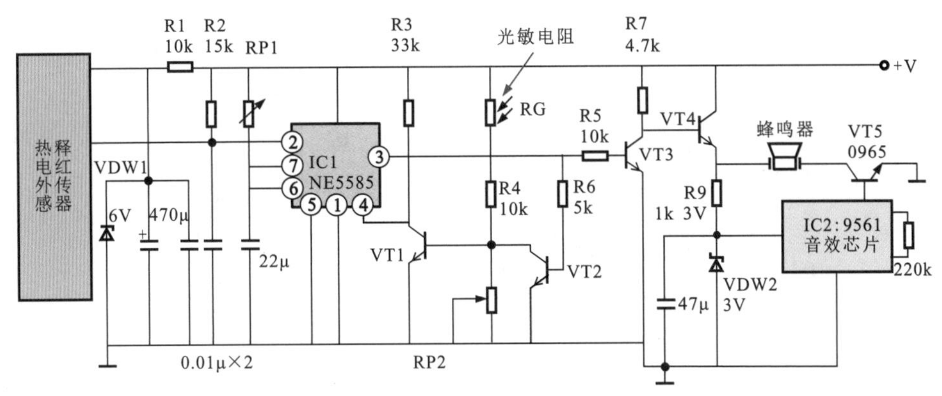

图7-34 自动值守防盗报警电路

7.4 气体检测电路

7.4.1 气体检测报警电路

图7-35所示为典型的气体检测报警电路。电路中，气敏传感器采用的是气敏电阻器，气敏电阻器是一种将气体信号转换为电信号的器件，它可检测出环境中某种气体的浓度，并将其转换成不同的电信号。当所检测的气体浓度发生变化时，气敏电阻器的阻值也会随之发生变化。

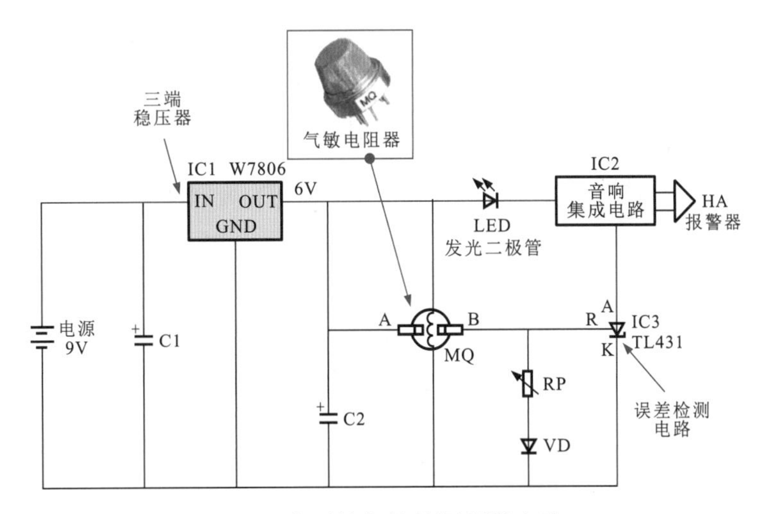

图7-35 典型的气体检测报警电路

7.4.2 煤气泄漏检测报警电路

图7-36所示为煤气泄漏检测报警电路。该电路是由可燃性气体检测传感器QM-N10 和语音芯片KD9561等电路组成。当煤气浓度增加时，传感器QM-N10中A、B电极之间的电阻降低。K点的电压会升高，升高的电压经R2加到V1，使V1导通。V1导通又使V2导通，接通了语音芯片的供电，于是语音芯片输出报警信号，驱动V3使扬声器发声。

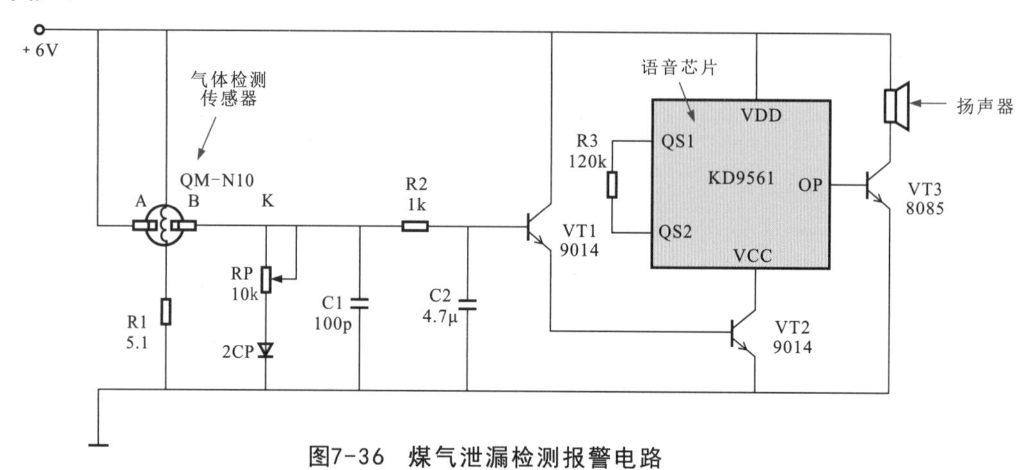

图7-36 煤气泄漏检测报警电路

7.4.3 井下氧浓度检测报警电路

图7-37所示为井下氧浓度检测报警电路。该控制线路可用于井下作业的环境中，检测空气中的氧浓度。电路中的氧气浓度检测传感器将检测结果变成直流电压，经电路放大器IC1-1和电压比较器IC1-2后，去驱动三极管VT1，再由VT1去驱动继电器；继电器动作后触点接通，蜂鸣器发出提示音，氧浓度过低时报警，提醒人们注意。

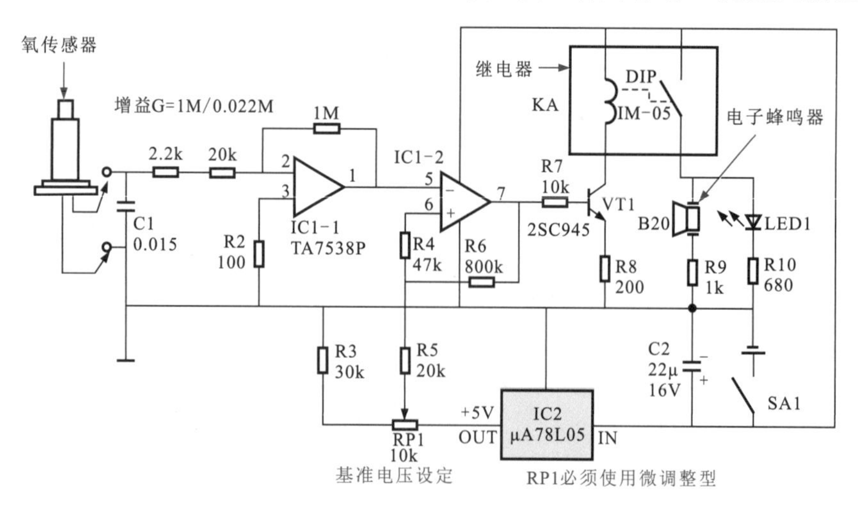

图7-37 井下氧浓度检测报警电路

7.5 其他检测电路

7.5.1 振动检测报警电路

图7-38所示为典型的振动检测报警电路。

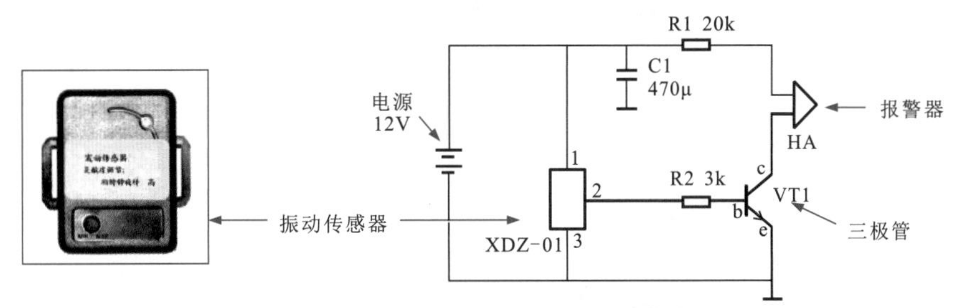

图7-38 典型的振动检测报警电路

7.5.2 断线防盗报警电路

图7-39所示为一种简易的断线防盗报警控制电路，该电路主要是由供电电路、报警器语音芯片、扬声器等部分构成的。

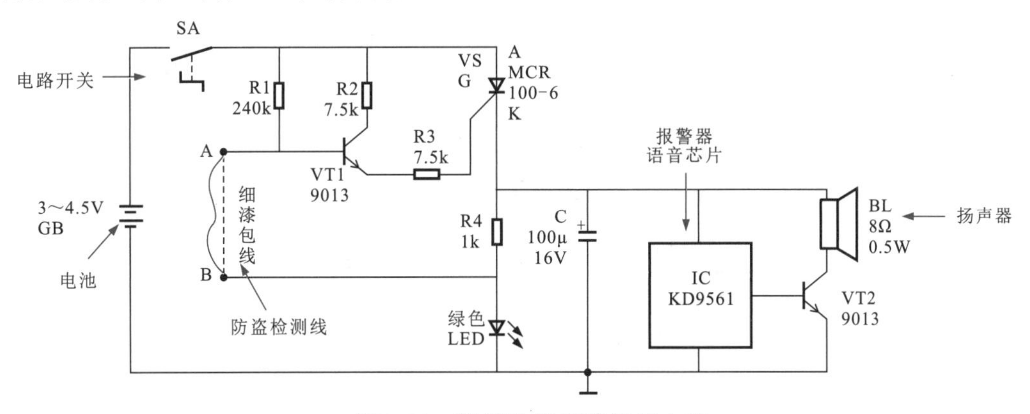

图7-39 断线防盗报警控制电路

7.5.3 畜牧产仔报警电路

图7-40所示为一种畜牧产仔报警电路。当感应到有新生命时，电路便会发出警报。

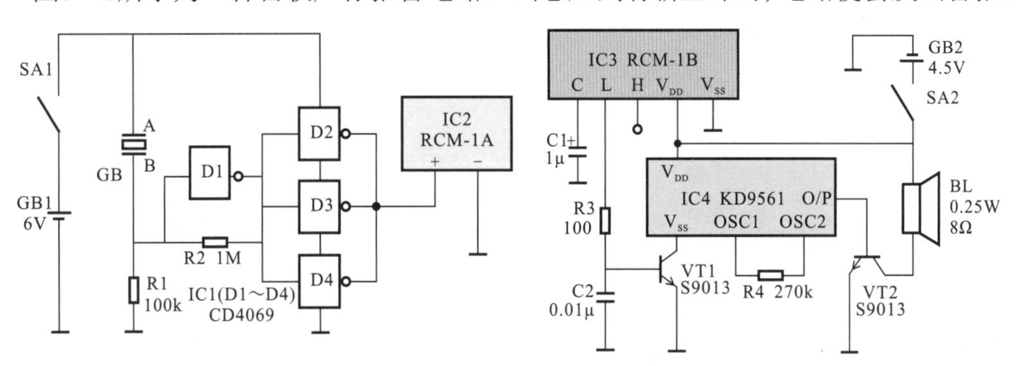

图7-40 畜牧产仔报警电路

第8章 照明控制电路

8.1 室内照明控制电路

8.1.1 三方照明灯控制电路

图8-1为三方照明灯控制电路。该电路是在不同位置设置的三个开关控制一个照明灯。例如，在家庭中，照明灯位于客厅中，三个开关分别设置在客厅和两个不同的卧室中，任何一个开关都可对照明灯进行控制。

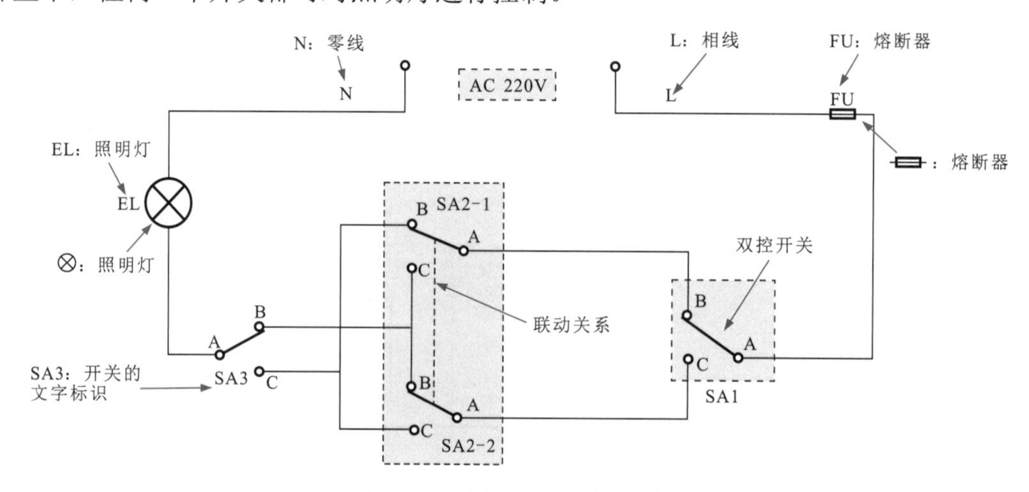

图8-1 三方照明灯控制电路

8.1.2 光控照明电路

图8-2为简单的光控照明电路，通过光敏电阻器作为光控感应元件进而控制照明灯的自动点亮和熄灭。

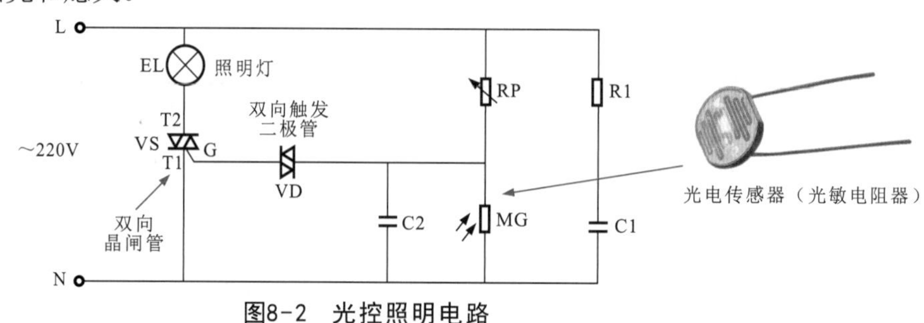

图8-2 光控照明电路

8.1.3 红外遥控照明电路

图8-3所示是红外遥控照明电路。该电路采用遥控发射器发出遥控信号，再设置遥控接收器接收遥控信号，并利用该信号控制晶闸管，对照明灯的亮、灭进行控制。当用户按下遥控器的任意按钮后，照明灯便会点亮；再按一下按钮，照明灯便会熄灭。该电路中IC2 CD4024是用来产生触发信号的电路。

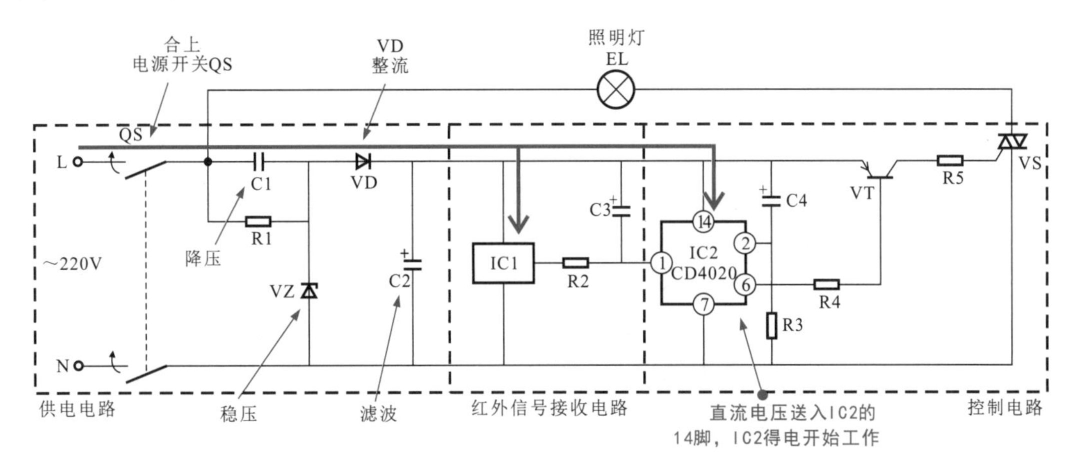

图8-3 红外遥控照明电路

当IC1收到遥控信号后输出脉冲信号送到串行计数器IC2 CD4020中，IC2 CD4020的⑥脚输出低电平。三极管VT的基极变为低电平，VT导通。双向晶闸管VS控制极得电，VS导通，照明灯EL点亮。

8.1.4 光控门灯电路

图8-4所示为典型的光控门灯电路。光控门灯电路是根据外界光线强度对门前照明灯的亮、灭进行自动控制的电路。当天黑（外界光照较弱）时，照明灯便会点亮；当天亮（外界光照较强）时，照明灯便会熄灭。

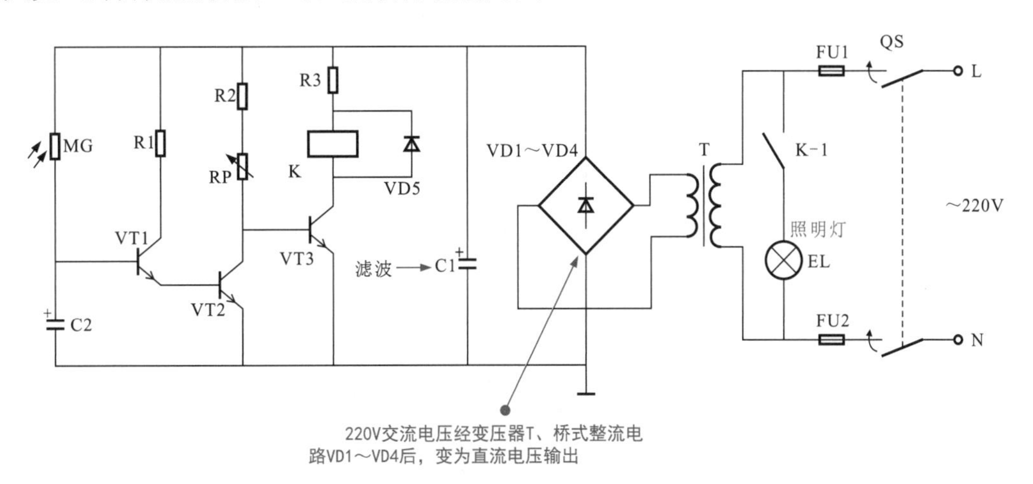

图8-4 典型的光控门灯电路

8.1.5 晶闸管控制的室内照明电路

图8-5所示为晶闸管控制的室内照明电路。该电路通过晶闸管、二极管和电解电容器组合，实现照明灯的逐渐点亮和逐渐熄灭。按下开关后，照明灯首先发出微弱的光线然后逐渐点亮，过一小段时间后，照明灯全亮；断开开关后，照明灯的亮度逐渐降低，在一定时间后照明灯熄灭。该电路可以延长照明灯的使用寿命，并有效降低光线对人眼的冲击。

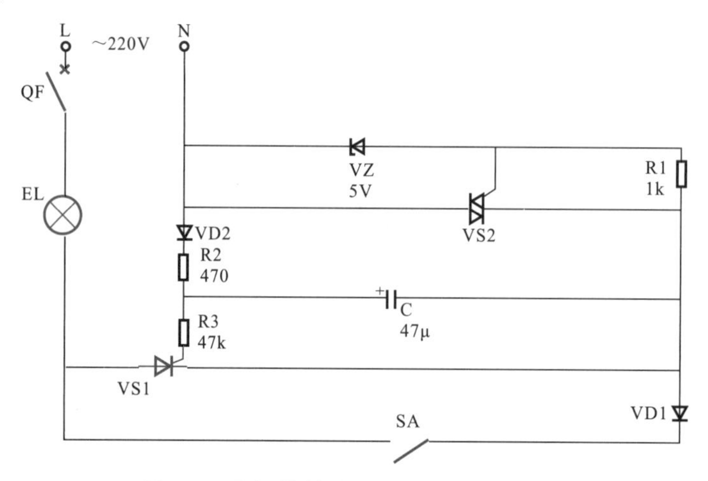

图8-5 晶闸管控制的室内照明电路

8.1.6 室内声控照明电路

图8-6所示为一种室内声控照明电路。该电路通过声音感应器接收声音信号，然后使三极管VT导通，经集成电路芯片DC SL517A处理后控制照明灯具开启或熄灭的电路；当声控开关接收到声音信号后照明灯具便点亮，延时一段时间后便会熄灭。

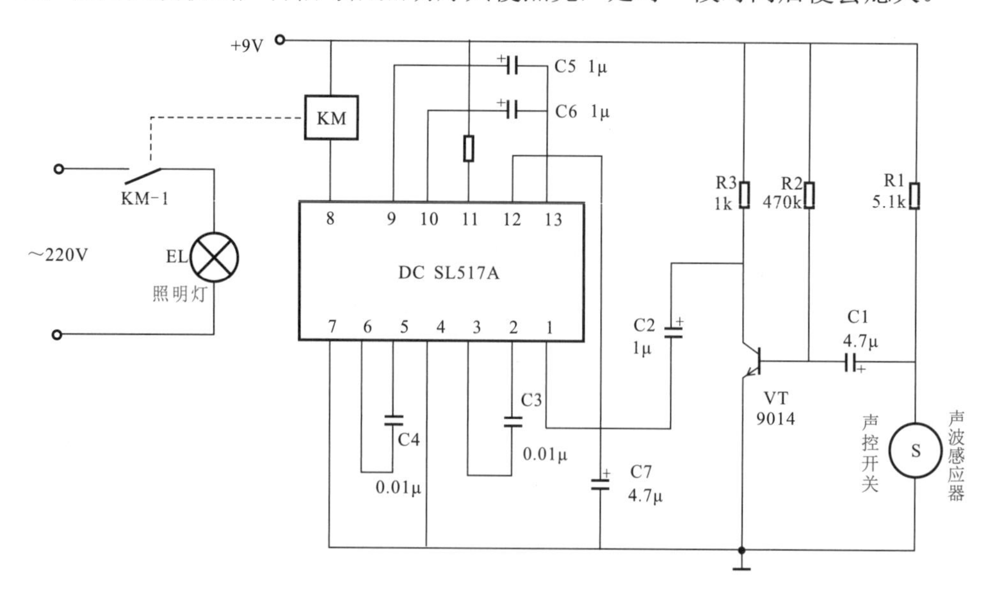

图8-6 室内声控照明电路

8.1.7 卫生间门控照明电路

图8-7所示为卫生间门控照明电路。该电路主要由各种电子元器件构成的控制电路和照明灯构成，是一种自动控制照明灯工作的电路。在有人开门进入卫生间时，照明灯自动点亮；当有人走出卫生间时，照明灯自动熄灭。

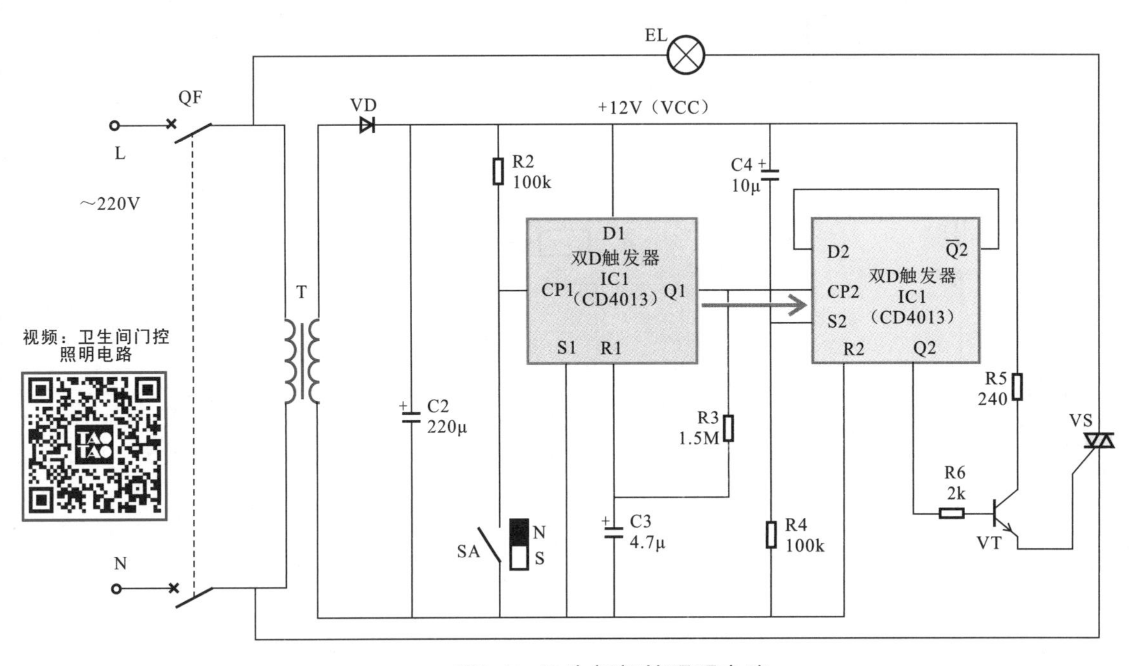

图8-7　卫生间门控照明电路

8.1.8 触摸延时照明控制电路

图8-8所示为触摸延时照明控制电路。该电路利用触摸开关控制照明电路中晶体三极管与晶闸管的导通与截止状态，实现控制照明灯工作状态的控制电路。当无人碰触触摸开关时，照明灯不工作；当有人碰触触摸开关时，照明灯点亮，并可以实现延时一段时间后自动熄灭的功能。

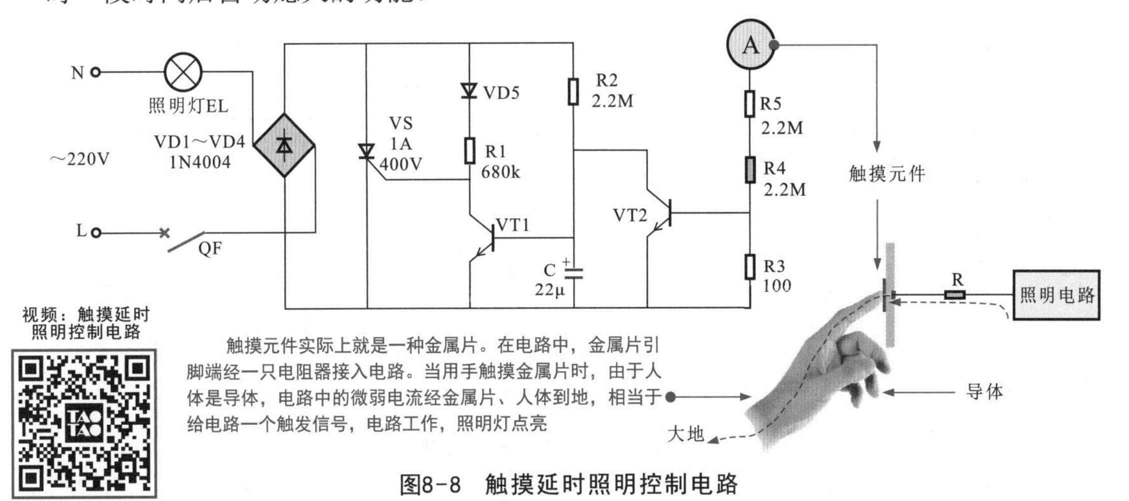

图8-8　触摸延时照明控制电路

8.2 公共照明控制电路

8.2.1 继电器控制的光控路灯照明电路

图8-9所示为继电器控制的光控路灯照明电路。该电路主要由光敏电阻器及外围电子元器件构成的控制电路和路灯构成。该电路可自动控制路灯的工作状态。白天，光照较强，路灯不工作；夜晚降临或光照较弱时，路灯自动点亮。

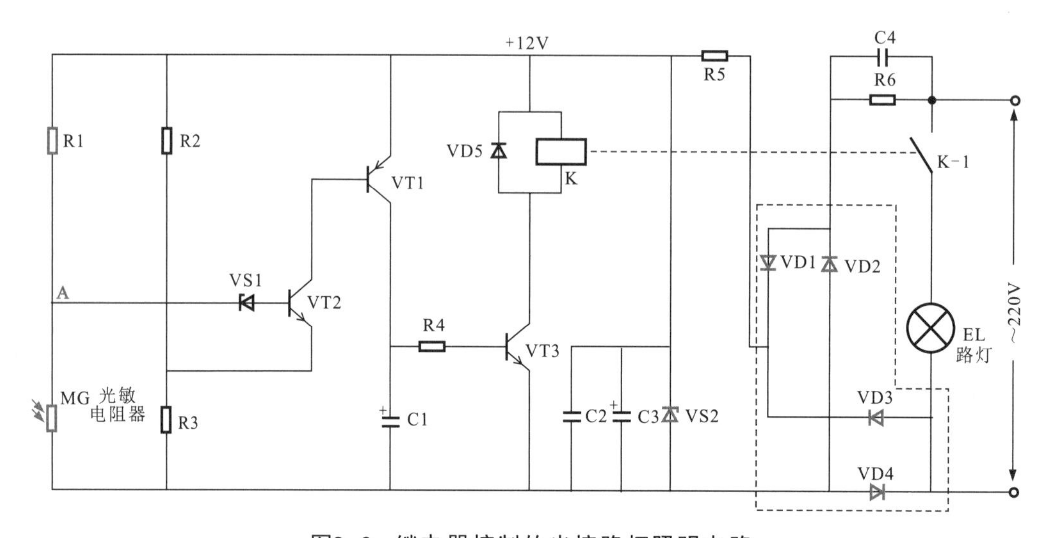

图8-9 继电器控制的光控路灯照明电路

8.2.2 走廊灯延时熄灭控制电路

图8-10所示为走廊灯延时熄灭控制电路。电路中照明灯EL受继电器触点KA-1控制。当按动灯开关EB时，220V交流电压经变压器T降压，整流电路整流后为控制电路供电；直流电压经R1为C2充电。当充电电压上升后使单结晶体管VF1导通；于是VT2、VT3导通，继电器得电，KA-1接通，照明灯维持点亮；经过一定时间后C2放电后VT1截止， VT2、VT3截止，KA-1断开，照明灯熄灭。

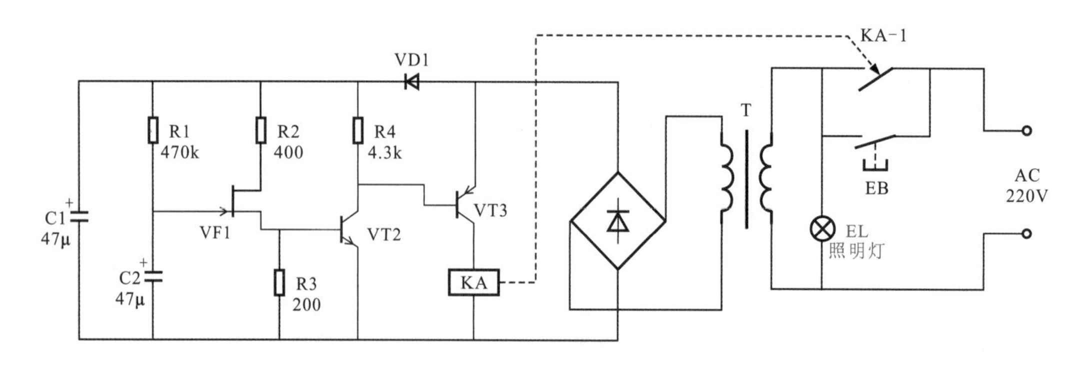

图8-10 走廊灯延时熄灭控制电路

8.2.3 时基芯片控制的小区公共照明电路

图8-11所示为时基芯片控制的小区公共照明电路。该电路由多盏路灯、总断路器QF、双向晶闸管VT、控制芯片（NE555时基集成电路）、光敏电阻器MG等构成的。可实现在黑夜、白天路灯的自动点亮和熄灭。

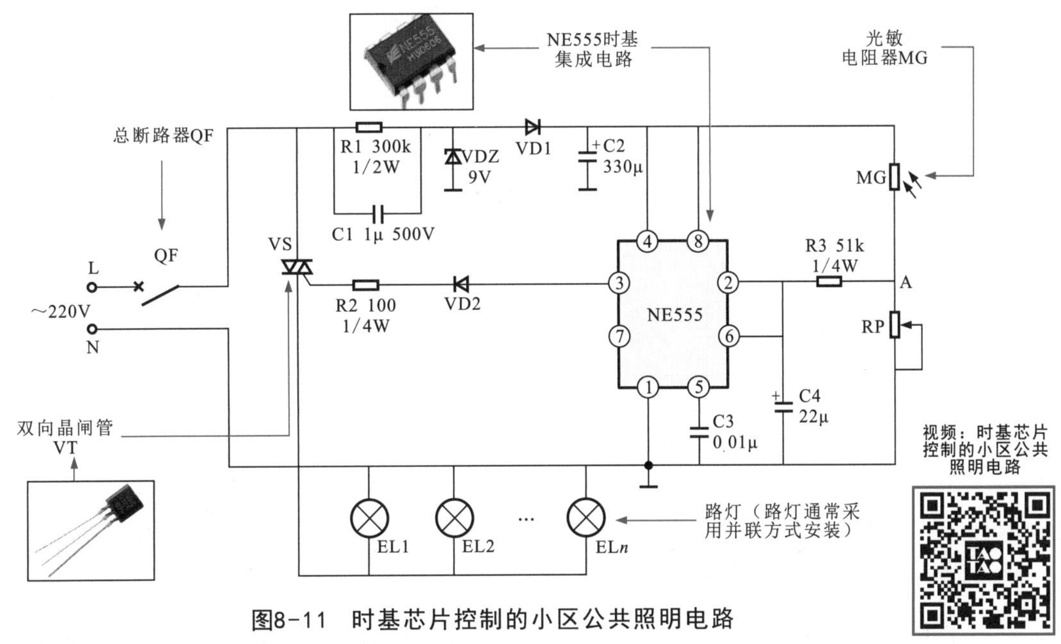

图8-11 时基芯片控制的小区公共照明电路

补充说明

小区照明电路大多是依靠由自动感应部件、触发控制部件等组成的触发控制电路进行控制的。IC NE555时基集成电路是主要控制部件之一，有多个引脚，可将送入的信号经处理后输出。

图8-12所示为NE555时基电路的内部结构。NE555时基电路用字母IC标识，内部设有比较器、缓冲器和触发器。2脚、6脚、3脚为关键的输入端和输出端。3脚输出电压的高、低受触发器的控制，触发器受2脚和6脚触发输入端的控制。

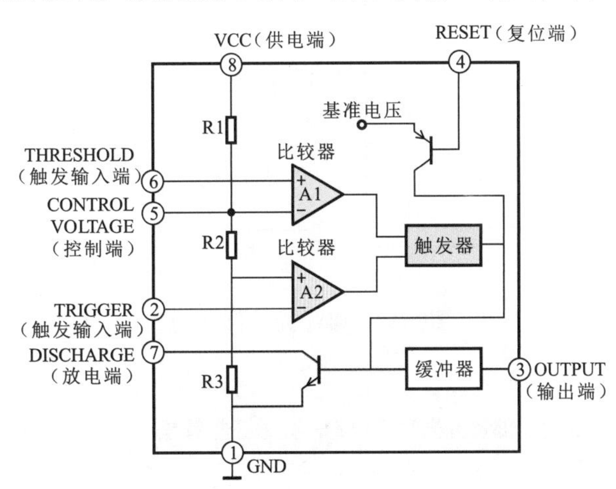

图8-12 NE555时基电路的内部结构

8.2.4 楼道声控照明电路

图8-13所示为楼道声控照明电路。该声控照明电路主要由声音感应器件、控制电路和照明灯等构成，通过声音和控制电路控制照明灯具的点亮和延时自动熄灭。

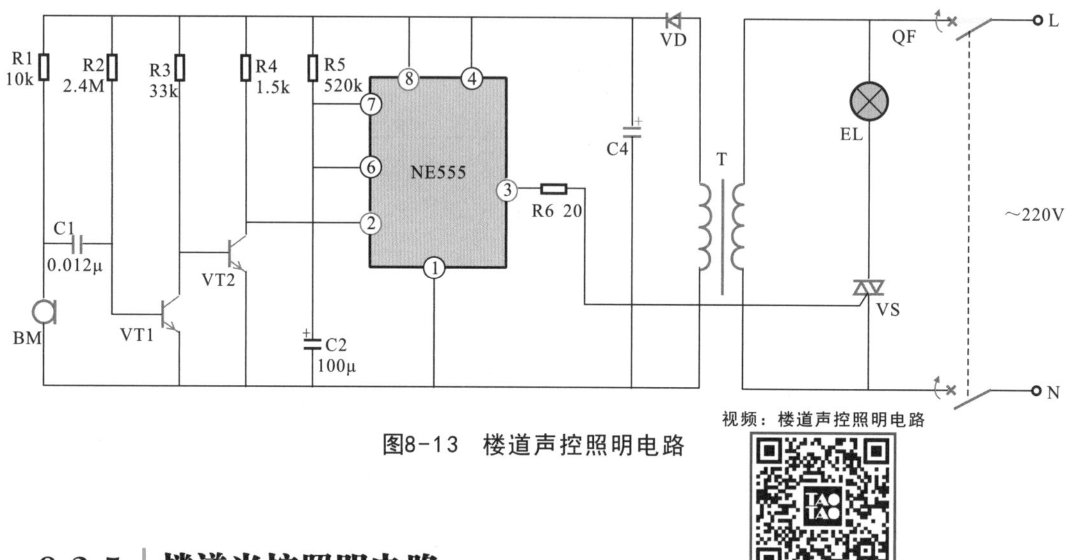

图8-13 楼道声控照明电路

视频：楼道声控照明电路

8.2.5 楼道光控照明电路

图8-14所示为楼道光控照明电路。楼道光控照明控制电路是一种通过光照强弱来自动控制照明灯点亮和熄灭的电路，即在白天光线较强时，楼道内的照明灯不亮；当夜晚光线较弱时，楼道内的照明灯点亮。

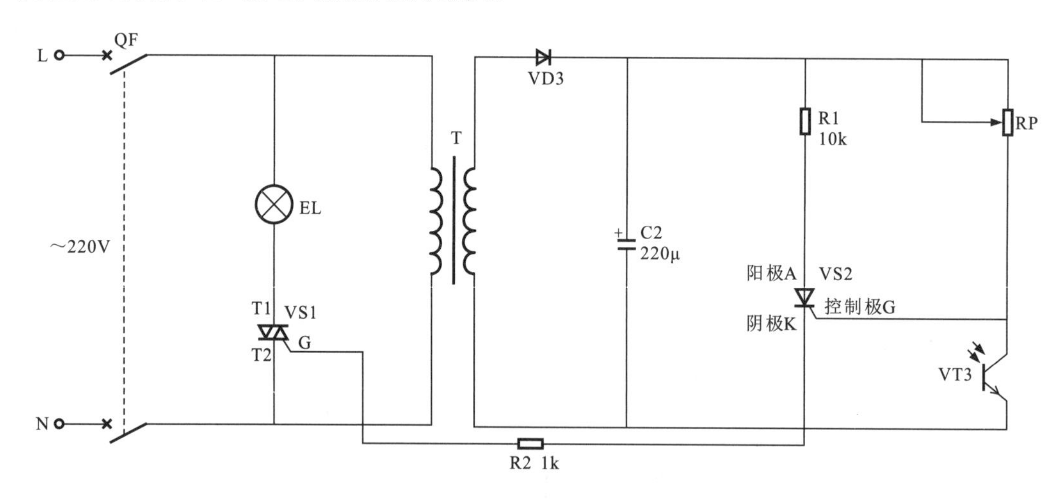

图8-14 楼道光控照明电路

补充说明

楼道光控照明电路的主要部件为光敏三极管。光敏三极管是由半导体材料制成的。

在光线较强时，光敏三极管处于导通状态，阻值很小；当光线较弱时，光敏三极管几乎处于截止状态，阻值很大。

8.2.6 声光双控照明电路

图8-15所示为声光双控照明电路。该电路是指通过声波传感器和光敏器件控制照明灯电路。白天光照较强，即使有声音，照明灯也不亮；当夜晚降临或光照较弱时，可通过声音控制照明灯点亮，并可以实现延时一段时间后自动熄灭的功能。

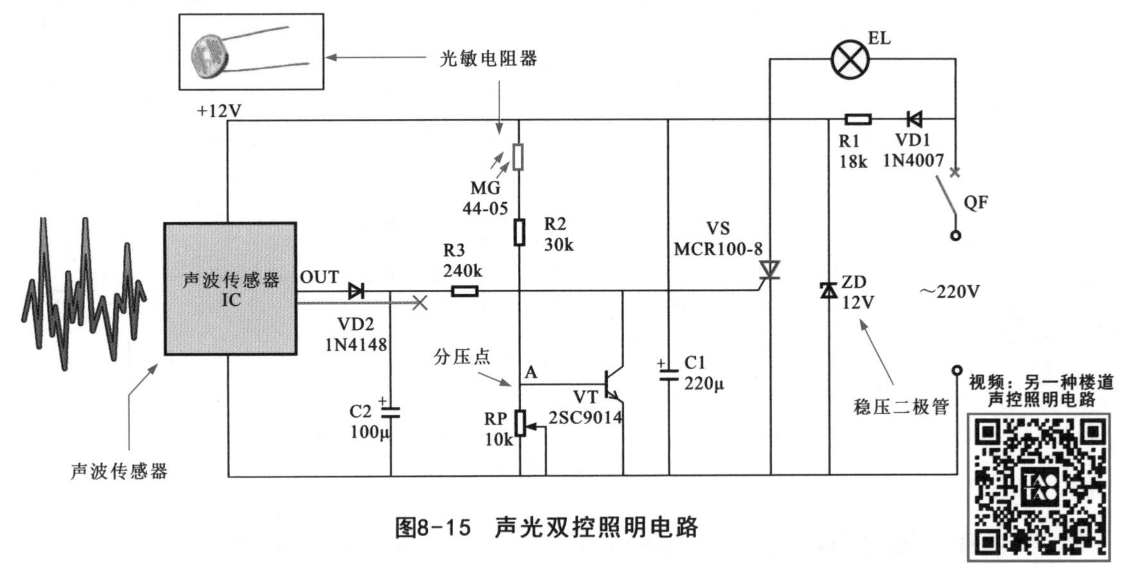

图8-15　声光双控照明电路

8.2.7 应急灯照明电路

图8-16所示为应急灯照明电路。该电路可在市电断电时自动为应急照明灯供电。当市电供电正常时，应急照明控制电路为蓄电池充电；当市电断电时，蓄电池为应急照明灯供电，应急照明灯点亮。

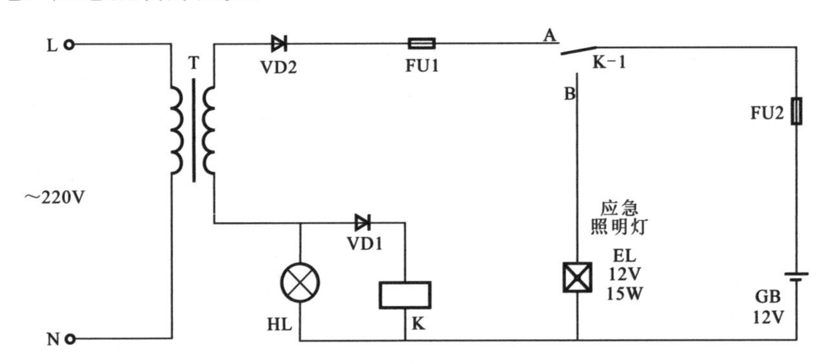

图8-16　应急灯照明电路

补充说明

220V交流电压经变压器T降压后输出交流低压，经整流二极管VD1、VD2变为直流电压，为后级电路供电。在正常状态下，待机指示灯HL点亮，继电器K线圈得电，触点K-1与A点接通，为蓄电池GB充电。应急照明灯EL因供电电路无法形成回路而不能点亮。

若无220V交流电压，则变压器T无输出电压。若后级电路无供电，则待机指示灯HL熄灭，继电器K线圈失电，触点K-1与A点断开，与B点接通。蓄电池GB经熔断器FU2、触点K-1的B点为应急照明灯EL供电，应急照明灯EL点亮。

8.2.8 景观照明控制电路

图8-17所示为景观照明控制电路，这种电路多应用在观赏景点或广告牌上。

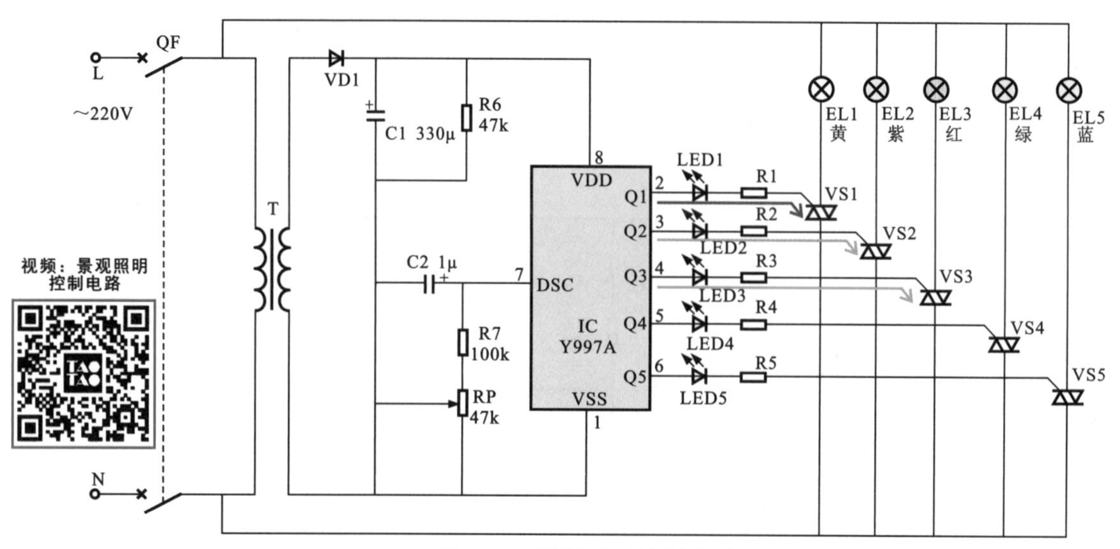

图8-17 景观照明控制电路

8.2.9 循环闪光彩灯控制电路

图8-18所示为循环闪光彩灯控制电路，这是一种对装饰彩灯进行控制的电路。各个彩灯在触发和控制元器件的作用下分别呈现全亮、向前循环闪光、向后循环闪光及变速循环闪光等多种花样的交替变换。

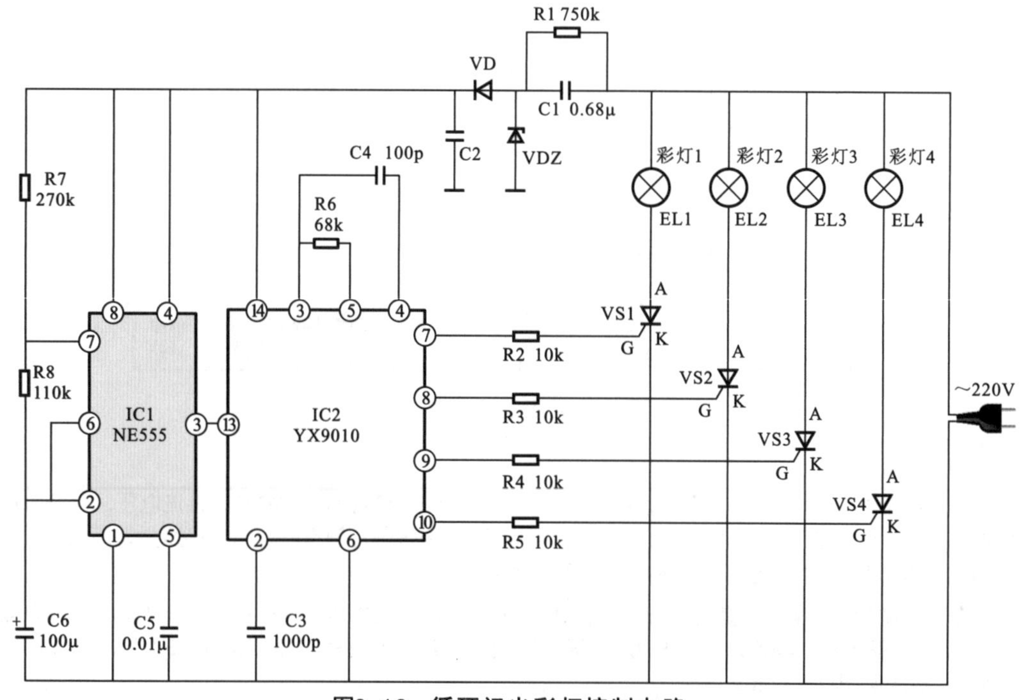

图8-18 循环闪光彩灯控制电路

8.2.10 LED广告灯控制电路

图8-19所示为LED广告灯控制电路。该电路可用于景观照明和装饰照明的控制，通过逻辑门电路控制不同颜色的LED广告灯有规律地亮、灭，起到广告警示的作用。

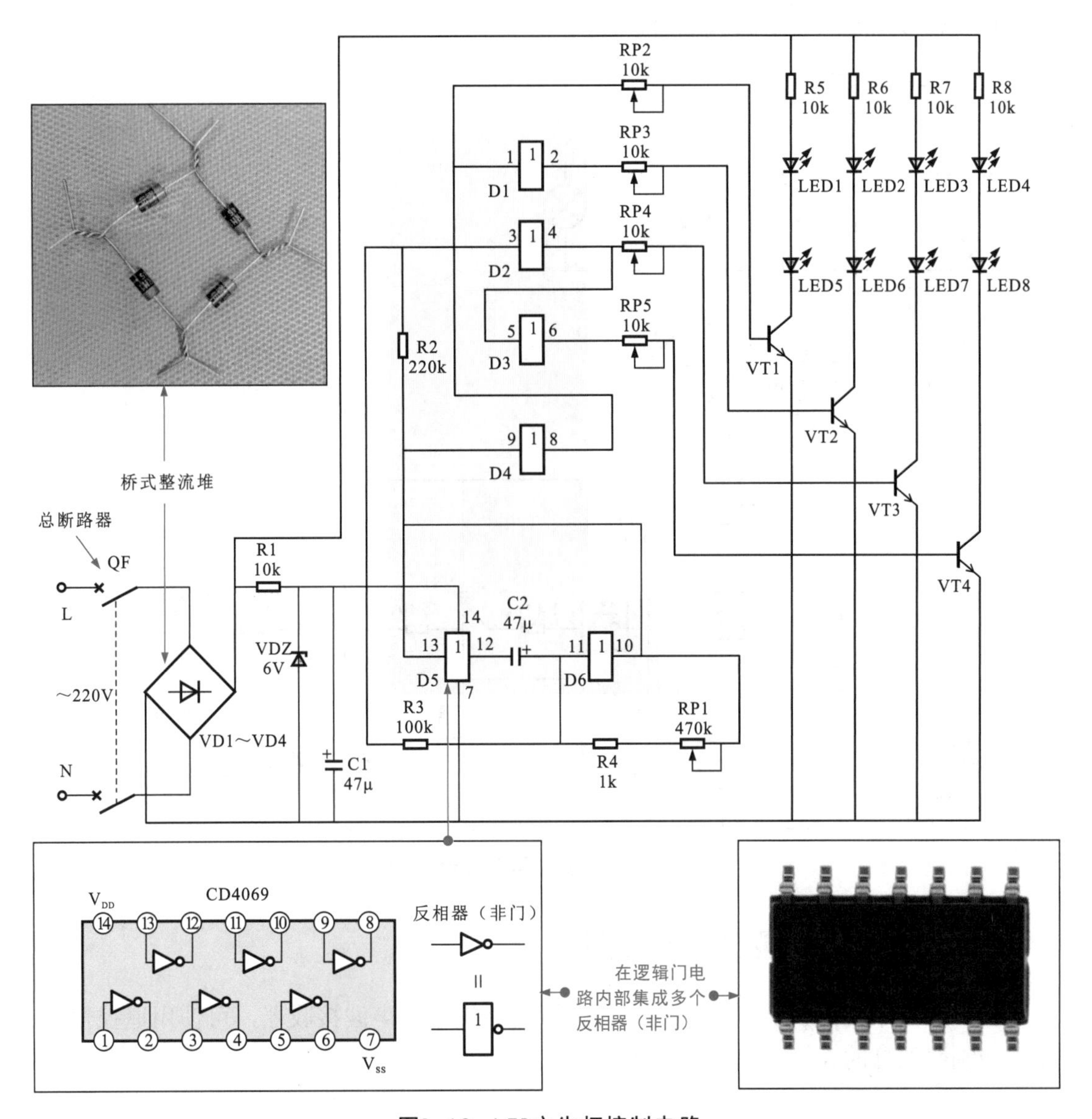

图8-19　LED广告灯控制电路

补充说明

六非门电路CD4069中，D5和D6（反相器）与外围元器件构成脉冲振荡电路。由10脚和13脚输出低频振荡信号，加到CD4069的9脚，再经电阻器R2后加到3脚。9脚输入的低频振荡信号反相后由8脚输出，送入1脚。5脚输入的低频振荡信号反相后由6脚输出，输出的振荡信号与4脚输出的振荡信号反相。振荡信号经可变电阻器后送到VT1~VT4的基极，使各三极管在开关状态下，间歇导通。

8.2.11 大厅调光照明控制电路

图8-20所示为继电器控制的大厅调光照明控制电路。该电路主要通过电源开关与控制电路配合实现控制照明灯点亮的个数，即电源开关按动一次，照明灯点亮一盏；按动两次，照明灯点亮两盏；按动三次，照明灯点亮*n*盏。该电路可实现总体照明亮度的调整，多用于大厅等公共场合。

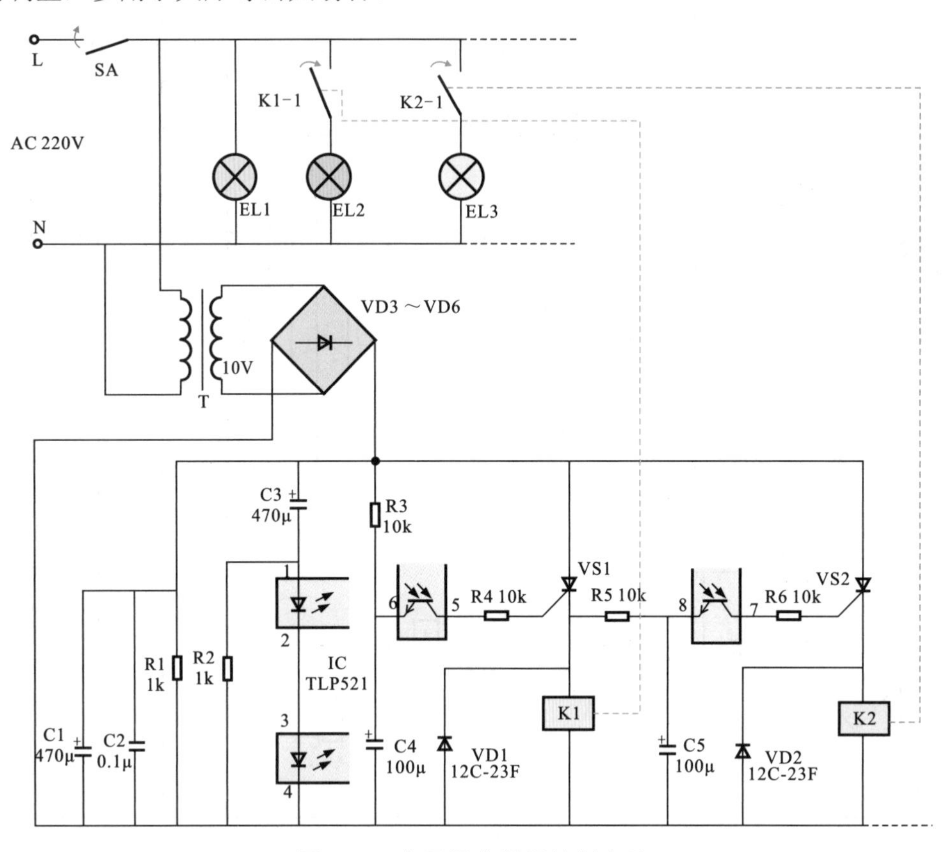

图8-20 大厅调光照明控制电路

8.2.12 超声波遥控照明电路

图8-21所示为超声波遥控照明电路，该电路设有超声波接收器，可使用遥控器近距离控制照明灯的亮、灭，使用十分方便。

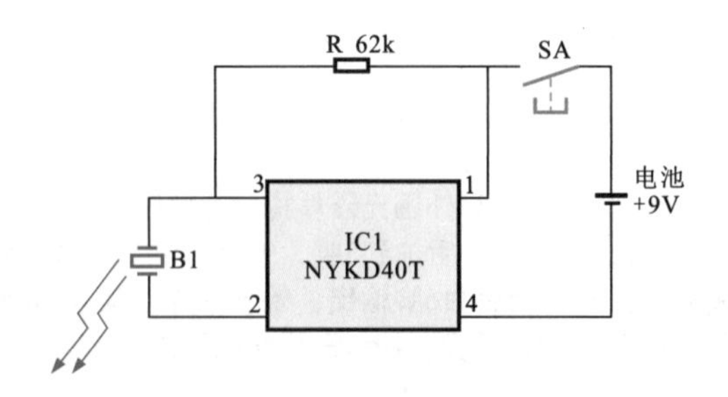

图8-21 超声波遥控照明电路

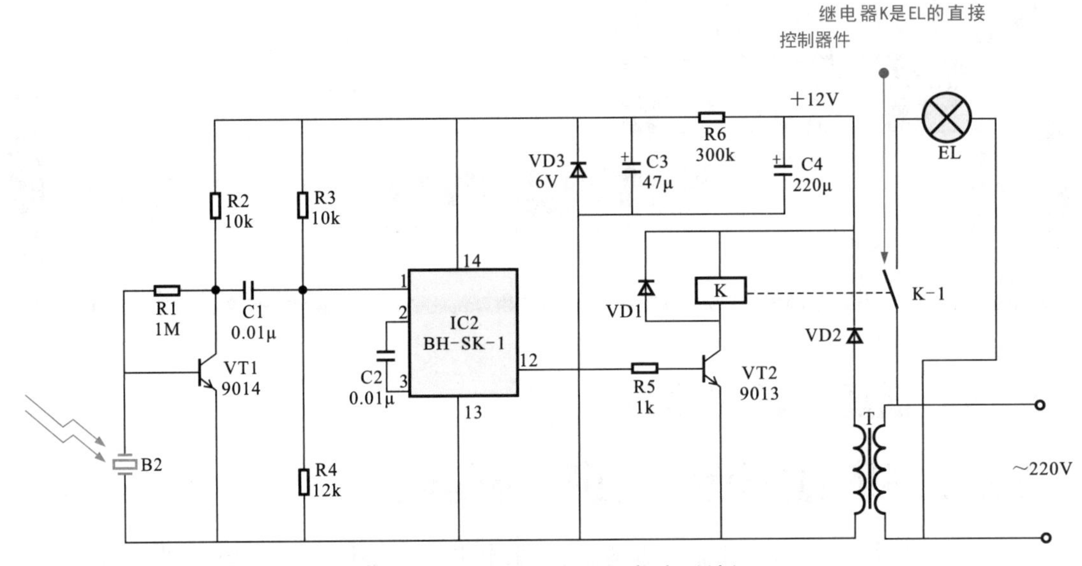

图8-21　超声波遥控照明电路（续）

该电路通过超声波发生器的开关SA发送超声波信号。超声波接收器接收到超声波信号后，将超声波信号变为电信号输出。信号经三极管VT1放大后，由IC2 BH-SK-1的1脚送入，经IC2 BH-SK-1处理后由12脚输出高电平。使三极管VT2导通，进而使继电器K线圈得电，常开触点K-1闭合，照明灯EL点亮。

8.2.13 电子开关集成电路控制的灯牌照明电路

图8-22所示为电子开关集成电路控制的灯牌照明电路。该电路在白天光线充足时不工作，当夜间光线较低时能自动点亮。

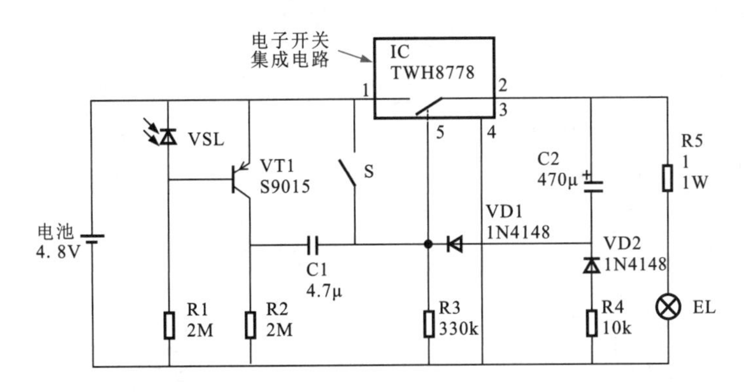

图8-22　电子开关集成电路控制的灯牌照明电路

电路是由电源供电电路、光控电路和电子开关电路等部分构成的。在白天或光线强度较高时，光敏二极管VSL电阻值较小，三极管VT1处于截止状态，后级电路不动作，灯牌EL不亮；当到夜间光线变暗时，VSL电阻值变大，使三极管VT1基极获得足够促使其导通的电压值，后级电路开始进入工作状态，电子开关集成电路IC TWH8778内部的电子开关接通，灯泡EL点亮。

9.1 低压供配电电路

9.1.1 双路互供低压配电柜供配电电路

如图9-1所示，双路互供低压配电柜供配电电路主要用来对低电压进行传输和分配，为低压用电设备供电。在该电路中，一路作为常用电源，另一路则作为备用电源，当两路电源均正常时，黄色指示灯HL1、HL2均点亮；若指示灯HL1不能正常点亮，则说明常用电源出现故障或停电，此时需要使用备用电源进行供电，使该低压配电柜能够维持正常工作。

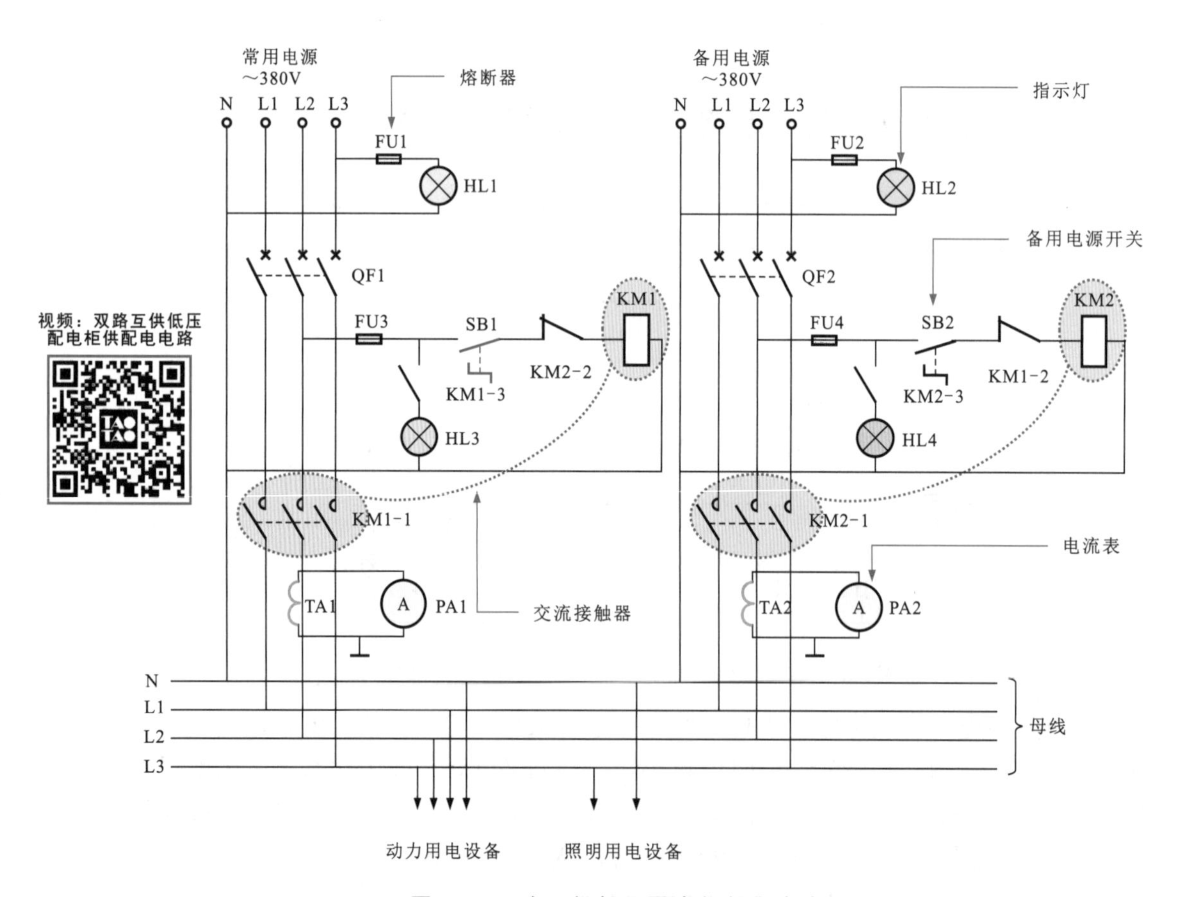

图9-1 双路互供低压配电柜供配电电路

9.1.2 楼宇低压供配电电路

如图9-2所示，楼宇低压供配电线路是一种典型的低压供配电线路，一般由高压供配电电路经变压器降压后引入，经小区中的配电柜进行初步分配后，送到各个住宅楼单元为住户供电，同时为整个楼宇内的公共照明、电梯、水泵等设备供电。

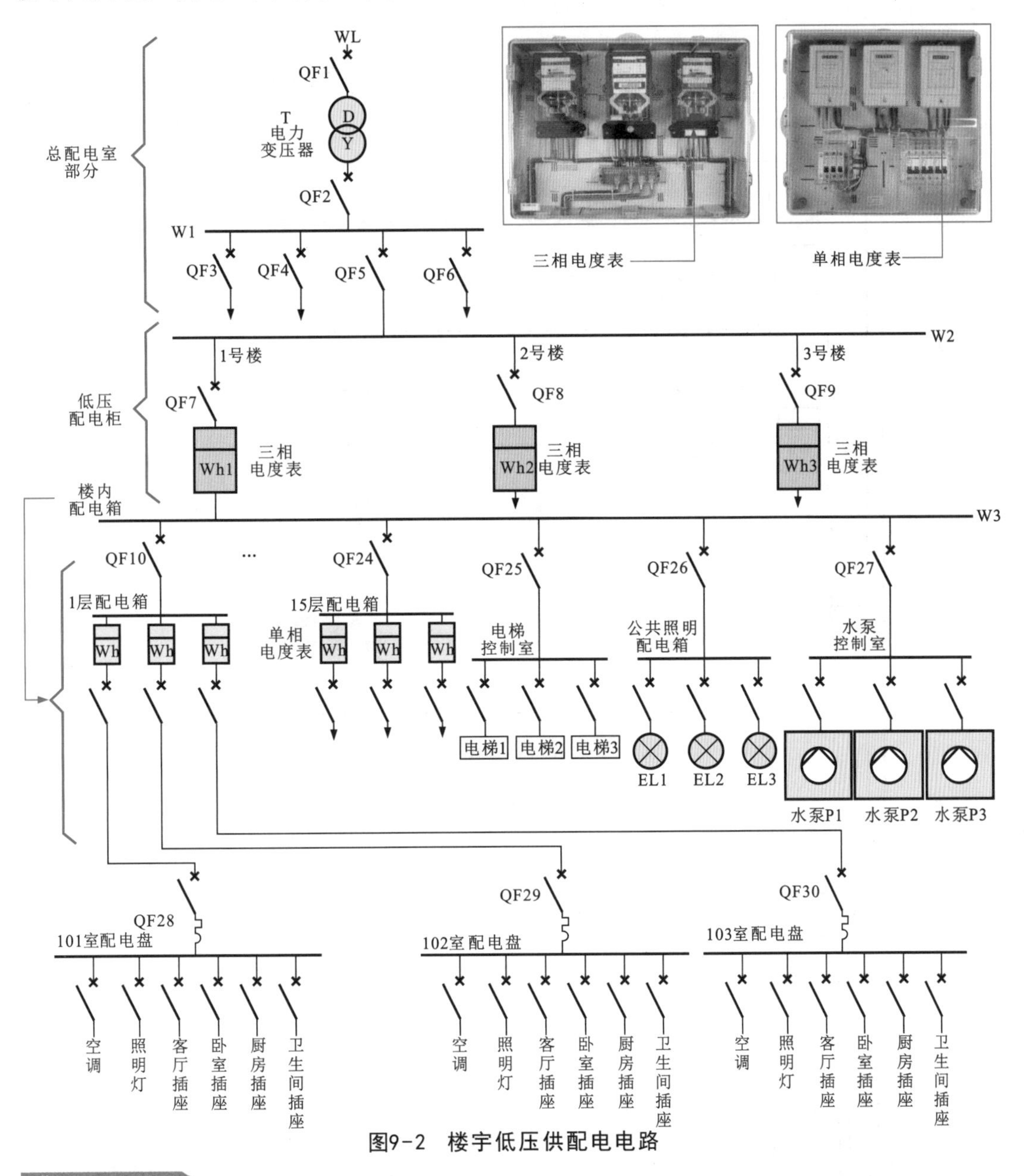

图9-2 楼宇低压供配电电路

补充说明

高压配电线路经电源进线口WL后，送入小区低压配电室的电力变压器T中。经变压器降压后输出380/220V电压，经小区内总断路器QF2，送到母线W1后分为多个支路，每个支路可作为一个单独的低压供电线路使用。其中一条支路低压加到母线W2上，分为3路分别为小区中1～3号楼供电。每一路上安装有一只三相电度表，用于计量每栋楼的用电总量。

9.1.3 楼层配电箱供配电电路

图9-3所示为楼层配电箱供配电电路。该配电电路中的电源引入线（380/220V架空线）选用三相四线制，有三根相线和一根零线。进户线有三根，分别为一根相线、一根零线和一根地线。

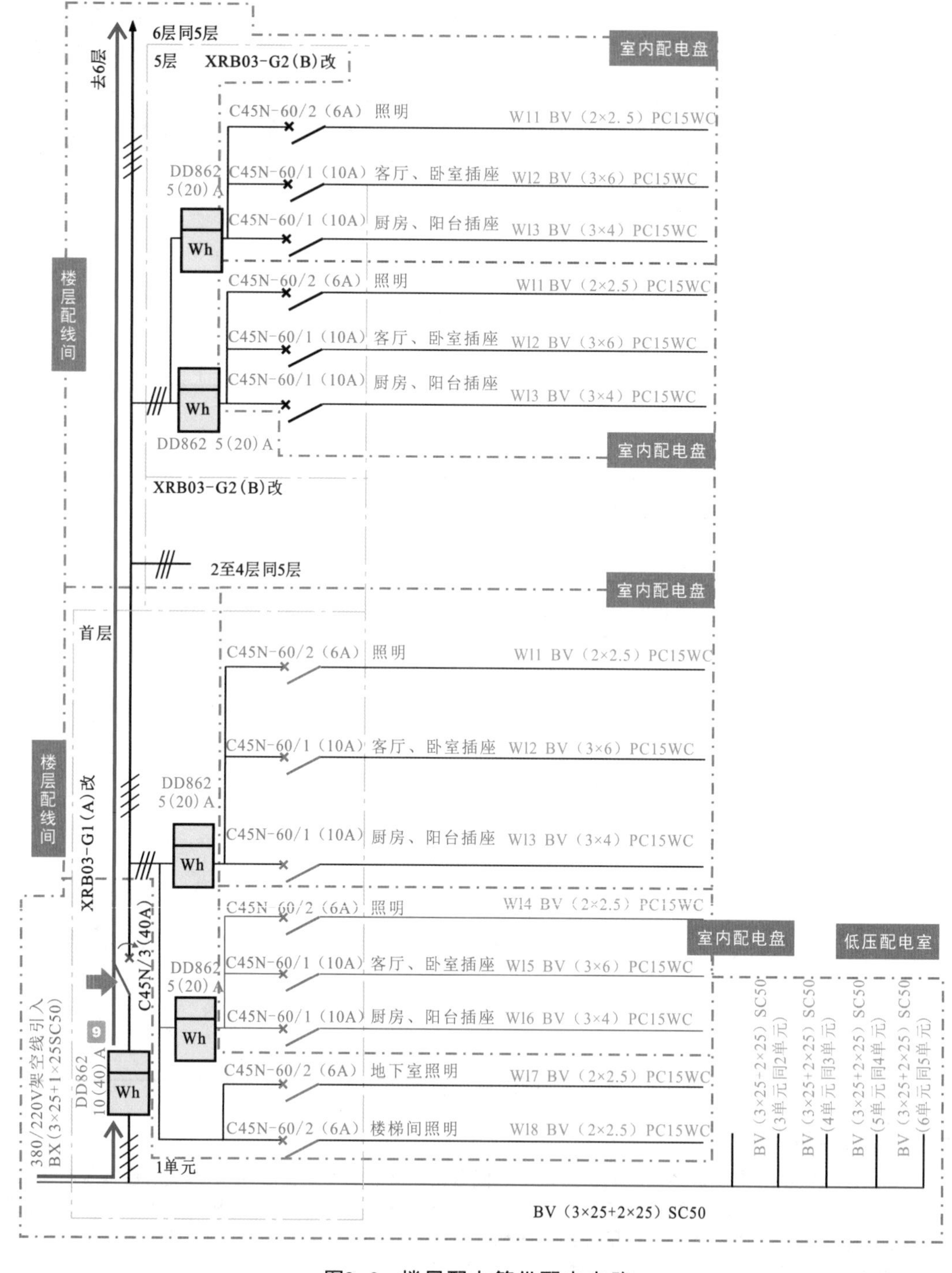

图9-3　楼层配电箱供配电电路

9.1.4 家庭入户供配电电路

图9-4所示为家庭入户供配电电路。这是一种常见的低压供配电线路，进户线经电度表和总断路器后，分成7条支路为不同的电气设备提供供电需求。

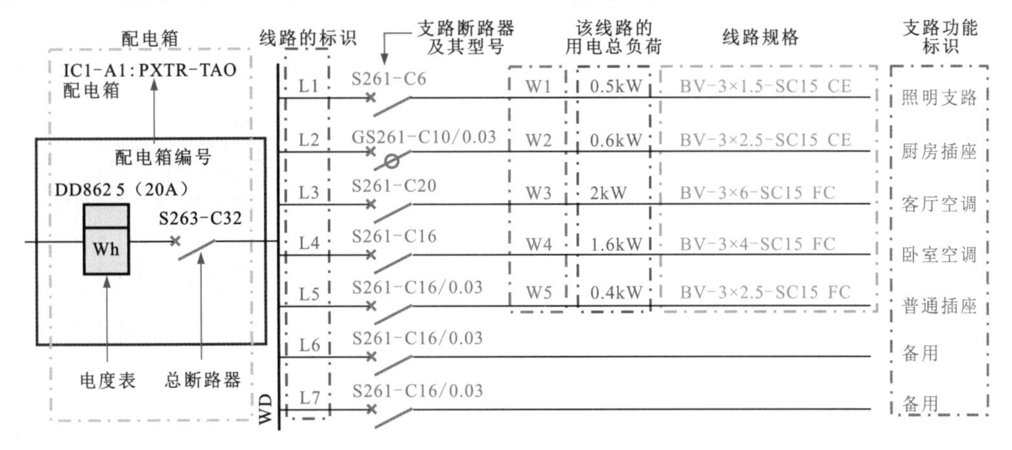

图9-4　家庭入户供配电电路

9.1.5 低压设备供配电电路

图9-5所示为低压设备供配电电路。6～10kV的高压经降压器变压后变为交流低压，经开关为低压动力柜、照明设备或动力设备等提供工作电压。

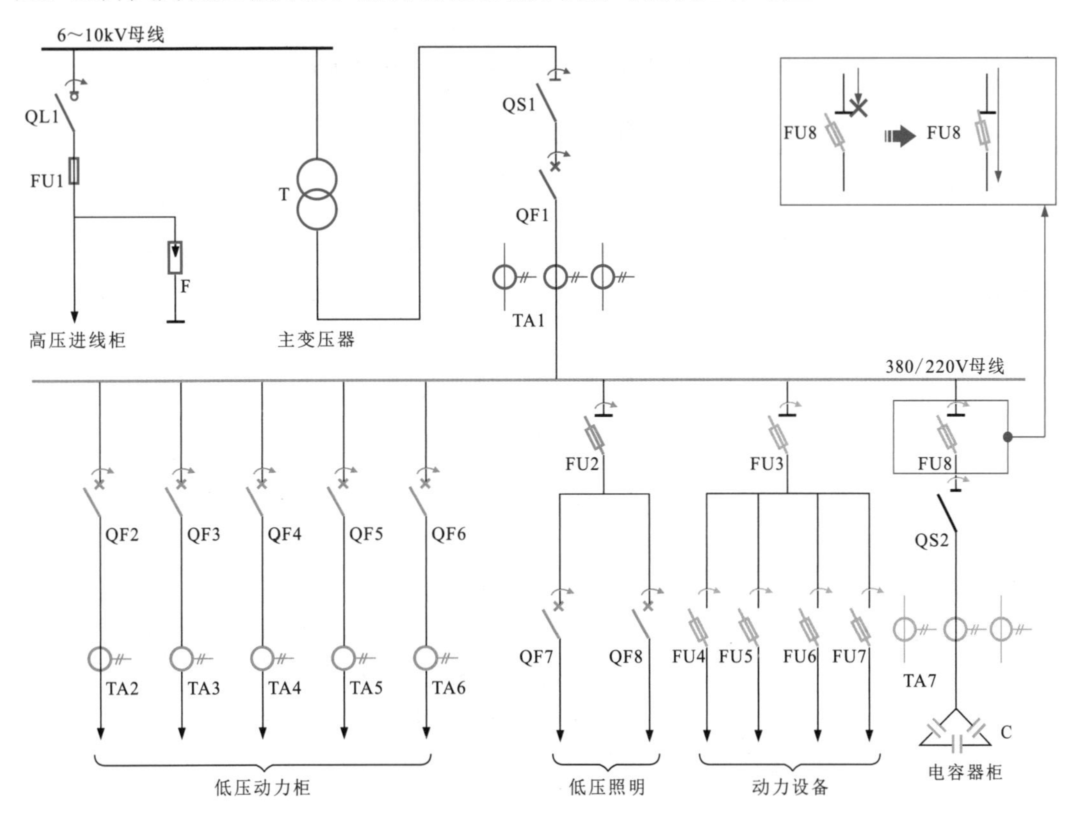

图9-5　低压设备供配电电路

9.1.6 具有过流保护功能的低压供配电电路

如图9-6所示，具有过流保护功能的低压供配电电路是为低压动力用电设备提供交流380V电源的电路。该电路主要是由低压输入线路、低压配电箱、输出线路等部分构成的。

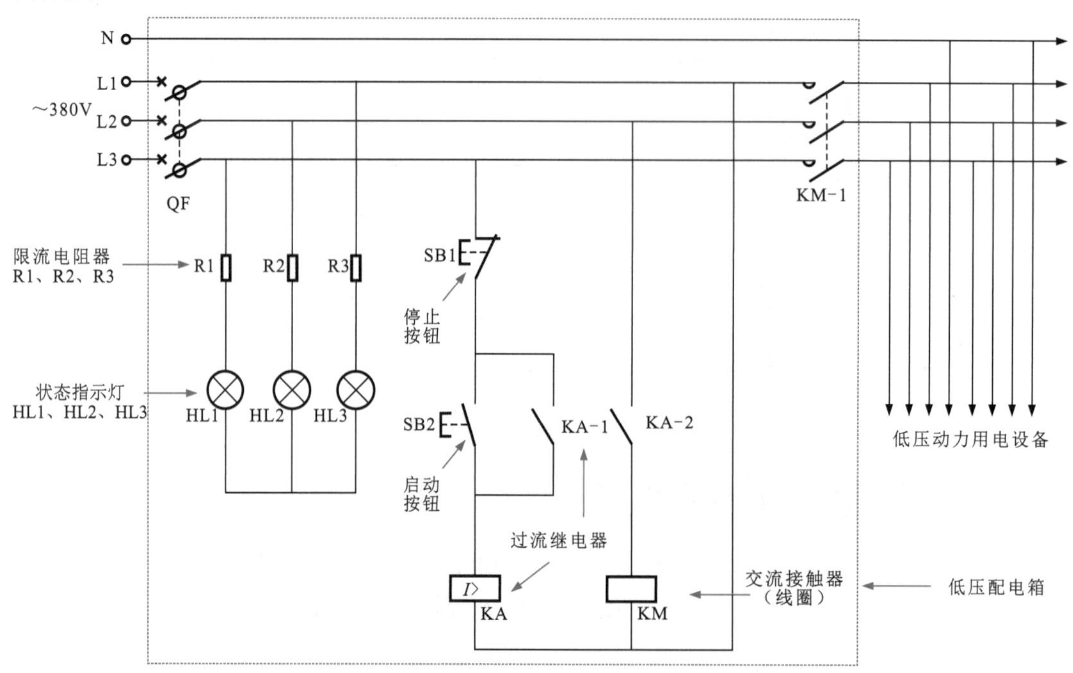

图9-6　具有过流保护功能的低压供配电电路

9.1.7 三相双电源安全配电电路

图9-7所示是一种三相双电源安全配电电路。该电路是由主电源和副电源两套供电系统（三相四线制）构成的。当主电源发生故障或停电时，自动切换到副电源，使负载能正常供电。

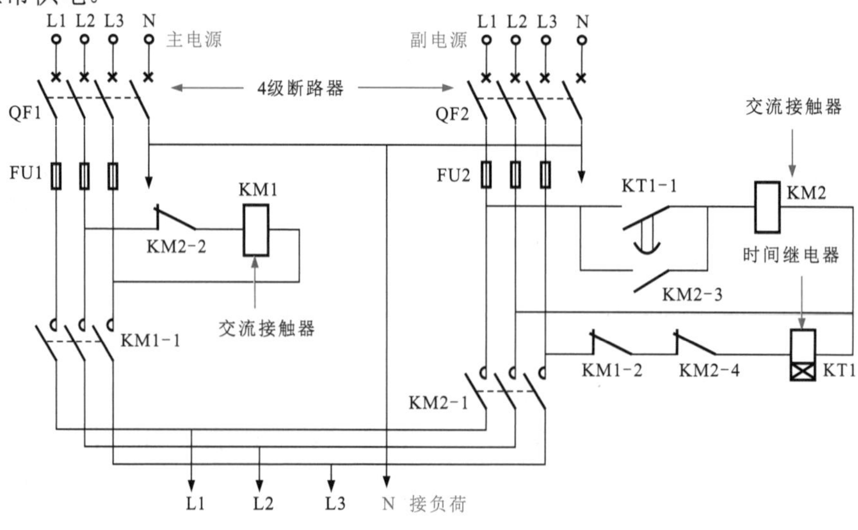

图9-7　三相双电源安全配电电路

9.1.8 三相双电源自动互供配电电路

图9-8所示是一种三相双电源自动互供配电电路。它通过对电源电压的检测进行主、副电源的自动切换，当主电源或副电源发生停电故障时，可实现电源的自动变更，使负载维持供电。

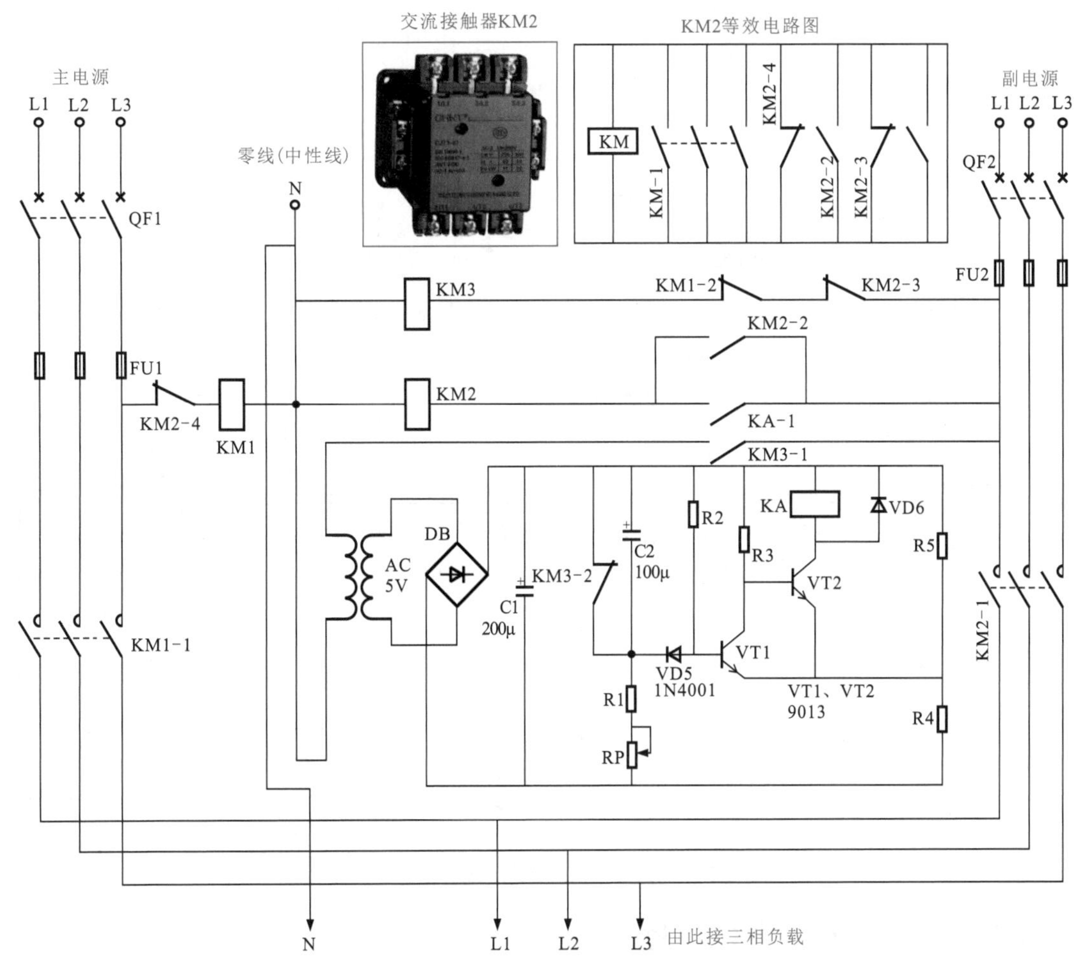

图9-8 三相双电源自动互供配电电路

9.2 高压供配电电路

9.2.1 35kV工厂变电所供配电电路

35kV工厂变电所供配电控制线路适用于城市内高压电力传输，可将35kV的高压经变压后变为10kV电压，送往各个车间的10kV变电室中，提供车间动力、照明及电气设备用电；再将10kV电源降到0.4kV（380V）后，送往办公室、食堂、宿舍等公共用电场所。

图9-9所示为35kV工厂变电所供配电电路。

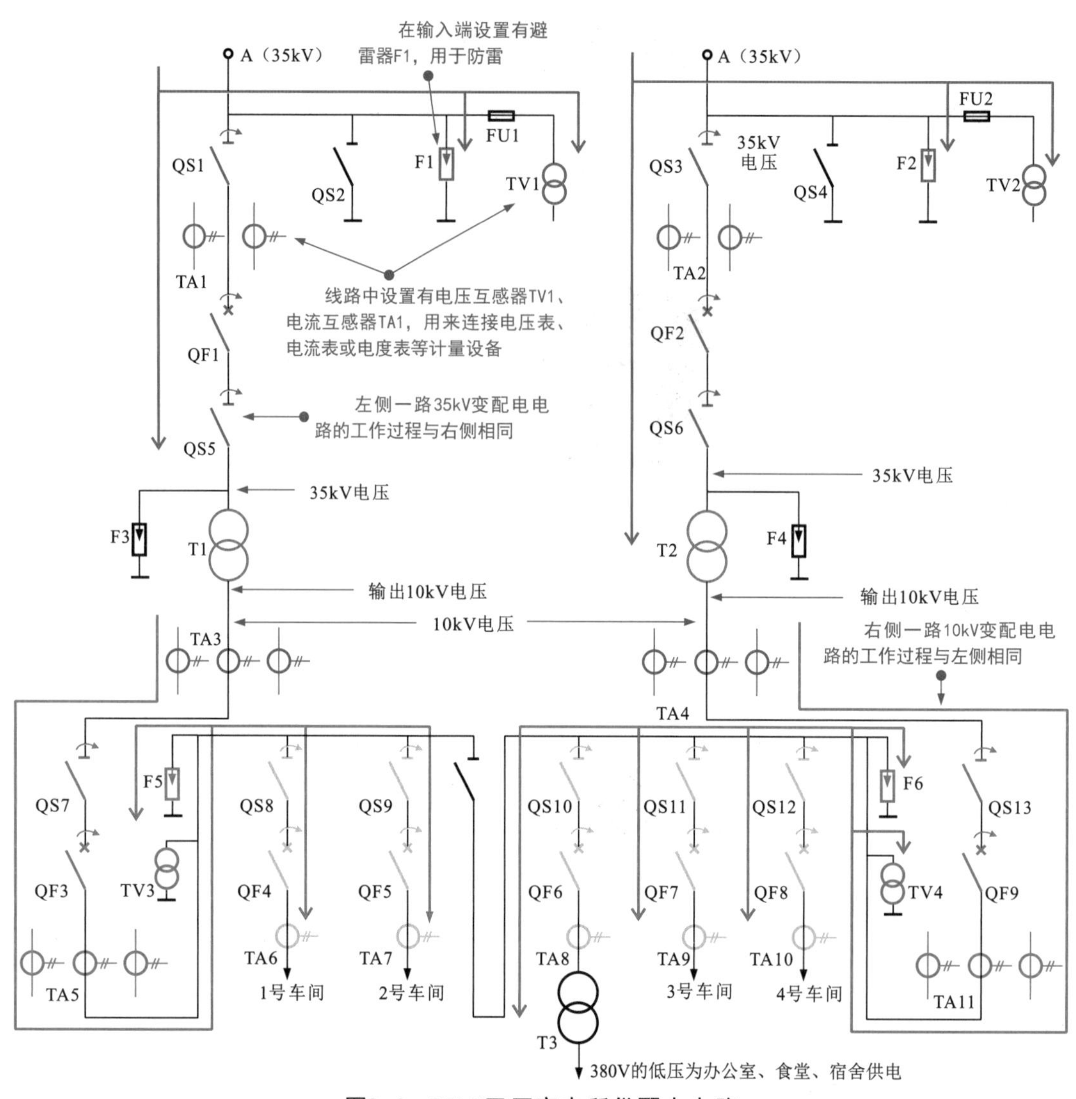

图9-9　35kV工厂变电所供配电电路

9.2.2 一次变压供电电路

如图9-10所示，一次变压供电电路是指电源电压只经过一次电压变换后，就直接为工厂、企业或居民区提供电能的线路。

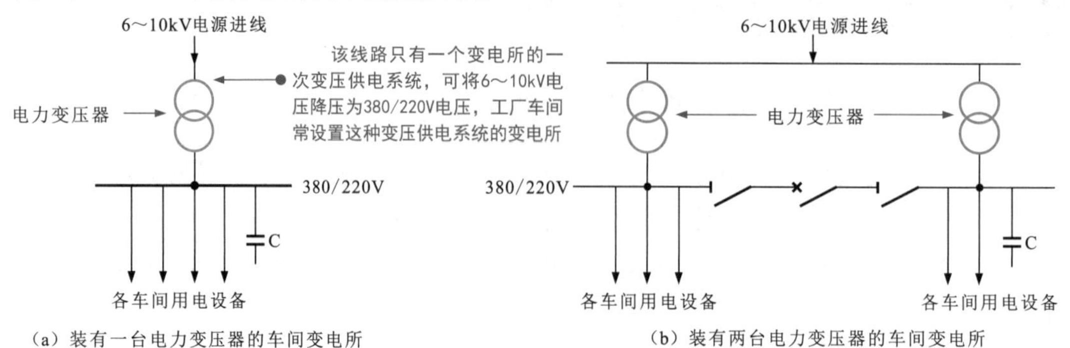

图9-10　一次变压供电电路

如图9-11所示，高压配电所的一次变压供电线路有两路独立的供电线路，且采用单母线分段接线形式；当一路有故障时，可由另一路为设备供电。

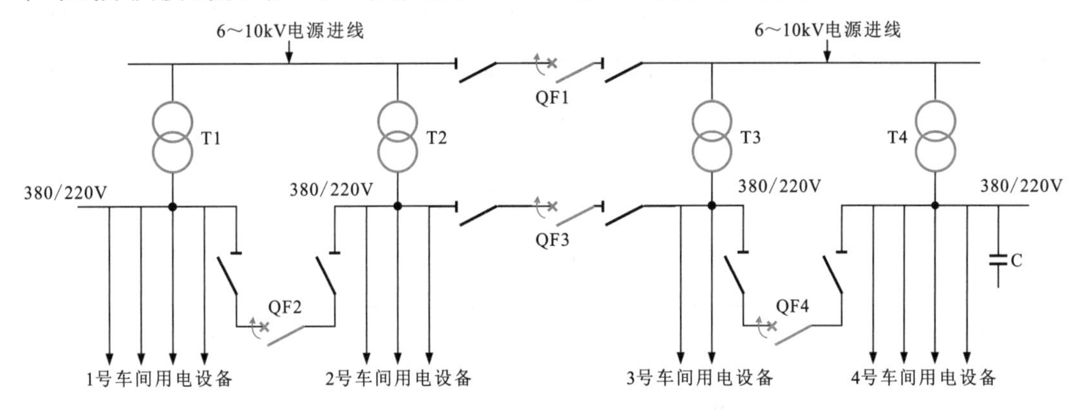

图9-11　高压配电所的一次变压供电线路

9.2.3　10kV高压配电柜电路

图9-12所示为10kV高压配电柜电路。

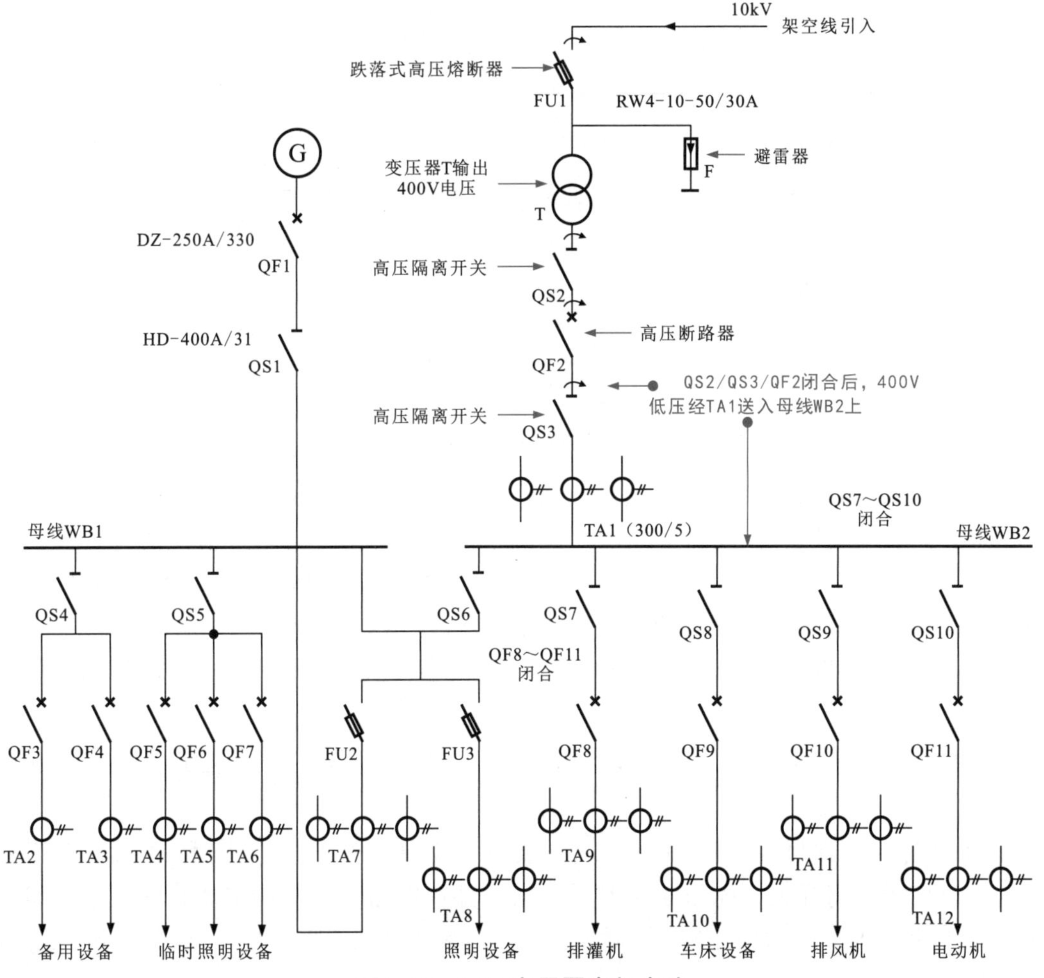

图9-12　10kV高压配电柜电路

9.2.4 35kV高压变配电控制电路

图9-13所示为35kV高压变配电控制电路。主要是由35kV电源进线控制电路、35kV/10kV 降压变换电路和高低压输出分配电路三个部分构成。

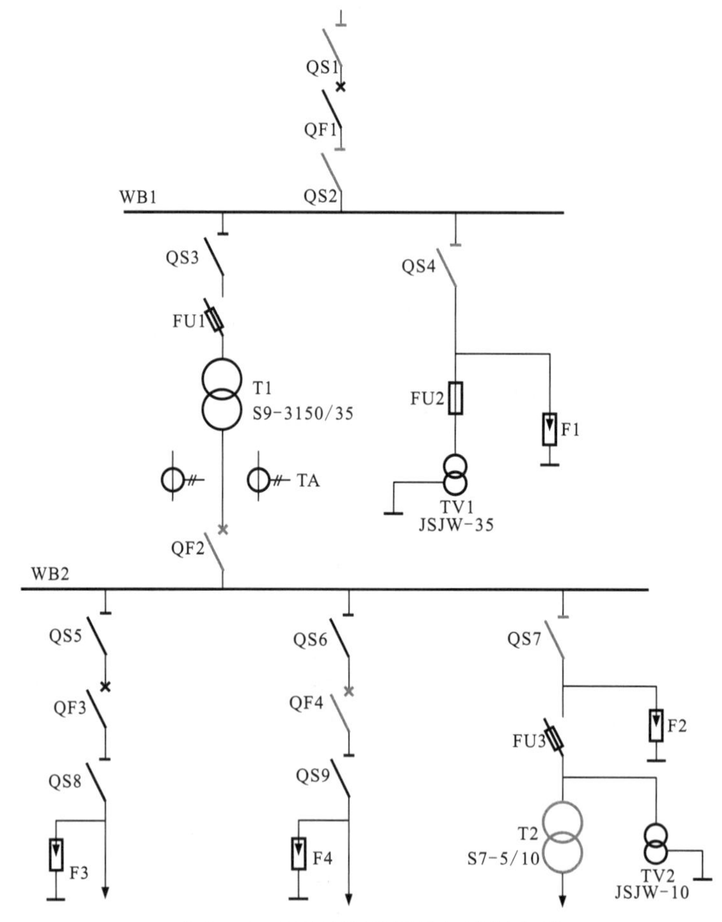

图9-13 35kV高压变配电控制电路

35kV电源电压经高压架空线路引入后，送至高压变电所供配电电路中。

根据高压配电电路倒闸操作要求，先闭合电源侧隔离开关、负荷侧隔离开关，再闭合断路器，依次接通高压隔离开关QS1、高压隔离开关QS2、高压断路器QF1后，35kV电压加到母线WB1上，为母线WB1提供35kV电压。

35kV电压经母线WB1后分为两路：一路经高压隔离开关QS4后，连接FU2、TV1及避雷器F1等高压设备；另一路经高压隔离开关QS3、高压跌落式熔断器FU1后，送至电力变压器T1后，将35kV电压降为10kV，再经电流互感器TA、QF2后加到WB2母线上。

10kV电压加到母线WB2后分为三条支路：其中，第一条支路和第二条支路相同，均经高压隔离开关、高压断路器后送出，并在电路中安装避雷器。第三条支路经高压隔离开关QS7、高压跌落式熔断器FU3，送至电力变压器T2上，经变压器T2降压为0.4kV电压后输出。

9.2.5 楼宇变电柜供电电路

图9-14所示为楼宇变电柜供电电路。这是一种应用在高层住宅小区或办公楼中的变电柜，其内部采用多个高压开关设备对线路的通断进行控制，从而为高层的各个楼层进行供电。

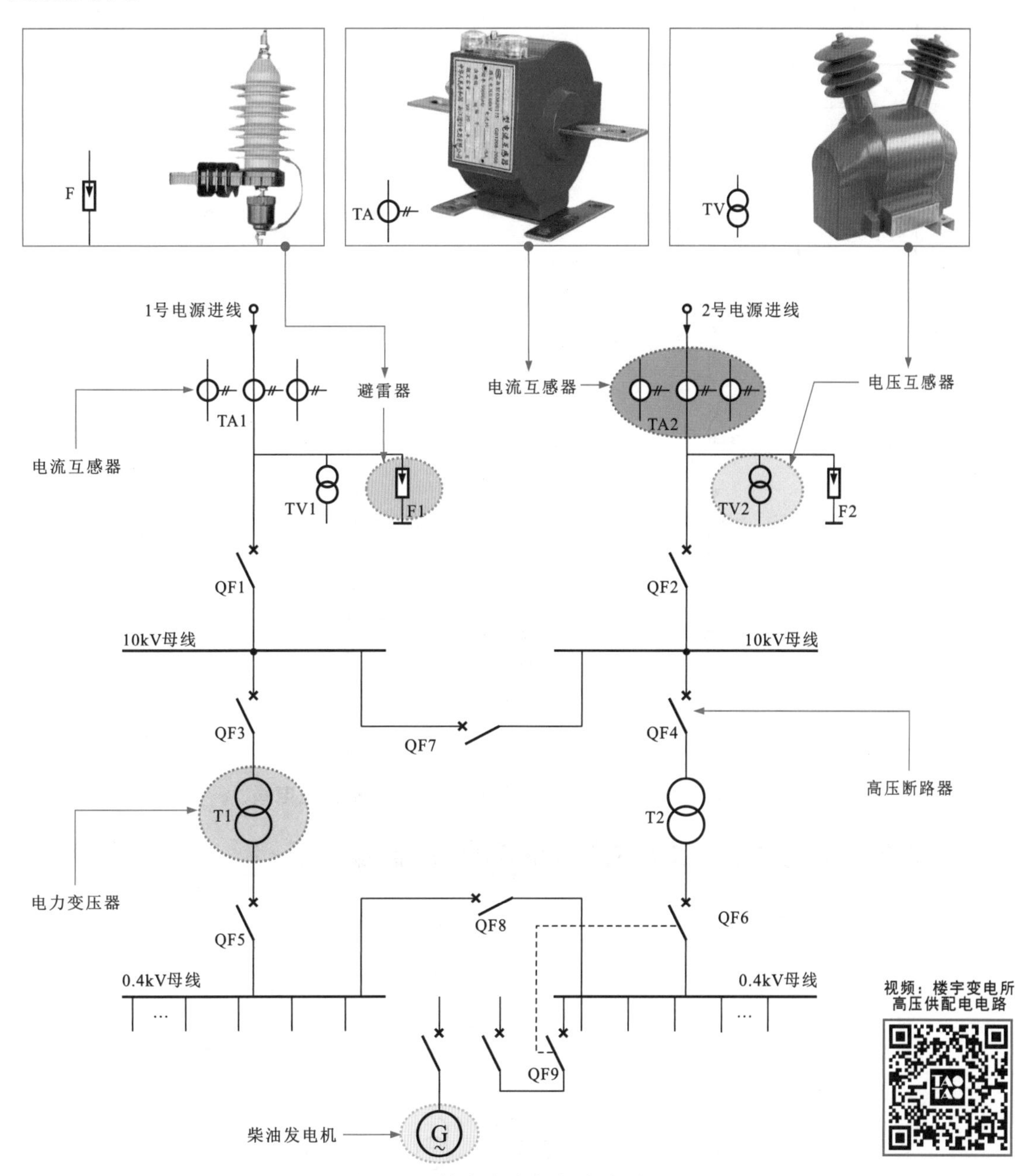

图9-14　楼宇变电柜供电电路

补充说明

当1号电源进线电路中的电力变压器T1出现故障后，1号电源进线电路停止工作。合上低压断路器QF8，由2号电源进线电路输出的0.4kV电压便会经QF8为1号电源线路中的负载设备供电，可维持正常工作。此外，在该线路中还设有柴油发电机G，在两路电源均出现故障后，可启动柴油发电机临时供电。

9.2.6 具有备用电源的10kV变配电柜供电电路

图9-15所示是具有备用电源的10kV变配电柜供电电路。该电路主要是由电源进线电路、高压配电柜以及备用电源进线电路等构成，是企业供电系统中的主要电路。

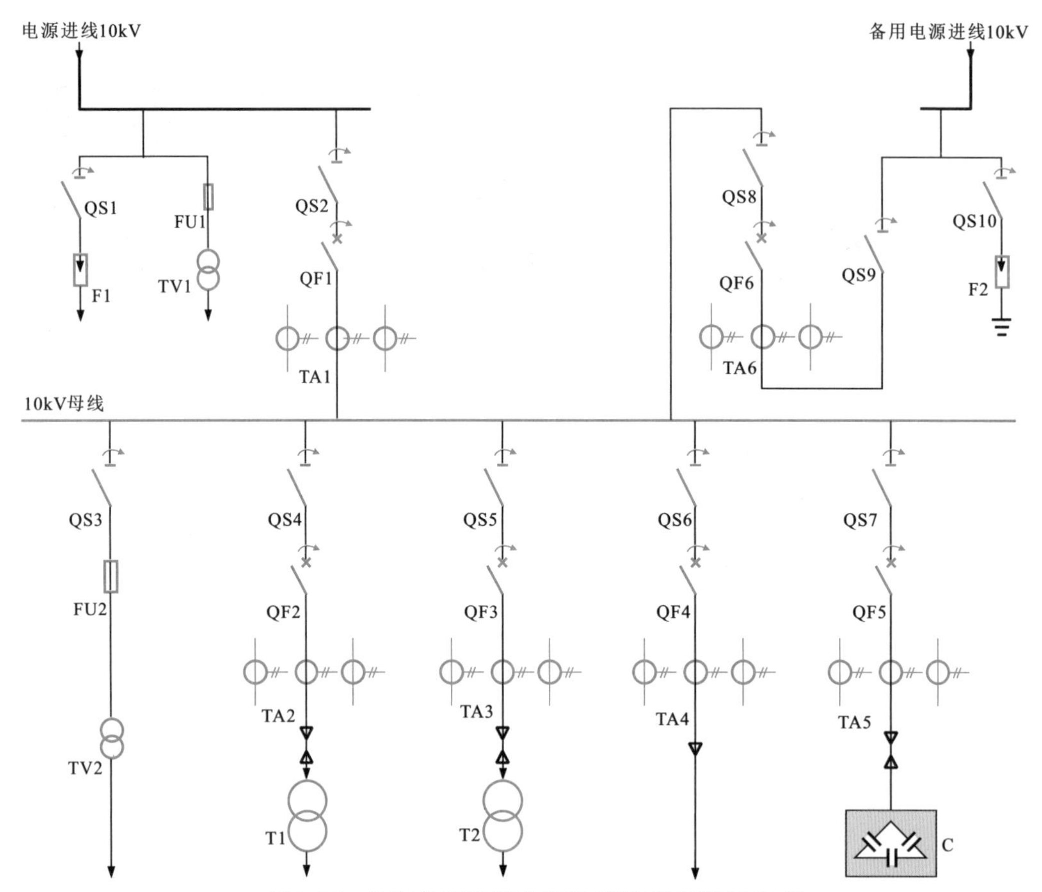

图9-15 具有备用电源的10kV变配电柜供电电路

9.2.7 具有备用电源的高压变电所供配电电路

图9-16所示是具有备用电源的高压变电所供配电电路。

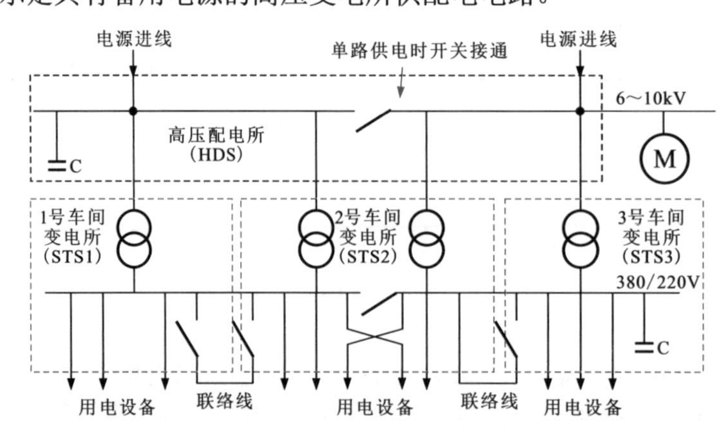

图9-16 具有备用电源的高压变电所供配电电路

高压变电所接收6～10kV的电源进线，经由车间变电所降压为380/220V电压。该系统有两条独立的供电电路，当一条有故障时，另一条可正常为设备供电。

9.2.8 工厂高压供配电电路

图9-17所示为工厂高压供配电电路。这是一种为工厂车间供电的配线系统，设置有多个高压开关设备，如高压断路器、高压隔离开关等，可以控制电路的通、断，为车间的用电设备供电。

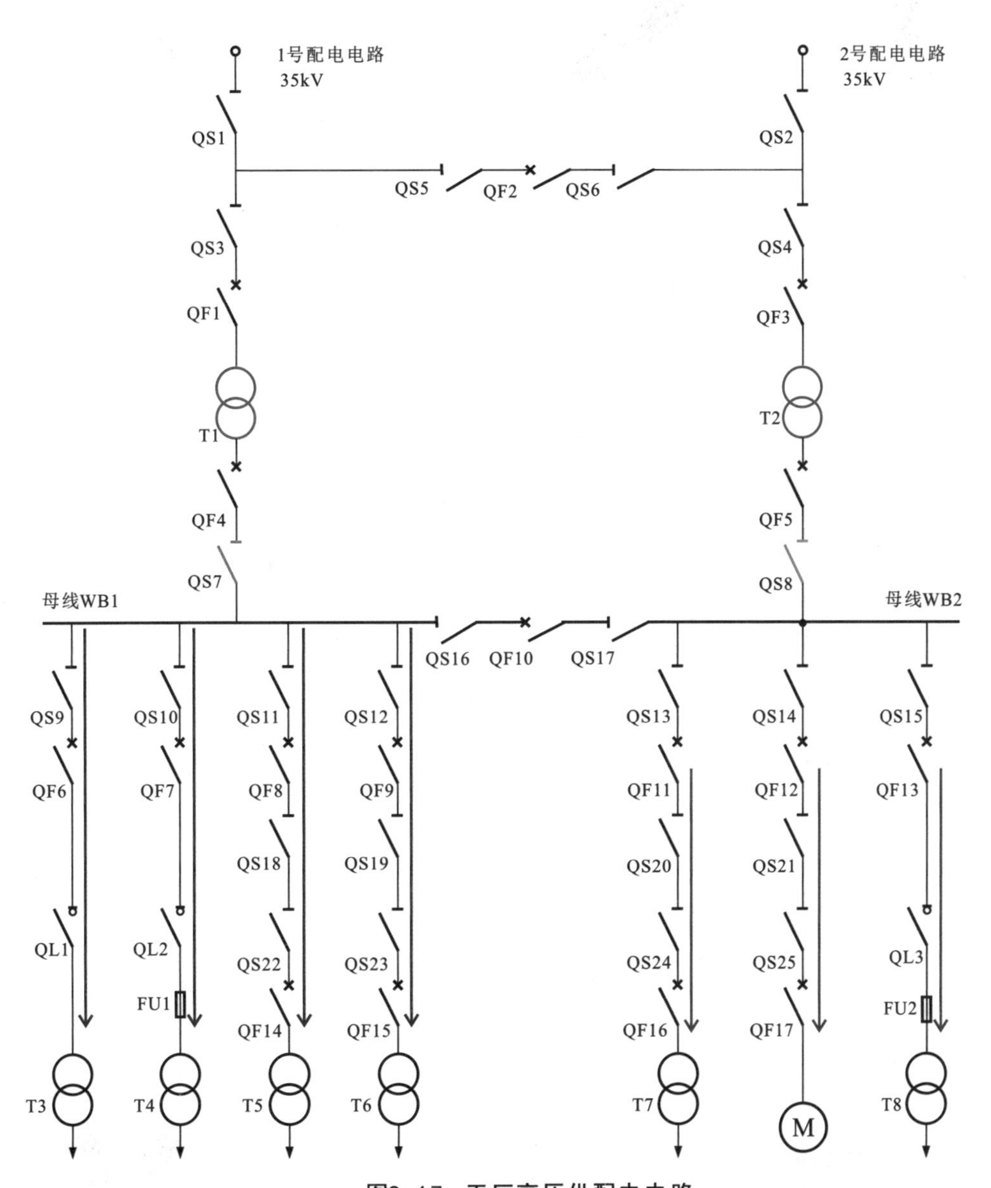

图9-17　工厂高压供配电电路

补充说明

1号配电电路与2号配电电路结构相同，当任意一条配电电路出现故障时，便可以闭合高压隔离开关QS5/QS6/QS16/QS17、高压断路器QF2/QF10，使电路互相供电，保证电路稳定。

9.2.9 10kV工厂变电所供配电电路

图9-18所示为10kV工厂变电所供配电电路。这是一种由工厂将高压输电线送来的高压降压和分配，分为高压和低压两部分；10kV高压经车间内的变电所后变为低压，为用电设备供电。

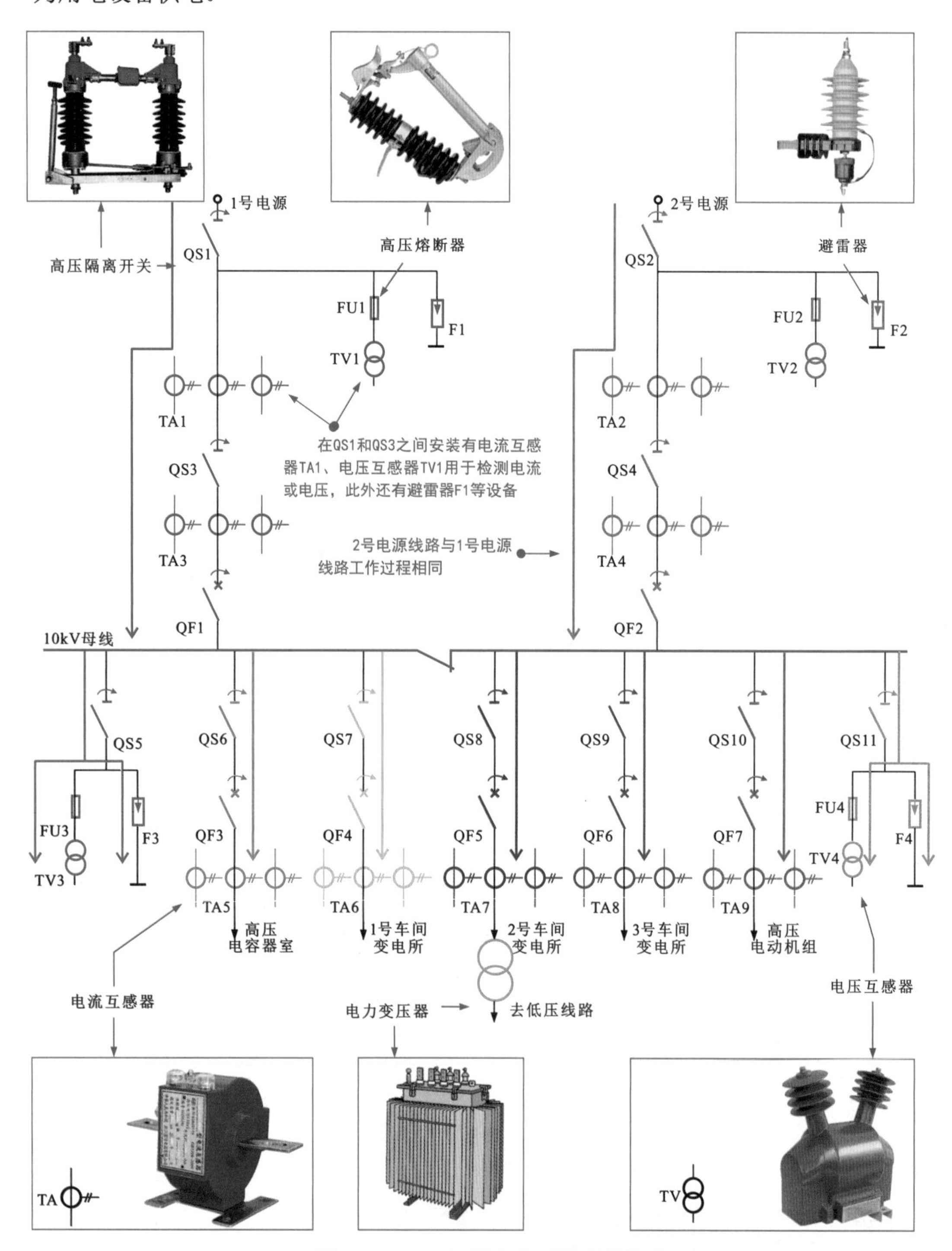

图9-18 10kV工厂变电所供配电电路

9.2.10 35kV变电站的供配电电路

图9-19所示为35kV变电站供配电电路。该电路主要是由35kV供电电路、双路降压控制电路和多路输出控制电路构成。

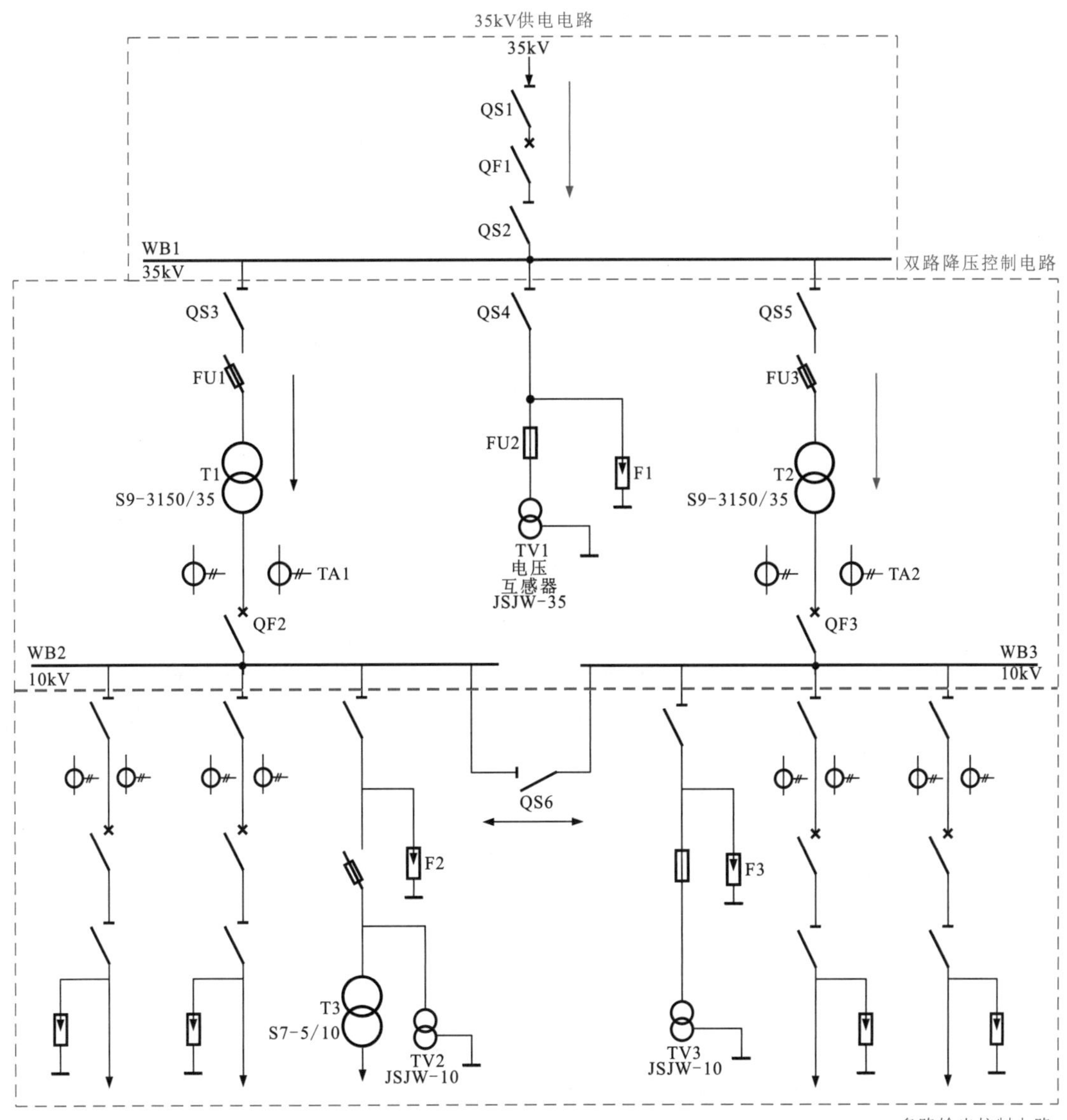

图9-19　35kV变电站供配电电路

35 kV电压经高压架空线路加到母线WB1上，为母线WB1提供35kV电压。

经母线WB1后，该电压分为三个支路：第一支路经高压隔离开关QS3、高压跌落式熔断器FU1后送至电力变压器T1，将35kV高压降为10kV，再经电流互感器TA1、高压断路器QF2后加到WB2母线上；第二支路经高压隔离开关QS4后，连接高压熔断器FU2、电压互感器TV1以及避雷器F1等高压设备；第三支路经高压隔离开关QS5、高压跌落式熔断器FU3后送至电力变压器T2，将35kV高压降为10kV，再经电流互感器TA2、高压断路器QF3后也加到WB2母线上。

9.2.11 总降压变电所供配电电路

图9-20所示为总降压变电所供配电电路。该电路可实现将电力系统中的35～110kV电源电压降为6～10kV高压配电电压供给后级配电线路。

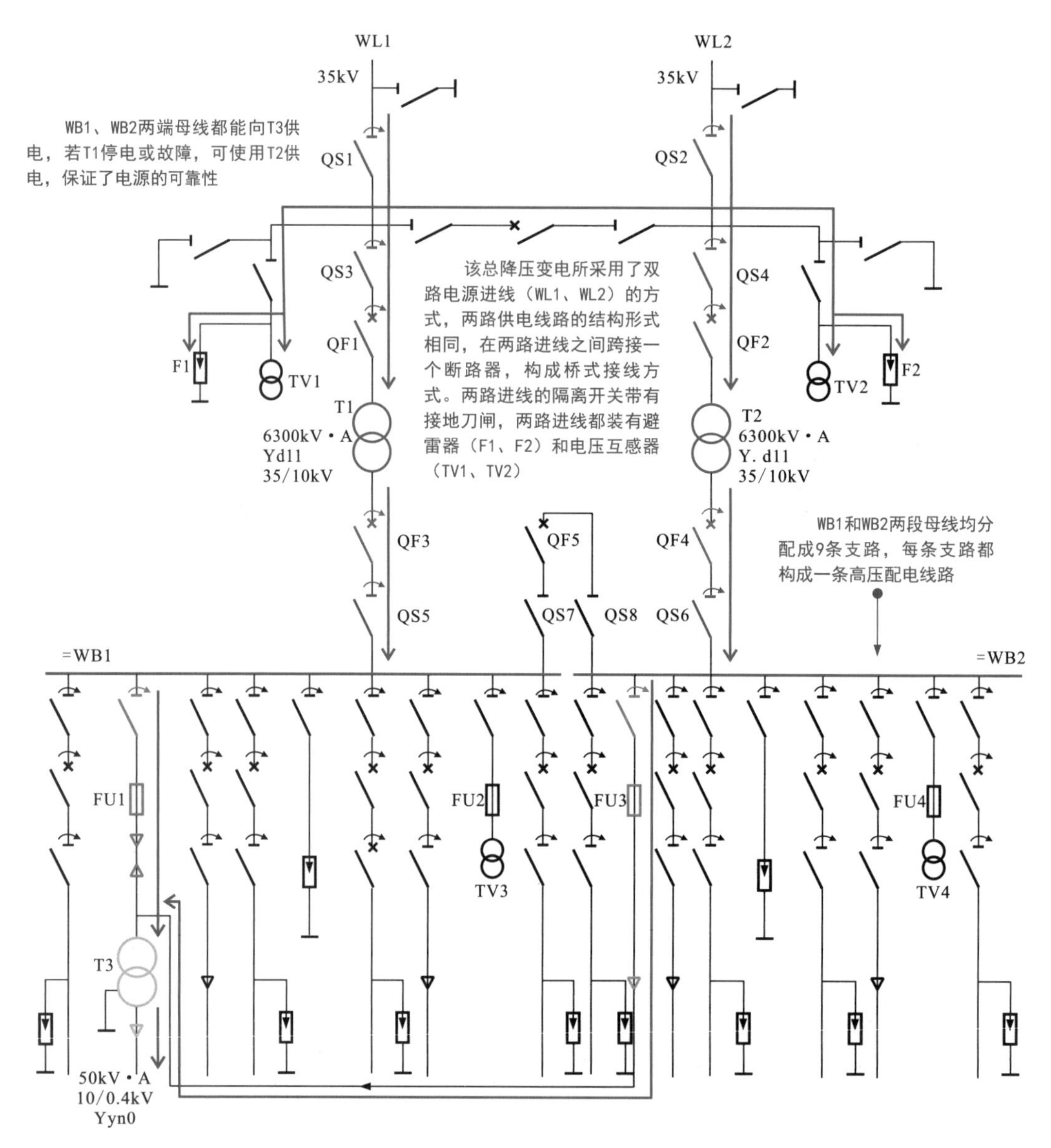

图9-20 总降压变电所供配电电路

35kV电源高压经架空线路引入，分别经高压隔离开关、高压断路器后，送入两台容量为6300kV·A的电力变压器T1和T2。电力变压器T1和T2将35kV电源高压降为10kV。再分别经QF3、QF4和QS5、QS6后，送到两段母线WB1、WB2上。WB1、WB2母线中各有一条支路经高压隔离开关、高压熔断器FU1后，接入50kV·A的电力变压器，将母线WB1送来的10kV高压降为0.4kV电压，为后级电路或低压用电设备供电。其他支路分别经高压隔离开关、高压断路器后输出或连接电压互感器。

9.2.12 深井高压供配电电路

图9-21所示为深井高压供配电电路。

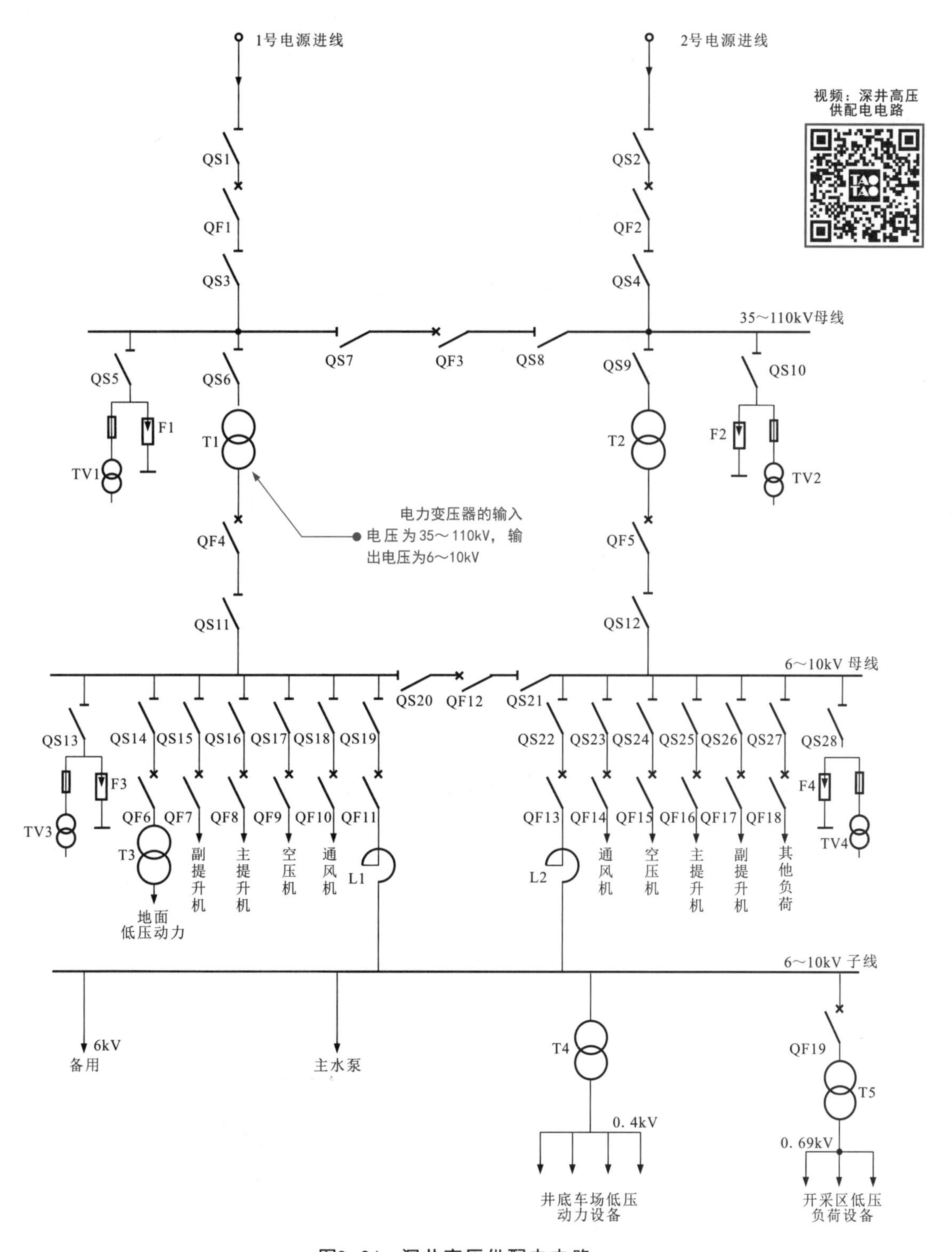

图9-21　深井高压供配电电路

第10章 电动机控制电路

10.1 直流电动机控制电路

10.1.1 直流电动机三极管驱动电路

三极管作为一种无触点电子开关常用于电动机驱动控制电路中。最简单的直流电动机三极管驱动电路如图10-1所示，直流电动机可接在三极管发射极电路中（射极跟随器），也可接在集电极电路中作为集电极负载。当给三极管基极施加控制电流时，三极管导通，则电动机旋转；控制电流消失则电动机停转。通过控制三极管的电流可实现速度控制。

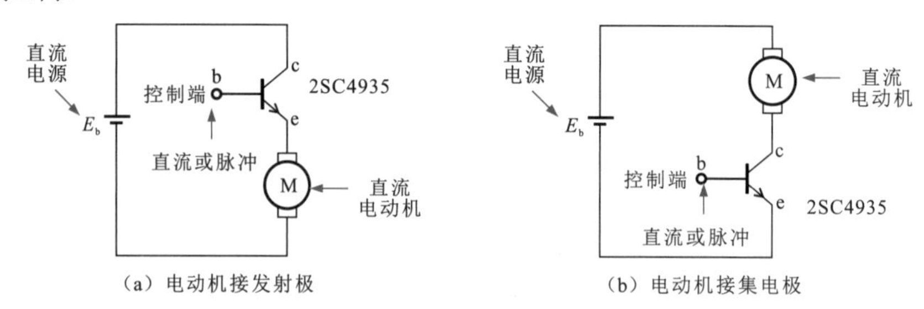

图10-1 直流电动机三极管驱动电路

10.1.2 直流电动机外加电压的控制电路

图10-2所示为直流电动机外加电压的控制电路。该电路是对电动机的供电电压进行控制的，改变供电电压就可以实现对电动机的速度控制。图10-2（a）是改变串联电阻的方式，这种方式可变电阻消耗的功率较大，只适用于小功率电动机。图10-2（b）是用三极管代替电阻串接在电动机电路中，通过改变三极管的基极电压就可以控制三极管的输出电压，通过基极小电流就可控制三极管输出的大电流。

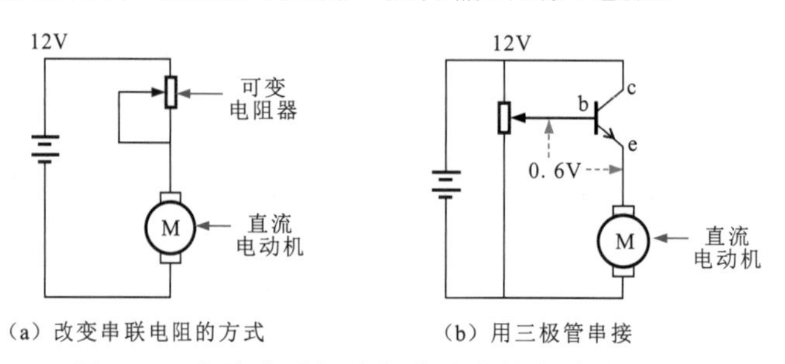

图10-2 直流电动机外加电压的控制电路

10.1.3 直流电动机的限流控制电路

图10-3所示为直流电动机的限流控制电路。电路中，将控制电压加到三极管的基极来控制三极管集电极的电流，在发射极增加电阻进行限流控制，防止超过极限电流。

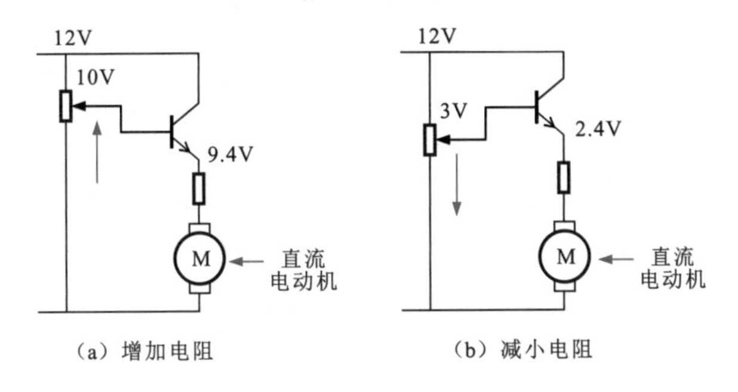

图10-3　直流电动机的限流控制电路

10.1.4 变阻式直流电动机速度控制电路

图10-4所示为变阻式直流电动机速度控制电路。在电路中，三极管相当于一个可变的电阻，改变三极管基极的偏置电压就会改变三极管的内阻，它串接在电源与电动机的电路中。三极管的阻抗减少，加给电动机的电流则会增加，电动机转速会增加；反之则降低。

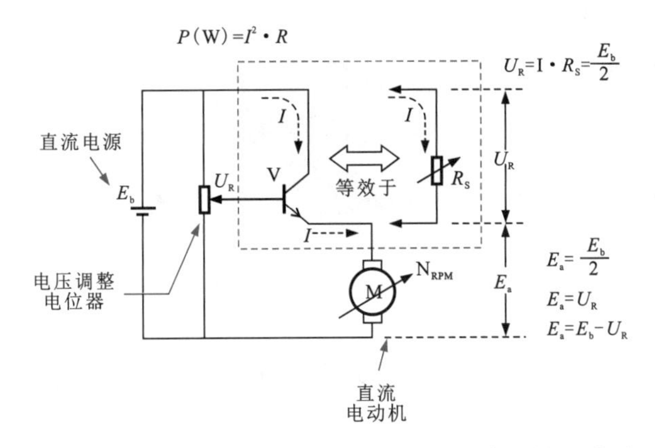

图10-4　变阻式直流电动机速度控制电路

10.1.5 他励式直流电动机能耗制动控制电路

图10-5所示为他励式直流电动机能耗制动控制电路。直流电动机的能耗制动方法是指维持电动机的励磁不变，把正在接通电源，并具有较高转速的电动机电枢绕组从电源上断开，使电动机变为发电机，并与外加电阻器连接成为闭合回路，利用此电路中产生的电流及制动转矩使电动机快速停车的方法。在制动过程中，将拖动系统的动能转化为电能并以热能形式消耗在电枢电路的电阻器上。

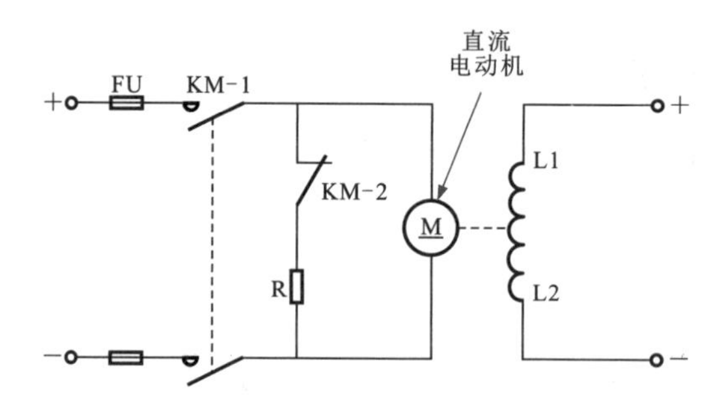

图10-5 他励式直流电动机能耗制动控制电路

10.1.6 脉冲式电动机转速控制电路

图10-6所示为脉冲式电动机转速控制电路。串接在电动机电路中的三极管受脉冲信号的控制，三极管工作在开关状态，其转速与平均电压成正比。当脉冲信号的频率较低时，三极管的电流会有波动，因而电动机的转速也会有波动。

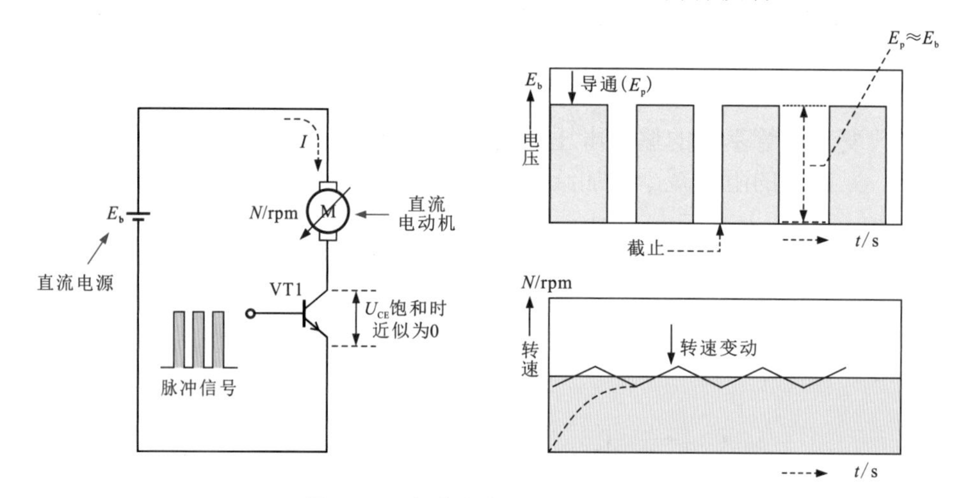

图10-6 脉冲式电动机转速控制电路

10.1.7 具有发电制动功能的电动机驱动控制电路

图10-7所示为具有发电制动功能的电动机驱动控制电路。

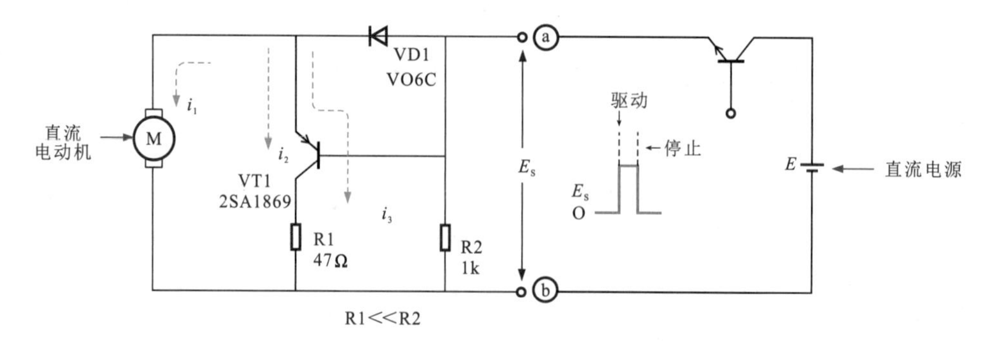

图10-7 具有发电制动功能的电动机驱动控制电路

当电路在a、b之间加上电源时，电流经二极管VD1为直流电动机供电，电动机开始运转。当去掉a、b之间的电源时，电动机失去电源而停机，但由于惯性电动机会继续旋转，这时电动机就相当于发电机而产生反向电流，此时由于二极管VD1成反向偏置而截止。电流则经过V1放电，吸收电动机产生的电能。

10.1.8 驱动和制动分离的直流电动机控制电路

图10-8所示为驱动和制动分离的直流电动机控制电路。该电路采用了双电源双驱动三极管的控制方式。电路中，低电压驱动信号加到VT1（PNP型三极管）的基极，VT1便导通。电源E_{b1}经VT1为电动机供电，电流由左向右，电动机开始旋转。停机时切断驱动信号，加上制动信号（正极性脉冲）VT1截止，电动机供电被切断。VT2导通E_{b2}为电动机反向供电，使电动机迅速制动，这样就避免了电动机因惯性而继续旋转。

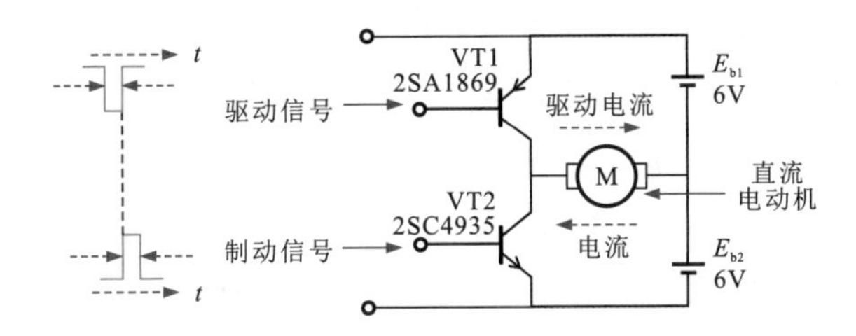

图10-8 驱动和制动分离的直流电动机控制电路

10.1.9 由电位器调速的直流电动机驱动控制电路

图10-9所示为由电位器调速的直流电动机驱动控制电路。220V交流电压经变压器变成较低的交流电压，再经二极管整流、电容滤波后变成直流电压为直流电动机供电，通过调整电位器可以调整供电电压从而控制电动机的转速。

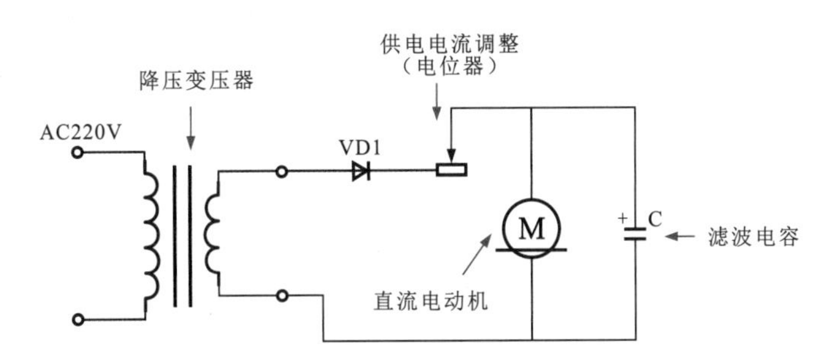

图10-9 由电位器调速的直流电动机驱动控制电路

10.1.10 直流电动机正/反转切换控制电路

图10-10所示为直流电动机正/反转切换控制电路。该电路采用了双电源和互补三极管（NPN/PNP）的驱动方式；电动机的正/反转，由切换开关控制。

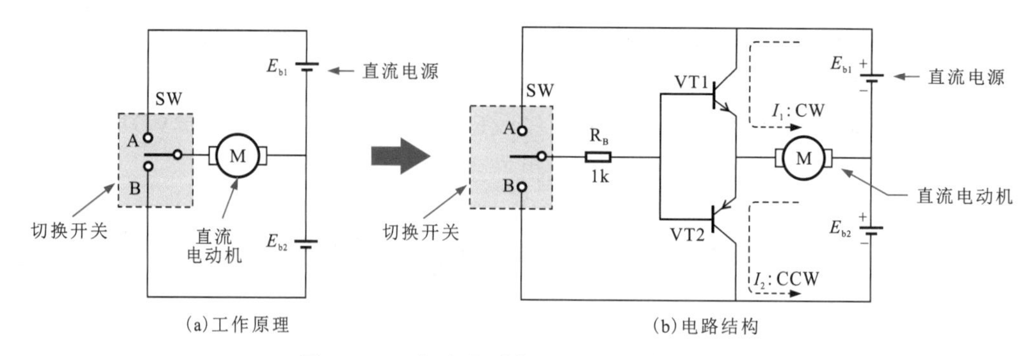

图10-10 直流电动机正/反转切换控制电路

10.1.11 模拟电压控制的直流电动机正/反转驱动电路

图10-11所示是模拟电压控制的直流电动机正/反转驱动电路。当电位器向上调整时电位器的输出为正极性，NPN型三极管VT1导通，E_{b1}为电动机供电，电动机顺时针旋转；当电位器向下调整时，电位器的输出变为负极性，NPN型三极管截止，PNP型三极管VT2导通，电源E_{b2}为电动机供电，电动机反时针旋转。

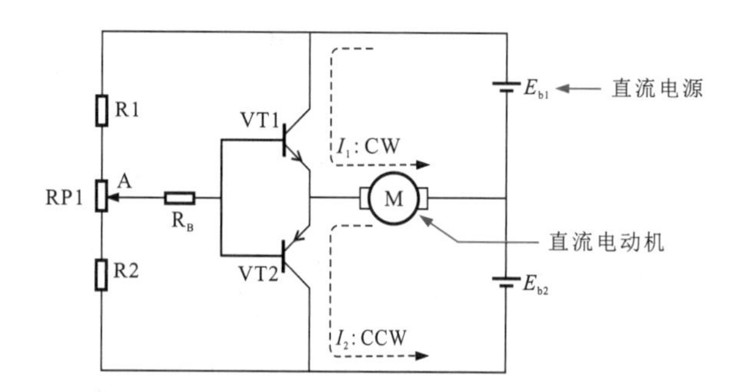

图10-11 模拟电压控制的直流电动机正/反转驱动电路

10.1.12 运放控制的直流电动机正/反转驱动电路

图10-12所示为运放控制的直流电动机正/反转驱动电路。

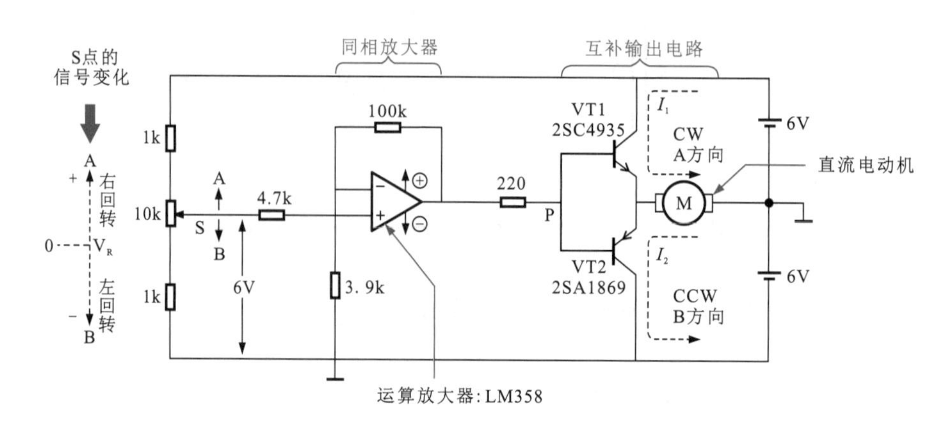

图10-12 运放控制的直流电动机正/反转驱动电路

在电路中利用运算放大器LM358构成同相放大器，即输出信号的相位与输入信号的相位相同；将电位器设置在运算放大器的输入端，电位器上下做微调时，运算放大器的输出会在正负极性之间变化。当加到运算放大器接入端的信号为正极性时，运算放大器的输出为正极性信号，于是VT1导通，电动机顺时针旋转；反之，则逆时针旋转。

10.1.13 直流电动机的限流和保护控制电路

图10-13所示是直流电动机的限流和保护控制电路，驱动直流电动机的是由两个三极管组成的复合晶体管，电流放大能力较大。控制直流电动机启动的信号加到VT1的基极。VT1、VT2导通后，24V电源为电动机供电。VT3是过流保护三极管，当流过电动机的电流过大时，R_e上的电压会上升，VT3便会导通，使VT1基极的电压降低，VT1基极电压降低会使VT1、VT2集电极电流减小，从而起到自动保护作用。

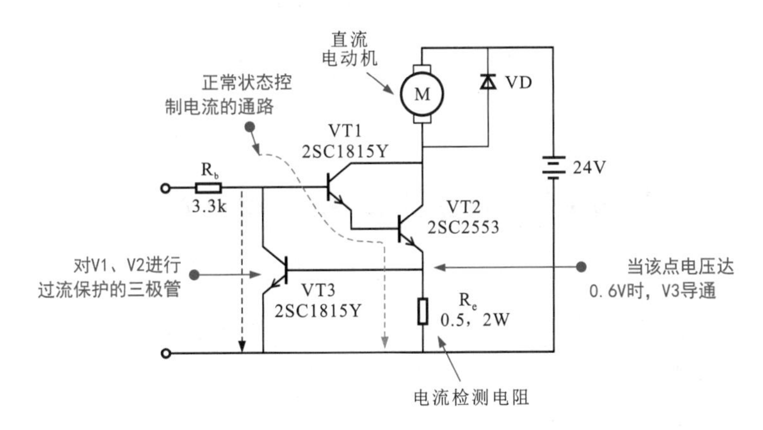

图10-13 直流电动机的限流和保护控制电路

10.1.14 直流电动机正/反转控制电路

图10-14所示为直流电动机正/反转控制电路。其中，R1、R2是可调电阻器。改变Rl的阻值，可以改变励磁绕组的电流，起到调节磁场强弱的目的；改变R2的阻值，可以改变电动机的转速。双刀双掷开关S是用来改变电动机旋转方向的控制开关。

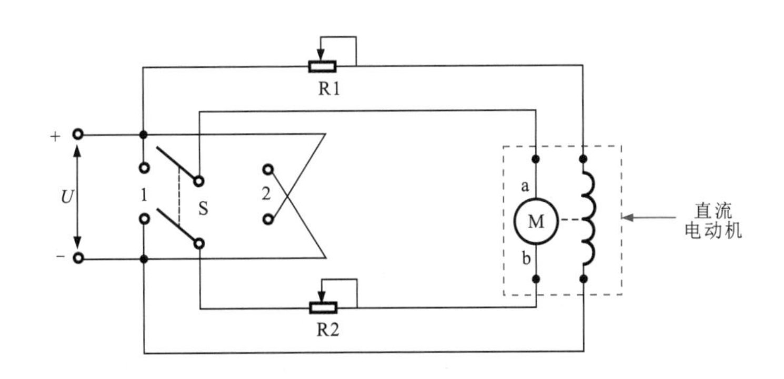

图10-14 直流电动机正/反转控制电路

10.1.15 光控直流电动机驱动控制电路

图10-15所示是光控直流电动机驱动控制电路，是由光敏电阻器控制的直流电动机电路，通过光照的变化可以控制直流电动机的启动、停止等状态。

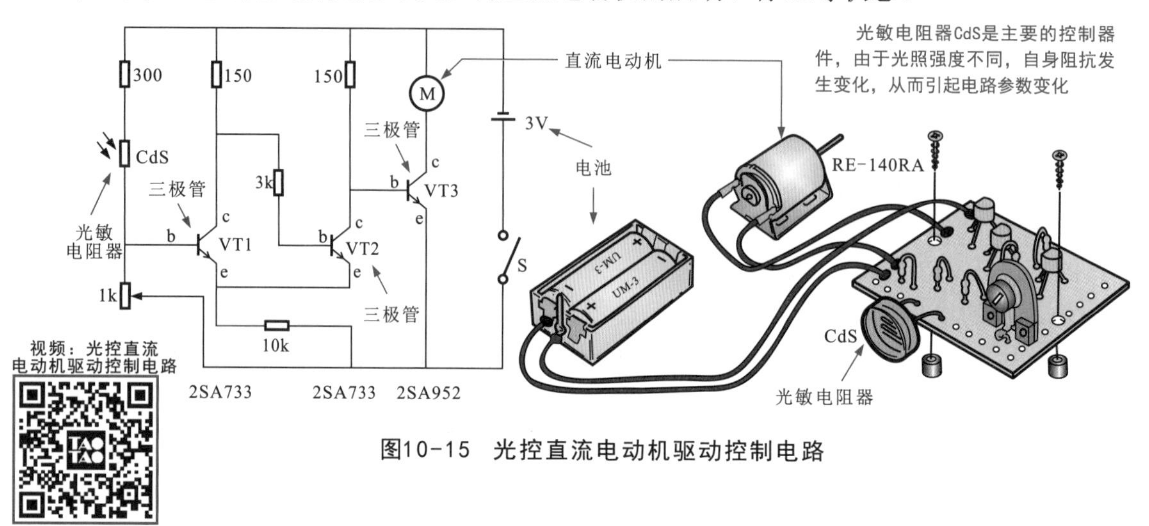

图10-15 光控直流电动机驱动控制电路

10.1.16 光控双向旋转的直流电动机驱动电路

图10-16所示为光控双向旋转的直流电动机驱动电路。光敏三极管接在VT1的基极电路中，有光照时，VT1导通，VT2截止，VT3导通，VT4导通，VT5导通，则有电流I_1出现，于是电动机正转；无光照时，VT1截止，VT6导通，VT7导通，VT8导通，则有电流I_2出现，于是电动机反转。

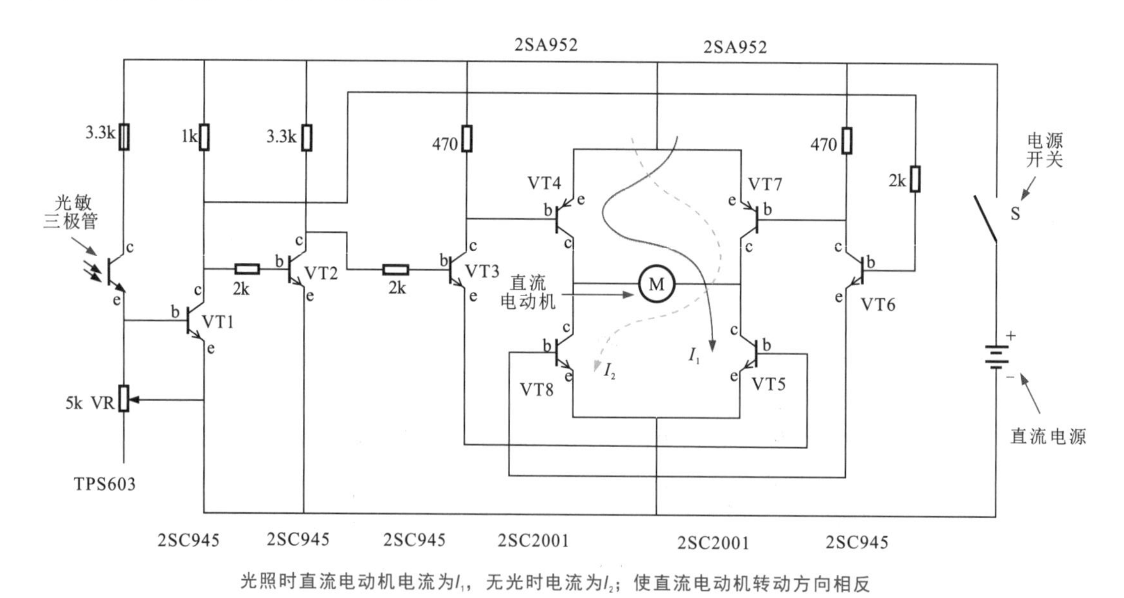

图10-16 光控双向旋转的直流电动机驱动电路

10.1.17 直流电动机调速控制电路

图10-17所示是直流电动机调速控制电路。这是一种可在负载不变的条件下，控制直流电动机稳速旋转和旋转速度的线路。

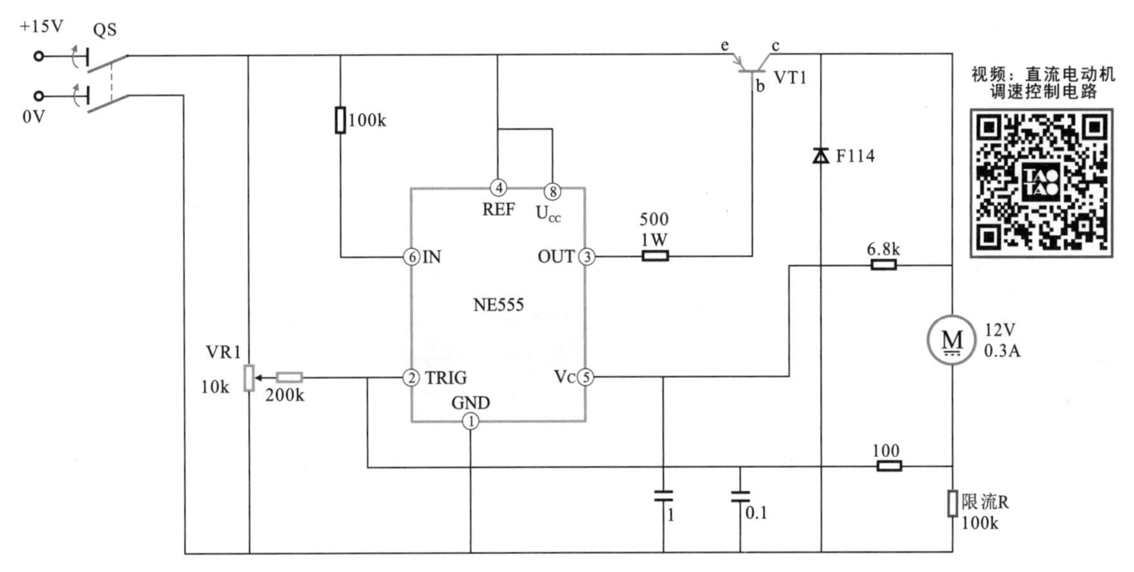

图10-17　直流电动机调速控制电路

10.1.18 直流电动机降压启动控制电路

图10-18所示为直流电动机降压启动控制电路。该电路是指直流电动机启动时，将启动电阻R1、R2串入直流电动机中，限制启动电流；当直流电动机低速旋转一段时间后，再把启动变阻器从电路中消除（使之短路），使直流电动机正常运转。

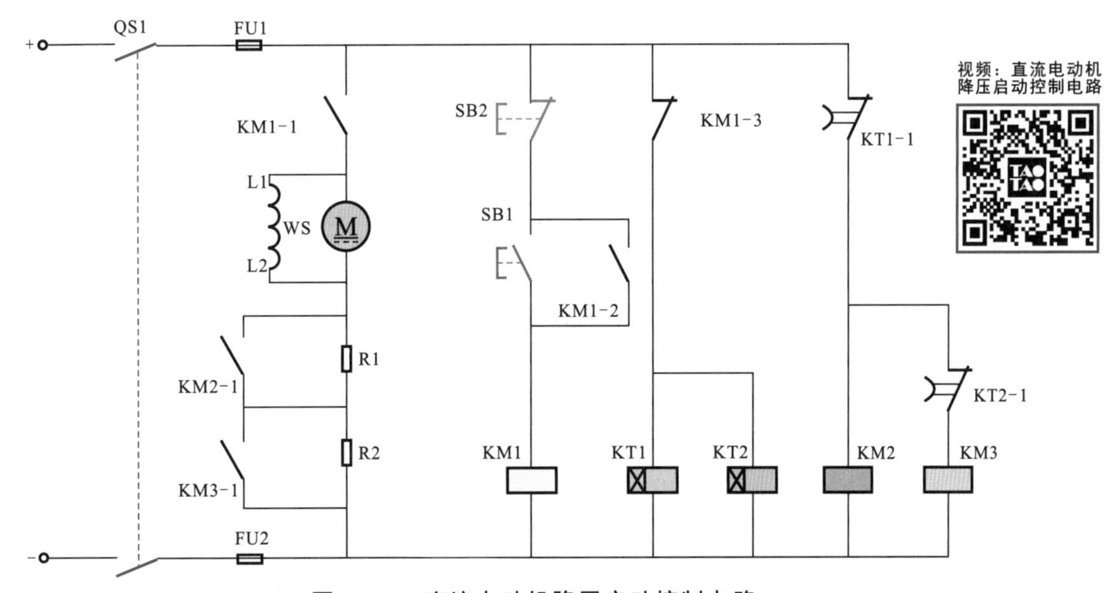

图10-18　直流电动机降压启动控制电路

10.1.19 直流电动机正/反转连续控制电路

图10-19所示是直流电动机正/反转连续控制电路。该电路可通过启动按钮控制直流电动机长时间正向运转和反向运转。

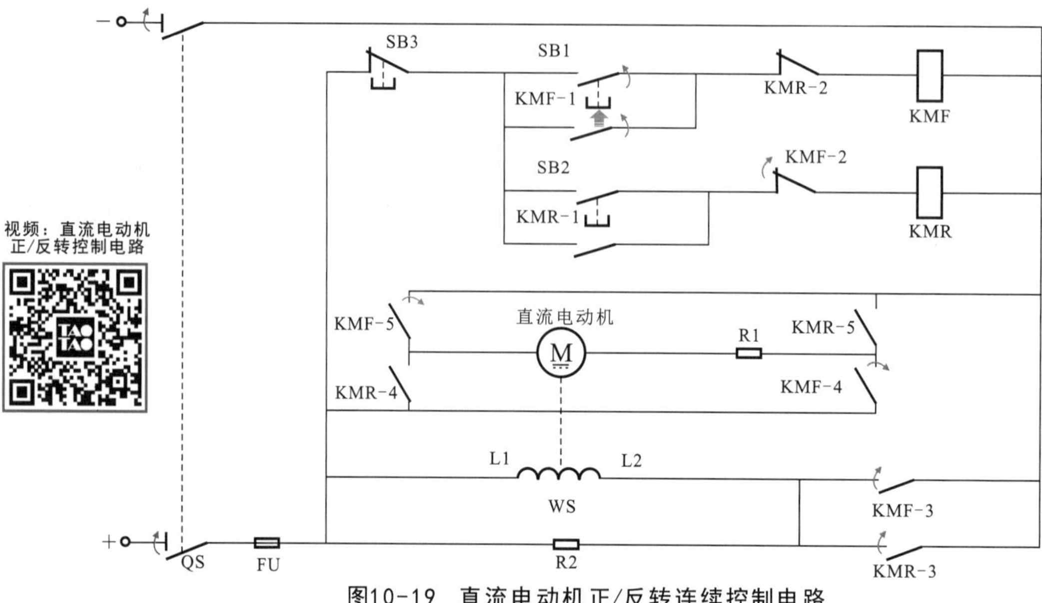

图10-19 直流电动机正/反转连续控制电路

10.1.20 直流电动机能耗制动控制电路

图10-20所示为直流电动机能耗制动控制电路。

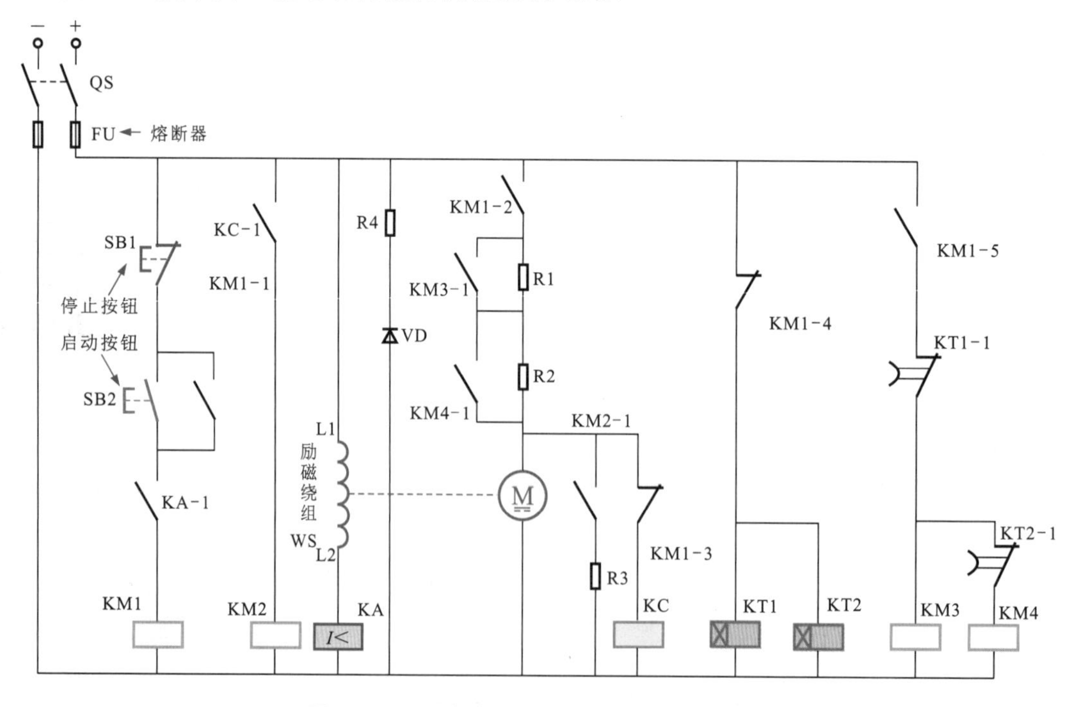

图10-20 直流电动机能耗制动控制电路

10.2 伺服电动机控制电路

10.2.1 桥式伺服电动机驱动控制电路

图10-21所示为桥式伺服电动机驱动控制电路。该电路是利用桥式电路的结构检测电动机的速度误差，再通过负反馈环路控制加给电动机的电压，达到稳速的目的。

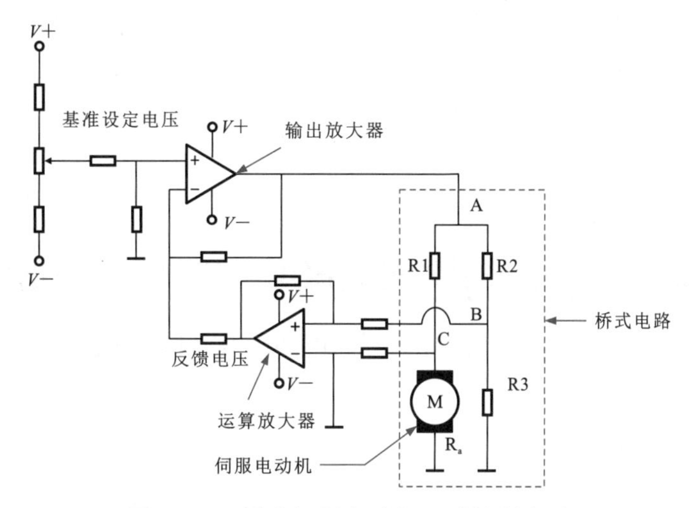

图10-21　桥式伺服电动机驱动控制电路

10.2.2 采用LM675芯片的伺服电动机驱动控制电路

图10-22所示为采用LM675芯片的伺服电动机驱动控制电路。

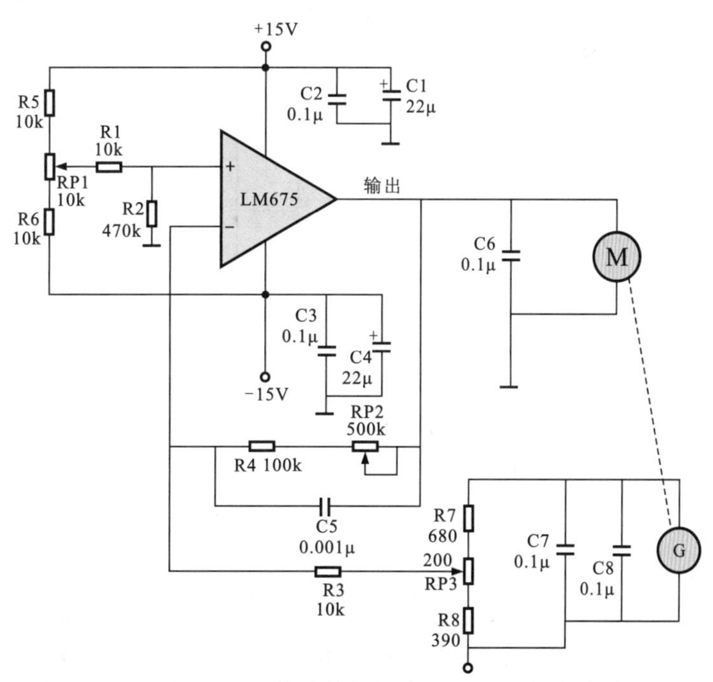

图10-22　采用LM675芯片的伺服电动机驱动控制电路

电动机上有测速信号产生器，用于实时检测电动机的转速；实际上测速信号产生器是一种发电机，它输出的电压与转速成正比；测速信号产生器G输出的电压经分压电路后作为速度误差信号反馈到运算放大器的反相输入端。电位器RP1（10kΩ）作为速度指令电压加到运算放大器LM675的同相输入端，放大器的输出电压加到伺服电动机的供电端。当电动机的负载发生变动时，反馈到运算放大器反相输入端的电压也会发生变化，即电动机负载加重时，速度会降低，测速信号产生器的输出电压也会降低，使运算放大器反相输入端的电压降低，该电压与基准电压之差增加，运算放大器的输出电压增加。反之，当负载变小电动机速度增加时，测速信号产生器的输出电压上升，加到运算放大器反相输入端的反馈电压增加，该电压与基准电压之差减小，运算放大器的输出电压下降，会使电动机的速度伺服驱动下降，从而使转速能自动稳定在设定值。

10.2.3 采用TLE4206芯片的伺服电动机驱动控制电路

图10-23所示为采用TLE4206芯片的伺服电动机驱动控制电路。

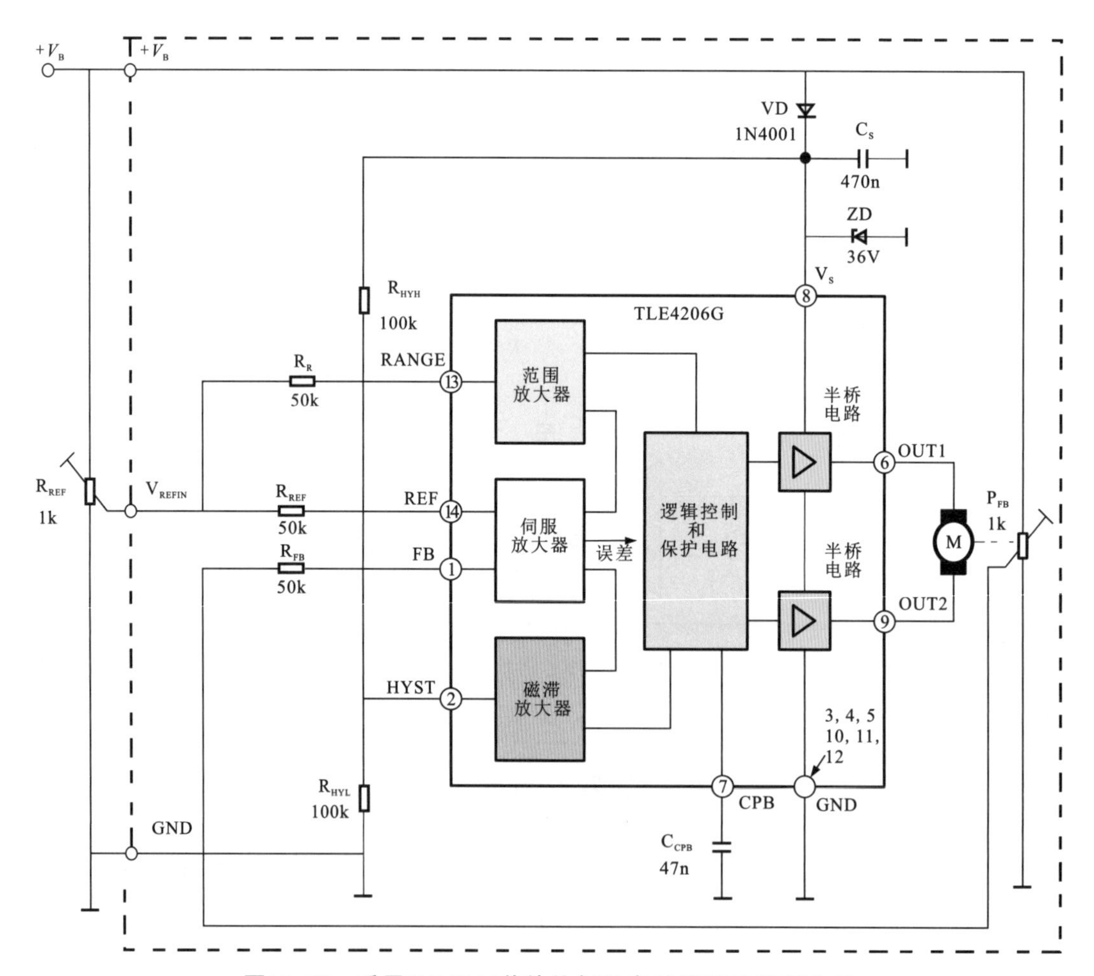

图10-23 采用TLE4206芯片的伺服电动机驱动控制电路

速度设置由电位器R_{REF}确定，该信号作为基准信号送入芯片的伺服放大器中。基准信号与电动机连动的电位器R_{FB}的输出作为负反馈信号也送到伺服放大器中，反馈信号与基准电压进行比较从而输出误差信号，误差信号经逻辑控制电路后经两个半桥电路为直流电动机提供驱动信号。

10.2.4 采用NJM2611芯片的伺服电动机驱动控制电路

图10-24所示为采用NJM2611芯片的伺服电动机驱动控制电路。

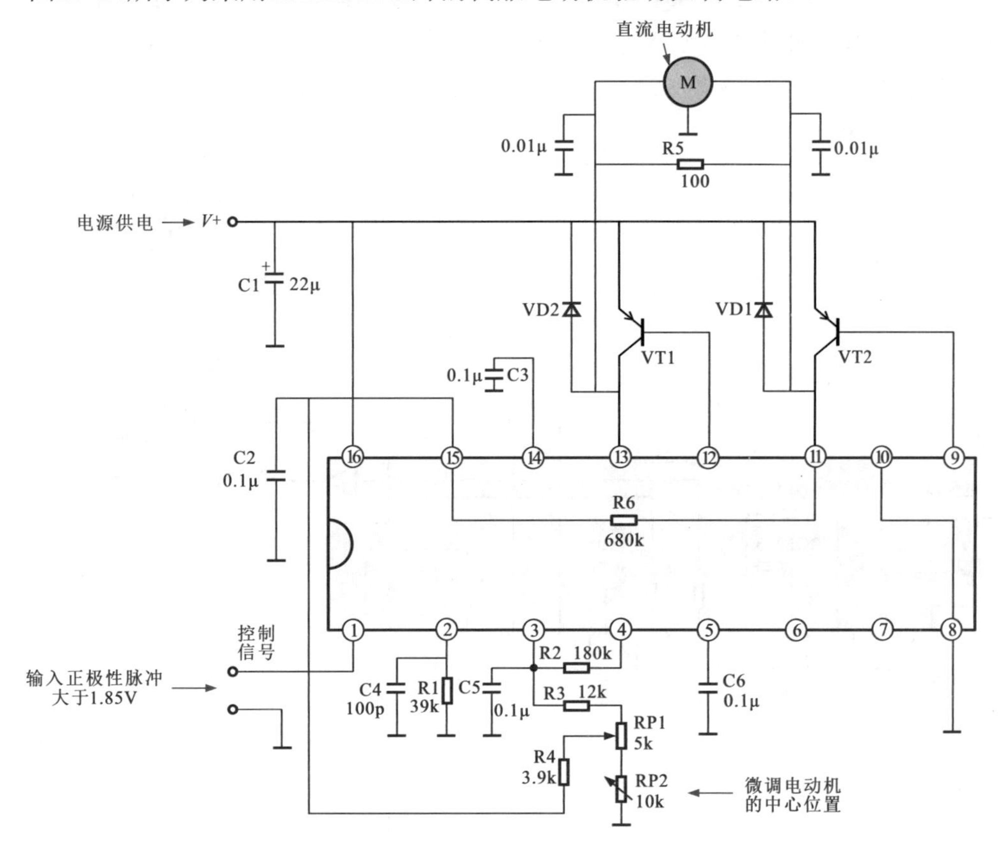

图10-24　采用NJM2611芯片的伺服电动机驱动控制电路

图10-25所示为NJM2611集成芯片的内部功能框图。

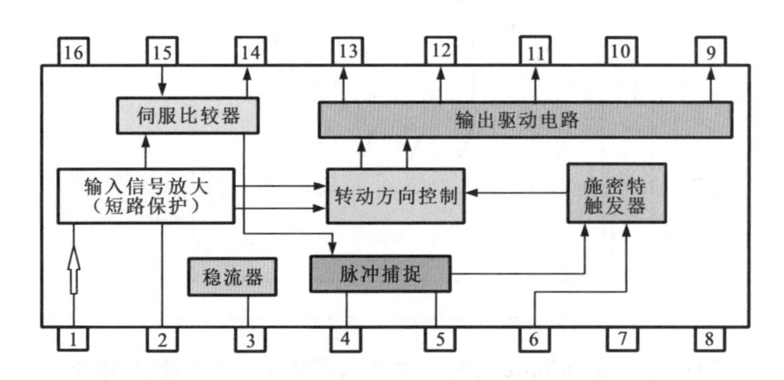

图10-25　NJM2611集成芯片的内部功能框图

工作中，控制信号（大于1.85V的正极性脉冲）加到芯片的1脚，输入信号经放大后在芯片内送入伺服比较器与15脚送来的反馈信号进行比较；比较获得的误差信号经脉冲捕捉和触发器送到转动方向控制电路，经控制后由9脚和12脚输出控制信号，分别经VT1和VT2去驱动电动机。

10.2.5 采用M64611FP芯片的伺服电动机驱动控制电路

图10-26所示为采用M64611FP芯片的伺服电动机驱动控制电路。该线路可用于无线电控制设备中。电源为4～9V，电动机的速度设置是由电位器来设定。电位器将模拟电压加到集成芯片的23脚，经芯片处理后由5脚和6脚输出控制信号，经桥式电路为直流电动机供电。

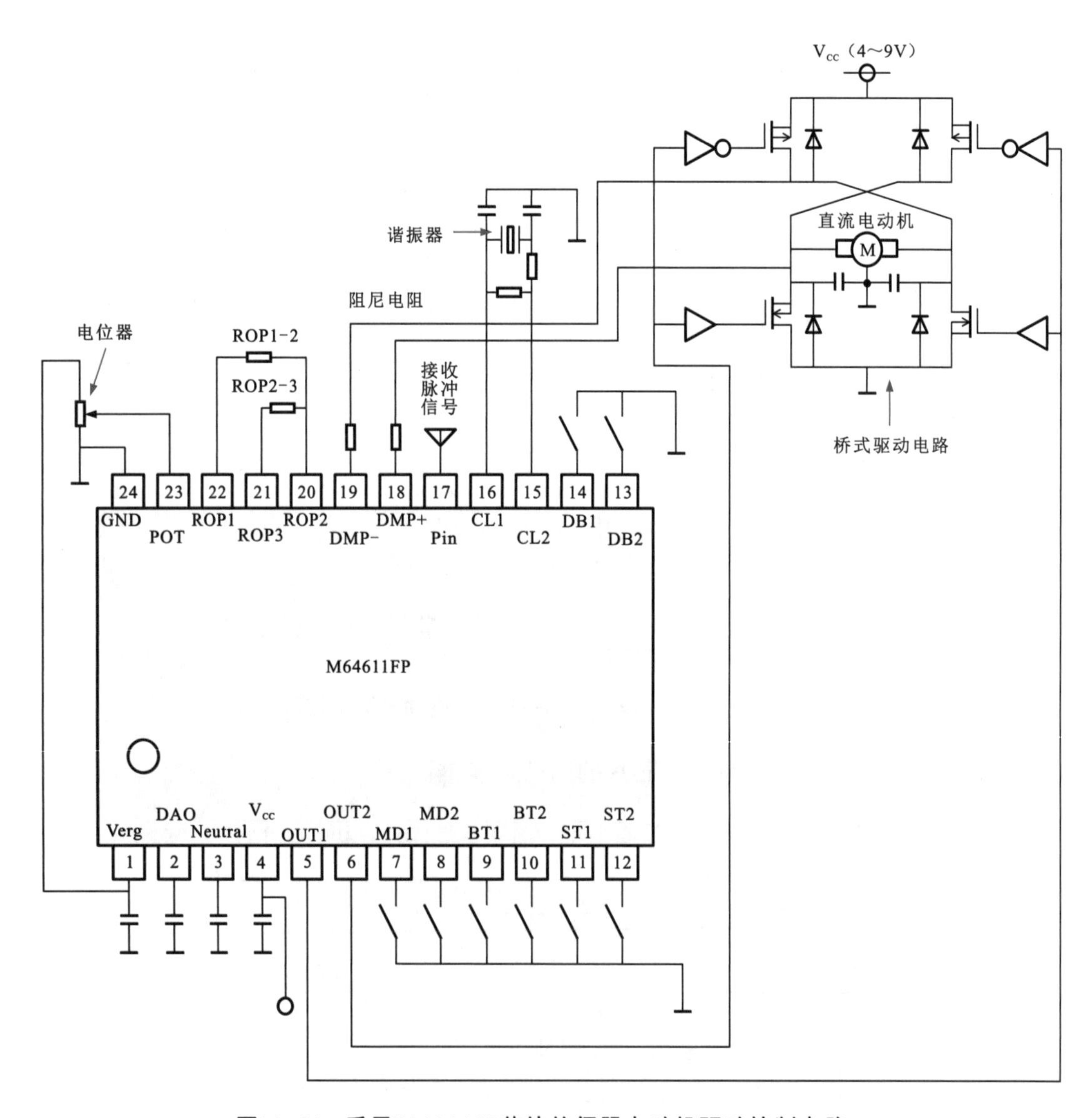

图10-26 采用M64611FP芯片的伺服电动机驱动控制电路

10.2.6 采用BA6411和BA6301两个芯片的伺服电动机驱动控制电路

图10-27所示为采用BA6411和BA6301两个芯片的伺服电动机驱动控制电路。工作时霍尔传感器的输出经霍尔放大器放大后经正/反转切换电路后输出驱动信号。驱动信号再经放大后为电动机的绕组提供驱动电流，电动机开始旋转。FG输出与转速成正比的信号，该信号经BA6301放大后也送到BA6411中去控制霍尔放大器的增益，使电动机保持稳定的速度。

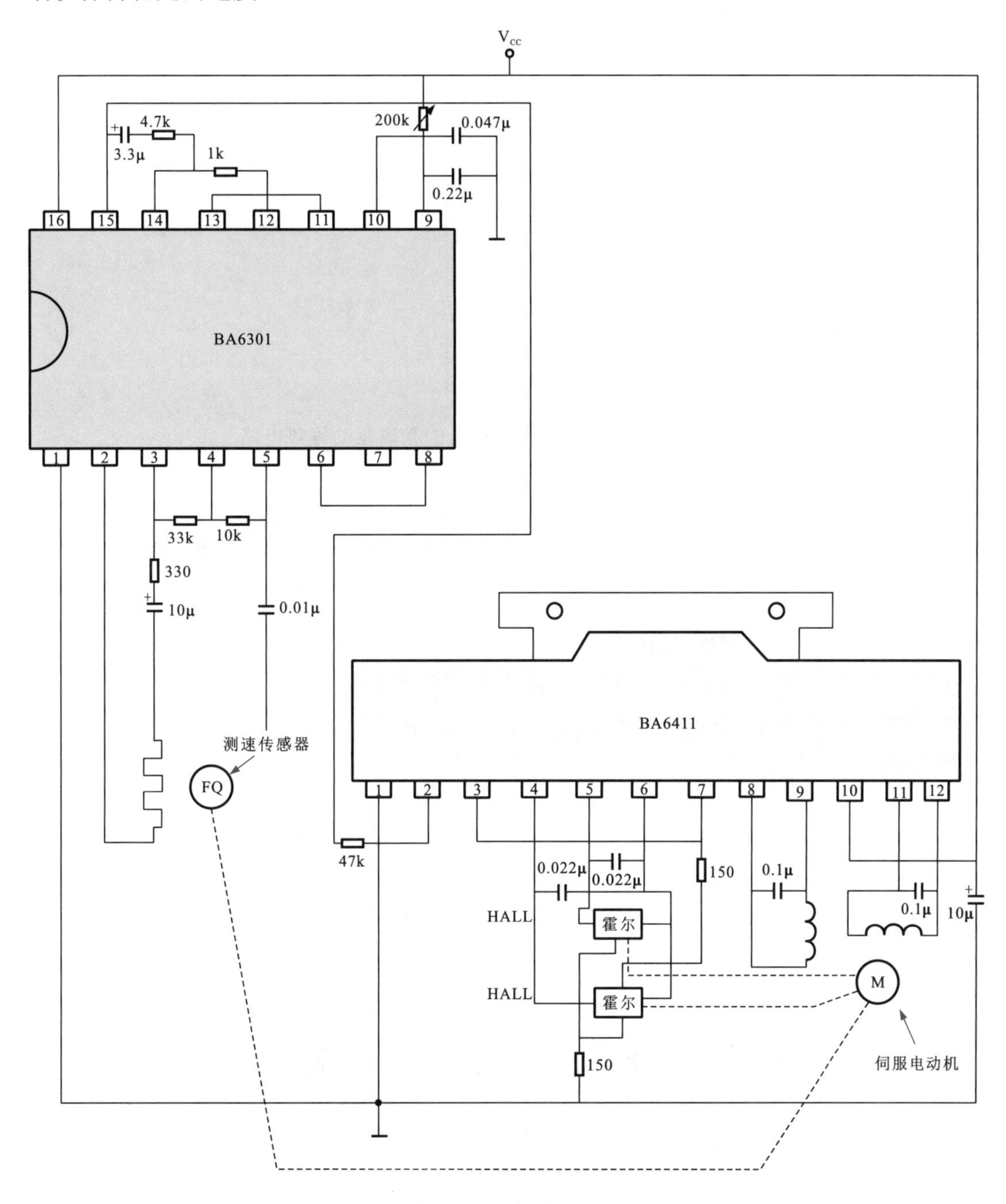

图10-27　采用BA6411和BA6301两个芯片的伺服电动机驱动控制电路

10.3 步进电动机控制电路

10.3.1 单极性二相步进电动机的激磁驱动等效电路

图10-28所示为单极性二相步进电动机的激磁驱动等效电路。“激磁”也叫“励磁”，是指电流通过线圈激发而产生磁场的过程。定子磁极有4个两两相对的磁极。

在驱动时必须使相对的磁极极性相反。例如，磁极1为N时，磁极3必须为S，这样才能形成驱动转子旋转的转矩。

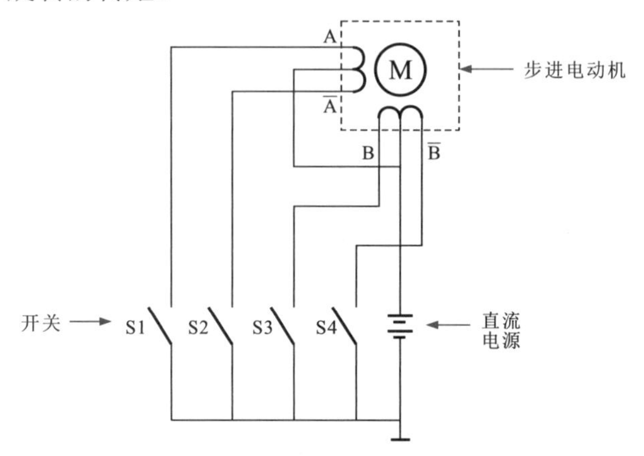

图10-28　单极性二相步进电动机的激磁驱动等效电路

补充说明

电动机二相绕组中，每相绕组有1个中心抽头将线圈分为2个。从图10-28中可见，电源正极接到中心抽头上，绕组的4个引脚分别设1个开关（S1～S4），顺次接通S1～S4就会形成旋转磁场，使转子转动。该方式中，绕组中的电流方向是固定的，因而被称为单极性驱动方式。

图10-29所示为单极性二相步进电动机的场效应晶体管驱动控制电路。4个场效应晶体管（VF1～VF4）相当于4个开关，由脉冲信号产生电路产生的脉冲顺次加到场效应晶体管的控制栅极，便会使场效应晶体管按脉冲的规律导通，驱动步进电动机一步一步转动。

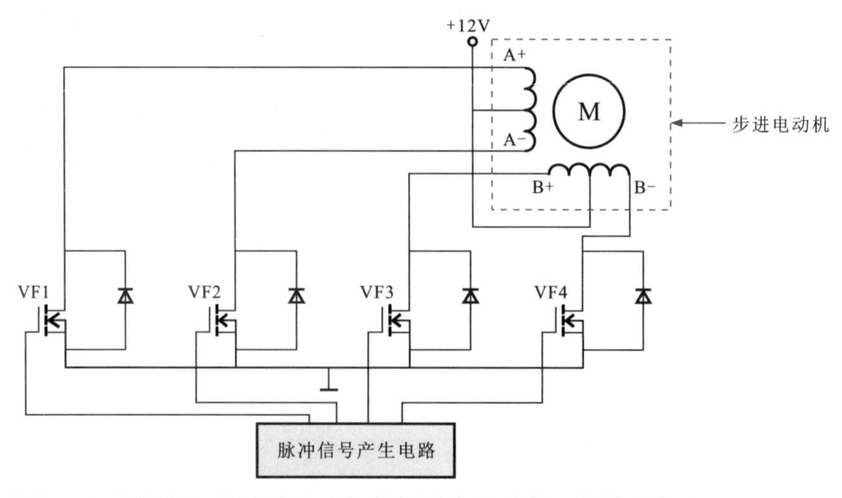

图10-29　单极性二相步进电动机的场效应晶体管驱动控制电路

10.3.2 双极性二相步进电动机驱动控制电路

图10-30所示为双极性二相步进电动机驱动控制电路。这种驱动控制方式需要8个场效应晶体管。通过对场效应晶体管的控制可以改变线圈中电流的方向。

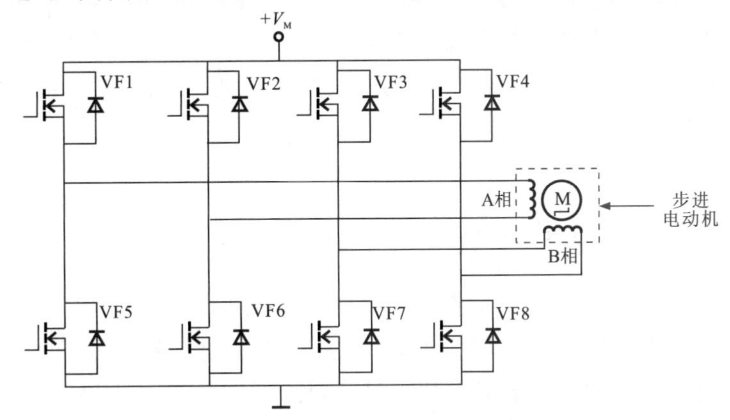

图10-30　双极性二相步进电动机驱动控制电路

补充说明

当VF1和VF6导通，VF2和VF5截止时，电动机A相绕组中的电流从上至下流动；当VF3和VF8导通，VF4和VF7截止时，电动机B相绕组中的电流从左至右流动。当VF2和VF5导通，VF1和VF6截止时，A相绕组中的电流方向相反；当VF4和VF7导通，VF3和VF8截止时，B相绕组中的电流相反。

10.3.3 采用L298N和L297芯片的步进电动机驱动控制电路

图10-31所示为采用L298N和L297芯片的步进电动机驱动控制电路。

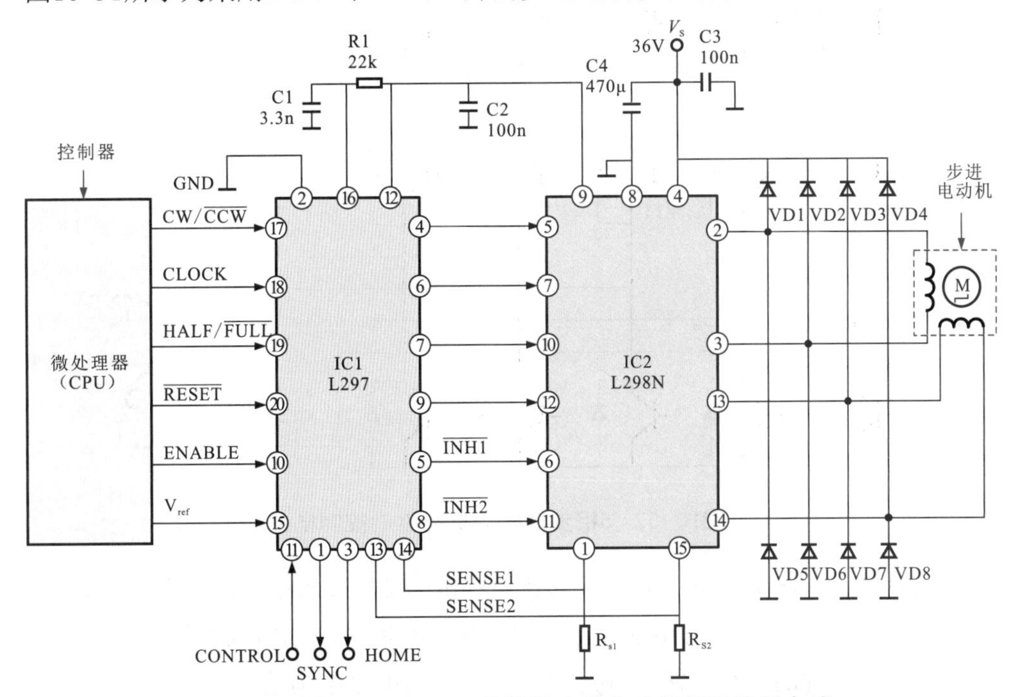

图10-31　采用L298N和L297芯片的步进电动机驱动控制电路

步进电动机（两相）是驱动机构中的动力源。续流二极管（VD1～VD8）为驱动电源提供续流通道。集成电路（IC2 L298N）是驱动脉冲的控制放大电路，为步进电动机提供脉冲。集成电路（IC1 L297）是一种控制电路，它将微处理器送来的控制指令转换成控制IC2的信号。作为电流取样电阻，电阻（RS1、RS2）用来检测电动机驱动电路的工作电流。上述的步进电动机驱动电路是受微处理器（CPU）控制的。步进电动机在设备中只是一个动力部件，它的动作与其他的电路和机构相关联。步进电动机的转动方向和启停时间都与整个系统保持同步关系。

10.3.4 5相步进电动机的驱动控制电路

图10-32所示为5相步进电动机的驱动控制电路。电路中，电动机绕组可以接成五角形，也可以接成星形。该电路为双极性驱动方式。线圈中电流的方向受驱动三极管的控制。例如，当驱动三极管VT1和VT7导通的瞬间，电源正极经VT1将电流送到C相线圈的右端。经线圈后由左端流出，经VT7到地形成回路。

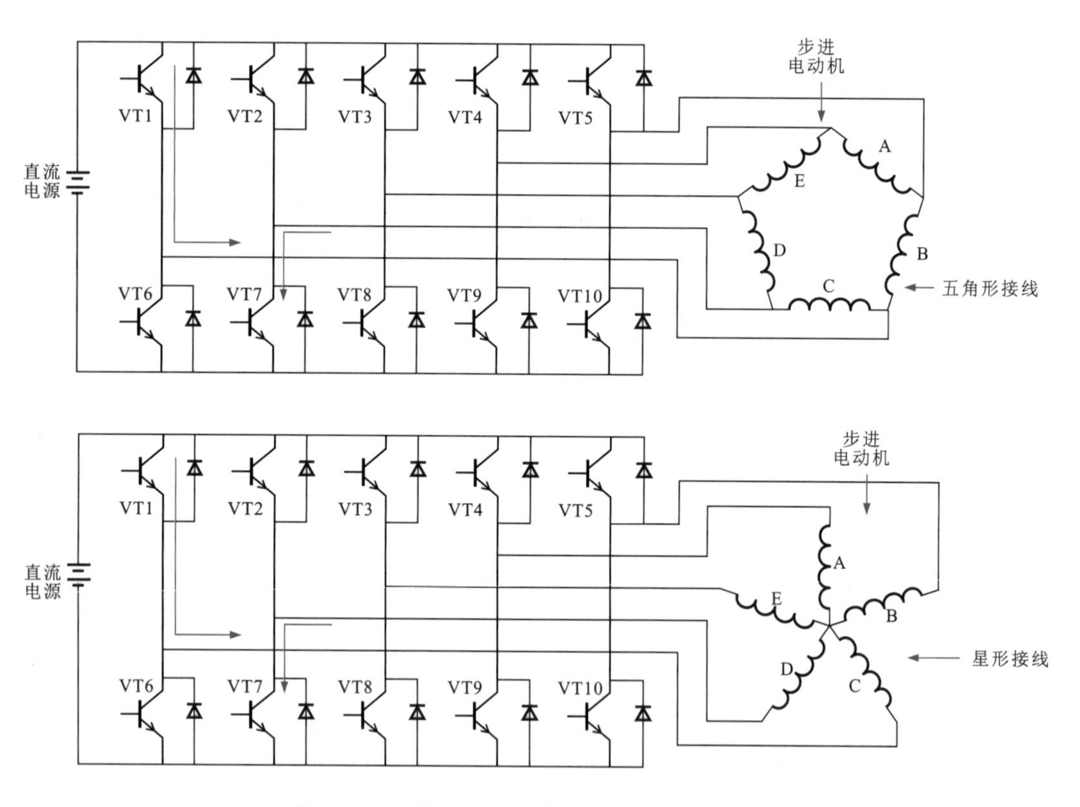

图10-32 5相步进电动机的驱动控制电路

图10-33所示是5相混合式（HB）步进电动机的接线及驱动方式。其中图10-33（a）为独立线圈及驱动方式，图10-33（b）为五角形线圈及驱动方式，图10-33（c）为星形线圈。星形线圈的驱动电路与五角形线圈的驱动电路结构基本相同。

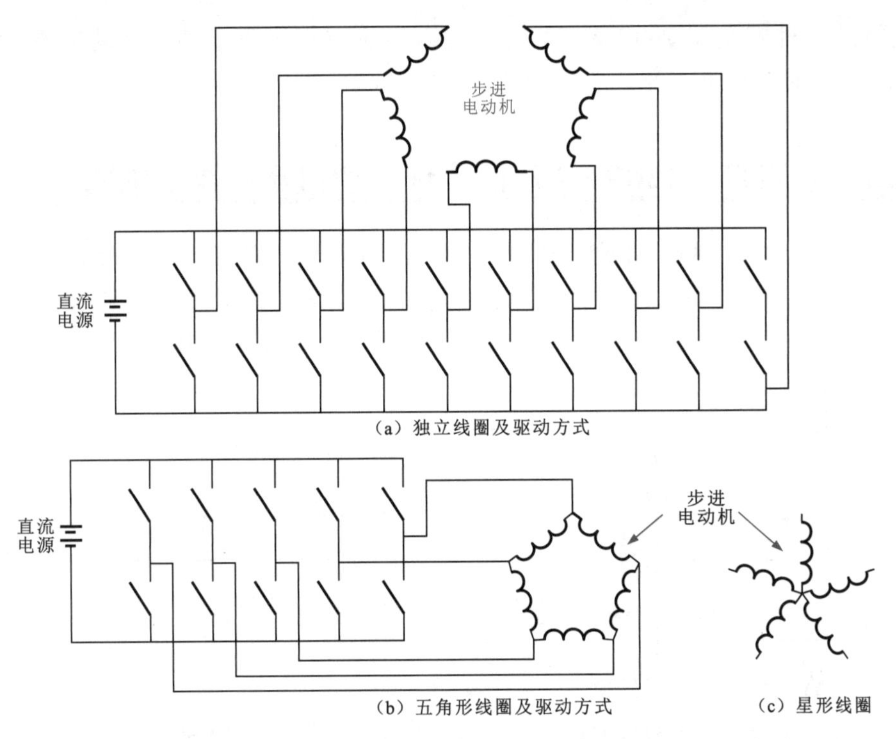

图10-33　5相混合式（HB）步进电动机的接线及驱动方式

10.3.5 采用TA8435H/HQ芯片的步进电动机驱动控制电路

图10-34所示为采用TA8435H/HQ芯片的步进电动机驱动控制电路。

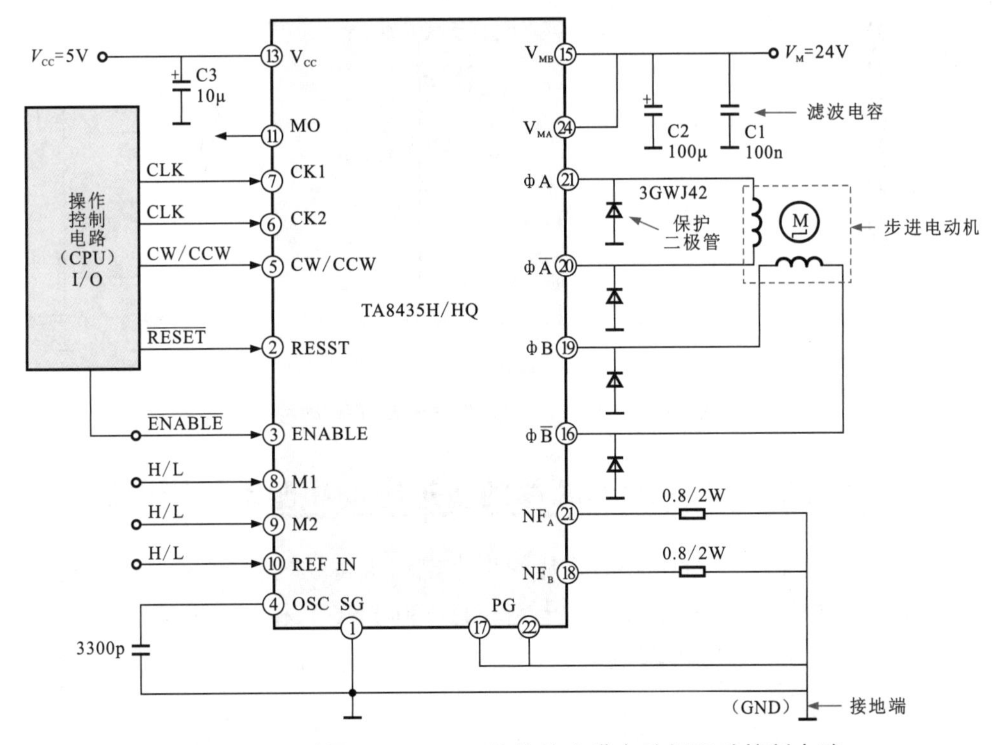

图10-34　采用TA8435H/HQ芯片的步进电动机驱动控制电路

该电路是一种脉宽调制（PWM）控制式微步进双极步进电动机驱动电路。微步进的步距取决于时钟周期。平均输出电流为1.5A，峰值电流可达2.5A。

10.3.6 采用TB62209F芯片的步进电动机驱动控制电路

图10-35所示为采用TB62209F芯片的步进电动机驱动控制电路。该电路具有微步进驱动功能，在微处理器的控制下可以实现精细的步进驱动。步距受时钟信号的控制，1个微步为一个时钟周期。步进电动机为两相绕组，额定驱动电流为1A。

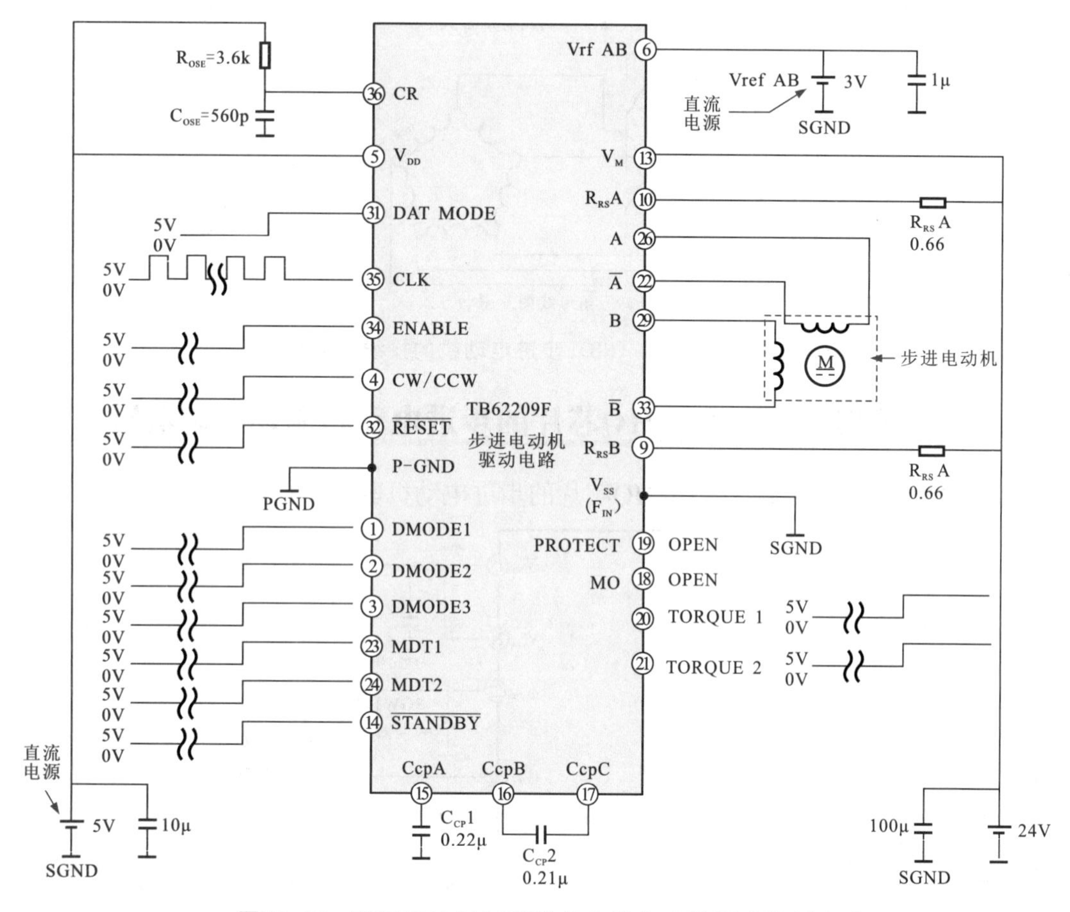

图10-35 采用TB62209F芯片的步进电动机驱动控制电路

10.3.7 采用TB6608FNG芯片的步进电动机驱动控制电路

图10-36所示是采用TB6608FNG芯片的步进电动机驱动控制电路。该电路主要由操作控制电路（CPU），驱动脉冲产生电路（TB6608FNG）和两相步进电路构成。可在低电压工作条件下（+5V电源供电），输出电流可达0.8A，步进信号由时钟脉冲提供。

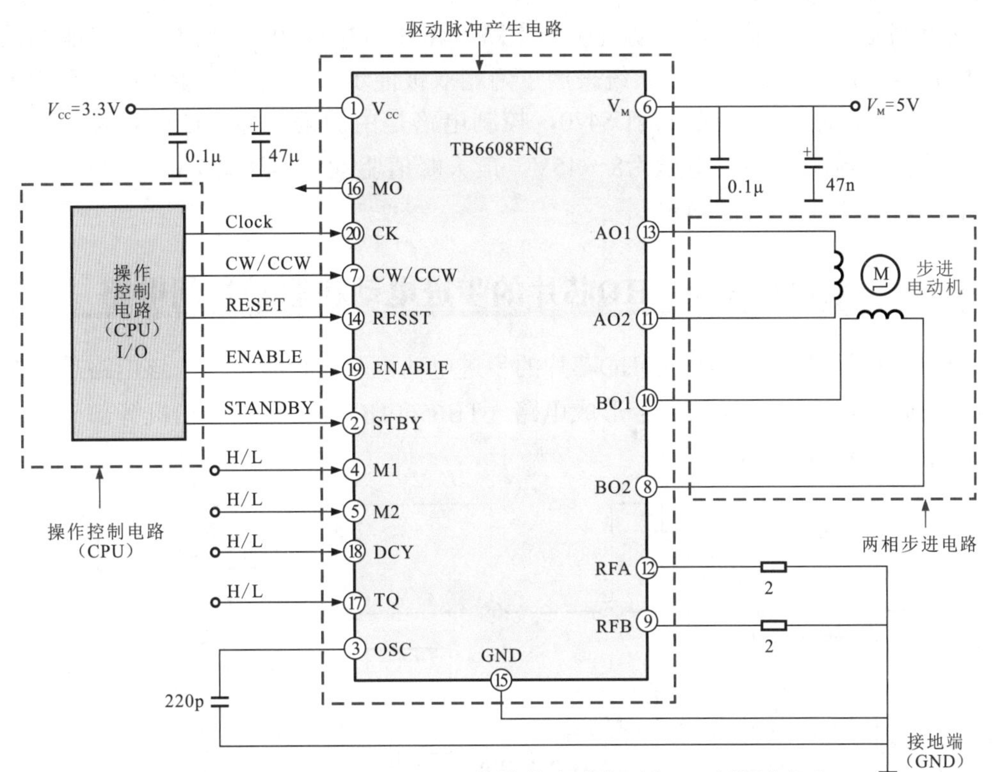

图10-36　采用TB6608FNG芯片的步进电动机驱动控制电路

10.3.8 采用L6470芯片的步进电动机驱动控制电路

图10-37所示是采用L6470芯片的步进电动机驱动控制电路。

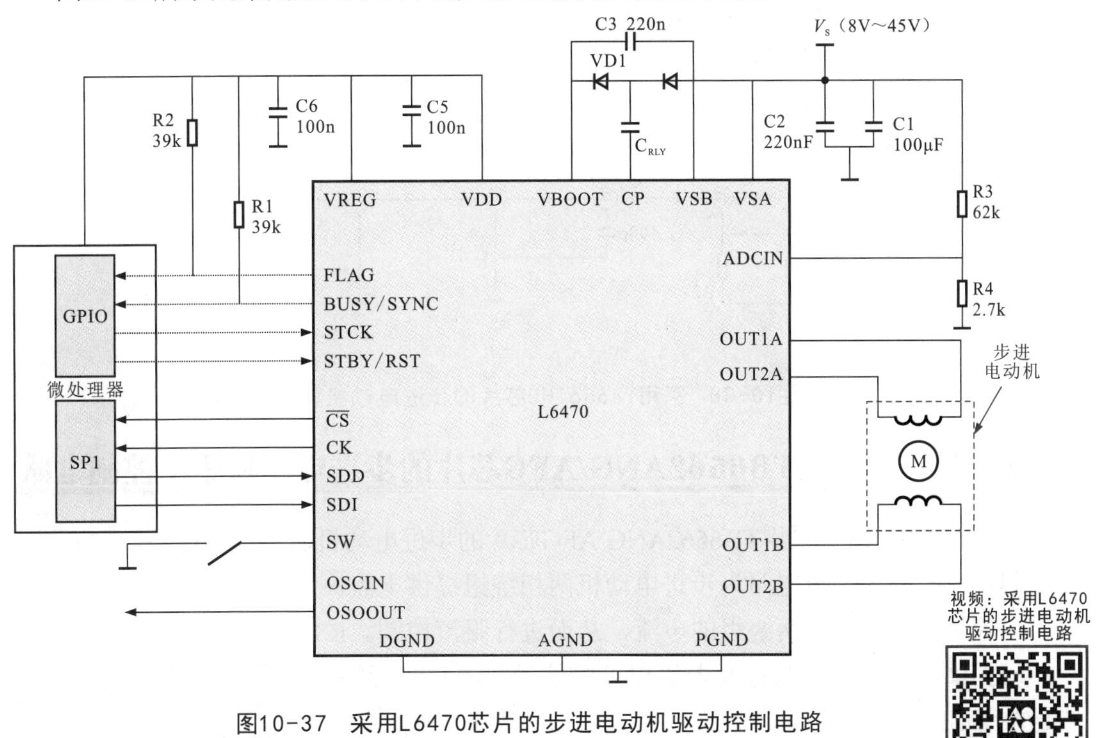

图10-37　采用L6470芯片的步进电动机驱动控制电路

该电路是一种精细步进电动机驱动电路。图10-37中示出了步进电动机驱动系统的主要元器件及控制关系。该系统采用了两相双极性步进电动机，驱动电路采用了具有4路功率输出的专用集成芯片L6470，控制电路是由微处理器（CPU）等部分构成的。系统直流电源的供电电压为8～45V，最大峰值驱动电流可达7A，在微处理器的控制下精细步进可达1/128微步。

10.3.9 采用TB6560HQ芯片的步进电动机驱动控制电路

图10-38所示是采用TB6560HQ芯片的步进电动机驱动控制电路。该电路是由控制电路（或微处理器），驱动信号形成电路（TB6560HQ）和步进电动机等部分构成，步进电动机为两相绕组。

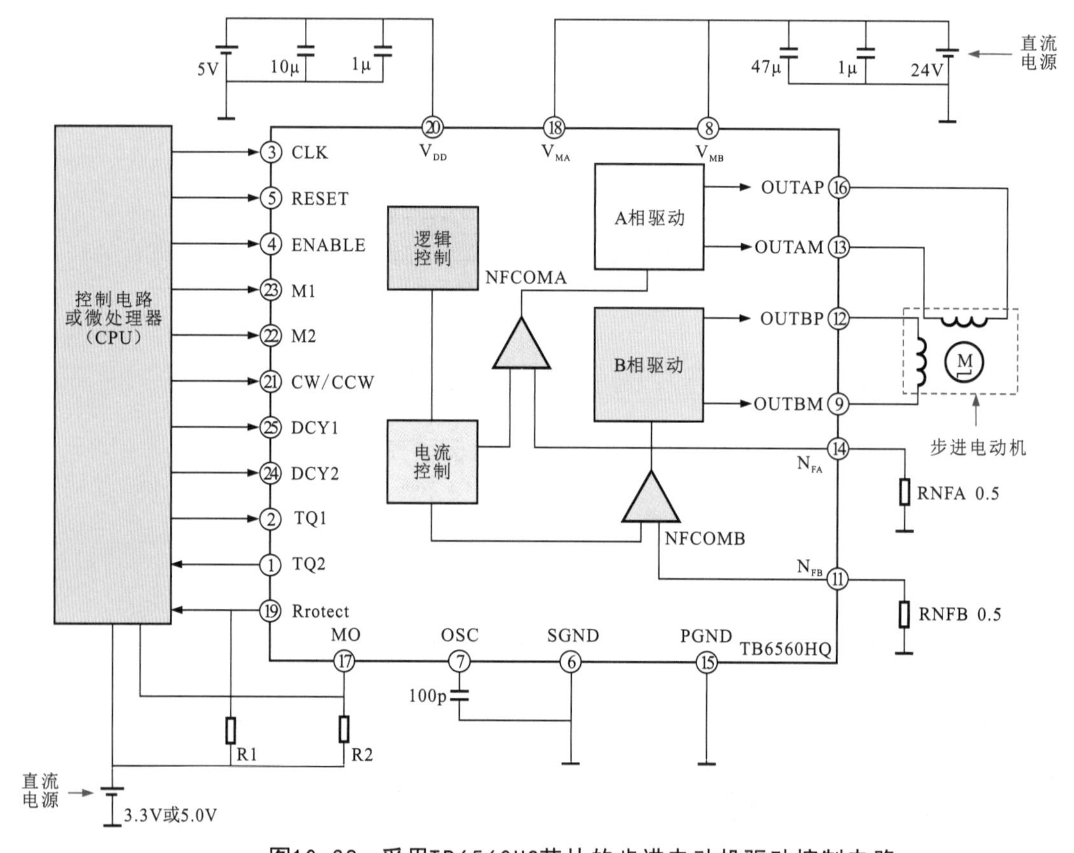

图10-38 采用TB6560HQ芯片的步进电动机驱动控制电路

10.3.10 采用TB6562ANG/AFG芯片的步进电动机驱动控制电路

图10-39所示是采用TB6562ANG/AFG芯片的步进电动机驱动控制电路。+24V电源经芯片内的桥式输出电路为步进电动机两相绕组提供电流。R1、R2为限流电阻，分别用以检测步进电动机两绕组的电流，从而进行限流控制。R3、R4为分压电路，为12、19脚提供基准电压。微处理器输出多组信号对芯片进行控制，3脚为待机/开机控制信号端（SB）。

微处理器4脚为A相转动方向控制端（Phase A）。5、6脚为A相绕组电流设置端（XA1、XA2）。27脚为B相转动方向控制端（Phase B）。25、26脚为B相绕组电流设置端（XB1、XB2）。图10-40所示是TB6562ANG/AFG芯片的内部功能框图。

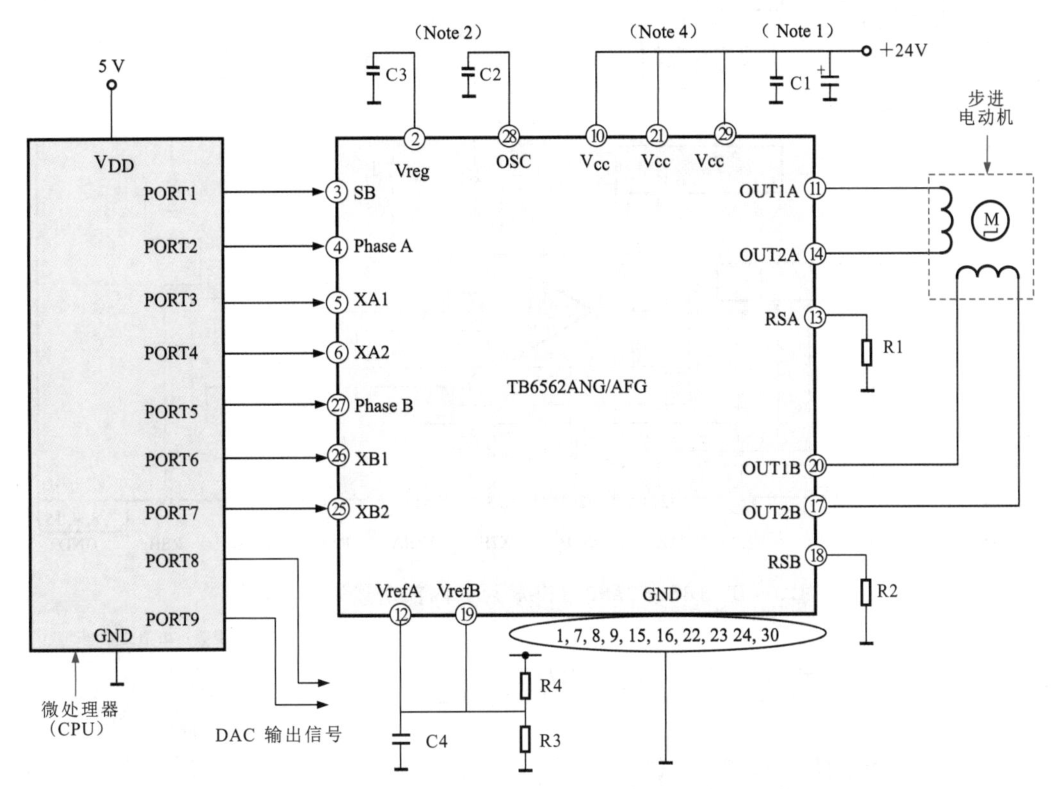

图10-39 采用TB6562ANG/AFG芯片的步进电动机驱动控制电路

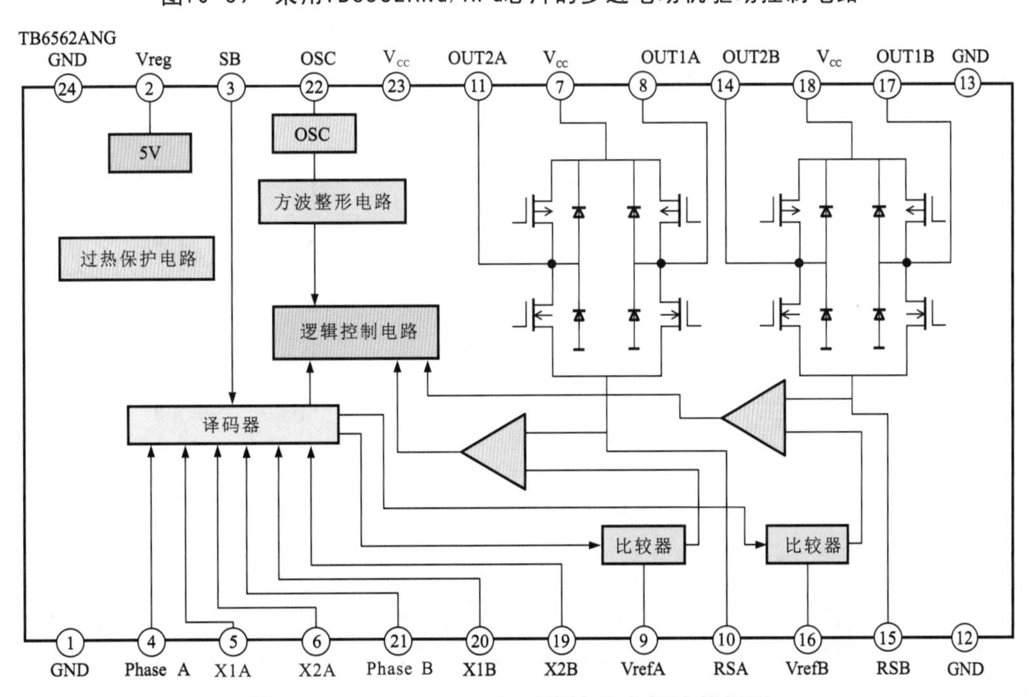

图10-40 TB6562ANG/AFG芯片的内部功能框图

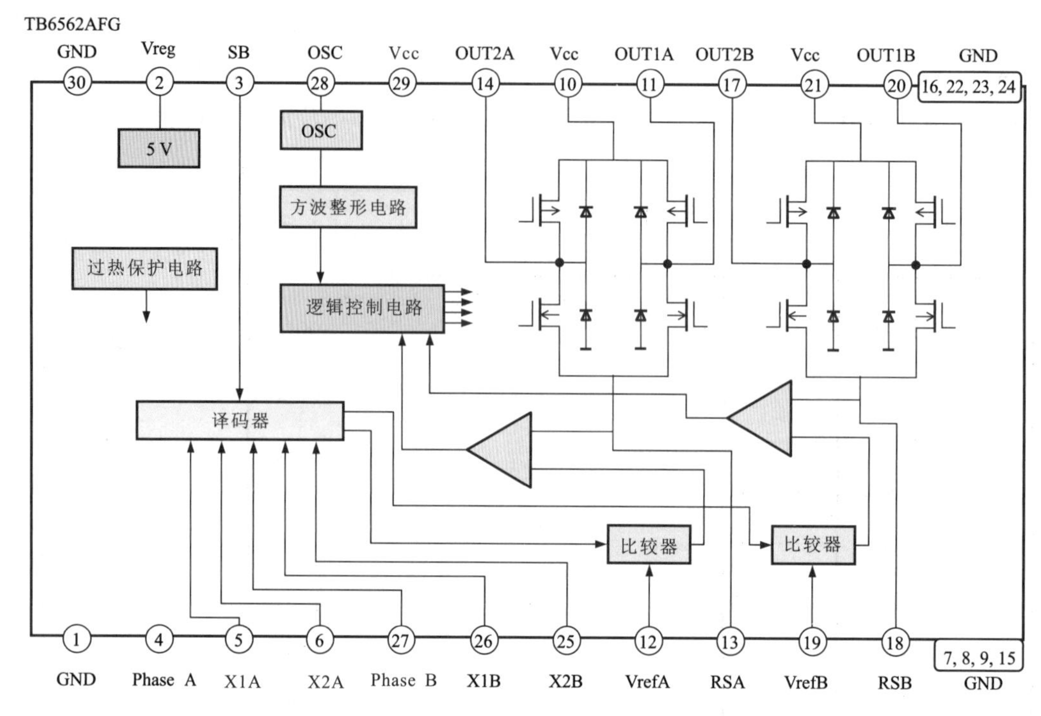

图10-40　TB6562ANG/AFG芯片的内部功能框图（续）

10.4 单相交流电动机控制电路

10.4.1 单相交流电动机正/反转驱动控制电路

图10-41所示为单相交流电动机正/反转驱动控制电路。该电路中辅助绕组通过启动电容与电源供电相连，主绕组通过正反向开关与电源供电线相连，因为开关可调换接头，可以此来实现正/反转控制。

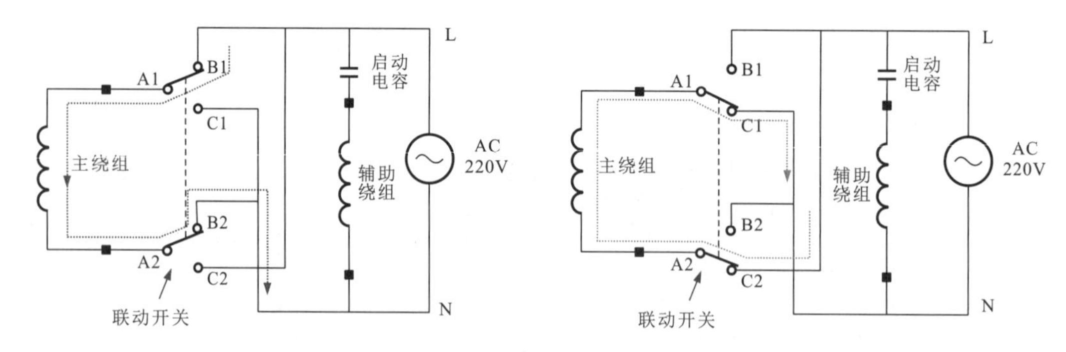

图10-41　单相交流电动机正/反转驱动控制电路

补充说明

当联动开关触点A1-B1和A2-B2接通时，主绕组的上端接220V交流电源的L端，下端接N端，电动机正向运转；当联动开关触点A1-C1和A2-C2接通时，主绕组的上端接220V交流电源的N端，下端接L端，电动机反向运转。

10.4.2 可逆单相交流电动机驱动控制电路

图10-42所示为可逆单相交流电动机驱动控制电路。该电路中电动机内设有两个绕组（主绕组和辅助绕组），单相交流电源加到两绕组的公共端，绕组另一端接一个启动电容。正反向旋转切换开关接到电源与绕组之间，通过切换两个绕组实现转向控制，这种情况电动机的两个绕组参数相同。用互换主绕组的方式进行转向切换。

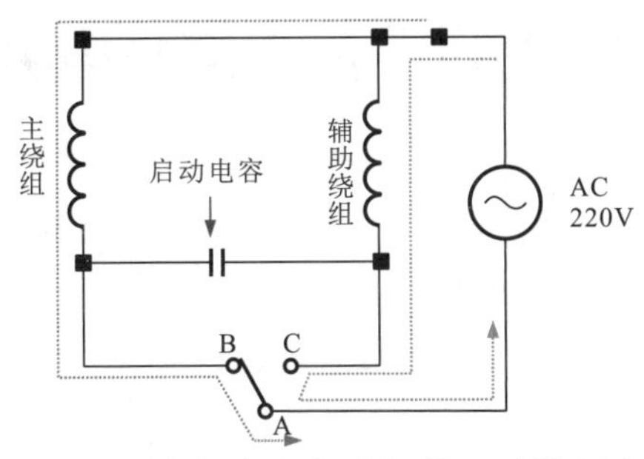

图10-42　可逆单相交流电动机的驱动控制电路

10.4.3 单相交流电动机启/停控制电路

图10-43所示为单相交流电动机启/停控制电路。该电路中采用一个双联开关，停机时，将主绕组通过电阻器与直流电源E相连，使绕组中产生制动力矩而停机。

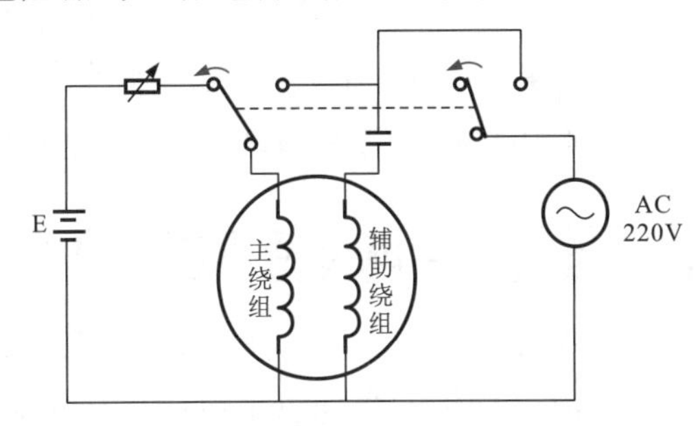

图10-43　单相交流电动机启/停控制电路

10.4.4 单相交流电动机电阻启动式驱动控制电路

图10-44所示为单相交流电动机电阻启动式驱动控制电路。

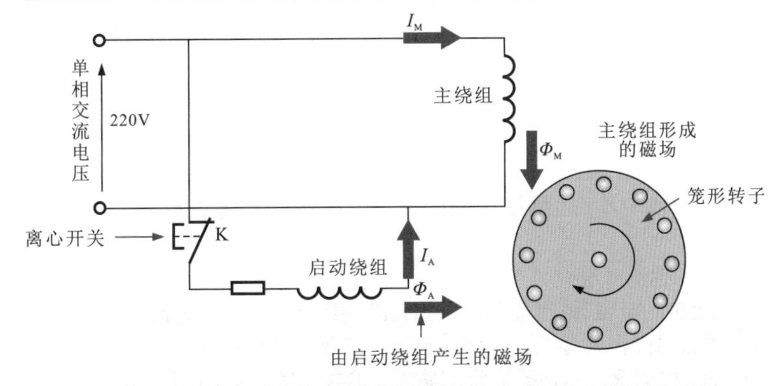

图10-44　单相交流电动机电阻启动式驱动控制电路

补充说明

电阻启动式单相交流异步电动机中有两组绕组，即主绕组和启动绕组，在启动绕组供电电路中设有离心开关。电路启动时，开关闭合，220V电压加到主绕组，同时经离心开关K和启动电阻为启动绕组供电。由于两绕组的相位差为90°，绕组产生的磁场对转子形成启动转矩使电动机启动。

当启动后达到一定转速时，离心开关受离心力作用而断开，启动绕组停止工作，只由主绕组驱动电动机转子旋转。

10.4.5 单相交流电动机电容启动式驱动控制电路

图10-45所示为单相交流电动机电容启动式驱动控制电路。电路中，为了使电容启动式单相异步电动机形成旋转磁场，将启动绕组与电容串联，通过电容移相的作用，在加电时形成启动磁场。通常在机电设备中所用的电动机多采用电容启动方式。

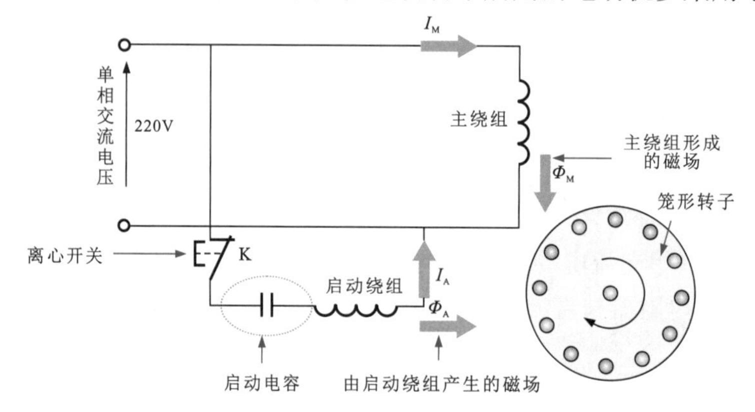

图10-45 单相交流电动机电容启动式驱动控制电路

10.4.6 晶闸管控制的单相交流电动机调速电路

图10-46所示为晶闸管控制的单相交流电动机调速电路。该电路是通过改变双向晶闸管的导通角来改变单相交流电动机的平均供电电压，从而调节电动机的转速的。

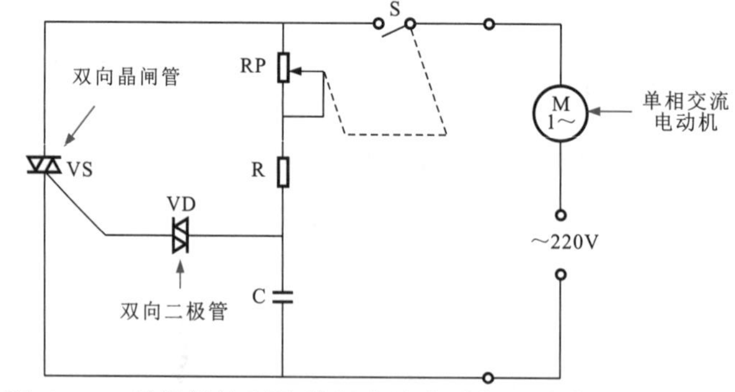

图10-46 晶闸管控制的单相交流电动机调速电路

补充说明

电源接通，电容C充电。电容C两端的电压开始升高，当电压升到一定值后，双向二极管VD导通；VD导通后触发双向晶闸管VT并使之导通。电源通过导通的双向晶闸管VT为电动机供电，使之工作。通过改变RP可改变电容的充电速度，从而改变双向晶闸管的导通角，从而实现调速功能。

图10-47所示为双向晶闸管控制的单相交流电动机调速的实用电路。

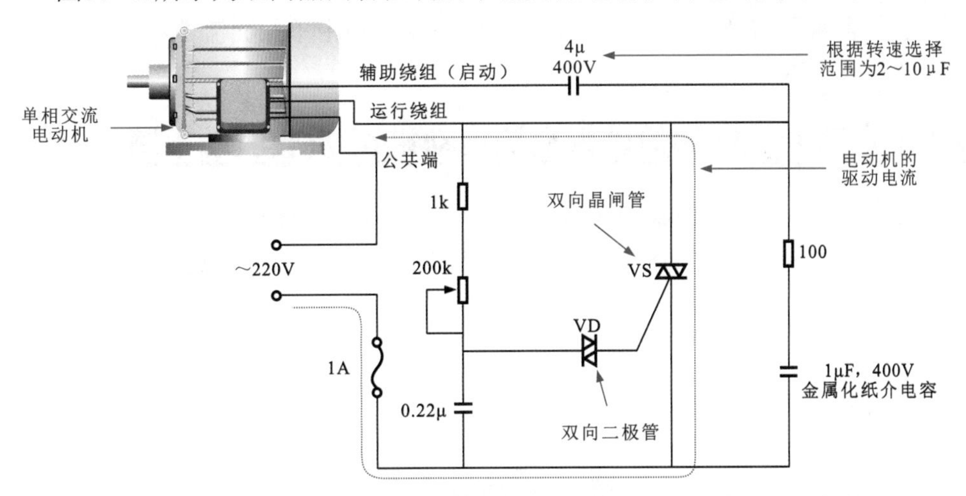

图10-47　双向晶闸管控制的单相交流电动机调速的实用电路

10.4.7 单相交流电动机电感器调速电路

图10-48所示为单相交流电动机电感器调速电路。电路将电动机主、副绕组并联后再串入具有抽头的电抗器。当转速开关处于不同的位置时，电抗器的电压降不同，使电动机端电压改变而实现有级调速。

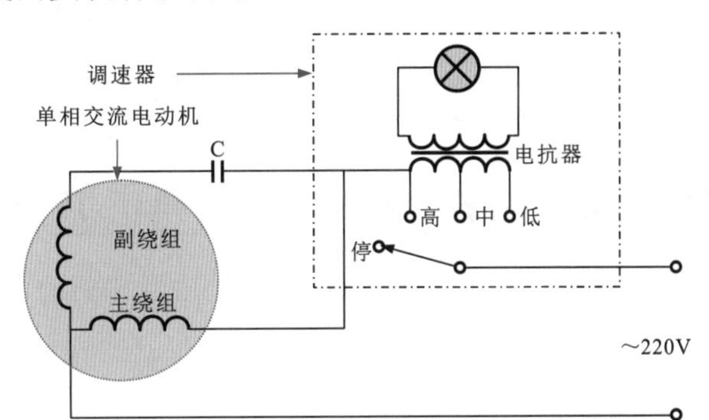

图10-48　单相交流电动机电感器调速电路

10.4.8 单相交流电动机热敏电阻调速电路

图10-49所示为单相交流电动机热敏电阻调速电路。

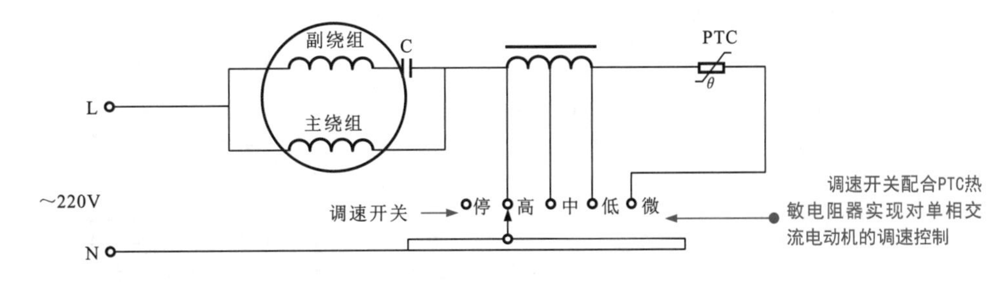

图10-49　单相交流电动机热敏电阻调速电路

采用热敏电阻（PTC元件）的单相交流电动机调速电路中，由热敏电阻感知温度变化，从而引起自身阻抗变化，并以此来控制所关联电路中单相交流电动机驱动电流的大小，实现调速控制。

10.4.9 点动开关控制的单相交流电动机正/反转驱动电路

图10-50所示为点动开关控制的单相交流电动机正/反转驱动电路。电路通过点动开关（即正/反转控制按钮）控制单相交流电动机中绕组的相序，实现正/反转控制。

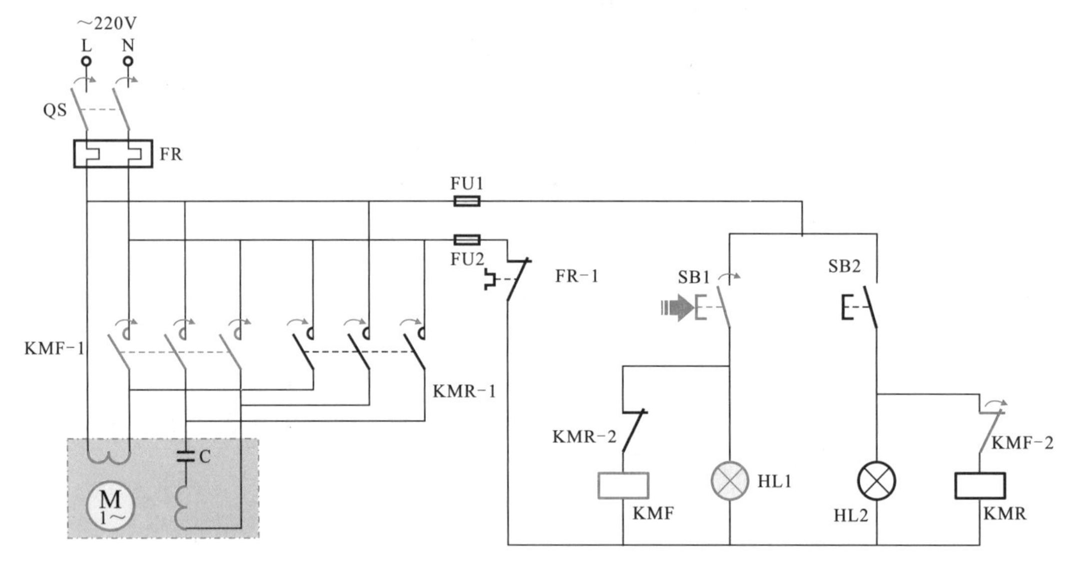

图10-50 点动开关控制的单相交流电动机正/反转驱动电路

10.4.10 限位开关控制的单相交流电动机正/反转驱动电路

图10-51所示为限位开关控制的单相交流电动机正/反转驱动电路。

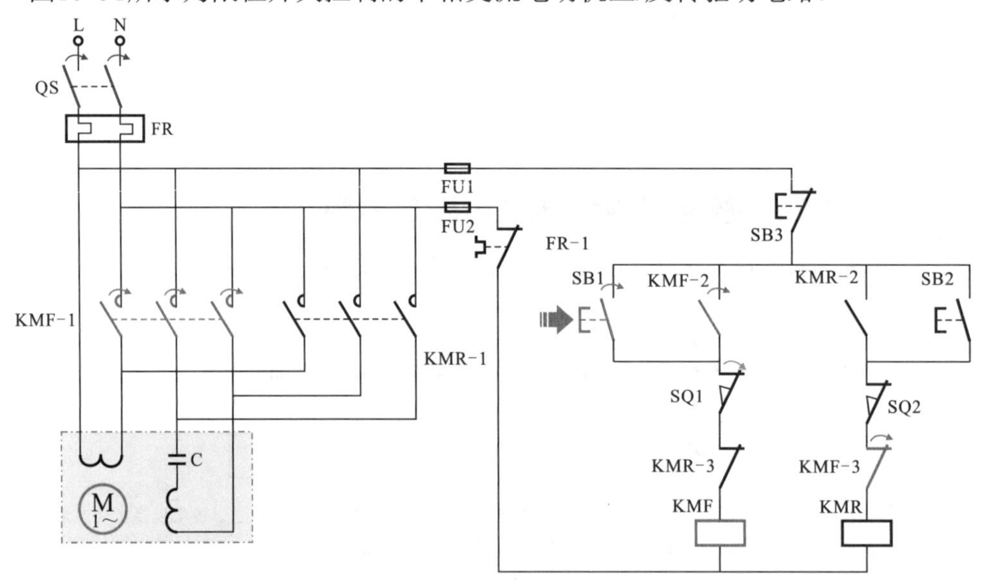

图10-51 限位开关控制的单相交流电动机正/反转驱动电路

该电路通过限位开关对电动机的运转状态进行控制。当电动机带动的机械部件运转到某一位置，触碰到限位开关时，限位开关便会断开供电电路，使电动机停止。

10.4.11 转换开关控制的单相交流电动机正/反转驱动电路

图10-52所示为转换开关控制的单相交流电动机正/反转驱动电路。该电路通过改变辅助线圈相对于主线圈的相位控制电动机正/反转工作状态。当按下启动按钮时，单相交流电动机开始正向运转；当调整旋转开关后，单相交流电动机便可反向运转。

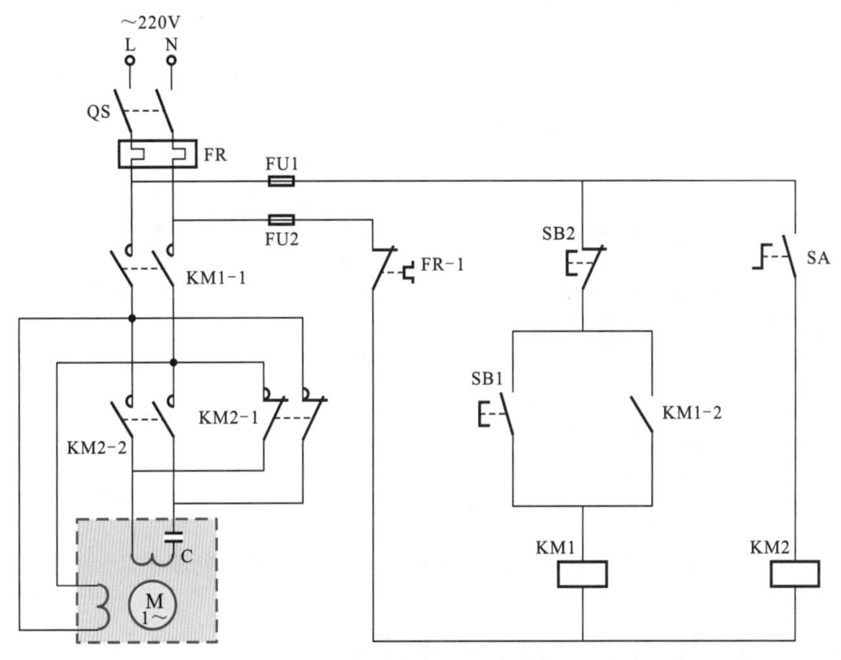

图10-52　转换开关控制的单相交流电动机正/反转驱动电路

10.5 三相交流电动机控制电路

10.5.1 三相交流电动机点动控制电路

图10-53所示为三相交流电动机点动控制电路。这种电路结构简单，按下点动控制按钮，三相交流电动机便启动运转；当松开按钮，电动机便停转。

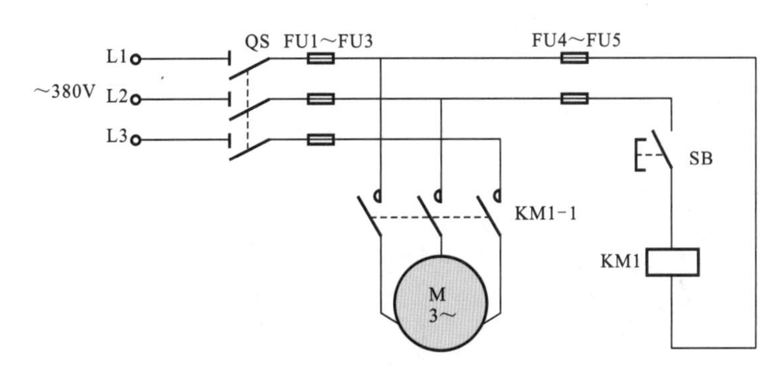

图10-53　三相交流电动机点动控制电路

10.5.2 三相交流电动机正/反转点动控制电路

图10-54所示为三相交流电动机正/反转点动控制电路。该电路通过两个点动控制按钮实现电动机的正/反转控制。

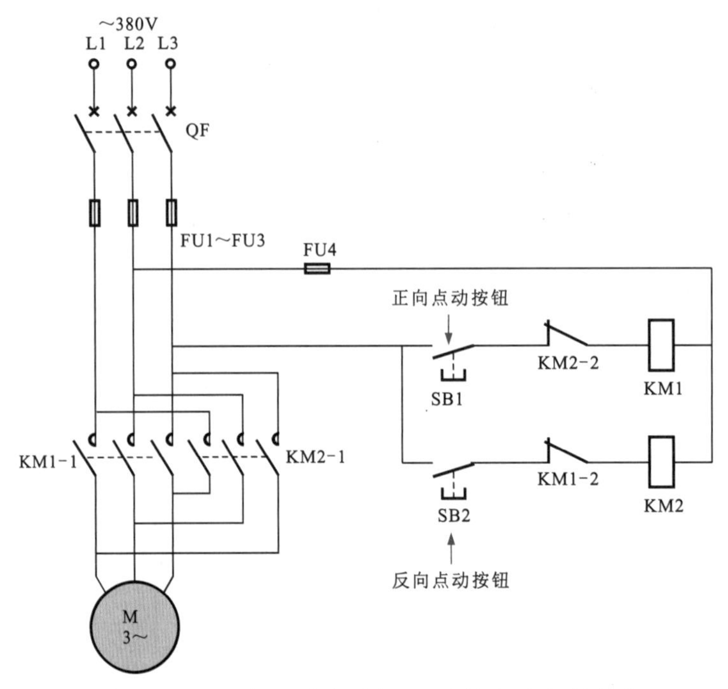

图10-54 三相交流电动机正/反转点动控制电路

10.5.3 三相交流电动机连续控制电路

图10-55所示为三相交流电动机连续控制电路。该电路具有自锁功能，按下启动按钮使电动机开始运转后，即使松开按钮，仍保持线路接通运转。

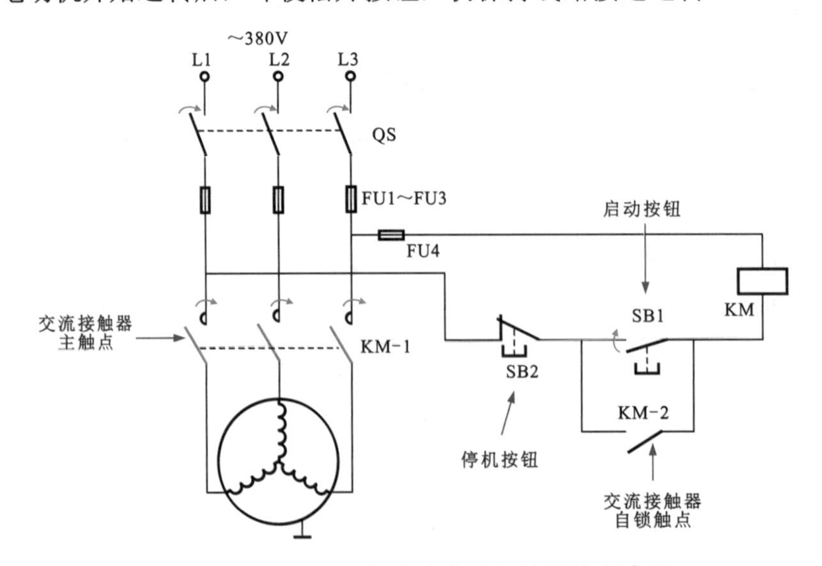

图10-55 三相交流电动机连续控制电路

10.5.4 具有过载保护功能的三相交流电动机正转控制电路

图10-56所示为具有过载保护功能的三相交流电动机正转控制电路。当电动机过载时，主电路热继电器FR所通过的电流超过额定电流值，使FR内部发热，其内部双金属片弯曲，推动FR闭合触点断开，接触器KM1的线圈断电，触点复位；电动机便脱离电源供电，电动机停转，起到了过载保护作用。

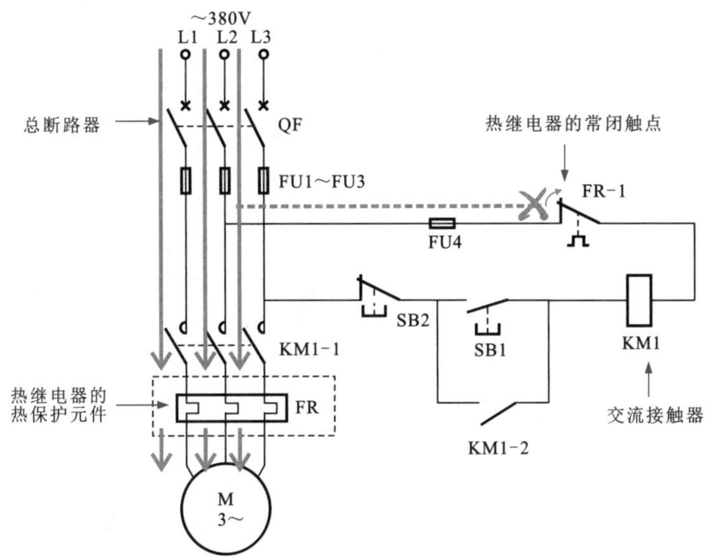

图10-56 具有过载保护功能的三相交流电动机正转控制电路

10.5.5 复合开关控制的三相交流电动机点动/连续电路

图10-57所示为复合开关控制的三相交流电动机点动/连续电路。当需要电路短时运转时，按住点动控制按钮，电动机转动；松开点动控制按钮，电动机停止转动；当需要长时间运转时，按下连续控制按钮后再松开，电动机进入持续运转状态。

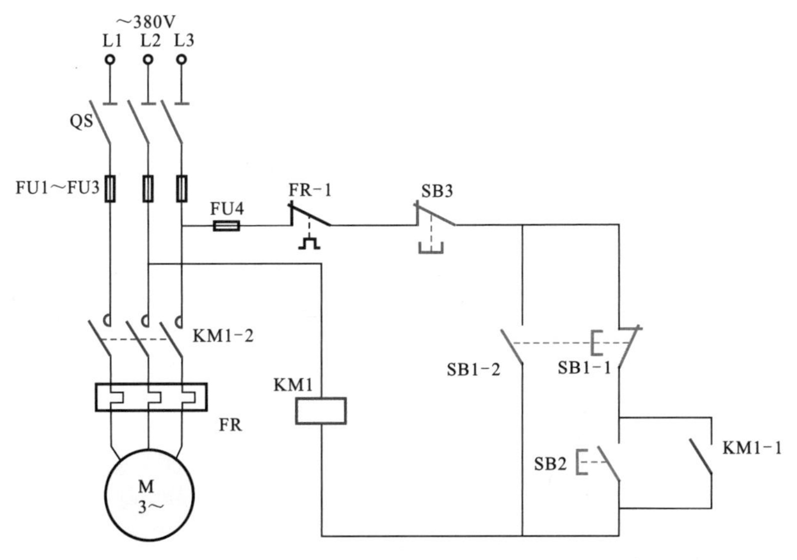

图10-57 复合开关控制的三相交流电动机点动/连续电路

10.5.6 旋转开关控制的三相交流电动机点动/连续电路

图10-58所示为由旋转开关控制的三相交流电动机点动/连续电路。电路通过按钮和旋转开关进行控制，完成对三相交流电动机的点动控制和连续控制。

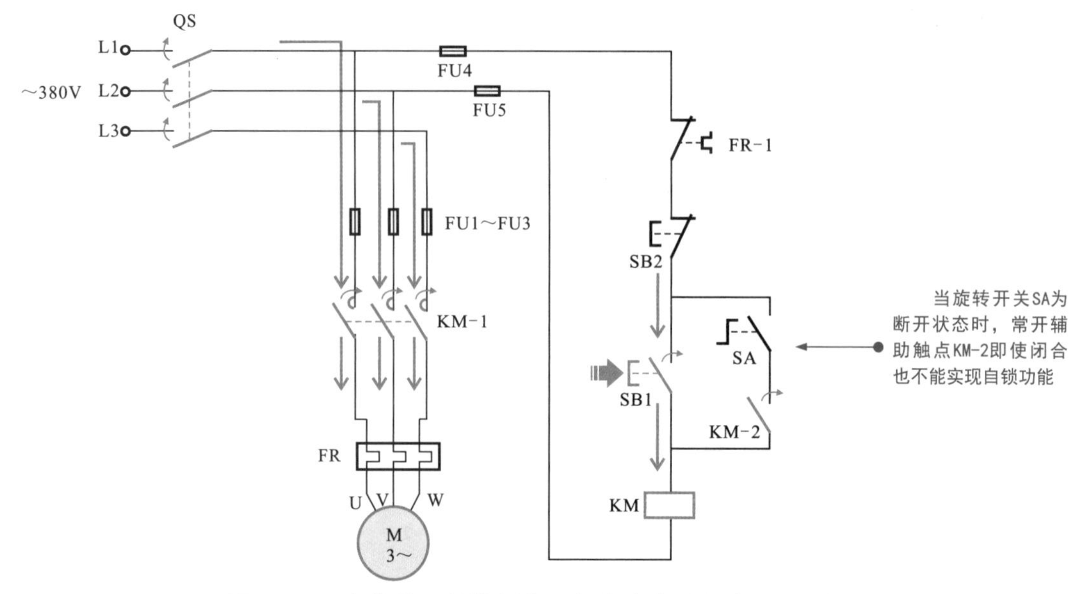

图10-58 由旋转开关控制的三相交流电动机点动/连续电路

10.5.7 按钮互锁的三相交流电动机正/反转控制电路

图10-59所示为按钮互锁的三相交流电动机正/反转控制电路。该电路是由复合按钮实现对两个接触器的互锁控制。

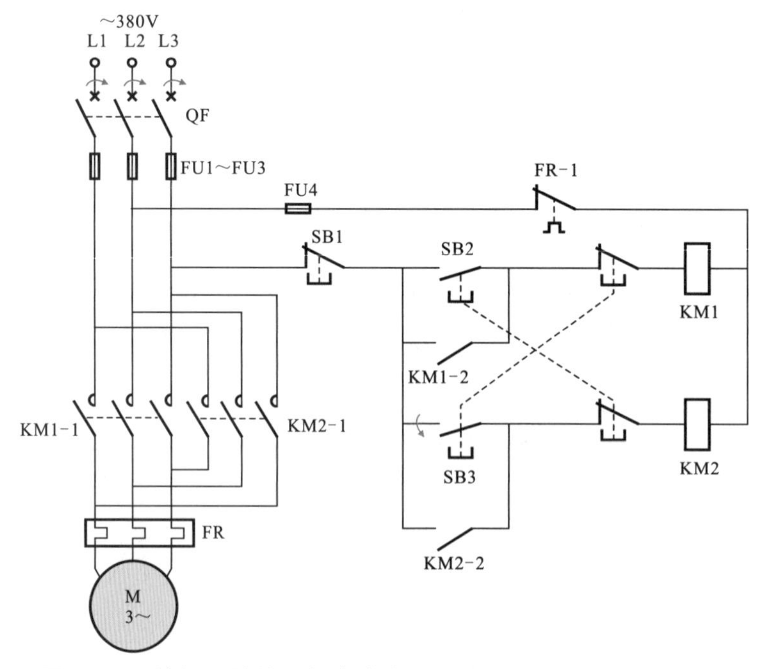

图10-59 按钮互锁的三相交流电动机正/反转控制电路

10.5.8 接触器互锁的三相交流电动机正/反转控制电路

图10-60所示为接触器互锁的三相交流电动机正/反转控制电路。电路中采用了两个接触器，即正转用的接触器KM1和反转用的接触器KM2，通过控制电动机供电电路的相序进行正/反转控制。

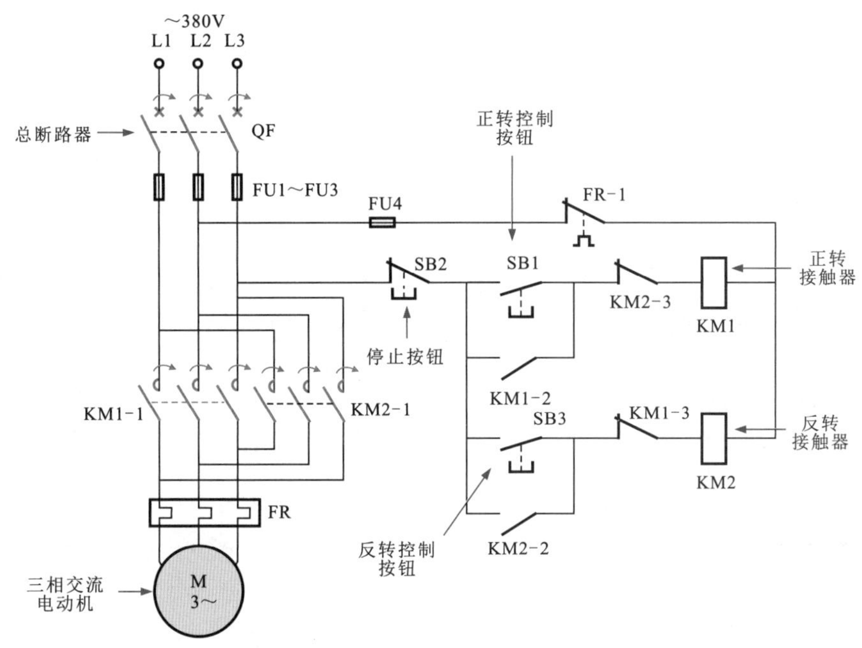

图10-60 接触器互锁的三相交流电动机正/反转控制电路

10.5.9 按钮和接触器双重互锁的三相交流电动机正/反转电路

图10-61所示为按钮和接触器双重互锁的三相交流电动机正/反转电路。

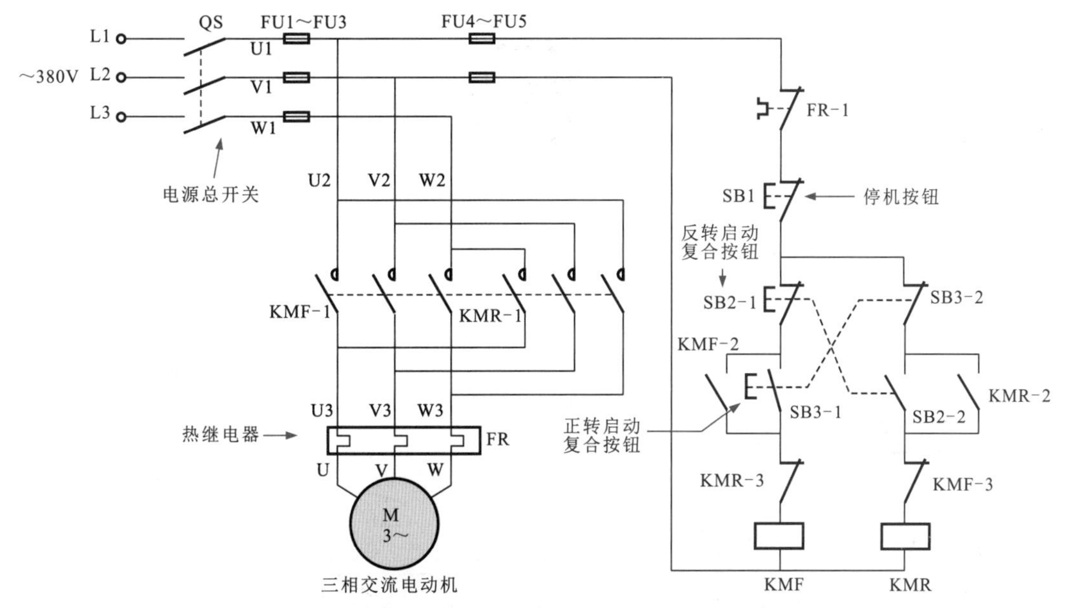

图10-61 按钮和接触器双重互锁的三相交流电动机正/反转电路

10.5.10 三相交流电动机正/反转自动维持控制电路

图10-62所示为三相交流电动机正/反转自动维持控制电路。电路中的KM1是正向旋转控制的接触器，KM2是反转控制的接触器，在运行区间两端分别设有限位开关SQ1和SQ2，在行程范围外再设两个限位开关SQ3和SQ4，在SQ1和SQ2失灵时可进行保护。

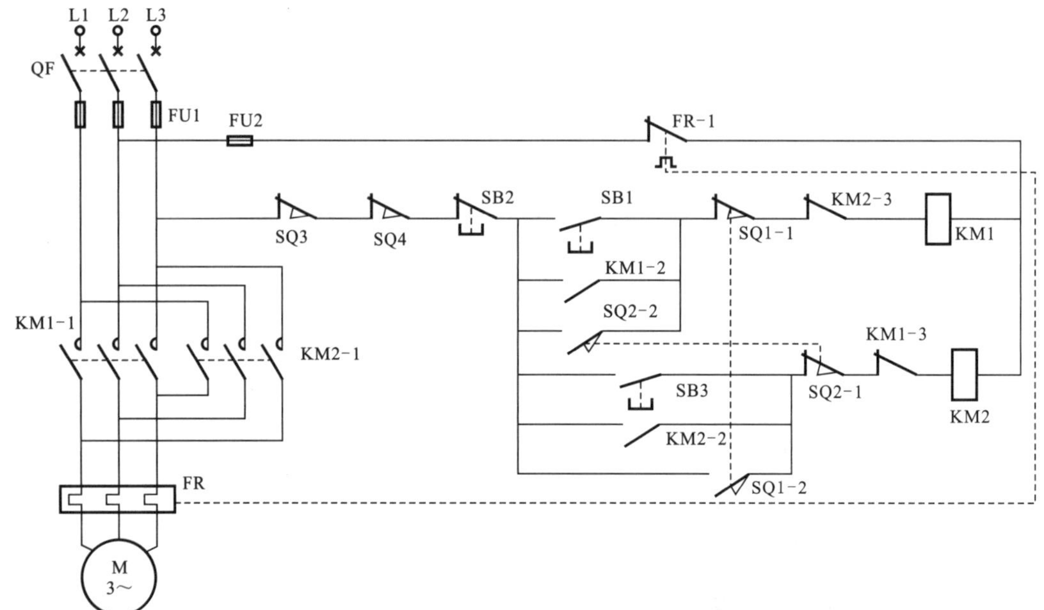

图10-62 三相交流电动机正/反转自动维持控制电路

10.5.11 两台三相交流电动机先后启动的连锁控制电路

图10-63所示为两台三相交流电动机先后启动的连锁控制电路。

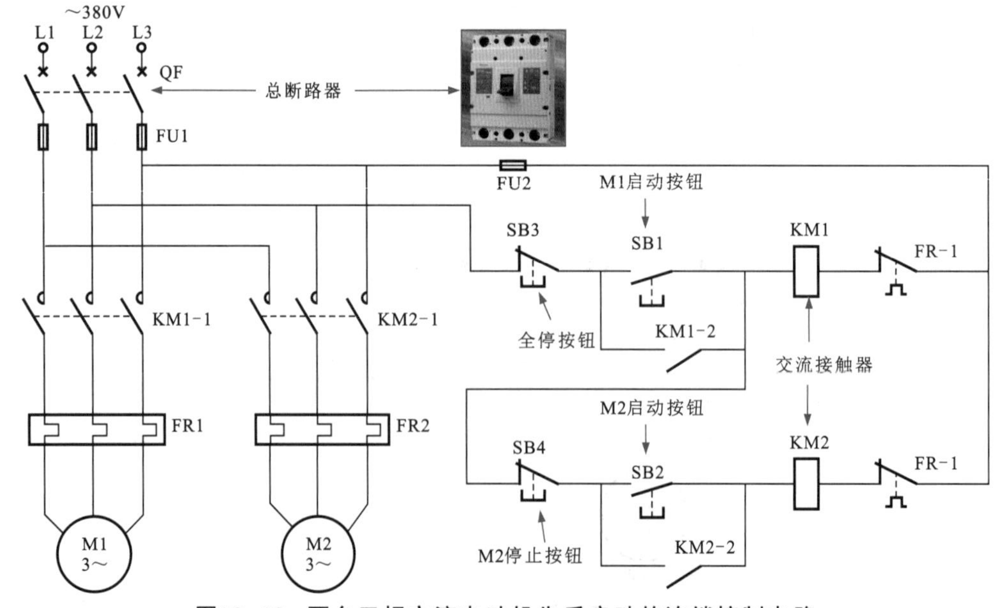

图10-63 两台三相交流电动机先后启动的连锁控制电路

10.5.12 按钮控制的三相交流电动机启停电路

图10-64所示为按钮控制的三相交流电动机启停电路。该电路可以实现由按钮控制三相交流电动机的顺序启动和反顺序停机。

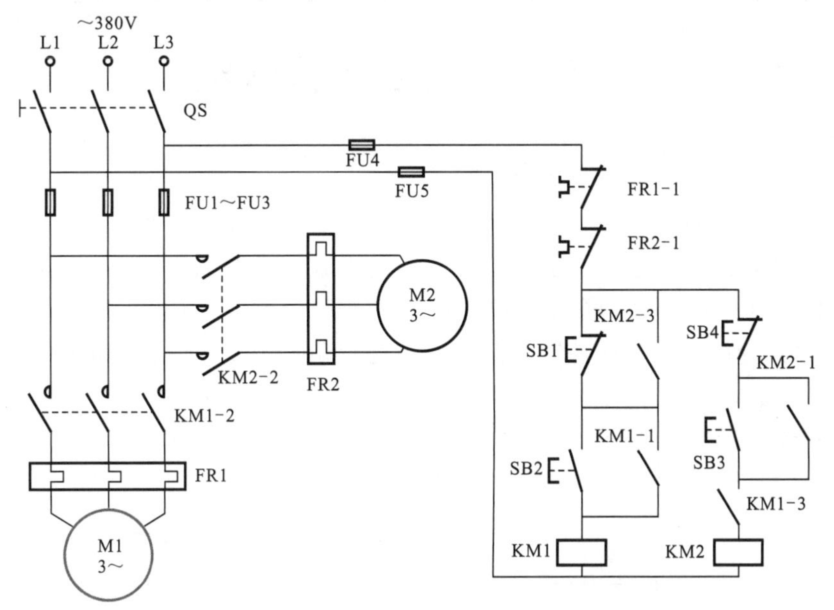

图10-64 按钮控制的三相交流电动机启停电路

10.5.13 时间继电器控制的三相交流电动机顺序启动电路

图10-65所示为时间继电器控制的三相交流电动机顺序启动电路。

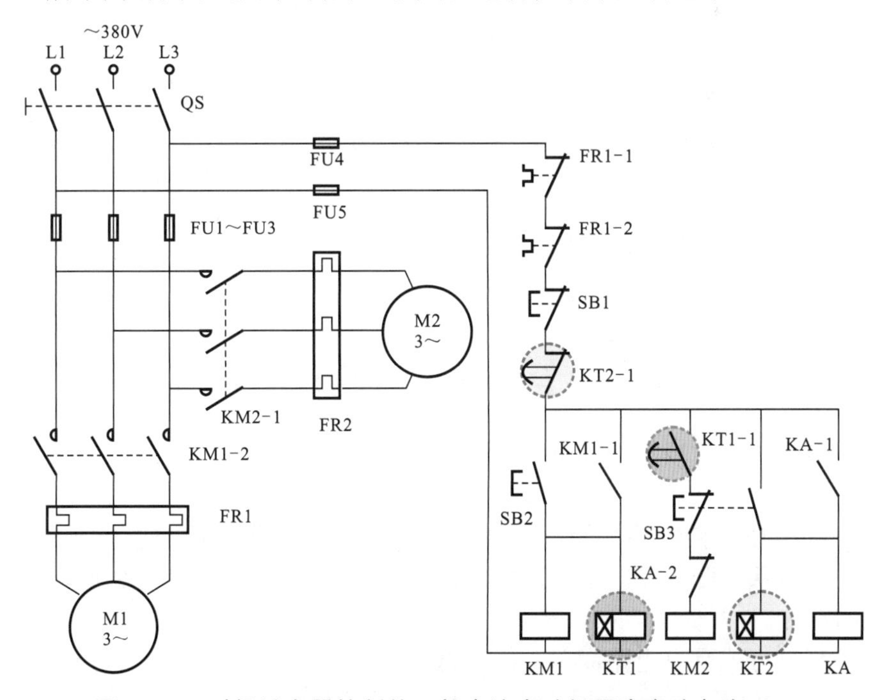

图10-65 时间继电器控制的三相交流电动机顺序启动电路

补充说明

由时间继电器控制的电动机顺序启动控制线路是指按下启动按钮后，第一台电动机启动，然后由时间继电器控制第二台电动机自动启动。停机时，按下停机按钮，断开第二台电动机，然后由时间继电器控制第一台电动机自动停机。两台电动机的启动和停止时间间隔由时间继电器预设。

10.5.14 三相交流电动机反接制动控制电路

三相交流电动机反接制动控制电路是指通过反接电动机的供电相序改变电动机的旋转方向，降低电动机转速，最终达到停机的目的。电动机在反接制动时，电路会改变电动机定子绕组的电源相序，使之有反转趋势而产生的较大制动力矩，使电动机的转速降低，最后通过速度继电器自动切断制动电源，确保电动机不会反转。

图10-66所示为三相交流电动机反接制动控制电路。在该线路中，三相交流电动机绕组相序改变由控制按钮控制，在电路需要制动时，要手动操作实现。

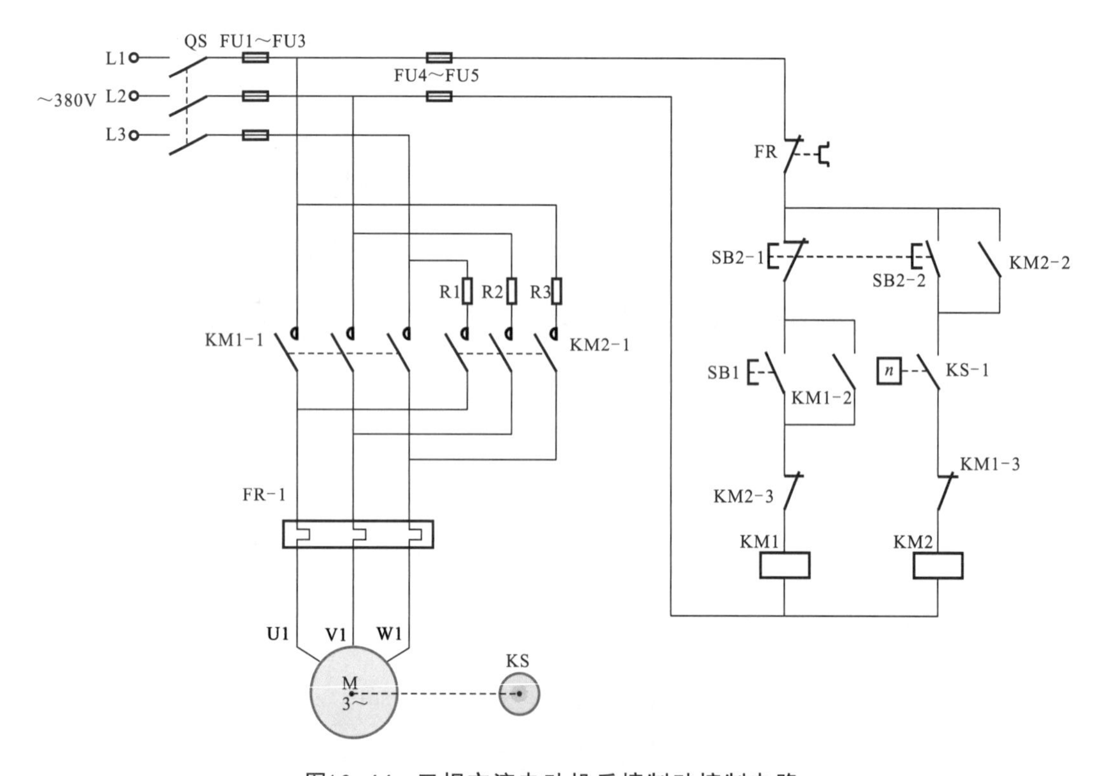

图10-66 三相交流电动机反接制动控制电路

速度继电器又称反接制动继电器，主要与接触器配合使用，用来实现电动机的反接制动。

当电动机在反接制动力矩的作用下转速急速下降到零后，若反接电源不及时断开，电动机将从零开始反向运转，电路的目标是制动，因此电路必须具备及时切断反接电源的功能。

这种制动方式具有电路简单、成本低、调整方便等优点；缺点是制动能耗较大、冲击较大。对4kW以下的电动机制动可不用反接制动电阻。

10.5.15 三相交流电动机绕组短路式制动控制电路

图10-67所示为三相交流电动机绕组短路式制动控制电路。该电路利用两个常闭触点将三相交流电动机的三个绕组端进行短路控制，在断电时，电动机定子绕组所产生的电流将通过触点短路，迫使电动机转子停转。

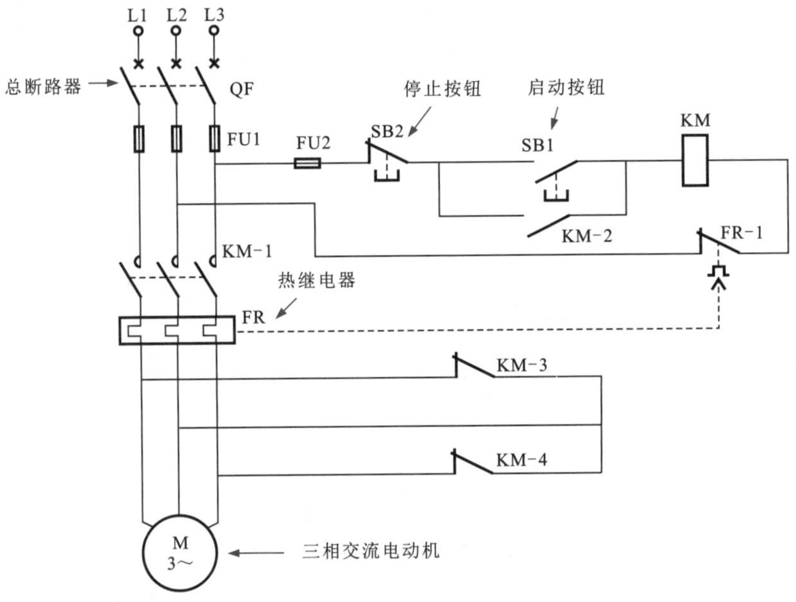

图10-67 三相交流电动机绕组短路式制动控制电路

10.5.16 三相交流电动机的半波整流制动控制电路

图10-68所示为三相交流电动机的半波整流制动控制电路。该电路采用了交流接触器与时间继电器组合的制动控制电路。启动时与一般电动机的启动方式相同。

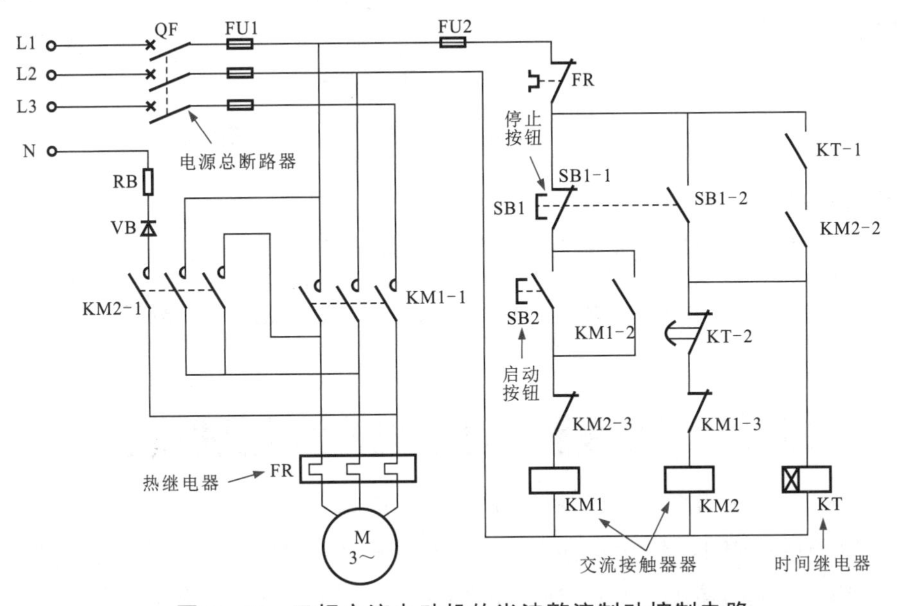

图10-68 三相交流电动机的半波整流制动控制电路

10.5.17 三相交流电动机串电阻降压启动控制电路

三相交流电动机的减压启动是指在电动机启动时，加在定子绕组上的电压小于额定电压，当电动机启动后，再将加在定子绕组上的电压升至额定电压；以防止启动电流过大，损坏供电系统中的相关设备。该启动方式适用于功率在10kW以上的电动机或由于其他原因不允许直接启动的电动机。

图10-69所示为三相交流电动机串电阻降压启动控制电路。

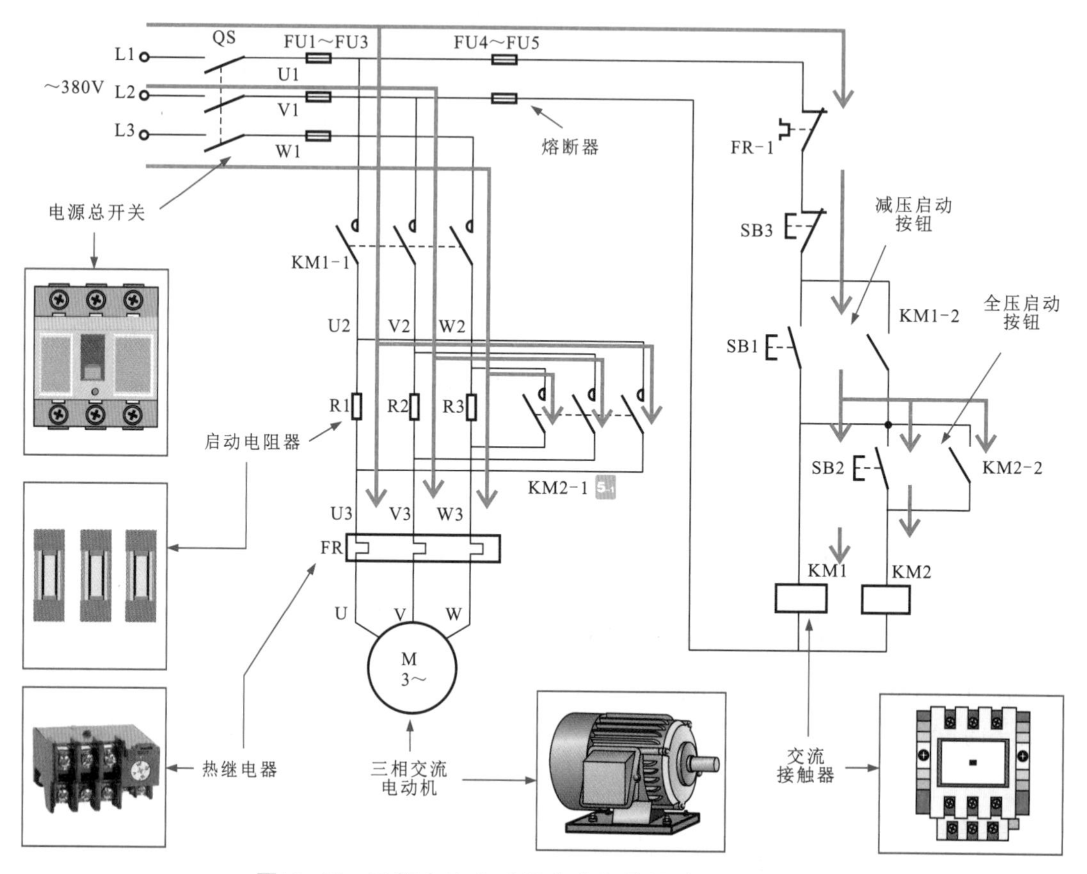

图10-69　三相交流电动机串电阻降压启动控制电路

补充说明

电路中，全压启动按钮SB2和减压启动按钮SB1具有顺序控制的能力。电路中KM1的常开触头串联在SB2、KM2线圈支路中，起到顺序控制的作用，也就是说只有KM1线圈先接通后，KM2线圈才能够接通，即电路先进入减压启动状态后，才能进入全压运行状态，达到减压启动、全压运行的控制目的。

10.5.18 三相交流电动机串电阻降压启动控制电路

图10-70所示为三相交流电动机串电阻降压启动控制电路。该电路主要由电源总开关QS、启动按钮SB1、停止按钮SB2、交流接触器KM1/KM2、时间继电器KT、熔断器FU1～FU3、电阻器R1～R3、热继电器FR、三相交流电动机等构成。

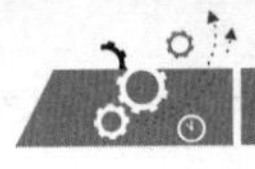

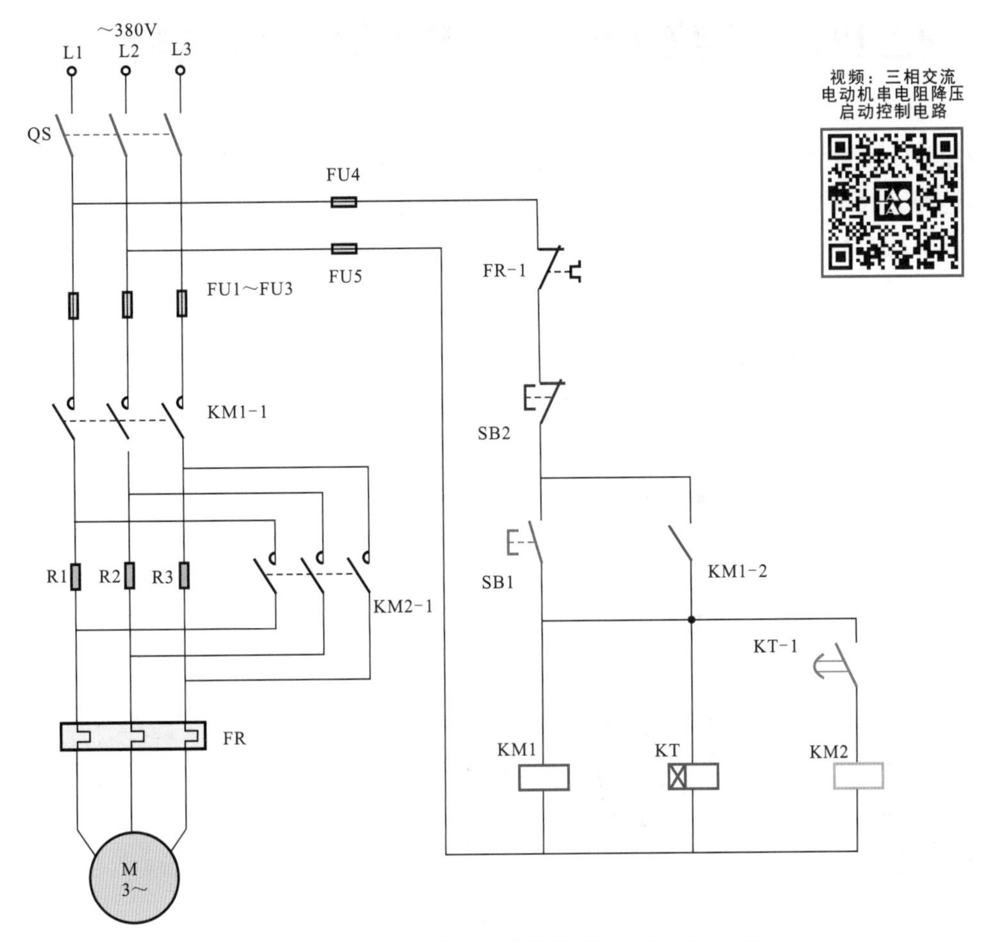

图10-70　三相交流电动机串电阻降压启动控制电路

时间继电器的结构特点如图10-71所示。时间继电器是一种延时或周期性定时接通、切断某些控制电路的继电器，主要由瞬间触点、延时触点、弹簧片、铁芯、衔铁等部分组成。当线圈通电后，衔铁利用反力弹簧的阻力与铁芯吸合；推杆在推板的作用下，压缩宝塔弹簧，使瞬间触点和延时触点动作。

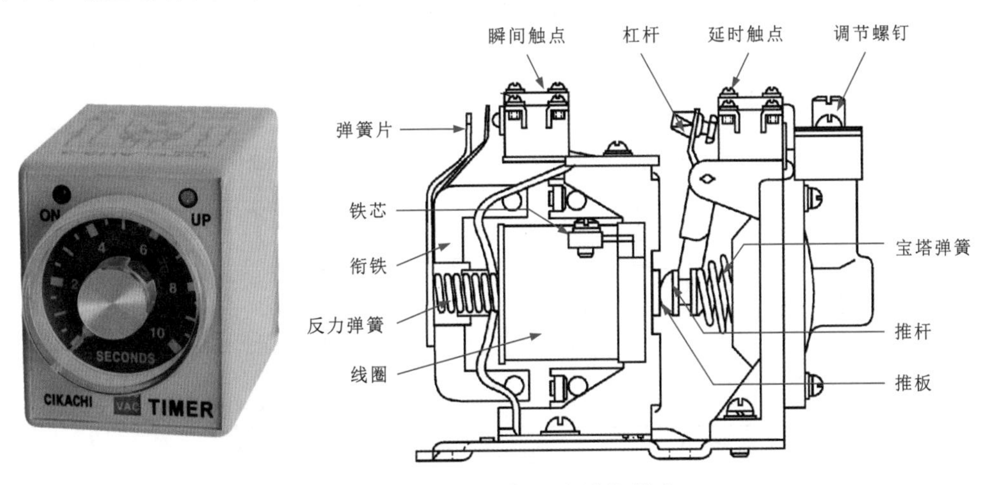

图10-71　时间继电器的结构特点

10.5.19 三相交流电动机Y—△降压式启动控制电路

图10-72所示为三相交流电动机Y—△降压式启动控制电路。电路接通，按下启动按钮SB1，电动机以Y形方式接通电路，电动机降压启动运转。当电动机转速接近额定转速时，按下全压启动按钮SB2。电动机便会以△形方式接通电路，电动机在全压状态下开始运转。

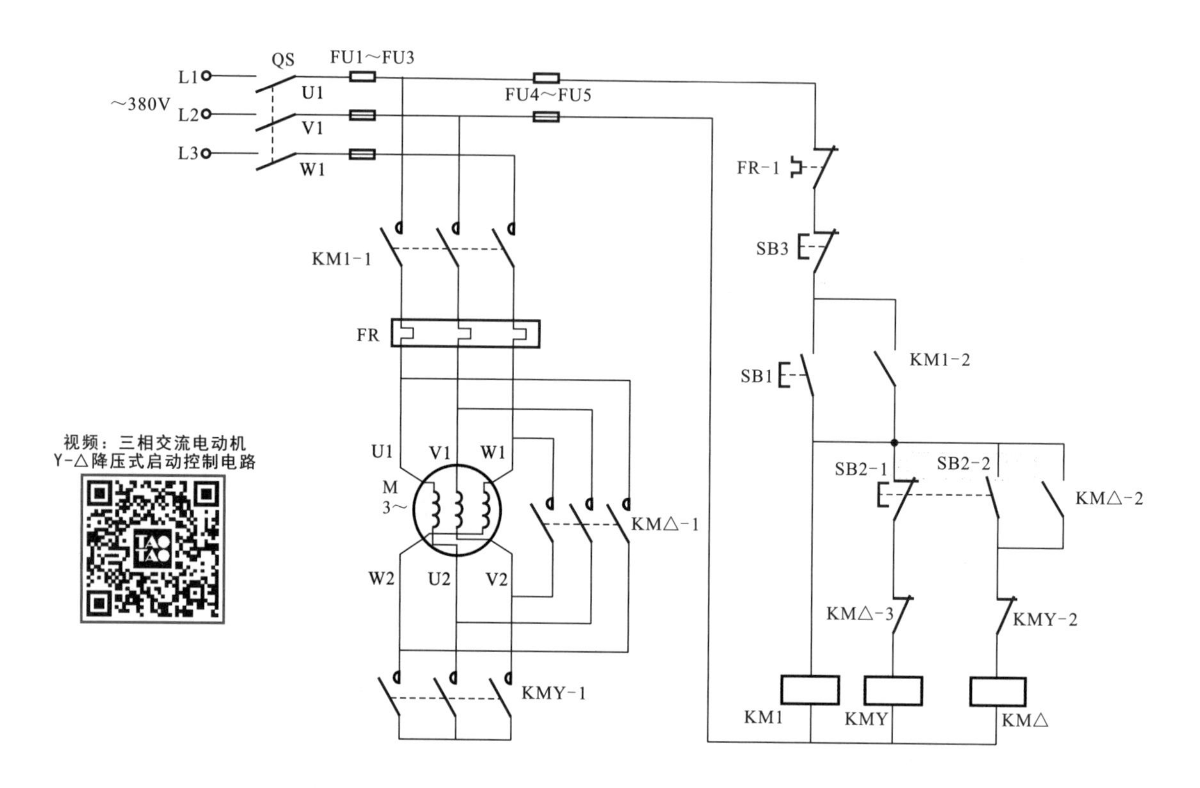

图10-72 三相交流电动机Y—△降压式启动控制电路

如图10-73所示，当三相交流电动机绕组采用Y形连接时，三相交流电动机每相绕组承受的电压均为220V；当三相交流电动机绕组采用△形连接时，三相交流电动机每相绕组承受的电压为380V。

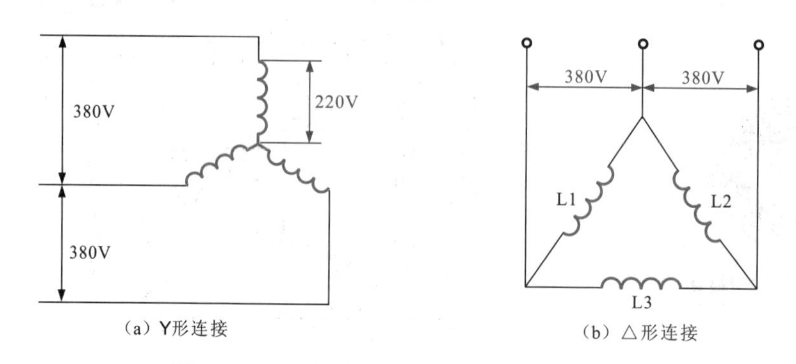

（a）Y形连接 （b）△形连接

图10-73 三相交流电动机绕组的连接形式

10.5.20 三相交流电动机的过流保护电路

图10-74所示为三相交流电动机的过流保护电路。该电路采用电流互感器，过流保护继电器和时间继电器相组合，实现电动机的过流保护。

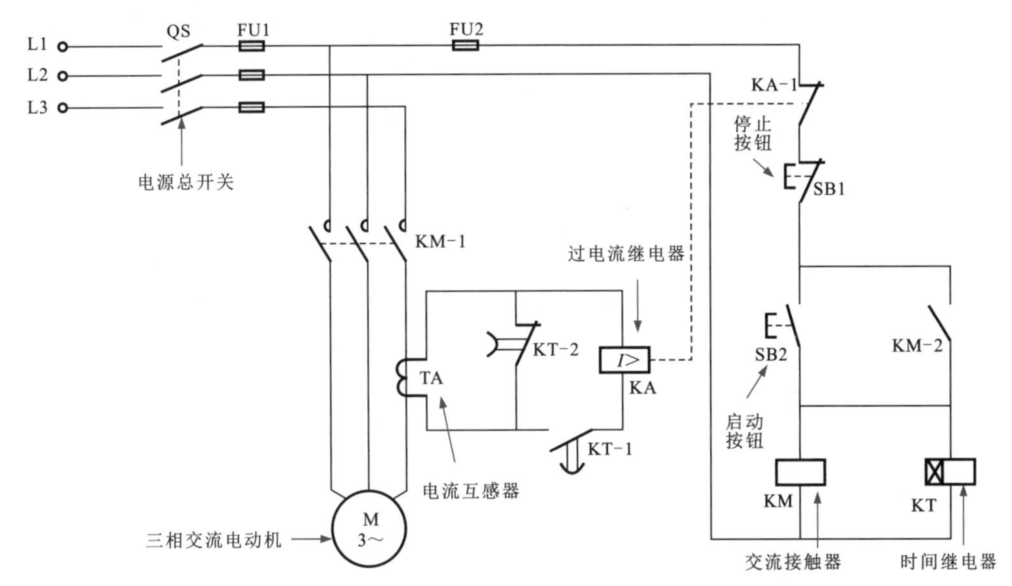

图10-74　三相交流电动机的过流保护电路

10.5.21 三相交流电动机定时启/停控制电路

图10-75所示为三相交流电动机定时启/停控制电路。当按下启动按钮，电动机会根据设定时间自动启动运转，运转一段时间后会自动停机。按下启动按钮后，进入启动状态的时间（定时启动时间）和运转工作的时间（定时停机时间）都是由时间继电器控制的，具体的定时启动时间和定时停机时间可预先对时间继电器进行延时设定。

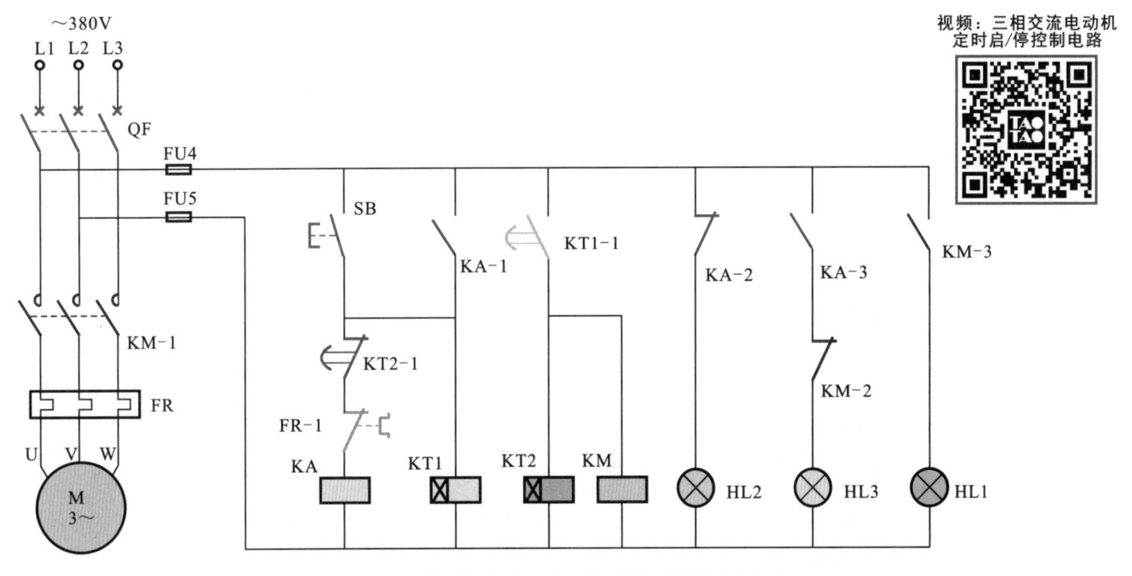

图10-75　三相交流电动机定时启/停控制电路

10.5.22 两台三相交流电动机交替工作控制电路

图10-76所示为两台三相交流电动机交替工作控制电路。该电路利用时间继电器延时动作的特点，间歇控制两台电动机的工作，达到电动机交替工作的目的。

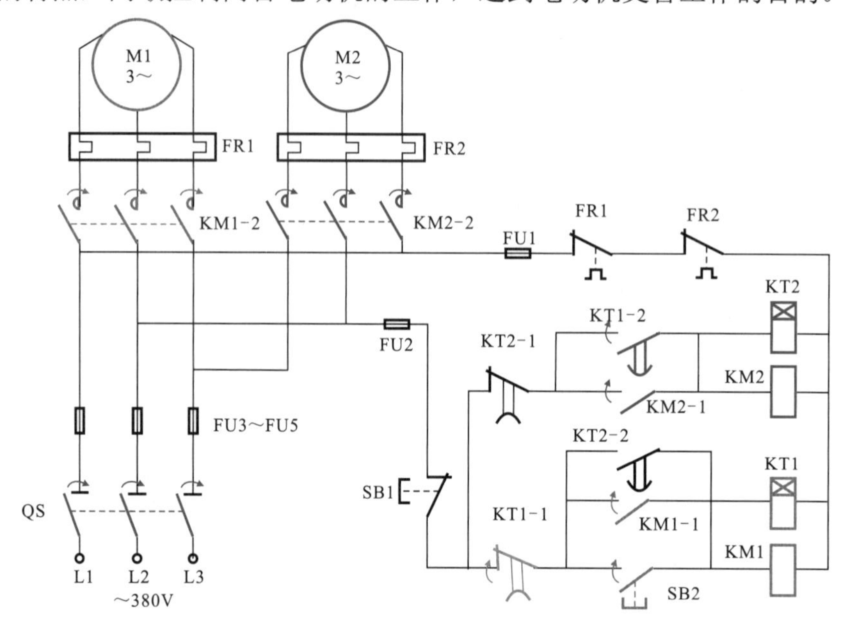

图10-76 两台三相交流电动机交替工作控制电路

10.5.23 双速电动机变换控制电路

图10-77所示为双速电动机变换控制电路。该电路采用三个交流接触器，对电动机的接线进行切换控制，从而达到变速的目的。

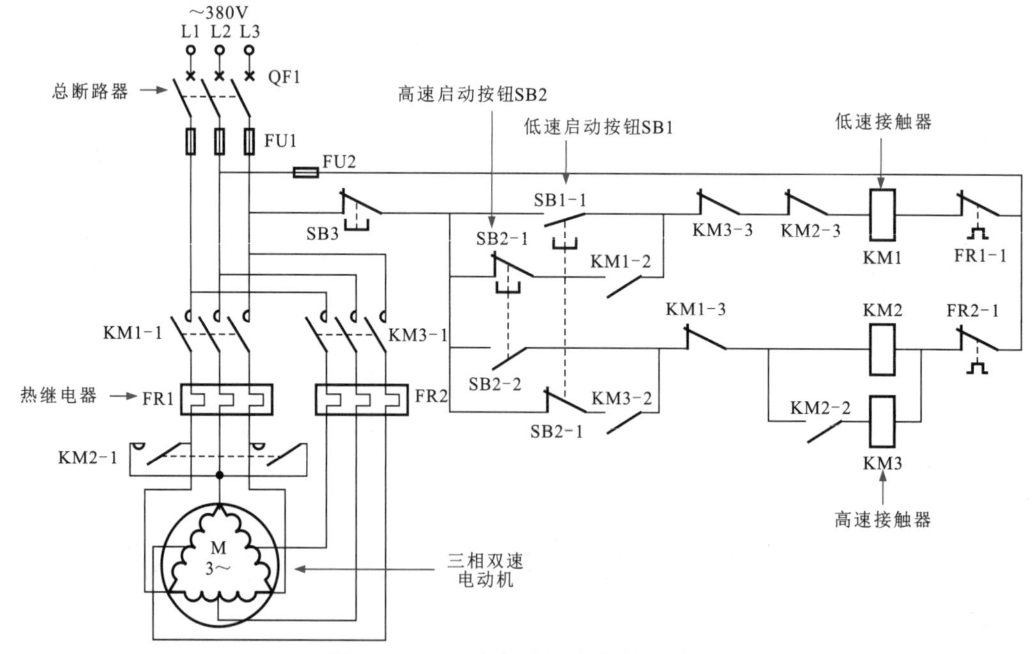

图10-77 双速电动机变换控制电路

10.5.24 三相交流电动机调速控制电路

图10-78所示为三相交流电动机调速控制电路。该电路是指利用时间继电器控制电动机低速或高速运转，通过低速运转按钮和高速运转按钮实现对电动机低速和高速运转的切换控制。

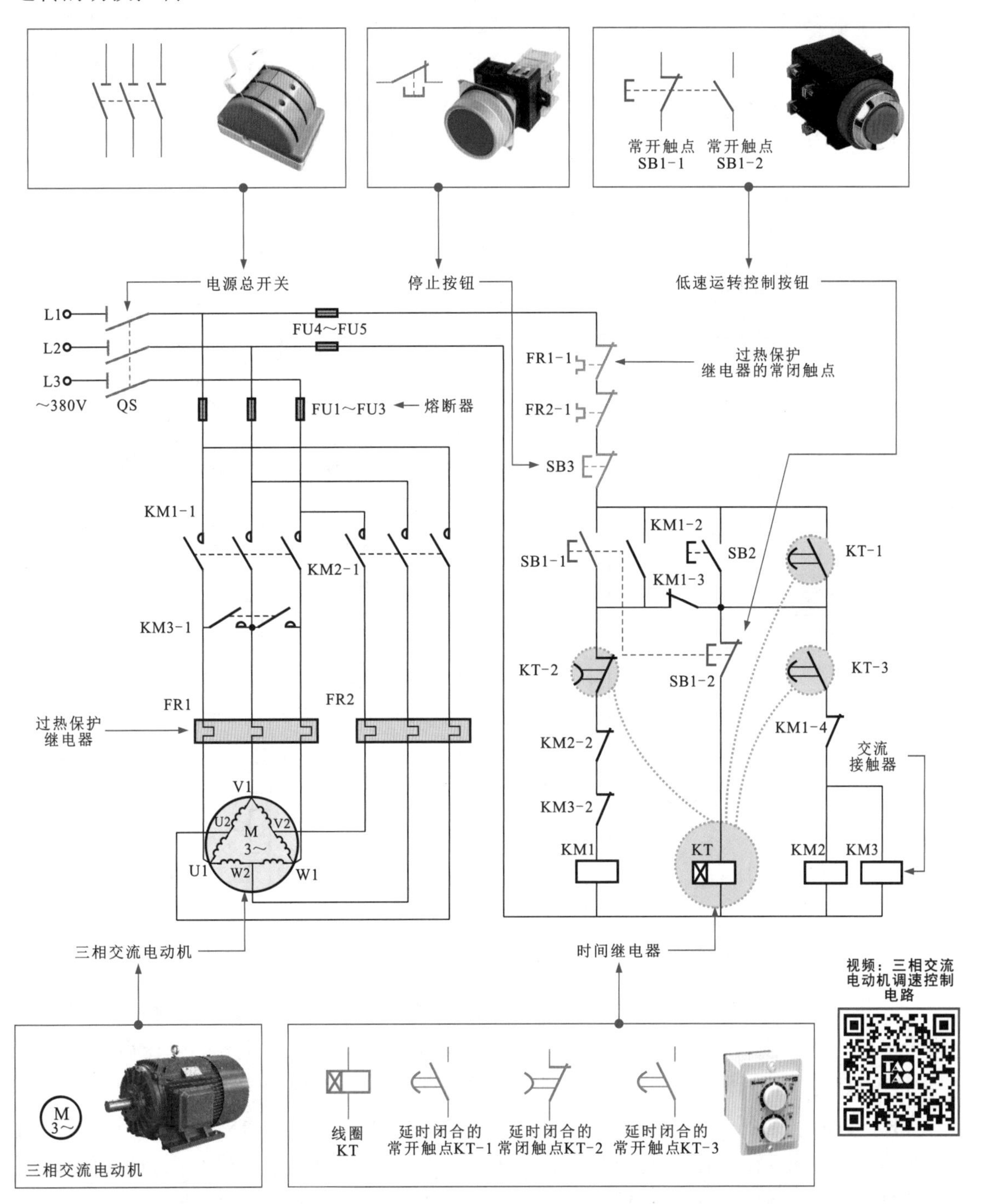

图10-78　三相交流电动机调速控制电路

10.5.25 由自耦变压器降压启动的三相交流电动机控制电路

自耦变压器降压启动控制电路是指利用电感线圈来降低电动机的启动电压，进行降压启动后，再进入全压运行状态。

图10-79所示为由自耦变压器降压启动的三相交流电动机控制电路。该电路主要由工作状态指示电路（T1和指示灯），自耦变压器TA，时间继电器KT，中间继电器KA，交流接触器KM1、KM2、KM3，三相交流感应电动机，启动按钮SB1、SB2，停止按钮SB3、SB4，热继电器FR等构成。自耦变压器串接在电动机绕组端，启到降压启动的作用。

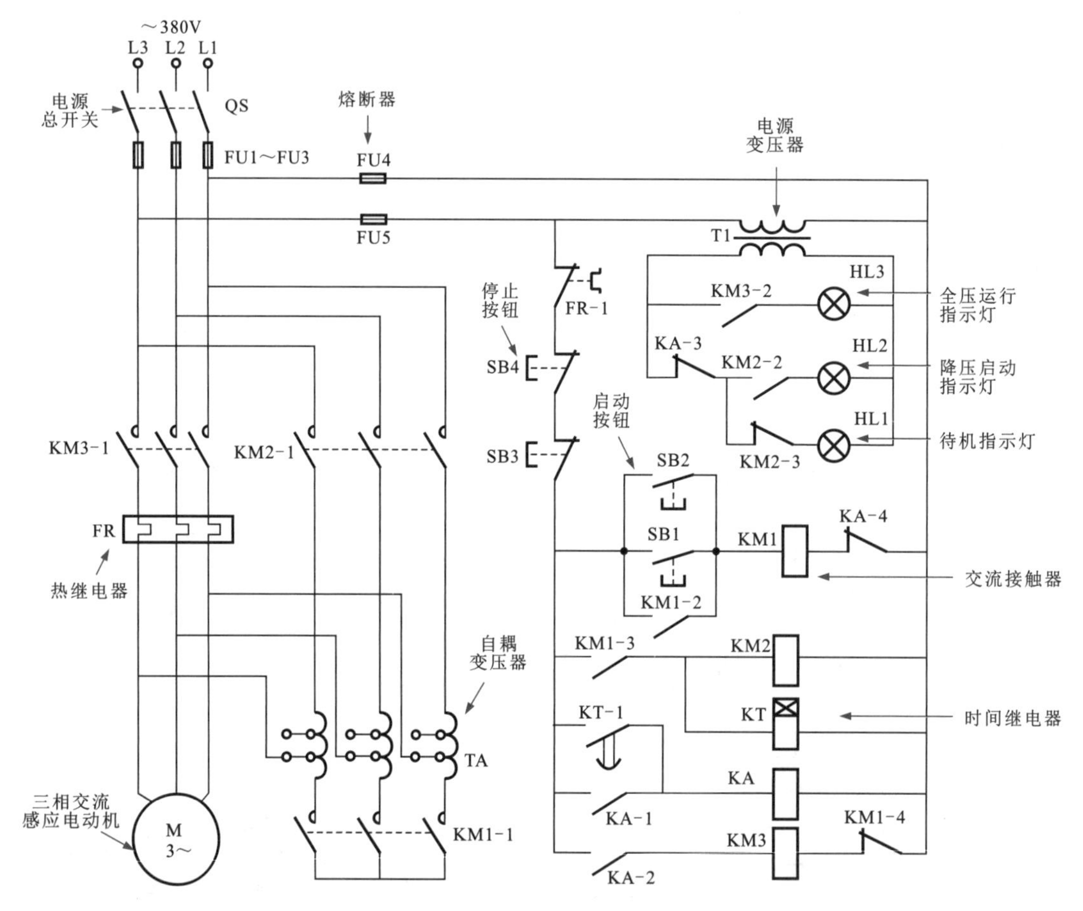

图10-79 由自耦变压器降压启动的三相交流电动机控制电路

按下启动按钮SB1或SB2，接触器KM1、KM2线圈得电。常开主触点KM2-1闭合，使自耦变压器TA线圈串接在电动机与三相电源之间，电动机开始降压启动。指示灯HL2点亮，指示降压启动状态；同时，时间继电器KT线圈得电，延时闭合的常开触点KT-1闭合。经过一系列控制，常开主触点KM3-1闭合，电动机接通三相电源开始全压运行。指示灯HL3闭合点亮，指示电动机当前处于全压运行状态；当需要电动机停转时，按下停止按钮SB3或SB4，切断控制部分电源，接触器线圈断开，所有触点复位，电动机停止运转。

第11章 农机和机电控制电路

11.1 农机控制电路

11.1.1 水泵控制电路

图11-1所示为典型的水泵控制电路。电路控制过程非常简单，当需要工作时，接通电源，按下启动按钮SB1，电动机得电启动运转，进而带动水泵开始工作；需要停机时，按下停止按钮SB2，切断电动机供电电源，电动机及水泵停止运转。

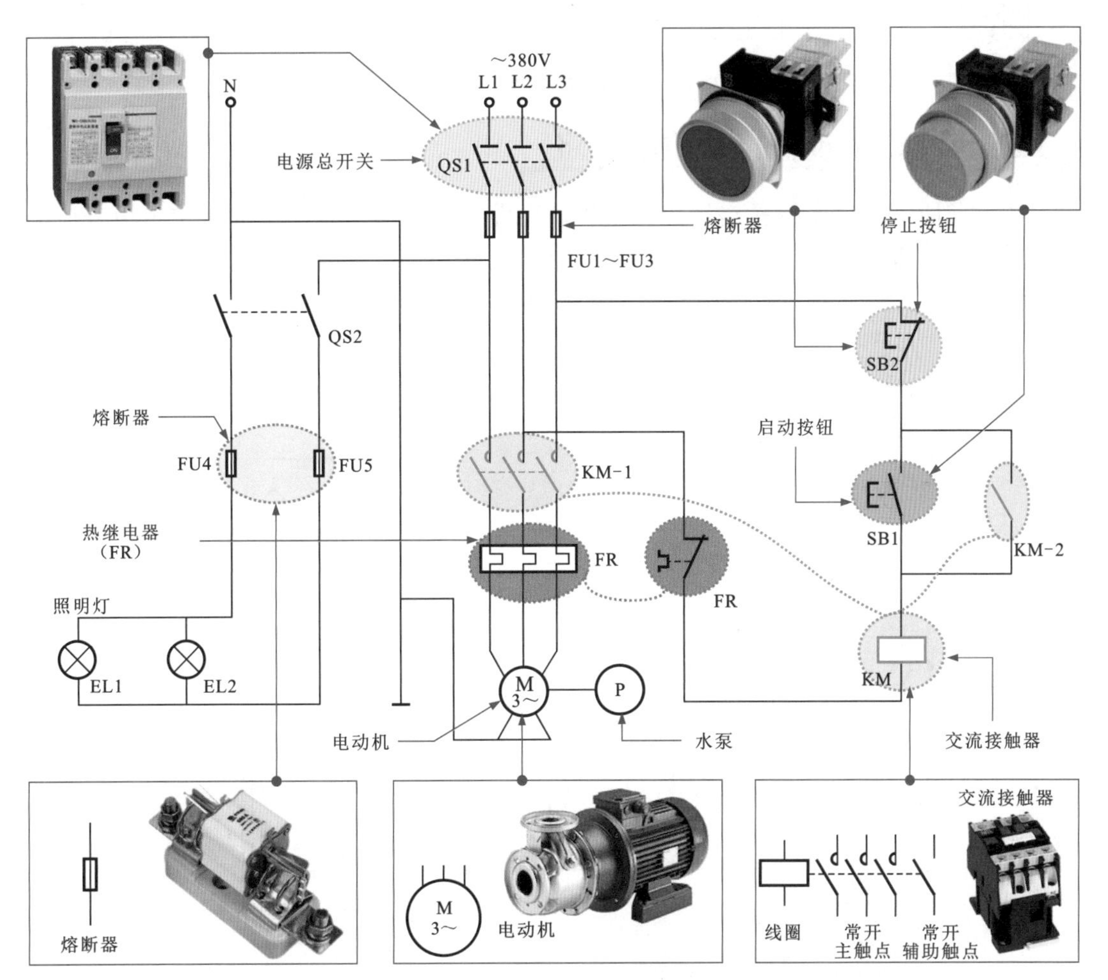

图11-1 典型的水泵控制电路

11.1.2 禽蛋孵化箱控制电路

图11-2所示为典型的禽蛋孵化箱控制电路，用来控制恒温箱内的温度，以保持恒定温度值。当恒温箱内的温度降低时，自动启动加热器加热；当恒温箱内的温度达到预定温度时，自动停止加热器加热，保证恒温箱内的温度恒定。

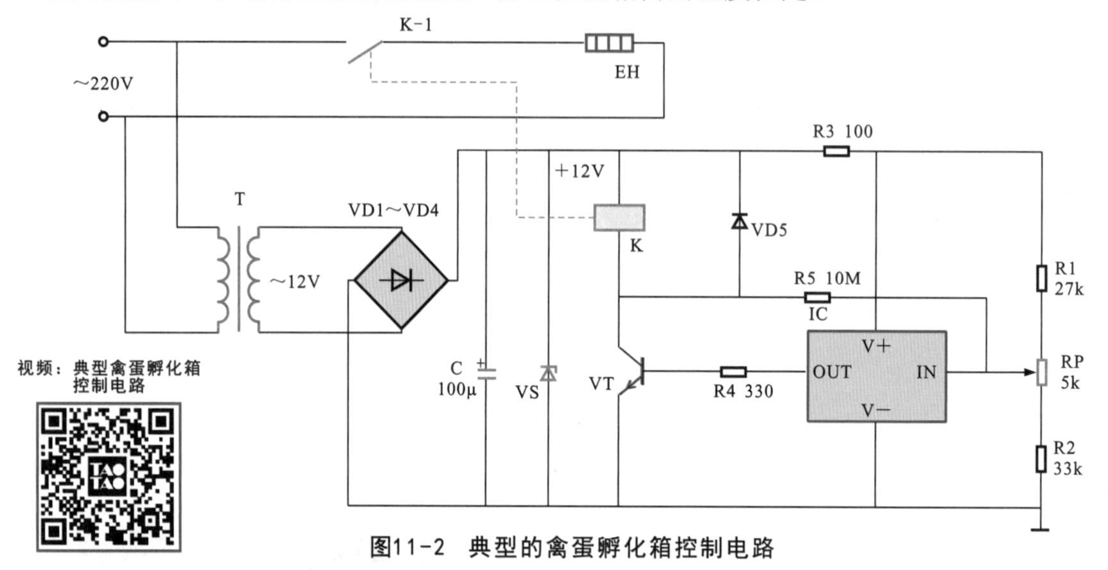

图11-2 典型的禽蛋孵化箱控制电路

11.1.3 排水设备自动控制电路

图11-3所示为排水设备自动控制电路。电路中通过位于水池中的水位电极来检测水位的高低，进而自动控制水泵的运转。当检测的水位过低时，电动机便会带动水泵实现供水作业；当达到设定水位后，电动机和水泵便会自动停止运转。

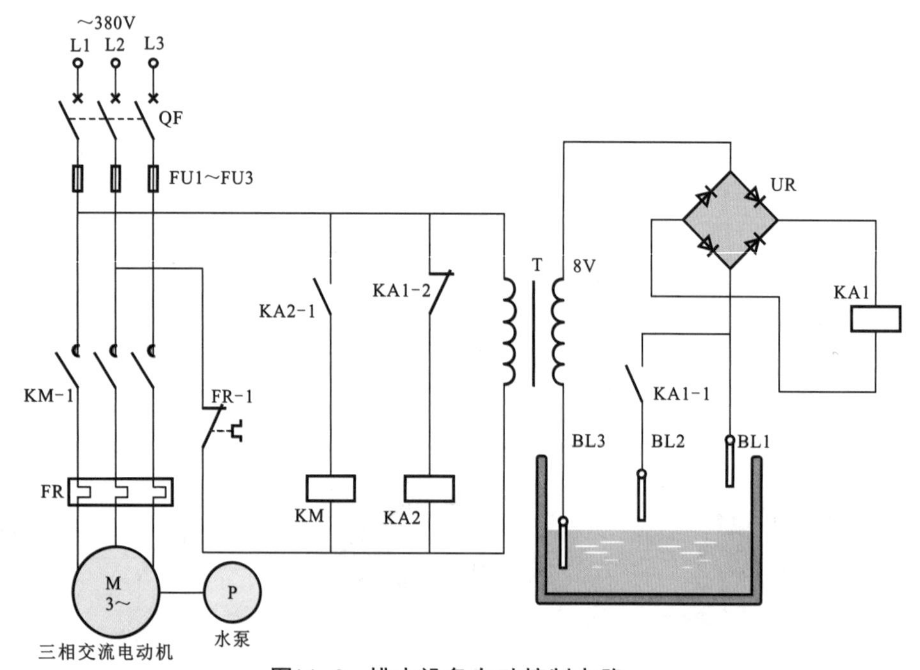

图11-3 排水设备自动控制电路

11.1.4 农田自动排灌控制电路

图11-4所示为典型的农田自动排灌控制电路。该电路可在农田灌溉时根据排灌渠中水位的高低自动控制排灌电动机的启动和停止，防止排灌渠中无水而排灌电动机仍然工作的现象，起到保护排灌电动机的作用。

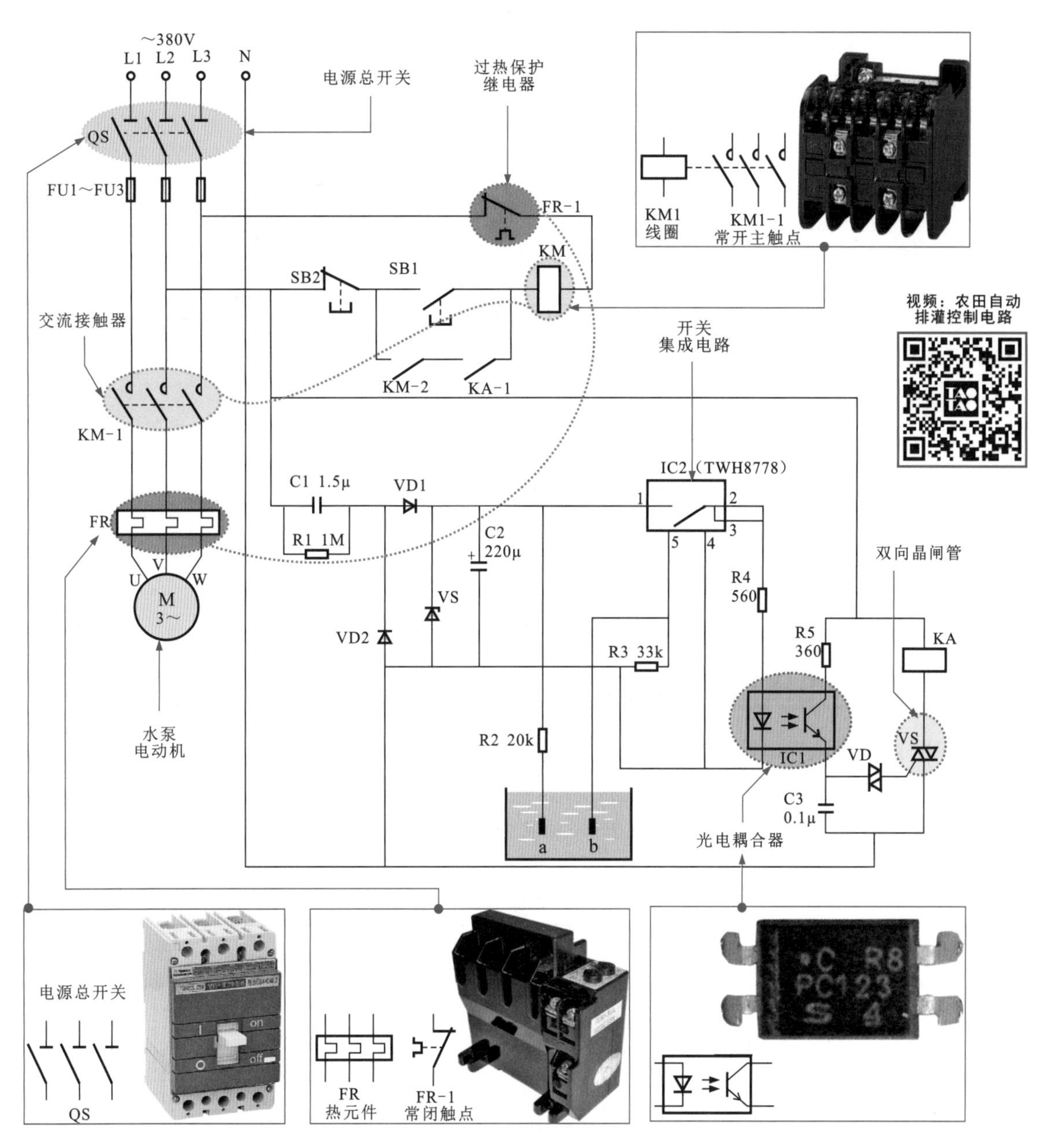

图11-4　典型的农田自动排灌控制电路

补充说明

排水渠中设有水位检测电极，排水渠水位降低至最低时，水位检测电极a、b由于无水而处于开路状态。会直接使电动机电源被切断，电动机停止运转，自动停止灌溉作业。

11.1.5 稻谷加工机控制电路

图11-5所示为稻谷加工机控制电路。该电路通过启动按钮、停止按钮、接触器等控制部件控制各功能电动机的启动运转，带动稻谷加工机的机械部件运作，完成稻谷加工作业。

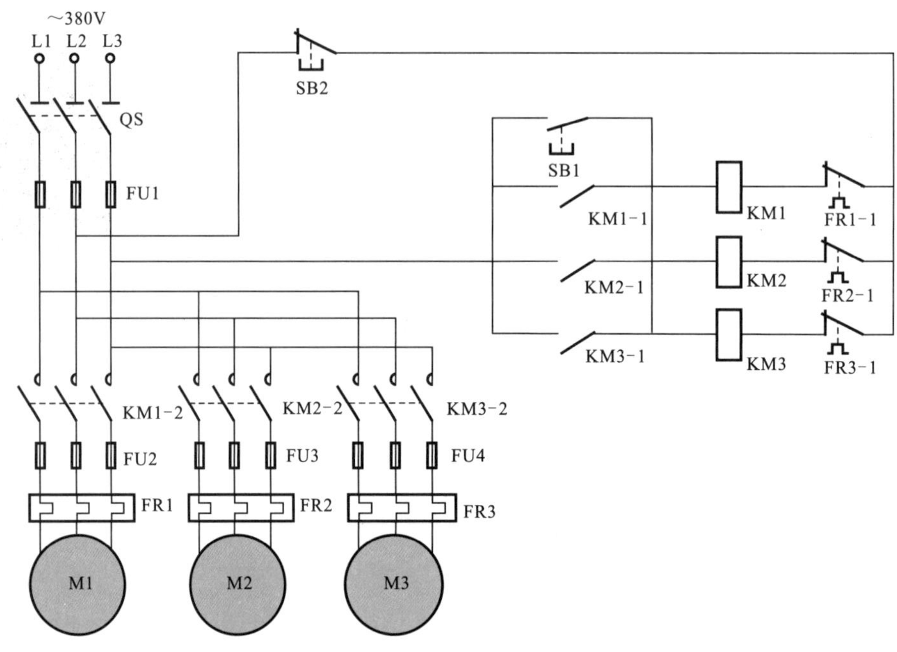

图11-5 稻谷加工机控制电路

11.1.6 电围栏控制电路

图11-6所示为电围栏控制电路。该电路利用直流和交流两种电压为电围栏供电，当有动物碰到电围栏时，会受到电围栏高压电击（不致命），使动物产生惧怕心理，防止动物丢失或被外来猛兽袭击。此外，该电路也可用于农田耕种保护，防止动物入侵。

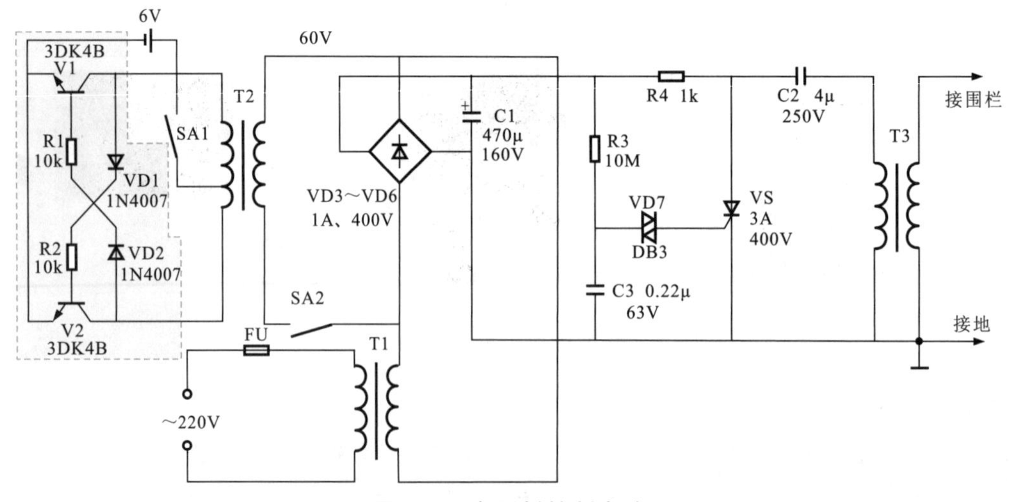

图11-6 电围栏控制电路

11.1.7 鱼池增氧控制电路

图11-7所示为鱼池增氧控制电路。这是一种控制电动机间歇工作的电路，通过定时器集成电路输出不同相位的信号控制继电器的间歇工作，同时通过控制开关的闭合与断开控制继电器触点接通与断开时间的比例。

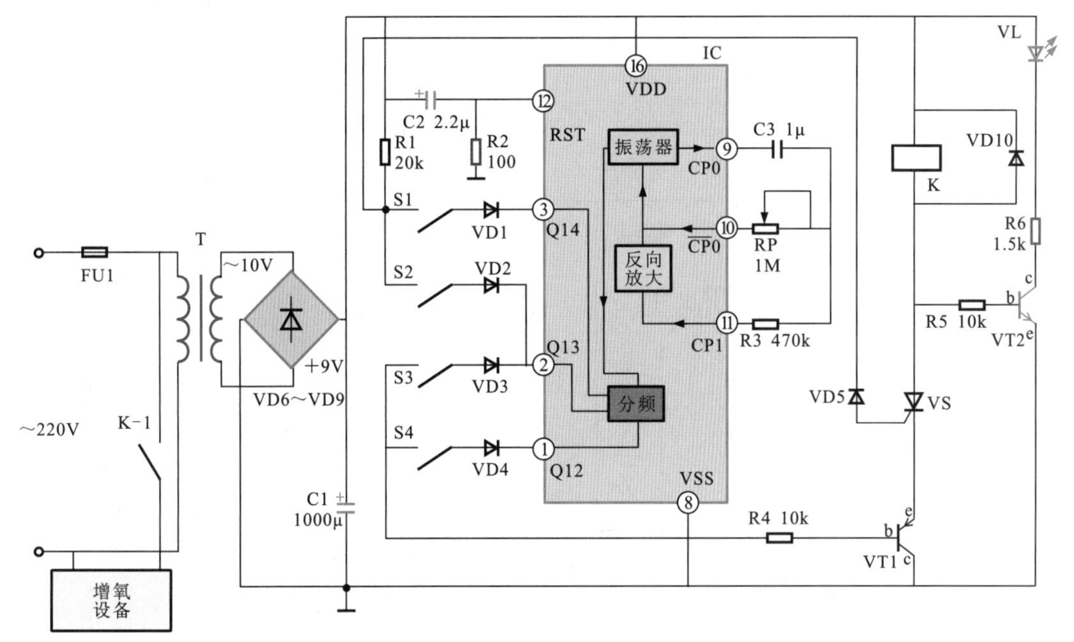

图11-7　鱼池增氧控制电路

11.1.8 自动灌水控制电路

图11-8所示为自动灌水控制电路。水池中设有三个电极A、B、C用于检测池中水位，根据所测水位自动控制是否需要灌水。

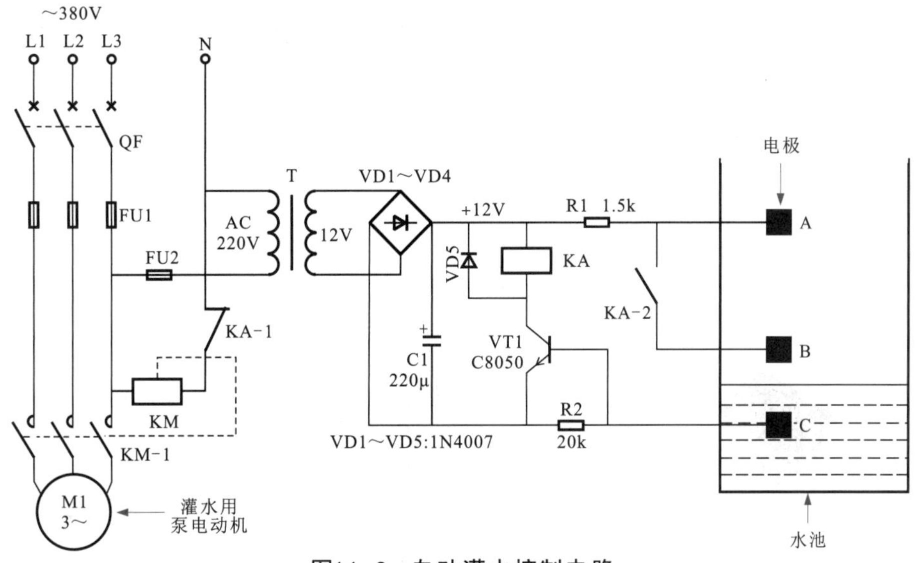

图11-8　自动灌水控制电路

11.1.9 养鱼池水泵和增氧泵自动交替运转控制电路

图11-9所示为养鱼池水泵和增氧泵自动交替运转控制电路。该电路是一种自动工作的电路，电路通电后，每隔一段时间便会自动接通或切断水泵和增氧泵的供电，维持池水的含氧量和清洁度。

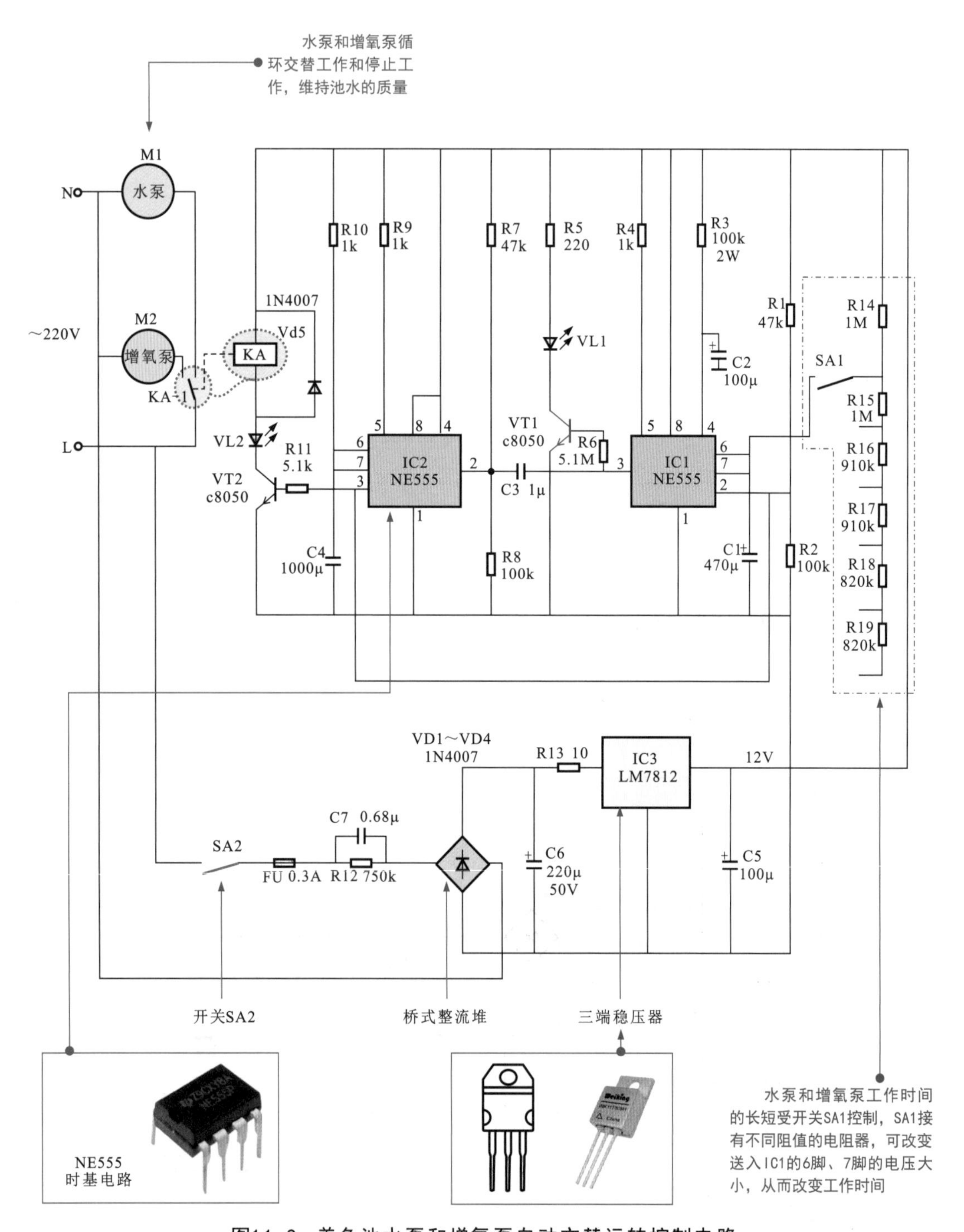

图11-9 养鱼池水泵和增氧泵自动交替运转控制电路

11.1.10 秸秆切碎机驱动控制电路

图11-10所示为秸秆切碎机驱动控制电路。该电路是利用两个电动机带动机械设备动作，完成送料和切碎工作的一类农机控制电路。可有效节省人力，提高工作效率。

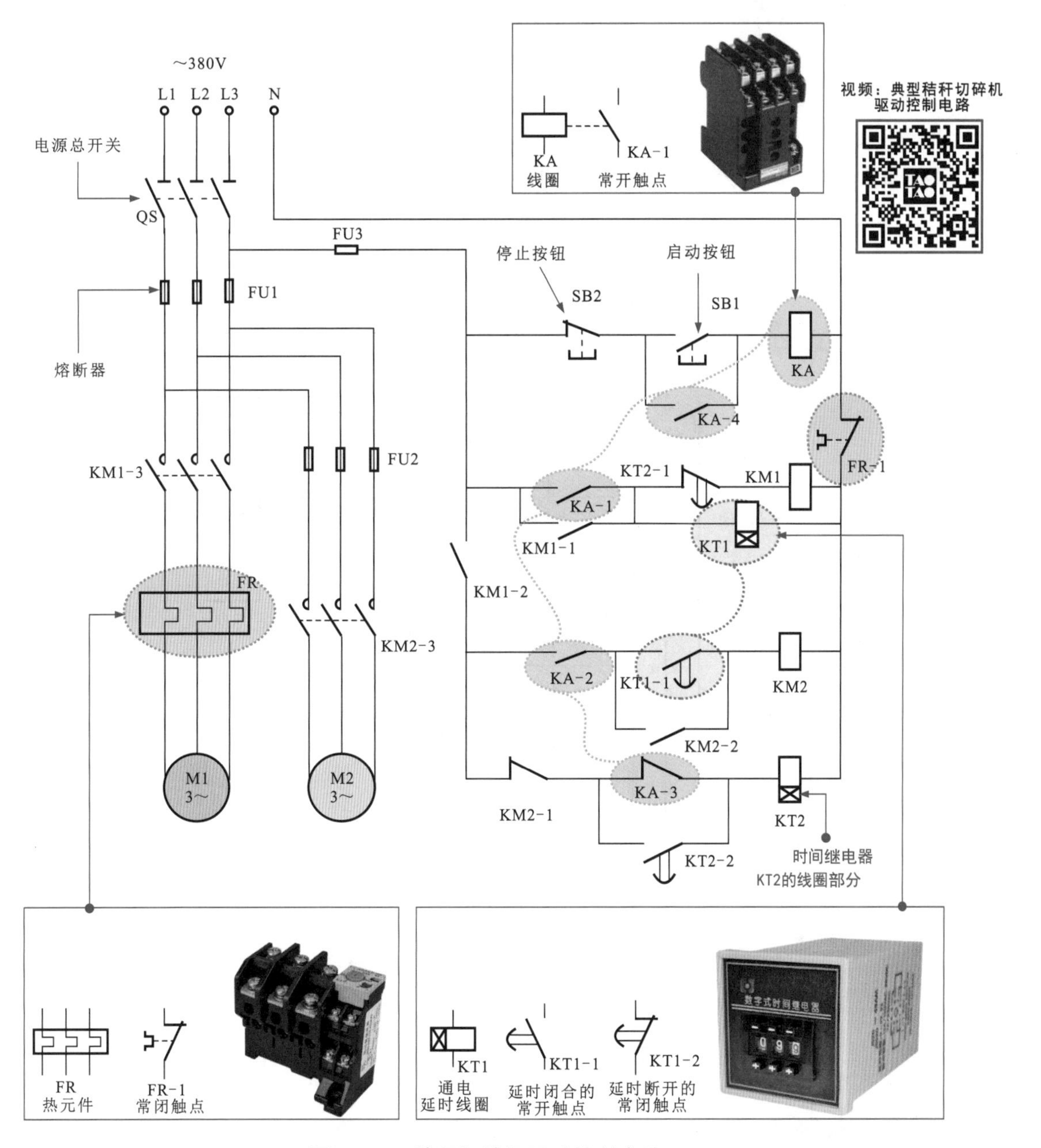

图11-10　秸秆切碎机驱动控制电路

补充说明

电路中，时间继电器的作用主要是对电动机实现延时启动控制。即当切料电动机M1启动运转，时间继电器开始计时（30s）后电动机M2才会运行，这样可有效防止因进料机中的进料过多而溢出。

11.1.11 谷物加工机电气控制电路

图11-11所示为谷物加工机电气控制电路。电路中，交流接触器KM1、KM2、KM3分别用以控制电动机M1、电动机M2和电动机M3。

当闭合电源总开关QS，接通三相电源，按下启动按钮SB1，交流接触器KM1、KM2、KM3的线圈会得电，进而相应触点动作，三个电动机便会启动运行。当工作完成，按下停止按钮SB2，交流接触器KM1、KM2、KM3的线圈失电，三个交流接触器复位，交流接触器的自锁触点KM1-1、KM2-1、KM3-1断开，KM1-2、KM2-2、KM3-2断开，电动机的供电电路被切断，电动机M1、M2、M3停止工作。

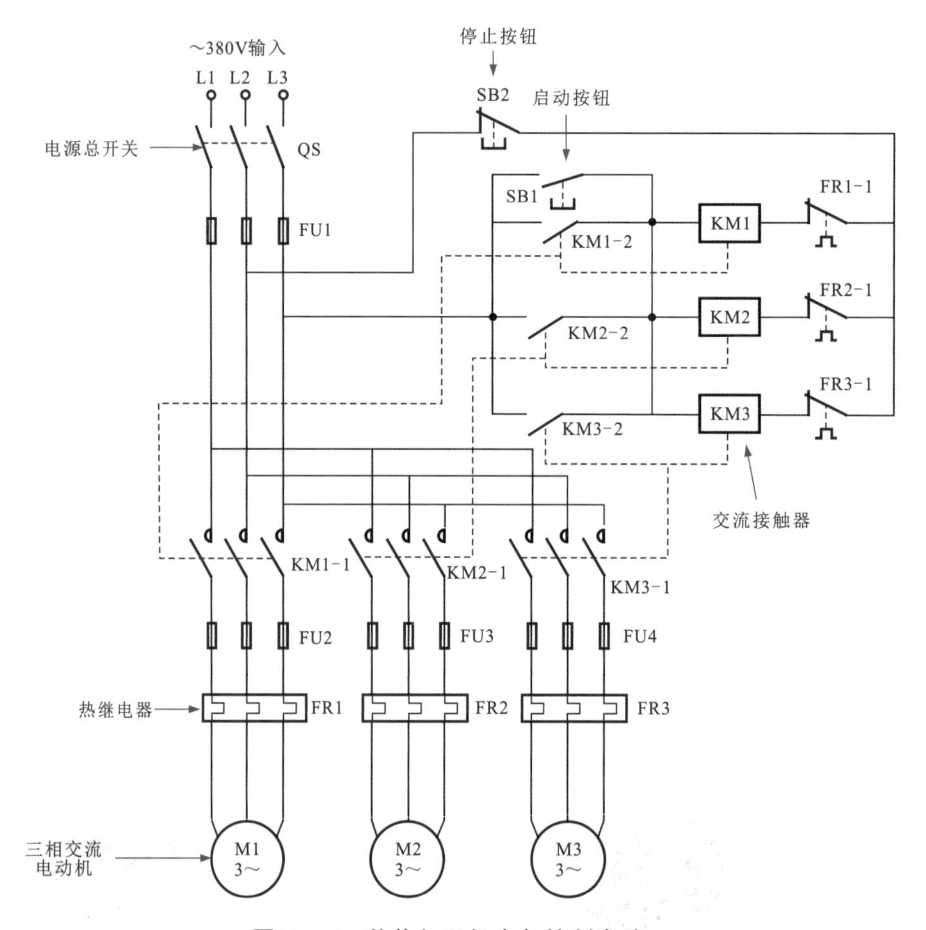

图11-11 谷物加工机电气控制电路

补充说明

电源总开关处设有供电保护熔断器FU1，总电流如果过流则FU1进行熔断保护。在每个电动机的供电电路中分别设有熔断器FU2、FU3、FU4，如果某一电动机出现过载的情况时，FU2、FU3或FU4中的过流者进行熔断保护。此外在每个电动机的供电电路中设有过热保护继电器（FR1、FR2、FR3），如果电动机出现过热的情况、热继电器FR1、FR2或FR3进行断电保护，切断电动机的供电电源，同时切断交流接触器的供电电源。

11.2 机电控制电路

11.2.1 货物升降机控制电路

图11-12所示为货物升降机控制电路。该电路主要用于控制升降机自动在两个高度升降作业（如两层楼房），即将货物提升到固定高度，等待一段时间后，升降机会自动下降到规定高度，以便进行下一次提升搬运。

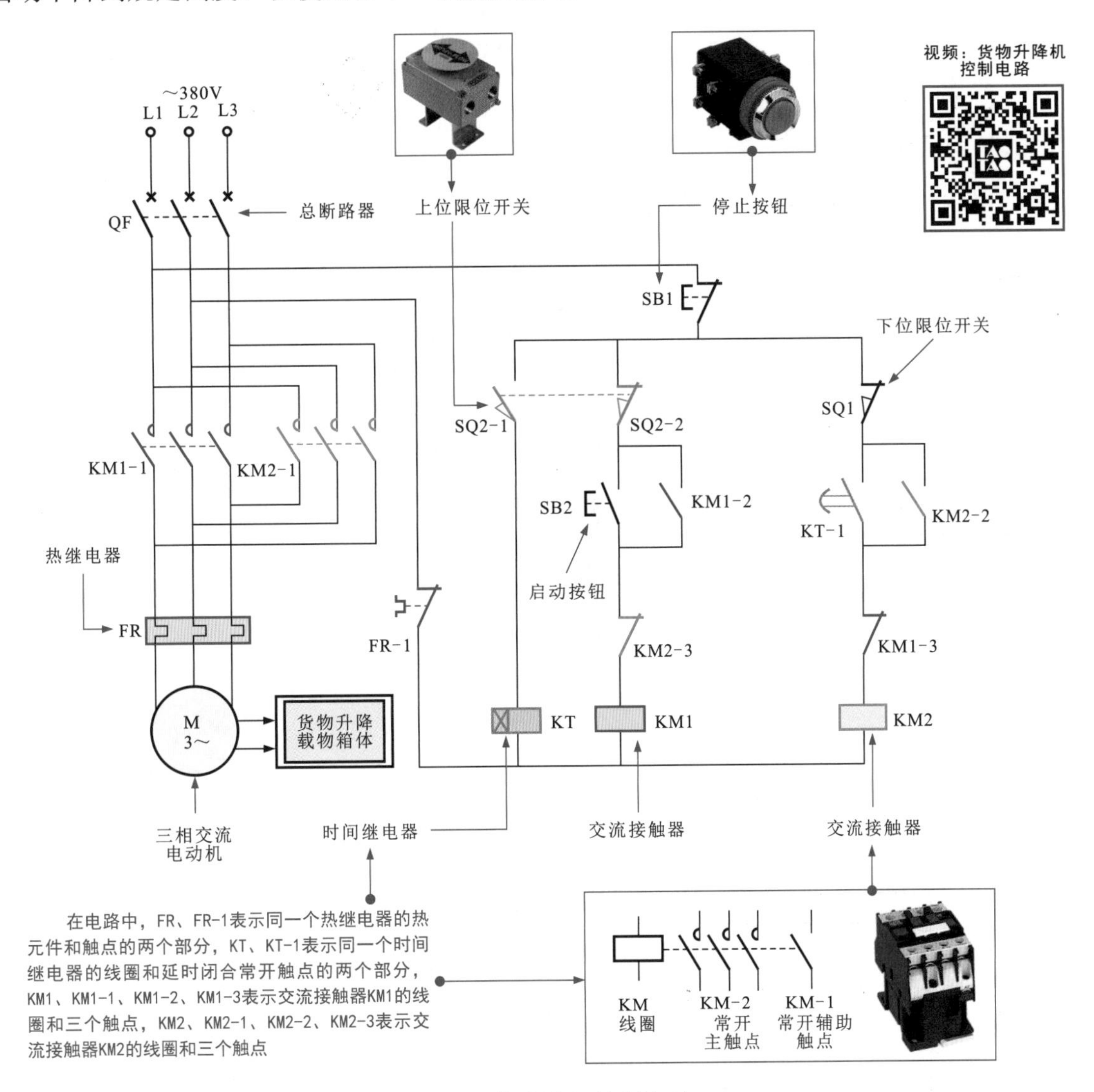

图11-12　货物升降机控制电路

电路中，SQ1和SQ2（SQ2-1、SQ2-2）分别是下位和上位限位开关。即当货物升降机下降或上升到规定高度后，便会触发限位开关动作，进而切断电动机供电电源，使电动机停转。时间继电器KT的作用是设定定时的时间。即当货物升降机上升到规定高度后，货物升降机会停留一段时间；然后电动机再反转，带动升降机下降。这个停留时间的长短是通过时间继电器KT设定的。

11.2.2 切纸机光电自动保护控制电路

图11-13所示为切纸机光电自动保护控制电路。该电路将光敏三极管作为感应元件来实现对操作的智能保护。

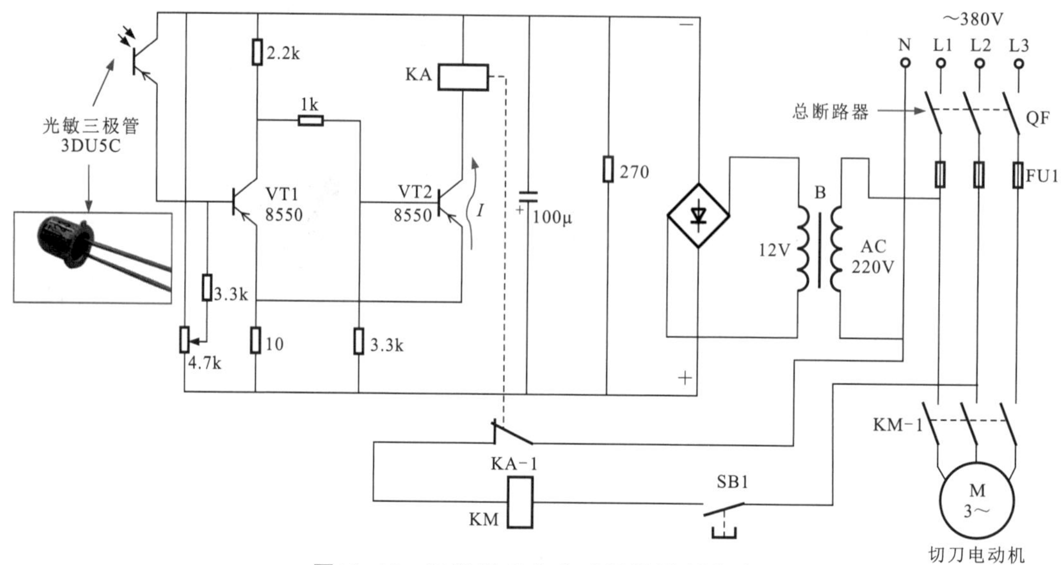

图11-13 切纸机光电自动保护控制电路

11.2.3 牛头刨床控制电路

牛头刨床是一种用于平面和凹槽加工的机电设备。图11-14所示为牛头刨床控制电路。该电路设有两个电动机，即主电动机和进给电动机。

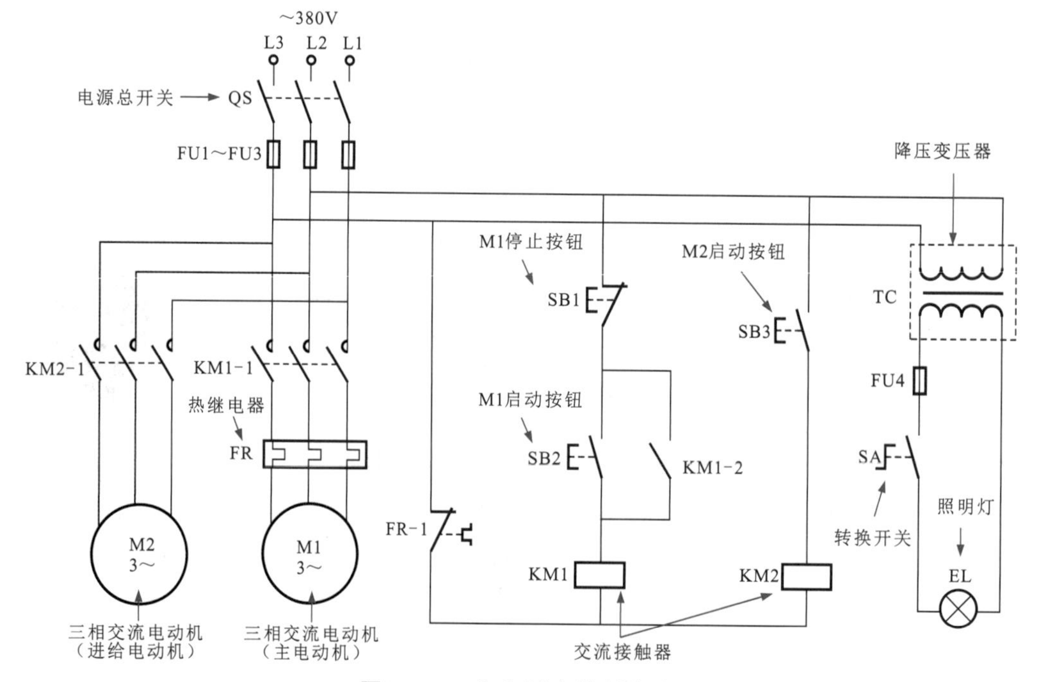

图11-14 牛头刨床控制电路

11.2.4 齿轮磨床控制电路

图11-15所示为齿轮磨床控制电路。齿轮磨床采用多个三相交流电动机实现不同的功能。电动机是由启动按钮、停止按钮、交流接触器及多速开关、转换开关等控制的。三速电动机有三种转速，使用多速开关控制。

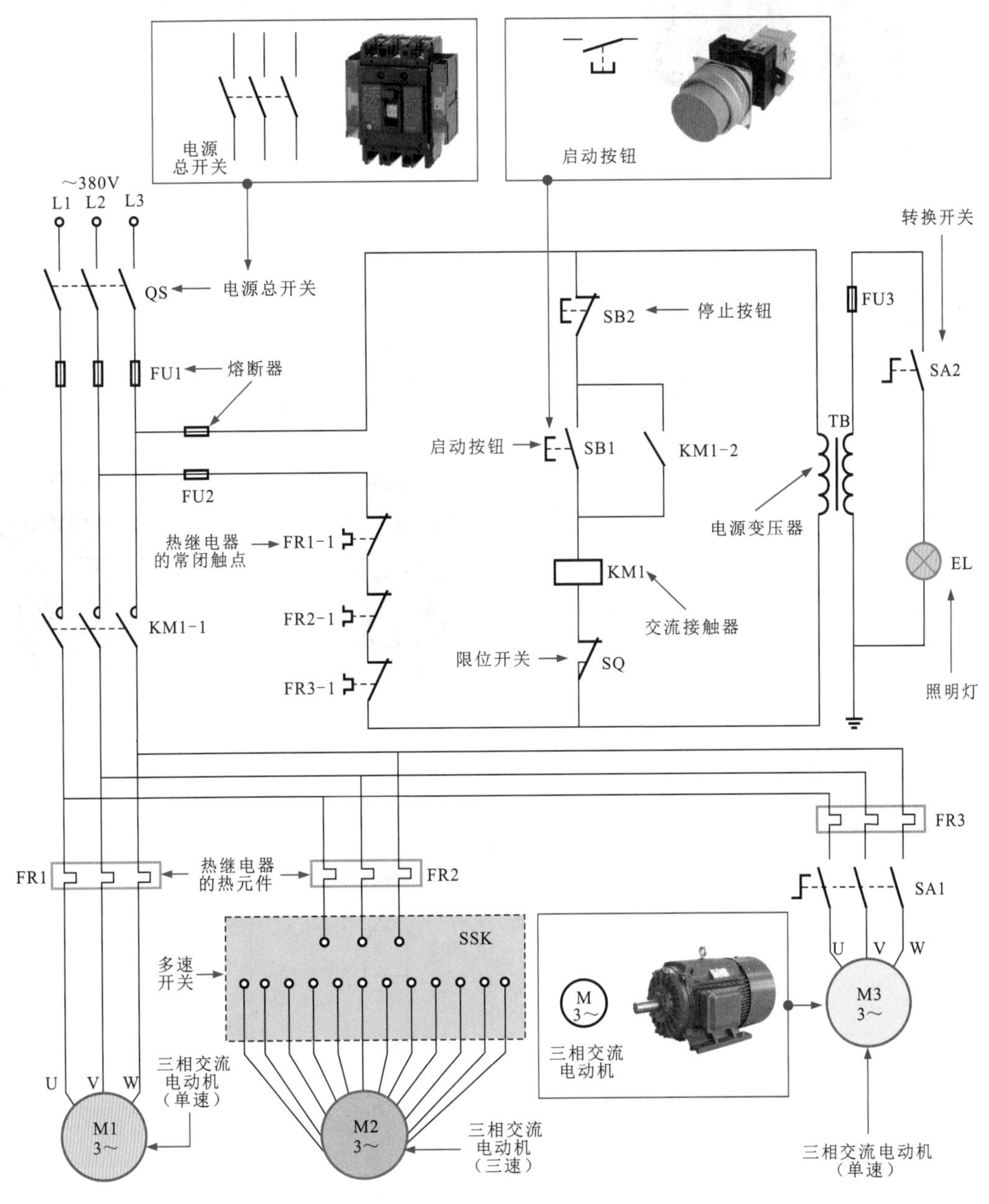

图11-15　齿轮磨床控制电路

多速开关实际上是一种万能转换开关，触点数量较多，主要用于控制电路的转换或电气测量仪表的转换，也可以用作小容量异步电动机的启动、换向及变速控制。

当万能转换开关的手柄转至相关功能的位置时，两触点闭合，接通电路或电气设备；若将手柄转至停止位置，内部的相关触点处于断开状态，断开电路或电气设备。

图11-16所示的多速开关SSK共有四个位置，分别为“停机”“低速”“中速”和“高速”，将SSK扳到不同的位置，便可以控制三速电动机的不同转速。

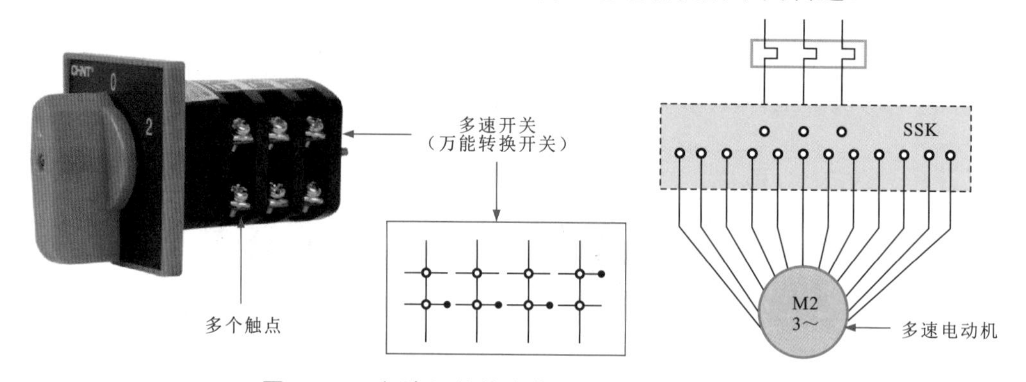

图11-16　多速开关的实物外形和功能特点

11.2.5 卧式车床控制电路

车床主要用于车削精密零件，加工公制、英制、径节螺纹等。图11-17所示为卧式车床控制电路，用于控制车床设备完成相应的工作。

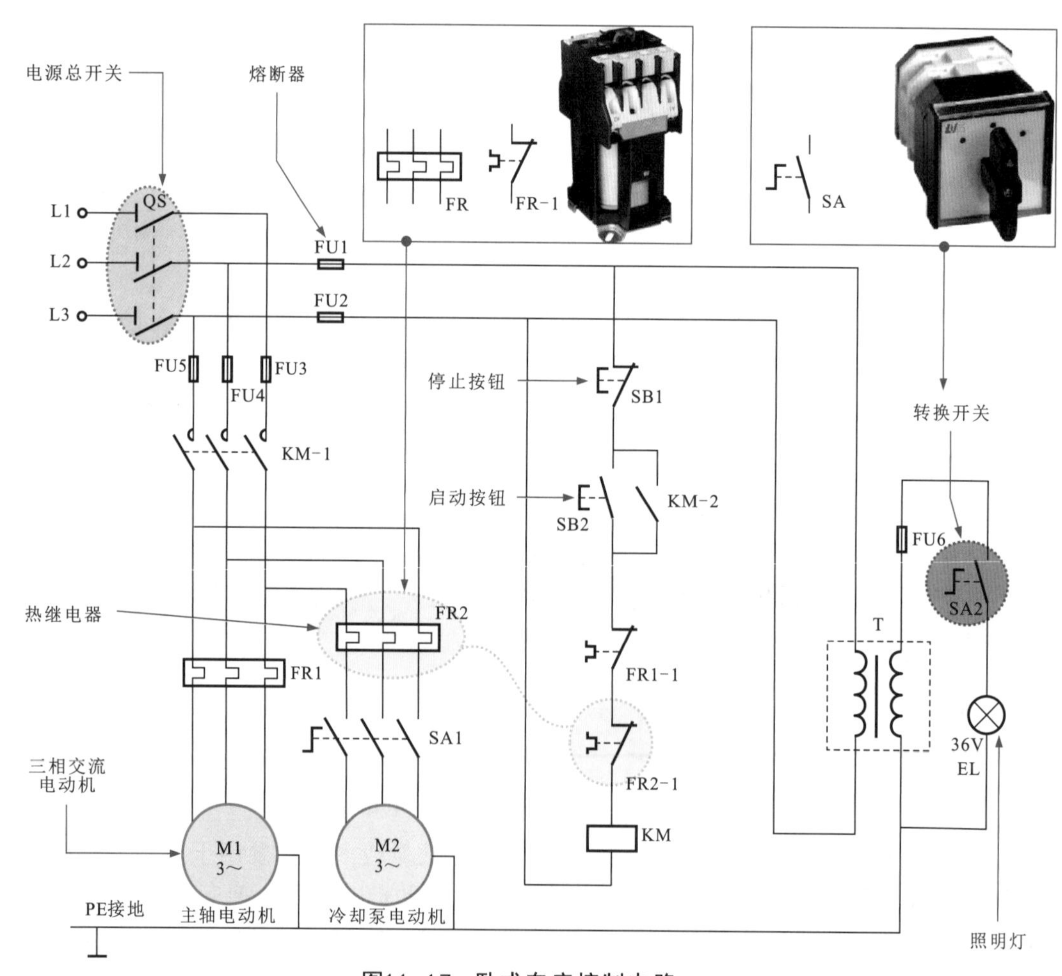

图11-17　卧式车床控制电路

11.2.6 平面磨床控制电路

平面磨床是一种以砂轮为刀具的机床，能精确而有效地对工件表面进行加工，这种机床设备共配置了3台电动机。

图11-18所示为典型的平面磨床控制电路。可以看到，砂轮电动机M1和冷却泵电动机M2都是由接触器KM1进行控制的，液压泵电动机M3则由接触器KM2单独控制。

电动机启动前，需先启动电磁吸盘YH。

合上电源总开关QS，接通三相电源。

将电磁吸盘转换开关SA2拨至吸合位置，常开触点SA2-2接通A点和B点，交流电压经变压器T1降压，再经桥式整流堆VD1～VD4整流后输出110V直流电压，加到欠电流继电器KA线圈的两端。

欠电流继电器KA线圈得电。KA的常开触点KA-1闭合，为接触器KM1、KM2得电做好准备，即为砂轮电动机M1、冷却泵电动机M2和液压泵电动机M3启动做好准备。

系统供电经欠电流继电器KA检测正常后，110V直流电压加到电磁吸盘YH的两端，将工件吸牢。

磨削完成后，将电磁吸盘转换开关SA2拨至放松位置，SA2的常开触点SA2-2断开，电磁吸盘YH线圈失电。由于吸盘和工件都有剩磁，因此还需要对电磁吸盘进行去磁操作。再将SA2拨至去磁位置，常开触点SA2-2接通C点、D点，电磁吸盘YH线圈接通一个反向去磁电流进行去磁操作。

当去磁操作需要停止时，将电磁吸盘转换开关SA2拨至放松位置，触点断开，电磁吸盘线圈YH失电，停止去磁操作。

当需要启动砂轮电动机M1和冷却泵电动机M2时，按下启动按钮SB1，内部常开触点闭合。

交流接触器KM1线圈得电。KM1的常开辅助触点KM1-1闭合，实现自锁功能；KM1的常开主触点KM1-2闭合，接通砂轮电动机M1和冷却泵电动机M2的供电电源，两台电动机同时启动运转。

当需要电动机停止时，按下停止按钮SB2，内部常闭触点断开。交流接触器KM1线圈失电，所有触点全部复位，砂轮电动机M1和冷却泵电动机M2停止运转。

当需要启动液压泵电动机M3时，按下启动按钮SB3，内部常开触点闭合。交流接触器KM2线圈得电。KM2的常开辅助触点KM2-1闭合，实现自锁功能；KM2的常开主触点KM2-2闭合，接通液压泵电动机M3的三相电源，M3启动运转。

当需要电动机停止时，按下停止按钮SB4，内部常闭触点断开。交流接触器KM2线圈失电，所有触点全部复位，液压泵电动机M3停止运转。

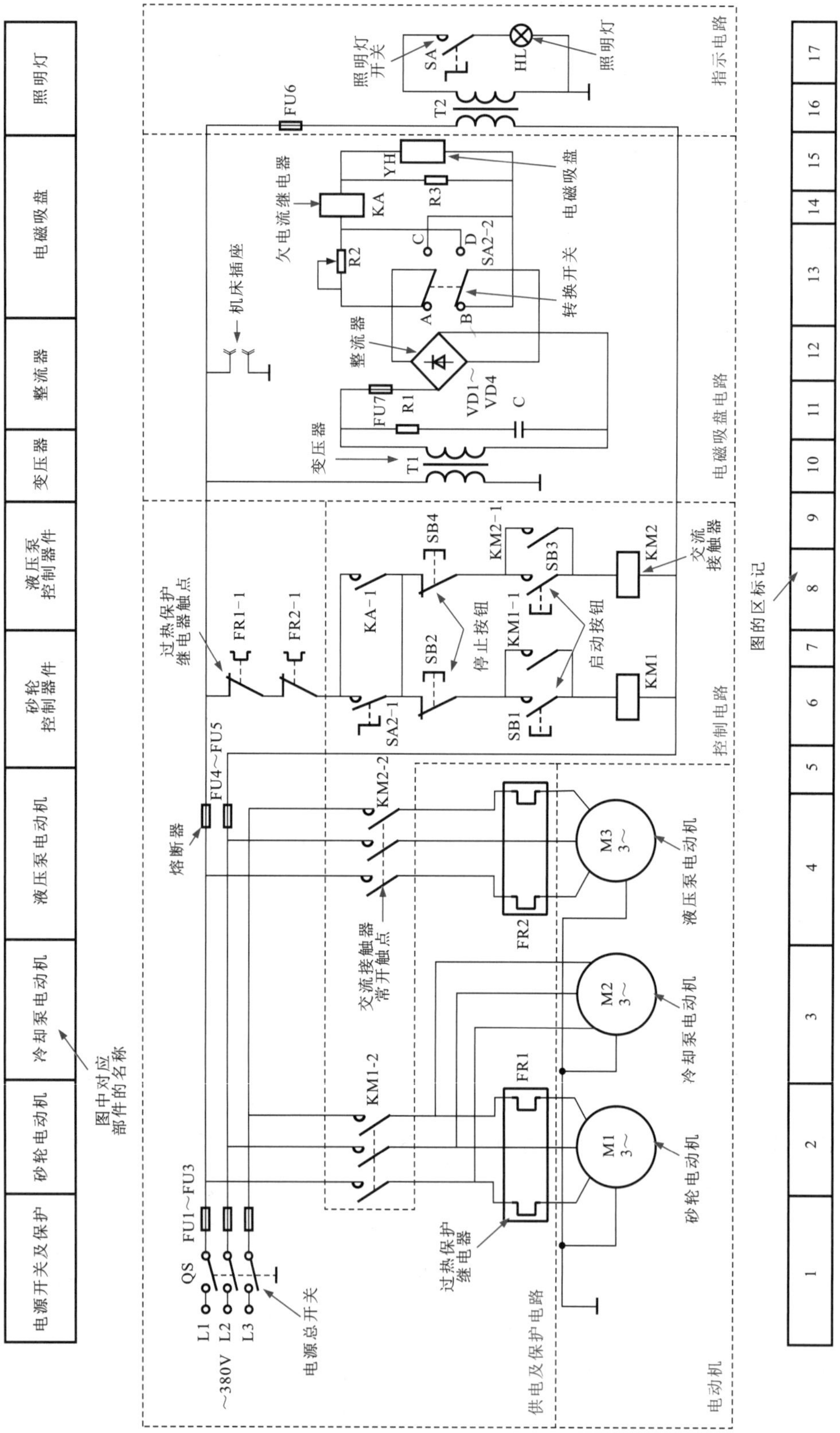

图11-18　典型的平面磨床控制电路

11.2.7 电动葫芦控制电路

电动葫芦是最常用的一种起重设备。图11-19所示为电动葫芦控制电路。该电路实际上是对升降电动机和水平移动电动机进行正、反向控制的电路。例如，升降电动机上升是正转控制，下降则是反转控制；水平移动电动机的向前运行是正向旋转控制，向后运动是反向旋转控制，控制线路中设有4个交流接触器分别对两台电动机进行控制。

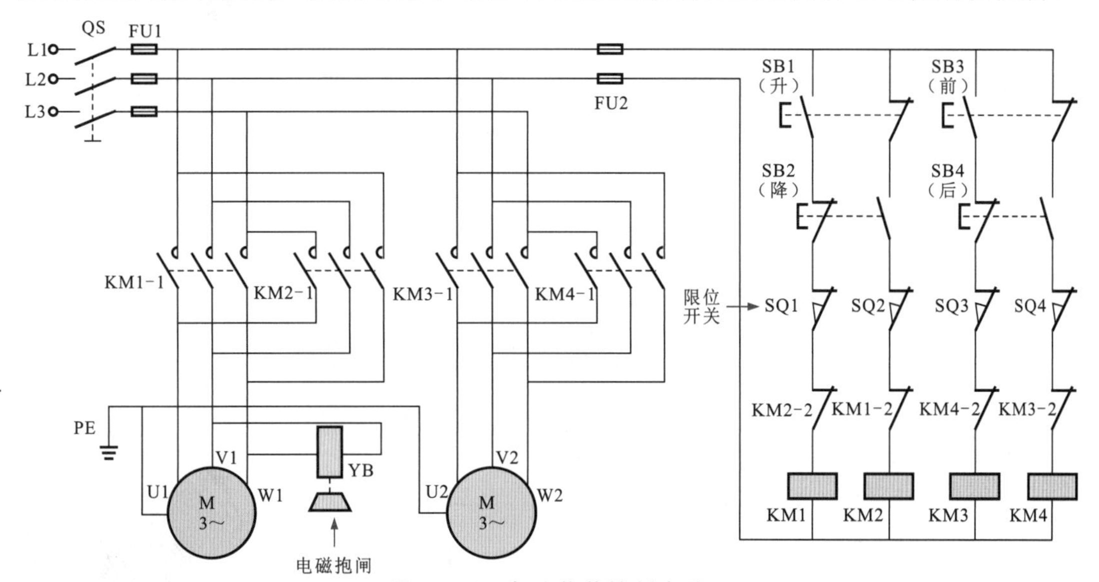

图11-19　电动葫芦控制电路

11.2.8 铣床铣头电动机控制电路

图11-20所示为典型的铣床铣头电动机控制电路。

铣床主要用来对工件进行铣削加工。该电路共配置两台电动机，分别为冷却泵电动机M1和铣头电动机M2。其中，铣头电动机M2采用调速和正/反转控制，可根据加工工件设置运转方向及旋转速度；冷却泵电动机可根据需要通过转换开关直接控制。

电路工作时，合上电源总开关QS。按下正转启动按钮SB2，触点闭合。

交流接触器KM1线圈得电，相应触点动作。常开辅助触点KM1-1闭合，实现自锁。常开主触点KM1-2闭合，为M2正转做好准备。常闭辅助触点KM1-3断开，防止KM2的线圈得电。

转动双速开关SA1，触点A、B接通。交流接触器KM3的线圈得电，相应触点动作。常闭辅助触点KM3-2断开，防止KM4线圈得电。常开主触点KM3-1闭合，电源为M2供电。这样，铣头电动机M2绕组呈△形连接接入电源，开始低速正向运转。

闭合旋转开关SA3，冷却泵电动机M1启动运转。

转动双速开关SA1，触点A、C接通。交流接触器KM4的线圈得电，相应触点动作。

常闭辅助触点KM4-3断开，防止KM3的线圈得电。常开触点KM4-1、KM4-2闭合，电源为铣头电动机M2供电。这样，铣头电动机M2绕组呈Y形连接接入电源，开始高速正向运转。

铣头电动机反转低速启动和反转高速运转过程与上述过程相似。

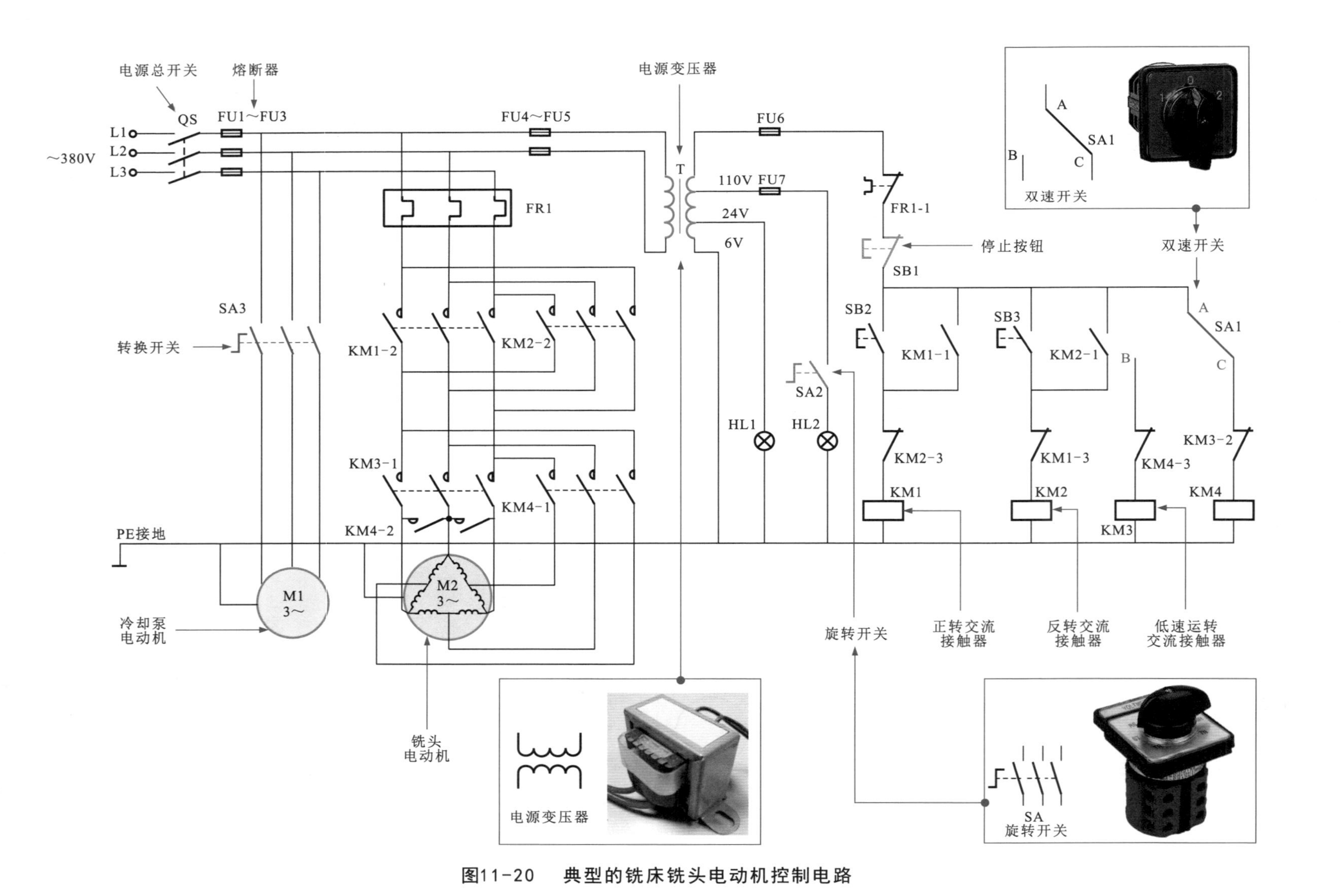

图11-20 典型的铣床铣头电动机控制电路

11.2.9 C616型车床控制电路

图11-21所示为C616型车床控制电路。该车床主要由主轴电动机M1、润滑电动机M2和冷却泵电动机M3进行拖动。其中主轴电动机通过转换开关SA1进行正/反转控制；润滑电动机M2则通过电源总开关QS直接进行控制，为车床提供润滑油；而冷却泵电动机是通过转换开关SA2单独进行控制，为车床提供冷却液。

工作时，合上电源总开关QS（1区），交流380V电压经变压器T（11区）降压后，为照明灯电路提供所需的工作电压，此时电源指示灯HL（12区）点亮；当车床需要有足够的照度时，合上照明开关SA3（13区），照明灯EL（13区）点亮。

（1）润滑电动机M2运转的工作流程。

当接通电源总开关QS（1区）后，电源经过转换开关SA1（7～9区）的停机位置SA1-1（7区），中间继电器KC（7区）线圈得电，常开触点KC-1（10区）接通实现自锁功能；同时交流接触器KM3（10区）线圈也得电，常开触点KM3-2（8区）接通，为主轴电动机M1（2区）的启动做好准备，常开触点KM3-1（4区）接通，润滑电动机M2（4区）启动运转。

当需要润滑电动机M2（4区）停机时，需断开电源总开关QS（1区），切断供电电压，所有电动机停止运转。

（2）主轴电动机M1运转的工作流程。

1）正向运转过程。

接通电源总开关后，当需要主轴电动机M1（2区）正向运转时，将转换开关SA1（7～9区）拨至正向运转位置，SA1-1（7区）断开、SA1-2（8区）接通，正转交流接触器KM1（8区）线圈得电，常闭触点KM1-1（9区）断开，防止反转交流接触器KM2（9区）线圈得电，起联锁保护作用；常开触点KM1-2（2区）接通，主轴电动机M1（2区）接通三相电源正向启动运转。

2）反向运转过程。

当需要主轴电动机M1（2区）反向运转时，将转换开关SA1（7～9区）拨至反向运转位置，SA1-1（7区）断开、SA1-2（8区）断开、SA1-3 （9区）接通，反转交流接触器KM2（9区）线圈得电，常闭触点KM2-1（8区）断开，防止正转交流接触器KM1（8区）线圈得电，起联锁保护作用；常开触点KM2-2 （3区）接通，主轴电动机M1（2区）接通三相电源反向启动运转。

3）停机过程。

当需要主轴电动机M1（2区）停机时，将转换开关SA1（7～9区）拨至停机位置，SA1-1接通（7区）、SA1-2（8区）断开、SA1-3（9区）断开，交流接触器KM1（8区）、KM2（9区）线圈均失电，触点复位，无论主轴电动机M1（2区）处于何种运行状态，均停止运转。

（3）冷却泵电动机M3的运转工作流程。

当车床工作过程中，需要为其提供冷却液，可将转换开关SA2（5区）拨至接通位置，接通冷却泵电动机M3（5区）的供电电源，电动机启动运转。

若需要冷却泵电动机M3（5区）停机时，再将转换开关SA2（5区）拨至停机位置，即切断冷却泵电动机M3的供电电源，电动机停止运转。

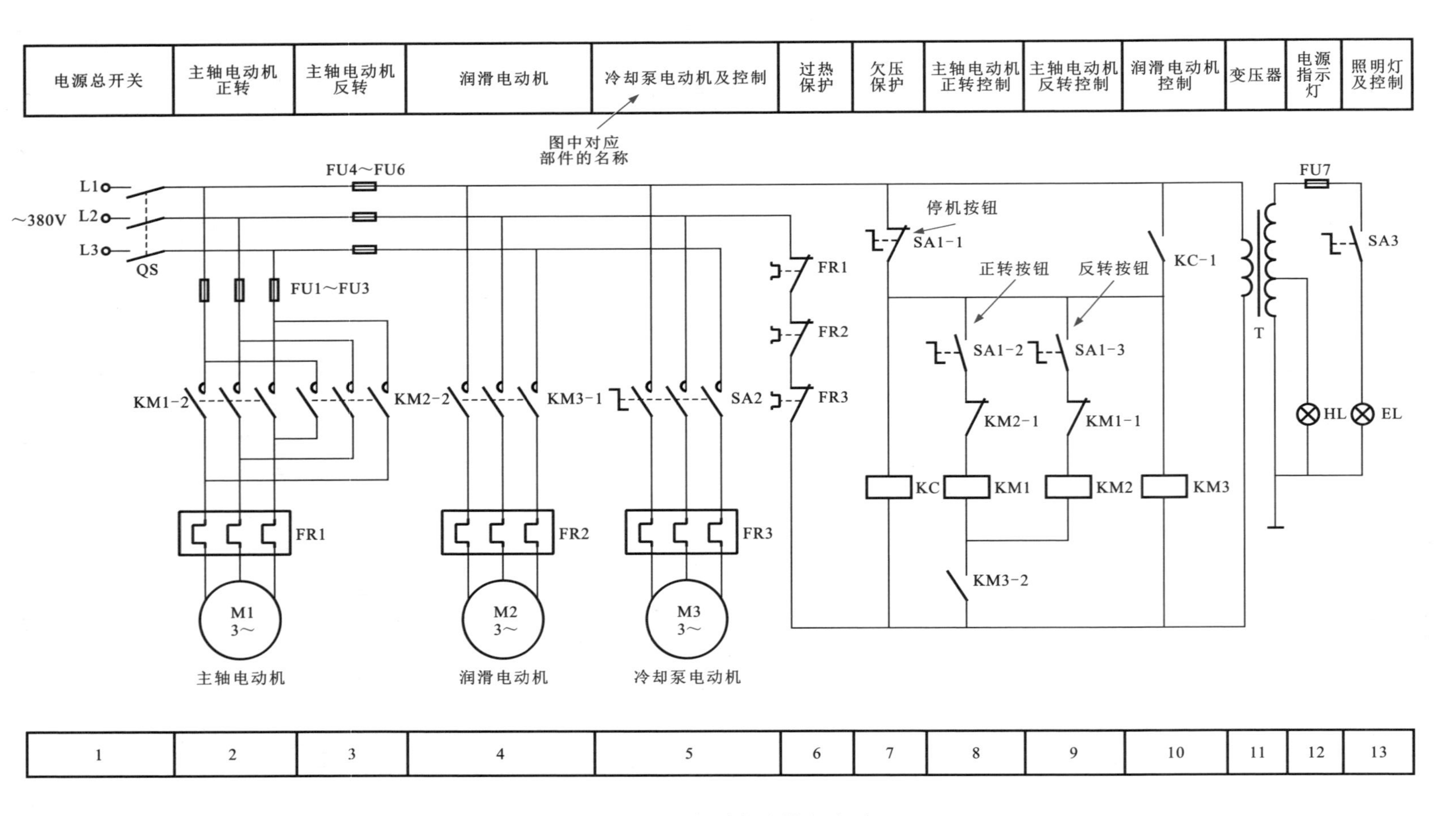

图11-21 C616型车床控制电路

11.2.10 | CW6136A型车床控制电路

图11-22所示为CW6136A型车床控制电路。该车床主要由主轴电动机M1和冷却泵电动机M2进行拖动。其中主轴电动机M1通过转换开关SA1进行高低速控制，行程开关SQ2、SQ3进行正/反转控制，从而实现主轴电动机M1的低速正转、低速反转、高速正转、高速反转的运转状态；而冷却泵电动机M2则通过转换开关SA2进行控制，来为车床提供冷却液。

工作时，合上电源总开关QS（1区），交流380V电压经变压器T（6区）降压后，由次级分别输出24V、6V、110V三组低压交流电，分别为控制电路和照明灯电路提供所需的工作电压。

此时继电器K2（13区）线圈得电，常开触点K2-1（13区）接通，实现自锁功能，为电路的接通做好准备；电源指示灯HL（14区）点亮；当车床需要有足够的照度时，合上转换开关SA3（15区），接通24 V电源，照明灯EL（15区）点亮。

（1）主轴电动机M1低速正转工作流程。

当主轴电动机M1（2区）需要低速正转运转时，将转换开关SA1（7～9区）拨至低速运转位置，行程开关SQ2（8、11区）压合。

转换开关SA1（7～9区）拨至低速运转位置3（9区），低速交流接触器KM4（9区）线圈得电，常闭触点KM4-1（7区）断开，防止高速交流接触器KM3（7区）线圈得电，起联锁保护作用；常闭触点KM4-2 （3区）断开、常开触点KM4-3（3区）接通，为主轴电动机M1（2区）的低速运转做好准备。

行程开关SQ2（8、11区）压合后，常开触点SQ2-1（11区）接通，常闭触点SQ2-2（8区）断开，正转交流接触器KM1（11区）线圈得电，常闭触点KM1-1（12区）断开，防止反转交流接触器KM2（12区）线圈得电，起联锁保护作用；常开触点KM1-2（2区）接通，主轴电动机M1（2区）接通三相电源低速正转运转。

（2）主轴电动机M1低速反转工作流程。

当主轴电动机M1（2区）需要低速反转运转时，将转换开关SA1（7～9区）拨至低速运转位置，行程开关SQ3（8、12区）压合。

转换开关SA1（7～9区）拨至低速运转位置3（9区），低速交流接触器KM4（9区）线圈得电，常闭触点KM4-1（7区）断开，防止高速交流接触器KM3（7区）线圈得电，起联锁保护作用；常闭触点KM4-2（3区）断开、常开触点KM4-3（3区）接通，为主轴电动机M1（2区）的低速运转做好准备。

行程开关SQ3（8、12区）压合后，常开触点SQ3-1（12区）接通，常闭触点SQ3-2（8区）断开，反转交流接触器KM2（12区）线圈得电，常闭触点KM2-1（11区）断开，防止正转交流接触器KM1（11区）线圈得电，起联锁保护作用；常开触点KM2-2（3区）接通，主轴电动机M1（2区）接通三相电源低速反转运转。

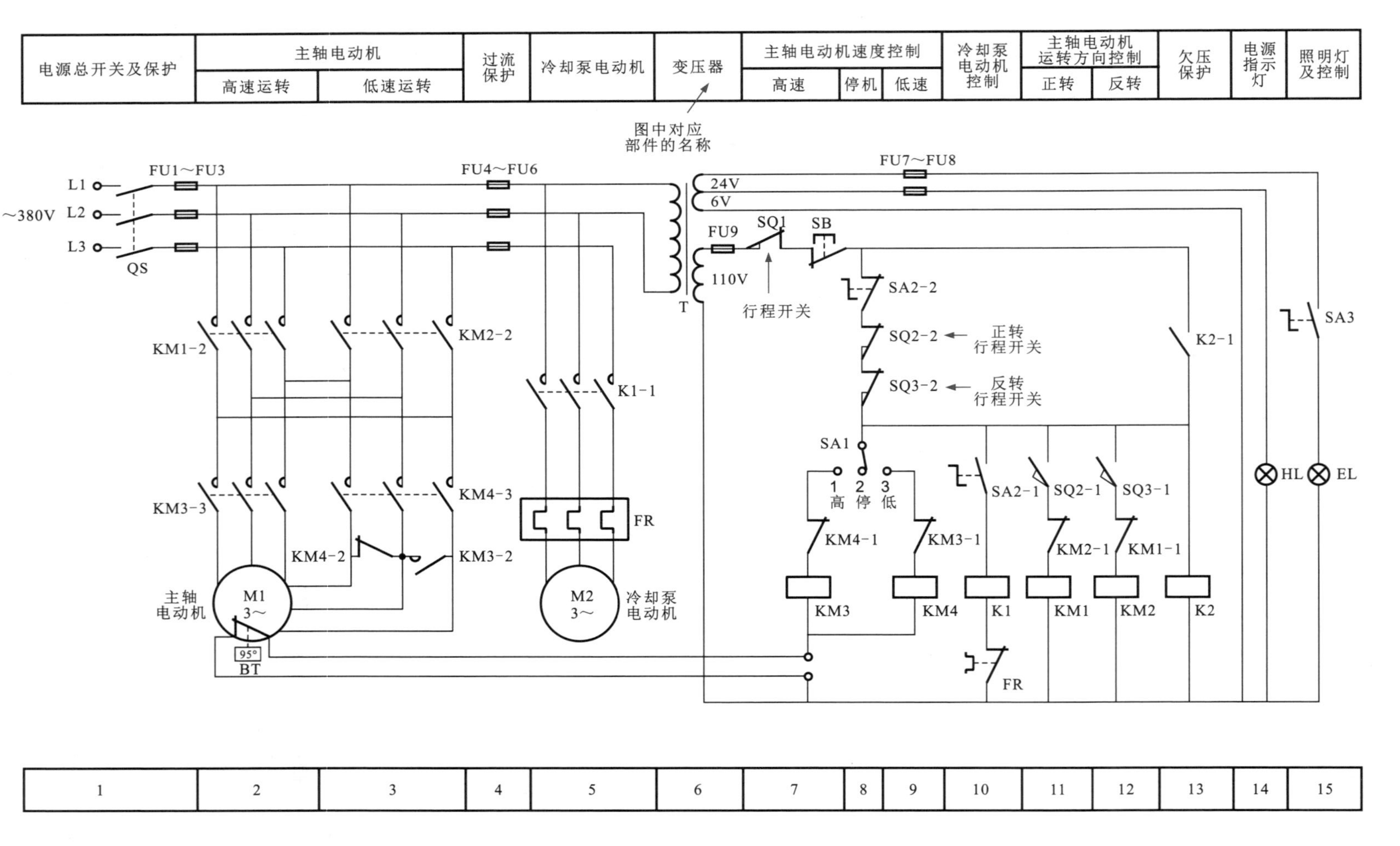

图11-22　CW6136A型车床控制电路

（3）主轴电动机M1高速正转工作流程。

当主轴电动机M1（2区）需要高速正转运转时，将转换开关SA1（7～9区）拨至高速运转位置，行程开关SQ2（8、11区）压合。转换开关SA1（7～9区）拨至高速运转位置1（7区），高速交流接触器KM3（7区）线圈得电，常闭触点KM3-1（9区）断开，防止低速交流接触器KM4（9区）线圈得电，起联锁保护作用；常开触点KM3-2（3区）、KM3-3（2区）接通，为主轴电动机M1（2区）的高速运转做好准备。

行程开关SQ2（8、11区）压合，常开触点SQ2-1（11区）接通，常闭触点SQ2-2（8区）断开，正转交流接触器KM1（11区）线圈得电，常闭触点KM1-1（12区）断开，防止反转交流接触器KM2（12区）线圈得电，起联锁保护作用；常开触点KM1-2（2区）接通，主轴电动机M1（2区）接通三相电源高速正转运转。

（4）主轴电动机M1高速反转工作流程。

当主轴电动机M1（2区）需要高速反转运转时，将转换开关SA1（7～9区）拨至高速运转位置，行程开关SQ3（8、12区）压合。

转换开关SA1（7～9区）拨至高速运转位置1（7区），高速交流接触器KM3（7区）线圈得电，常闭触点KM3-1（9区）断开，防止低速交流接触器KM4（9区）线圈得电，起联锁保护作用；常开触点KM3-2（3区）、KM3-3（2区）接通，为主轴电动机M1（2区）的高速运转做好准备。

行程开关（8、12区）压合后，常开触点SQ3-1（12区）接通，常闭触点SQ3-2（8区）断开，反转交流接触器KM2（12区）线圈得电，常闭触点KM2-1（11区）断开，防止正转交流接触器KM1（11区）线圈得电，起联锁保护作用；常开触点KM2-2（3区）接通，主轴电动机M1（2区）接通三相电源高速反转运转。

（5）主轴电动机M1停机的工作流程。

当需要主轴电动机M1（2区）需要停机时，按下停止按钮SB（7区），切断控制电路的供电，继电器和交流接触器线圈均失电，触点全部复位，无论主轴电动机M1（2区）处于何种运行状态，均立即停止运转。

（6）冷却泵电动机M2的运转工作流程。

1）启动过程。

当车床工作过程中，需要为其提供冷却液，可将转换开关SA2（10区）拨至接通位置，继电器K1（10区）线圈得电，常开触点K1-1（5区）接通，冷却泵电动机M2（5区）接通三相电源启动运转，为机床提供冷却液。

2）停机过程。

若需要冷却泵电动机M2（5区）停机时，再将转换开关SA2（10区）拨至停机位置，继电器K1（10区）线圈失电，触点复位，即切断冷却泵电动机M2（5区）的供电电源，电动机停止运转。

温度继电器和过热保护继电器都是用于电动机的温度保护的，其中温度继电器附着在电动机表面，用其感温面直接感应电动机的温度值，当电动机温度达到温度继电器的断开温度时，温度继电器即断开，起保护电动机及控制电路的作用；而过热保护继电器的线圈连接电动机的绕组，当过热保护继电器感应到电动机的温度过高时，会使其触点自动断开电路，起过热保护作用。

11.2.11 X52K型立式升降台铣床控制电路

图11-23所示为X52K型立式升降台铣床控制电路。该铣床主要由主轴电动机M1、冷却泵电动机M2和进给电动机M3进行拖动。其中主轴电动机M1具有正/反转运行功能，直接通过转换开关SA1进行控制；冷却泵电动机M2需在主轴电动机M1启动后通过转换开关SA3（3区）直接进行启停控制；而进给电动机M3则是通过十字操作手柄进行上、下、左、右、前、后6个方向的进给运动的。

合上电源总开关QS（1区），接通三相电源，L2、L3端的电压经变压器T1降压后，由次级输出低压交流电，为控制电路的电气部件提供所需的工作电压。

（1）主轴电动机M1运转的工作流程。

1）启动过程。

当需要主轴电动机M1启动运转时，按下启动按钮SB1或SB2（10区），接触器KM1（10区）线圈得电，常开触点KM1-1（10区）接通，实现自锁功能；KM1-2（1区）接通，主轴电动机M1接通三相电源启动运转；常闭触点KM1-3（9区）断开，防止接触器KM5（9区）线圈得电，触点动作，对主轴电动机M1制动操作；常开触点KM1-4（11区）接通，接通工作台控制电路电源。

2）停机过程。

当需要主轴电动机M1停机时，按下停止按钮SB3或SB4（9、10区），常闭触点SB3-2或SB4-2（10区）断开，接触器KM1线圈失电，触点复位，主轴电动机M1做惯性运转，同时，常开触点SB3-1、SB4-1（9区）接通，接触器KM5（9区）线圈得电，常开触点KM5-1（2区）、KM5-2（6区）接通，交流电压经变压器T2（6区）降压后，再经桥式整流堆VD1～VD4（6区）整流后输出的直流电压加到主轴电动机M1的定子绕组上，对电动机进行能耗制动操作。松开停止按钮SB3或SB4后，触点复位，接触器KM5线圈失电，触点复位，主轴电动机M1制动结束，停止运转。

3）主轴变速的冲动过程。

主轴变速应在主轴电动机M1停机时进行。按下变速手柄，并将其拉出后，转动变速盘选择所需的转速，再把变速手柄以连续较快的速度推回至原来的位置。在此过程中，由于机械联动机构的动作，冲动开关SQ1（9、10区）瞬间被压合，常开触点SQ1-1（9区）接通，接触器KM1线圈得电，常开触点KM1-1（10区）接通实现自锁功能，KM1-2（1区）接通，主轴电动机M1启动运转；同时常闭触点SQ1-2（10区）断开，解除接触器KM1线圈的自锁功能。当变速手柄推回至原来的位置时，冲动开关SQ1被释放，触点复位，接触器KM1线圈失电，触点复位，主轴电动机M1停止运转，此时主轴电动机M1便完成一次变速冲动操作，使齿轮齿合上。

（2）进给电动机M3运转的工作流程。

进给电动机M3（4区）可以驱动工作台完成上、下、左、右、前、后6个方向的进给运动。

在进给操作时，若不使用圆工作台，可将转换开关SA2（12、13区）拨至停止位置，使其断开圆工作台。

1）工作台向左和向右进给运动过程。

工作台的向左和向右进给运动是通过纵向进给操作手柄进行控制的。

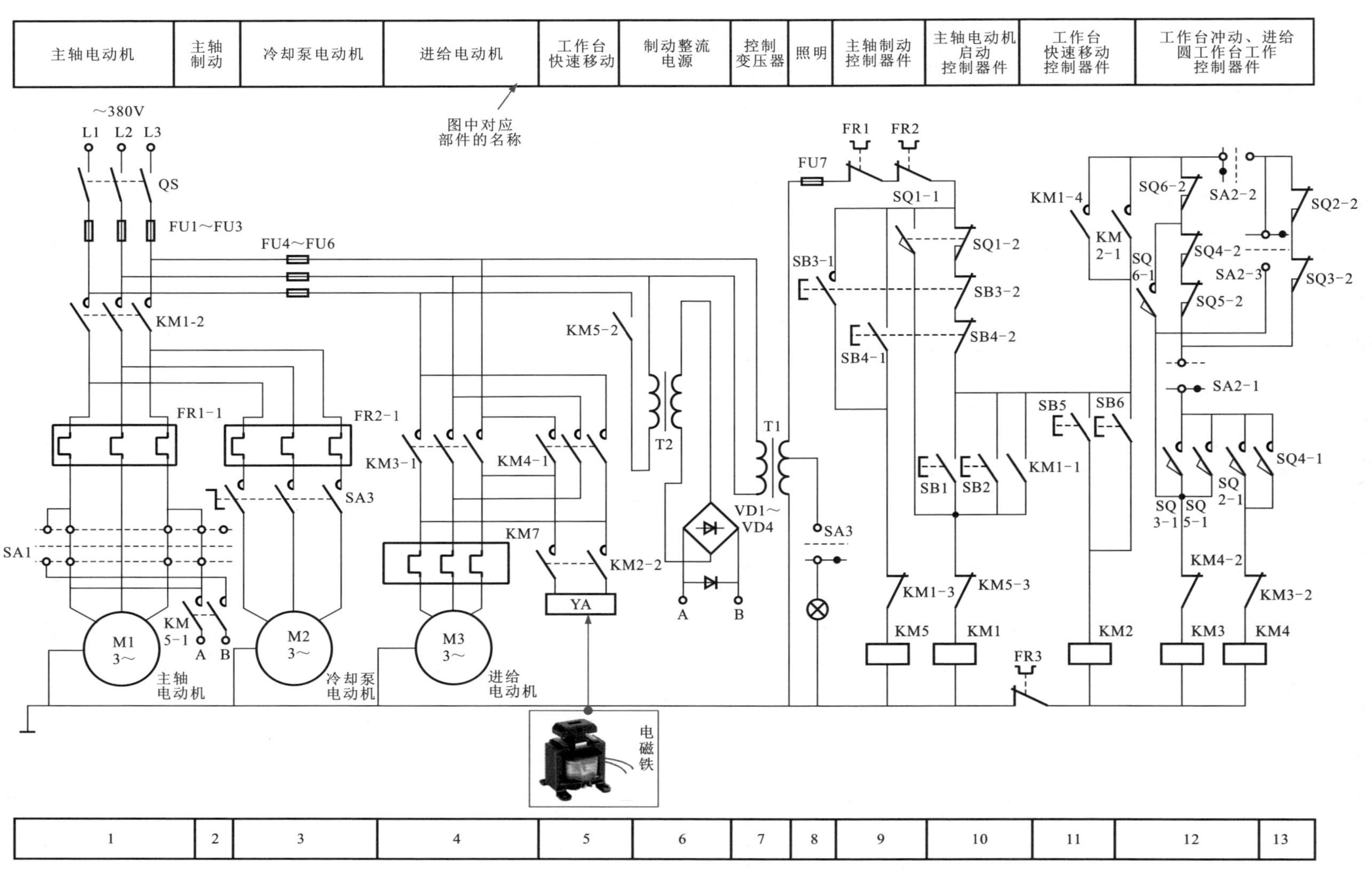

图11-23 X52K型立式升降台铣床控制电路

当需要工作台向左运动时，将纵向操作手柄拨至向左的位置，在机械上接通纵向离合器，并且使行程开关SQ2（12、13区）被压合，常闭触点SQ2-2（13区）断开，常开触点SQ2-1（12区）接通，接触器KM4（12区）线圈得电，常开触点KM4-1（5区）接通，进给电动机M3反向启动运转，此时工作台向左进给动作，常闭触点KM4-2（12区）断开，防止接触器KM3（12区）线圈得电，起联锁保护作用。

当需要工作台向右运动时，将纵向操作手柄拨至向右的位置，在机械上仍接通了纵向离合器，但却使行程开关SQ3（12、13区）被压合，常闭触点SQ3-2（13区）断开，常开触点SQ3-1（12区）接通，接触器KM3（12区）线圈得电，常开触点KM3-1（4区）接通，进给电动机M3正向启动运转，此时工作台向右进给动作，常闭触点KM3-2（13区）断开，防止接触器KM4线圈得电，起联锁保护作用。

当工作台的左右运动到达极限位置时，安装在工作台两端的限位撞块就会撞击手柄，使他回到中间位置，进给电动机M3停机，工作台停止运转，实现纵向终端保护。

2）工作台向上（后）和向下（前）进给运动过程。

工作台的向上（后）和向下（前）进给运动是通过十字操作手柄进行控制的。当需要工作台向上（后）运动时，将十字操作手柄拨至向上（后）位置，联动机构接通垂直离合器，行程开关SQ4（12、13区）被压合，常闭触点SQ4-2（12区）断开，常开触点SQ4-1（13区）接通，接触器KM4（12区）线圈得电，常开触点KM4-1（5区）接通，进给电动机M3反向启动运转，此时工作台向上（后）进给动作；常闭触点KM4-2（12区）断开，防止接触器KM3线圈得电，起联锁保护作用。

当需要工作台向下（前）运动时，将纵向操作手柄拨至向下（前）的位置，在机械上仍接通了垂直离合器，但却使行程开关SQ5（12区）被压合，常闭触点SQ5-2（12区）断开，常开触点SQ5-1（12区）接通，接触器KM3线圈得电，常开触点KM3-1接通，进给电动机M3正向启动运转，此时工作台向下（前）进给动作；常闭触点KM3-2（12区）断开，防止接触器KM4线圈得电，起联锁保护作用。

当工作台的上、下、前、后运动到达极限位置时，安装在工作台4个方向的限位撞块就会撞击手柄，使他回到中间位置，进给电动机M3停机，工作台停止运转，实现终端保护。

3）工作台变速的冲动过程。

当需要工作台变速时，应将主轴电动机M1启动运转，按下变速手柄，并将其拉出后，转动变速盘选择所需的进给转速，拉到极限位置后再把变速手柄以连续较快的速度推回至原来的位置，在此过程中，由于机械联动机构的动作，冲动开关SQ6（12区）瞬间被压合，常开触点SQ6-1（12区）接通，接触器KM3线圈得电，触点动作，进给电动机M3启动运转，同时常闭触点SQ6-2（12区）断开，接触器KM3线圈失电，触点复位，进给电动机M3停止运转，此时进给电动机M3便完成一次变速冲动操作，使齿轮齿合上。

4）工作台快速移动的过程。

工作台在进给动作时，可进行快速移动控制。当工作台需要向任意方向进行快速移动时，操作操作手柄，选择移动方向后，按下快速移动按钮SB5（11区）或SB6（12区），接触器KM2（11区）线圈得电，常开触点KM2-2（5区）接通，快速移动电磁铁YA（5区）得电，接通工作台的快速移动传动机构，KM2-1（12区）接通，工作台控制电路中的接触器KM3或KM4线圈得电，触点动作，工作台按照选定的方向快速移动。

当需要工作台停止快速移动时，松开快速移动按钮SB5或SB6，接触器KM2失电，触点复位，快速移动电磁铁YA失电，工作台停止快速运转。

5）圆工作台进给运动的过程。

圆工作台安装于水平工作台下，也是通过进给电动机M3进行驱动控制的，同样通过转换开关SA2实现对圆工作台和水平工作台的联锁控制。

启动圆工作台进行工作时，先将转换开关SA2（12、13区）拨至接通位置，使其圆工作台可以启动工作。

再将两个操作手柄拨至中间位置，使行程开关SQ2～SQ5不受压，并将工作台变速冲动开关SQ6至于正常工作位置后，按下启动按钮SB1或SB2（10区）。

接触器KM1（10区）线圈得电，常开触点KM1-1（10区）接通，实现自锁功能；常开触点KM1-4（11区）接通，控制电路电源接通；常闭触点KM1-3（9区）断开，使KM5线圈（9区）不能得电；常开触点KM1-2（1区）接通，主轴电动机M1正向启动运转。

当接通控制电路电源后，接触器KM3（12区）线圈得电，常开触点KM3-1接通，进给电动机M3正向启动运转，圆工作台在电动机的带动下做定向回转运动，但接触器KM4（12区）线圈不能得电，因此圆工作台不能做双向回转，只能进行单方向回转运动。

当需要圆工作台停止时，按下停止按钮SB3或SB4后松开，接触器KM1和KM5线圈均失电，触点复位，主轴电动机M1和进给电动机M3均停止运转，则主轴和圆工作台同时停止工作。

（3）冷却泵电动机M2运转的工作流程。

冷却泵电动机M2（3区）需在主轴电动机M1启动后才能启动运转，主轴电动机M1启动后，可通过转换开关SA3（3区）直接进行启停控制。

将转换开关SA3拨至启动位置时，冷却泵电动机M2接通三相电源启动运转。

当不需要冷却泵电动机启动时，可将转换开关SA3拨至停止位置，断开电源，电动机停止运转。

11.2.12 X53T型立式铣床控制电路

图11-24所示为X53T型立式铣床控制电路。该铣床主要由主轴电动机M1、进给电动机M2、冷却泵电动机M3和润滑泵电动机M4进行拖动。其中主轴电动机M1通过按钮SB2和SB4进行Y—△降压启动控制；进给电动机M2通过操作手柄带动转换开关SA2进行正反向控制，从而实现工作台的进给动作；冷却泵电动机M3通过转换开关SA3单独控制，来为铣床提供冷却液；而润滑泵电动机M4则是通过欠电流继电器KA控制，来为车床提供润滑油。

合上电源总开关QS（1区），L1和L2之间的交流380V电压分别经变压器T2（12区）和T3（11区）降压后，为照明灯电路提供所需的工作电压。

此时，电源指示灯HL1（13区）点亮；当铣床需要有足够的照度时，合上转换开关SA1（11区），接通电源，照明灯EL（11区）点亮。

（1）润滑电动机M4运转的工作流程。

1）启动过程。

当合上电源总开关QS（1区）后，电源经过变压器T2（12区）降压后，加到中间继电器KC（20区）线圈上，常开触点KC-1（8区）接通，润换泵电动机M4（8区）启动运转；KC-2（15区）接通，润滑泵电动机指示灯HL3（15区）点亮。

2）停机过程。

当需要润滑泵电动机M4（8区）停机时，断开电源总开关QS（1区），切断供电，中间继电器KC（20区）线圈失电，触点复位，润滑泵电动机M4（8区）停止运转。

（2）主轴电动机M1运转的工作流程。

1）启动过程。

当要主轴电动机M1（3区）启动时，按下启动按钮SB2（22区）或SB4（24区），交流接触器KM1（22区）或时间继电器KT（24区）线圈得电。

交流接触器KM1（22区）线圈得电，常开触点KM1-1（25区）接通，实现自锁；常闭触点KM1-2（23区）断开，防止交流接触器KM2（23区）线圈得电；常开触点KM1-3（3区）接通，为主轴电动机M1（3区）的启动做好准备；常开触点KM1-4（26区）接通，交流接触器KMY（28区）线圈得电，常闭触点KMY-1（27区）断开，防止交流接触器KM△（27区）线圈得电；常开触点KMY-2（3区）接通，主轴电动机M1（3区）以Y形方式接通电路，电动机降压启动运转。

时间继电器KT（24区）线圈得电，经延时后，常闭触点KT-2（28区）断开，交流接触器KMY（28区）线圈失电，触点复位，主轴电动机M1（3区）停止降压启动；常开触点KT-1（27区）接通，交流接触器KM△（27区）线圈得电，它的常开触点KM△-1（26区）接通，为进给电动机M2（5区）的工作做好准备；常闭触点KM△-2（23区）断开，防止交流接触器KM2（23区）线圈得电；常闭触点KM△-3（28区）断开，防止交流接触器KMY（28区）线圈得电；常开触点KM△-4（2区）接通，主轴电动机M1（3区）以△形方式接通电路，电动机全压启动运转。

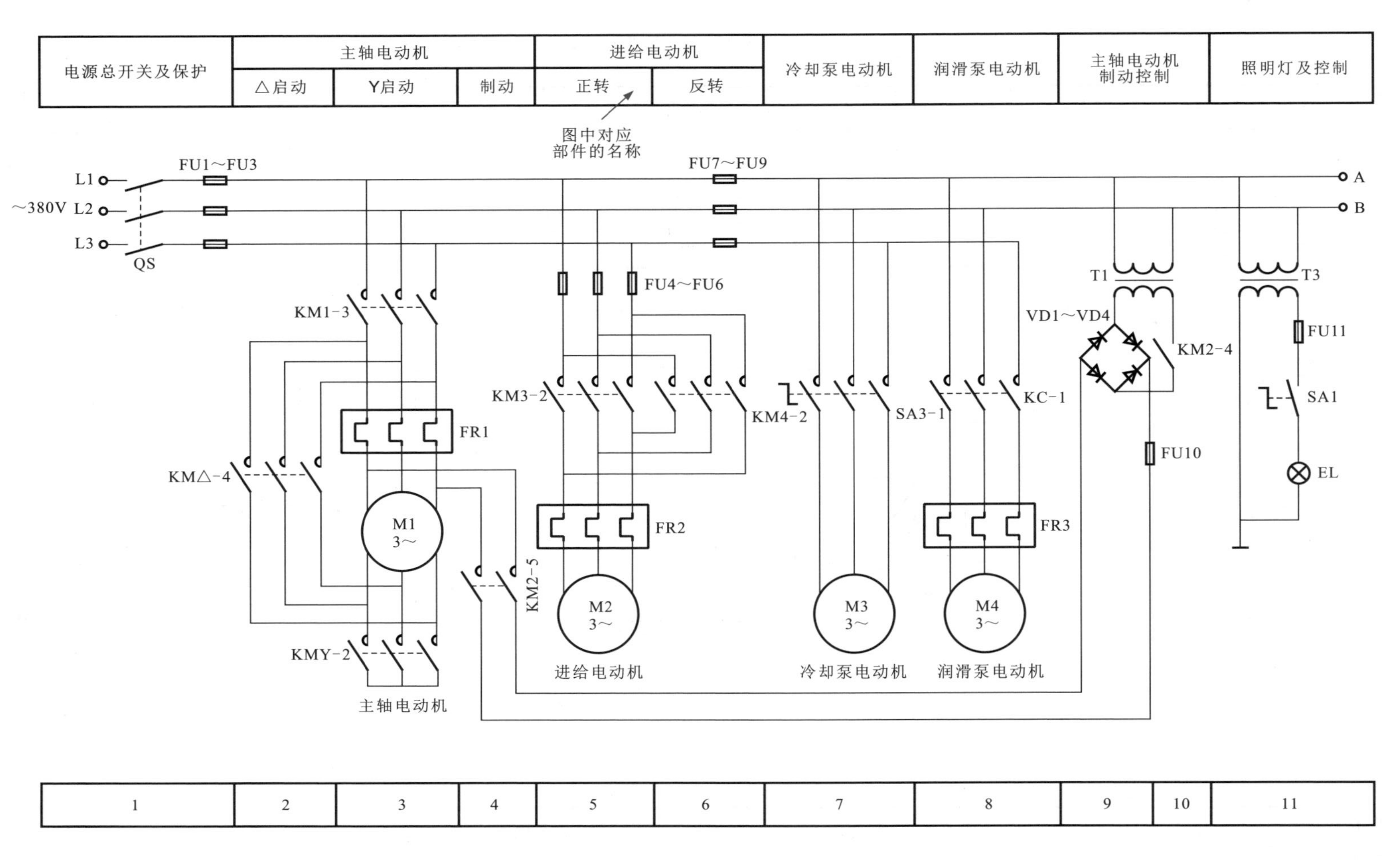

图11-24 X53T型立式铣床控制电路

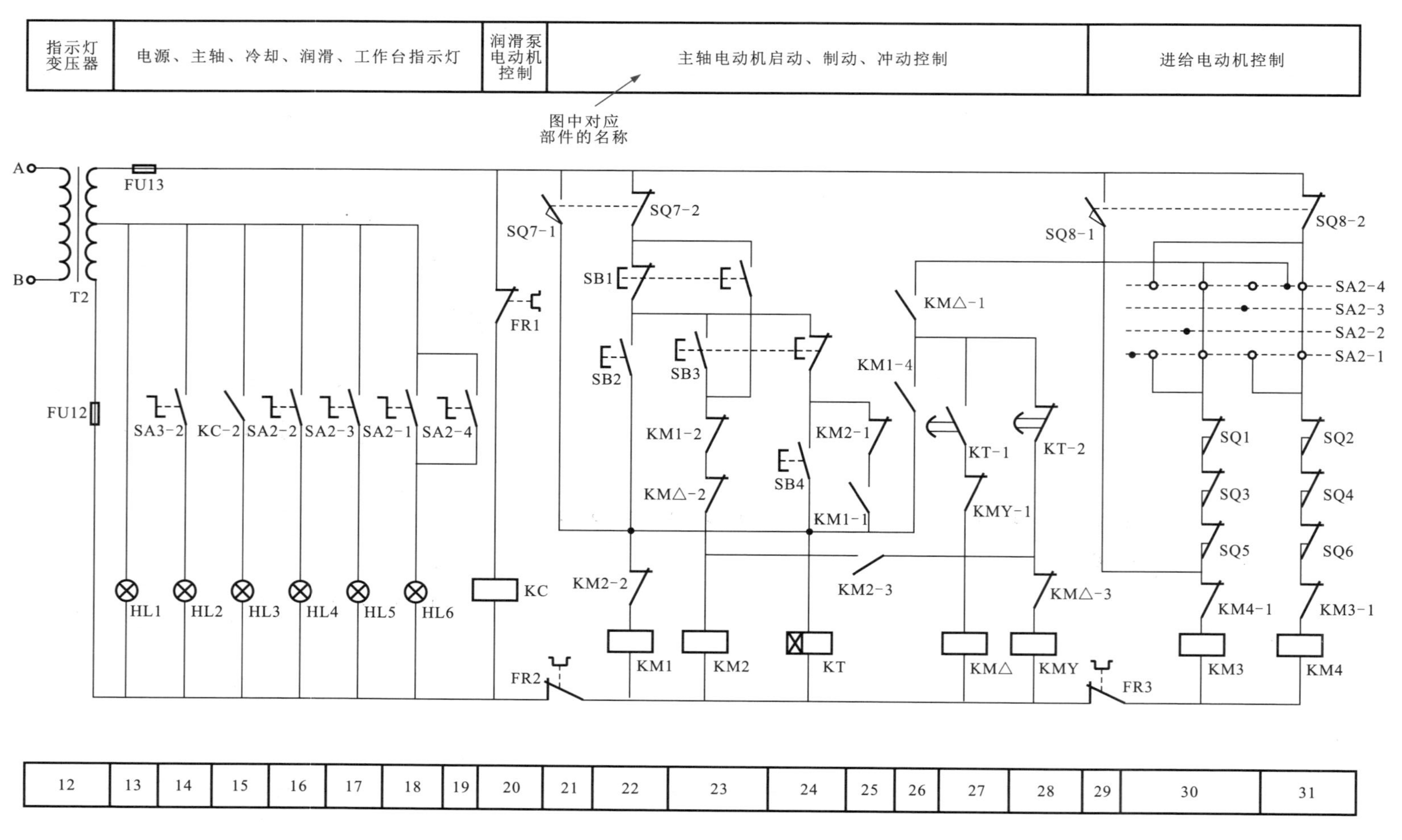

图11-24　X53T型立式铣床控制电路（续）

2）停机与制动过程。

当需要主轴电动机M1（3区）停机时，按下停止按钮SB1（22、23区）或SB3（23、24区），交流接触器KM1（22区）或时间继电器KT（24区）线圈均失电，触点复位，交流接触器KM△（27区）线圈失电，触点复位，主轴电动机M1（3区）停止运转，同时交流接触器KM2（23区）线圈得电，常闭触点KM2-1（25区）、KM2-2（22区）断开，防止交流接触器KM1（22区）线圈得电；常开触点KM2-3（25区）接通，交流接触器KMY（28区）线圈得电，常开触点KMY-2（3区）接通，主轴电动机M1（3区）降压运转；常开触点KM2-4（10区）接通，经变压器T1（9、10区）降压后的电压经桥式整流堆（9区）整流后，输出直流电压；常开触点KM2-5（4区）接通，主轴电动机M1（3区）定子绕组接通直流电压，进行能耗制动。

松开停止按钮SB1（22、23区）或SB3（23、24区）后，触点复位，接触器KMY（28区）、KM2（23区）线圈失电，触点复位，主轴电动机M1（3区）制动结束，停止运转。

3）主轴变速的冲动过程。

主轴变速应在主轴电动机M1（3区）停机时进行，在控制主轴变速过程中，机械联动机构的动作，冲动开关SQ7（21、22区）瞬间被压合，常开触点SQ7-1（21区）接通，常闭触点SQ7-2（22区）断开，接触器KM1（22区）线圈得电，常开触点KM1-3（3区）接通，为主轴电动机M1（3区）的启动做好准备；常开触点KM1-4（26区）接通，交流接触器KMY（28区）线圈得电，常开触点KMY-2（3区）接通，主轴电动机M1（3区）以Y形方式接通电路，电动机降压启动运转，转速不会升的太高，冲动开关SQ7（21、22区）瞬间被释放，触点复位，交流接触器KM1（22区）、KMY（28区）线圈失电，触点复位，主轴电动机M1（3区）停止运转。

此时主轴电动机M1（3区）便完成一次变速冲动操作，使齿轮齿合上。

（3）进给电动机M2运转的工作流程。

进给电动机M2（5区）的运转是通过操作手柄带动转换开关SA2（30、31区）进行的，它可带动工作台进行上、下、左、右、前、后六个方向的进给。

1）工作台向左和向右的进给运动过程。

当需要工作台向左运动时，拨动转换开关SA2（16～19、30、31区）使触点SA2-3（17、30、31区）接通，向左指示灯HL5（17区）点亮，电路经过行程开关SQ7（21、22区）的常闭触点SQ7-2（22区）和SA2-3（30、31区）为交流接触器KM4（31区）线圈供电，常闭触点KM4-1（30区）断开，防止接触器KM3（30区）线圈得电，起联锁保护作用；常开触点KM4-2（6区）接通，进给电动机M2（5区）反向启动运转，此时工作台向左进给动作。

当需要工作台向右运动时，拨动转换开关SA2（16～19、30、31区）使触点SA2-2（16、30、31区）接通，向右指示灯HL4（16区）点亮，电路经过行程开关SQ7（21、22区）的常闭触点SQ7-2（22区）和SA2-2（30、31区）为交流接触器KM3（30区）线圈供电。

常闭触点KM3-1（31区）断开，防止接触器KM4（31区）线圈得电，起联锁保护作用；常开触点KM3-2（5区）接通，进给电动机M2（5区）正向启动运转，此时工作台向右进给动作。

2）工作台快速向左和向右的进给运动过程。

当需要工作台快速向左运动时，拨动转换开关SA2（16～19、30、31区）使触点SA2-4（19、30、31区）接通，快速指示灯HL6（18区）点亮，电路经过行程开关SQ8（29～31区）的常闭触点SQ8-2（31区）和SA2-4（30、31区）为交流接触器KM4（31区）线圈供电，常闭触点KM4-1（30区）断开，防止接触器KM3（30区）线圈得电，起联锁保护作用；常开触点KM4-2（6区）接通，进给电动机M2（5区）反向启动运转，此时工作台快速向左进给动作。

当需要工作台快速向右运动时，拨动转换开关SA2（16～19、30、31区）使触点SA2-1（18、30、31区）接通，快速指示灯HL6（18区）点亮，电路经过行程开关SQ8（29～31区）的常闭触点SQ8-2（31区）和SA2-2（30、31区）为交流接触器KM3（30区）线圈供电，常闭触点KM3-1（31区）断开，防止接触器KM4（31区）线圈得电，起联锁保护作用；常开触点KM3-2（5区）接通，进给电动机M2（5区）正向启动运转，此时工作台向右快速进给动作。

3）工作台向上、向下、向前、向后的进给运动过程。

工作台向上和向前的进给运动同向左的进给控制方法相同，而向下和向后的进给动作同向右的进给控制方法相同，指示操作手柄控制的位置有所不同，在此就不再赘述。

（4）冷却泵电动机M3运转的工作流程。

1）启动过程。

当铣床工作过程中，需要为其提供冷却液，可将转换开关SA3（7、14区）拨至接通位置，SA3-1（7区）接通，冷却泵电动机M3（7区）接通供电电源启动运转；SA3-2（14区）接通，冷却泵指示灯HL2（14区）点亮。

2）停机过程。

若需要冷却泵电动机M3（7区）停机时，再将转换开关SA3（7、14区）拨至停机位置，SA3-1（7区）断开，切断冷却泵电动机M3（7区）的供电，冷却泵电动机M3停止运转；SA3-2（14区）断开，冷却泵指示灯HL2（14区）熄灭。

11.2.13 M7120型平面磨床控制电路

图11-25所示为M7120型平面磨床控制电路。该磨床主要由液压泵电动机M1、砂轮电动机M2、冷却泵电动机M3和砂轮升降电动机M4进行拖动。其中液压泵电动机M1是通过启动按钮SB2和接触器KM1进行控制的；砂轮电动机M2和冷却泵电动机M3需要同时启动，都是通过启动按钮SB4和交流接触器KM2进行控制的；而砂轮升降电动机M4则是通过按钮SB5和SB6进行点动正/反转控制，从而实现砂轮的上升与下降动作。

电路工作时，合上电源总开关QS（1区），交流电压经变压器T2（16区）降压输出6.3 V电压，电源指示灯HL1（17区）点亮。

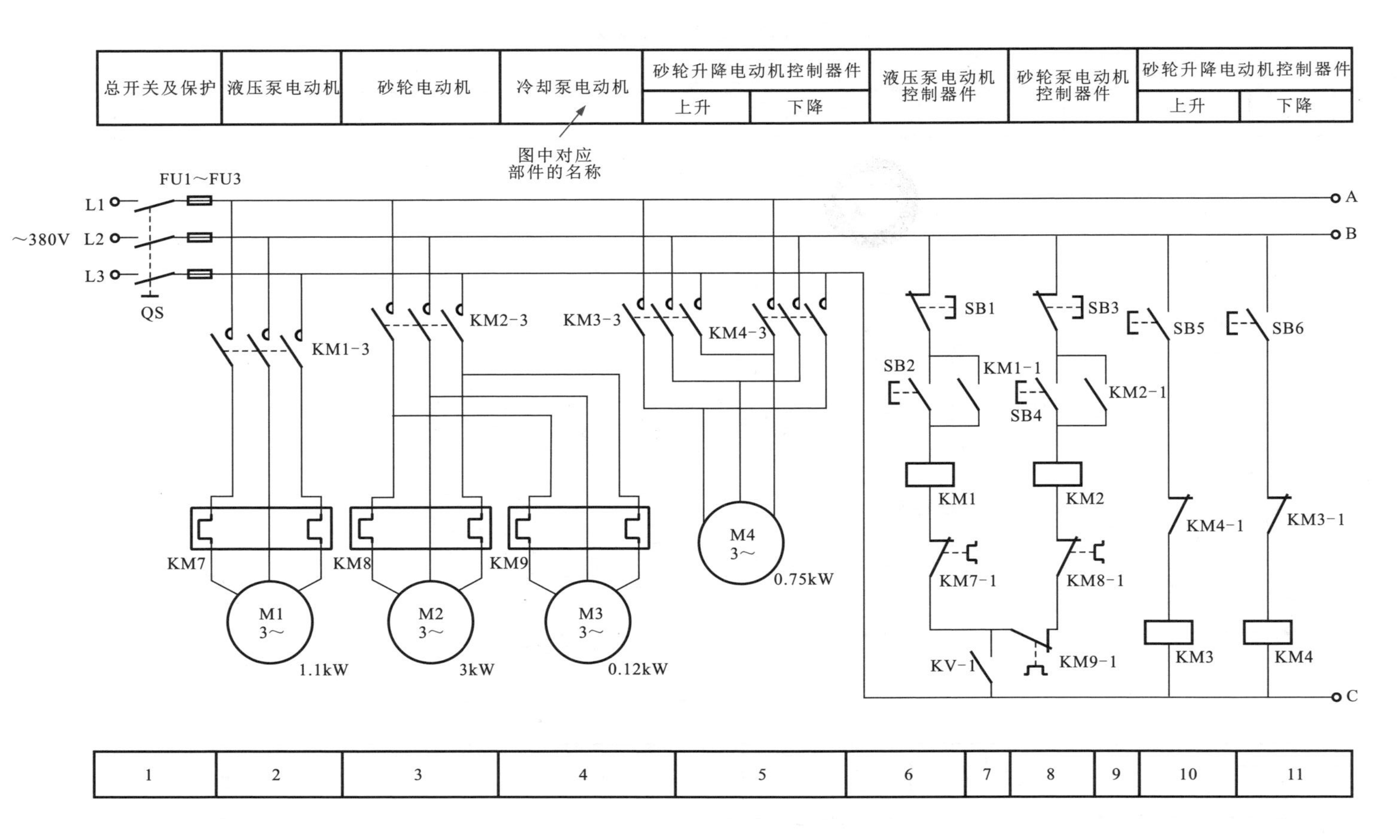

图11-25　M7120型平面磨床控制电路

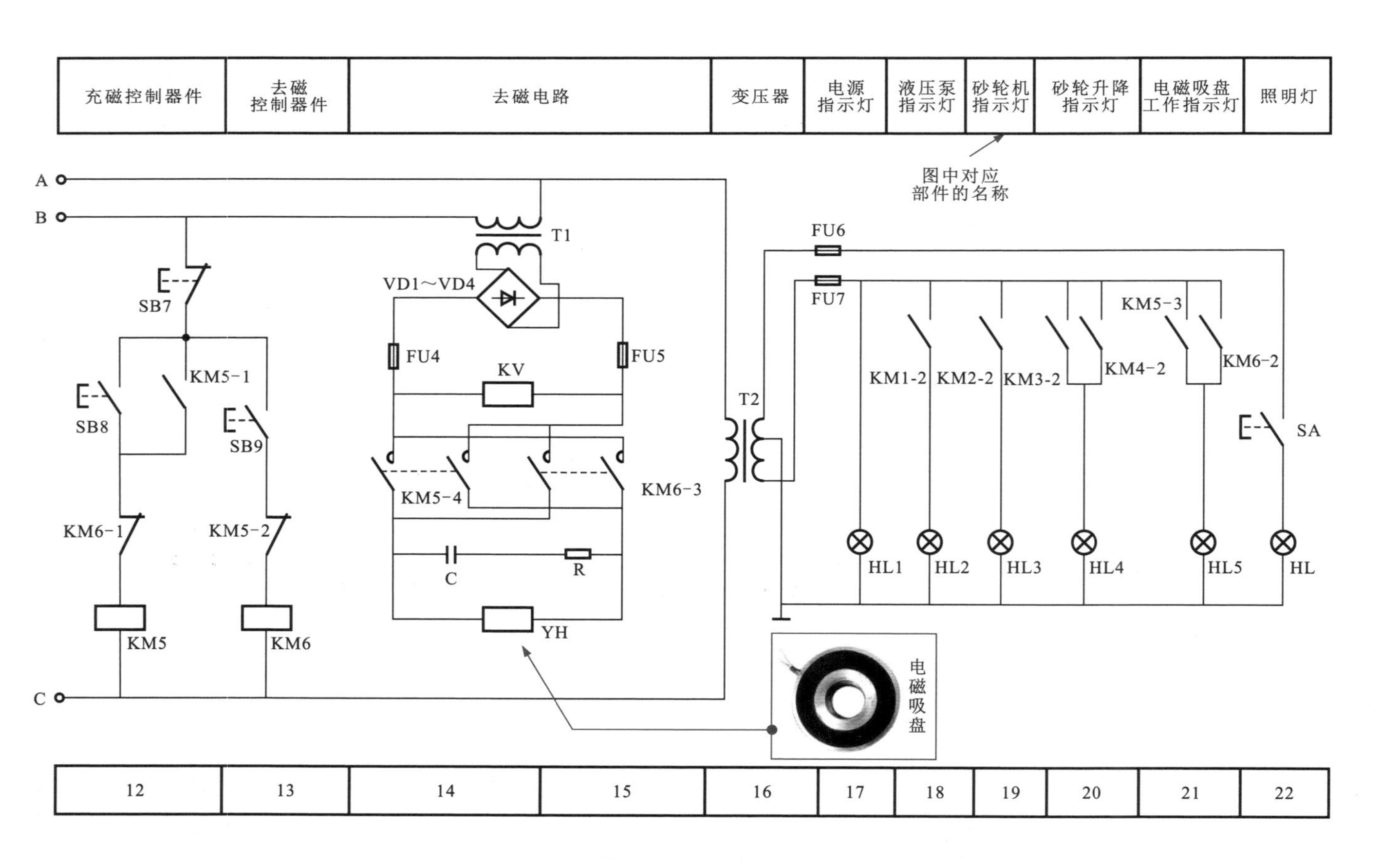

图11-25　M7120型平面磨床控制电路（续）

同时，交流电压还会经变压器T1（14区）降压后输出135 V电压，再经桥式整流堆VD1～VD4（14区）整流后输出的直流电压加到欠电压继电器KV（14区）线圈的两端，常开触点KV-1（7区）接通，为接触器KM1（6区）、KM2（8区）得电做好准备，即为液压泵电动机M1、砂轮电动机M2和冷却泵电动机M3的启动做好准备。

欠电压继电器KV用于检测直流电压是否可靠。若直流电压不正常，电磁吸盘不能吸牢工件，欠电压继电器KV常开触点KV-1不能动作，则液压泵电动机和砂轮电动机不能正常启动，保证安全生产。

（1）液压泵电动机M1运转的工作流程。

1）启动过程。

液压泵电动机M1（2区）用于控制工作台的往返运动。当需要启动时，按下启动按钮SB2（6区），接触器KM1线圈得电，常开触点KM1-1（7区）接通，实现自锁功能；KM1-2（18区）接通，指示灯HL2（18区）点亮，指示电动机M1已启动工作，常开触点KM1-3（2区）接通，液压泵电动机M1接通交流电源启动运转。

2）停机过程。

当液压泵电动机M1需要停机时，按下停止按钮SB1（6区），接触器KM1线圈失电，触点复位，指示灯HL2熄灭，电动机M1停止运转。

（2）砂轮电动机M2和冷却泵电动机M3的运转工作流程。

砂轮泵电动机M2（3区）用于带动砂轮转动对加工工件进行磨削操作，而冷却泵电动机M3（4区）用于在磨削加工操作时输送冷却液；两台电动机的启动需同时进行。

1）启动过程。

按下启动按钮SB4（8区），交流接触器KM2（8区）线圈得电。这样，其常开触点KM2-1（9区）接通，实现自锁功能；KM2-2（19区）接通，指示灯HL3（19区）点亮，指示电动机M2、M3已启动工作，常开触点KM2-3（3区）接通。

砂轮电动机M2和冷却泵电动机M3同时接通交流电源启动运转

2）停机过程。

当砂轮电动机M2和冷却泵电动机M3需要停机时，按下停止按钮SB3（8区），接触器KM2线圈失电，触点复位，指示灯HL3熄灭。砂轮电动机M2和冷却泵电动机M3停止运转。

（3）砂轮升降电动机M4运转的工作流程。

砂轮升降电动机M4（5区）用于在磨削操作中调整砂轮与工件的位置，具有正/反转运转功能，采用点动控制，当需要调整时才会使用。

1）砂轮上升过程。

当砂轮需要上升时，按下正转按钮SB5（10区），接触器KM3（10区）线圈得电，常闭触点KM3-1（11区）断开，防止接触器KM4（11区）线圈得电，起联锁保护作用。常开触点KM3-2（20区）接通，指示灯HL4（20区）点亮，指示电动机M4已启动工作。常开触点KM3-3（5区）接通，砂轮升降电动机M4正向运转，砂轮向上运动。

当砂轮上升到所需的位置时，松开正转按钮SB5，接触器KM3线圈失电，触点复位，砂轮升降电动机M4停止运转，砂轮停止上升动作，同时指示灯HL4熄灭。

2）砂轮下降过程。

当砂轮需要下降时，按下反转按钮SB6（11区），接触器KM4（11区）线圈得电，常闭触点KM4-1（10区）断开，防止接触器KM3线圈得电，起联锁保护作用；常开触点KM4-2（20区）接通，指示灯HL4点亮，指示电动机M4已启动工作；常开触点KM4-3（5区）接通，砂轮升降电动机M4反向运转，砂轮向下运动。

当砂轮下降到所需的位置时，松开反转按钮SB6，接触器KM4线圈失电，触点复位，砂轮升降电动机M4停止运转，砂轮停止下降动作，同时指示灯HL4熄灭。

（4）电磁吸盘YH的控制。

1）充磁过程。

充磁过程是将加工工件吸牢的过程，按下充磁按钮SB8（12区），接触器KM5（12区）线圈得电，常开触点KM5-1（12区）接通，实现自锁功能；常闭触点KM5-2（13区）断开，防止KM6（13区）线圈得电，起联锁保护作用；常开触点KM5-3（21区）接通，指示灯HL5（21区）点亮，指示电磁盘线圈已通电；常开触点KM5-4（14区）接通，电磁吸盘YH（14区）线圈接通110V直流电压（交流电压经变压器T1和桥式整流堆VD1～VD4输出110 V直流电压），将工件吸牢。

2）去磁过程。

磨削加工完成后，按下停止按钮SB7（12区），接触器KM5线圈失电，触点复位，指示灯HL5（21区）熄灭，电磁吸盘YH线圈失电，但由于吸盘和工件都有剩磁，因此还需对电磁吸盘进行去磁操作。去磁过程是指给电磁吸盘一个反向电流，通常采用点动控制，来防止反向磁化。

按下去磁按钮SB9（13区），接触器KM6（13区）线圈得电，常闭触点KM6-1（12区）断开，防止接触器KM5线圈得电，起联锁保护作用；常开触点KM6-2（21区）接通，指示灯HL5点亮，指示电磁吸盘线圈已通电；常开触点KM6-3（15区）接通，电磁吸盘YH（14区）线圈接通一个反向110 V去磁电压，进行去磁操作。

当去磁操作需要停止时，松开去磁按钮SB9，接触器KM6线圈失电，触点复位，指示灯HL5熄灭，电磁吸盘线圈YH失电，停止去磁。

电磁吸盘是用于安装工件的一种夹具，其夹紧程度不可调整，但可同时吸牢若干个工件，具有工作效率高，加工精度高等特点。由于电磁吸盘只能用于加工磁性材料的工件，因此也称为电磁工作台。

电阻器R和电容器C组成放电回路，防止电磁吸盘断开电源的瞬间，其线圈两端产生较大的自感电动势，使线圈及其他元件损坏。该放电回路是利用电容器两端电压不能突变的特性吸收冲击脉冲来使电磁吸盘线圈两端的电压趋于缓慢，再通过电阻器将电磁能量释放来实现的。

11.2.14 | M1432A型万能外圆磨床控制电路

图11-26所示为M1432A型万能外圆磨床控制电路。该磨床主要由油泵电动机M1、头架电动机M2、内圈砂轮电动机M3、外圈砂轮电动机M4、冷却泵电动机M5进行拖动。其中油泵电动机M1通过启动按钮SB2进行控制，且在该磨床中油泵电动机M1需先启动，才能接通其他电动机的供电电路；头架电动机M2通过调速开关SA1进行高低速控制；内圈砂轮电动机M3和外圈砂轮电动机M4受启动按钮SB4和行程开关SQ2的控制；而冷却泵电动机M5则在头架电动机M2启动时同时启动，但它也可通过转换开关SA2直接进行启动控制。

工作时，合上电源总开关QS（1区），L1、L2间的电压经变压器T（9区）降压后，由次级分别输出24 V、6V、110 V三组低压交流电，分别为控制电路和照明灯电路提供所需的工作电压，当磨床需要有足够的照度时，合上转换开关SA，接通24 V电源，照明灯EL点亮。

（1）油泵电动机M1运转的工作流程。

油泵电动机M1（2区）是用来带动液压油泵为液压传动系统提供压力油；只有先启动该电动机为液压传动系统提供压力油，才能接通其他电动机的供电电路。该功能是通过交流接触器KM1（13区）的常开触点KM1-1（13区）实现的。

1）启动过程。

按下启动按钮SB2（13区），交流接触器KM1线圈得电，常开触点KM1-1接通，实现自锁功能，并接通其他电动机的供电电路；KM1-2接通，油泵电动机M1接通三相电源启动运转；KM1-3接通，指示灯HL2（10区）接通6 V电压点亮，指示油泵电动机M1已启动工作。

2）停机过程。

当需要油泵电动机M1停机时，按下停止按钮SB1（13区），交流接触器KM1线圈失电，触点复位，油泵电动机M1停止运转，同时指示灯HL2熄灭。

（2）头架电动机M2和冷却泵电动机M5运转的工作流程。

头架电动机M2（4区）用于在磨削工作中带动头架旋转。该电动机采用调速控制，电动机的转速（头架的转速）需根据加工工件的直径及磨削精度的不同进行调节。冷却泵电动机M5（8区）用于为砂轮和工件提供冷却液；当头架电动机M2启动时，冷却泵电动机M5也将同时启动。

1）低速运转过程。

将调速开关SA1（14、15区）拨至低挡位，当油泵电动机M1启动后，液压传动系统驱动砂轮架快速前进，当砂轮架接近工件时，行程开关SQ1（15区）被压合，接触器KM2（14区）线圈得电，常闭触点KM2-1（15区）断开，防止接触器KM3（15区）线圈得电，起联锁保护作用；常开触点KM2-2（3区）接通，常闭触点KM2-3（4区）断开，头架电动机M2定子绕组成△形，电动机开始低速运转；常开触点KM2-4（19区）接通，接触器KM6（19区）线圈得电，常开触点KM6-1（8区）接通，冷却泵电动机M5接通三相电源启动运转。

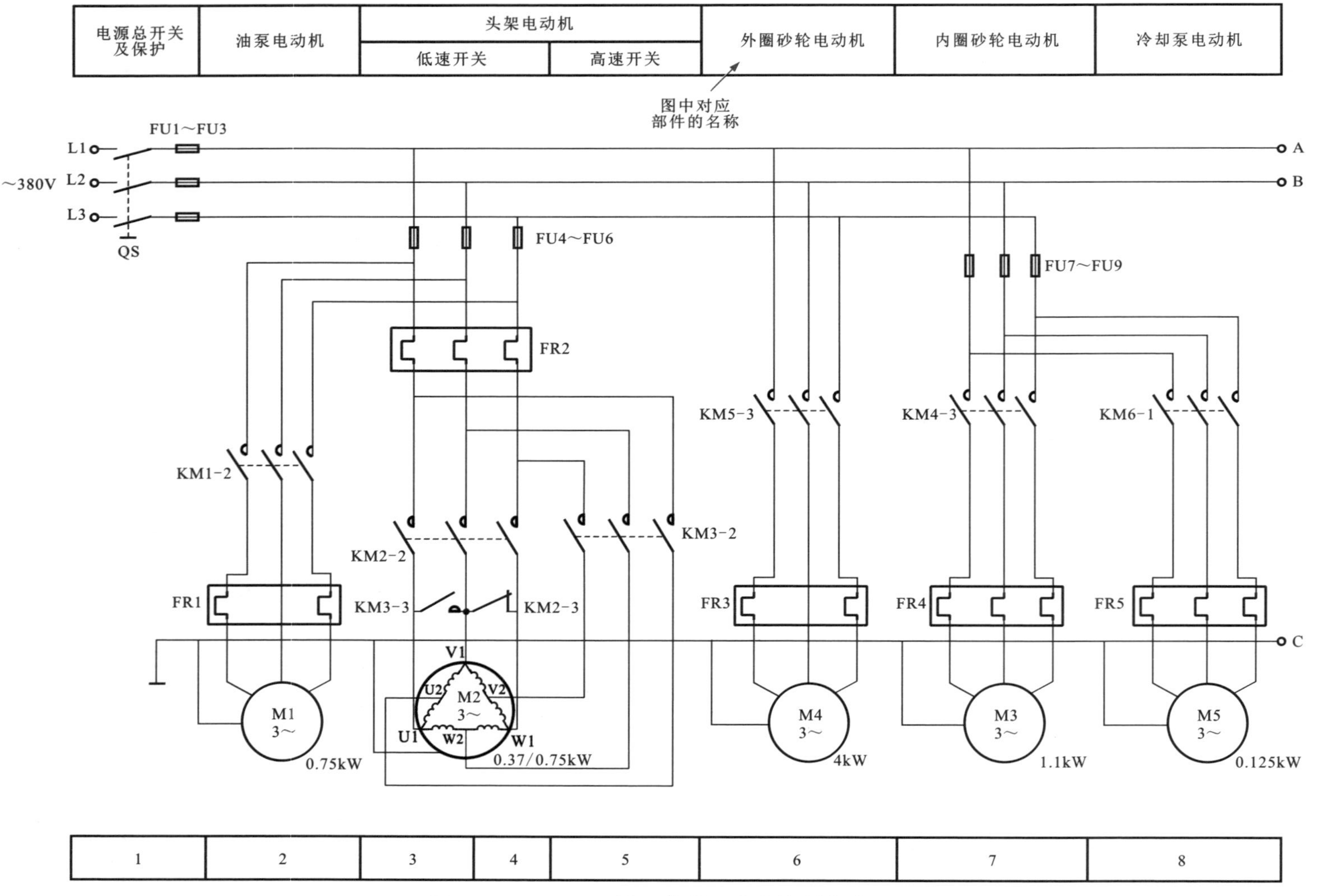

图11-26　M1432A型万能外圆磨床控制电路

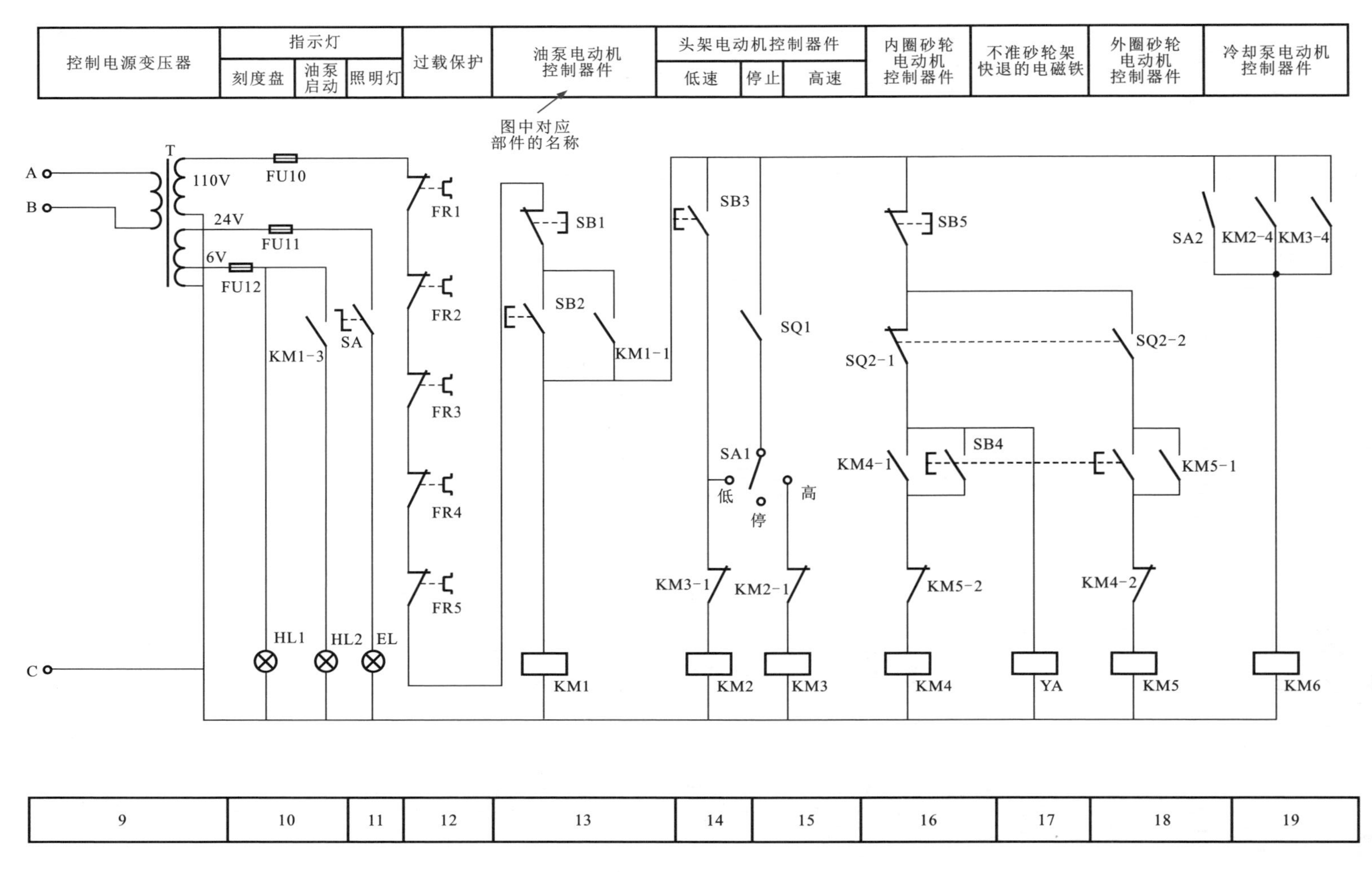

图11-26　M1432A型万能外圆磨床控制电路（续）

2）高速运转过程。

当头架需要高速运转时，将调速开关SA1拨至高挡位。

当油泵电动机M1启动后，液压传动系统驱动砂轮架快速前进。

当砂轮架接近工件时，行程开关SQ1被压合，接触器KM3（15区）线圈得电，常闭触点KM3-1（14区）断开，防止接触器KM2线圈得电，起联锁保护作用；常开触点KM3-2（5区）、KM3-3（3区）接通，头架电动机M2定子绕组成Y形，电动机开始高速运转；常开触点KM3-4（19区）接通，接触器KM6线圈得电，常开触点KM6-1接通，冷却泵电动机M5接通三相电源启动运转。

3）停机过程。

当磨削完成后，砂轮架退回原位，释放行程开关SQ1，接触器KM2、KM3线圈失电，头架电动机M2和冷却泵电动机M5停止运转。当需要对工件进行校正和调整时，按动低速点动按钮SB3（14区）即可实现。

转换开关SA2用于接通接触器KM6线圈，使冷却泵电动机M5在未启动头架电动机M2时进行启动。

（3）内圆砂轮电动机M3运转的工作流程。

内圆砂轮电动机M3（7区）用于对工件进行内圆磨削，当进行内圆砂轮磨削时，将砂轮架上的内圆磨具往下翻，按下启动按钮SB4（16区、18区）。

接触器KM4（16区）线圈得电，常开触点KM4-1（16区）接通，实现自锁功能；常闭触点KM4-2（18区）断开，防止接触器KM5（18区）线圈得电，实现联锁功能；常开触点KM4-3（7区）接通，内圆砂轮电动机M3接通三相交流电源启动运转。

（4）外圆砂轮电动机M4运转的工作流程。

外圆砂轮电动机M4（6区）用于对工件进行外圆磨削。当进行外圆砂轮磨削时，将砂轮架上的内圆磨具往上翻，其行程开关SQ2（16、18区）被压合；常闭触点SQ2-1（16区）断开，接触器KM4线圈失电，触点复位，内圆砂轮电动机M3停止运转；常开触点SQ2-2（18区）接通。

按下启动按钮SB4（16、18区），接触器KM5（18区）线圈得电。

常开触点KM5-1（18区）接通，实现自锁功能；常闭触点KM5-2（16区）断开，防止接触器KM4（16区）线圈得电，实现联锁功能；常开触点KM5-3（6区）接通，外圆砂轮电动机M4接通三相交流电源启动运转。

（5）内圆砂轮电动机M3和外圆砂轮电动机M4停机的工作流程。

当需要停止内圆砂轮磨削或外圆砂轮磨削时，按下停止按钮SB5（16区），接触器KM4或KM5线圈失电，触点复位，内圆砂轮电动机M3或外圆砂轮电动机M4停止运转，停止磨削操作。

电磁铁YA用于防止砂轮架快速退回而设计的，当进行内圆磨削时，电磁铁线圈得电吸合，液压回路被砂轮架快速进退操作手柄锁住，砂轮架不能快速退回。

11.2.15 Z3050型摇臂钻床控制电路

图11-27所示为Z3050型摇臂钻床控制电路。该钻床主要由主轴电动机M1、摇臂升降电动机M2、液压泵电动机M3和冷却泵电动机M4进行拖动。其中主轴电动机M1通过启动按钮SB2进行控制；摇臂升降电动机M2通过开关SB3、SB4进行正反转控制，从而实现摇臂的上升与下降；液压泵电动机M3通过开关SB5、SB6进行正反转控制，从而实现立柱的放松与夹紧；而冷却泵电动机M4则通过转换开关SA2进行控制，来为钻床提供冷却液。

工作时，合上电源总开关QS（1区），交流380V电压经变压器T（8区）降压后，由次级分别输出6.3V、36V、127V三组低压交流电，分别为控制电路和照明灯电路提供所需的工作电压。此时立柱夹紧指示灯HL1（10区）点亮，表示立柱处于夹紧状态；当钻床需要有足够的照度时，合上转换开关SA1（9区），接通36V电源，照明灯EL（9区）点亮。

（1）主轴电动机M1运转的工作流程。

1）启动过程。

当需要主轴电动机M1（2区）启动运转时，按下启动按钮SB2（13区），交流接触器KM1（13区）线圈得电，常开触点KM1-1（13区）接通，实现自锁功能；KM1-2（12区）接通，主轴电动机指示灯HL3（12区）点亮，KM1-3（2区）接通，主轴电动机M1（2区）接通三相电源启动运转。

2）停机过程。

当需要主轴电动机M1（2区）停机时，按下停止按钮SB1（13区），交流接触器KM1（13区）线圈失电，触点复位，主轴电动机指示灯HL3（12区）熄灭，主轴电动机M1（2区）切断三相电源停止运转。

（2）摇臂升降电动机M2运转的工作流程。

1）正向运转（摇臂上升）过程。

当需要摇臂上升动作，即摇臂升降电动机M2（3区）正向运转，按下摇臂上升按钮SB3（14、16区），常开触点SB3-1（14区）接通，SB3-2（16区）断开。时间继电器KT（14区）线圈得电，瞬时常开触点KT-1（17区）接通，KT-2（19区）接通，电磁铁YA（19区）和交流接触器KM4（17区）线圈得电，常闭触点KM4-1（18区）断开，防止交流接触器KM5（18区）线圈得电；常开触点KM4-2（5区）接通，液压泵电动机M3（5区）正向启动运转，带动液压泵为钻床提供正向压力油，此时摇臂松开，位置开关SQ2（15、17区）被压合，同时位置开关SQ3（19区）复位。

位置开关SQ2（15、17区）被压合后，SQ2-1（15区）接通，SQ2-2（17区）断开，交流接触器KM4（17区）线圈失电，触点复位，液压泵电动机M3（5区）停止运转，同时交流接触器KM2（15区）线圈得电，常闭触点KM2-1（16区）断开，防止交流接触器KM3（16区）线圈得电。

常开触点KM2-2（3区）接通，摇臂升降电动机M2（3区）正向启动运转，带动摇臂上升。

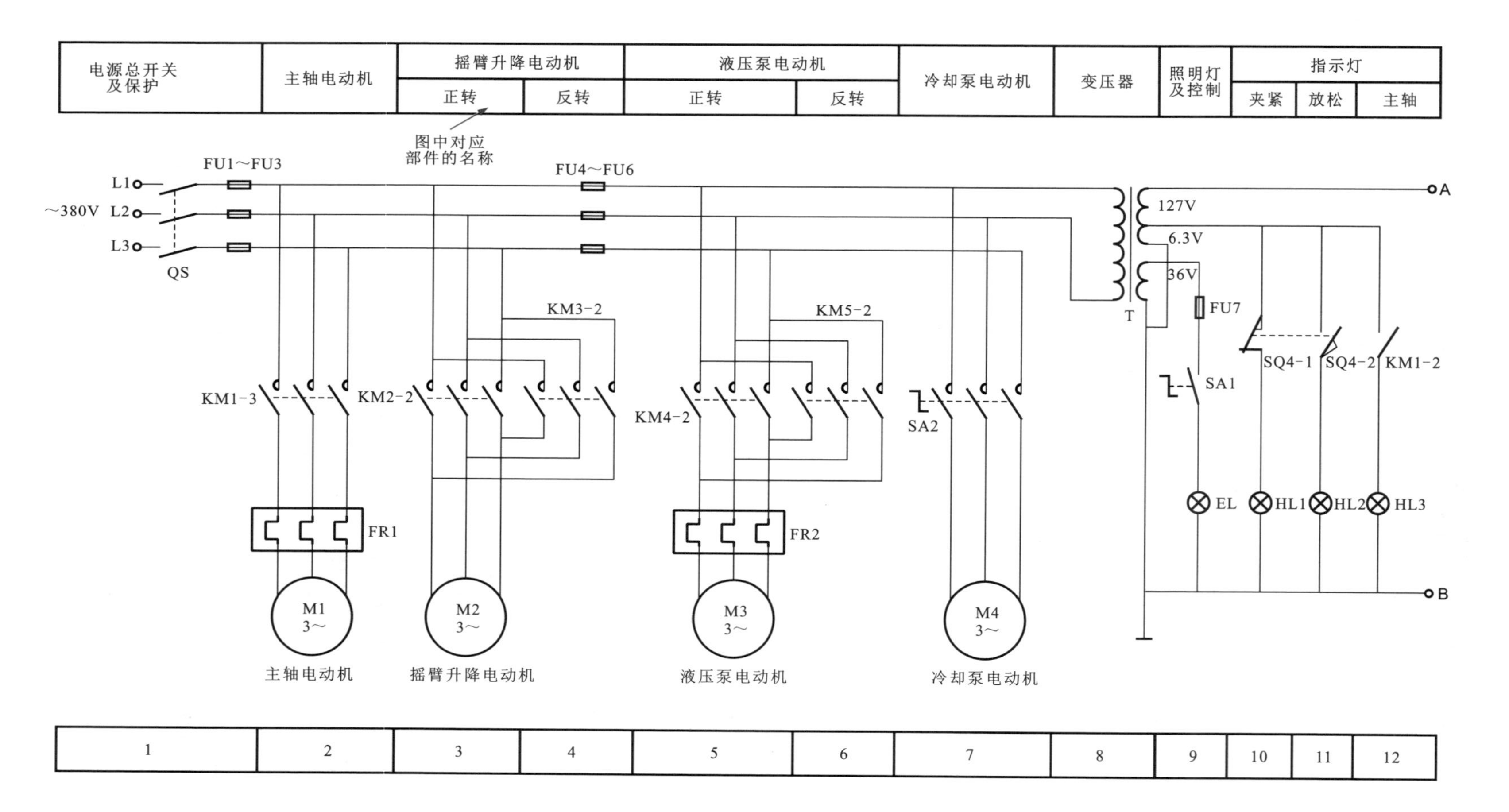

图11-27　Z3050型摇臂钻床控制电路

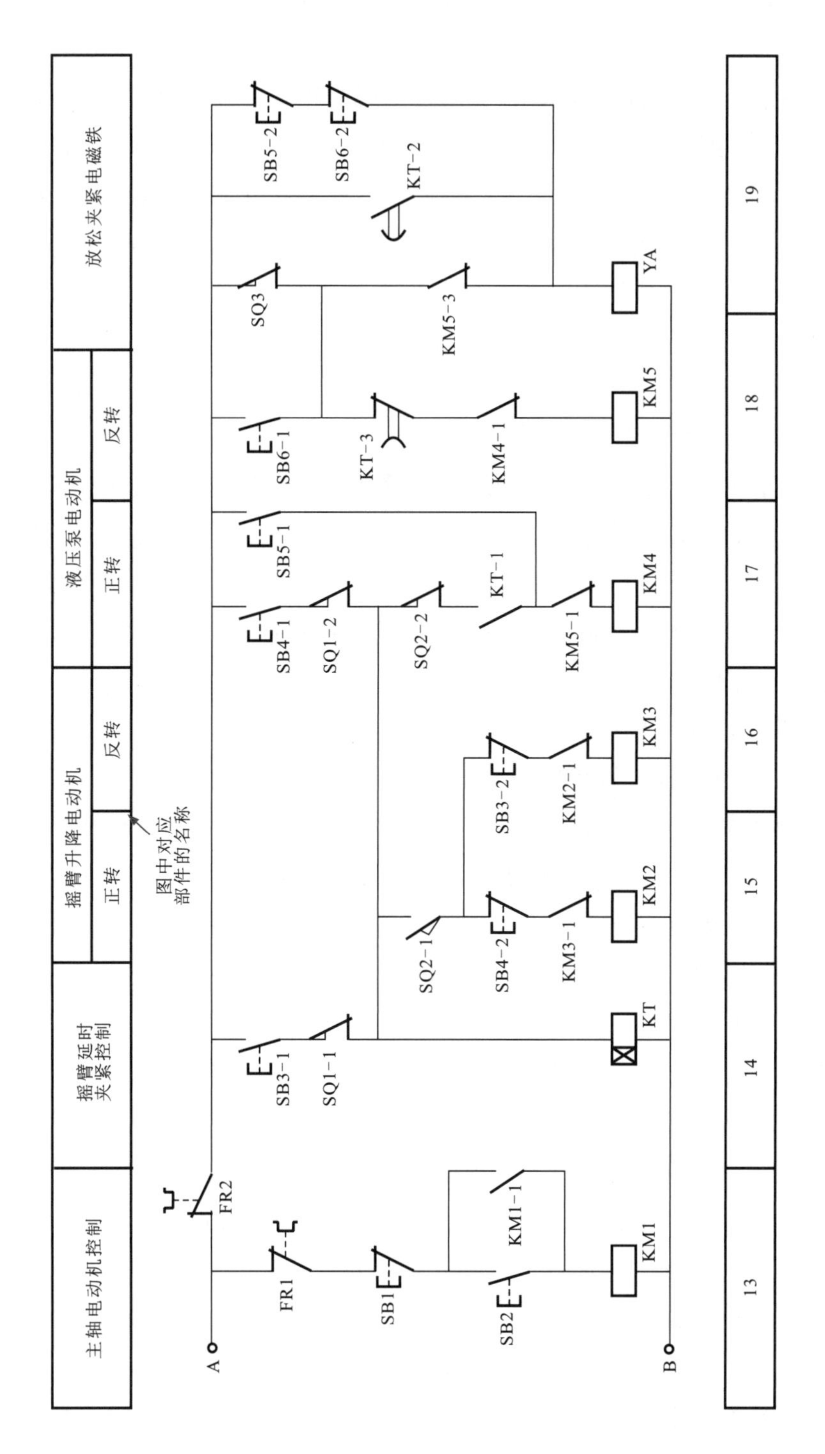

图11-27 Z3050型摇臂钻床控制电路（续）

当摇臂上升到一定高度后，松开摇臂上升按钮SB3（14、16区），触点复位，交流接触器KM2（15区）线圈失电，触点复位，摇臂升降电动机停止运转，同时时间继电器KT（14区）线圈也失电，瞬时常开触点KT-1（17区）断开，延时闭合的常闭触点KT-3（18区）接通，交流接触器KM5（18区）线圈得电，常闭触点KM5-1（17区）断开，防止交流接触器KM4（17区）线圈得电，KM5-3（19区）断开，电磁铁YA（19区）失电，常开触点KM5-2（6区）接通，液压泵电动机M3（5区）反向启动运转，带动液压泵，为钻床提供反向压力油，此时摇臂夹紧，位置开关SQ2（15、17区）复位，为下一次摇臂升降做准备；同时位置开关SQ3（19区）被压合，交流接触器KM5（18区）线圈失电，触点复位，液压泵电动机M3（5区）停止运转，此时便完成了一次摇臂上升过程。

2） 反向运转（摇臂下降）过程。

摇臂升降电动机M2（5区）的反向运转（摇臂下降）过程，同正向运转（摇臂上升）过程相同，只是摇臂下降过程是通过摇臂下降按钮SB4（15、17区）和交流接触器KM3（16区）进行控制的；只需将摇臂下降按钮SB4（15、17区）和交流接触器KM3（16区）替换摇臂上升按钮SB3（14、16区）和交流接触器KM2（15区），其他部件的动作过程均相同。

（3）液压泵电动机M3运转的工作流程。

1）正向运转（立柱和主轴箱放松）过程。

当需要主轴和主轴箱放松时，按下按钮SB5（17、19区），常开触点SB5-1（17区）接通，常闭触点SB5-2（19区）断开，交流接触器KM4（17区）线圈得电，常闭触点KM4-1（18区）断开，防止交流接触器KM5（18区）线圈得电；常开触点KM4-2（5区）接通，液压泵电动机M3（5区）正向启动运转，立柱和主轴箱放松，同时位置开关SQ4（10、11区）被压合，SQ4-1（10区）断开，立柱夹紧指示灯HL1（10区）熄灭，SQ4-2（11区）接通，立柱放松指示灯HL2（11区）点亮。

2）反向运转（立柱和主轴箱夹紧）过程。

当需要主轴和主轴箱夹紧时，按下按钮SB6（18、19区），常开触点SB6-1（18区）接通，常闭触点SB6-2（19区）断开，交流接触器KM5（18区）线圈得电，常闭触点KM5-1（17区）断开，防止交流接触器KM4（17区）线圈得电；KM5-3（19区）断开，防止电磁铁YA（19区）得电；常开触点KM5-2（6区）接通，液压泵电动机M3（5区）反向启动运转，立柱和主轴箱夹紧，同时位置开关SQ4（10、11区）被释放，SQ4-1（10区）接通，立柱夹紧指示灯HL1（10区）点亮，SQ4-2（11区）断开，立柱放松指示灯HL2（11区）熄灭。

（4）冷却泵电动机M4的运转工作流程。

1）启动过程。

当钻床床工作过程中，需要为其提供冷却液，可将转换开关SA2（7区）拨至接通位置，接通冷却泵电动机M4（7区）的供电电源，电动机启动运转，为铣床提供冷却液。

2）停机过程。

若需要冷却泵电动机M4（7区）停机时，再将转换开关SA2（7区）拨至停机位置，即切断冷却泵电动机M4的供电电源，电动机停止运转。

11.2.16 | Z35型摇臂钻床控制电路

图11-28所示为Z35型摇臂钻床控制电路。该钻床主要由主轴电动机M1、冷却泵电动机M2、摇臂升降电动机M3和立柱松紧电动机M4进行拖动。其中主轴电动机M1只做单方向运转，通过转换开关SA1进行控制；冷却泵电动机M2只有在机床需要冷却液时，才启动工作，通过转换开关SA2直接进行控制；摇臂升降电动机M3具有正反向运行功能，也是通过转换开关SA1进行控制，来完成摇臂的上升与下降动作；而立柱松紧电动机M4则是通过按钮SB1和SB2进行控制的，从而完成立柱的放松与夹紧动作。

该摇臂钻床控制电路采用的是十字开关SA操作，它有控制集中的优点。十字开关SA1由十字手柄和四个行程开关SA1-1～SA1-4构成，根据工作需要，将手柄分别扳到五个不同的位置，即左、右、上、下和中间位置，操作手柄每次只可扳在一个位置上。当手柄处在中间位置时，全部处于断开状态。

十字开关SA1的四个行程开关处于不同位置的工作情况见表11-1。

表11-1　十字开关操作说明

手柄位置	接通微动开关的触点	工　作　情　况
中	都不通	停止
左	SA1-1	控制电路电源接通触点
右	SA1-2	主轴运转触点
上	SA1-3	摇臂上升触点
下	SA1-4	摇臂下降触点

工作时，合上电源总开关QS（1区），交流电压经汇流环YG（2区）为电动机提供工作电压，并将其交流电压输入控制变压器TC（5区）中。

然后将十字开关SA1（6～9区）拨至左端，常开触点SA1-1（6区）接通，经变压器降压后的电压加到过压保护继电器KV（6区）线圈上，常开触点KV-1（7区）接通，实现自锁功能，为各电动机的控制电路的接通做好准备。

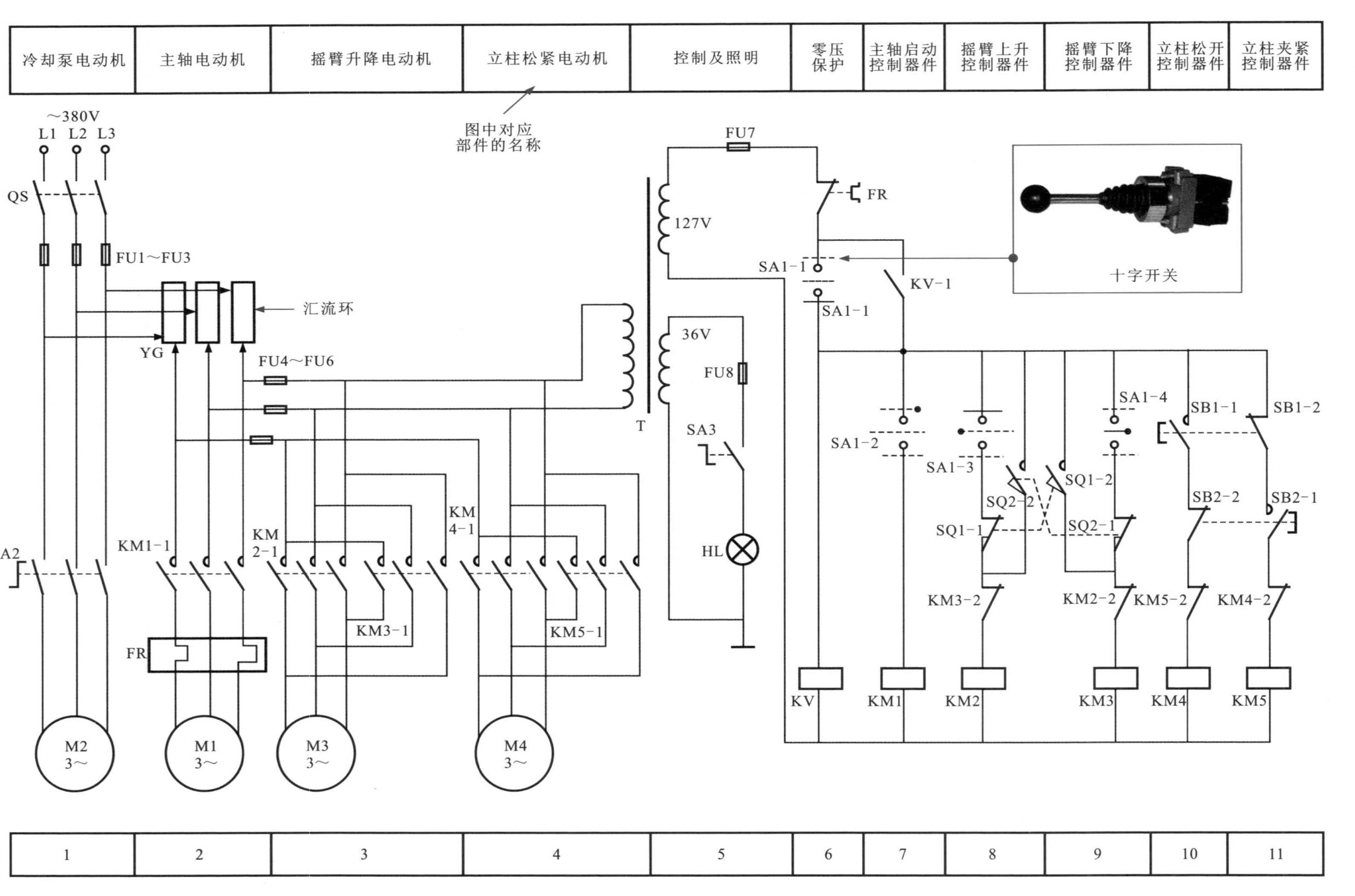

图11-28　Z35型摇臂钻床控制电路

（1）主轴电动机M1的运转工作流程。

1）启动过程。

当需要启动主轴电动机M1时，将十字开关SA1（6～9区）拨至右端，常开触点SA1-2（7区）接通，接触器KM1（7区）线圈得电，常开触点KM1-1（2区）接通，主轴电动机M1（2区）启动运转。

2）停机过程。

当需要主轴电动机M1（2区）停止运转时，将十字开关SA1（6～9区）拨至中间位置，触点复位，接触器KM1（7区）线圈失电，常开触点KM1-1（2区）断开，主轴电动机M1（2区）停止运转。

将主轴箱上的摩擦离合器拨至不同的位置可控制旋转方向。当钻床工作时，十字开关不在左边，这时若电源失电，KV失电，其自锁触头断开；电源恢复时，KV不会自行吸合，控制电路仍不通电，以防止工作中电源中断又恢复而造成的危险。

（2）冷却泵电动机M2的运转工作流程。

1）启动过程。

当钻床工作过程中，需要为其提供冷却液，可将转换开关SA2（1区）拨至接通位置，接通冷却泵电动机M2（1区）的供电电源，电动机启动运转。

2）停机过程。

若需要冷却泵电动机M2（1区）停机时，再将转换开关SA2（1区）拨至停机位置，即切断冷却泵电动机M2的供电电源，电动机停止运转。

（3）摇臂升降电动机M3的运转工作流程。

摇臂钻床正常工作前，摇臂应夹紧在立柱上，因此在摇臂上升或下降之前，首先应松开夹紧装置，当摇臂上升或下降到指定位置时，夹紧装置又必须将摇臂夹紧。

这种松开—升降—夹紧的过程都是由电气和机械机构联合配合下实现自动控制的。

将十字开关SA1（6～9区）扳向左边，为控制回路送电，再将十字开关扳向上边，行程开关SA1-3（8区）接通。

接触器KM2（8区）线圈得电，常闭触点KM2-2（9区）断开，起联锁保护作用，常开触点KM2-1（3区）接通，摇臂升降电动机M3（3区）正向运转，通过机械传动，使辅助螺母在丝杆上旋转上升，带动了夹紧装置松开，触头SQ1-2（9区）接通，为摇臂上升后的夹紧动作做准备。

摇臂松开后，辅助螺母将继续上升，带动一个主螺母沿丝杆上升，主螺母则推动摇臂上升。当摇臂上升到预定高度时SQ1-1（8区）断开，将十字开关SA1（6～9区）拨至中间位置，十字开关SA1触点复位，上升接触器KM2（8区）失电。其常闭触点KM2-2（9区）接通，常开触点KM2-1（3区）断开，摇臂升降电动机M3（3区）停止运转，摇臂即停止上升。

由于摇臂上升时触点SQ1-2（9区）接通，所以KM2（8区）失电后，下降接触器KM3（9区）得电吸合，其常开触点KM3-1（3区）接通，摇臂升降电动机M3（3区）反转，这时电动机通过辅助螺母使夹紧装置将摇臂夹紧，但摇臂并不下降。

当摇臂完全夹紧时，SQ1-2（9区）触点随即断开，接触器KM3（9区）失电，电动机M3（3区）停转，摇臂上升动作全过程结束。

摇臂的下降过程同上升过程相同，可参照上升过程进行分析，在此不再赘述。

（4）立柱松紧电动机M4的运转工作流程。

立柱松紧电动机M4（4区）需要做正反向运动，通过接触器KM4（10区）、KM5（11区）进行控制。

当摇臂和外立柱需绕内立柱转动时，按下按钮SB1（10～11区）。

常开触点SB1-1（10区）接通，接触器KM4（10区）线圈得电。

常开触点KM4-1（4区）接通，立柱松紧电动机接通电源正向启动运转。

此时，油压泵在齿式离合器的带动下送出高压油，经油路系统和传动机构使立柱松开，同时常闭触点SB1-2（11区）断开，防止立柱夹紧接触器KM5（11区）线圈得电，起联锁保护作用。

若需要摇臂和外立柱停止旋转时，松开按钮SB1（10～11区），触点复位，接触器KM4（10区）线圈失电，触点复位，立柱松紧电动机M4（4区）停止运转。

当摇臂和外立柱转到所需的位置时，按下按钮SB2（10～11区）。

常开触点SB2-1（11区）接通，接触器KM5（11区）线圈得电。

常开触点KM5-1（4区）接通，立柱松紧电动机接通电源反向启动运转，在液压系统推动下夹紧外立柱。

同时常闭触点SB2-2（10区）断开，防止立柱松开接触器KM4（10区）线圈得电，起联锁保护作用。

当松开SB2（10～11区）时，触点复位，接触器KM5（11区）线圈失电，触点复位，立柱松紧电动机M4（4区）停止运转。